动物疾病诊治彩色图谱经典

A Colored Atlas of the
Diagnosis and Treatment of
Canine and Feline Diseases

Second Edition

犬猫疾病诊治
彩色图谱

■ 周庆国 罗倩怡 吴仲恒 等◎编著　第二版

中国农业出版社

北　京

内容提要

本书是在《动物疾病诊治彩色图谱经典　犬猫疾病诊治彩色图谱》2005年版的基础上全面修订而成的。新版编著者几乎全是国内享有盛誉的宠物医师，他们"接地气"的编写理念和丰富的临床诊疗经验，使本书充分反映了宠物医疗行业现状、发展趋势及先进技术。新版图谱中不仅包含充实的犬猫医疗相关文字内容和图片，全面系统地介绍了当前小动物（宠物）医学的丰富内涵，而且融合了医师诊疗过程中的操作视频，以动态的画面呈现了犬猫疾病部分诊疗技术。本书顺利出版对宠物医疗具有很好的指导作用。

全书分为十三篇五十章，第一篇介绍宠物诊所和医院的布局与设计；第二篇介绍宠物诊所和医院环境的清洁消毒方法；第三篇至第八篇依次介绍犬猫保定方法、麻醉技术、临床诊断基本方法、影像学诊断、实验室检验与常用治疗技术，但与传统教材或参考书的描述有所不同，而是侧重于介绍诊疗实际流程和操作细节及要点、当前主流仪器设备及其特点，弥补了各类教材中的空白或不足；从第九篇至第十三篇开始，依次介绍临床多发的犬猫传染性疾病、体内寄生虫病、内科疾病、外科疾病与皮肤病，这些内容均由国内富有长期"实战"经验的知名宠物医师编著或审核，从宠物医师应具备的知识广度和深度考虑，补充了国内近年来发表的极具参考价值的调查资料或临床诊治经验，对病因、病原与感染特点、症状和诊断方法进行较详尽的描述，明确提示治疗原则和常用药物的使用方法，有关手术技术力求提示操作要点或用真实图片示范。附录为中国农业大学教学动物医院诊疗收费价目表，为宠物诊疗行业的规范经营和健康发展提供了极有价值的参考。

本书是全体编著者多年来从事犬猫诊疗经验的积累与总结。相信这些宝贵的积累与总结，将助推正在从事或即将从事宠物诊疗相关工作的兽医或助理，进一步提升专业素养和专业水平，从而助推宠物诊疗事业更上一层楼。

编著者

（以姓氏笔画为序）

卫顺生	执业兽医师	太原博爱宠物医院
田 野	执业兽医师	广州致远动物医院
刘 欣	执业兽医师	美联众合动物医院
刘 朗	执业兽医师	美联众合动物医院
刘丽梅	执业兽医师	芭比堂佛山南海大道医院
李 拓	执业兽医师	瑞派南华影像中心
李发志	执业兽医师	成都华茜动物医院
李德荣	执业兽医师	重庆圣心动物医院
吴仲恒	执业兽医师	广州YY宠物医院
何 扬	执业兽医师	广州泰洋动物医院
张 丽	执业兽医师	佛山先诺宠物医院
陈义洲	执业兽医师	华南农业大学动物医院
罗倩怡	执业兽医师	广州百思动物医院
周庆国	执业兽医师	佛山科学技术学院
胡 霖	执业兽医师	温州科技职业学院
贾新生	执业兽医师	赤峰市乐园动物医院
黄湛然	执业兽医师	佛山先诺宠物医院
董 轶	执业兽医师	北京芭比堂动物医院
蒋 宏	执业兽医师	成都宠福来动物医院

1978年考入西北农学院（现西北农林科技大学），1982年毕业留校从事兽医外科学及兽医外科手术学的教学工作。1988年考入北京农业大学（现中国农业大学）攻读兽医外科学（农学）硕士学位，师从国内著名的兽医外科学前辈温代如教授和陈家璞教授。1991年获硕士学位，分配到西安市奶业科学研究所从事奶牛生产技术工作。1993年与同事合作创办西安市达瑞动物医院，开始从事小动物门诊工作至1995年年底。1996年调入广东佛山科学技术学院（1995年由佛山农牧高等专科学校和佛山大学合并升为本科院校）动物医学系，从事兽医外科学与小动物疾病的教学、科研及临床诊疗工作。2003年创办佛山市先诺宠物诊所（现佛山市先诺宠物医院有限公司），在日常教学、科研的闲暇期间参与临床全科诊疗工作。2001考入南京农业大学攻读兽医专业博士学位，师从国内著名的小动物外科专家侯加法教授。2006年获兽医博士学位，2008年晋升为教授。

周庆国

男，执业兽医师，
高级兽医师，
兽医博士，教授。

多年来重视对犬、猫临床病例的收集和整理，侧重于犬猫外科手术研究和不同方法对比，尤其在骨、关节疾病的多种手术方法及其远期疗效方面探索深入。同时关注宠物诊疗行业的进步和发展，在参访知名宠物医院时注重观察细节和特色，拍摄积累了大量富有教学价值的临床病例图片和医院布局图片。先后在国内兽医专业不同层次的期刊发表研究论文和临床经验总结30多篇，参加了高等院校"面向21世纪课程教材""普通高等教育'十一五'国家级规划教材"：《犬猫疾病学》《小动物疾病学》和《兽医外科手术学》等的编写，主编出版了《犬病对症诊断与防治》《犬病快速诊断与防治》《动物疾病诊治彩色图谱经典 犬猫疾病诊治彩色图谱》等专著。目前担任佛山市宠物诊疗行业协会会长、中国畜牧兽医学会兽医外科学分会副理事长。

罗倩怡

女，执业兽医师，
兽医硕士，
美国猫科医学会
（AAFP）会员。

2010年毕业于华南农业大学动物医学专业（小动物疾病防治方向），2015年获华南农业大学兽医专业硕士学位，现就职于广州市百思动物医院。本科毕业后开始从事小动物临床诊疗工作，依次参加了欧洲兽医高级学院的小动物影像学、腹部基础超声和进阶超声、猫病学八期系列课程、心脏病三期系列课程的完整学习，参与"欧兽"课堂口译猫病学系列课程、内科学系列课程、皮肤病学系列课程与急症护理学课程等，多次承担国际著名动保企业、香港城市大学与华南农业大学或广州市动物诊疗行业协会联合举办的兽医继续教育课程的翻译工作。

通过不断的学习进取和提升，个人兴趣从临床全科转向猫病专科，数次前往台北中山动物医院跟诊学习，师从台湾猫博士林政毅先生，先后将林政毅、谭大伦、翁伯源所著《宠物医师临床手册》和《小动物输液学》及林政毅著《猫博士的猫病学》和《猫博士的猫肾脏疾病攻略》等繁体中文版翻译为简体中文版在中国大陆出版，为国内小动物临床提供了极有价值的参考资料，并在国内小动物诊疗行业展露头角。2014年起受邀前往国内多地讲授猫病，所讲课程题目有"猫传染病""猫常见心脏病诊治要点""猫便秘的临床诊断与治疗方案""猫泌尿系统疾病专题""猫病系列课程""猫常见的呼吸与心脏系统疾病""猫的呼吸系统疾病"和"猫的黄疸"等。目前受聘为礼来Elanco特聘讲师、默沙东特聘讲师、法国皇家特聘讲师、广州市动物诊疗行业协会特聘讲师、佛山科学技术学院"小动物疾病学"课程特聘讲师、天健怡康网络课程猫病系列讲师等。

2009年毕业于华南农业大学，获兽医临床诊断学（农学）硕士学位，师从詹耀明副教授。同年创办广州市YY宠物医院，以小动物外科及骨科为本人专科发展方向。先后为《广东畜牧兽医科技》及国内宠物诊疗行业著名期刊《宠物医师》《东西部兽医》等撰稿10余篇。2011年，参与发起业内知名的小动物骨科培训（SAO）并担任讲师，至今已成功举办近50期，累计培训小动物临床兽医师超过2 000人次，为普及我国小动物骨科技术、推动我国小动物骨科进步做出了突出贡献。

2012年再次考入华南农业大学攻读兽医专业博士学位，师从广东珠江学者李守军教授。在职攻博期间，三次前往意大利伴侣动物兽医中心（SCIVAC）进行小动物骨科研修，并在意大利克雷莫纳Vezzoni兽医诊所跟随Aldo Vezzoni医师学习髋关节置换技术和髋关节发育不良早期诊断与早期手术治疗技术，随后将髋关节发育不良预防性手术—犬骨盆两次切开截骨术（DPO）引入中国，填补了国内在小动物髋关节发育不良预防性手术方面的空白。2013—2016年，先后完成瑞士Kyon非骨水泥型犬髋关节置换课程与非骨水泥型髋关节置换进阶课程学习。2015年，赴美国德州农工大学参加小型与玩具型犬与猫的髋关节置换课程，随后获得美国Biomedtix犬猫髋关节手术认证资格，现成为我国少数能常规开展犬猫髋关节置换手术的宠物医师之一。

吴仲恒

男，执业兽医师，
兽医博士，
广州市动物诊疗行业
协会特聘讲师。

中国现代社会的快速发展为小动物临床事业带来了机遇和挑战，也使得宠物医师的压力倍增。大学课程设置与师资水平的局限性和实践技能训练的不足，使得很多兽医本科毕业生（甚至一些临床研究生）走上临床工作岗位后力不从心，需要学习的专业知识非常多！

尽管有不断再版更新知识的教科书、越来越多的中译本国外专著、企业主导的专业知识传播以及中国小动物医师大会、北京宠物医师大会、华南小动物医师大会和东西部小动物临床兽医师大会等高水平的专业讲座，执业兽医师依然感觉需要学习不同层次的专业书籍，其中由富有临床经验的兽医师撰写的出版物因为系统性和实用性俱强而受到欢迎。

周庆国教授长年从事小动物临床诊疗和临床教学工作，知识丰富，不断进取，作为师兄弟我为周教授的成就感到荣幸！他与年轻的罗倩怡、吴仲恒等一批极具专科特长的执业兽医师共同编写本书，将他们的学识和临床经验奉献给同行，必将使读者受益匪浅！

祝福我们的小动物临床事业越来越正规，造福动物，造福家庭，造福社会。

林德贵

中国农业大学动物医学院教授

2018年1月1日

《犬猫疾病诊治彩色图谱》一书的出版，是我国宠物医疗行业及小动物医学界的一件大好事，我非常赞赏和支持。

近年来，随着改革开放和市场经济的发展，我国养犬数量迅速增多，与快速发展的养犬业相关的犬食品工业、犬用医疗器械、犬用药品器具、犬的装饰美容以及医疗保健等产业已成为当前的热点和开发项目，尤其是从事犬、猫疾病防治的诊所和医院在我国大地如雨后春笋般地发展起来了。然而不容讳言，我国众多的宠物诊所和医院都是在经济利益驱动下应运而生的，相当多的宠物诊所或宠物医院一无必要的诊疗设备，二无专门从事犬猫疾病防治的兽医师，宠物诊所的老板大多是看到宠物医疗行业较高的利润而转行经营的。由于缺乏犬、猫解剖生理知识，不懂得犬、猫疾病发生发展规律及其具体诊断方法和治疗方法，往往只有一名打针护士就冠以"宠物专家门诊"之名，因而在犬猫疾病诊疗中经常误诊，极大地损害了宠物主人的利益，也对"兽医"这一职业造成了恶劣的影响。所以，有必要尽快普及和提高宠物诊所和宠物医院中从事犬、猫疾病诊疗工作人员的业务知识，给他们以高层次的诊疗技术指导，提高犬、猫疾病的诊疗水平，以保障和促进宠物养殖与消费的良性发展。

周庆国先生是我会在犬、猫疾病诊疗技术方面颇有研究的专家之一，在多年的兽医外科及犬、猫疾病教学中拍摄积累了富有教学、科研价值的大量图片资料。他针对当前我国宠物医疗行业的现状和实际需要，精心挑选对疾病具有诊疗价值或对临床有很好指导意义的彩色照片，参考国内外有关最新教材和图谱，并邀请我国从事犬、猫疾病教学、科研和临床诊疗工作的数名专家，共同编写了《犬猫疾病诊治彩色图谱》。该书内容翔实，图文并茂，为我国宠物医疗行业和广大基层兽医人员提供了犬、猫疾病诊疗的科学方法，同时又具有一定理论高度，可作为高等院校动物医学专业犬、猫疾病教学的参考教材，实属国内最全面、最系统的一部介绍犬、猫疾病诊疗技术的专著。

　　祝贺《犬猫疾病诊治彩色图谱》一书的出版，同时希望每隔几年修订一次，补充更多的富有临床诊疗意义的彩色图片，奉献给广大读者，以促进我国犬、猫疾病诊疗水平的不断提高。

中国畜牧兽医学会兽医外科学分会理事长

山东农业大学教授　　王春璈

　　《动物疾病诊治彩色图谱经典　犬猫疾病诊治彩色图谱》自2005年由中国农业出版社出版以来，已经过了10多个年头。这10多年来，在中国农业大学动物医院前院长林德贵教授及多位专家医师的引领下，在中国农业大学动物医院现院长夏兆飞教授等多位专家主译的数十部国外经典小动物医学著作的指导下，在欧洲兽医高级学院、中国小动物医师大会、北京宠物医师大会、东西部小动物临床兽医师大会、华南小动物医师大会及各地学会、协会、动物保健品或药业公司等举行的一系列高水平小动物临床课程培训下，全国各地的宠物诊疗行业有了长足的进步，宠物医师的诊疗水平有了显著的提升。因此，这10多年是中国大陆向宠物诊疗技术先进的国家和地区积极学习的时期，也是国内宠物诊疗行业快速进步的时期。

　　中国农业出版社为顺应国内兽医临床及宠物诊疗的需要，几年前计划对动物疾病诊治彩色图谱经典系列图谱进行再版，《犬猫疾病诊治彩色图谱》也当属其中。然而与本人主编该书第一版时的心情相比，此次则明显地感觉信心不足，毕竟，当前的国内宠物诊疗行业已经今非昔比，北京、上海、南京、成都、广州、深圳等许多大中城市的宠物医院都已发展到较高层次，这些地区的宠物医院或宠物医师正朝着皮肤科、口腔科、骨科、眼科、心脏科、异类宠物门诊等专科化的方向努力和迈进，中译本的国外多部小动物医学专科著作成了这些医院或医师案头的重要工具书。与此同时，国内高校本科教学中的小动物疾病课程却基本上属于选修课，教材主要是侯加法教授主编的《小动物疾病学》或韩博教授主编的《犬猫疾病学》。本人在从事小动物疾病课程的教学中深切感受到，培养小动物（或宠物）医师需要设置一系列的相关课程，必须将小动物临床理论基础、各项操作技能与常见的各科疾病有机合理地结合起来。然而，目前高校课程设置上的短板造成长期无法破解的"教"与"学"难题，实在无法通过一两门课程（或教材）就能为爱好并期盼从事小动物（或宠物）临床的学生们展示小动物医学（或宠物医学）的丰富内涵与就业前景，尤其是教材缺乏图片也非常不利于在校学生自学及处在临床一线的宠物医师们在博大精深的诊疗工作中参考，而让在校学生购买以上大量的中译本专著（或图谱），无论在理论技术深度上或购买费用上均不实际。

　　基于以上考虑，本书对上一版的内容进行了大幅度的增补，书中1 000多幅照片几乎全部选自国内宠物临床实践，并且全部邀请了在国内或广东享有盛誉的宠物医师进行编著，使本书能够充分反映我国宠物诊疗行业现状和犬猫临床医学最新进展。同时，在部分内容中增加了小视频，读者直接扫描书中二维码便能立即获得动态的清晰的信息，本书新颖的出版模式希望能对期盼从事小动物（或宠物）临床的大中专学生们及广大的初、中级宠物医师们具有很好的参考价值或指导作用。在此，特别感谢友情参加本书编著的业内医师朋友，他们通常都是在忙碌一天的接诊后而于夜晚伏案奉献出自己的经验；感谢为本书提供图片的朋友或书中所采用图片的作者（均有标注），正是由于他们日常注重拍摄和保存，才使这些有价值的图片得以和读者见面。

　　最后要特别感谢我的师兄——中国农业大学林德贵教授长期以来对我的支持和帮助，并为本书欣然作序。同时感谢我的硕士研究生同学——中国农业大学夏兆飞教授，为本书提供了该校动物医院最新诊疗收费价目表作为附录，极大地提升了本书的参考价值。

　　细心的读者在阅读本书后可能会发现，极少数的犬猫疾病未插入图片，此乃缺乏该病图片所造成的缺憾，因考虑到这些疾病对读者学习的重要性而不便遗漏，只好待将来有机会获得相关图片且再版时予以补充。虽然编著者希望自己的观点和经验能对读者有所裨益，但限于编著者的临床历练或经验积累，或许不能满足高水平或高级宠物医师对相关知识的渴求，那么已经出版的大量中译本小动物医学专著便是我们大家共同学习的工具书。在此也恳请广大读者对本书的不当之处批评指正。

周庆国

2018年1月于佛山

　　近十年来，我国小动物医疗行业发展迅速，无论在经济发达的大、中城市，还是在刚刚脱贫的县、区、乡镇，越来越多不同规模的宠物医疗机构出现在世人面前。目前北京、上海、广州、深圳等地一些宠物医院的规模及诊疗设施与发达国家或地区相比，已无明显差距，部分医院对犬猫疾病的诊断手段及治疗能力也已接近或达到世界先进水平。然而，我国相当多的宠物医疗机构存在面积小、设备缺、专业人员少等突出问题，而且在已经从业多年的所谓"专业人员"中，真正接受过动物医学或小动物医学高等专业教育的人员甚少，大多数临床医生诊断疾病仍然依赖着体温计和听诊器这两样传统诊断器材，显然不利于对越来越复杂疾病的诊断与治疗。

　　我于1988年考入原北京农业大学兽医学院攻读兽医外科学硕士学位，师从我国著名兽医外科学专家温代如教授、陈家璞教授。当时学校兽医院的犬猫门诊病例已经很多，导师温代如教授也常受人之托，在外科手术实验室施行犬、猫阉割术。从那时起，我由以前单纯从事大动物外科开始接触到小动物疾病及其常见手术。基于对小动物临床及外科手术的兴趣爱好，1993年我与原单位西安市奶业科学研究所的几个同事在单位领导支持下，联合创办了所属西安市达瑞动物医院。在近3年的小动物临床实践中，曾经得到导师温代如教授和陈家璞教授的关心指导。1995年由于众所周知的宠物市场低落，无法继续喜爱的小动物临床工作，我于1996年调入刚刚升为本科院校的广东佛山科技学院动物医学系（前身为佛山兽医专科学校），重新开始在读研究生之前从事过的"兽医外科学"教学和新课程"犬猫疾病学"的教学，并参加学校兽医院犬、猫门诊工作。十多年的小动物临床经历尽管使我积累了一定的经验，但我愈加感到，相当多的临床病例仅凭经验已无法迅速作出诊断，其治疗必然带有一定的试验性，愈加认识到应用现代诊断方法的迫切性。由于教学、科研工作的需要，我十分重视拍摄积累临床病例图片，也常利用出差之际参观、考察省内外的一些知名宠物诊所或医院，目睹了广州、深圳、北京与上海部分宠物医疗机构几年来令人惊喜的变化，其先进的诊疗设备与设施、专业化及规范化的布局与设计，反映出我国宠物医疗行业的快速发展前景。我十分感谢这些诊所或医院的负责人，他们为我随意拍摄内部或外部照片提供便利条件，整理出典型病例的X线照片让我拍摄或带回学校，有时恰好遇到有意收集的典型病例拍摄下来，均成为教学不可多得的珍贵资料。使我欣喜的是，这些照片通过在不同课程中出现，使相当多被调配到动物医学专业学习、带有情绪的入校新生对本专业有了好感和兴趣，使尚未确定就业方向的不少"大四"学生在毕业后进入到小动物医学领域。同时我了解到学生希望将课堂上投放的照片拷贝给他们，以便于配合教材自学或在将来的临床实践中对照。我也觉得有必要将多年来从事犬、猫疾病教学、研究积累的丰富资料及个人的临床实践体会整理并编成一本书，在理论上能够反映小动物医学较高水平，实践上有较强的指导性和可操作性，使之能够满足学生的愿望和广大初、中级小动物临床医生提高业务水平的需求，也能为富有经验的小动物医学高级专业人士提供参考。鉴于本人能力有限，特意力邀数位在小动物医学领域不同方向颇有成就的国内知名专家共同编写，由华南农业大学熊惠军教授编写"麻醉技术"和"X线检查"，河南农业大学邓立新副教授编写"超声波检查"，东北农业大学王洪斌教授编写"内窥镜检查"，北京农学院陈武副教授编写"磁共振成像检查"和"椎间盘疾病"，中国农业大学夏兆飞副教授编写"血液尿液检查"，军事医学科学院军事兽医研究所王祥生副教授编写"体内寄生虫病"，中国农业大学林德贵教授编写"皮肤病"，佛山科技学院邓桦副教授编写"肿瘤"，其他内容均由本人完成。为追求对某些疾病及其诊疗方法介绍的完整性，为临床提供有力指导，书中采用了国内外同行所编教材或图谱的部分图片，书中有些图片还是热心同行所赠或帮我扫描，谨向他们表示最诚挚的谢意。

由于本书所有编者均从事着繁忙的教学、科研和临床工作，受每人工作范围的局限性，编写内容肯定存有不足，虽经本人细心地校对、修改，但鉴于个人水平不高，错误之处在所难免，恳请同行对本书提出宝贵意见，以便将来重印或再版时更正。在向中国农业出版社交稿之时，我要感谢最初引领我进入兽医外科领域的西北农业大学王强华教授和已故的方存山教授，感谢一直关心指导我的中国农业大学温代如教授和陈家璞教授，感谢提供大力支持和参加本书编写的所有同行，感谢在百忙之中审阅书稿并提出很好修改意见的山东农业大学王春璈教授和南京农业大学侯加法教授，还要感谢王春璈教授抽出宝贵时间为本书欣然作序。 最后需要感谢的就是我的妻子对我编写的具体协助。如果本书真的能够帮助动物医学专业学生很好地掌握小动物疾病诊疗方法，促进广大的小动物临床医生较快地提高犬、猫疾病诊疗水平，从而推动我国小动物医学事业的发展，我将十分欣慰。

主编　周庆国

视频目录

第十三篇　皮肤疾病

附录

主要参考文献

第一篇
宠物诊所与医院设计

我国自2009年1月起实施《动物诊疗机构管理办法》和《执业兽医管理办法》以来，全国的宠物诊疗行业进入了健康良性发展时期，各地近年来更是涌现出一个个环境面貌装饰一新、检验检测设备先进的宠物诊所或医院。同时，各地的宠物医师或宠物（小动物）诊疗行业协会也相继成立，标志着宠物诊疗行业的快速发展和壮大。尤其随着国内宠物医师与我国香港、台湾地区及国外宠物业同行的交流日益增多，不断引入先进的宠物诊疗服务理念，催生出一大批以呵护宠物为本、细微服务于宠物及其主人的宠物诊疗机构，其专业化的功能布局和优美的就诊环境堪与人类美容院或高档会所相媲美。

然而毋庸忽视，我国宠物诊疗行业在各地的发展很不平衡，不少地区受当地经济因素和宠物消费观念的影响和制约，仍然存在传统兽医诊疗思维的局限，其诊疗面积狭小、诊疗条件落后、服务内容单一的现状依然存在。为了促进国内宠物诊疗行业整体形象的快速提升与改变，本篇介绍一批广州、深圳、佛山、苏州、武汉、上海、北京等地最具代表性的宠物诊所与医院的设计理念、环境面貌和内部规划布局，期望能对全国各地、尤其二三线城市及乡镇的宠物诊疗机构发挥启迪作用。

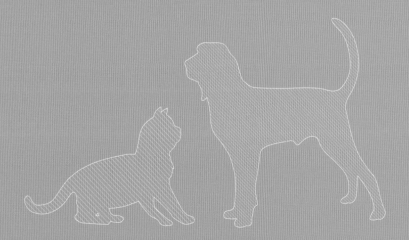

第一章
宠物诊所设计

我国2009年1月实施的《动物诊疗机构管理办法》中指出："从事动物诊疗活动的机构，应当取得动物诊疗许可证，并在规定的诊疗活动范围内开展动物诊疗活动。申请设立动物诊疗机构的，应当有固定的动物诊疗场所，且动物诊疗场所使用面积符合省、自治区、直辖市人民政府兽医主管部门的规定"。因此，申办宠物诊所或医院首先应当符合当地政府对使用面积的有关规定。

一、宠物诊所的面积要求

根据几个直辖市和部分省份的有关通知，北京市2010年发布的"北京市农业局关于规范动物诊疗机构管理工作的通知"中规定，动物诊所的使用面积不少于60m^2；天津市2013年发布的"天津市农委关于印发关于加强动物诊疗管理的若干规定的通知"中规定，宠物诊所使用面积应当不小于60m^2；河北省2010年发布的"河北省动物诊疗机构管理实施办法"中规定，动物诊疗所用房使用面积40m^{2}以上；江苏省2011年发布的"宠物诊疗机构规范化建设标准（试行）"要求，宠物诊所不少于60m^2；浙江省2011年发布的浙江省地方标准"动物诊疗机构管理规范"中规定，动物诊所的使用面积不少于40m^2；上海市2011年发布的"关于切实规范本市动物诊疗机构管理工作的通知"中没有涉及宠物诊所使用面积，规定新申办的动物诊疗机构诊疗面积应当不少于200m^2，同时需具有3名以上取得全国执业兽医资格的专业技术人员。此外，从全国其他省份的有关资料也能得知，宠物诊所使用面积大多规定为40m^{2}以上。

二、宠物诊所的规划布局

宠物诊所的规划和布局不仅受使用面积制约，同时也受装修与设备资金的影响。在符合国家《动物诊疗机构管理办法》规定的"具有布局合理的诊疗室、手术室、药房等设施"和"具有诊断、手术、消毒、冷藏、常规化验、污水处理等器械设备"的前提下，应充分利用诊所有限空间，对各个功能区合理布局，每个功能区紧凑设计，必要时可将部分功能合并在一个空间完成，从而能节约出更多空间以扩大功能区。如果再有充裕设备资金和优良技术的支持，也能使一个面积较小的宠物诊所发展为具有鲜明特色的专科级或专家级宠物诊所。宠物诊所的设计风格上可根据个人喜好，或突出专业特色，或体现温馨特点，但从国内外发展趋势看，专业性与温馨感相结合的设计风格已成为主流（图1-2-1至图1-2-8）。

在国内宠物诊疗行业发展的过程中，有相当多的港台地区兽医师前来大陆交流和创业，对大陆宠物诊疗行业的发展进步起到了良好的示范和推动作用。港式、台式风格的动

图1-2-1　广州威健动物诊所

简约设计的中英文对照门牌庄重、典雅，右边落地窗内为宽敞的诊室。

（周庆国）

图1-2-2　广州威健动物诊所：前台与候诊区

墙壁为奶黄色调，左侧墙壁上挂有数幅犬、猫的装饰画，右侧为诊室，看起来好似某公司办公室或美容院。

（周庆国）

图1-2-3　广州威健动物诊所：诊室

室内宽敞，有相当多的地柜和吊柜，台面上放有一些供客户浏览的宣传册和宠物器官标本。

（周庆国）

图1-2-4　广州威健动物诊所：药房

在楼梯下面设计了不少地柜和吊柜，可放置较大数量的药品和用品，避免了凌乱现象。

（周庆国）

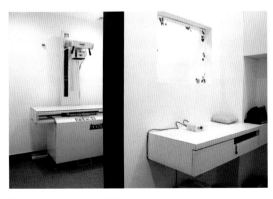

图1-2-5　广州威健动物诊所：X光室

分隔为内外两室，内室装美国Summit公司InnoVet兽用高频X光机，操作者可隔着铅玻璃观察并遥控操作。

（周庆国）

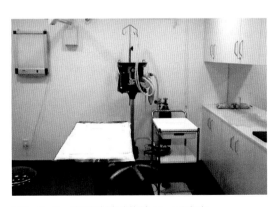

图1-2-6　广州威健动物诊所：手术室

除了必备的手术台、器械推车、观片灯、冷暖空调外，还配备了澳洲AAS小动物气体麻醉机。

（周庆国）

图1-2-7　广州威健动物诊所：手术准备室

左侧有门通向手术室，因空间偏于狭小，地柜和吊柜可容纳很多手术耗材，地柜台面可用于猫和小型犬术部清洁。

（周庆国）

图1-2-8　广州威健动物诊所：通道

通道左侧有药房，右侧诊室后为犬、猫各自单独的留医室。

（周庆国）

物诊所在诊室设计上具有独到之处，诊室多为封闭式，一般不放座椅，医师站立接诊，在有限的诊室空间内完成临床一般检查、取样及显微镜检查、口服或注射给药等许多工作，因此诊室实际成为了诊疗室。港式、台式风格的手术室是另一大亮点，价值高的手术设备有全自动蒸汽压力灭菌器、气体麻醉机、监护仪、高频电刀等，小的医用材料有手术耗材或急救药品，各种配备应有尽有，十分充实，为手术过程提供了极大的工作便利（图1-2-9至图1-2-12）。

图1-2-9　深圳东方动物诊所：前台与候诊区

左边门内为诊疗室，右边货架上为美国希尔思犬粮和法国皇家犬粮。

（周庆国）

图1-2-10　深圳东方动物诊所：诊疗室

配备显微镜、观片灯、各种药物和注射器等常用耗材，含临诊检查和治疗功能。

（周庆国）

图1-2-11 深圳东方动物诊所：手术室（1）

整排的地柜和吊柜、升降手术台、快速高压灭菌器、高频电刀等。

（周庆国）

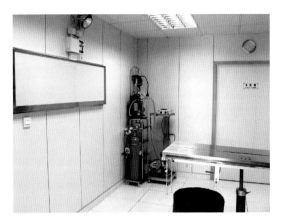

图1-2-12 深圳东方动物诊所：手术室（2）

画面正中为气体麻醉机，左边墙上挂宽屏观片灯和停电应急灯，右后方门通向X光室。

（周庆国）

（周庆国）

第二章
宠物医院设计

根据国家《动物诊疗机构管理办法》，动物医院（或宠物医院）具备从事动物颅腔、胸腔和腹腔手术的资质，应当具有手术台、X光机或者B超等器械设备。与国家《动物诊疗机构管理办法》规定的器械设备条件相比，有些地区规定申办动物医院应达到的器械设备条件比较严格，如天津市要求除了手术台、X光机或者B超仪以外，动物医院还应具备血压计、无影灯、心肺功能监测仪、血细胞分析仪、血液生化分析仪、尿检仪等设施设备。显然，这些补充规定对于设立专业化的宠物医院是非常必要的，有助于提升宠物医师的临床诊治水平。为了适应宠物医院临床诊疗业务的有序开展，在现有使用面积的基础上，有必要对各个功能区进行合理的规划与设计。

一、宠物医院的面积要求

从2009年1月我国开始实施《动物诊疗机构管理办法》以来，全国多地政府部门对宠物医院的使用面积做了规定。北京市2010年发布的"北京市农业局关于规范动物诊疗机构管理工作的通知"中规定，动物医院使用面积不低于120m²；天津市2013年发布的"天津市农委关于印发关于加强动物诊疗管理的若干规定的通知"中规定，宠物医院使用面积应当不小于150m²；江苏省2011年发布的"宠物诊疗机构规范化建设标准（试行）"要求，宠物医院不少于100m²；浙江省2011年发布的浙江省地方标准"动物诊疗机构管理规范"中规定，动物医院的动物诊疗场所使用面积不少于120m²；上海市2011年发布的"关于切实规范本市动物诊疗机构管理工作的通知"中规定新申办的动物诊疗机构诊疗面积应当不少于200m²。由此看来，全国多地对宠物医院使用面积的规定基本在100m²以上。

从全国各地宠物医院的实际使用面积来看，可将其大致分为小型、中型和大型宠物医院，其中实际诊疗面积在100～300m²的，可称为小型宠物医院；诊疗面积在300～500m²的，可称为中型宠物医院；诊疗面积在500m²以上的，可称为大型宠物医院。

在医院外部面貌及店牌设计风格方面各有特色，最多见的是简约、清爽的外貌（图2-1-1、图2-1-2）。也常见个性化突出的外貌，或如现代商场（图2-1-3），或如古堡园林（图2-1-4），或依楼层优势设计店名或店牌，尤显雄伟庄重，颇有气度（图2-1-5、图2-1-6）。

图2-1-1　西安乖宝宝动物医院

医院门面设计简约、清爽，红色字体凸显童趣。

（周庆国）

图2-1-2　深圳立健宠物医院

医院门牌虽短小，但大气，"猫专科"反映当前宠物诊疗专科化趋势。

（周庆国）

图2-1-3　广州威健动物医院

依宽阔的门面优势，采用铝合金框和玻璃灯箱展示，白天和夜晚均能展现出医院的高档品质。

（全瑛）

图2-1-4　上海顽皮家族宠物医院

医院掩映在一片绿色之中，突出的碉堡使人感觉仿佛到了某个旅游景区，充足的停车位使开车前来的宠物主人不必忧虑停车问题。

（周庆国）

图2-1-5　北京瑞派祥云动物医院

医院虽夹于众多店铺之间，但招牌醒目并突出专科特色。医院分二层，一层为前台、候诊区和诊疗区，二层为手术区、住院区和员工活动区。

（周庆国）

图2-1-6　上海申普宠物医院

大楼古朴雄伟，店牌设计风格与其相得益彰。医院分三层，一层左边为宠物用品超市，中间为前台，右边为化验室、普通诊室等；二层以上为诊疗区，内设宠物进出境检查及国际诊疗室。

（周庆国）

二、宠物医院的规划布局

宠物医院拥有较大的使用面积、各种诊疗仪器设备以及形成的相关功能，其内部规划应当按照功能划分出不同区域，如前台挂号区、候诊休息区、诊室、化验室、X光室、B超室、手术室与术前准备室、其他专科诊（疗）室、药房、输液区（室）、住院留医室、宠物用品美容寄养区（室）、会议培训室等。常见的医院规划多是按照楼层原有房间进行长方形布局，不必过多改造，装修相对简单，但也明显存在一些不足（图2-2-1）。为了使各个功能区（室）合理衔接，圆弧形布局是一种值得借鉴的好形式，但需要拆除原有的许多墙壁重新设计，按照诊疗流程将功能区（室）有序地衔接起来（图2-2-2）。

图2-2-1　深圳福华宠物医院：长方形布局

各个功能室沿走廊一侧或两侧分布，空间利用充分，功能划分清楚，但增大了人员往返距离。

（周庆国）

图2-2-2　上海顽皮家族宠物医院：圆弧形布局

多个功能室以中央处置台为中心呈圆弧性分布，提高了中央处置台的利用率，有效减少人员往返距离。

（周庆国）

（一）前台挂号区

前台客服的作用首先是对客户迎送和引导，承担初诊病例登记、复诊病历查询、免疫注射通知、咨询电话接转和宠物食品用品销售等工作，在多数医院里也承担着收费职能。医院前台的位置主要依医院面积或空间而定，通常布局在医院入口或入口的中心位置，以便最方便地为客户提供服务，同时也负责内部安全管理（图2-2-3、图2-2-4）。有些医院的前台设计极具特色，在艺术天花和灯光的烘托下，使宠物医院如同人类的俱乐部或高级会所（图2-2-5、图2-2-6）。

（二）候诊休息区

这个区域布局在医院正门内或者靠近诊室，作为客户候诊和付费前后的休息场所，也是前来医院洽谈业务的供货商短暂歇息的地方，是观察宠物医院内部风格和专业形象的重要窗

图2-2-3　北京瑞派关忠动物医院：前台

前台布局在医院入口处，承担接待、挂号和引导客户的功能，装修主色调凸显专业、端庄风格。

（周庆国）

图2-2-4　广州芭比堂爱宠中心医院：前台

前台布局在医院入口一边呈平面半弧形，天花的弧形设计风格及色调与前台上下呼应，装修主色调凸显专业、温馨风格。

（周庆国）

图2-2-5　上海爱贝尔宠物医院：前台

红白两色圆弧形前台布局在医院入口中心位置，环绕前台依次有免疫室、犬诊疗室、猫诊疗室、药房等，装修色调与照明凸显专业、豪华风格。

（周庆国）

图2-2-6　上海岛戈宠物医院：前台

半弧形前台靠左墙，墙壁挂了很多儿童与宠物玩耍的照片，前台背景墙上的中英文字体小而端正，在吊灯映照下清晰而分明，装修色调与照明凸显专业、典雅风格。

（周庆国）

口。各家医院在细节方面多有不同的个性化设计，小型宠物医院的候诊和休息区通常规划为一个区域，大中型宠物医院因诊室多或面积大，除了规划门内休息区外，也常在诊室旁边规划候诊区或休息区（图2-2-7至图2-2-10）。

（三）诊室

诊室是医师向宠物主人询问宠物病情、进行一般检查和分析病情、开具处方或诊疗证明的地方。在一些宠物诊所或小型宠物医院，由于空间所限，较多采用开放式诊室设计，其优点为视野开阔、通风良好，但诊疗过程易受周围各种声音的干扰。而在许多大中型宠物医院，完全采取了封闭式诊室设计，其优点为安静私密，有利于医师学习、思考及与客户交流，目前已成为诊室设计的主流选择（图2-2-11、图2-2-12）。

图2-2-7　深圳前海瑞鹏宠物医院：门内休息区

健康宠物可在这里接受免疫注射，不必入内。客户坐在藤椅上能方便地阅读宠物画册，或许顺便购买几件宠物玩具。

（周庆国）

图2-2-8　北京瑞派祥云动物医院：候诊休息区

诊室旁休息区备有饮用水和咖啡，满足客户不同需求，给客户一种极好的感受。

（周庆国）

图2-2-9　广州威健动物医院：候诊休息区

宽大的双色调圆角环形沙发很有特色，布局在门内疫苗注射室和诊疗区外。

（周庆国）

图2-2-10　北京瑞派关忠动物医院：猫科候诊区

医院二楼为猫科诊疗区，贴心设计的候诊区似咖啡厅风格，确定给客户特别印象。

（周庆国）

图2-2-11 深圳前海瑞鹏宠物医院：开放式诊室

这类诊室具有视野开阔、通风良好的特点。

（周庆国）

图2-2-12 苏州曹浪峰动物医院：封闭式诊室

这类诊室具有独立、安静、私密的特点。

（周庆国）

　　然而，当代最流行的诊室设计均为前后两个门，宠物主人携宠物经前台、候诊区，由前门进入诊室，当临床一般检查或诊断结束后，由兽医助理携宠物由后门进入到中央处置区接受相应的处理（图2-2-13）。中央处置区的中央位置是依该院业务量安放的1个或多个处置台，且处置台配有良好的照明、冷热水、氧气插孔等（图2-2-14），通常的外伤处理、胃镜检查、牙科检查和治疗等都可以在这里进行。围绕中央处置区分别布局药房（药柜）、化验室（台）、X光室、B超室、手术室、输液区或住院区等各种功能区（室），这种布局与设计为医助人员较快地处理病例创造了良好的条件，极大地提高各个岗位的工作效率，也能有效地避免传统通道式布局最常出现的人流往返杂乱现象。

　　值得注意的是，近年来新装修的一些宠物医院，积极引入国际上宠物诊疗服务的先进模式，根据犬、猫不同的生理行为特点，规划出独立的犬诊室、猫诊室、甚至VIP客户室，在内部装饰方面极具观赏性和舒适性，反映出宠物医院建设的新理念和发展的新趋势（图2-2-15至图2-2-18）。

图2-2-13 北京恒爱动物医院：诊室

从诊室前门角度可以看到后门外的处置台。

（周庆国）

图2-2-14 北京恒爱动物医院：中央处置区

从中央处置区经诊室后门可以看到诊室内。

（周庆国）

图2-2-15 广州立德动物医院：犬诊室

诊室设计了前后门，后门通向药房与化验室，仅限于内部人员出入。墙壁上的犬头像显然是本诊室的一个象征。

（周庆国）

图2-2-16 广州立德动物医院：猫诊室

在医院二楼设计了两个猫诊室，其中VIP猫诊室有朝向户外花园的落地玻璃窗，靠窗长条沙发让猫主人有宾至如归般的舒适感。

（周庆国）

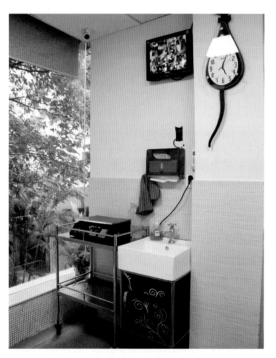

图2-2-17 广州立德动物医院：猫诊室一角

墙上的猫形时钟、适用于猫的小型电子秤及质量上乘的洗手池和纸巾盒，无不反映该院在诊室设计上的细致。

（周庆国）

图2-2-18 广州立德动物医院：猫诊室外候诊区

舒适的沙发、优雅的灯光和墙上的猫像，为猫主人提供了优美、温馨的候诊环境。

（周庆国）

（四）化验室

积极开展临诊各种检验、检测项目，能明显地提高宠物医师诊断疾病的准确性，其提升宠物医院的医疗地位和增加门诊收入的作用非常显著。根据当前宠物诊疗实际需要，应当配备的仪器包括双目视频显微镜、血细胞分析仪、生化分析仪、电解质与血气分析仪、尿液分析仪、血凝分析仪、内分泌分析仪、急性期蛋白检测仪，以及进行血液、尿液等体液分析时需要使用的高、低速离心机等。开展细菌、真菌培养和药敏试验项目时，可以配备小型恒温培养箱，另外购买相应的商品化培养基即可。若使用面积足够，另配备超净工作台更有利于操作。目前，适用于宠物医疗的国产、进口检验检测仪器品牌很多，选购时主要根据其检验精准度、故障率、价格是否适宜及维修是否便利等几个方面综合考虑，而参考业内同行的使用评价则更为重要。化验室的位置传统上临近诊室或在诊疗大厅的突出位置，在方便医助人员采样检测或检验的基础上，通过客户观看也凸显了医院的专业实力（图2-2-19、图2-2-20）。

近年来随着"中央处置区"功能的认知和设计，也为了更合理地利用医院的有限空间，传统的封闭性化验室和药房均被设计为开放性的（图2-2-21、图2-2-22），从而使得医助人员的有关操作更加便利，极大地提高了工作效率。

图2-2-19　上海顽皮家族宠物医院：化验室

布局在诊疗区显著位置，颇有创意的圆弧形大玻璃窗既能防尘，也扩大了展示效果。

（周庆国）

图2-2-20　深圳康德宠物医院：化验室

布局在诊疗大厅内，化验室与药房一体，助理可兼做药房和化验工作。

（周庆国）

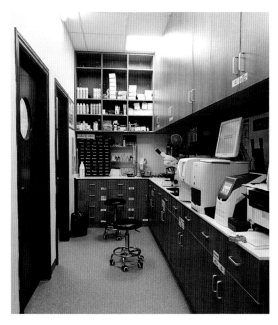

图2-2-21　广州泰洋动物医院：化验台与药柜

将化验仪器与药品集中在一个通道内，图片左边2个门内分别为2个诊室，通道对着中央处置区。

（周庆国）

图2-2-22　佛山先诺宠物医院：化验台与药柜

将化验仪器与药品柜集中在中央处置区内，另配有常用耗材推车，化验台对着中央处置台。

（周庆国）

（五）X光室

X光机是宠物医院不可或缺的必要设备，对于犬、猫多种疾病的准确诊断发挥不可替代的作用。之前多数宠物医院因使用面积受限，X光室通常规划为一间，除了放置X光机和摄片床外，另分隔出1~2m²冲洗胶片的暗房（图2-2-23）。然而近年来，越来越多的宠物医院装备了计算机X线摄影系统（computered radiography，CR）或直接数字化X线摄影系统（direct digital radiography，DDR），使X线检查的便利性得到极大地提升，因此已无必要再设置暗房，但仍需分为内、外两间，内间放置X光机和摄片床（含DR平板或CCD探测器），外间放置电脑软件系统，在内、外隔墙（或推拉门）上安装铅玻璃防护窗以便于观察拍片过程（图2-2-24、图2-2-25）。为了能为某些手术（如骨、关节手术和消化道异物取出）中途摄片提供便利，X光室习惯布局在手术室隔壁并有门与之相通（图2-2-25）。在此基础上，也可将内科诊室和外科诊室分别布局在X光室两侧，有利于加快对患病宠物的检查诊断流程（图2-2-26）。

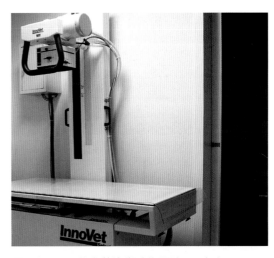

图2-2-23　北京芭比堂动物医院：X光室

10年前：配备美国InnoVet公司经典型动物高频X光机，图右边门内为冲洗片子的暗房。

（周庆国）

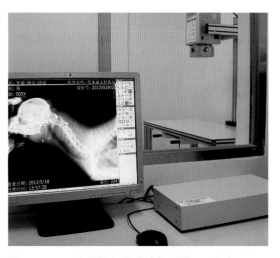

图2-2-24　广州技师学院动物医院：X光室

配备日本MIKASA HF100HA动物用全数字化高频X光机和Canon CXDI-60G DR系统。

（周庆国）

图2-2-25　佛山先诺宠物医院：X光室

配备深圳安健公司UC臂DR系统，在一间房内用内装铅板和铅玻璃的推拉门将摄片和电脑操作屏蔽开。图片左后防护铅门通手术室。

（周庆国）

图2-2-26　深圳瑞鹏宠物医院旗舰店：X光室

左边门内为内科诊室，室内有门与X光室相通，X光室内两个门分别通向外科诊室和手术室。

（周庆国）

（六）B超室

B型超声检查无组织损伤，无放射性危害，能对很多疾病提供迅速而准确的诊断结论，是X光检查技术之外的另一重要影像学诊断技术。随着宠物疾病诊疗技术的进步，近年来B型超声诊断仪在国内宠物诊疗行业快速普及，尤以全数字黑白便携式或台车式B超仪的使用数量增长最快。在技术上领先的部分宠物医院还配备了彩色超声诊断仪，极大地提升了对宠物心血管疾病和肿瘤的诊断能力。B超室的位置传统上布局在X光室旁或临近内科诊室的地方，内部设计比较简单，面积以能放置B型超声诊断仪及其推车、一张普通诊疗台或特制的适用于探测各部位的保定台即可（图2-2-27）。然而，当前在以中央处置区为中心的宠物医院布局和规划中，B超仪已经不需要专门的房间放置，放在中央处置区适当的地方，也有直接放在内科诊室里，在需要使用时拉过来即可，不仅节约了一定的空间，也提高了医生检查诊断的效率（图2-2-28）。

（七）手术室与术前准备室

外科手术是治疗宠物疾病的重要手段，装备优良的手术室有利于手术顺利进行，是提高手术成功率的重要保障。手术室的基础设施包括器械器材柜、洗手池、整体反射式无影灯或冷光源反光灯、停电应急灯、冷暖空调和空气过滤装置等，现代的手术装备包括可升降加温手术台、气体麻醉机和呼吸机、多参数监护仪、无创血压计、高频电刀、观片灯、负压吸引器等（图2-2-29、图2-2-30）。手术室应当附带术前准备室，配备压力蒸汽灭菌器、洗涤池、处置台等，以便对器械、敷料和动物等进行无菌准备。然而，相当多的宠物诊所或小型宠物医院因总面积所限，规划的手术室面积偏小，且无术前准备室和换鞋更衣室。在此种条件下，可将压力蒸汽灭菌器放置在手术室内进行器械消毒，将术部除毛与清洗等操作放在诊疗区或中央处置区内完成，尤其可在中央处置台上进行麻醉诱导和气体插管，再将已进入镇静或麻醉状态的动物转移到手术室内，如此便有利于保持手术室内的无菌或清洁环境

图2-2-27　金华职业技术学院动物医院：B超室

B超室空间很大，除了配备无锡祥生8300Vet便携式B超仪和简易台车外，还配备了预检水槽，扩大了B超室的用途。

（周庆国）

图2-2-28　上海爱贝尔宠物医院：内科诊室

诊室空间较大，放置飞利浦CX50高端彩超，此款彩超带有飞利浦独有的纯净波晶体探头，能够满足更宽范围的临床应用，成像准确迅速，可获得极丰富的细节表现。

（周庆国）

（图2-2-31、图2-2-32）。手术人员进入手术室前，必须脱下门诊工作衣，在手术室门口换穿手术专用拖鞋，然后再进入手术室，依序完成洗手、消毒、穿无菌手术衣和戴无菌手套的全部过程（图2-2-33、图2-2-34）。

手术台是手术室的核心设备，国内小动物（宠物）专用手术台从无到有，经历了一个漫长的过程。21世纪初期，一款可升降宠物手术台从无锡推向全国，受到行业的普遍欢迎。随着国内宠物诊疗行业的快速发展及对专用手术台的需求增加，目前市场上已有国产和进口多款小动物手术台销售。

（八）其他专科诊（疗）室

随着宠物诊疗行业的发展进步，犬、猫、兔的口腔疾病或牙病受到极大的重视，许多

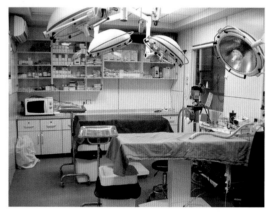

图2-2-29　北京芭比堂动物医院：手术室

配备两个手术台、美国SurgiVet气体麻醉机、V3404心电监护仪、山东飞天ZF-615型TV外置摄像头、整体反射式无影灯和观片灯等。

（周庆国）

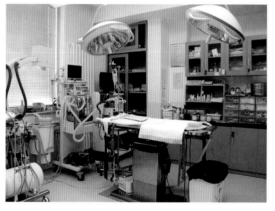

图2-2-30　北京恒爱动物医院：手术室

配备一个可升降手术台、电子胃镜、木村麻醉机和呼吸机、金脑人高频电刀、C形臂X光机、澳洲iM3牙科综合机和啄木鸟洗牙机等。

（周庆国）

图2-2-31　上海顽皮家族宠物医院：中央处置区

宠物术部除毛、清洗在手术室外的中央处置台上进行（图2-2-2），上方的壁挂式伸缩灯和纸巾盒以及旁边放置常用消毒药品和器材的推车为术前准备提供了便利。

（周庆国）

图2-2-32　长沙铭心宠物医院：中央处置区

中央处置台左后方为手术室，处置台上方为壁挂式"易麻"气体麻醉机，此处可进行麻醉诱导、胃镜检查、牙科检查和治疗等。

（周庆国）

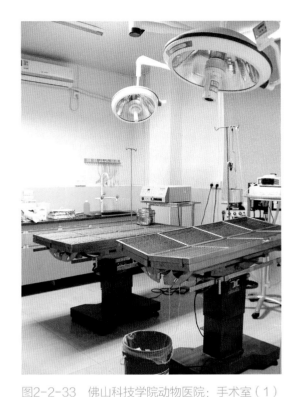

图2-2-33　佛山科技学院动物医院：手术室（1）

配备两个可升降手术台、美国SurgiVet呼吸麻醉机、V3404心电监护仪、整体反射式无影灯、高频电刀等。

（周庆国）

图2-2-34　佛山科技学院动物医院：手术室（2）

手术人员进入手术室前需更换手术专用拖鞋，以维持手术室的清洁环境。

（周庆国）

宠物医院开设了宠物口腔科或牙科门诊，已成为增加门诊收入的重要项目（图2-2-35、图2-2-36）。一些宠物医院还购进了胃镜和腹腔镜等设备，增强了对宠物消化道及腹腔疾病的诊治能力。特别是胃镜的使用，提高了对犬、猫胃病类型及性质诊断的准确性，也使多发的食道、胃、小肠近段异物能通过胃镜取出（图2-2-37）。随着门诊中央处置区的逐渐普及，胃镜检查和牙科治疗都可以在中央处置台上进行，那么在此处配备气体麻醉机就十分必要，当然也可将手术室里的气体麻醉机推过来使用。

血液或腹膜透析是近年来对肾衰宠物开展的治疗项目，部分宠物医院装备了价格不低的血液透析机，通过透析疗法将体内各种有害及多余的代谢废物和过多的电解质移出体外，达到净化血液、纠正水与电解质失衡及酸碱失衡的目的，为进一步治疗赢得时机（图2-2-38）。

磁共振成像（Magnetic Resonance Image，MRI）是国内宠物诊疗行业迈入崭新阶段的反映。作为一种新型医学影像学诊断技术，磁共振成像无放射线及强磁性危险，软组织对比度高，非常适用于宠物脑、脊髓、心血管、纵隔、肝、胰、肾、膀胱、软组织、骨骼和关节等组织器官结构与功能异常的诊断，目前已经出现在我国北京、上海、深圳、广州和武汉等地的宠物医院（图2-2-39、图2-2-40）。

（九）药房

药房的布局主要考虑能最大程度地方便客户取药，也能缩短医师从诊室到药房、助

图2-2-35 北京伴侣动物医院：牙科诊室

配备北京世纪新富BAGH-1C牙科综合治疗机和宠物预检水槽，墙壁装有适合口腔照明的可伸缩深部LED灯。

（刘朗）

图2-2-36 上海爱贝尔宠物医院：牙科诊室

配备美国Metrx麻醉机、移动式牙科X光机、牙科综合治疗机、悬吊式LED深部照明灯和宠物预检水槽。

（周庆国）

图2-2-37 太原博爱宠物医院：胃镜室

装备上海欧加华EMV-220电子胃镜，主软管外径7.5mm，内径2.2mm，工作长度1 050mm。图中犬患胸腔食道异物阻塞，使用胃镜异物钳和网篮将异物成功取出。

（卫顺生）

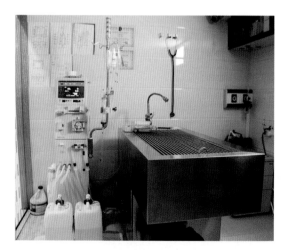

图2-2-38 广州光景宠物医院：透析室

装备日本Leaf株式会社NCU-A动物血液透析机的透析室。

（李胜忠）

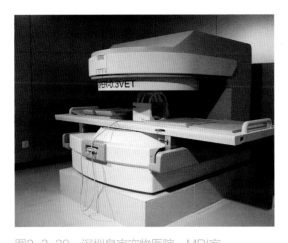

图2-2-39　深圳皇家宠物医院：MRI室

装备宁波鑫高益OPER-0.3VET宠物磁共振成像系统。

（喻信益）

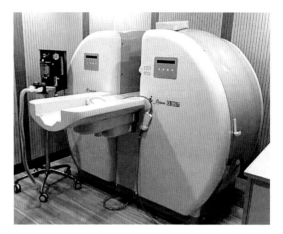

图2-2-40　武汉点点宠物医院：MRI室

装备北京华润万东i-Open 0.35T 宠物磁共振成像系统。

（陈苏骅）

理从药房到处置区或输液室（区）的距离，因此位置通常选在临近诊室、处置区或输液室（区）的地方，或布局在诊室与处置区或输液室（区）之间（图2-2-41）。在药房外观设计上，通常可见到平面型和圆弧型两种，圆弧型外观具有较强的视觉冲击力，但需要根据所布局的具体位置而定（图2-2-42）。在内部设计上，基本考量是以有限空间尽量能存放很多的药物和部分医疗用品，且容易取用。随着中央处置区特色设计的流行，由于对宠物主人基本上限制进入，所以传统的封闭式药房相应改变为开放式药柜，极大地方便了医护人员的治疗操作，显著提高了对临床病例的处置效率（图2-2-43、图2-2-44）。

（十）输液室（区）

传统的输液室通常布局在临近药房的地方，使用面积以日常门诊病例数或需要输液的最大病例数为考量。主要设施有输液台或输液笼，其中输液台可见桌台式、推车式或多位组合

图2-2-41　上海顽皮家族宠物医院：药房

左边为药房，临近前台、候诊区和诊室，经过通道可达中央处置区和其他功能室。

（周庆国）

图2-2-42　深圳瑞鹏宠物医院旗舰店：药房

位于医院中心显著位置，极具创意的弧形玻璃窗，给客户以良好的视觉冲击。

（周庆国）

图2-2-43　佛山先诺宠物医院：中央处置区药柜

药柜位于处置区一侧，毗邻化验仪器和处置台，治疗中取用药品十分方便。

（周庆国）

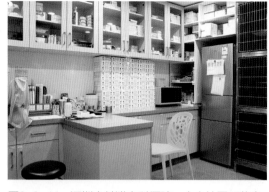

图2-2-44　深圳立健猫专科医院：中央处置区药盒

猫处置台大小适中，壁柜里的药品和塑料药品盒近在手边，还有冰箱和输液笼等。

（周庆国）

式，常用不锈钢或大理石材料以便于清洁和消毒（图2-2-45）。组合式输液笼是近年来流行的输液设施，给患病宠物安装留置针后放在组合式输液笼内输液，同时使用输液泵控制药液的剂量、滴速、温度、停滴报警等，不仅能有效地避免跑针而致液体漏至皮下引起疼痛，使输液过程顺利进行，并且极大地减轻了传统输液人工保定和监护的辛苦程度。有的医院既保留传统多位组合式输液台，又增加了组合式输液笼，如此便适用于宠物主人陪护或不陪护的各种情况（图2-2-46）。随着中央处置区特色设计的流行，以及留置针和输液泵的应用普及，门诊输液大多已无需主人陪护，因此输液笼均布局在处置区的处置台附近，从而使包括输液在内的各种操作十分便利，而且显著节约了单设输液室的空间（图2-2-47、图2-2-48）。

（十一）住院部（留医室）

接收患病宠物住院治疗是宠物医院的主要服务项目，患病宠物住院后，有助于医师准确掌握其病情的发展变化，及时采取相应的治疗措施，提高治疗效果；同时接收住院病例也是

图2-2-45　美联众合转诊中心：输液室

输液区临近药房，为医师和助理工作提供便利，左边是多位组合式输液台和吊轨式输液勾，右边放沙发且配输液勾，以适应不同客户。

（刘朗）

图2-2-46　昆明东方宠物医院：输液室

输液室内既有传统多位式输液台，也有组合式输液笼，输液笼侧面为宠物餐具消毒柜，设计和配置周到。

（周庆国）

图2-2-47　广州泰洋动物医院：输液笼

使用组合笼输液能节省空间，组合笼上面放猫或小型犬，下面放大中型犬，下面笼子有活动隔板，可根据犬只体格大小调整笼内空间。

（周庆国）

图2-2-48　佛山先诺宠物医院：猫区输液笼

安装在猫处置区的组合式输液笼大小相等，能容纳8只门诊病猫输液，上下笼之间安装设备带，使得用电和供氧非常便利。

（周庆国）

医院门诊收入的重要补充和展示医院形象的特别窗口。住院部（留医室）通常布局在门诊后面的安静区域或设置在二楼，犬与猫的住院部分开一定距离（图2-2-49、图2-2-50），普通病房和传染病房也间隔一定距离，注意传染病房的排风口或风向不得朝向普通病房。住院部（留医室）的合理布局、专业化设计和规范化管理，配合优良的服务态度和扎实的专业技术，努力获得宠物主人的好感和好评，对提升医院社会知名度和增加门诊业务量具有重要意义（图2-2-51至图2-2-54）。然而，有些宠物医院对住院部或住院病例不够重视，仅有常规检查用药，但无专人盯守护理，其原因之一是住院部或留医室条件简陋，或通风设施不良，除了冰冷的笼子和水池以外，没有为医师和助理设计出能够正常呼吸的环境，并配备工作学习需要的桌椅。在这样的医院里，容易发生患病犬猫于输液前后死亡而不被发现，或主人探望时发现犬猫已死而医护人员却不知的情形，这样的医院不可能获得主人信任和满意，反而非常容易引起纠纷，结果是导致医院声誉降低。

图2-2-49　上海爱贝尔动物医院：住院部

位于医院二楼，处置台位于中央，左边为猫住院部，右边为犬住院部，几个花盆的点缀增添了住院部的宁静、温馨气氛。

（周庆国）

图2-2-50　上海岛戈宠物医院：猫住院部

称为"猫康复中心"的住院部也在二楼，门上圆形玻璃窗有利于医助人员观察病猫状态，室内放置有处置台。

（周庆国）

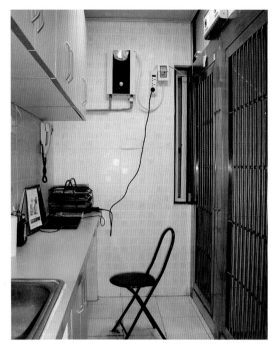

图2-2-51 北京芭比堂动物医院：住院部

设计有办公台和洗手池，配备电脑、电话、电热水器等，创造了留医室良好的工作环境。

（周庆国）

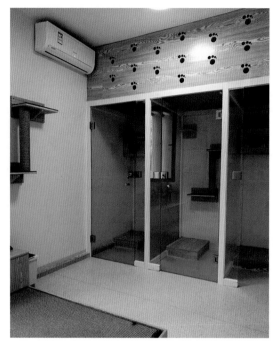

图2-2-52 北京瑞派关忠动物医院：猫住院部

每只猫有较大的活动空间，室内配置有猫主和爱猫亲近的榻榻米。

（周庆国）

图2-2-53 广州芭比堂爱宠中心医院：住院部（1）

住院部面积宽阔，门内设置有处置台，一排组合式输液笼配有输液泵。

（周庆国）

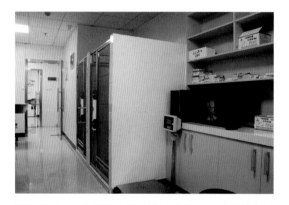

图2-2-54 广州芭比堂爱宠中心医院：住院部（2）

住院部门内左边为两个独立的犬笼用于大型犬，向后放置药柜并配置电脑，接入院内管理系统。

（周庆国）

（十二）宠物用品、美容、寄养区（室）

宠物用品销售、宠物美容和寄养是宠物医院增加收入不应缺少的服务项目，具有联系客户与医院的重要桥梁作用，如果经营得好，一般可占宠物医院总营业额的1/3以上。宠物用品区和宠物美容室通常布局在医院前部或侧面，以方便单纯购买用品或携犬美容的客户，在细节设计方面往往各有特色，但基本设计风格是活泼、时尚、温馨（图2-2-55至图2-2-60）。

图2-2-55　苏州曹浪峰动物医院：宠物用品超市

错落有序排列的货架，明亮柔和的灯光，营造出温馨、惬意的购物环境。

（周庆国）

图2-2-56　深圳瑞鹏宠物医院旗舰店：宠物用品超市

不同风格的货架和用品转台，正面货架的背景灯和设计为宠物脚印的天花灯，展示出构思巧妙且独具特色的设计风格。

（周庆国）

图2-2-57　深圳瑞鹏宠物医院旗舰店：美容室

采用弧形玻璃窗有良好的通透性和展示效果，玻璃窗上的香薰浴、盐浴和泥浴海报为客户提供了更多选择。

（周庆国）

图2-2-58　深圳前海瑞鹏宠物医院：美容室

水池为水泥板贴瓷片，安装电热水器、空调和排气扇，是很多宠物美容室的标准设计。

（周庆国）

图2-2-59　西安乖宝宝动物医院：美容室

采用不锈钢洗澡水池，有随时移走的便利，适用于面积狭长的空间，也适合于发展中可能需要重新调整的医院。

（周庆国）

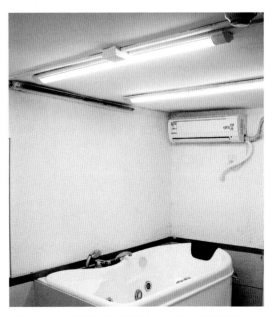

图2-2-60　深圳前海瑞鹏宠物医院：VIP美容室

配备具有按摩效果的人用小型沐浴池，有吸引人眼球的效果，供追求高品质特色服务的客户选择。

（周庆国）

宠物寄养区（室）一般布局在医院侧面或后部，在位置选择和空气流向（通风）方面，重点防止健康宠物发生院内感染，必须充分考虑宠物寄养区（室）的清新空气来源或方向，严格控制住院留医区（室）的空气流向。如果条件允许，最好单独设计出入口，宠物门诊、用品超市和宠物美容室尽量保持一定的距离（图2-2-61至图2-2-65）。

图2-2-61　苏州曹浪峰动物医院：正面夜景

夜幕下的苏州曹浪峰动物医院，左边为宠物美容室，右边为宠物用品室，中间向后与二层均为医疗区（现为瑞派宠物全国连锁 曹浪峰动物医院）。

（周庆国）

图2-2-62　上海顽皮宠物生活馆

单独设计建设，宠物用品超市、美容和寄养服务全部在这里。

（周庆国）

图2-2-63　上海顽皮家族宠物医院

单独设计建设，与顽皮宠物生活馆相距数十米，设计风格保持统一。

（周庆国）

图2-2-64　苏州曹浪峰动物医院：猫寄养室

猫的活动空间够大，配备了符合猫习性的设施，基本达到VIP寄养条件。

（周庆国）

图2-2-65　上海顽皮家族宠物医院：大型犬寄养区

犬有较大的自由活动空间，与犬笼的寄养条件比已经很好。

（周庆国）

（十三）会议培训室

随着越来越多的宠物日渐成为人类家庭的重要成员，宠物主人对宠物美容、寄养及患病后所期望的服务质量或医治要求越来越高，整个行业也已深刻认识到对医师、助理及一般员工进行不断教育培训的必要性和迫切性，以便能够最大程度地满足客户期待，减少或避免不必要的纠纷。此外，医院内部常态化地开展各项工作研讨和座谈，有助于及时总结经验和不断提升综合服务水平。因此，在规划布局宠物医院内部时必须留出适当空间，设置一个满足内部培训用途的多媒体会议室（图2-2-66、图2-2-67）。

图2-2-66　深圳皇家宠物医院总院：培训室

深圳皇家宠物医院是深圳市宠物医疗协会的会长单位，此为全新装修的会议培训室。

（喻信益）

图2-2-67　昆明爱美森宠物医院总院：培训室

该院崇尚"德高医粹，尚新至善"，重视员工从业精神和技术培训。培训室设在二楼，楼梯口花盆使培训氛围轻松、温馨，右侧墙壁上的绿底白字横幅即为立院宗旨。

（汪登如）

（周庆国　卫顺生）

第二篇
医院环境清洁与消毒

　　宠物诊疗环境污染是每家宠物医院每天都面临的现实问题，也是影响医疗质量和医院声誉的突出问题。我国犬猫的传染病发病率较高，大多数诊所或医院因为使用面积或条件所限，无法严格分出健康宠物区、普通病就诊区和传染病就诊区，并且门诊业务量越大的医院，受患病宠物呼出气味、呕吐物或大小便污染的概率就越高。所以，了解和掌握宠物诊疗环境科学合理的清洁消毒方法十分必要，不仅能够最大程度地消除院内宠物交叉感染，而且也能明显提升宠物医院的品牌声誉，促进宠物医院健康发展。

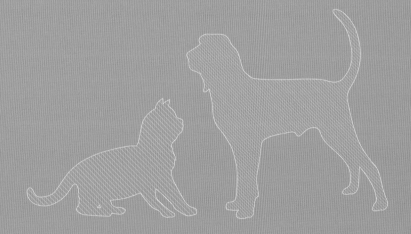

第三章
医院环境清洁方法

为了对患病宠物及其宠物主人负责，宠物医院的工作人员必须保证干净、整洁、有序的诊疗环境。要构建一个整洁良好的环境，在为宠物主人服务时应把专业性放在第一位。宠物医院的每一名员工在维护就医环境上都承担着重要的责任，不仅仅局限于重要场所，而是包括整个环境在内。动物医院的环境卫生分三个级别：清洁、消毒和杀菌。清洁是指通过肥皂与清水机械性地减少物品表面的微生物数量。消毒是指更进一步减少物品或环境中的微生物数量。杀菌是指杀灭物品或传播媒介上的所有微生物，包括病原性的和非病原性的。

一、物品表面清洁方法

如何清洁以及用什么来清洁物品表面，取决于该表面是光滑的还是粗糙的。接着要考虑的是，待清洁表面的耐洗程度。最理想的是，所有宠物医院设备的表面都是光滑的、不易渗透且耐洗。而现实则是有些表面既不光滑，也不防渗透，更不耐洗，如室内隔音材料表面往往就用的这类物质。理想的室内装饰材料是可以用消毒剂冲洗的，如聚乙烯。有时清扫物体表面唯一的方法就是使用真空吸尘器，消毒方法则通常是在这些物体周围安置紫外线灯照射。如果表面粗糙且耐洗，就可以采用消毒剂喷洒并使用硬刷子刷洗。

（一）玻璃的清洁

宠物医院的玻璃门非常容易沾上宠物的鼻印和爪印，宠物主人推拉玻璃门也容易留下手印。因此，医院玻璃表面的清洁一天至少两次，同时确保清洁后看不到任何印迹和条纹（图3-1-1）。消毒剂会在玻璃上留下条纹，在清洁玻璃时最好使用玻璃专用清洁剂。

（二）毛发的清洁

使用真空吸尘器可以从织物上清除毛发，使用潮湿的海绵或湿布擦拭织物可以方便地收集零散毛发。由于零散的毛发常在宠物医院内漂浮并易在角落结成毛球，所以用湿拖把收集清除毛发要比用扫把好，使用后者会使毛发重新漂浮到空气中，而湿拖把则可以吸住毛发并使它们留在其表面（图3-1-2）。使用拖把后，应当在室外将拖把冲净放回储藏室。空气过滤网的更换需比其他设备更换频率高，除手术区域每周应更换一次外，其他所有区域一年应至少更换四次。

图3-1-1　玻璃的清洁

及时擦除宠物或其主人留在玻璃上的手迹。

（刘朗）

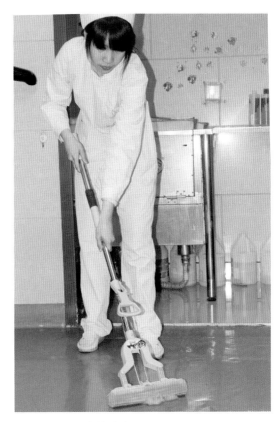

图3-1-2　毛发的清洁

使用浸湿的海绵拖把清理地面上的毛发。

（刘朗）

（三）家具的清洁

消毒剂会损坏木制家具的表面，除非涂有保护性的塑料涂层。没有涂保护层的桌面和家具要用木质专用清洁剂清洁。不要对所有物品都使用消毒剂，要考虑其表面的特性和用途，如何在清洁的同时也能保护物品外观。

（四）衣物的清洁

宠物医院内日常清洗的衣物应该分类，这比一般家庭里常洗的衣物分类更为重要。大多数情况下，预先处理和浸泡必不可少。宠物医院内日常清洗的衣物可以分成三类，外科手术服、常规工服和被传染病病原污染的工服，不可将这三类衣物混在一起。有血迹的衣物可先用3%过氧化氢（医用双氧水）预处理10～30min，再用冷水浸泡30min（图3-1-3）。如果沾上有机物，在洗涤前先放入加有清洁剂的温水中浸泡30min。被传染病病原污染的工服可用适当稀释后的84消毒液浸泡消毒20～30min，然后用清水洗涤、漂洗干净。在衣物洗涤过程中，可在漂洗环节用些织物柔顺剂，这样穿起来比较舒适。每次洗涤和烘干后，注意把纱丝和碎布从纱布过滤器中取出来。还需记得，使用洗衣机和烘干机时要避免超负荷运转，使用后要经常清洁洗衣机内胆以祛除清洁剂残留物。

（五）垃圾桶的清洁

任何垃圾桶或者大的储存容器内都应套上塑料袋（图3-1-4）。可以同时在一个容器底部多套几个塑料袋，这样就能在取走一个装满的塑料袋后就有了下面的干净塑料袋，有利于减少步骤，提高清洁效率。套上了塑料袋的垃圾桶会保持得比较干净，在需要清洗的时候更容易清洗。每天应将不能重复利用的安全废弃物放入套上塑料袋的垃圾桶内，一旦装满即可密封起来，分别放置于专门存放垃圾的地点。

（六）医疗废弃物管理

日常的医疗废弃物可分为危害性和生物危险性两种，具有危害的废物包括过期药物、化疗药物、显影液、消毒剂、杀虫剂及麻醉气体、用过的注射器和输液管等。具有生物危险性的废弃物包括所有沾有血液的物质、使用过的细菌培养基、实验室材料或疫苗瓶、隔离用的废弃物及被隔离的宠物用过的纸巾等。应将危害性和生物危险性废弃物分别放置于套有黄色塑料袋的不同容器内，在容器外面分别标明废弃物性质，并在每次打开后及时盖上盖子，以免危害或生物危险在整个宠物医院内扩散（图3-1-5）。对于注射器针头和输液器针头等易造成人员损伤的废弃物，应将其集中在特制的硬实容器即利器桶内（图3-1-6），具有能防刺穿、不渗漏，不易破裂、易于焚烧和封闭后完全不能正常打开的特点。工作范围大的宠物医院内可以在不同地点放置多个这样的容器，可以最大程度地为医护人员提供工作便利。在准备处理医疗废弃物塑料袋时，最好标明宠物医院的名称、地址及封口日期，以备特殊情况下有依据寻找，然后将密封好的塑料袋送到当地动物卫生监督部门规定的收集地，或保存到专门的医疗废弃物处理公司前来收取。

政府有很多关于各种危险性废弃物处理的条例，宠物医院的每名员工应熟悉每种废弃物的处理要求和步骤。

图3-1-3　衣物等棉织品类的清洁

有血迹的棉织品可用过氧化氢浸泡，以达到漂白、防腐和除臭的效果。被传染病病原污染的衣物可用稀释的84消毒液浸泡消毒，也有漂白和除臭效果。

（刘朗）

图3-1-4　垃圾桶的清洁

在垃圾桶等较大的容器内套上塑料袋，容易保持清洁，也方便清洗。

（刘朗）

图3-1-5　医疗废物周转箱

使用带盖的硬实塑料箱，放置医疗危害或生物危险性废弃物，不仅安全，也经久耐用。

（刘朗）

图3-1-6　放置医疗废物的利器桶

使用带盖的利器桶，存放使用过的注射器针头、输液器针头等废弃物，十分安全。

（刘朗）

二、区域环境清洁方法

（一）诊疗区环境清洁

诊疗区包括候诊区、前台、诊室、治疗室、输液区（室）及其通道等地方，主要用来接诊和处理患病宠物。优良的诊疗环境有利于树立动物医院的专业形象，也有助于门诊工作的顺利进行。诊疗区的清洁工作主要由兽医助理负责，上班时要经常检查诊疗区内的地面和墙面是否被污染，如有必要应及时清除（图3-2-1）。患病宠物常就地排泄，可先用消毒剂喷雾消毒，之后用纸巾清除粪便，并采用双桶法清洗地面。每次诊疗结束后，要对患病宠物走过的地面、直接或间接接触的物品如称重台、诊疗台、脖圈、口套或链绳等进行常规的清洁（清除污染物）和消毒（使用消毒剂），必要时可用空气清新剂喷雾以改善诊疗区环境（图3-2-2）。如果发现区域内垃圾桶存有带异味的物质，应立即将其转移到室外指定的容器中。每天的清洁工作应按从高表面到低表面的顺序进行，每天至少拖地两次，上午诊疗完成后和下午诊疗完成后各一次。

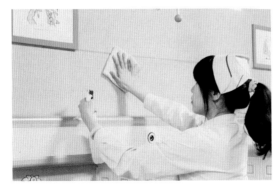

图3-2-1　输液区的清洁

及时擦除墙面的污物，必要时再用消毒剂喷洒消毒。

（刘朗）

图3-2-2　前台与候诊区的清洁

前台与候诊区的环境和空气质量影响客户对医院的观感，必要时可用空气清新剂喷雾改善。

（刘朗）

（二）住院区环境消毒

为患病宠物提供一个舒适安全的住院环境，是使患病宠物恢复至理想健康状态的要素之一（图3-2-3）。宠物笼子或窝内表面最多采用不锈钢材料并进行圆角设计，以利于清洗和消毒。由于这类材料表面冷而硬，而清洗后也比较潮湿，会增加宠物的不舒适感，因此要在笼内铺上干净、柔软、干燥的垫子，并且足够宽敞，以便于宠物随意伸展（图3-2-4）。每天至少清理笼子一次，如果笼子被宠物过快弄脏，就应及时处理和保持清洁，并更换笼垫。住院区助理应当清楚，不能让住院宠物住在肮脏的笼内或窝内。清洁完笼子或窝后要清洁病房，应特别注意消毒经常接触的手柄表面，如灯的开关和门的把手等处。最后，要清洁和消毒地板及在病房使用过的拖把，对清洗拖把头和倾倒脏水的区域彻底消毒，并用大量自来水冲洗干净排水沟。根据拖把的使用情况，每天或每周可更换一次拖把头。

如果忽视上述清洗和消毒，将会增加患病宠物在医院内的感染概率，而这些感染对抗生素有很强的抗药性并且具有传染性，而预防院内感染的重要卫生措施就是清洁和消毒，其目的就是为了控制微生物的间接传播。每位医护人员都需清楚院内所有无生命物品的表面、空气中和自己的身上都可能存在病原体，卫生措施与每个人、每个区域、每个病例的诊疗过程密切相关，所以任何人在任何时候都应遵守医院卫生管理制度。一旦高标准的卫生措施被破坏，将可能造成住院宠物遭受无谓的感染，会导致宠物医院信用度丢失。

（三）手术区环境清洁

手术室是极其洁净的环境，应比院内其他区域保持更高的清洁水平，通过日常规范的清洁和消毒来创造一个相对的无菌环境。使手术室达到洁净环境涉及多个方面，如手术室的空气应该有其独立的通风系统，手术室的门窗必须随时关闭，每台手术后需对手术室地板及使用过的设备进行清洁，每周使用适当的卫生器具对手术室天花板、墙壁等全面清洁，每周更换通风系统中的过滤器等。此外，要求手术室内所有物品表面清洁卫生，任何有污染的操作

图3-2-3 小型宠物住院笼（1）

舒适的住院笼有利于患病宠物恢复健康，空间应足够宽敞，便于宠物随意伸展，还要保持住院笼内的垫子干净、干燥、柔软。

（刘朗）

图3-2-4 小型宠物住院笼（2）

住院笼常用不锈钢材料制作，四角设计成圆角，有助于清洗和消毒，可在消毒后铺上清洁的棉布、毛巾或宠物用一次性尿布。

（刘朗）

（如脓肿切开）不应在手术室内进行，避免手术室内的任何物品被污染。手术室环境的清洁和消毒虽然很难达到完全无菌，但通过清洁和消毒可以显著减少室内的病原菌数量，有利于防止手术感染和提高手术成功率。

天花板的清洁比较特殊，由于一些天花板是由不可刷洗的材料制成且表面不规则，所以使用干燥的真空吸尘器较好。每次使用的吸尘器必须装有干净的过滤器和清洁袋，尽管过滤器和袋子都还没有满，也必须每周进行更换。高效空气过滤器是理想的过敏原过滤装置，如果袋子不是一次性的，可在倒空后先冲洗再用消毒剂清洗。

墙壁的清洁可用湿毛巾或浸消毒液擦拭（图3-2-5），或用海绵地拖并采用双桶法清洁、消毒，即先用一个海绵地拖清洗墙上的污染物，然后使用另一个地拖消毒墙壁（图3-2-6）。

手术台、边柜、器械盘及托架等器具，每台手术后必须用清洁毛巾、纸巾或一次性材料擦拭，然后用消毒剂喷雾消毒，也可利用手术间隔期完成清洁、消毒过程（图3-2-7）。手术室的洗涤槽和废物箱要保持清洁，每台手术后要清空、清洗、消毒并干燥。手术无影灯或反光灯等固定设备于每天下班前清洁，每周消毒一次（图3-2-8）。宠物保定绳每次用后要清洗和消毒，以除去不良气味，保持干净卫生。保定器材使用后，如果其表面是由不可渗透的材料制成的，可以使用喷雾消毒，然后擦拭干净；如果材料是可渗透的，则参考厂商的清洗说明。

图3-2-5　墙壁的清洁

墙壁可用湿毛巾或浸消毒液擦拭。

（刘朗）

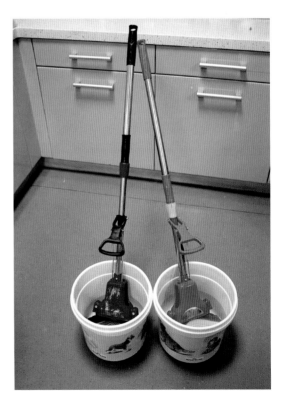

图3-2-6　清洁墙壁的双桶

一个海绵地拖用于清洗墙上的污染物，另一个地拖用于消毒。

（刘朗）

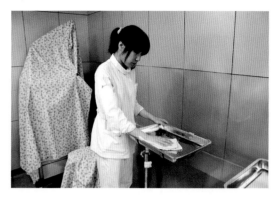

图3-2-7　器械架的清洁

每台手术后先用清洁毛巾擦拭器械架等固定或移动的器具，然后用消毒剂喷雾消毒。

（刘朗）

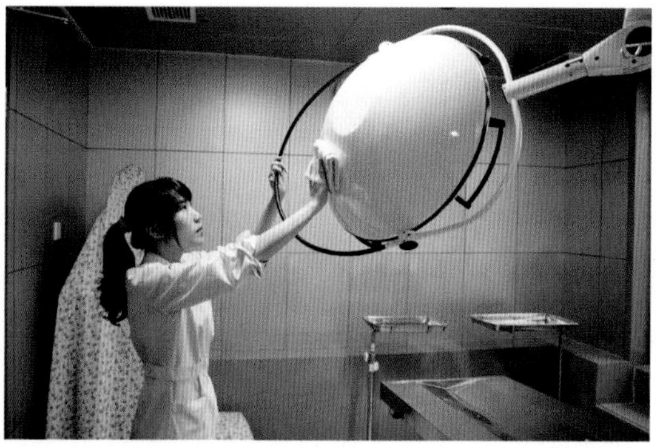

图3-2-8　无影灯的清洁

手术无影灯或反光灯于每天清洁，每周消毒。

（刘朗）

对手术室地板进行清洁的具体做法：

（1）清洁手术室地板应使用"手术室专用"拖布和水桶，而不能将动物医院日常门诊使用的拖布和水桶拿入手术室使用，反之也不能在手术室以外区域使用手术室专用的拖布和水桶。"手术室专用"拖布和水桶平时可存放在手术准备室。

（2）清洗程序采用双拖布法，即第一个桶装干净水，专用于清洗拖布；第二个桶装消毒液，用于实际擦洗。当用浸消毒液的拖布拖完一部分地板后，先在第一个水桶中清洗拖布并拧干，再浸入消毒液中取出，接着对剩余地板擦洗消毒。如此反复，将整个手术室地板清洗、消毒完毕。最后，将水桶倒空并冲洗干净，待下次使用时再装入清水和消毒液。

（3）每周可用热水在洗衣机中清洗拖布头并漂白一次，较大的宠物医院应该配备清洁服务部门提供干净拖布头和干净衣物。

（4）应从手术室最远的角落拖向门口，对包括手术台在内的所有可移动设备移动后，将其下面地板清洗干净，再将它们恢复原位。

（四）美容区环境清洁

美容室是健康宠物及其主人经常光顾的场所，其环境整洁与否，决定了宠物主人对医院的好感或信任程度。美容区环境清洁内容包括美容台、洗吹工具、笼具、垫布、水槽等多处地方。每天一上班应首先检查以上各处是否有残留污物，并即时清理和进行有效的消毒。对每只宠物美容后，要及时清扫美容台面和地板，使用具有过滤功能的吸尘器吸尘，迅速减少环境中飞扬的飘毛、从宠物身上脱落下来的皮屑、寄生虫及虫卵等污物。所有与宠物接触过的美容工具如电剪、剪刀、钢梳等，使用后可用毛刷或小型吸尘器清除污物（图3-2-9），接着用酒精擦净，再采用高温烘干或紫外线消毒，而电剪刀头可用专用清洁冷却剂喷洒处理（图3-2-10）。电剪上的空气过滤网用久了容易附着被毛和灰尘，从而导致电剪过热，应按说明书要求对空气过滤网定期清洁。

图3-2-9　电剪刀头的清洁（1）

使用电剪后，取下刀头用软毛刷清洁刀齿。

（刘朗）

图3-2-10　电剪刀头的清洁（2）

用专用清洁冷却剂喷洒消毒电剪刀头。

（刘朗）

（五）超市区环境清洁

　　动物医院超市区的环境关系着宠物食品安全及宠物主人的观感，动物医院的每个工作人员有责任保持这里的环境卫生。超市区的环境清洁范围包括墙壁、货架、地面等，日常要保持每个货架上的商品码放齐整、无毛屑、无灰尘，随时清扫地面上的被毛、纸屑、污迹，清扫顺序应该同样由高至低、由里至外（图3-2-11、图3-2-12）。由于宠物医院服务的特殊性，医院超市区时常会出现潜在的病原微生物、飘毛、异味等，所以超市区销售人员必须对环境卫生进行有效控制，不容许此区域内有宠物的大小便气味或身体异味存在，可在清除地面污迹后及时消毒，或使用清淡的异味消除剂清除此区域内的特殊异味，为宠物主人创造一种轻松、愉快、美好的购物环境。

图3-2-11　超市区环境

保持货架上的商品码放齐整，无毛屑、无灰尘。

（刘朗）

图3-2-12　超市区地面清洁

地面的清洁顺序由高至低、由里至外。

（刘朗）

（刘朗）

第四章

医院常用消毒方法

现代医学关于消毒的定义是，消毒是指用化学、物理、生物的方法杀灭或清除环境中芽胞以外的所有微生物，或者说消毒只能将有害微生物的数量减少到不致病的程度，而不能完全杀灭微生物。灭菌是指杀灭或清除传播媒介上的一切微生物，包括致病或非致病微生物，以及细菌芽胞和真菌孢子。因此，消毒和灭菌在具体采取的方法上并无严格界定，通常所说的消毒即指对环境中或传播媒介上的微生物、特别是病原微生物进行杀灭或清除，使之达到无害化的总称，而将达到无菌程度的消毒也称为灭菌。消毒的保证水平（微生物存活概率）为 10^{-3}，而灭菌的保证水平为 10^{-6}。下面介绍适合于宠物医院常用的消毒灭菌方法。

一、常用化学消毒法

利用化学药物杀灭环境中或传播媒介上的微生物称为化学消毒法，所用药物称为化学消毒剂。根据化学消毒剂的作用强度，将其分为高效、中效和低效三类。如何选择可根据宠物诊疗工作实际要求而定，或者参照国家卫生部2002年发布的《消毒管理办法》第六条规定，医疗卫生机构使用的进入人体组织或无菌器官的医疗用品必须达到灭菌要求。各种注射、穿刺、采血器具应当一人一用一灭菌。凡接触皮肤、黏膜的器械和用品必须达到消毒要求。显然，卫生部对人类医院的这项规定对宠物医院消毒具有良好的指导或启示。根据宠物临诊实际要求，宠物手术所用器械、注射或穿刺针具及敷料用品、医院或手术室环境应达到灭菌或高水平消毒要求，可以分别选择戊二醛、环氧乙烷、过氧乙酸、含氯消毒剂或复方消毒剂；医护人员和宠物皮肤应达到中水平消毒要求，可以选择醇类、碘类（碘酊、碘伏）、醇类和氯己定、醇类和季铵盐、酚类消毒剂；宠物口腔、耳鼻咽喉、直肠肛门或尿道阴道检查治疗所用器械或材料，应达到低水平消毒要求，可以选择单链季铵盐类（苯扎溴铵）或双胍类（氯己定）消毒剂。

（一）乙醇

乙醇属于中效、速效消毒剂，对皮肤黏膜有刺激性，但对金属器械无腐蚀性。70%～75%乙醇能使细菌蛋白质变性、破坏细菌细胞壁和酶系统，而对细菌繁殖体、病毒及真菌孢子产生杀灭作用。临诊上主要应用70%～75%乙醇浸泡脱脂棉球，用于对犬猫注射部位的皮肤擦拭消毒，以及外科手术前用碘酊消毒术部皮肤后用酒精棉脱碘。为了确保2%碘酊对皮肤的消毒效果，必须待碘酊自然干燥后再用酒精脱碘。市售医用酒精大多为95%浓度，使用前需用蒸馏水将其稀释到70%～75%的浓度再行使用（图4-1-1）。

（二）碘酊

碘酊属于高效、速效消毒剂，由于具有广谱、高效、快速杀菌及杀灭病毒的优点，使其成为医院和家庭必备的皮肤消毒药品。碘酊对损伤的皮肤和完整的黏膜均有很强的刺激性，所以不能用于黏膜或深部创伤的消毒，主要用在外科手术前对宠物术部皮肤进行擦拭消毒，也可用于对污染、感染的浅表性皮肤伤口进行涂擦消毒。兽医临诊以往习惯配置3%～5%碘酊用于大动物外科手术，目前小动物（宠物）手术使用市售2%碘酊即可（图4-1-1）。

（三）聚乙烯酮碘

聚乙烯酮碘又称为碘伏，是碘与表面活性剂聚乙烯吡咯烷酮或聚乙氧基乙醇形成的不定型络合物，在水中逐步分解出游离碘而对细菌、真菌及病毒有杀灭作用，属于中效消毒剂。碘伏与碘酊相比，不仅能杀灭各种微生物，还有无异味、易溶于水、皮肤黄染易除、对黏膜无刺激、稳定性好等诸多优点。市售威力碘或强力碘溶液为含有效碘0.3%、0.5%、1%和5%的溶液，对医护人员手臂、宠物术部或注射部位皮肤消毒，可用0.3%～0.5%碘伏擦拭作用2～3min；对皮肤创口或口腔黏膜消毒，可用0.05%～0.1%碘伏擦拭清洗；对泌尿道、生殖道黏膜或发生损伤的黏膜消毒，可用0.02%～0.05%碘伏擦拭清洗3～5min（图4-1-2）。

（四）苯扎溴铵

苯扎溴铵的商品名为新洁尔灭，为溴化二甲基苄基烃铵的混合物，属于阳离子表面活性消毒剂。苯扎溴铵的广谱杀菌力较强，能杀灭多种细菌及真菌，但对革兰阴性杆菌及肠道病毒作用弱，对结核分枝杆菌及芽胞无效，所以属于低效消毒剂。苯扎溴铵性质稳定，无刺激性，不损坏物品，常用0.1%苯扎溴铵溶液浸泡医护人员洗涤后的手臂、手术器械或其他诊疗用品，其中手臂浸泡5min，手术器械或其他诊疗用品浸泡30min，浸泡后不需用灭菌水清洗即可使用。0.05%～0.1%苯扎溴铵溶液可用于皮肤伤口或深部创腔冲洗消毒，0.02%～0.05%苯扎溴铵溶液可用于宠物黏膜擦拭消毒（图4-1-1至图4-1-4）。

图4-1-1　临床常用化学消毒剂的市售品

市售500mL装的酒精、碘酊、苯扎溴铵和甲酚皂溶液。

（周庆国）

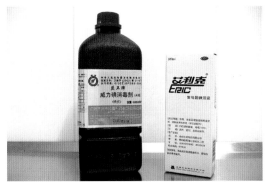

图4-1-2　聚乙烯酮碘常见的市售品

含聚乙烯酮碘的市售1 000mL装威力碘消毒剂和100mL装艾利克（聚维酮碘）溶液。

（周庆国）

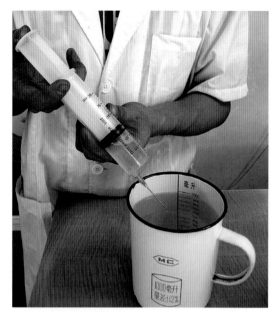

图4-1-3　苯扎溴铵溶液的配制方法

用一次性注射器抽取20mL市售5%苯扎溴铵溶液，加入约1 000mL清洁水中即成0.1%溶液。

（周庆国）

图4-1-4　苯扎溴铵溶液的使用方法

用0.1%苯扎溴铵溶液浸泡手术器械30min，外科洗手浸泡5min。

（周庆国）

使用时应当注意，苯扎溴铵溶液不可与肥皂或洗衣粉等阴离子洗涤剂同用，也不可与碘或过氧化物类消毒剂合用，因为彼此拮抗和干涉会使它们的消毒作用减弱或者丧失。

（五）氯己定

氯己定即双氯苯双胍己烷，其商品名为洗必泰，很低浓度即可杀灭革兰氏阳性、阴性细菌繁殖体，属于低效消毒剂。氯己定对有机体无任何毒副作用，对金属和织物无腐蚀性，受有机物影响小，临诊常用于人员手臂消毒、宠物术部皮肤消毒和黏膜消毒，如外科洗手可用0.5%醋酸氯己定水溶液浸泡2min，宠物术部皮肤可用0.5%醋酸氯己定-乙醇（70%）溶液擦拭2min，创伤或阴道、尿道黏膜等可用0.05%～0.1%醋酸氯己定水溶液反复冲洗。市售一种含醋酸氯己定的复方制剂，名为"诗乐氏消毒液"，产品包装与家用洗洁精相似，手术前用清水将手臂润湿后，挤出3～5mL消毒液于手臂上揉搓或刷洗3min，再用无菌巾拭干即可（图4-1-5、图4-1-6）。

需要指出，氯己定具有阳离子性质，因与阴离子表面活性剂发生拮抗作用，故不可与肥皂、红汞、碘液、高锰酸钾等多种消毒剂混合使用或前后使用。

（六）戊二醛

戊二醛是一种非氧化性杀菌剂，对细菌繁殖体、芽胞、真菌、病毒等各种微生物具有高效、广谱、快速的杀灭作用，属于高效消毒剂，经典浓度为2%，适用于医疗器械与耐湿忌热精密仪器如内窥镜等的消毒与灭菌。使用前需用碳酸氢钠调节2%戊二醛溶液pH为7.2～8.5，另加入0.5%亚硝酸钠防锈剂，然后把清洁干燥的器械完全浸入2%中性戊二醛水

图4-1-5　含醋酸氯己定的"诗乐氏消毒液"

（周庆国）

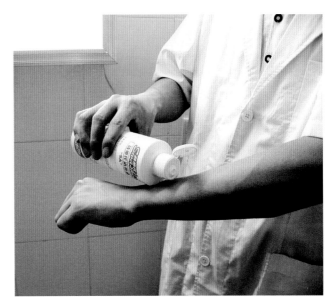

图4-1-6　术前用"诗乐氏消毒液"擦拭消毒手臂

（周庆国）

溶液中加盖，30min可达到消毒，10h以上可达到灭菌。由于戊二醛对眼睛、皮肤、黏膜有一定刺激作用，浸泡消毒的物品必须用无菌蒸馏水充分冲洗后才可使用。加入pH调节剂和防锈剂的戊二醛溶液可连续使用2周，但需用厂方提供的戊二醛浓度测试卡监测戊二醛浓度，当浓度低于2%时不再使用。

（七）甲酚皂溶液

甲酚皂是以三种甲酚异构体为主的煤焦油分馏物与肥皂配成的复方消毒剂，又称为煤酚皂或来苏儿，内含甲酚48%～52%。甲酚皂溶液可杀灭细菌繁殖体、真菌与某些亲脂性病毒，常用浓度可破坏肉毒杆菌毒素，但常温下对细菌芽胞无杀灭作用，属于中效消毒剂。酚类消毒剂对组织刺激性强，气味大且滞留时间长，可以较好地掩盖宠物散发的气味，所以主要用其1%～5%水溶液对宠物医院地面、墙壁和犬笼等物品进行擦抹或喷洒消毒，不宜用于皮肤伤口或黏膜的冲洗消毒（图4-1-7）。

（八）优氯净

优氯净是一种优良的有机氯类消毒剂，其化学名为二氯异氰

图4-1-7　使用1%～5%甲酚皂溶液喷洒消毒犬笼

（周庆国）

尿酸钠，呈白色粉末状，含有效氯60%～64%，性能稳定。当溶于水后快速释放次氯酸分子，有效杀灭各类微生物如细菌、真菌、病毒和原虫，属于高效消毒剂，但水溶液的稳定性差，20℃左右一周内有效氯可丧失约20%。有机氯类消毒剂与甲酚皂溶液相比，杀微生物作用广泛，且高效、快速、价格低廉，0.5%～1%水溶液常用于宠物医院环境如墙壁、地面的喷洒消毒。优氯净的市售制剂多称为消洗剂或消洁粉，有消毒和洗涤去污多重作用。但是，多数有机氯类消毒剂对金属有腐蚀性，对棉织品有脱色漂白及损坏作用，高浓度时对皮肤、黏膜产生刺激，所以不宜用于皮肤、手术器械、不锈钢犬笼或有色工作服的消毒。

（九）二氧化氯

二氧化氯是国际上公认的高效消毒灭菌剂，是氯系消毒剂中最理想的替代品，可以杀灭包括细菌繁殖体、细菌芽胞、真菌、分枝杆菌和病毒等一切微生物，并且不会产生抗药性。同时它又是优良的漂白剂、除臭剂和氧化剂，其漂白作用是通过放出原子氧和产生次氯酸盐而分解色素，且不与纤维发生反应而造成损害；除臭作用是能与异味物质（如H_2S、—SOH、—NH_2等）发生脱水反应，使异味物质迅速氧化转化为其他物质而使空气清新；氧化作用可将许多有毒物质（如S^{2-}、CN、NH^{2-}）转化为无毒产物。二氧化氯受温度和氨影响小，pH适用范围广，安全无残留，对人体无刺激。二氧化氯在常温常压下是黄绿色的气体，但在更低温度下（<11℃）成为液态。市售二氧化氯多为稳定性溶液、粉剂和片剂等，按规定稀释或溶解后使用。具体使用浓度与方法为：工作服消毒，使用50～80mg/L浸泡3～5min后晾干；诊室、化验室、手术室、药房等工作台面消毒，使用250～500mg/L擦拭1～2次/d；宠物用品、织物消毒，使用250～500mg/L浸泡30min；输液室、留医室地面消毒，使用500～1 000mg/L喷洒或洗拖，作用30min；医院门诊环境消毒，有人和宠物时使用10～20mg/L喷雾，无人和宠物时使用3 000mg/L熏蒸，按照每100m³ 0.1kg用量将二氧化氯溶液置于敞口塑料或搪瓷容器内，封闭门窗3～8h。

综上所述，可将常用消毒剂按消毒对象分为如下三类：①适合于对医护人员和宠物皮肤进行消毒的药物，如酒精、碘酊、聚乙烯酮碘、苯扎溴铵、氯己定等；②适合于对手术或诊疗器械、材料等进行消毒的药物，如苯扎溴铵、戊二醛等；③适合于对医院环境进行消毒的药物，如甲酚皂、优氯净、二氧化氯等。应当明确的是，临诊工作中能用物理方法达到消毒灭菌效果的，尽可能不使用化学消毒剂。

二、常用物理消毒法

物理消毒灭菌法是指利用热力或光照等物理作用，使微生物的蛋白质及酶发生变性或凝固，以达到消毒灭菌的目的。具体方法包括：干热消毒灭菌法，如燃烧法和干烤法；湿热消毒灭菌法，如煮沸消毒法和压力蒸汽灭菌法；光照消毒法，如紫外线消毒法。

（一）煮沸消毒法

煮沸消毒法是将物品放于水中加热至沸点并维持一定时间的消毒方法。小动物临诊常用的手术器械、普通缝针缝线、耐热耐湿的诊疗材料或用品，可以采取这种消毒方法。消毒时使用普通铝饭盒或不锈钢锅等，将待消毒物品完全浸没冷水中，待水沸腾后维持15～20min，可杀灭一般细菌、大多数病毒和真菌。对可能受细菌芽胞严重污染的器械，因芽胞对热的耐受力最强，需维持沸腾60min以上。若用于棉织品消毒，从水沸腾并且发出大量蒸汽时计算，需1～2h（图4-2-1）。

（二）压力蒸汽灭菌法

压力蒸汽灭菌法是利用水蒸气在超过大气压力下形成高温而增加杀菌能力和速度的方法，称为压力蒸汽灭菌法，至今已有100多年的应用历史，是全世界公认的最可靠的灭菌技术之一，特别适用于耐热耐湿的手术器械和敷料、创巾、工作服等棉织品的灭菌。压力蒸汽灭菌器在工艺上分为下排气式和预真空式两大类，其中下排气式压力蒸汽灭菌器是利用重力置换原理，使热蒸汽在灭菌器内自上而下，将冷空气由下排气孔压出后并全部取代，利用蒸汽释放的潜热使物品达到灭菌的效果。在结构上，下排气式压力蒸汽灭菌器分为手提式（图4-2-2）、卧式（台式）和立式三种。手提式压力蒸汽灭菌器的工作温度为121～126℃，有些卧式（台式）和立式压力蒸汽灭菌器的工作温度可达132～135℃。根据设计的工作温度区别，灭菌维持时间可由最长20～30min缩短至3～6min。

使用手提式压力蒸汽灭菌器灭菌时，先用两层大块棉布或一层非针织（纸质）材料将手术器械、缝合材料、敷料、创巾、手术服等分类包裹，放入打开侧孔的金属贮槽内或直接放入灭菌器内桶，然后把锅盖下方排气软管准确插入内桶壁上的排气槽，盖上盖子，两手对称旋紧压盖螺丝（图4-2-3至图4-2-6）。

图4-2-1　手术器械等的煮沸消毒法

煮沸消毒时应盖上盖子，待水沸腾后维持确定的消毒时间。

（周庆国）

图4-2-2　手提式压力蒸汽灭菌器

容积为18L，重约10kg，基本能满足宠物诊所或小型宠物医院日常的灭菌需要。

（周庆国）

图4-2-3　压力蒸汽灭菌法（1）

用大块棉布分类包裹手术器械及敷料用品。

（周庆国）

图4-2-4　压力蒸汽灭菌法（2）

将包裹好的手术用品放入灭菌器内，并将排气软管插入内桶壁上的排气槽内。

（周庆国）

图4-2-5　压力蒸汽灭菌法（3）

两手对称性操作，分别旋紧6个压盖螺丝。

（周庆国）

图4-2-6　压力蒸汽灭菌法（4）

待灭菌器压力第一次升至0.05MPa时，需打开排气阀排净桶内冷空气，然后关闭排气阀；待压力升至0.1～0.15MPa（121～126℃）时自动维持灭菌时间。

（周庆国）

　　为保证手提式压力蒸汽灭菌器的灭菌效果，应当注意以下几点：①灭菌器内桶放置物品总量不应超过其容量的80%；②物品包装宜小，金属盆、盘垂直放置，且相互间留有空隙；③灭菌器加水量为水面刚好浸没内桶支架，周边水深4～4.5cm；④灭菌器加热压力升到0.05MPa后打开排气阀，将桶内冷空气排除干净；⑤冷空气排净后关闭排气阀，待温度达到121～126℃后维持30min；⑥灭菌完后尽快打开排气阀，完全排出热蒸汽，可防止灭菌物品潮湿；⑦灭菌后暂时不用的物品应标明灭菌日期、合格标志，放置于干燥清洁的容器内。

图4-2-7　KD-2000台式压力蒸汽灭菌器（1）

采用高温高压同烘干相结合的工作程序，具备智能化一键操作方式，整个灭菌运行中无需专人看管。

（周庆国）

图4-2-8　KD-2000台式压力蒸汽灭菌器（2）

设计温度为134℃，容积16L，内腔尺寸（mm）为230×360，外形尺寸（mm）为600×460×370。

（周庆国）

　　与手提式压力蒸汽灭菌器相比，小型台式压力蒸汽灭菌器具有更多优点，设计灭菌工作温度一般为132～135℃，通常采用智能化自动控制程序，自行调节消毒时间，自行完成灭菌、排气和干燥，灭菌结束后蜂鸣器提醒，自动停止加热，具备压力安全联锁装置，超温超压自动保护装置等。市售的小型台式压力蒸汽灭菌器有很多种，如KD-2000台式压力蒸汽灭菌器就属于这种类型（图4-2-7、图4-2-8）。台式压力蒸汽灭菌器极大地提高了灭菌可靠性、操作便利性与使用安全性，是宠物诊所或医院提高灭菌质量及灭菌效率的良好选择。

　　预真空式压力蒸汽灭菌器是更先进的压力蒸汽灭菌设备，它利用机械抽真空的方法，预先将容器内的空气一次（一次真空法）或多次（脉动真空法）抽尽使灭菌器内形成负压，有利于蒸汽迅速穿透到物品内部进行灭菌，灭菌温度多设计在132～135℃，有的甚至可达150℃。达到灭菌温度及灭菌时间后，灭菌器自动抽真空使桶内物品迅速干燥。此类灭菌器一般还带有温度时间描记器，记录每次灭菌达到的温度和在此温度下的工作时间，可外接打印机打印或通过USB插口输出。目前市售小型预真空式压力蒸汽灭菌器也有很多种，设计容积有8L、12L、16L、18L、23L、50L等多种规格，如宁波悦医行齿科设备有限公司生产的BES系列飞跃、海鸥、海燕预真空式压力蒸汽灭菌器就属于这种类型（图4-2-9、图4-2-10）。由于预真空式压力蒸汽灭菌器所具备的灭菌快速、彻底的突出优点，已被许多大、中型宠物医院手术室选用。

　　为了确保手术器械和敷料等物品的灭菌效果，可在待灭菌物品包裹中央放入压力蒸汽灭菌化学指示卡或在待灭菌物品包裹表面粘贴化学指示胶带。化学指示卡和化学指示胶带均是采用印刷方式将浅黄色指示剂（色块）附着在特殊卡纸上，指示色块在特定的温度和时间内发生化学变化（由浅黄色变为深黑色）而指示灭菌过程或状态，从而间接地反映灭菌效果（图4-2-11、图4-2-12）。但灭菌器内的冷凝水常造成指示卡变色模糊或不均匀，尤其金属器械包多见，需用少量厚棉布包裹指示卡或将指示卡放入侧面开口的小容器

图4-2-9　BES 23L预真空式压力蒸汽灭菌器（1）

设计温度为121℃和134℃两种，具备三循环设计，适应橡胶塑料、无包裹和有包裹器材特殊灭菌要求；具有三次预真空和真空干燥功能，智能化一键操作方式，完成灭菌程序时间为25～30min。

（周庆国）

图4-2-10　BES 23L预真空式压力蒸汽灭菌器（2）

设计容积为23L，内腔尺寸（mm）为250×450，外形尺寸（mm）为594×468×453。

（周庆国）

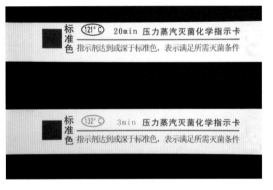

图4-2-11　压力蒸汽灭菌化学指示卡

上面121℃指示卡的浅黄色指示色块在121℃饱和蒸汽条件下暴露20min将变为深黑色，下面132℃指示卡的浅黄色指示色块在132℃饱和蒸汽条件下暴露3min将变为深黑色。

（周庆国）

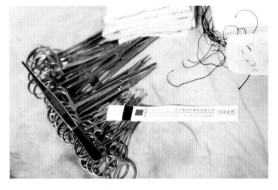

图4-2-12　压力蒸汽灭菌化学指示卡使用后

经高压蒸汽灭菌后，化学指示卡的指示色块变黑，表明灭菌效果可靠。

（周庆国）

内，防止灭菌后桶内冷凝水干扰结果判断。使用双层棉布包裹的手术器械与物品在高压蒸汽灭菌后，如能及时冷却、干燥并放在干燥清洁的环境中，通常夏天保持7d、冬天保持10～14d的无菌状态。如果把小件物品使用聚酯薄膜纸袋密封包装再行高压蒸汽灭菌，就能保存无菌状态一年。

（三）干热灭菌法

干热灭菌法主要适用于耐热的、蒸汽或气体不易穿透的、在高温干热下不会变质和损坏的小件物品的灭菌，一般适用于玻璃或小件金属器件等的无菌准备。在小动物外科手术中，

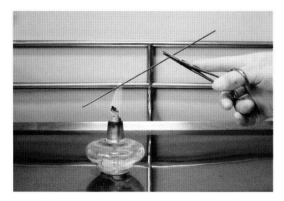

图4-2-13　酒精灯烧灼灭菌法

手术室备用一盏酒精灯，可方便地对临时补充的髓内针等金属材料进行烧灼灭菌。

（周庆国）

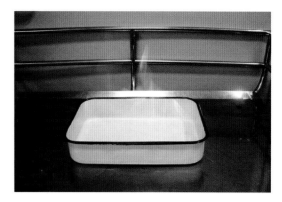

图4-2-14　酒精点燃灭菌法

将浓酒精倒入需要灭菌的瓷盘中，点燃并左右倾斜，使瓷盘里面被火焰全部烧灼。

（周庆国）

时常遇到临时需要补充某种手术器械或材料，如骨折内固定的钢板、螺钉、髓内针或克氏针等就可用酒精灯烧灼进行干热灭菌处理，能即刻满足手术需要（图4-2-13）。此外，使用化学消毒法或压力蒸汽灭菌法无法消毒的较大件金属物品，如不锈钢或搪瓷器械盘也可倒入酒精点燃而进行无菌准备（图4-2-14）。

（四）紫外线消毒法

紫外线照射是医学和兽医学广泛采用的消毒方法之一，能够有效杀灭室内空气里和物体表面的各种微生物，包括细菌繁殖体、芽胞、真菌、立克次氏体、支原体和病毒等，显著减少室内的病原微生物数量，但不能使室内达到无菌水平。紫外线杀菌作用最强的波段是250～275nm，市售紫外线灯波长在电压220V、温度20℃和环境相对湿度60%时，其辐射波长应为253.7nm，照射强度不低于70μW/cm²。小动物临诊多使用30W或40W直管型紫外线灯，依据室内面积确定紫外线灯管的数目（≥1.5W/m²），采取室顶安装和推车移动式两种方式，每次照射时间不少于30min（图4-2-15、图4-2-16）。由于相当多的宠物诊所或小型宠物医院各个功能区面积实际较小，所以将紫外线灯安装在室顶辐射消毒为最佳选择。如果宠物医院的各个功能区面积够大，那么在室顶安装紫外线灯的基础上，有必要配置一台推车移动式紫外线灯，就能方便地对医院未顶置紫外线灯的空白区域在遭受污染后进行辐射消毒。需要提示，无论选择室顶安装还是壁挂安装紫外线灯，建议使用定时开光，以避免临床常见的一旦开灯，忘记关灯，或者整晚都在辐射消毒的现象。此外也需要指出，紫外线照射时产生臭氧，对眼睛及皮肤有损害。因此，室内消毒时不得留有宠物，需紧闭门窗，待消毒结束、臭氧分解后再行进入。平时应保持紫外线灯管表面清洁，因为附着的尘埃减弱紫外线灯使用时的照射强度。

图4-2-15　紫外线消毒法（1）

在诊疗室天花顶安装紫外线灯管，是最多采用的安装方式。

（周庆国）

图4-2-16　紫外线消毒法（2）

在面积较广的手术室或诊疗区，使用推车移动式紫外线灯有利于扩大消毒范围。

（周庆国）

（周庆国）

第三篇
犬猫保定方法

　　在宠物临诊工作中，医生每天都要接诊陌生的犬猫或更小型的另类动物，这些动物中有些出于恐惧和自我防御本能，经常在医生尚未检查或检查中发动攻击，结果对医生造成咬伤或抓伤。为了顺利地完成疾病诊疗过程，需要通过询问主人或细致观察，充分了解就诊动物的习性，特别是对于具有攻击性的动物，一般需在主人配合下，使用人力或诸如绳索、口罩或颈圈等简单器材（必要时用药），有效地预防和约束其攻击或自损行为，确保人和动物的安全。然而在诊治性情温顺的陌生动物时，通常也需采取适宜且效果确实的保定方法，既能预防动物可能对人造成的伤害，也避免过度保定引起动物强烈抵抗而诱发攻击行为。

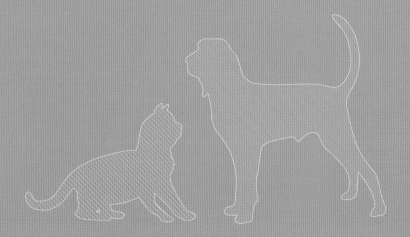

第五章
犬的保定方法

犬的品种很多，其个性又有区别，有些犬种如金毛犬、雪橇犬、萨摩耶犬、贵宾犬等性格非常温和，遇生人触摸并不恐惧；有些犬种如博美犬、北京犬等比较胆小，遇生人触摸便十分恐惧，如果盲目触摸就会被该犬咬伤；有些犬种如洛威犬、藏獒等性格粗暴，见到生人便显露凶相，常主动攻击生人。因此，对于前来就诊的犬只，一定要首先询问主人其性格特点，并采取必要的保定措施，然后再开始诊疗工作。

一、徒手保定

（一）怀抱保定

保定者站在犬一侧，两只手臂分别放在犬胸前部和股后部将犬抱起，然后一只手将犬头颈部按贴自己胸部或用手臂夹持，另一只手臂兜起其两后肢并抓住两前肢，从而限制犬的活动。此法适用于对幼龄犬或小型犬进行视诊、听诊检查，也常用于皮下或肌肉注射时的保定（图5-1-1、图5-1-2）。

（二）站立保定

保定者蹲在犬一侧，一只手向上托起犬下颌并握住犬嘴，另一只手臂经犬腰背部向外抓住外侧前肢上部，从而限制犬张口和走动。此法适用于比较温顺或经过训练的大、中型犬，

图5-1-1　幼犬怀抱保定

（周庆国）

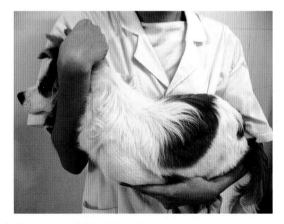

图5-1-2　小型犬怀抱保定

（周庆国）

可进行临诊检查或血液、尿液等病理样本的采集，也常用于皮下、肌肉注射时的保定（图5-1-3）。

（三）倒提保定

保定者两条腿夹住犬头颈部，双手提起其两后肢小腿部，使犬两后肢离地。此方法常用于中、小型犬的腹腔注射，也常用于腹股沟阴囊疝检查及直肠脱出或子宫脱出整复时的保定（图5-1-4）。

（四）侧卧保定

保定者站在犬一侧，两只手经其外侧体壁向下绕腹下分别抓住内侧的前肢腕部和后肢小腿部，用力使其离开地面，犬即倒向保定者一侧，然后用两前臂分别压住犬的肩部和臀部使犬不能起立。此法适用于对大、中型犬的胸腹壁、腹下、臀部或会阴部进行短暂快速的检查和治疗（图5-1-5、图5-1-6）。

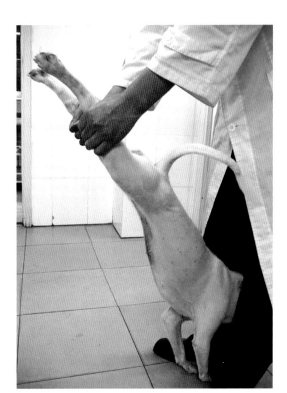

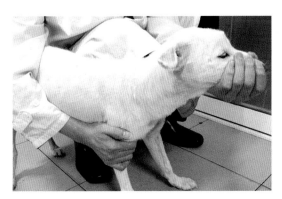

图5-1-3　大、中型犬站立保定

（周庆国）

图5-1-4　中型犬倒提保定

（周庆国）

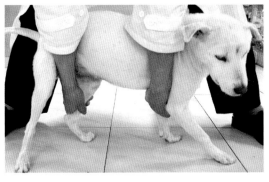

图5-1-5　大、中型犬侧卧保定（1）

（周庆国）

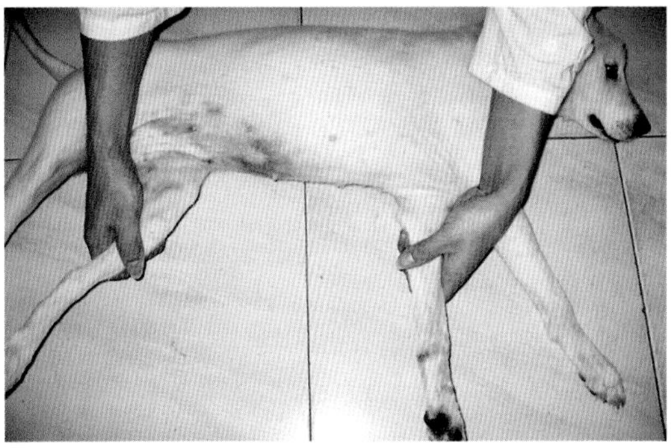

图5-1-6　大、中型犬侧卧保定（2）

（周庆国）

二、扎口保定

将一条细绳或运动鞋带绕成活圈套在犬鼻梁前部，绳结在下颌处扎紧犬嘴，再将细绳或鞋带两端向后引至头颈背部打结固定（图5-2-1、图5-2-2）。此法适用于性情较凶或对生人有敌意的长嘴型犬，防止在临诊检查或治疗中咬伤医护人员。对于短嘴型犬或猫，用细绳或鞋带扎口后容易滑脱，可在扎口基础上把在头颈部打结后的细绳或鞋带长头自头顶中央向前，穿过鼻背侧绳圈后再返回头颈背部，与细绳或鞋带的另一端打结（图5-2-3）。

三、嘴套保定

选用市售适当规格的犬用硬质塑料嘴套，将其套在犬的口鼻部，再将嘴套两侧的帆布带在犬头颈部相扣而固定。此法的保定效果与扎口保定法相同（图5-3-1）。

图5-2-1 长嘴型犬扎口保定（1）

（周庆国）

图5-2-2 长嘴型犬扎口保定（2）

（周庆国）

图5-2-3 短嘴型犬扎口保定

（周庆国）

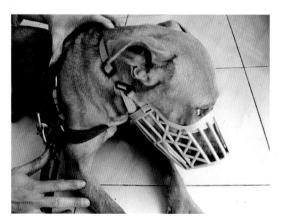

图5-3-1 长嘴型犬嘴套保定

（周庆国）

四、颈圈保定

市售宠物颈圈是由坚韧且具弹性的塑料薄板加金属按扣或互粘带制成，有多种型号适合于不同体格的犬、猫。使用时选合适的型号围成环状套在犬、猫颈部，再用上面的扣、带将其固定使之难以脱落。此法以往常用于静脉输液中防止宠物撕咬输液管或留置针，随着留置针和输液笼的配套使用，目前主要用于犬、猫手术后阻止其舔咬躯干或四肢伤口、病灶或绷带等，预防伤口继发性损伤和感染（图5-4-1、图5-4-2）。

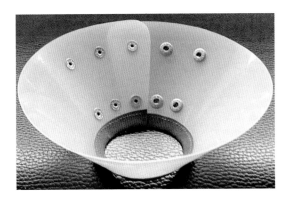

图5-4-1　宠物用塑料颈圈

（周庆国）

图5-4-2　带颈圈的住院犬

（周庆国）

五、犬笼保定

特制的不锈钢犬笼主要用于精神紧张或性情暴烈、不让生人接近或对生人具攻击性的犬只，有助于顺利地完成临诊检查、血液样本采集或药物注射等操作。尤其对无人看管的流浪犬输液时，如果未使用静脉留置针，往往也需要采用这种保定方法。使用时将犬放在笼内，盖上顶盖和关闭前后门，将犬一侧前肢或后肢拉出笼外，然后推动中间活动挡板将犬体夹紧，再扭紧固定螺丝即可进行输液（图5-5-1、图5-5-2）。

图5-5-1　不锈钢犬笼

（周庆国）

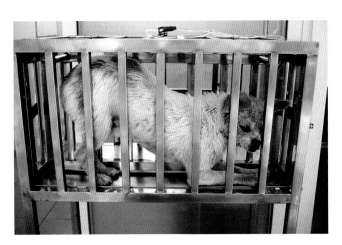

图5-5-2　准备给1只流浪犬输液

（周庆国）

六、化学保定

化学保定是指应用某种或某些化学药物，使动物暂时失去正常反抗能力的保定方法。此法达不到真正的麻醉要求，仅使犬的肌肉松弛、意识减退、消除反抗。常用的药物包括镇静剂、安定剂、催眠剂、镇静止痛剂、分离麻醉剂等，如氯丙嗪、乙酰丙嗪、安定、丙泊酚、舒泰、多咪静、复方氯胺酮等。具体用量可参看第四篇麻醉技术。

此法适用于对犬进行长时或复杂的检查、治疗，方便操作，对人安全，但增加了用药可能带来的一些风险。

（周庆国　张丽）

第六章
猫的保定方法

在宠物临诊工作中，如果检查或治疗操作并不引起猫的疼痛，通常猫也不会对医助人员造成损伤。但是一旦诊疗操作引起猫的疼痛，猫比犬更容易对人进行抓咬，甚至对主人也是如此。因此，正确地掌握猫的保定方法，能大大减少人员损伤，使诊疗工作顺利完成。

一、徒手保定

猫对疼痛非常敏感，遭遇疼痛或威胁时有典型的抓咬行为，所以对猫做临诊检查或治疗时，如无专用的保定工具，必须将猫的头颈及四肢牢牢抓紧，否则即会被猫咬伤或抓伤。保定者一只手尽量靠近猫头部抓住颈部皮肤，防止猫回头；另一只手抓住猫的前后四肢，将其按倒在处置台上。此法多用于短时、快速的临诊检查或皮下、肌肉注射时的保定（图6-1-1）。

二、颈圈保定

与犬颈圈保定法及其用途相同（图6-2-1）。

图6-1-1　猫徒手侧卧保定

一只手抓紧猫颈背部皮肤，另一只手将猫的四肢抓紧。

（周庆国）

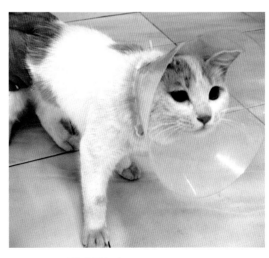

图6-2-1　猫脖圈保定

伊丽莎白颈圈是宠物临诊工作中必备的保定器具。

（周庆国）

三、猫袋保定

猫袋一般是用厚帆布缝制的圆筒形保定袋，其长度与猫体长相当，两端装置粘扣，可按需要封闭或打开两端袋口，将猫放入猫袋进行检查或注射时，能有效地防止被猫抓伤。使用时将猫放入袋内，使猫头从一端钻出，可进行头部检查；或使猫尾部露出，进行体温测量；也可通过猫袋两侧小孔进行肌肉注射，或从前端拉出猫一侧前肢进行静脉注射（图6-3-1至图6-3-4）。

图6-3-1　猫袋保定（1）

把猫放入猫袋中，准备进行头部一般检查。

（佛山先诺宠物医院）

图6-3-2　猫袋保定（2）

对放入猫袋中的猫进行体温测量。

（佛山先诺宠物医院）

图6-3-3　猫袋保定（3）

对放入猫袋中的猫进行肌肉注射。

（佛山先诺宠物医院）

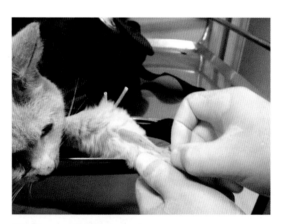

图6-3-4　猫袋保定（4）

对放入猫袋中的猫安装静脉留置针。

（佛山先诺宠物医院）

（周庆国　张丽）

第四篇

麻醉技术

　　宠物的许多疾病需要对其施行麻醉后才能进行诊治，根据诊治方法或外科手术对麻醉的不同要求，所采取的麻醉方法可分为全身麻醉和局部麻醉。由于犬猫不如马牛等大动物可以在可靠保定和局部麻醉下接受手术，即便是简单快速的诊疗操作也会本能地挣扎，所以限制了局部麻醉方法在宠物门诊中的应用。在宠物门诊中，部分检查和绝大多数外科手术都需对犬猫施行全身麻醉，其中又包括气体（吸入）麻醉和注射麻醉两种方式。科学合理地对宠物实施安全的全身麻醉，是对宠物医师（或麻醉师）麻醉技能和水平的重要考验。

第七章
吸入麻醉

　　吸入麻醉是指让宠物把挥发性强的液态或气态麻醉剂吸入肺内，继而进入血液循环而对中枢神经系统产生麻醉作用。自1847年英国爱丁堡大学妇产科教授詹姆士·森普逊（James Simpson）第一次尝试临床应用吸入麻醉药帮助减少妇女分娩痛楚以来，麻醉技术已经有了巨大的进步，主要表现在四个方面：麻醉药物的进步，使吸入麻醉更加安全；氧气的配合（气管插管），能够确保通气；专用蒸发器（挥发罐）的设计，使麻醉药的投放量更准确；麻醉机本身的气体流动管路的改良。吸入麻醉具有很多优点，如镇痛、肌松作用好，麻醉诱导、苏醒快，麻醉深度可控性强，对循环、呼吸影响小，所以是一种反映当代麻醉技术与水平的安全麻醉形式。近年来，随着国外多个品牌兽用麻醉机的引进和国产动物麻醉机的推出，吸入麻醉技术在国内宠物诊疗领域快速普及，许多大、中城市的宠物诊所或医院都在手术中逐渐采用了吸入麻醉方式。目前宠物门诊应用的吸入性麻醉剂主要是异氟烷（isoflurane，又名异氟醚），其在室温和大气压下为挥发性液体，化学性质十分稳定，抗生物降解能力强，体内生物转化极少，几乎全部以原形从肺呼出。此外，还具有很高的心血管安全性，对呼吸的抑制作用轻，对肝、肾功能无明显影响，临床使用浓度不燃不爆。在人类医学临床，异氟烷也适用于各种年龄、各个部位以及各种疾病的手术。

　　吸入麻醉剂中还有七氟烷（sevoflurane，七氟醚）和地氟烷（desflurane，地氟醚）等，这两种麻醉剂的血气分配系数分别为0.69和0.42，均比异氟烷的血气分配系数（1.4）低，麻醉诱导和苏醒非常迅速、平稳，并且无恶臭味，对呼吸道无刺激，诱导时很少引起咳嗽，目前试用于人类各种年龄、各部位的大小手术，并且也已经在部分宠物医院开始使用。

一、麻醉设备与器材

（一）麻醉机

　　麻醉机是实施吸入麻醉的必需设备，其功能是向宠物提供氧气、麻醉药品和进行呼吸管理，一般由高、低压系统（氧气瓶、减压阀、压力表、流量计）、蒸发器（又称挥发罐）、呼吸管路（螺纹管和Y形接头、呼吸活瓣、CO_2吸收器、储气囊、排气阀等部件）构成。优良的麻醉机具有精确的氧气流量计，输出稳定，并有快速充氧功能；具备APL（adjustable pressure limiting valve）自动卸压安全功能，避免气压过大对宠物造成压力伤害；具有精密给药和温度补偿特点及防漏气装置的专用蒸发器，使麻醉气体输出浓度恒定；整体结构紧凑、移动灵活等。当前，国内宠物诊疗行业内使用的麻醉机多数为进口产品，基本来自于美国SurgiVet公司和Midmark公司、澳洲AAS公司、日本木村会社和我国台湾总腾科技公司等。近年来，国内一些人用麻醉机的生产厂家推出价格低廉的动物麻醉机，由于带有呼吸机且具价格优势，所以得到了快速普及（图7-1-1至图7-1-4）。

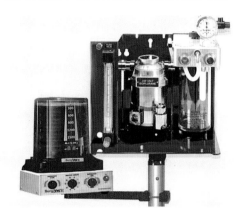

图7-1-1　美国SurgiVet公司CDS 9000型动物呼吸麻醉机

此型麻醉机标配原厂呼吸机，能够在必要时准确地正压控制已麻醉动物的潮气量和呼吸频率，为胸腔手术和抢救提供便利。但为了减少购买费用，也可不配呼吸机，用储气囊手动控制呼吸。

（周庆国）

图7-1-2　美国Midmark公司Matrx VME型动物麻醉机

可配备专利空气进气阀，允许动物在氧气停止供应后，仍能够呼吸大气，确保意外情况下的麻醉安全。可配原厂呼吸机进行正压辅助通气，为胸腔手术提供便利。

（王威俊）

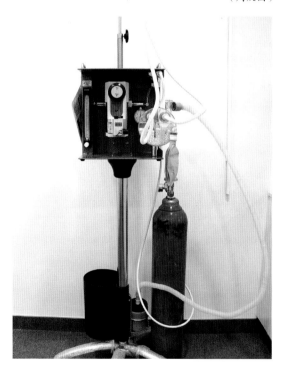

图7-1-3　澳洲AAS公司Stinger小动物麻醉机

此型麻醉机标配各种规格的呼吸回路和面罩，可用于不同体重的动物。标配支架可携带10L氧气瓶移动，支架勾平时悬挂麻醉用的螺纹管，手术中悬挂输液瓶。

（周庆国）

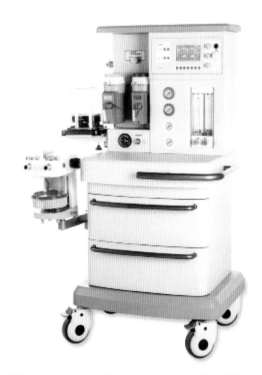

图7-1-4　北京飞泰YY-III（D3）呼吸麻醉机

此型麻醉机采用流线型雕塑工艺，外形美观；标配异氟醚和七氟醚2个蒸发罐，具有流量、温度、压力自动补偿功能；密闭式呼吸循环回路机控与手动状态自动切换，具有紧闭、半紧闭、半开放模式；有手动和自主呼吸的呼吸频度和呼吸潮气量监测功能。

（李兵）

（二）气管插管

气管插管由医用无毒塑料制成，由单腔导气管、防漏套囊和插管接头三部分组成（图7-1-5、图7-1-6）。实施吸入麻醉时，根据宠物体重将规格适宜的气管插管插入犬猫气管内，并与麻醉机呼吸管路上的Y型接头连接，经充气管对插管前端的防漏套囊充气使其膨胀，以封闭气管插管与气管之间隙。气管内插管的作用是：①防止唾液或逆呕至口腔的胃内容物误吸入气管，有效地保证呼吸道通畅；②避免麻醉剂污染环境和手术人员吸入；③为人工呼吸创造条件，便于对危重宠物抢救和复苏。气管插管的规格很多，主要根据犬猫体重、体格选用与其气管内径适应的规格。选用犬猫气管插管的参考标准如表7-1-1所示。

图7-1-5　各种规格的气管插管

市售一次性气管插管是已消毒并密封包装的，使用后可用自来水充分冲洗和0.1%苯扎溴铵溶液浸泡消毒，然后冲洗干净、悬挂阴干。

（周庆国）

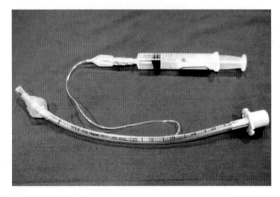

图7-1-6　检查气管插管防漏套囊的密闭性

使用5mL一次性注射器通过注气接头和充气管进行充气，了解防漏套囊是否完好。

（周庆国）

表7-1-1　犬猫气管插管选用参考

体重（kg）	1	2	3	4	6	8	10	12	14	16	18	20	25	30	40 ~ 60
犬	4.0 ~ 4.5	4.0 ~ 5.0	4.5 ~ 5.0	5.5	6.5	7	7.5	8	8.5	9	9.5	10	11	12	14 ~ 16
猫	3.0	3.5	4.0	4.5											

（三）麻醉喉镜

麻醉喉镜是实施气管内插管必备的辅助器械，也是临诊检查咽喉或取除咽喉异物常用的器械。麻醉喉镜由3~5个规格的镜片和1个手柄两部分构成，镜片一般采用高品质不锈钢或合金制造，分直形和弯形两种，有的产品还做了反光涂层或亚光处理，以减少使用中反光，不影响观察效果。手柄内一般装两节2号干电池，使用时把手柄顶端的凹形连接器与镜片的凸形连接器对接，即可通过镜片内置光纤为镜片前端的LED灯供电。小动物麻醉通常选用直形镜片，其特点为镜片窄、规格多，一般含1个手柄和5个规格的镜片，适用于各种品种与体格的犬、猫，不过也有一些麻醉师习惯使用弯形镜片（图7-1-7、图7-1-8）。

（四）麻醉面罩

麻醉面罩是进行麻醉诱导和复苏的重要附件，对于小型犬、猫的短小手术，有时不必进行气管插管，直接用面罩施行吸入麻醉即可满足手术要求。澳洲AAS公司配备的麻醉面罩规格最全，共有8个规格，可以很方便地按照犬、猫面部形态大小选用十分恰当的规格，从而使面罩与宠物口鼻部皮肤紧密接触而获得满意的麻醉效果。面罩接口周围有4个金属挂钩，供面罩绑带（习称四头带）将面罩固定于宠物头部（图7-1-9、图7-1-10）。国内一些人医麻醉机生产公司推出的动物麻醉机也常附带1～2个面罩，均不适用于犬和猫。

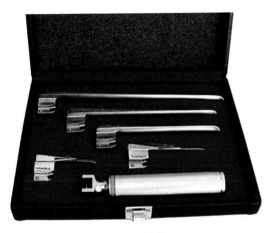

图7-1-7　硬质动物喉镜（1）

含1个手柄和5个规格的直形镜片。

（周庆国）

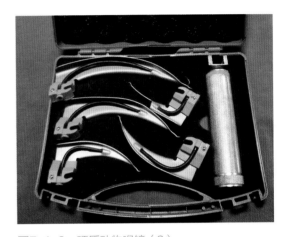

图7-1-8　硬质动物喉镜（2）

含1个手柄和5个规格的弯形镜片。

（周庆国）

图7-1-9　澳洲AAS公司标配的麻醉面罩

面罩由透明塑料和富有弹性的橡胶圈制成，其中2个规格可用于极小型宠物。

（周庆国）

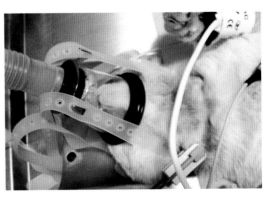

图7-1-10　使用麻醉面罩对猫施行麻醉

对于小型犬、猫的阉割术，通常使用面罩麻醉也能获得满意的麻醉效果。

（周庆国）

二、吸入麻醉技术

以澳洲AAS公司Stinger小动物麻醉机为例，对麻醉机的使用方法介绍如下：

（一）麻醉前准备

打开氧气瓶开关，观察证实至少约有半瓶（7MPa）氧气量，然后关闭氧气瓶开关。给CO_2吸收器充装钠石灰，安装在麻醉机相应位置（图7-2-1、图7-2-2）。接下来给蒸发器充装麻醉药，AAS公司Stinger小宠物麻醉机配置异氟烷专用蒸发器，其下方设计有四方形充药孔，利用专用适配器即可安全便捷地完成充药过程（图7-2-3至图7-2-10）。

（二）管路系统测试

呼吸管路系统是指麻醉机上从共同气体出口至连接气管导管的Y型接头之间的所有部件。麻醉机通过管路系统向宠物提供麻醉混合气体，而宠物则通过此系统进行正常的O_2和

图7-2-1　充装钠石灰

用塑料漏斗给CO_2吸收器充装钠石灰。

（周庆国）

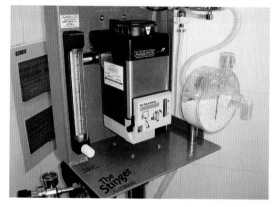

图7-2-2　安装CO_2吸收器

把CO_2吸收器安装到麻醉机相应位置。

（大村 刚）

图7-2-3　充装异氟烷（1）

异氟烷标准瓶与专用适配器。

（大村 刚）

图7-2-4　充装异氟烷（2）

将专用适配器瓶盖套在异氟烷瓶口并拧紧。

（大村 刚）

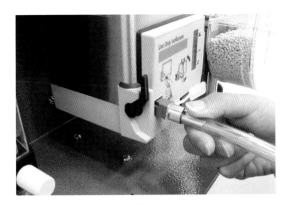

图7-2-5　充装异氟烷（3）

将专用适配器另一端插入蒸发器底部充药孔。

（大村 刚）

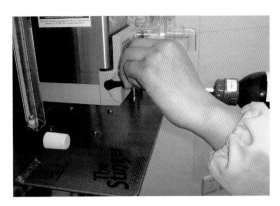

图7-2-6　充装异氟烷（4）

按下充药孔左边适配器锁紧装置。

（大村 刚）

图7-2-7　充装异氟烷（5）

倒举麻醉药瓶，打开蒸发器充药开关。

（大村 刚）

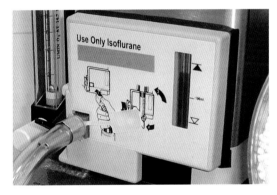

图7-2-8　充装异氟烷（6）

当药液达到限定高度，关闭蒸发器充药开关。

（大村 刚）

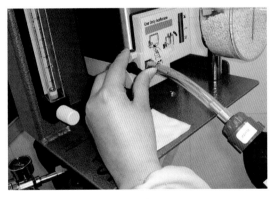

图7-2-9　充装异氟烷（7）

向上提起充药孔左边适配器锁紧装置。

（大村 刚）

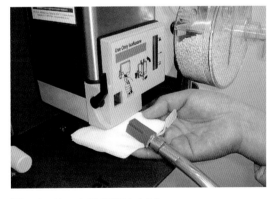

图7-2-10　充装异氟烷（8）

取出适配器充药头，用纱布拭干。

（大村 刚）

CO_2交换。测试管路系统的密闭性，关系到麻醉混合气体能否密闭地进入宠物气管，而不会泄漏到手术环境中。测试前将吸气、呼气螺纹管分别套在CO_2吸收器上的吸气和呼气接口上，关闭其上方的排气阀，堵住Y型接头，快速充氧使回路内压达到1.96kPa，至少观察10s不见压力下降，表明管路系统未发生泄漏（图7-2-11、图7-2-12）。

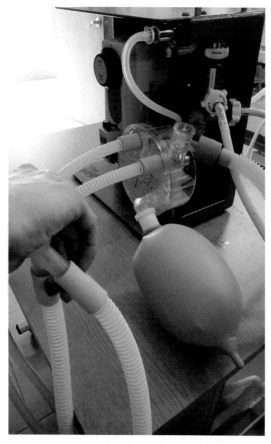

图7-2-11　管路系统测试（1）

关闭排气阀后快速充氧，堵住Y形接头观察数分钟。

（大村 刚）

图7-2-12　管路系统测试（2）

观看压力表指针位置不变，表明呼吸管路系统无泄漏。

（大村 刚）

（三）气管内插管

操作时需先用适宜的注射麻醉剂对犬、猫实施快速麻醉诱导，目前临床多用丙泊酚（propofol）、舒泰50（Zoletil 50）等药物，按照规定的剂量，经静脉留置针缓慢推注。对猫行气管插管时，一般还需要向咽喉部喷少量2%利多卡因，有利于消除喉头痉挛以方便插管。插管时让犬、猫俯卧于手术台上，助手打开其口腔并保定头部，医师或麻醉师一手将喉镜镜片前端抵止于舌根并下压，使会厌软骨被牵拉而开张声门，另一只手迅速将选定的气管插管经声门插入气管内，深度达肩关节位置即可。然后向防漏套囊内缓慢注气至防漏套囊充起，听声确定插管周围不漏气后，将呼吸管路上的Y形接头与气管导管连接，再用纱布条将气管插管固定于上颌，接着开始施行吸入麻醉（图7-2-13、图7-2-14）。

（四）麻醉机调控

动物体重或体格不同，对呼吸管路的选择也有不同。澳洲AAS公司小动物麻醉机配备了5种呼吸管路，适用于对体重为70kg以下的所有宠物（包括小鸟、乌龟等极小型宠物）实施麻醉，麻醉的安全性、速应性和可控性良好。对于体重3kg以下宠物（如极小型犬、猫、鸽子等），需采用非密闭式呼吸半开放回路（Bain型同轴回路），宠物由螺纹管中心内导管

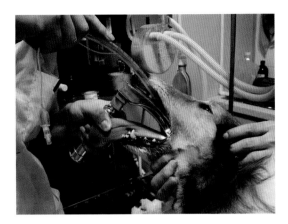

图7-2-13　气管内插管（1）

助手确实保定犬头部，麻醉师一只手持喉镜并拉出犬舌，另一只手将气管导管准确插入犬的气管内。

（周庆国）

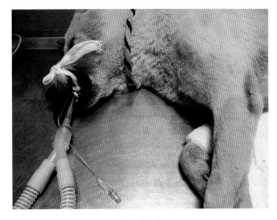

图7-2-14　气管内插管（2）

检查气管插管周围不漏气后，将呼吸回路上的Y形接头与气管插管连接，再用纱布条将气管插管固定于上颌。

（周庆国）

吸入新鲜共同气体，呼出气体经螺纹管外套管、排气阀排到废气吸收系统，或经延长管排到外界空气中。因为对呼出气体未做处理和循环吸入，麻醉中的氧气流量需调节为每千克体重200mL，故麻醉剂和氧气的消耗量明显加大。对体重为3kg体重以上的宠物均可采用密闭式呼吸循环回路，当宠物呼出气体中的CO_2被钠石灰吸收后，所含少量麻醉剂与新鲜共同气体混合后被循环吸入，所以能极大地节省新鲜气体（麻醉剂和氧气），并减少热量损失。因此，麻醉前5min内调节氧气流量仅为每千克体重60mL，5min后调节到每千克体重30mL即可。异氟烷浓度在麻醉初期由诱导麻醉深度而定，通常调节蒸发器浓度控制转盘的刻度在2%～5%，当宠物进入平稳麻醉后一般稳定在2%维持麻醉（图7-2-15至图7-2-20）。

（五）气管插管拔除

当手术结束、依次关闭麻醉气体和氧气后，在宠物逐渐苏醒、刚出现吞咽反射时，应迅速拔出气管插管。拔管时间应恰当掌握，如宠物吞咽和咀嚼反射尚未恢复，过早拔管有发生误吸、误咽或因喉头水肿发生窒息的危险；如宠物已清醒且肌张力恢复，拔管过晚容易引起宠物反抗和咬坏气管插管。

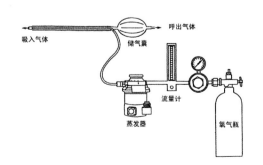

图7-2-15　非密闭式呼吸半开放回路

适用于对体重为3kg以下的小型宠物进行麻醉。

（王威俊）

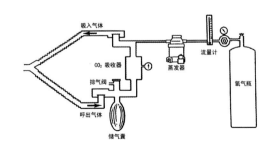

图7-2-16　密闭式呼吸循环回路

适用于对体重为3kg以上的犬和猫进行麻醉。

（王威俊）

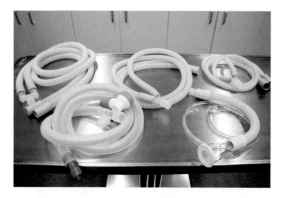

图7-2-17　呼吸回路（螺纹管）

上方为3个密闭式呼吸循环回路，下方为2个非密闭式半开放回路，适应于对各种体重的宠物进行麻醉。

（周庆国）

图7-2-18　蒸发器浓度控制转盘

蒸发器浓度控制转盘刻度在0～5%，而0～2%刻度距离很大，有利于对气体流量进行精确调节。

（周庆国）

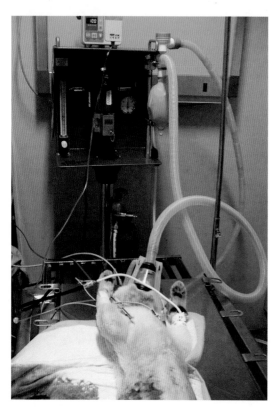

图7-2-19　猫非密闭式半开放麻醉

采用面罩和Bain同轴回路，螺纹管内管供应麻醉混合气体，呼出的CO_2通过螺纹管外管至呼出阀，再至废气清除系统。

（周庆国）

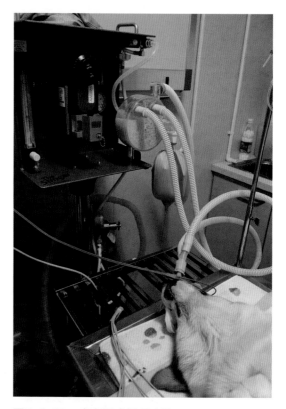

图7-2-20　犬密闭式循环麻醉

采用气管插管和密闭式循环回路，吸气和呼气均为独立通气管道。

（周庆国）

三、麻醉监护仪器

　　麻醉与手术期间的监护重点是麻醉深度、呼吸系统、心血管系统和体温等。一般通过观察宠物的眼睑反射、角膜反射、眼球位置、瞳孔大小和咬肌紧张度等，大致判断麻醉深度；通过观察宠物可视黏膜颜色及呼吸状态、检查毛细血管再充盈时间、听诊心率等，了解其心、肺功能。现代的宠物医疗已经使用脉氧仪、超声多普勒血压计和多参数生理监护仪等多种设备监护麻醉和手术过程，有关的国内外品牌很多，价格差异也大，其中脉氧仪的价格相对较低，用于连续监测脉搏和血氧饱和度两个重要参数，有的产品另带有体温探头，可放入犬猫肛门内监测其直肠温度（图7-3-1、图7-3-2）。超声多普勒血压计是适用于犬猫动脉压（收缩压）测量的精准仪器，术前、术中及术后监测动脉压以评估宠物的心血管机能，并根据其改变及时调整，有利于提高手术成功率（图7-3-3）。多参数监护仪常为六参数监护，包括脉搏、血氧饱和度、血压（收缩压、舒张压）、心电图等，为全面监控动物生理改变，提高麻醉安全和手术成功率创造了有利条件（图7-3-4）。

图7-3-1　Darvall H100脉氧仪

具有脉搏、血氧饱和度和体温监测功能，白线接脉搏和血氧传感器，黑线接体温探头。

（周庆国）

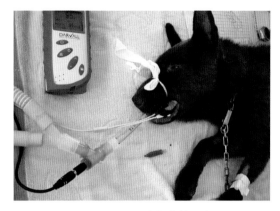

图7-3-2　Darvall H100脉氧仪使用中

犬舌头上夹有脉搏和血氧传感器，脉氧仪显示血氧饱和度为95%、脉搏为91。

（周庆国）

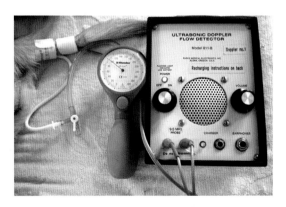

图7-3-3　美国PARKS公司超声多普勒血压计

给一只麻醉犬测量尾动脉收缩压为13.3kPa。

（周庆国）

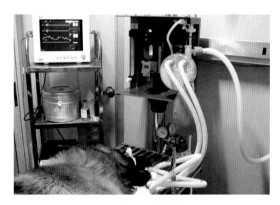

图7-3-4　BLTM6动物六参数监护仪

使用AAS麻醉机和BLT M6监护仪，10.4″高亮度清晰显示器有利于远距离观察生理指标的动态变化。

（周庆国）

（周庆国）

第八章
注射麻醉

　　注射麻醉是将一种或几种全身麻醉药通过皮下、肌肉、静脉或腹腔途径注入宠物体内而产生麻醉作用的方法。随着吸入麻醉技术及麻醉机在国内宠物临床、尤其在大中城市宠物诊所或医院的快速普及，这些诊所或医院已经很少采用注射麻醉方式，传统的注射麻醉药仅作为麻醉前用药。目前，国内宠物临床常用的麻醉前用药或注射麻醉药主要有多咪静、丙泊酚、舒泰50、舒眠宁、犬眠宝等，是未引进麻醉机的宠物诊所或医院经常需要用到的药物。在兽医临床或野生动物领域，有时还能用到氯胺酮或复方氯胺酮（复方赛拉嗪），作为犬猫可选用的注射麻醉药，效果良好，遗憾的是其市场供应不够稳定、购买渠道也不通畅。

　　众所周知，单纯使用一种麻醉前用药或麻醉药都无法获得良好的平衡麻醉效果，所以临床常采取复合麻醉方式，即同时或先后使用2～3种麻醉前用药和麻醉药，从而对麻醉药取长补短，降低其毒性或副作用，减少用量，增强平衡麻醉效果。

一、多咪静

　　其成分为右美托咪定，是美国硕腾公司在我国注册的一种α_2-肾上腺素受体激动剂。α_2-肾上腺素受体存在于中枢神经系统、外周植物性神经以及接受植物性神经支配的多个组织中，α_2-肾上腺素受体的激活可降低交感神经的活性而产生镇静和止痛作用，并且对其他中枢抑制剂或麻醉剂有显著的增效作用，从而使这些药物的使用剂量显著降低。多咪静主要用于犬猫的镇静和止痛，对16周龄以上的犬和12周龄以上的猫安全有效，适用于临床检查、治疗、小手术或牙科处理等，也常作为犬猫吸入麻醉时的前驱麻醉剂，或与其他麻醉剂配合用于各类短时或长时手术。多咪静可静脉或肌肉注射给药，具体使用剂量和提示需参考硕腾公司产品说明。多咪静的特效解救药为"唉啶醒"，硕腾公司已在我国注册。

　　多咪静和唉啶醒均禁用于患有心血管疾病、呼吸系统疾病、肝功能或肾功能损伤、休克、身体极度虚弱以及因极端高温、低温或疲劳所引起处于应激状态下的犬猫。

二、丙泊酚

　　一种新型快速、短效的静脉麻醉药，化学名为2，6-双异丙基苯酚（又名异丙酚），通过激活GABA受体-氯离子复合物发挥镇静催眠作用，其麻醉效价是硫喷妥钠的1.8倍。丙泊酚麻醉诱导起效快、苏醒迅速且功能恢复完善，没有兴奋现象；但因使用剂量、术前用药等因素，可能会发生低血压和短暂性呼吸抑制。临床上常用于犬、猫麻醉诱导、气管插管、临床检查或X线摄片时的镇静，使用剂量为犬、猫每千克体重3~5mg，静脉缓慢推注。若用于全身麻醉维持，因其镇痛作用微弱，可先用适宜药物如犬眠宝以每千克体重0.05mL肌肉注射诱导后，再将丙泊酚与氯胺酮以2：1剂量混溶于5%葡萄糖溶液中持续滴注，并根据麻醉深度适时调节滴速，容易获得满意的麻醉维持效果。

三、舒泰50

法国维克公司产品，由唑拉西泮（安定药）和替来他明（镇痛药）按1：1混合而成，各为125mg，总量250mg。用该产品所配5mL灭菌液体溶解后，浓度为250mg/5mL，即50mg/mL 。舒泰特点为麻醉诱导迅速而平稳，肌肉松弛与镇痛作用良好，但犬、猫苏醒过程有摇头现象。该药可肌肉或静脉注射，犬肌肉注射剂量为每千克体重5~10mg（0.1~0.2mL），猫肌肉注射剂量为每千克体重7~10mg（0.15~0.2mL），一次肌肉给药的麻醉维持时间30~60min。静脉注射时应缓慢推注，使用剂量减半，麻醉维持时间缩短为10~15min。

四、Alfaxan®

澳洲Jurox Pty.公司产品，为一种新型固醇类麻醉药，含阿法沙龙（Afaxalone）10mg/mL，用于临床检查需要的镇静和手术麻醉诱导或维持，对6周龄及以上犬、猫具有良好的安全性。本品无组织刺激性，推荐静脉途径给药，可与抗胆碱药、吩噻嗪类、苯二氮卓类、非甾体抗炎药配合使用，但不可与其他静脉麻醉药同时使用。麻醉诱导剂量为犬每千克体重0.2~0.3mL，猫每千克体重0.5mL，给药时间应不少于1min，以避免部分犬只可能出现的短暂呼吸抑制。麻醉维持可每10min静脉给药一次，或使用微量输液泵匀速输入，剂量详见该药品说明书。

五、舒眠宁

南京农业大学兽医外科教研室中试产品，由2，6-二甲苯胺噻嗪、氯胺酮和咪达唑仑三种药物组成，其优点为麻醉诱导时间、维持时间与苏醒时间较短，麻醉过程和苏醒过程平稳，对于长时间手术可多次追加或使用微量输液泵连续给药，具有良好的麻醉安全性和可控性。临床多选择静脉缓慢推注，犬使用剂量为每千克体重0.06mL，猫使用剂量为每千克体重0.04mL，一次静脉给药的麻醉维持时间20~30min。

六、犬眠宝

东北农业大学兽医外科教研室研发，由青岛汉河动植物药业有限公司生产。该药由

2，4-二甲苯胺噻唑和氟哌啶等多种成分组成，其镇静、镇痛和肌松作用较强，安全范围较大，可以满足一般手术的需要，是近年来国内较理想的犬科动物麻醉药，其副作用表现为呼吸频率和心率降低。本品多采用肌肉注射途径，也可以选择静脉或皮下注射，犬肌肉注射剂量为每千克体重0.1～0.2mL。如果麻醉过量，可用相应的特异性苏醒剂——犬醒宝解救。据汕头接晓永医师临床应用体会，按犬每千克体重取舒泰0.1mL和犬眠宝0.04mL混合肌肉注射，不仅麻醉诱导平稳、迅速，而且可获得1～1.5h的十分理想的平衡麻醉效果。

七、氯胺酮

一种短效静脉麻醉药，主要选择性抑制大脑联络径路和丘脑-新皮质系统，兴奋边缘系统，而对脑干网状结构的影响较轻，镇痛作用很强，但动物意识模糊并不完全丧失，眼睛睁开，骨骼肌张力增加。氯胺酮对循环系统有兴奋作用，使心率增快，心排血量增加，血压升高，对呼吸系统影响轻微。因此，使用氯胺酮麻醉需与镇静、肌松作用良好的药物复合使用，如按每千克体重肌肉注射静松灵1.5～2mg，10min后再行肌肉注射氯胺酮每千克体重5～10mg，或用含0.1%氯胺酮的5%葡萄糖氯化钠注射液静脉滴注，可以获得1～1.5h以上满意的平衡麻醉效果。需要指出的是，通常人用氯胺酮注射液浓度为2mL：0.1g，而沈阳兽药厂生产的氯胺酮注射液浓度为2mL：0.3g，使用时应特别注意。

八、复方氯胺酮

复方氯胺酮又名噻胺酮，由2,6-二甲苯胺噻嗪、氯胺酮和盐酸苯乙哌啶组成，由沈阳兽药厂定点生产，各成分比例分别为二甲苯胺噻嗪2mL：0.3g、氯胺酮2mL：0.3g、盐酸苯乙哌啶2mL：1mg。由于销售渠道和管理严格等问题，在宠物临床上应用较少。因该药含有类阿托品作用的盐酸苯乙哌啶，所以麻醉前不需使用阿托品。犬使用剂量为每千克体重0.033～0.067mL，猫使用剂量为每千克体重0.017～0.02mL，肌肉注射后可获得长达1～1.5h满意的平衡麻醉效果。

（周庆国）

第五篇
临床检查基本方法

　　学会给宠物看病并且能够看的准确，是宠物医师一生的追求，而看病的方法首先是要学会如何收集、获取和整理宠物的异常表现或临床症状。宠物的临床症状是医师看病的切入点，如能将采用临床检查基本方法获取的临床症状进行归纳和分析，就可以形成或初步形成对某个或某几个疾病的认识，再通过必要的影像学检查或将宠物病理标本送入实验室检验，基本上能对大多数疾病进行确诊。因此，掌握临床检查基本方法，了解检查方法所涉及的检查内容，是非常重要的。临床检查基本方法包括问诊、视诊、听诊、触诊、叩诊和嗅诊等几个方面，其中以问诊、视诊、听诊、触诊的内容和方法必须掌握，而叩诊和嗅诊不大适合于小动物临床，尤其不建议宠物医师有意识地进行嗅诊，因为在现代检查检验仪器设备基本普及的情况下，充分利用现代仪器设备不仅可以精准地获取叩诊或嗅诊难以肯定的结果，而且有利于宠物医师的健康及行业形象。此外，根据临床诊断实际需要，将问诊、视诊、听诊、触诊等基本检查方法与"看病"需采取的一般检查和系统检查内容结合起来，可能更加实用，所以本章进行了如下尝试。

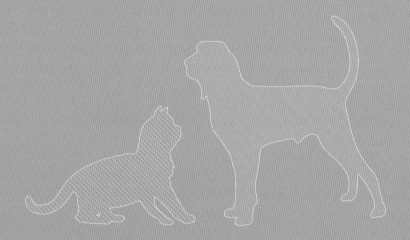

第九章

问 诊

　　问诊是指接诊患病宠物在了解其品种、年龄和性别后，询问主人该宠物的病史、病情、免疫接种及驱虫情况、曾在何处诊治、治疗方法与疗效，家庭内的患病宠物数量等情况。如前所述，机体某个系统或器官患病后，宠物将出现与此相关的异常反应或局限于病灶区的局部症状，如果收集到这些异常反应或局部症状，也就获得了相关系统、器官患病的线索。根据宠物临诊实际，犬、猫的消化系统、呼吸系统、泌尿系统患病比例较大，其次为运动及被皮系统、生殖系统和乳腺、感觉器官、血液循环系统、神经系统和内分泌系统等，而且很多疾病都常表现出体温升高、精神沉郁、食欲减退或废绝等全身症状。由于主人和宠物生活在一起，容易观察到患病宠物出现异常反应、局部或全身症状，某些细心的主人甚至还掌握自己宠物发病或表现异常反应的规律，这就为宠物医师提供了十分有用的参考，对宠物医师了解病情和分析疾病性质极为重要。因此，必须重视问诊与视诊同步进行，根据视诊所见再行针对性问诊，有助于迅速理清诊断思路。

　　由于根据临床异常而需进行相应的问诊内容十分复杂，这里仅对引起食欲减退或废绝的常见三大系统问诊内容及相关知识做以简单介绍，并配重要插图便于理解。

一、消化方面

　　询问宠物的饮欲、食欲及采食过程，有无呕吐、腹泻或便秘及其特点，对发现和诊断消化系统疾患极其重要。犬、猫是容易呕吐的动物，采食后立即呕出食物，并将其重新食入，多是饥饿过食的表现。采食后不久发生呕吐，多是食物质量、胃炎等问题。采食后6～7h呕出未消化或部分消化食物，多是胃排空机能障碍或幽门异常。虽然空腹，但间歇性或频繁呕出无色或黄绿色含泡沫的黏液性液体，多是小肠阻塞或胃、小肠、胰腺的严重炎症所致，这种情况除见于内科普通病以外，也常见于犬瘟热、细小病毒感染、传染性肝炎等传染病的经过中（图9-1-1）。呕吐物呈咖啡色或混有少量血凝块，多为胃溃疡或十二指肠的出血性疾病。以上疾病在问诊了解呕吐特点的基础上，应当结合呕吐物视诊、腹部触诊、X光常规摄片或钡餐造影检查、胃镜检查、血液生化检验等结果综合分析后进行确诊。

　　腹泻也是犬、猫多发的消化系统异常，常与呕吐同时或先后出现于同一疾病的经过中，如犬冠状病毒感染、沙门氏菌感染、肠道蠕虫感染、幼犬消化不良、食物过敏、普通胃肠炎、急性胰腺炎等，多排出白色、黄色、黄绿色水样或黏液样粪便，而犬瘟热、细小病毒感染、传染性肝炎、幼犬钩虫或球虫感染等，多因肠道出血而排出暗红色、黑色黏液样稀软或番茄汁样稀薄的粪便（图9-1-2）。以上病症在问诊了解到腹泻特点的基础上，应当结合粪便视诊、传染病病原检测、粪便虫卵镜检、血液常规检查等结果综合分析后进行确诊。

　　便秘或排便困难也是犬、猫多发的消化系统异常，虽然大多表现为粪便干硬难以排出，但其病因却比较复杂，常见的原发性因素与摄入过多的骨头、异物（砂石、毛发、纱织物等）或经常以动物肝脏为主要食物，在结肠内形成较大的硬粪块有关（图9-1-3、图9-1-4）；继发性因素与患有会阴疝、肛门腺囊肿、前列腺肥大、腰荐神经损伤或后躯麻痹等疾病有关；不常见的原因还有结肠后段肠壁神经丛或神经节先天性缺陷引起结肠痉挛性狭窄，结肠长期处于收缩状态而致粪便积聚，久之导致结肠的异常伸展和扩张即巨结肠症，也表现为便秘症状。以上疾病在问诊了解到患病宠物的摄食与排便特点后，应当结合腹部触诊、X光常规摄片检查等结果综合分析后进行确诊。

图9-1-1　患犬呕吐

问诊得知该犬发病时久，食欲废绝，视诊所见有脓性眼屎和呕吐物，体温升高，取眼分泌物检测犬瘟热病毒阳性。

（周庆国）

图9-1-2　患犬出血性腹泻

问诊得知该犬发病数日，频繁呕吐，视诊所见排番茄汁样血便，取粪便检测细小病毒阳性。

（周庆国）

图9-1-3　患猫便秘（1）

在问诊基础上，视诊患猫腹围明显增大，腹部触诊其结肠显著扩张，肠腔内有坚硬物体。

（周庆国）

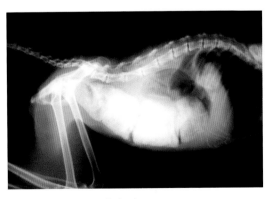

图9-1-4　患猫便秘（2）

X光摄片显示：直肠和结肠肠腔内有数块高密度的粪便影像。

（周庆国）

二、呼吸方面

询问宠物有无鼻液或咳嗽及其特点，是发现和诊断呼吸器官、乃至胸腔或腹腔内疾病的重要参考资料。健康宠物鼻端湿润、凉爽、无鼻液，如主人观察到宠物有鼻液，表明呼吸道感染或有炎症；另询问其鼻液性质为清鼻水或浓鼻液，可判断该宠物处于患病早期或发病已有一定时日（图9-2-1、图9-2-2）。咳嗽是喉、气管、支气管、肺或胸膜等遭受机械、化学、病原微生物等不良因素刺激时，通过神经传导引起的一种保护性反射，有助于将呼吸道异物或分泌物排出体外。如果从传染病、寄生虫病和普通内科病几个方面分析，常见于犬瘟热、犬传染性气管支气管炎、幼犬蛔虫移行、恶心丝虫病、感冒、气管支气管炎、肺炎、胸膜炎等。所以，临床检查中应当重视询问或发现犬、猫是否存在咳嗽症状。有时，宠物主人不一定留意到宠物是否有咳嗽现象，就需要医师利用人工诱咳方法进行判定（详见触诊）。在问诊或同时视诊观察到以上异常现象后，应当采取X光常规摄片检查、血液常规检查、传染病或寄生虫病原检测等方法，根据检查检验结果综合分析后确诊。

图9-2-1　患犬有少量水样鼻液

问诊得知该犬突发食欲减退，视诊所见有清鼻水，喉气管触诊阳性，体温升高，血常规检查白细胞总数增多，无全身其他异常，初步诊断为感冒或上呼吸道感染。

（周庆国）

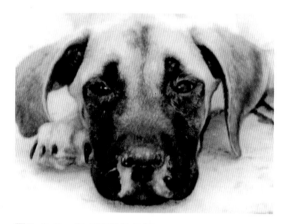

图9-2-2　患犬流脓性鼻液

问诊得知该犬发病时久，视诊所见有脓性鼻液和眼屎，胸部X线常规摄片检查显示有支气管肺炎，取眼分泌物检测犬瘟热病毒阳性，诊断为犬瘟热。

（周庆国）

三、泌尿方面

询问宠物排尿行为及尿液性质有无异常，是发现和诊断泌尿器官、乃至血液疾病的重要依据。尿淋漓是常见的排尿行为异常，患病宠物每次仅排出或滴出少量尿液，同时伴有排尿疼痛和排尿次数增多，如尿道炎、膀胱炎、前列腺炎、前列腺肥大、膀胱或尿道结石等，均以尿淋漓为突出表现（图9-3-1、图9-3-2）。尿液性质异常包括尿液混浊、血尿或血红蛋白尿（尿液呈豆油色、茶色、酱油色），其中尿液混浊多见于肾病或尿路感染等，血尿见于膀胱炎、膀胱肿瘤、肾脏或膀胱结石、犬埃里希体病、血小板减少症等，血红蛋白尿见于犬嗜血支原体病、巴贝斯虫病、洋葱或大葱中毒等。

图9-3-1　患犬排尿困难（尿道结石1）

患犬频频做排尿姿势，但许久不见尿液排出。

（周庆国）

图9-3-2　患犬排尿困难（尿道结石2）

偶见尿液呈点滴状排出。

（周庆国）

（周庆国）

　　在对宠物主人问诊的同时或问诊之后，应当对患病宠物进行全面细致的视诊。从临床诊病实际需要或必要性出发，视诊内容极其广泛，不仅包括对患病宠物整体状态，如精神、营养、被毛、姿态、行为等的一般观察，也包括根据问诊获得的提示，再对宠物眼部、鼻端、耳朵、口腔、胸腹部、会阴部、四肢等部位的近距离审视，还包括借助于手电筒、检眼镜、耳镜或喉镜、伍德氏灯、血压计等简单器材，对疑似患部或病灶进行更细致的观察，如此才有助于发现和获得诊断疾病的重要线索和依据，尤其当粗心的宠物主人能提供的信息极为有限时，就更应当如此，以避免漏诊现象。

一、整体状态观察

　　健康宠物通常反应灵活，眼睛明亮，营养良好，肌肉丰满，被毛平顺有光泽，体表无异常肿胀或创伤等。患病宠物，尤其高热或低温宠物，通常表现精神沉郁或呆滞、嗜睡或昏迷，并且多见营养不良、骨骼突出、被毛粗乱或脱毛等（图10-1-1、图10-1-2）。精神过度兴奋，一般提示脑及脑膜的充血和炎症，如癫痫、脑炎、有机氟中毒等，可见患病宠物狂燥不安、持续吠叫或盲目奔跑等。精神过度抑制，一般提示脑组织缺氧或血糖过低，如脑震荡、脑挫伤、脑炎或颅内压增高、严重脱水或衰竭，可见患病宠物极度沉郁、嗜睡或昏迷（图10-1-3、图10-1-4）。许多单纯性的外科或产科疾病如眼病、脓肿、血肿、淋巴外渗、

图10-1-1　整体状态观察（1）

健康宠物两眼有神，被毛平顺，发育良好。

（周庆国）

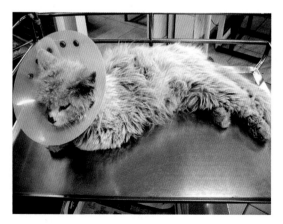

图10-1-2　整体状态观察（2）

患病严重的宠物精神沉郁，被毛粗乱，脱水消瘦。

（周庆国）

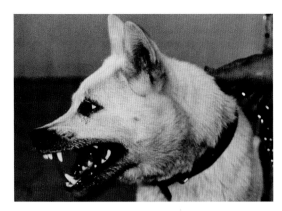

图10-1-3 整体状态观察（3）

患病宠物过度兴奋，惊恐吠叫，提示中枢神经系统——大脑及脑膜的充血或炎症。

（周庆国）

图10-1-4 整体状态观察（4）

患病宠物精神沉郁，神情呆滞，提示中枢神经系统——大脑及脑膜的炎症或病理过程。

（周庆国）

外疝、体表肿瘤、阴道炎或阴道增生等，一般很少引起宠物体温、精神或整体状态的明显改变，仅见局部变化。但严重的损伤或感染如骨折早期、蜂窝织炎等除了患部的疼痛和肿胀外，也常表现精神和食欲的异常改变。

二、运动机能观察

健康宠物站立或行走姿势自然，运动机能障碍的宠物站立或运动肢势异常，患肢抬不高、迈不远，或减负、免负体重，甚至表现痉挛、瘫痪、共济失调等异常肢势。患肢抬不高、迈不远，多是由于外周神经、肌肉或肩、髋、肘、膝等肢体上部骨或关节发生病变或损伤。患肢减负或免负体重，多是由于四肢骨骼、关节软骨、关节囊、肌腱或韧带的病变或损伤。患肢表现痉挛或瘫痪，多是由于脑或脊髓的损伤、病变或机能障碍（图10-2-1至图10-2-4）。

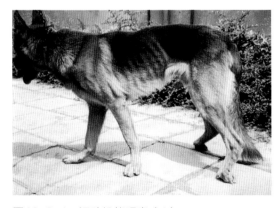

图10-2-1 运动机能观察（1）

患犬两后肢趾关节背屈、着地，运动中抬不高、迈不远，提示两侧坐骨神经不全麻痹。

（周庆国）

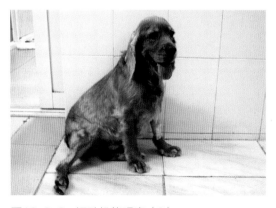

图10-2-2 运动机能观察（2）

患犬卧地后，右后肢跗关节无法正常弯曲，提示右侧腓神经损伤。

（周庆国）

图10-2-3 运动机能观察（3）

患犬主要用左前肢负重，右前肢系部直立，以指尖着地，减负体重，提示为患肢。

（周庆国）

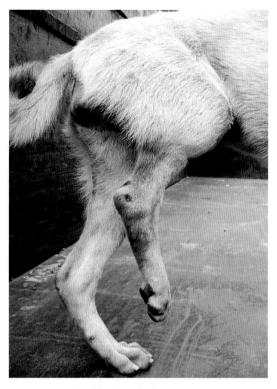

图10-2-4 运动机能观察（4）

患犬右后肢悬提，免负体重，提示为患肢。后驱体重完全由健肢——即左后肢承担。

（周庆国）

对宠物运动机能进行检查，一般应遵循先站立视诊，后运步视诊，再对疑似患部触诊，以及必要的X线摄片检查及神经机能检查等顺序进行。

三、皮肤弹性观察

皮肤弹性是反映宠物机体有无脱水的一个常用指标，反映宠物机体水的代谢状态，是临床视诊的重要内容，也是输液治疗的主要依据。观察方法是用手将皮肤捏成皱褶并轻轻提起，然后迅速放开皮肤以观察皱褶的复原时间。若宠物机体水代谢正常或皮肤弹性良好，皮褶通常在1s内恢复平展。若机体水分呈不同程度的脱失，皮肤弹性将以相同程度降低，皮褶复原时间相应延长，往往是导致宠物精神沉郁、食欲减退或废绝的原因之一（图10-3-1、图10-3-2）。如皮褶复原时间延长至1~1.5s，表明机体可能存在十分轻微的脱水，此时皮肤弹性无明显异常。如皮褶复原时间延长至1.5~2s，表明机体为轻度脱水，体重减轻约6%，可视黏膜比较干燥。如皮褶复原时间延长至2~3s，表明机体为中度脱水，体重减轻约8%，可视黏膜干燥，眼球明显下陷。如皮褶复原时间延长至3s以上，表明机体为重度脱水，体重减轻10%以上，观察可视黏膜干燥，眼球显著下陷，此时患病宠物病情危重，需要尽快输液补充水分和纠正电解质平衡紊乱。

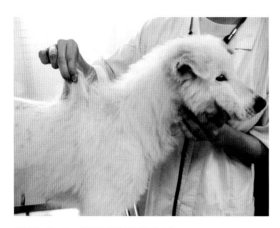

图10-3-1　皮肤弹性观察（1）

宠物站立时提起颈背部皮肤，观察皮褶复原时间，正常复原时间不超过1s。

（周庆国）

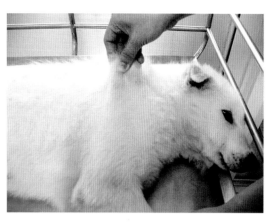

图10-3-2　皮肤弹性观察（2）

宠物侧卧时提起肩部皮肤，观察皮褶复原时间，正常复原时间不超过1s。

（周庆国）

四、眼部观察

宠物眼部的病理变化能够反映出很多疾病，仔细观察和审视眼睑、结膜、瞬膜、角膜、虹膜、瞳孔的改变，或使用检眼镜检查晶状体、玻璃体和视网膜的变化，有助于发现和诊断许多相关疾病。如观察眼睑和睑缘的变化可获得犬瘟热病的提示，有助于与感冒、细小病毒感染等疾病进行鉴别（图10-4-1、图10-4-2）。观察结膜（或其他可视黏膜）颜色的改变有助于判断机体的炎症程度，或获得血液、肝、胆、胸、肺等患病的提示（图10-4-3至图10-4-6）。观察瞬膜形态的改变，可直接判断瞬膜疾病性质（图10-4-7、图10-4-8）。观察角膜混浊的部位和深浅，可以对该病仅为局部疾患或为全身疾病的局部反映做出初步判断（图10-4-9、图10-4-10）。观察虹膜或瞳孔的状态，有助于对青光眼和眼前色素层炎进行

图10-4-1　眼部观察（1）

患犬眼睑及睑缘湿润，同时有浆液性鼻液，提示患犬瘟热的极大可能性，最好进行犬瘟热病毒检测。

（周庆国）

图10-4-2　眼部观察（2）

感染细小病毒的患犬内眼角常有少量黏液性眼眵，眼睑及睑缘不湿润，根据频繁呕吐、出血性腹泻和迅速脱水等症状，结合病毒检测即可确诊。

（周庆国）

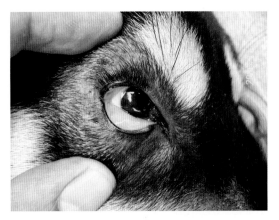

图10-4-3　眼部观察（3）

患犬眼结膜苍白，提示机体贫血，需查明病因。

（周庆国）

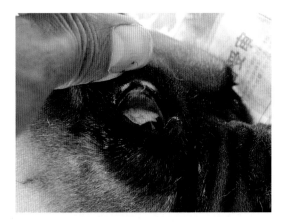

图10-4-4　眼部观察（4）

患犬眼结膜充血，是单纯性结膜炎或发热性疾病的局部反映。

（周庆国）

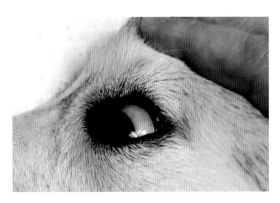

图10-4-5　眼部观察（5）

患犬皮肤与眼结膜黄染，提示机体可能患血液或肝胆疾病。

（周庆国）

图10-4-6　眼部观察（6）

患犬眼结膜暗红，提示机体缺氧，该犬患有大叶性肺炎，呼吸极度困难。

（周庆国）

图10-4-7　眼部观察（7）

患犬双眼内眼角有"樱桃"样突出物，提示瞬膜腺突出，需施行手术治疗。

（周庆国）

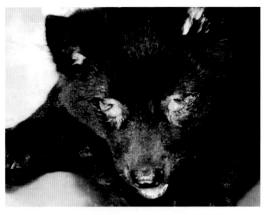

图10-4-8　眼部观察（8）

患犬双眼瞬膜显著增厚突出，经问诊得知为犬只间打斗所致，触诊发现为水肿，经穿刺挤压后缩小，施行暂时性睑缝术，配合消炎消肿疗法治愈。

（周庆国）

图10-4-9　眼部观察（9）

患犬角膜均匀一致性混浊，下方有溃疡和增生，虹膜与角膜粘连，提示溃疡性角膜炎继发穿孔。

（周庆国）

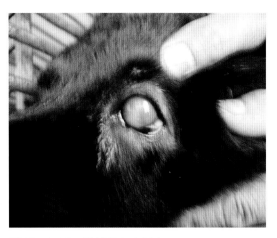

图10-4-10　眼部观察（10）

患犬角膜均匀一致性混浊，眼前房内有蛋白样沉积物，提示眼前色素层炎。

（周庆国）

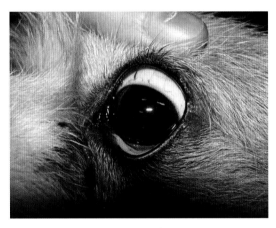

图10-4-11　眼部观察（11）

患犬瞳孔扩大，球结膜轻微充血，眼球稍突出，提示青光眼早期。

（周庆国）

图10-4-12　眼部观察（12）

患猫瞳孔扩大，体温降低，持续喵叫，提示有机氟农药中毒。

（周庆国）

鉴别，也有利于对宠物中毒后的毒物性质进行分析（图10-4-11、图10-4-12）。根据眼部观察发现的异常改变，必要时可采集眼分泌物或血液样本进行实验室检验，或对患病宠物做进一步X线摄片和B超检查，以获得诊断疾病更重要的依据。

五、鼻端观察

健康宠物鼻端湿润、凉爽、无鼻液。如犬、猫出现浆液性鼻液，多为呼吸道黏膜的炎症早期，见于犬瘟热早期、犬副流感、猫疱疹病毒Ⅰ型感染、普通感冒、鼻炎、气管支气管炎等（图10-5-1）。当犬、猫出现脓性鼻液，则是呼吸道黏膜表面继发化脓菌感染，如化脓性鼻炎或副鼻窦炎，但主要见于犬瘟热中晚期，猫瘟、猫疱疹病毒Ⅰ型或杯状病毒感染等

图10-5-1 鼻端观察（1）

感冒患犬常有少量的浆液性鼻液，无眼分泌物。

（周庆国）

图10-5-2 鼻端观察（2）

犬瘟热晚期患犬多见鼻端角质化和脓性鼻痂。

（周庆国）

（图10-5-2）。粉红色鼻液是肺充血、肺水肿的特点。血性鼻液多见于鼻腔肿瘤、犬埃里希体病、血小板减少症等。根据鼻端观察发现的异常，可根据鼻液特点结合全身异常，分别进行鼻分泌物染色镜检、传染病病毒检测、血常规检验、X线摄片检查或鼻内窥镜检查等，以获得更多的诊断依据。

六、口腔检查

口腔疾病常引起宠物流涎、咀嚼或吞咽障碍，在问诊获悉患病宠物有此表现时，就应该进行口腔检查。打开口腔后，主要观察口腔内颊黏膜、舌头上下及两侧、上腭、齿龈等处有无糜烂或溃疡，牙齿有无松动、有无发生齿龈炎或牙周炎，以及咽喉部形态有无异常（图10-6-1至图10-6-4）。此外，观察口腔黏膜颜色与眼结膜颜色具有同样的示病意义，口腔黏膜正常为

图10-6-1 口腔检查（1）

一手托起下颌，一手翻起口腔颊部，观察颊黏膜和齿龈黏膜。

（周庆国）

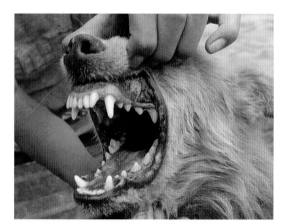

图10-6-2 口腔检查（2）

对不肯张口的犬只，可用两手分别抓紧上下颌，用力打开口腔，迅速观察舌头、牙齿和上腭等。

（周庆国）

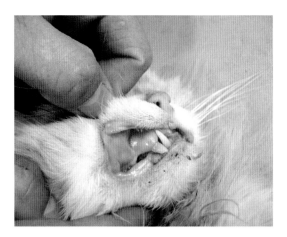

图10-6-3　口腔检查（3）

该猫厌食，口腔黏膜黄染，实验室检验ALT、AST和胆红素升高，确诊患脂肪肝。

（成都华茜动物医院）

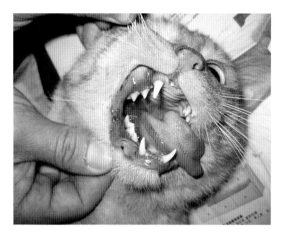

图10-6-4　口腔检查（4）

检查口腔见牙齿良好，齿龈充血，颊黏膜有出血点，该猫患有口炎和齿龈炎。

（成都华茜动物医院）

粉红色或局部有色素，如呈现苍白、潮红、黄染等变化，需要进行血常规检查、肝功能检验和血液涂片镜检；如呈现绛红、暗红或发绀等缺氧改变，需要进行胸、肺部X光摄片检查。

七、耳朵检查

犬、猫的外耳道，尤其立耳犬的外耳道容易进入异物。给犬、猫洗澡时，如果耳道内不慎进水，极易诱发外耳炎。犬、猫耳郭皮肤或外耳道内也常寄生螨虫，引起剧烈瘙痒，犬耳螨感染通常耳垢较少，猫耳螨感染常呈棕色油腻的耳垢。当犬、猫罹患以上疾病，均可表现出摇头、甩耳或用后肢抓耳等突出症状。此时，需要对耳郭皮肤和外耳道进行仔细检查。检耳镜是检查外耳道和鼓膜病理状态的基本器材，在放大视野下能获得清晰的观察结果（图10-7-1至图10-7-4）。为了确定耳病的病原或病理产物性质，常用无菌棉签取耳道分泌物或炎性渗出物置于玻片上镜检，详细内容在本书第42章介绍。

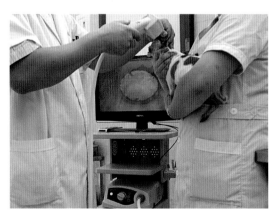

图10-7-1　耳道检查（1）

使用检耳镜可以更清楚地观察耳道病变。

（徐国兴）

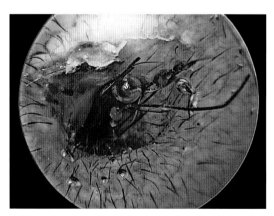

图10-7-2　耳道检查（2）

黑色草籽进入犬耳道，扎在鼓膜上。

（刘欣）

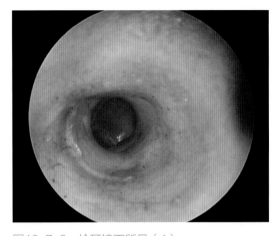

图10-7-3　检耳镜下所见（1）

检耳镜下观察猫的正常耳道。

（刘欣）

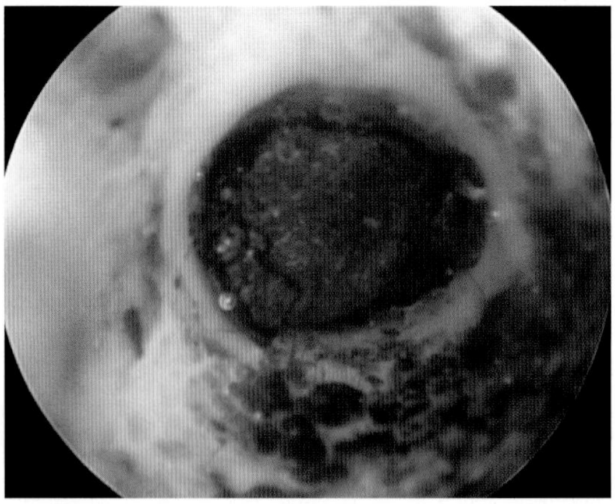

图10-7-4　检耳镜下所见（2）

检耳镜下观察堆积了耳垢的猫耳道。

（刘欣）

八、胸腹部观察

在对患病宠物整体及眼、鼻、口腔、耳部视诊后，也需要对宠物的胸廓、腹围、呼吸类型及有无表现呼吸困难（气喘）进行快速视诊。营养不良或骨软症可引起胸廓狭窄、扁平，肋骨骨折可造成患侧胸壁平坦、下陷，严重的肺水肿、肺气肿可导致胸廓扩大，还有胸膜和肺部的炎性疾病，均可导致患病宠物腹壁起伏明显，而胸壁活动轻微，其呼吸类型从正常的胸式呼吸（犬）或胸腹式呼吸（猫）改变为腹式呼吸。急性胃扩张、肠梗阻早期、腹水或膀胱破裂、巨结肠症、难产、子宫蓄脓等也可能引起腹围增大，这些疾病也会导致患病宠物胸壁起伏明显。根据视诊发现的如上异常，需要通过胸腹部触诊、X线摄片检查或B型超声检查等方法，达到对疾病做出准确诊断的目的（图10-8-1至图10-8-4）。

图10-8-1　胸腹部观察（1）

患犬腹水增多引起腹围显著膨大，同时表现呼吸增快，采用X线摄片或B型超声检查方法容易作出诊断，但确诊病因还需进行心功能、肝功能及血液学检查等。

（周庆国）

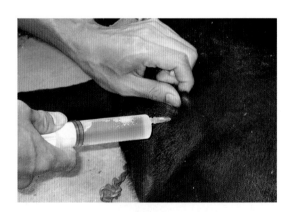

图10-8-2　胸腹部观察（2）

使用一次性注射器抽出大量无色清亮的腹水，对腹水成分进行检验，有助于分析病因。

（周庆国）

图10-8-3 胸腹部观察（3）

患犬难产表现腹围显著膨大，通过问诊和腹部触诊、X线摄片或B型超声检查等容易确诊。

（周庆国）

图10-8-4 胸腹部观察（4）

患猫食欲减退，腹围膨大，腹部触诊发现结肠和直肠显著增粗，积聚坚硬粪块，通过X线摄片检查确诊巨结肠症。

（周庆国）

九、体温测量

　　体温、脉搏和呼吸数检查是临床一般检查中的重要内容，由于脉搏和呼吸数检查分别属于"触诊"和"听诊"内容，这里将体温测量暂且归纳在视诊内容里。从临床病理学考虑，相当多的疾病为炎性或发热性疾病，多表现体温升高、心率和呼吸加快、精神沉郁、食欲减退或废绝等全身异常。因此，当在问诊中获悉患病宠物食欲减退或废绝时，必须测定体温。如果患病宠物发热，如果能依据临床异常或症状找到引起体温升高的炎性病灶或部位，那么通过对该病的合理治疗使体温恢复正常，则宠物的精神、食欲状态往往也随之恢复正常。然而，有些疾病虽引起精神沉郁、食欲减退或废绝，但体温却在正常范围内，这些疾病多与消化或泌尿器官的形态或机能改变有关，常见的疾病如口炎或齿病、食道梗阻、胃炎或胃溃疡、胃扩张、肠梗阻、肠套叠、巨结肠症、尿结石、会阴疝等，一般不引起体温明显改变。测量体温以直肠温度为标准，犬正常体温为38～39℃，猫正常体温为38.5～39.5℃。测量时应先甩动体温计使水银柱降至35℃以下，然后润湿或蘸少许液体石蜡后插入肛门，以减少宠物不适。目前宠物门诊使用的一次性肛表套值得推广，将其套在体温计上插入肛门，既有润滑作用，又可防止交叉感染（图10-9-1）。

图10-9-1 犬体温测量

将清洁的体温计套上肛表套，再插入肛门。

（周庆国）

　　需要指出的是，跟随主人小跑而来就诊的患犬体温一般偏高，所以应待患犬安静一段时间后再行体温测量。

十、血压测量

　　血压是诊断宠物心血管疾病、血液病、肾脏疾病及疼痛性疾病等的重要依据，更是麻醉监护和抢救大出血、严重脱水、中毒等危重病例的主要参考指标。急、慢性肾炎等疾病可引起血压升高，心力衰竭、大量失血或脱水、颅脑损伤或中毒等疾病常引起血压下降。根据问诊和整体状态观察所见，应当养成临诊测量血压的好习惯。测量血压虽然可选前肢臂动脉、正中动脉，或后肢股动脉、胫前动脉或尾动脉，但以股动脉血压测出率最高。健康犬股动脉收缩压为13.3~16.0kPa，舒张压为4.0~5.3kPa。根据家养宠物好动的特点，可以使用普通表式（指针式）血压计测量，一般对于大、中型犬都能顺利测出血压，而对于小型犬和猫、尤其当其血压降低后就难以测出。目前，国内宠物临床较多使用美国PARKS公司生产的811-B型（图7-3-3）或合肥金脑人公司生产的DS-100型兽用超声多普勒血压计（图10-10-1），具有测量灵敏、准确方便、适合于大小宠物的优点，不过一般仅能测出收缩压。此款血压计的测量原理是利用多普勒超声传感器（探头）在四肢或尾部动脉脉搏处采集到血流多普勒频移信号，主机对信号电压放大后直接输入扬声器转变为音频信号而获得多普勒音，将固定在传感器附近的压力袖带充气膨胀至脉搏音消失后，再缓慢放出袖带内气体至脉搏音被再次听到为止，此时压力计上显示的数值即为收缩压。超声多普勒血压计的优点是测量中能明显地听到动脉血流声，但血压探头与皮肤被毛接触的摩擦噪音也能通过扬声器播放出来。近年来美国顺泰医疗SunTech Vet20兽用电子血压计得到推广，此款血压计采用运动容差示波法，测量精准，操作简便，能一次测出收缩压、舒张压、平均动脉压和心率共四个参数，一键获取多次测量结果的平均值，储存50组数据备查，并且其无声测量的特点对胆小的犬猫尤其适用（图10-10-2）。凡兽用血压计均配有5~7个不同尺寸的袖带，以适用于不同体格的宠物。

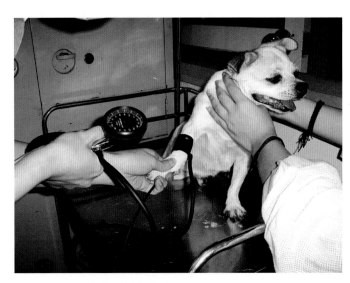

图10-10-1　犬血压测定（1）

使用安徽金脑人公司的超声多普勒血压计，选犬前肢正中动脉进行动脉压测量。

（周庆国）

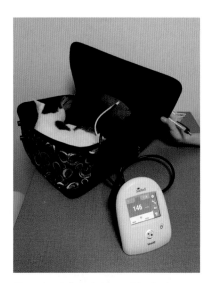

图10-10-2　犬血压测定（2）

使用美国顺泰医疗SunTech Vet20兽用电子血压计对病猫测量血压。

（周庆国）

（周庆国）

第十一章

听 诊

在问诊中获悉宠物患病已久、食欲减退或废绝、咳嗽或经常气喘、运动容易疲劳等；在视诊中观察到宠物整体状态不良、皮肤弹性降低、呼吸类型改变或气喘等，就需要对心脏、肺或胸部、肠管或腹部进行听诊检查，对于发现心脏、肺或胸部疾病，甚至腹腔异常（如腹水、膈疝），以及采取输液治疗等措施提供重要参考。

一、心脏与胸部听诊

心脏听诊的目的是，了解心率与心音有无病理改变，有无心内、外杂音等。成年犬心率为68~80次/min或以上，小型犬心率为80~120次/min或以上，猫心率可达120~140次/min或以上。心率的病理改变主要是指心动过速或过缓，如成年犬心率超过200次/min，可见于发热性疾病或心力衰竭早期；如心率在60次/min以下，多见于中毒或某些脑病，如脑震荡、脑挫伤或脑的某些占位性病变、心力衰竭晚期，心率的改变很容易听取到。心音的病理改变主要指心音强度、性质或节律出现异常，其中以心音强度或节律异常最多见，临诊也容易听取到。在宠物发热初期、贫血、手术轻度出血或疼痛刺激等情况下，两心音同时增强；某些疾病引起心力衰竭或宠物处于濒死期，两心音同时减弱；机体脱水或血容量减少如手术中出血过多，一般仅能听到第一心音，而第二心音明显减弱，甚至还伴有节律不齐。

然而，因为猫和很多品种的小型犬体型很小，其心区面积更小，且每分心搏数很快，所以一般需要使用特制听诊器，其听诊头比儿童听诊头还要小，目前国内已有销售。但是，心脏出现某种异常病理音如心内外杂音等，一般也不太容易被准确地听取到。随着动物心电图机和彩色超声波诊断仪的逐渐普及，当前对于犬、猫心脏疾病诊断的准确性已经有了显著的提升。

胸部听诊的目的是，了解正常的每分呼吸数、呼吸音性质和强度有无改变，有无支气管干、湿啰音，有无胸膜磨擦音或拍水音等。同样由于猫和部分小型犬的胸部听诊范围小，且当某些疾病引起呼吸显著增快时，即使胸部出现一些异常病理声音也很难被听取到。从临床检查的准确性考虑，对于犬、猫胸部疾病的检查和诊断，都必须进行X线检查或配合必要的实验室和B型超声检查，大多数胸部疾病如肺水肿、肺气肿、肺肿瘤、肺炎、胸腔积液、胸膜炎等都得到准确诊断。犬、猫的正常呼吸数为15~32次/min，当犬、猫患有发热性疾病、肺脏疾病、贫血或严重的心脏疾病时，每分呼吸数明显增多。但是，犬、猫兴奋或剧烈运动后表现心率、呼吸的生理性加快，应待宠物完全安静下来再行听诊，以使听诊结果准确（图11-1-1）。

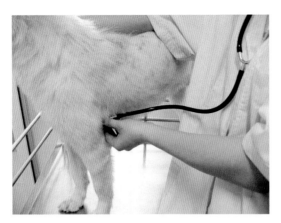

图11-1-1　心脏听诊

一手轻按在宠物背部，另一手将听诊器听头放在心区或胸部。

（周庆国）

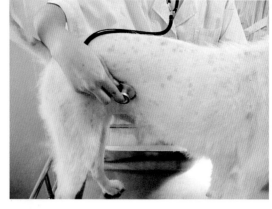

图11-2-1　腹部听诊

一手控制宠物不要走动，另一手将听诊器听头放在腹壁一侧。

（周庆国）

二、肠管与腹部听诊

　　腹部听诊的目的是，了解肠蠕动音的频率和强度，以及有无增强、减弱或消失。肠管或腹部听诊对诊病的作用十分有限，肠蠕动音增强见于肠炎或胃肠炎早期，肠蠕动音减弱或消失见于引起食欲减退的很多疾病，听诊肠蠕动音改变的意义在于对消化道当前的机能状态做出评估，临床意义不大（图11-2-1）。

（周庆国）

第十二章
触 诊

宠物门诊主要是以犬、猫等小动物为诊疗对象，为宠物医师使用触诊手法进行检查提供了极大的方便。体表的许多疾病在问诊、视诊基础上，通过简单的触诊，就可立即做出诊断，如颈部食管梗塞、体表肿瘤、脐疝、阴囊疝、腹壁疝、会阴疝、肛门腺囊肿、脊髓挫伤、骨折和关节脱位等；或通过对肿胀物进行穿刺，即可对血肿、脓肿、淋巴外渗等做出诊断。对于犬多发的胃扩张、肠梗阻、肠套叠、前列腺肥大、子宫蓄脓等，猫多发的巨结肠、多囊肾、卵巢囊肿等，根据问诊提示和视诊所见，采用触诊方法一般也能快速做出判断或做出初步诊断，再采用X线摄片检查、造影检查或B超检查等方法予以确诊。临床触诊有以下主要内容和方法。

一、喉气管触诊

当问诊获悉宠物食欲减退，视诊发现鼻头有鼻液流出或附着，并且体温测量结果为发热，需要进行喉气管触诊，以检查喉头和气管的敏感性。方法是用拇指、食指和中指自上而下捏压喉头及其下部气管，直至胸腔入口（图12-1-1）。如诱发出间歇性或连续性咳嗽，表明喉头或气管感染或发炎，称为人工诱咳阳性，往往就是引起体温升高的病灶所在。

二、股动脉触诊

脉搏检查有助于了解心脏的活动机能与血液循环状态，评估宠物抵御疾病的能力，并对输液治疗提供指导。脉搏检查一般选择很容易触到的后肢股内侧股动脉，并在宠物安静时进行（图12-2-1）。成年犬脉搏数为68~80次/min，小型犬脉搏数可达80~120次/min或以上，猫脉搏数为120~140次/min或以上。脉搏数增加或减少的意义与心率改变基本相同。如果犬、猫好动不配合检查时，可将听诊到心率代替触诊的脉搏数。

三、肿胀物触诊

体表可能出现的肿胀物有多种，一般包括水肿、气肿、血肿、脓肿、淋巴外渗、炎性肿胀、疝和肿瘤等多种，通过触诊感知其物理性状，必要时可行穿刺检查，即可做出正确诊断。

图12-1-1　喉气管触诊

一手轻按在宠物颈背部，另一手的拇指、食指和中指捏压喉头和气管。

（周庆国）

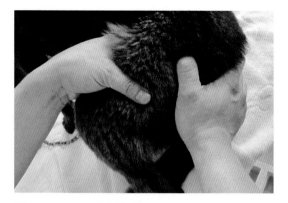

图12-2-1　股动脉触诊

右手扶住股后部，左手握住股四头肌，即可用食指、中指和无名指触及股动脉搏动。

（周庆国）

1. 水肿　多出现在颈下、胸腹下、阴囊与四肢末端，与周围组织有明显界限，触诊无热痛反应，指压呈生面团样并留有压痕（图12-3-1）。多与慢性心力衰竭、肾脏疾病或血浆白蛋白降低有关。

2. 气肿　多发生在肩胛、肘后、胸侧壁，通常边缘轮廓不清，触诊有捻发音、无热痛反应，其病因多与创伤性气胸、肺泡破裂或间质性肺炎有关。

3. 脓肿、血肿和淋巴外渗　这几类肿胀物与健康组织均有明显界限，触诊呈明显波动感为其共同表现。脓肿早期触诊坚实、热痛明显（结核分枝杆菌或放线菌感染除外），仅在成熟后呈波动性肿胀（图12-3-2）。血肿或淋巴外渗仅在钝性损伤初期有局部软组织炎症，之后便不显热痛反应，其中血肿发展迅速，而淋巴外渗一般需3~4d后出现典型的椭圆性非饱满性肿胀。对波动性肿胀物进行穿刺检查，即可迅速做出鉴别诊断（图12-3-3、图12-3-4）。

图12-3-1　犬颈下水肿

患犬下颌处与颈部肿胀，指压呈生面团样并留有压痕，精神沉郁，食欲减退，结合问诊和心脏听诊，诊断为慢性心力衰竭。

（周庆国）

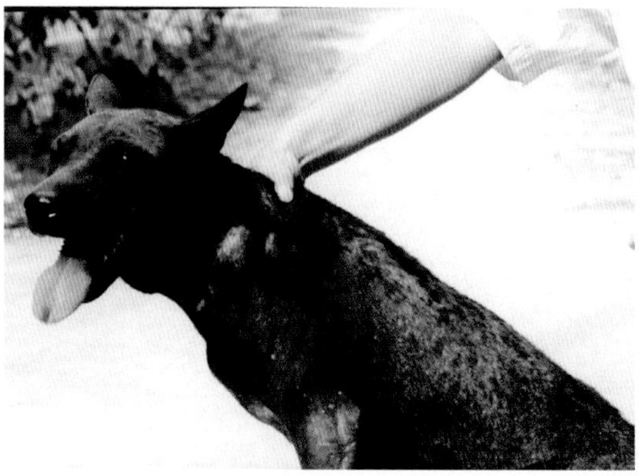

图12-3-2　犬颈后部脓肿

患犬左侧颈后部局限性肿胀，触诊热痛、有波动感，结合问诊和穿刺检查，诊断为肌肉注射消毒不严引起的脓肿。

（周庆国）

图12-3-3　猫右耳血肿

患猫右耳肿胀，触诊有轻微痛感和波动感，穿刺物为血液。根据问诊和外耳道检查，诊断为外耳炎引起瘙痒，频繁抓耳引起血肿。

（周庆国）

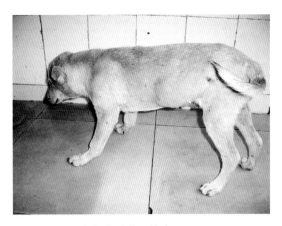

图12-3-4　犬左腹壁淋巴外渗

患犬左侧腹壁有长椭圆性肿胀，触诊呈明显的波动性，穿刺液为淡黄色透明液体，结合问诊，诊断为左侧腹壁受钝性物撞击引起淋巴外渗。

（周庆国）

4. 外疝　多发生于腹侧壁或腹底壁的特定部位，如脐疝、腹股沟疝、阴囊疝、损伤性腹壁疝等，通常触压柔软，无热、痛反应，大多可还纳入腹腔，并能触摸到疝孔（图12-3-5至图12-3-7）。中老龄犬的会阴疝特定发生于肛门旁侧，因疝内容物不同，触压有硬实感（直肠或前列腺）或饱满的波动感（膀胱），无法触及疝孔（图12-3-8）。

5. 肿瘤　体表的肿瘤常见皮肤乳头状瘤、纤维瘤与纤维肉瘤、乳腺瘤等。体表的良性肿瘤一般生长缓慢，形状呈圆形或椭圆形，与周围组织界限清晰，触诊瘤体坚实、无热痛反应、基底部一般可以推动（图12-3-9）。体表的恶性肿瘤生长迅速，界限不清，易形成溃疡和继发感染，基底部紧连于周围组织而不易推动（图12-3-10）。在问诊获悉其发生时间和发展特点后，可进行触诊以确定其软硬度、有无热痛感或波动感，容易与血肿、脓肿、淋巴外渗、炎性肿胀、外疝等进行鉴别。

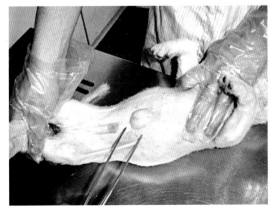

图12-3-5　公犬脐疝

患犬脐孔处出现局限性肿胀，触之柔软，可触摸到扩大的脐孔，诊断为脐疝。

（周庆国）

图12-3-6　公犬腹股沟阴囊疝

患犬一侧阴囊显著增大，触之柔软，内有肠管样内容物，诊断为腹股沟阴囊疝。

（周庆国）

图12-3-7　犬损伤性腹壁疝

肋弓后下方或膝褶前方腹壁是损伤性腹壁疝的易发部位，触诊患犬该部位肿胀柔软，内有肠管样内容物，深部按压可触及腹壁破裂孔，诊断为损伤性腹壁疝。

（周庆国）

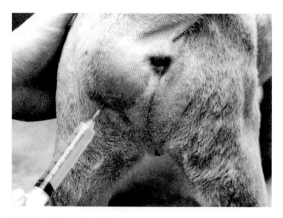

图12-3-8　犬会阴疝

肛门旁侧是中、老龄公犬会阴疝的易发部位，触诊患犬该部位肿胀有一定弹性，直肠检查未发现肠管异常，怀疑内容物为膀胱并行穿刺确诊，诊断为膀胱脱出引起会阴疝。

（周庆国）

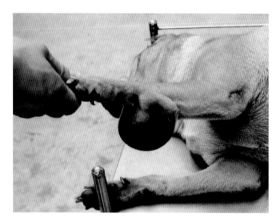

图12-3-9　犬前肢良性肿瘤

患犬左前肢腕关节内侧皮肤上出现肿胀物，触诊硬实、无热痛反应、可随患处皮肤移动，诊断为良性肿瘤。

（周庆国）

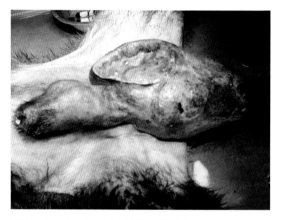

图12-3-10　公犬生殖器官恶性肿瘤

患犬阴茎及周围皮肤上出现多个肿胀，且自发性溃烂、感染形成溃疡，诊断为恶性肿瘤。

（周庆国）

四、胸壁触诊

胸壁触诊主要是感觉胸壁的温度和敏感性。具体操作方法是，手指并拢垂直放在肋间，指端不离体表，自上而下地连续进行短促的触压（图12-4-1）。当胸壁发生损伤或炎症，如宠物发生肋骨骨折或胸膜炎时，触诊胸壁可感知局部增温而敏感，患病宠物将表现呻吟或回头，其中肋骨骨折后还可能有明显的局部变形。

五、腹部触诊

腹部触诊是诊断宠物消化器官与泌尿器官常见病的重要手段，对于幼龄大、中型犬、小

图12-4-1 胸部触诊

左右手分别放在犬胸部左右侧进行连续短促的按压以感觉其敏感性。

（周庆国）

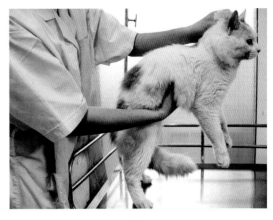

图12-5-1 腹部触诊（1）

左手抓起猫头颈部皮肤，右手在胸骨后部触摸胃部。

（周庆国）

型犬和猫进行腹部触诊，具有操作简便、诊断准确和迅速的优点，在临床诊断中具有不可替代的作用。熟练的腹部触诊能够迅速发现腹内器官异常，常能做出初步诊断或即刻确诊疾病，这对缺乏X光机或B型超声诊断仪的宠物医师来说更应熟练掌握。腹部触诊的具体方法是，如为小型犬和猫可将其放在诊疗台上，检查者如用左手保定宠物，右手则按自下而上、由前至后的顺序依次触摸腹腔器官，手感其形态、质地、内容物性状及敏感性。若需重点检查胃部，可将其头颈部抬高再行触摸（图12-5-1）。若需重点检查膀胱或前列腺，可将后躯抬高再行触摸（图12-5-2）。

对于成年大中型犬，一只手往往不易触摸到腹腔背侧脏器，需左右两手相互配合触诊。即由主人保定犬头部，检查者站在宠物后方或骑跨其腰臀部，两只手掌分别置于左右肋弓后方，边向腹中线挤压，边向下、向后移动（图12-5-3）。当腹腔脏器滑过指端时，对其形态、质地、内容物性状及敏感性做出判断。

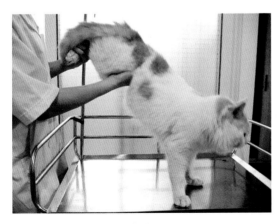

图12-5-2 腹部触诊（2）

左手抓住猫两后肢并提起，右手在后腹部触摸直肠、前列腺和膀胱。

（周庆国）

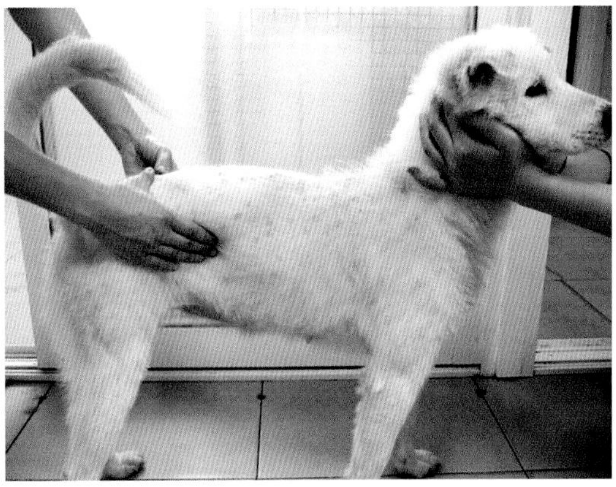

图12-5-3 腹部触诊（3）

主人保定犬头部，检查者两只手掌分别置于左右肋弓后方向腹中线挤压，使腹腔脏器滑过指端。

（周庆国）

腹部触诊用于检查下列常见疾病的具体方法与手感:

1. 胃炎或胃溃疡　触诊时宜将宠物前躯提起,用手缓慢压捏腹前部,手感肋弓之前松软、空虚,同时宠物常有痛苦的呻吟表现。

2. 胃内异物　触诊时宜将宠物前躯提起,用手触捏前腹部,在胃空虚情况下,可能触摸到胃内较大异物。

3. 胃扩张　患病宠物站立或将其前躯提起,触诊腹前部明显膨胀,腹壁紧张,于肋弓下方或后方可感知胃轮廓增大,呈坚实(食滞)或弹性(气胀)手感,同时宠物有疼痛反应。

4. 肠炎　患病宠物自然站立触诊,手感腹腔整体和肠管松软、空虚,随着手指用力,患病宠物多发出痛苦呻吟声。

5. 肠梗阻　患病宠物自然站立触诊,在疾病早期常感觉腹壁紧张、腹部敏感,因肠管充气常不易触及梗阻肠管。随着病程迁延和肠内气体减少,容易触摸到梗阻部肠管,手感局部膨大、质硬、有一定形状,而周围肠管松软、空虚,压捏梗阻部肠管时,宠物有疼痛反应。

6. 肠套叠　患病宠物自然站立,在疾病早期触诊腹壁同肠梗阻一样敏感、紧张;疾病中后期容易在腹中或腹后部触摸到套叠肠段,形态如香肠状粗圆,短4~5cm,长可达20cm以上,手感质地坚实,但并不坚硬,有一定弹性,挤压时宠物有明显的腹痛反应。

7. 巨结肠症　患病宠物自然站立或将其后躯提起,在其腹后部上方触诊,容易触摸到直肠和结肠内的干硬粪块,手感质硬,但用力压捏可有凹陷,缺乏弹性。

8. 肾炎或肾结石　患病宠物自然站立触诊,在肋后腰椎横突下尽量将手向上,于肠管上方触摸容易摸到左肾,接着在左肾前方可寻找到右肾。在急性肾炎、肾结石或猫多囊肾病例,手感肾脏体积往往增大,压捏敏感。在慢性肾炎或肾功能衰竭病例,可感觉肾脏体积明显缩小。

9. 膀胱结石　患病宠物自然站立或将其后躯提举,在耻骨前缘可触摸到积尿的球形膀胱,手感其轮廓光滑、压捏敏感;如果膀胱尿液排空,容易摸到下沉的结石。

10. 前列腺炎或前列腺增生　将患病宠物后躯提起,在耻骨前缘处沿膀胱颈触摸前列腺;或戴手套将食指伸入肛门内,再前后下压触摸前列腺,容易感知前列腺体积增大,挤压时多见宠物表现疼痛反应。

(周庆国)

第六篇
影像学检查

影像学检查由多种影像检查技术所组成，主要包括X线检查技术、B型超声波检查技术、内窥镜检查技术、磁共振成像检查技术（magnetic resonance imaging，MRI）、计算机体层扫描检查技术（computed tomography，CT）等。虽然各种检查技术的成像原理与操作方法不同，临床诊断价值及应用范围也有区别，但均以机体内部组织结构和器官成像为特点。检查者能够比较直观地了解机体解剖结构或生理机能的异常改变，并且根据检查需要，可以将不同检查技术联合应用，有利于从不同角度、不同层面观察和分析病变细节，而达到准确诊断疾病的目的。

第十三章
X线检查

　　X线检查是当代小动物医学领域应用最多的影像技术，尤其在宠物诊疗中发挥着重要作用。应用X线检查技术，可以对宠物的呼吸系统、消化系统、泌尿生殖系统、运动系统及中枢神经系统等的解剖形态和功能状态进行观察，其检查技术分为透视和摄影两种方法。由于宠物临床使用的X光机和机房都偏小型及防护条件有限，所以临床上主要采用摄影方法。

一、X线成像的基本原理

　　X线是在真空条件下，由高速运行的成束电子流撞击钨或钼制成的阳极靶面时所产生。电子流撞击阳极靶面后，其大部分能量（99.8%）转化为热能，仅有0.2%转化为X线。X线的理化作用主要包括穿透作用、荧光作用和感光作用等。X线影像是机体不同组织的密度和厚度使射线发生不同衰减的结果，某些组织比其他组织能衰减更多的射线，这种差别就形成了X线影像的对比度。传统的X线检查就是利用X线的荧光屏和胶片显现动物体不同组织的影像，以观察动物体内部器官的解剖形态、生理功能与病理变化。

　　动物体组织器官的密度大致分为骨骼、软组织与体液、脂肪组织和气体四类。骨骼密度最高，X线不易穿透，所以X线片感光最弱而呈现透明的白色，荧光屏上因荧光最暗而呈现黑色阴影。软组织和体液密度中等，包括皮肤、肌肉、结缔组织、软骨、腺体和各种实质性器官，以及血液、淋巴液、脑脊液和尿液等。由于X线较易穿透软组织，所以X线片感光较多而呈现深灰色，在荧光屏上则呈现灰暗色。脂肪的密度略低于软组织和体液，但又高于气体，在X线胶片上脂肪呈灰黑色，在荧光屏上则较亮。呼吸器官、副鼻窦和胃肠道内都含有气体，X线最容易透过，因此在X线照片上呈现最黑的阴影，而在荧光屏上显示特别明亮（图13-1-1）。

　　除骨骼、含气组织器官与周围组织存在天然对比外，动物体内的大多数软组织和实质器官彼此密度差异不大，缺乏天然对比，所以其X线影像不易分辨。如果将高密度（阳性）或低密度（阴性）造影剂灌注器官的内腔或其周围，通过造成人工对比而显示器官内腔或外形轮廓，即可扩大检查范围和提高诊断效果，称为造影检查技术。阳性造影剂如硫酸钡和碘制剂等，原子序数高和吸收X线能力大。阴性造影剂如空气、二氧化碳和氧化亚氮等，原子序数低和吸收X线能力小。两者均与软组织器官形成强烈对比，使被检器官的影像更加清晰。目前，投服硫酸钡行食管和胃肠造影（图13-1-2）、硫酸钡灌肠造影（图13-1-3）、静脉注射泛影葡胺行排泄性肾盂尿路造影、膀胱注入空气造影（图13-1-4）、椎间隙注射碘曲仑行脊髓造影等，已成为宠物临床进行疾病检查的常用方法。

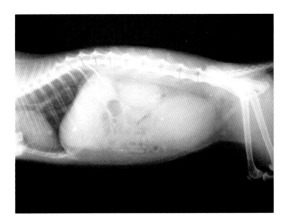

图13-1-1　X线检查（1）

猫侧位保定，常规X线摄片，能够清晰地显现骨骼影像，大致显现胸腹腔内心、肺、肝、肾与积尿膀胱的轮廓，但胃肠轮廓显现不清。

（周庆国）

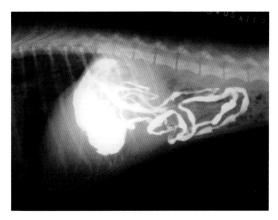

图13-1-2　X线检查（2）

犬侧位保定，胃肠钡餐造影，可以清晰地显现胃的轮廓及小肠的完整影像。

（周庆国）

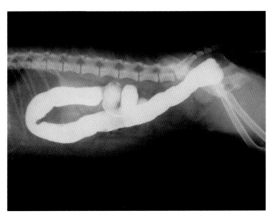

图13-1-3　X线检查（3）

犬侧位保定，钡剂灌肠造影，可以清晰地显现直肠和结肠轮廓。

（周庆国）

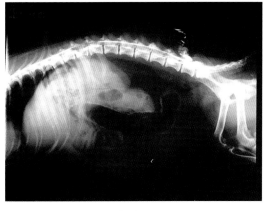

图13-1-4　X线检查（4）

犬侧位保定，椎间隙注入碘曲仑脊髓造影，显示T12—L1椎间造影剂影像变淡和缺失，提示脊髓受压。

（陈武）

二、X线机的构造与类型

X线机由X线发生装置和辅助设施两大部分组成，其中发生装置包括控制器、高压发生器和X线管，辅助设施是为满足诊疗需要而设计的机械装置（天轨、地轨、立柱、吊架、U形或C形臂）与检查台等。X线机的简单分类方法是，按照曝光时X线管允许通过的电流大小，将其分为小型机（最大管电流在100mA以下）、中型机（最大管电流在200～500mA）和大型机（最大管电流在500mA以上）。按照X线机的结构形式，将其分为便携式（最大管电流在10～100mA）、移动式（最大管电流在30～100mA）和固定式（最大管电流在200mA以上）。按照高压发生器的工作频率，又可将其分为工频机（50～60Hz）、中频机（400～20 000Hz）和高频机（≥20kHz）。高频机是将直流逆变技术引入X线机中，使高压发生器输出波形近似于恒定直流，输出X线的能量单一性提高，克服了工频机曝光参数的准确性和重复性差、X线剂量不稳定的弱点，同时可实现超短时曝光，这些都对提高成像质量非常有利；而且在胶片获得同样黑化度的情况下，其毫安秒（mAs）值相当于工频机的60%，对成像没有任何帮助的软射线成分减少，使皮肤吸收剂量降低。所以，近年来在宠物诊疗领域，以往所用的小型移动式或固定式工频机正在被高频机逐步替代。

从国内使用现状看，便携式X线机以日本MIKASA HF100HA（2.5kW/40mA）高频便携式动物诊断用X线机为代表（图13-2-1、图13-2-2），移动式X线机以山西万科SY50（90kV/50mA）、SY100（90kV/100mA）或上海华线30mA、50mA工频X线机为代表（图13-2-3），固定式X线机以美国Summit公司的InnoVet兽用高频X线机（30kW/300mA）或美国YEMA公司的MV-300兽用高频X线机（30kW/400mA）为代表（图13-2-4）。

以上机型从使用范围看，基本都属于综合性X线机，即适合于多种疾病和多个部位的检查。除了摄片功能以外，若配备荧光屏就能发挥透视作用。人类医学临床为适应某些专科疾患检查，研制了专用X线机，如牙科X线机、心血管造影X线机、胃肠造影X线机、乳腺摄影X线机和床边C型臂X线机等，其中牙科X线机和床边C型臂X线机已在国内宠物医疗领域得到较多的应用（图13-2-5、图13-2-6）。

图13-2-1　MIKASA HF100HA高频便携式X线机

此机重约18kg，手提即可携带出诊使用，平时配支架和摄片台固定使用。

（周庆国）

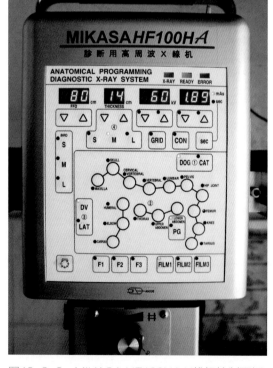

图13-2-2　MIKASA HF100HA X线机控制面板

此机控制面板为触屏式，调节曝光参数极为方便，设犬、猫、鸟按键，犬和鸟又分大、中、小按键。拍摄宠物某个位置时，在动物体形相应位置按压即可，同时也可手动调节。

（周庆国）

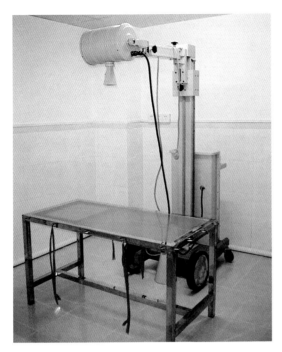

图13-2-3　上海华线50mA移动式X线机

此机设计轻巧，结构简单紧凑，移动臂定位轻松准确，机座带有滚轮，移动方便。

（熊惠军）

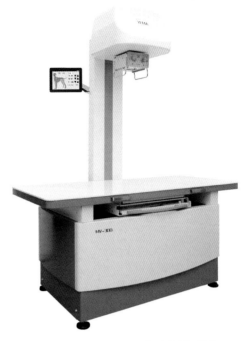

图13-2-4　YEMA MV300兽用高频X线机

400mA组合式X线机，外形豪华美观；触摸屏式控制，直观图文简易操作；多功能抽拉式暗盒托盘可升级DR装入平板探测器；床面尺寸1 500mm×700mm。

（高梅）

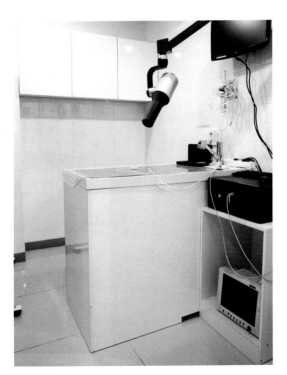

图13-2-5　牙科专用高频X线机

这类X线机最大管电流8mA或10mA，有的仅0.5mA，多为微电脑智能化操作，配置数字成像系统后直接显示牙齿影像。

（周庆国）

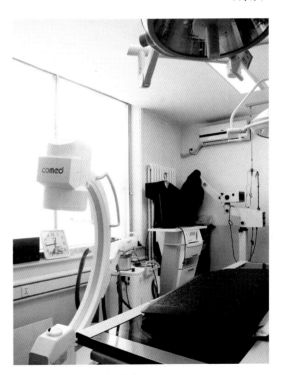

图13-2-6　C型臂X线机

因其外形类似英文字母C，故被称为C型臂，是提高骨科手术精准度的重要设备。

（周庆国）

三、常规X线检查技术

常规X线检查技术包括X线透视和X线摄影两种。X线透视是利用X线的荧光作用，在荧光机光屏上显示被照动物体组织器官的影像，其最大优点是按照检查需要，透视中可以随时改变动物体位或方向，直接观察被检器官的活动状态，而且简便、经济。但由于荧光屏亮度较低，透视一般需在暗室内进行，且影像的对比度和清晰度不甚理想，组织器官的细微变化无法识别，更无法留下客观记录以便治疗前后进行对照。当前，人类医院和许多知名的宠物医院已经使用C型臂X线机，整机包含X线球管、采集图像的影像增强器和CCD摄像机以及图像处理工作站，原理是利用影像增强器将不可见的X线转换为亮度很高的可见光影像，再通过摄像机转换成电信号，经过放大处理后传输到显示器，在明室内即可观察到相应部位的组织结构或植入材料。C型臂X线机由于采用了影像增强器，使透视剂量大为降低，减轻了辐射危害；并且能在明亮环境里进行诊断，为术中观察骨折复位与内固定、部分介入治疗的结果提供了便利，已成为小动物骨科或外科十分重要的设备（图13-3-1）。X线摄影是利用X线的感光作用，将被检查动物体的组织器官拍摄到X线胶片上，然后再对X线胶片上的影像进行分析研究，具有对比度与清晰度较好、微小结构显像清晰、病变记录可以保留及方便治疗前后对照或会诊等优点（图13-3-2）。由于X线照片仅显示一个平面，通常须在互相垂直的两个方位（侧位、背腹位或腹背位）摄影，有助于形成动物体内组织器官的立体概念。

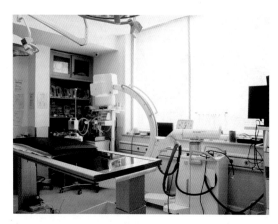

图13-3-1　移动式C型臂X线机

宠物临床使用的C型臂X线机又称为小C，特别适用于骨折整骨与内固定手术、取出体内异物手术、输尿管旁路手术等。

（北京恒爱动物医院）

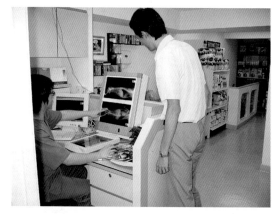

图13-3-2　分析X线影像

采用X线摄影技术拍摄的影像照片，可以放在观片灯上进行对比、研究，有利于细致地分析病灶的发展变化特点。

（周庆国）

四、X线摄影操作程序

（一）装卸X线胶片

预先取好与X线胶片尺寸一致的暗盒置于工作台上，松开固定弹簧。在配有安全红灯的暗室环境下打开暗盒，从已启封的X线胶片盒内取出一张胶片，将胶片放入暗盒内，然

图13-4-1　X线摄影操作（1）

从已启封的X线胶片盒内取出一张胶片，将胶片放入暗盒内，然后紧闭暗盒送往摄影。

（周庆国）

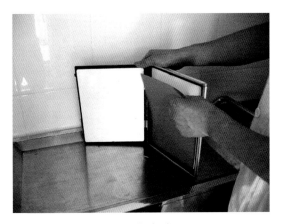

图13-4-2　X线摄影操作（2）

在暗室中将拍照过的暗盒开启，轻拍暗盒使X线胶片脱离增感屏，以手指捏住胶片一角轻轻提出。

（周庆国）

后紧闭暗盒送往摄影（图13-4-1）。接着将拍照过的暗盒送回暗室，在暗室中将暗盒开启，轻拍暗盒使X线胶片脱离增感屏，以手指捏住胶片一角轻轻提出（图13-4-2）。切忌用手指在暗盒内挖取胶片或用手指触及胶片中心部分，以免胶片或增感屏受到污损。将胶片取出后夹于洗片架上进行人工冲洗（图13-4-3），或放入自动洗片机里冲洗。

（二）确定摄影条件

为使X线照片有良好的清晰度与对比度，必须选用适当的摄影条件，即管电压（千伏，kV）、管电流（毫安，mA）、焦点胶片距（简称焦片距）和曝光时间（秒，s）。

管电压决定X线的穿透力，管电压高，产生的X线波长短，穿透力强。摄影时根据被检部位厚度选择千伏值，厚者用较高千伏，薄者用较低千伏。通常先获得对一定厚度部位的最佳摄影千伏，然后以此为基准，按被检部位厚度变化进行调整，当厚度增减1cm时，管电压相应增减2kV。如厚密部位需用80kV以上时，厚径每增减1cm，管电压要增减3kV；需用95kV以上时，厚径每增减1cm，管电压要增减4kV。

管电流决定产生X线的量，管电流大意味着X线的发射量大，直接影响X线胶片的感光化学反应。当所需千伏无条件达到时，可运用千伏与毫安秒的转换规律，调整毫安秒数，即通过增大X线的输出量使胶片获得良好的曝光。

焦点胶片距指X线球管阳极焦点面至胶片的距离。焦片距过近，影像放大，使胶片清晰度下降；焦片距愈远，影像愈清晰，但X线强度随之减弱，就需要延长曝光时间，其结果很可能因动物在曝光中骚动造成影像模糊。所以，通常选择焦片距在75~100cm为宜。

曝光时间指X线管发射X线的时间，发射时间长，胶片接受的X线量也多。临床常以毫安秒（mAs）即mA与s的乘积作为X线量的统一控制因素，如25mA×2s＝50mAs，也可变换为：50mA×1s＝50mAs或100mA×0.5s＝50mAs。毫安秒决定照片的感光度，感光度过高、过低可分别造成照片过黑、过白。临床检查中应根据X线机性能，在保持一定的毫安秒数情况下，尽量选择短的曝光时间，以减少动物呼吸或骚动而致影像模糊不清。

（三）X线机调节

X线机是一种精密诊断设备，需严格遵守其使用说明和操作规程，妥善维护，才能经久耐用。操作机器前，应检查控制台面上的各种仪表、调节器、开关是否处于零位。操作时打开电源开关，调节电压至X线机规定的电压值，让机器预热一定时间。根据被检部位厚度选择合适的摄影条件，即千伏、毫安和曝光时间。将宠物体位摆放合适以后，再次检查机器各个调节是否正确，然后按动曝光限时器。X线机使用完毕后，将各调节器调至最低位，关闭机器电源。

（四）冲洗胶片

有人工冲洗和自动洗片机冲洗两种方法。人工冲洗方法适合于每天拍摄病例数非常有限的中、小型宠物医院，一般经过显影、漂洗、定影、水洗、干燥这几个步骤，其中显影、漂洗、定影步骤需在装有安全红灯的暗室环境下进行。为方便人工冲洗过程，通常将显影桶、漂洗桶和定影桶并列放在一起（图13-4-4），或用不锈钢材料制成一体化洗片桶，不仅加工简单，也节约空间（图13-4-5）。最适显影温度为18~20℃，显影时间则依显影液配制或使用的时间而不同，通常在显影2~3min后需取出洗片片架置于安全红灯下做短暂观察，再根据影像显现程度调整显影时间。漂洗是将洗片架与胶片置入漂洗桶中上下移动数次，以洗去胶片上残余的显影剂，漂洗时间为10~20s。接着将漂洗好的胶片取出，淋去多余的清水后放入定影桶内定影，定影时间一般为15~30min，温度以16~24℃为宜。定影完毕后取出胶片，放入冲洗池内用缓慢流动的清水冲洗30~60min。若无流动冲洗条件，也可在更换清水的冲洗桶内浸洗较长时间。把冲洗完毕的胶片取出后自然晾干，但有时因临床诊断需要尽快观看，可用吹风机将胶片快速吹干（图13-4-6）。有些宠物医院使用自动洗片机冲洗，一般在2min内可获得冲洗完成且干燥的X线照片，但此类洗片液的价格很高，药液寿命仅有1~1.5个月。

（五）保存胶片

可将阅读后的理想胶片装入特制的牛皮纸袋或塑料袋中，标明宠物名称、诊断结果和拍摄日期，然后保存在干燥环境中备用。我国南方气候潮湿，胶片保存中容易发霉，可用数码

图13-4-3 X线摄影操作（3）

将胶片取出后夹于洗片架上准备进行人工冲洗。

（周庆国）

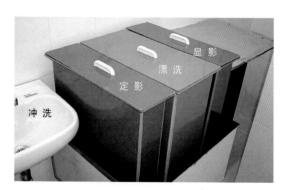

图13-4-4 X线摄影操作（4）

为方便人工冲片过程，通常将显影桶、漂洗桶和定影桶并列放在一起，使用洗手池冲片。

（周庆国）

图13-4-5　X线摄影操作（5）

使用不锈钢材料焊制一体化洗片桶，在漂洗桶和冲洗桶下方需安装水阀，以方便随时换水。

（周庆国）

图13-4-6　X线摄影操作（6）

把冲洗完毕的胶片取出后自然晾干，但如想尽快观片，可用吹风机将胶片快速吹干先看，之后再放入流水中冲洗一段时间。

（周庆国）

相机将希望长期保存的理想胶片拍摄下来，放入电脑中保存。具体方法是把胶片放在观片灯上，关闭数码相机闪光功能，使用高像素相机以近距离模式拍摄即可。

五、数字化X线摄影

数字化X线摄影是一种以数字式探测器替代传统屏-片系统的X线成像方式，突破了常规X线摄影技术的固有局限性，省去了用化学药品冲洗胶片的时间和麻烦，即刻在电脑显示器上显现影像，并且可采用专用软件进行图像后处理以达到最佳的视觉效果，有利于提高对病灶诊断的准确性。同时，也避免了因曝光量不足或过量而导致重拍，减少被检动物和操作者的X线接受剂量。目前，绝大多数人类医院和越来越多的宠物医院已引进了数字X线摄影系统，主要包括计算机X线摄影和直接数字X线摄影两类。

（一）计算机X线摄影

计算机X线摄影（computed radiography，CR）：与常规X线摄影使用X线胶片不同，CR使用可记录并由激光读出X线成像信息的影像板（imaging plate；IP）作为载体，经X线曝光和激光扫描后读出影像信息，25～50s在计算机内形成数字或平面影像（图13-5-1、图13-5-2）。CR的影像板是用一种含有微量元素铕（Eu^{2+}）的钡氟溴化合物结晶（BaFX：Eu^{2+}，X=Cl、Br、I）所制成，代替X线胶片接受透过机体组织器官的X线，使IP感光而形成潜影。IP可重复使用，一般可达2万～3万次。IP上的潜影经激光螺旋扫描系统（影像板阅读器）读取后转换成数字信号，具体是由激光束对匀速移动的IP整体进行精确而均匀的扫描，在IP上激光激发出的辉尽性荧光由自动跟踪的集光器收集，复经光电转换器转换成电信号，放大后由模拟/数字转换器转换成数字化影像信息。之后可根据图像质量及临床诊断要求，使用图像处理软件对数字化影像进行后期处理。从国内部分宠物医院采用CR系统拍摄的影像效果看，实际上许多图像无须处理就非常优良，较传统X线摄影的影像质量相比有显著提高（图13-5-3至图13-5-6）。

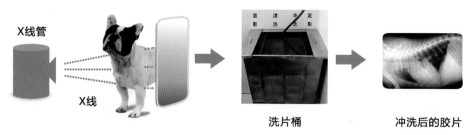

图13-5-1　传统X线摄影与洗片

X线照射动物体使暗盒中的X线胶片感光，将曝光后的胶片取出，在暗室内显影、定影和水洗，然后在明室内观片对疾病做出诊断。

（王媛）

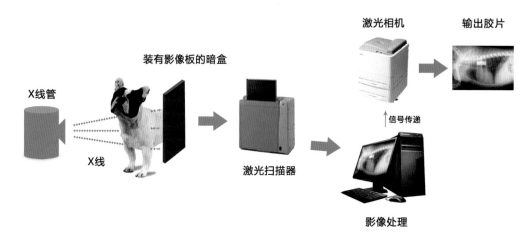

图13-5-2　计算机X线摄影与读片

X线照射动物体使暗盒中的影像板感光形成潜影，将此暗盒插入激光扫描器内扫描，20s左右即可在电脑显示器上出现相应的组织器官影像；或将此影像传输至特制的干式激光相机打出胶片，然后观片对疾病做出诊断。所有操作均可在明室内进行。

（王媛）

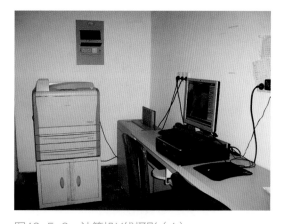

图13-5-3　计算机X线摄影（1）

装备柯尼卡美能达REGIUS MODEL110型CR的南京农业大学动物医院CR室，电脑台左边墙角处是CR主机，图片左边是DRY PRO 832型激光成像仪。

（周庆国）

图13-5-4　计算机X线摄影（2）

装备锐珂DirectView Vita CR系统的深圳佰佳宠物医院CR室，图片左边为CR主机，依次为病例信息和影像采集的显示器，图片右边为DryView 5700C激光成像仪。

（周庆国）

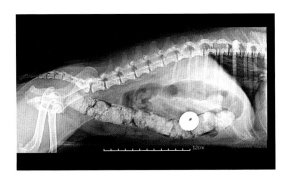

图13-5-5 计算机X线摄影（3）

使用锐珂DirectView Vita CR系统拍摄的犬腹部侧位影像。

（大连东日宠物医院）

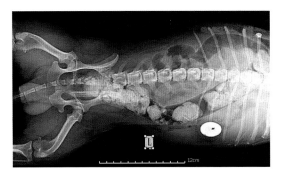

图13-5-6 计算机X线摄影（4）

使用锐珂DirectView Vita CR系统拍摄的犬腹部腹背位影像。

（大连东日宠物医院）

（二）直接数字化X线摄影

直接数字化X线摄影（Direct Digital Radiography，DDR）：是指在具有图像处理功能的计算机控制下，采用一维或二维的X线探测器直接把X线影像信息转化为数字信号的技术。X线探测器可分为电荷耦合探测器（CCD）和平板型探测器（FPD），其中CCD探测器是DR产品采用的主流技术之一，由闪烁屏、反射镜面、镜头和CCD感光芯片构成，闪烁屏将X射线转化为可见光，可见光被镜面反射，然后通过镜头聚焦投射到CCD芯片上。由于CCD芯片只需要感测可见光，其使用寿命很长，价格和维护成本较低。有的CCD探测器可达到1 700万像素（4 096×4 199）的超高分辨率，代表当今DR的最高分辨率水平（图13-5-7、图13-5-8）。平板型探测器常见非晶态硒型和非晶态硅型两类，其中非晶硒平板探测器是直接将X射线转化为电信号，然后采样；而非晶硅平板探测器则是将闪烁体和感光体集成在一起，闪烁体将X射线转化为可见光，感光体再将可见光转化为电信号，然后采样。两者工作原理虽有不同，但都是将微小的探测单元直接排列在平板上，将电离辐射的强度转换为数字信号，具有信噪比高、结构简单、外形紧凑的优点（图13-5-9、图13-5-10）。

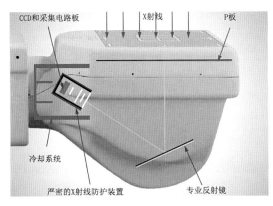

图13-5-7 直接数字化X线摄影（1）

深圳安健科技有限公司生产的CCD探测器结构图。

（郑纬）

图13-5-8 直接数字化X线摄影（2）

采用CCD探测器的深圳安健公司UC臂DR，UC臂可连带机头和探测器顺时针旋转90°成水平位，调节恰当高度后能对站立的犬和猫拍摄。

（周庆国）

图13-5-9　直接数字化X线摄影（3）

便携式平板探测器的常见外形。

（周庆国）

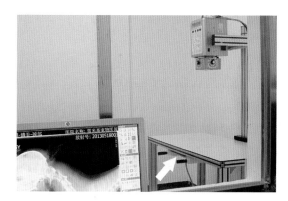

图13-5-10　直接数字化X线摄影（4）

装备佳能平板探测器和MIKASA HF100HA DR系统的广州雷米高宠物医院，检查台下面白箭头指向为便携式平板探测器。

（周庆国）

　　与传统的胶片相比，DR的空间分辨率要低一些，但却具有前者无可比拟的多种优势：①极高的密度分辨力：即影像拥有很好的对比度，不但影像清晰，还可以显示出传统显示屏-片系统无法显示的细节内容（图13-5-11、图13-5-12）；②低辐射剂量：数字探测器的高敏感性使同一对比下需要的X线剂量更小，只有屏-片系统的30%以下；③成像快捷：DR影像形成快捷，医生或助理在曝光后3～5s即可在显示器上观察影像质量，必要时可连续操作以获得多幅影像，且省去了重装胶片、摄片和洗片的工作；④便于储存、传输、复制及后处理：与CR的图像采集及处理软件相似，数字化的影像可以存储在硬盘、U盘等任意介质上或网上传输，使远程会诊变为可能，同时医生也能方便地调节窗宽、窗位、直方图、曲线等参数，并调节对比度及局部放大等，以满足诊断要求；⑤自动化程度高：现代化的DR还具有自动曝光、自动跟踪、自动对比度、错误提醒与纠正等的功能，不但减少了操作者的工作强度，提高工作效率，也使摄片成功率大大提升，减少了被检动物的辐射剂量。

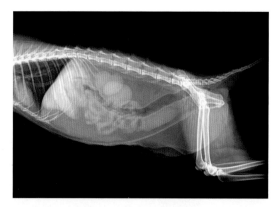

图13-5-11　直接数字化X线摄影（5）

使用深圳安健公司UC臂DR系统拍摄的猫侧位腹水影像。

（佛山先诺宠物医院）

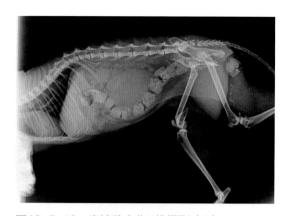

图13-5-12　直接数字化X线摄影（6）

使用深圳安健公司UC臂DR系统拍摄的犬受碰撞后侧位影像。

（佛山先诺宠物医院）

（周庆国　卫顺生）

第十四章
B型超声波检查

B型超声波检查（简称B超，Brightness mode，B- type ultrasonic diagnosis）是利用超声波的物理特性和动物体器官组织的声学特性相互作用后产生的信息，将其接受、放大和信息处理后形成图形，借此进行疾病诊断的检查方法。B超具有无组织损伤、无放射性危害、能及时获得结论、可多次重复、操作简便等优点，应用B型超声诊断仪能获得动物内脏器官的比较清晰的各种切面图形，特别适用于肝、胆、肾、膀胱、子宫、卵巢等多种脏器疾病的诊断。近年来，这项检查技术在国内宠物临床快速普及，很多宠物医院已有医师或助理能够熟练地使用B超仪进行疾病检查和诊断，与此同时，尚有相当多的宠物诊所或医院尚未配备B超仪。目前价格已不是制约普及的主要因素，真正的原因应该是B超检查技术难以掌握。本章利用一些篇幅介绍B超仪的基本知识和技术，期望能为更多的尚未接触B超仪的宠物医师或助理提供入门指导。

一、B型超声成像的基本原理

超声波是指超过人耳可听范围，振动频率在200 000Hz以上的声波。医用B型超声诊断仪多采用频率在2~10MHz的声波。超声的发生和接收均由探头来完成，而探头中有一种称为压电晶片的物质，在主机产生变频交变电场，当电场方向与压电晶体电轴方向一致时，压电晶体在交变电场中沿一定方向发生强烈的拉伸和压缩，即产生了超声。超声在介质中传播时，遇到声阻抗相差的界面即发生反射，称为回声。B型超声诊断仪的成像原理就是通过探头发射超声波进入动物体不同性质和密度的组织，这些声波在组织中发生折射、投射、反射、散射、吸收等各种物理反应后，再由探头接收反射回的声波，然后将这些回声信号转变为电信号，再经过处理形成图像。

组织的密度越高，声波的衰减程度越大，能够穿透的组织就越薄，我们能看到的影像就越有限。声波全部透过液体成分时，在图像上显示黑色的无回声影像，而透过骨性组织或结石时，则显示白色的强回声影像。因此，我们可以通过回声灰度来判定不同组织（物质）的密度，从而发现机体或组织器官异常。一般来说，骨骼和结石的回声最强，图像显示最白，我们称之为强回声；软组织如脾脏、肝脏等，图像显示细小的弱光点，病理性肿块有时也有类似表现，我们称之为中等回声；液性成分如胆囊内胆汁、膀胱内尿液和子宫内羊水等，图像显示为黑色，而病理性的腹水、囊肿等也为如此表现，我们称之为无回声。图14-1-1中的膀胱结石即为典型的强回声，而膀胱内的尿液则为典型的无回声。图14-1-2中的肝脏为典型的中等回声，而周围的腹水及胆囊中胆汁亦为典型的无回声。

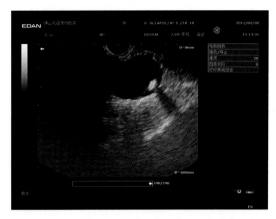

图14-1-1　典型的B超声像图（1）

膀胱内结石为典型的强回声，而尿液则为典型的无回声。

（佛山先诺宠物医院）

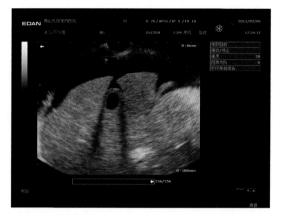

图14-1-2　典型的B超声像图（2）

肝脏为典型的中等回声，而周围腹水及胆囊中胆汁亦为典型的无回声。

（佛山先诺宠物医院）

二、B型超声诊断仪的构造与类型

B型超声诊断仪的基本构件包括发射、扫查、接收、信号处理和显示等五个组成部分，具体分为两大部件，即主机和探头。探头内有数十个以至上千个晶片，若干个晶片组成一组（俗称阵元），阵元所用材料及阵元间隔材料影响图像的分辨率。当前的主流配置是128阵元，有的进口B超仪可做到256阵元，这些阵元依次轮流工作、发射和接收声能。一个主机可以配一个、两个或更多的探头，这是由于每个探头发射频率基本固定，临床需根据探查目标的深度进行选择，一般探查浅表部位选用高频探头，探查较深部位选用低频探头，如用于小型犬或猫的探头多为7.5MHz或10.0MHz，用于中型犬的探头多为5.0MHz，用于大型犬的探头多为3.0MHz或以下。现代B超仪大多配置宽频（变频）探头，如2.5/3.5/4.0/5.0MHz、3.5/5.0/6.0/8.0MHz或5.0/6.0/7.5/10MHz 等，以提高探头的使用效能。将探头内的阵元按不同方式排列，主要分为电子线阵和电子凸阵两种类型（图14-2-1、图14-2-2）。根据临床不同组织和器官的检查需要，将探头制成相应形状如体表线阵探头、直肠线阵探头、腹部凸阵探头、腹部微凸探头、经食道探头、腹腔镜探头等，以满足检查需要，但宠物临床常用的探头主要有体表线阵探头、腹部凸阵和微凸探头、各种频率的相控阵心脏探头等（图14-2-3、图14-2-4）。

B超仪的主机系统对超声信号进行处理，其处理的通道数及次数与成像质量密切相关，否则会有很多杂波影响或者图像质感粗糙等；同时采用了多项先进的数字化成像技术，如全数字波束形成（DBF）、实时动态孔径成像（RDA）、数控动态频率扫描（DFS）、实时动态声速变迹（DRA）、实时逐点动态接收聚焦（DRF）、脉冲反向谐波复合成像、组织谐波成像技术（THI）、组织特征成像技术（TSI）、斑点噪声抑制技术（ASR）等，从而保证了B超仪的高品质图像。

在高清晰度的黑白B超基础上加入多普勒技术，称为彩色多普勒超声检查，简称彩超。

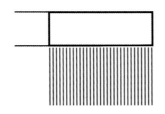

图14-2-1　线阵探头

探头阵元以直线排列，扫描发射声束为矩形。

（王媛）

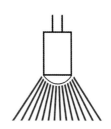

图14-2-2　凸阵探头

探头阵元以凸形排列，扫描发射声束为扇形。

（王媛）

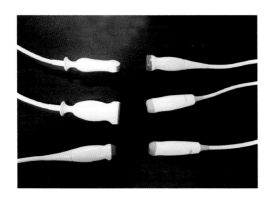

图14-2-3　意大利百胜彩超探头

从左到右、从上到下：凸阵探头、线阵探头、不同频率的相控阵心脏探头。

（王飞）

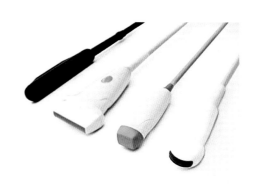

图14-2-4　动物常用的B超探头

一台彩超常配的探头（从左到右）：直肠线阵探头、体表线阵探头、心脏相控阵探头、腹部微凸探头。

（王飞）

彩超一般是用自相关技术进行多普勒信号处理，把自相关技术获得的血流信号经彩色编码后实时地叠加在二维图像上，即形成彩色多普勒超声血流图像。由此可见，彩超既具有二维超声结构图像的优点，又同时提供了血流动力学的丰富信息，在临床上被誉为"非创伤性血管造影"，能够实现对血流性质、血流方向、血流速度的判断，从而实现对不同脏器的功能分析及肿瘤或先天性心脏病的筛查工作。相对于黑白B超多适宜于肝脏、脾脏、胆囊、膀胱、子宫等脏器的检查，而彩超则可以实现对胰腺、输尿管、前列腺、子宫及附件、胸腹水探查、胃肠道、心脏、皮肤浅表淋巴结、乳腺、甲状腺、颌下腺、腮腺、外周血管、眼球、睾丸等的检查。

　　B型超声诊断仪分有各种档次，先进的高档B超仪结构复杂，具有高性能、多功能、高分辨率和高清晰度等特点。当前宠物临床使用的B超仪基本为中、低档，便携式黑白B超仪的价格在2万～6万，台车式黑白B超仪的价格在6万～10万，而便携式或台车式彩超仪的价格基本在20万以上。便携式B超仪体积小巧，交直流两用，可以在医院内固定、流动和出诊检查时使用，如深圳理邦DUS60Vet、深圳迈瑞DP-50Vet和意大利百胜Mylab

30Vet等均属于典型的便携式B超仪代表（图14-2-5、图14-2-6、图14-2-7）。台车式B超仪屏幕大，图像分辨率较高，但体积也偏大，适合于追求高质量图像且使用面积够大的宠物医院选用，如迈瑞DC-N3VET彩色B超仪（图14-2-8）等。

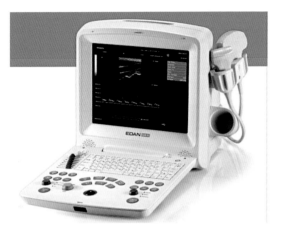

图14-2-5 理邦DUS 60Vet便携式B超仪

外形设计新颖，键盘触感极好，采用12.1英寸*LED显示屏，沉稳大气，配大凸、微凸和线阵探头，有多种伪彩功能。

（周庆国）

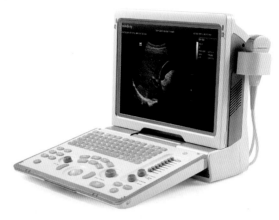

图14-2-6 迈瑞DP-50Vet便携式B超仪

具有多角度空间复合成像、自动均衡的噪声抑制和宽带频移谐波技术等，独有iTouch™图像一键优化功能使操作更加便捷，另具伪彩功能，配15英寸LCD液晶屏显示器。

（廖建明）

图14-2-7 百胜Mylab 30Vet便携式彩超仪

标配动物专用软件包和电子凸阵、电子线阵、相控阵心脏等探头，具备二维B超、M超、彩色多普勒、能量多普勒、频谱多普勒、连续多普勒、组织多普勒等功能。此外，还具备超声造影、3D/4D、心肌应变力及应变率成像等功能。因体积较大，便携并不方便，但配备台车后如台式机使用就很好。

（王飞）

图14-2-8 迈瑞DC-N3Vet台车式彩超仪

专为动物设计并配备彩超三个基本探头，采用了智能空间复合成像技术、智能斑点噪声抑制成像技术、宽带频移谐波技术等众多高端技术，提高了图像的空间分辨力、组织对比度和信噪比，具有极佳的细微分辨力，彩色血流充盈度很好，对低速血流的敏感度高。

（廖建明）

注：*英寸（in）为非许用计量单位，1in=0.025m。

三、B型超声诊断仪入门操作方法

　　B型超声诊断仪与X线机相比，操作技术要复杂的多，而B超声像图的识别对许多宠物医师来说更加困难。这里以理邦DUS 60Vet黑白B型超声诊断仪为例，将B超仪的基本调节与使用方法介绍如下。

　　首先需熟悉B超仪的键盘内容，图14-3-1为键盘的上半部分，主要包括左边的声功率导杆和右边的输入键盘，其中键盘中负责文件管理的"File"按键和负责频率调节的"Freq"按键是比较常用的。图14-3-2为键盘的下半部分，左边的按键主要用于病例资料输入和图像存储，右边的按键主要用来切换不同的检查界面，中间的按键包括了电影回放、注释、体位图的改变和测量等功能，而键盘最下面的大按键具有图像处理、增益和深度调节、光标等重要功能。

图14-3-1　理邦DUS 60Vet黑白B型超声诊断仪的键盘

左边一行八排为声功率导杆，中间与右边为输入病例资料和部分功能的键盘。

（黄湛然）

图14-3-2　理邦DUS 60Vet黑白B型超声诊断仪的按钮

左上方一组按键用于病例资料输入和图像存储，中间一组按键用于电影回放、注释、体位图和测量，右上方一组按键用于检查界面的切换，键盘下面的几个大按键功能见图示。

（黄湛然）

（一）开机

打开B超右上角的绿色电源开关进入检查界面后，先按右下角的"冻结"按钮冻结图像以保护探头；然后按"病人信息"按钮，依照对话框的提示输入患病宠物资料，再按"确认"按钮关闭对话框；最后再次按"冻结"按钮解除冻结，即可开始检查。

（二）图像调节

一般情况下，出厂设置已将B超的主要参数调整到了最合适的数值，操作者只需拿起探头操作即可。但有时因环境明暗度及被检脏器的特点不同，需要进行一些细微调整。决定图像整体画面质量主要涉及两个参数，一个是声功率（TGC），由左上角的八条并列的导杆来控制；另一个是增益（Gain），由光标左侧较大的"增益"旋钮控制。因为声波需要穿透浅表结构进入深部结构，这个过程中就存在声波的衰减和相互干扰，使离探头近的图像很清晰，远的就完全看不清楚，所以需要通过一些附加的校正来减弱这种影响。如果我们要看清楚特定部位的一些组织，就需把相对应这一段的声功率调大一点，即将相应部位的2~3条导杆向右调整；如果要看的组织在浅表位置，需调小声功率，即将导杆适当向左调整，这样就可以减少图像远场的干扰以及声波对患病动物的影响。同样，适当调节增益，即将"增益"旋钮顺时针或逆时针旋转，也可以减小探头与皮肤接触不良等造成的图像质量差的问题。但过高或过低的增益都会使图像失真，应把握好调节的尺度。

当找到需要检查的脏器或病变部位后，除了调节声功率外，还可以反复按下"增益"旋钮左边的"图像处理"旋钮，待"焦点位置"选项指示灯亮时转动旋钮，将图像左侧光标尺中间的"＞"标志移动到目标部位的中心位置，这样病变部位或所检脏器就是整幅图像中最清晰的部分。以一幅猫正常肾脏B超检查声像图为例，图像左侧为上明下暗的光标尺，对局部截图放大后可看到光标中间有一个"＞"标志，就是指示焦点的位置，所检查的肾脏刚好就在这个位置上，此时得到的图像最为清晰（图14-3-3、图14-3-4）。如果需要观看的组织范围比较零散，也可以选择"焦点数量"按钮确定几个焦点，以便能够看清楚病变。

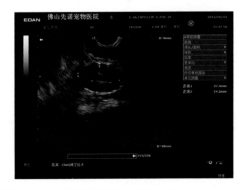

图14-3-3　猫正常肾脏B超声像图

图中肾脏呈椭圆形，被膜呈较亮度的强回声，皮质呈弱回声，髓质的肾盂部分亦呈较强回声。

（佛山先诺宠物医院）

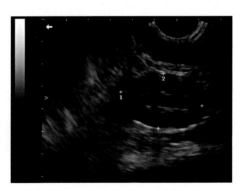

图14-3-4　猫肾脏B超声像图局部放大

图像左侧的上明下暗的光标尺被放大，可见"＞"指示焦点位置。

（佛山先诺宠物医院）

除此之外，影响图像质量的因素还有两个，一是颗粒太粗，二是对比度不够。如果觉得颗粒太粗时，可作以下几种调节：①将深度调大，即将右下角"冻结"上面的"深度"旋钮重复按下，待"深度"指示灯亮时旋动即可使图像缩小，颗粒随之变得细腻。图14-3-5为正常深度的图像，图14-3-6为深度调小后的图像。一般打开B超仪后，默认的都是最大深度，以得到最大范围的图像。当看到可疑部位时再将深度调小更方便看到细节，但此时图像的颗粒感会变强，实际操作时可根据需要选择最适合的深度；②将"视频打印"左上方的"图像处理"旋钮重复按下，待"图像处理"指示灯亮时慢慢调大，与其相关的动态范围、帧相关的值也会随之变化，使我们看到更柔和的图像；③单独调大动态范围（在检查界面右侧的菜单栏可单独进行调节），可产生灰度更多更柔和的图像。图14-3-7为动态范围调大时的正常肠管影像，图14-3-8为动态范围调小后的正常肠管影像；④单独调小边缘增强（在检查界面右侧的菜单栏可单独进行调节），可使图像边缘更平滑，界限不那么分明；⑤单独

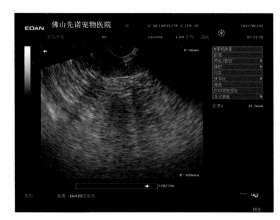

图14-3-5　犬正常脾脏B超声像图（1）

显示脾脏的某一段在正常深度下呈弯曲长椭圆形，颗粒细腻。

（佛山先诺宠物医院）

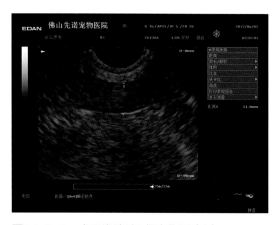

图14-3-6　犬正常脾脏B超声像图（2）

显示深度调小后的脾脏，其体积增大，颗粒较粗。

（佛山先诺宠物医院）

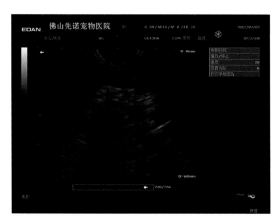

图14-3-7　犬正常肠管B超声像图（1）

显示动态范围调大时的正常肠管的图像，可见到较明显的绒毛层和肠内容物。

（佛山先诺宠物医院）

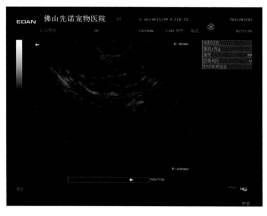

图14-3-8　犬正常肠管B超声像图（2）

显示动态范围调小时的正常肠管的图像，可见到较明显的绒毛层和肠内容物。

（佛山先诺宠物医院）

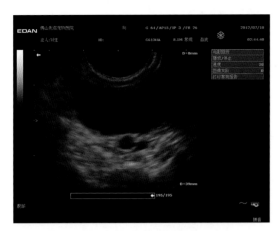

图14-3-9　犬正常膀胱B超声像图（1）

显示帧相关值调大时的图像，可见到膀胱图像呈现细腻的模糊效果。

（佛山先诺宠物医院）

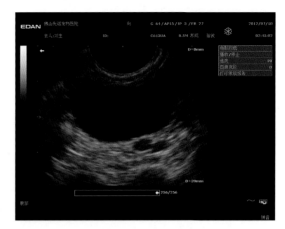

图14-3-10　犬正常膀胱B超声像图（2）

显示帧相关值调小时的图像，可见到膀胱图像呈现颗粒分明对比度强的效果。

（佛山先诺宠物医院）

调大平滑、帧相关、线平均等（在检查界面右侧的菜单栏可单独进行调节），均可使图像的颗粒感减弱。图14-3-9为帧相关值调大时的正常膀胱影像，图14-3-10为帧相关值调小后的正常膀胱影像。

当我们觉得对比度不够时，可以进行以下调节：①将显示器的对比度调大，即调节键盘最上排靠右的增大对比度按钮；②将"图像处理"调大，与其相关的动态范围、帧相关的值也会相应变化，使我们看到对比度更强的图像。图14-3-11为"图像处理"调小时的子宫蓄脓的影像，图14-3-12为"图像处理"调大后的子宫蓄脓的影像；③将灰阶曲线调整为非线性状态（在右侧菜单栏的灰阶选项中选择合适的模式），相应的图像就会出现颗粒分明，黑白对比加强的影像。图14-3-13至图14-3-16分别为正常肝脏和胆囊在不同灰阶条件下的图像。

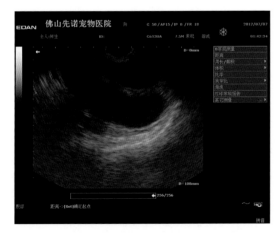

图14-3-11　犬子宫蓄脓B超声像图（1）

显示"图像处理"调小时的子宫蓄脓图像，呈现较柔和的充满低回声液体的管腔。

（佛山先诺宠物医院）

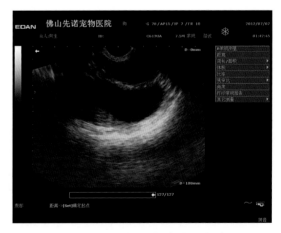

图14-3-12　犬子宫蓄脓B超声像图（2）

显示"图像处理"调大时的子宫蓄脓图像，呈现颗粒较分明的充满低回声液体的管腔。

（佛山先诺宠物医院）

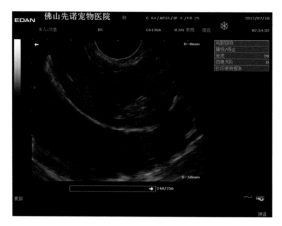

图14-3-13　犬正常肝脏和胆囊B超声像图（灰阶D）

（佛山先诺宠物医院）

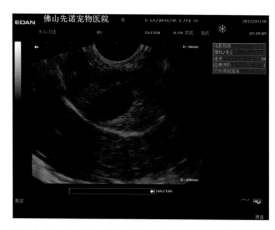

图14-3-14　犬正常肝脏和胆囊B超声像图（灰阶L）

（佛山先诺宠物医院）

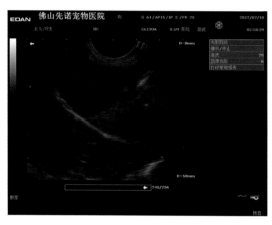

图14-3-15　犬正常肝脏和胆囊B超声像图（灰阶B）

（佛山先诺宠物医院）

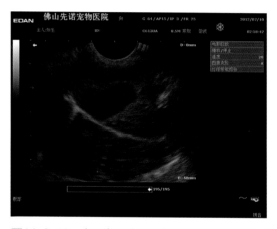

图14-3-16　犬正常肝脏和胆囊B超声像图（灰阶A）

（佛山先诺宠物医院）

（三）图像保存

当找到病变部位并获得清晰图像时可先冻结，然后按下"影片回放"按钮，通过回放从探头接触动物被检部位至冻结图像这段时间内的检查录像，寻找出最好的一帧图像，按"图像存储"按钮进行保存。当需要了解病变大小时，可以选择测量工具，即按下"测量"按钮，在选定的图像上通过移动光标配合"确认"按钮来进行测量，测量好后再保存。当需要标注时，按下"标注"按钮，在光标变成"|"时，在其后输入需要标注的文字。输入文字时，按下"Caps Lock"键可切换到大写模式，按下"Shift"＋"空格"键可以切换输入法，按下"清除"键可清除输入错误或者不用的文字以及测量标注等。

将这些步骤都完成后，需要调出图片时，可以将存储在内置磁盘内的图片查看、删除或单独调出，或利用连接B超仪的打印机将图片直接打印出，也可按下键盘最上排靠左的"File"按键，在弹出的对话框中选择"导出到U盘"将图片重新保存到U盘内。图14-3-17是临床保存的一张较有代表性的猫膀胱内大量小沙石的B超声像图，保存前挑选了其中的两颗比较有代表性的进行了测量，并做了标注，然后将图像存储下来，通过U盘导出后存在了

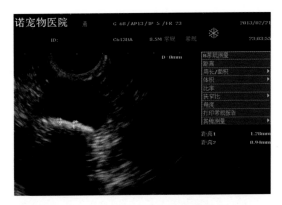

图14-3-17　猫膀胱内小结石的声像图

图中距离1、2分别表示对其中两颗小砂石的测量。

（佛山先诺宠物医院）

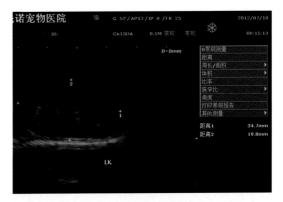

图14-3-18　猫多囊肾的声像图

图中距离1、2分别表示对肾脏长度和宽度的测量，并用英文首字母"LK"标记了脏器名称。

（佛山先诺宠物医院）

医院病例资料中。而图14-3-18为一张幼龄的混种波斯猫多囊肾的图片，同样进行了测量和标注，保存到了医院病例档案中。

（四）出具报告

一般需包括以下几点内容，①位置：所检病灶在腹腔或某个脏器中的具体位置，如左肾、肝右侧叶等；②数目：发现异常变化的数量，如膀胱内有三颗较大的结石，肝脏中有一个明显的囊肿等；③大小：所检病灶的大小，如直径为20mm的类圆形结石，22mm×26mm的囊肿等；④边界：所检病灶与周围组织之间有无明显的边界，如车祸造成脾脏破裂后其包膜是否完整；⑤与周围组织的关系：所检病灶与周围组织有无明显的联系，如肝脏等实质器官的肿瘤与周围其他器官或组织是否发生联系或完全没有界限；⑥回声：指脏器回声的强弱，是强回声、高回声还是低回声，如肾脏内有一强回声带声影的结石阴影，肝脏中有一无回声的液性暗区等。图14-3-19可报告为：膀胱内发现一最大直径约

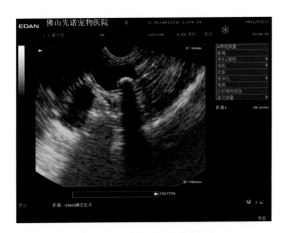

图14-3-19　某病猫膀胱B超声像图

显示膀胱内有一弧形的高亮度阴影，并伴有标志性的声影，可诊断为膀胱结石。

（佛山先诺宠物医院）

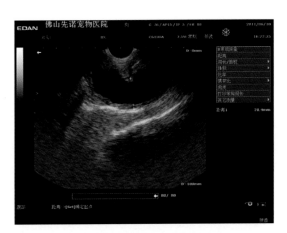

图14-3-20　某病犬子宫B超声像图

显示宽度为20.4mm的液性囊状脏器，可见明显的壁层，结合发生位置可诊断为子宫蓄脓。

（佛山先诺宠物医院）

10.1mm、可移动的、有明显声影的强回声结石阴影。图14-3-20可报告为：子宫内积聚大量液体，胀大子宫其中某段内径为20.4mm。

四、犬猫腹部超声检查常见声像图

犬猫腹内器官常见病很多，涉及肝、胆、肾、膀胱、子宫、卵巢等多种脏器，许多疾病需要B超检查才能确诊。虽然有些疾病通过X线检查或血液生化检验等也可以确诊，但同时或定期进行B超检查有助于增加对患病器官形态的认识，对分析、治疗疾病及判断疾病转归都具有十分重要的意义，而识别B型超声检查声像图则是进行诊断的基础（图14-4-1至图14-4-32）。

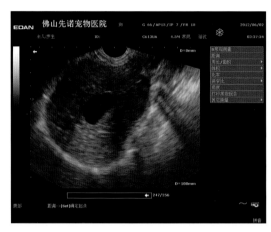

图14-4-1　犬正常肝脏和胆囊（1）

显示肝脏为均质的中等密度的回声，右侧被胃内气体干扰，中间为均质的无回声的胆汁。

（佛山先诺宠物医院）

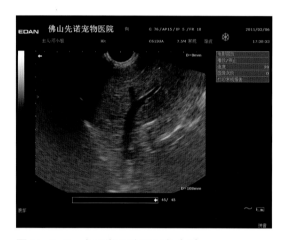

图14-4-2　犬正常肝脏和胆囊（2）

显示肝脏中央为树枝状无回声的肝静脉和门静脉。

（佛山先诺宠物医院）

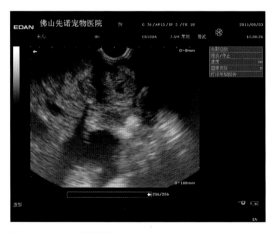

图14-4-3　犬腹腔肿瘤

显示犬腹腔内大块不规则的中等回声结构，与周围组织界限不清晰。

（佛山先诺宠物医院）

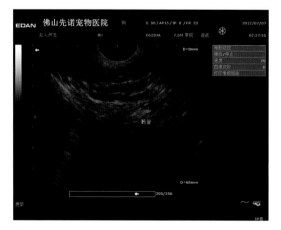

图14-4-4　犬正常肠管

近场右段显示较清晰的肠管五层结构，由外到内依次是中等密度的肠内容物、低密度较宽的小肠绒毛（黏膜）、较高密度的黏膜下层界面、低密度的肌层以及高密度的浆膜界面。

（佛山先诺宠物医院）

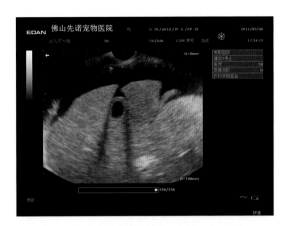

图14-4-5　犬腹水时的肝脏和胆囊

显示清晰的肝叶和胆囊壁，周围充满无回声的液体。

（佛山先诺宠物医院）

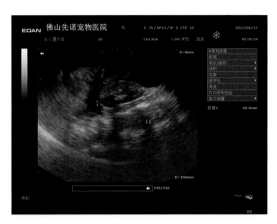

图14-4-6　犬腹水时的左肾和肠管

显示肾脏轮廓清晰，边缘整齐，旁边是漂浮在腹水的肠管。

（佛山先诺宠物医院）

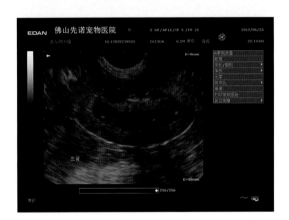

图14-4-7　犬正常左肾

正中央为较高密度的肾盂，肾盂周围是低密度的肾髓质，外围是较高密度的肾皮质，边缘高密度的弧线为肾包膜。

（佛山先诺宠物医院）

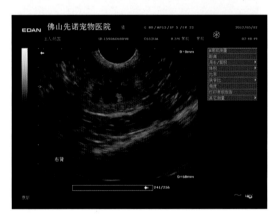

图14-4-8　猫正常右肾

正中央较高密度的为肾盂集合系统的管道影像，往外依次是低密度的肾髓质，较高密度的肾皮质和高密度的肾包膜。

（佛山先诺宠物医院）

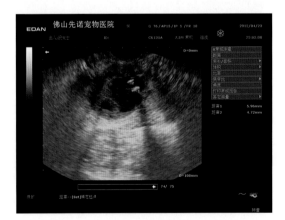

图14-4-9　犬肾盂小结石

显示肾脏结构稍显模糊，一端肾盂部分有两颗较大的结石阴影。

（佛山先诺宠物医院）

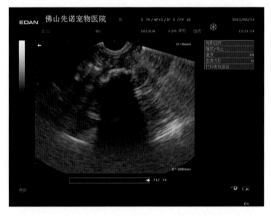

图14-4-10　犬肾盂大结石

显示整个肾盂被一颗大的结石塞住形成扇形的声影，肾脏远场的结构完全不可见。

（佛山先诺宠物医院）

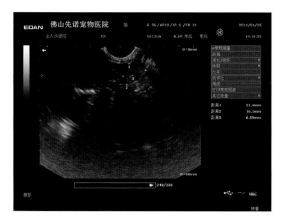

图14-4-11　猫肾脏萎缩

显示整个肾脏萎缩成一个环状结构，大小不足正常的1/3，中央有小范围的液性暗区。

（佛山先诺宠物医院）

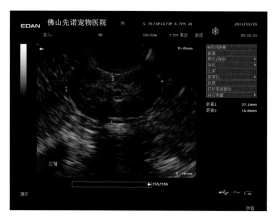

图14-4-12　犬肾边缘不整

显示肾脏的结构不清晰，边缘呈花边状。

（佛山先诺宠物医院）

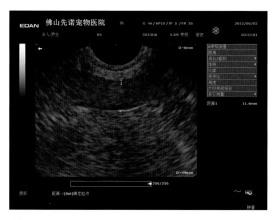

图14-4-13　犬正常脾脏

显示脾脏为均质的长条形中等密度影像。

（佛山先诺宠物医院）

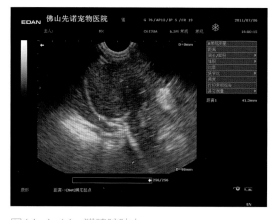

图14-4-14　猫脾脏肿大

显示猫脾脏某段的宽度超过40mm，在正常胃的位置即可见。

（佛山先诺宠物医院）

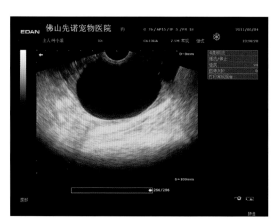

图14-4-15　犬正常充尿的膀胱

显示膀胱壁光滑，内为无回声的液性暗区。

（佛山先诺宠物医院）

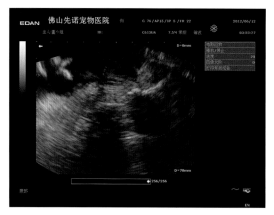

图14-4-16　犬腹水时正常无尿的膀胱

显示膀胱壁偏厚，内有小范围无回声液性暗区。

（佛山先诺宠物医院）

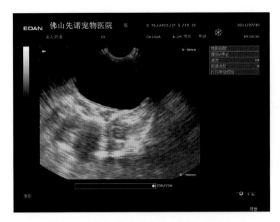

图14-4-17　猫正常充尿的膀胱

显示膀胱壁规则，内为均质无回声的液性暗区。

（佛山先诺宠物医院）

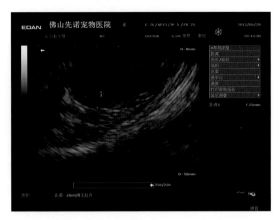

图14-4-18　猫正常无尿的膀胱

显示膀胱壁厚，边缘稍显不规则，内有小范围无回声的液性暗区。

（佛山先诺宠物医院）

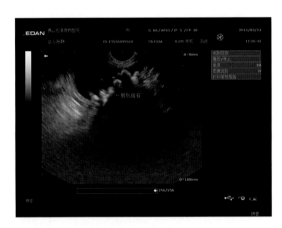

图14-4-19　犬膀胱结石（1）

显示膀胱内有多量较小结石堆积成的浪花状强回声影像，后面有很长的扇形声影。

（佛山先诺宠物医院）

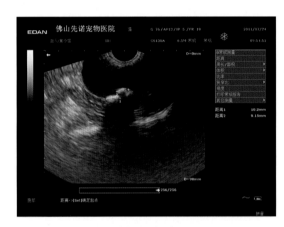

图14-4-20　犬膀胱结石（2）

显示膀胱内有两颗稍大的结石形成的强回声影像，后面有很长的声影。

（佛山先诺宠物医院）

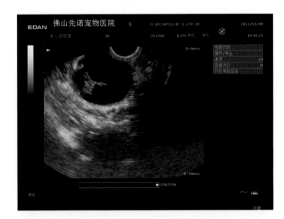

图14-4-21　猫膀胱内增生物

显示膀胱内有不规则形态的中等回声结构，息肉、肿瘤、血凝块等都可能显示出此种形态。

（佛山先诺宠物医院）

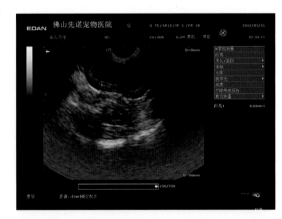

图14-4-22　猫膀胱壁增厚

显示膀胱炎时轻微增厚的膀胱壁，尿液充盈时膀胱壁的厚度超过6mm。

（佛山先诺宠物医院）

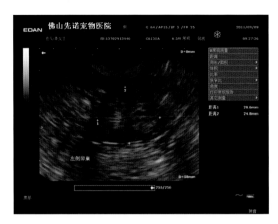

图14-4-23　犬卵巢肿大

显示犬的卵巢较正常，但有轻度肿大。

（佛山先诺宠物医院）

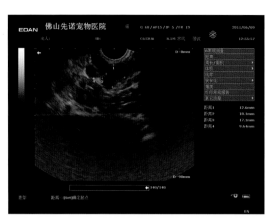

图14-4-24　猫卵巢囊肿

显示猫左肾附近有几个直径约10mm的囊性结构。

（佛山先诺宠物医院）

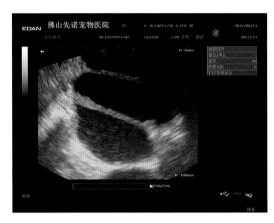

图14-4-25　犬子宫蓄脓

显示膀胱背侧的膨胀子宫堆叠在腹腔，腔内积聚着混浊液体，形成三个不规则管状结构。

（佛山先诺宠物医院）

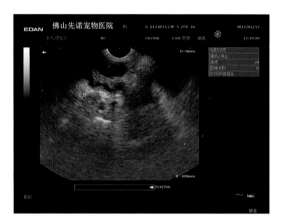

图14-4-26　犬子宫内膜炎

显示膀胱背侧有一条呈波浪状不规则的充有液体的低密度管腔，管腔内壁粗糙，提示子宫内膜炎伴轻度积液。

（佛山先诺宠物医院）

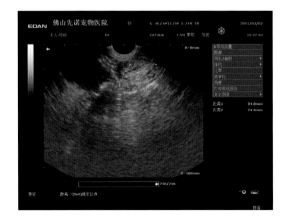

图14-4-27　犬前列腺肥大（1）

显示膀胱后方有一均质中等回声的腺体结构，提示前列腺肿大。

（佛山先诺宠物医院）

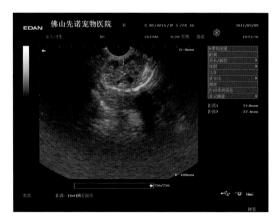

图14-4-28　犬前列腺肥大（2）

显示一均质、中等回声有完整包膜的腺体结构。提示前列腺肿大。

（佛山先诺宠物医院）

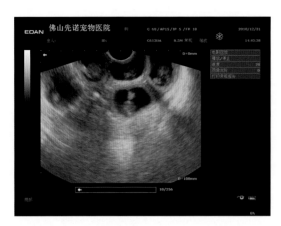

图14-4-29 犬妊娠诊断

博美犬配种35d左右显示5个孕囊，此时可以比较准确地判断胎儿数量至少有5只。

（佛山先诺宠物医院）

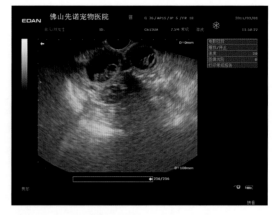

图14-4-30 猫妊娠诊断（1）

波斯猫配种30d左右的孕囊，可见两个卵圆形结构，内有发育中的胚胎，羊水充足。

（佛山先诺宠物医院）

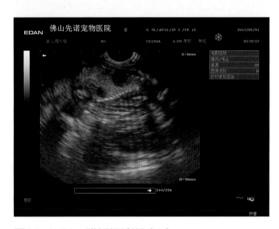

图14-4-31 猫妊娠诊断（2）

临近分娩（妊娠60d左右）的猫胎儿身体，可见串珠状带声影的脊柱影像以及低回声的胸腔。

（佛山先诺宠物医院）

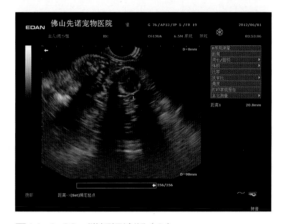

图14-4-32 猫妊娠诊断（3）

临近分娩（妊娠60d左右）的胎儿头部，可见边缘强回声的圆形胎头影像。

（佛山先诺宠物医院）

（黄湛然　张丽）

第十五章
内窥镜检查

内窥镜，简称内镜，是一种先进的医学光学仪器。借助于内窥镜，可以直视动物体内许多器官系统的形态，方便地获取少量病理组织进行疾病诊断，并能在损伤性很小的情况下完成一些传统手术，如取出喉、气管、食道或胃内的异物，摘除直肠或子宫内的息肉，摘除动物的卵巢或腹腔内肿瘤等。内窥镜自1970年引入兽医领域后，主要表现在光导纤维内窥镜和电子内窥镜的实验探索和临床应用，已在发达国家或地区的小动物临床达到了很高的应用水平。

当前，在我国宠物诊疗行业使用的内窥镜主要有耳镜和胃镜，腹腔镜和关节镜的动物试验及临床探索也已开始，特别是电子胃镜的应用推广最为快速，胃镜检查已经成为宠物临床快速发展的检查项目，同时也是临床去除犬、猫消化道异物的重要手段之一。

一、内窥镜成像的基本原理

内窥镜的成像原理可以分为纤维内窥镜和电子内窥镜，两者的成像原理不同，主要区别如下：

（一）纤维内窥镜

纤维内窥镜是通过纤细的光学玻璃纤维束传输光和图像。冷光源的光通过玻璃纤维束（称为导光束）传入，在导光束头端，即内镜前端装有凹透镜，导光束传入的光通过凹透镜照射于脏器内腔的黏膜面上被反射，这些反射光即为成像光线。成像光线进入观察系统后，按照先后顺序经过直角屋脊棱镜、成像物镜、光学玻璃纤维导像束、目镜等一系列的光学反应，便能在目镜上呈现被检查脏器内腔黏膜的图像。如果在目镜上连接摄像头，便可在显示器上观看图像。纤维内镜的放大倍数一般为30～40倍，最高可达200倍。纤维内镜光亮度较好，图像清晰，光纤细小柔软，镜身可在被检脏器腔内回转弯曲。与硬质内镜相比，提高了插入性和可操作性，使得视野广泛，减少了观察盲区。

（二）电子内窥镜

电子内窥镜是利用内镜前端装置的称为微型摄像机的光电耦合器件（CCD）及传导电缆代替纤维胃镜的棱镜和导像束，使CCD采集的电信号经外部的视频处理系统转换、分析，变成视频信号在显示器上成像。这种电信号很容易被数字化，方便地进行贮存、冻结、打印、局部放大等处理。CCD是决定电子内窥镜图像质量的核心部件，基本构造是在对光敏感的半导体硅片上采用高精度光刻技术分割出数十万个栅格，每一个栅格代表一个成像元素，像素数越多，图像的分辨率越高，画面越清晰。CCD只能感受光信号的强弱，电子内窥镜的彩色还原是通过在CCD的摄像光路中添加彩色滤光片，并对彩色视频信号进行处理后获得。

电子内镜与光导纤维内镜相比，由于CCD的应用，使像素比纤维内镜大为增加（可达44万以上），在高分辨率大屏幕显示器上观看图像更加清晰逼真，且有放大功能，因此具有很高的分辨能力，容易观察到被检脏器的微小病变，所以一般不再设计目镜。

二、内窥镜的构造与类型

内窥镜的发展阶段分为硬管式内窥镜、半软式内窥镜、纤维与超声内窥镜、电子内窥镜、胶囊内镜等阶段，现代意义的内窥镜检查是随着光导纤维内窥镜的发明而逐渐形成的。随着科技进步，内窥镜检查的影像质量发生了一次次质的飞跃，从现代内窥镜获得的彩色照片或彩色电视图像已不再是组织器官的普通影像，而是如同在显微镜下观察到的微观影像，微小病变清晰可辨。

内窥镜按其功能，分为单功能镜及多功能镜。单功能镜是指没有工作通道，仅有光学系统的观察镜（图15-2-1）；多功能镜除了有观察镜的功能外，在同一镜身还有至少一个以上的工作通道，具有冲洗、吸引或手术等多种功能。根据镜身能否改变方向，分为硬质镜和弹性软镜。硬质镜为棱镜光学系统，最大优点是成像清晰，可配工作通道（常称为钳道），如胸腔镜、腹腔镜、膀胱镜和关节镜等（图15-2-2）。弹性软镜的最大特点是镜身和镜头部分可被术者操纵改变方向，扩大应用的范围，但成像效果不如硬质镜效果好，如胃十二指肠镜、结肠镜、支气管镜等。内窥镜按其所到达的部位，分为耳鼻喉内窥镜、泪道内窥镜、口腔内窥镜、胃镜、结肠镜、支气管镜、尿道膀胱镜、胸腔镜、腹腔镜、关节镜等（图15-2-3、图15-2-4）。内窥镜按其进入体内的途径，也可分为内镜和腔镜。凡通过自然孔道如口腔、气管或尿道等插入的称为内镜，如胃十二指肠镜、支气管镜、尿道膀胱镜等；而通过人工孔道如皮肤或黏膜及相应组织切开而插入的称为腔镜，如胸腔镜、腹腔镜、关节镜等。按内窥镜观察方向划分，可以分为直视镜、斜视镜、侧视镜等，如常规的胃十二指肠镜属于直视镜，其观察的方向和内镜插入消化道的方向一致；斜视镜对食管疾病的治疗比较适应，在目前的内镜中比较少见，而在超声内镜中常采用斜视设计；十二指肠镜是典型的侧视镜，其观察的方向和内镜插入的方向呈90°。

（一）硬质内窥镜

硬质内窥镜是目前观察动物体内病变组织最直接、最有效、最方便的医疗器械，图像清晰度高，色彩逼真，容易操作，价格相对便宜，其成像原理属于纤维内窥镜。虽然各种硬质内窥镜的光路或外观不同，但其基本结构均由目镜、主体结构（带光缆接口）和工作镜管构成（图15-2-1），其中最易损坏的部分为工作镜管，而眼罩、主体结构、光缆接口除受剧烈磕碰外一般不易受损。以4mm硬质内窥镜为例，工作镜管是由四个部分组成：外镜管、内

图15-2-1　硬质内窥镜（无套管）

从左到右为带有眼罩的目镜、带有光缆接口的主体结构和插入体腔的工作镜管。

（周全荣）

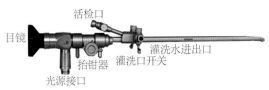

图15-2-2　硬质内窥镜（带套管）

带上套管的硬质内窥镜，套管上设计有活检口和灌洗水进出口及开关，活检口供配套器械出入。

（周全荣）

镜管、光学镜片、光导纤维。光学镜片位于内镜管组成光学系统，光导纤维位于内、外镜管之间负责照明。外镜管为厚0.1mm直径4mm不锈钢管，受到磕碰或挤压容易变形。光学镜片大部分是直径2.8mm长25mm左右的玻璃柱，受到轻微的磕碰和挤压就会开裂、崩边或者光轴偏移，常见的内窥镜视野模糊、边缘发黑多是此类原因。光导纤维是由极细的光学玻璃制成，一支直径4mm硬质镜要装1 500根以上，在外镜管受到外力可能造成断丝而影响光照度。硬质内窥镜各机构的连接大都是用环氧树脂胶粘接，胶的质量和封装技术也影响硬管镜的使用寿命。

硬质内窥镜需要借助一个特别设计的套管进入动物体腔以完成检查或手术过程，套管上有活检器械（或手术器械）进出口及灌洗水进出口（图15-2-2）。为了强化硬质内窥镜的观察范围和作用，工作镜管前端角度另有0度直视和多种侧视角之别。由于宠物品种及个体差异很大，配置能满足临床检查需要的各类硬质内窥镜通常会有困难。Timothy C.McCarthy（美）认为直径为2.7mm、长度18cm、侧视角30°的硬质内镜，配置相应的膀胱镜护套、关节镜护套、检查保护套及腹腔镜套管针或套管，即可作为小动物临床的"通用"或者"多功能"硬质内镜。

（二）纤维内窥镜

完整的纤维内窥镜系统由目镜、镜体、附属器械和冷光源等部分组成，下面以纤维鼻咽喉镜（图15-2-3）和纤维支气管镜（图15-2-4）为例介绍。

1. 镜体　由导光束插杆（头）、导光部（光缆）、操纵部、镜身或插入部、弯曲部、前端部六个部分组成。前端部是内镜的硬性部分，有导光窗、物镜、钳道出口和仅见于胃肠镜的注气/喷水孔。弯曲部位于前端和插入管之间，是由许多环状零件组成的蛇管，每对相邻的环状零件之间能上下左右活动90°~210°，其活动性受钢丝牵拉。钢丝一端固定于弯曲部前端，另一端与角度控制钮相连，从而使内镜弯曲部及前端活动自如。镜身或软管部的内部为导光束、钢丝及各种管道，外围为网管及螺旋弹簧管构成的软管，管壁为聚氨酯材料制成的外套管，其长度依临床用途而不等。操纵部是对内镜前端角度（或方向）进行操纵的重要部位，这里有1~2个角度控制旋，分别控制上下角度和左右角度，转动旋钮时因牵引钢丝而使弯曲部活动，通常鼻咽喉镜和支气管镜仅有1个角度控制钮，而胃肠镜设计有2个角度控制钮。操纵部前方有吸引按钮及连接负压吸引器的吸引阀，其下方有工作通道口（或活检口），是活检钳和异物钳等有关器械的插入口。导光光缆将镜体与冷

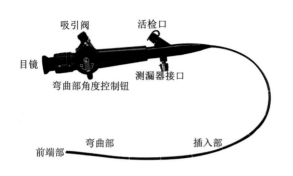

图15-2-3 纤维鼻咽喉镜（未带光缆）

此款鼻咽喉镜的目镜为30倍放大倍率，插入部外径5.0mm，钳道2.0mm，物镜90°视野角。

（周金荣）

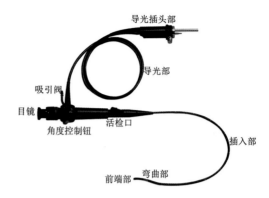

图15-2-4 纤维支气管镜（带光缆）

此款支气管镜的目镜为30倍放大倍率，插入部外径5.3mm，钳道2.0mm，物镜90°视野角。

（周金荣）

光源连接，其末端由导光束插杆（头）、注气管及多个接线柱构成，用于接收冷光源和电磁泵送来的空气。

2. 附属器械 消化道内镜的附属器械包括活检钳、细胞刷、穿刺针、喷洒管和异物钳。活检钳是最常用的附件，其前端为一杯状结构，杯刃锐利，通过推拉手柄处操纵杆控制钳瓣张合以钳取组织，为病理学或细菌学检查提供标本。细胞刷是由弹簧钢丝外套和末端的微型尼龙刷组成，经工作管道插入腔内，在病灶表面刷取标本用于检查。穿刺针是一较长的塑料或金属套管，经工作管道插入腔内后，其针头可在病变处伸出刺入组织，注射止血药、硬化剂或化疗药物等。喷洒管有雾状、柱状之分，用于直视下冲水清洗病灶表面或对病灶表面喷洒止血药物等。异物钳有鳄鱼嘴型、塘鹅嘴型、三爪型、鼠齿型、网篮型等多种形态（图15-2-5、图15-2-6），用于取出各种异物或切除内腔的息肉等。

3. 冷光源 光源分为卤素灯、氙气灯和LED灯。卤素灯泡价格便宜，但灯光颜色偏黄，色温较低，图像稍差。氙气灯色温接近自然光线，图像色彩逼真，但价格昂贵。LED灯价格适中，寿命长久可达35 000h以上（图15-2-7）。光源发出的强光经处理后滤去产热的长波红外线，使光线变"冷"，从而避免光线照射处产生高温而对组织造成灼伤。光源一般都装两盏灯泡，以防一只在工作中损坏而有备用灯泡。灯泡旁有一小型风扇，风扇转动起到

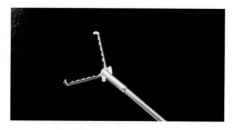

图15-2-5 内镜附属器械（1）

塘鹅嘴异物钳用于抓持坚硬异物并取出。

（周金荣）

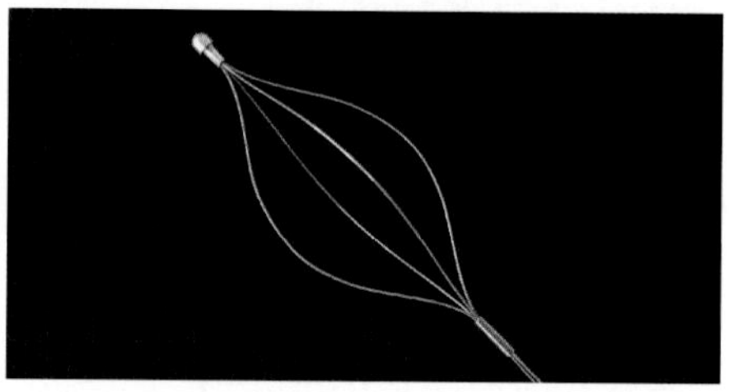

图15-2-6 内镜附属器械（2）

折角取石网篮用于兜住结石类圆形异物并取出。

（周金荣）

图15-2-7　上海成运LLS-2100P冷光源

采用高亮度LED灯泡，双灯配置，色温≥5 727℃，光照度≥20 000lx；气泵压力>0.03MPa，分高、低档可调。

（周金荣）

散热、降温的作用，以延长灯泡寿命。同时在光源设备中整合了气泵，作为内镜使用中注气/喷水的动力来源，机身面板上装有气泵电源开关和高低档选择，高档一般用于成年动物，低档用于幼龄动物。

（三）电子内窥镜

完整的电子内窥镜系统与纤维内窥镜相比，由于采用了光电耦合器件（CCD）及CCD芯片连接线（传导电缆）代替纤维胃镜的棱镜和导像束，使CCD采集的电信号经外部主机（影像处理器）转换、分析，变成视频信号在显示器上成像，所以镜体上没有设计目镜，代之以图像拍照按钮，其他部分的设计或外形与纤维内窥镜基本相同（图15-2-8、图15-2-9）。影像处理器是对镜体获得的影像进行处理的设备，设有很多功能按钮，用于图像冻结、局部放大、拍照、录像、打印、色彩亮度调节等功能（图15-2-10、图15-2-11）。有的产品将影像处理器与冷光源一体化设计，并安装了电脑主板和SD卡槽，这种产品便无需电脑（软件）支持，利用镜体操纵部的拍照按钮，能够直接将影像保存于SD卡中，如此设计不仅有效地节约了内窥镜台车空间，而且可以非常方便地将影像转移到诊室电脑里观看（图15-2-12）。

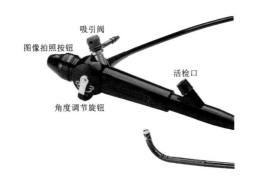

图15-2-8　电子支气管镜

电子内镜的镜体尾端为图像拍照按钮，其他部分与纤维内镜基本相同。

（周金荣）

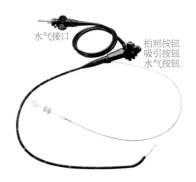

图15-2-9　电子胃镜

操纵部三个按钮自上而下依次为拍照按钮、吸引按钮和注气/喷水按钮。

（周金荣）

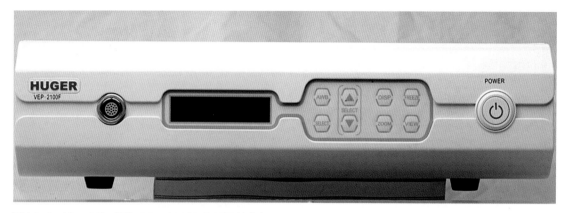

图15-2-10　上海成运VEP-2100F电子胃镜主机

采用DSP数字处理电路，自动白平衡，色彩、增益与测光范围可调，自动电子快门，可冻结和储存四个不同位置的病灶图像，具有大小图像冻结与画中画功能。

（周金荣）

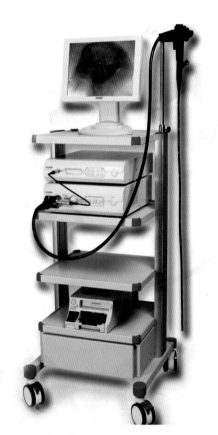

图15-2-11　上海成运AGVE-2100系列电子胃镜

使用LLS-2100P冷光源和VEP-2100F图像处理器，采用SONY 44万像素CCD和15英寸LCD彩色监视器，镜体插入部外径为8.0～12.9mm，钳道内径为2.2～3.7mm，工作长度为1 050～3 300mm，拍照和录像可通过镜体手柄上的按钮完成，影像保存需配置电脑。

（周金荣）

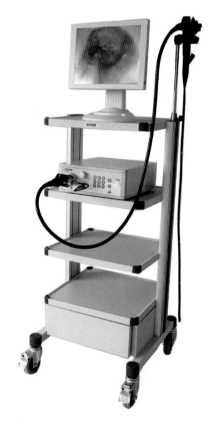

图15-2-12　上海成运AGVE-68系列电子胃镜

图像处理器与光源一体化设计，采用SONY 44万像素CCD和15英寸LCD彩色监视器，镜体插入部外径有8.0mm和9.0mm，钳道内径分别为2.2mm和2.8mm，工作长度有1 050mm和1 500mm两种，镜体手柄上带拍照和录像按钮，影像保存到主机所带SD卡中。

（周金荣）

图15-2-13　胶囊内镜外形

和普通医药胶囊几乎完全相同，外壳采用不能被消化液腐蚀的医用高分子材料，其前端为透明半球状。

（王媛）

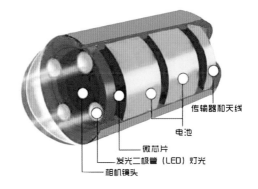

传输器和天线
电池
微芯片
发光二极管（LED）灯光
相机镜头

图15-2-14　胶囊内镜内部构造

胶囊内镜含微型数码相机、闪光灯、电池、无线传输器和天线等。

（王媛）

（四）超声内镜

在电子内窥镜基础上，已研制出超声内窥镜，即将微型超声探头安置在内窥镜顶端，将其插入消化腔道后，避免了体表超声探查时遇空气等干扰的缺陷，既可直接观察黏膜表面的病变形态，又可进行超声扫描，从而获得消化道管壁各层的组织学特征，以及毗邻脏器的超声影像，有助于发现消化道管壁及毗邻脏器的肿瘤或囊肿。

（五）胶囊内镜

全称为"智能胶囊消化道内镜系统"，又称"医用无线内镜"，是电子内窥镜的一大创新。胶囊内镜的前端为透明球状，内含微型数码相机、多盏闪光灯、电池和无线发射器等（图15-2-13、图15-2-14），长约2cm，宽约1cm，每秒能发送30格40万像素的画面。胶囊内镜被患者吞下后，随着肠道蠕动移行，定时发出闪光，肠道内影像通过传感器以数字形式传输到患者随身携带的图像记录仪上，整个过程需要6~8h。医生可以对患者消化道进行实时真彩图像监测并对胶囊工作状态进行控制，也可以随后观察图像记录仪记录的影像，从而对患者的病情做出诊断。胶囊内镜适用于长期腹痛、腹泻、消化道出血的患者，尤其在接受胃镜、结肠镜及钡餐检查后仍然无法找到病因时，就适合口服胶囊内镜，以便对小肠进行重点观察。胶囊内镜具有检查方便、无创伤、无导线、无痛苦、无交叉感染、不影响患者的正常工作等优点，扩展了消化道检查的视野，还有利于对传统插入式内镜耐受性差的年老体弱或病情危重患者。胶囊内镜属于一次性用品，价格不算很贵，相信将来能够在小动物临床特殊病例上获得应用。

三、电子胃镜的基本使用方法

当前电子胃镜正在国内宠物诊疗领域快速推广，因此主要对电子胃镜的临床使用知识作以简单介绍，详细具体的检查技术还须通过阅读内镜专科参考书和参加内镜专科技术培训而掌握。

对犬、猫上消化道进行检查时，需禁食12~24h。术前给其灌服5~30mL二甲基硅油进行祛泡，可以增加影像清晰度，提高检查速度。检查前30min对其咽喉部行表面麻醉，接着注射诱导麻醉剂，之后进行气管插管和异氟烷吸入麻醉。犬、猫左侧卧保定，在口腔安置开口器，然后插入胃镜。目前临床使用的胃镜插入部外径一般为8~9.5mm，外径大的内镜适合于大中型犬，外径小的内镜适合于小型犬和猫，其长度有1 050mm和1 500mm两种规格。

经口插入胃镜并进入咽腔后，沿咽峡后壁正中到达食管入口，观察管腔走向，调节插入方向，边送气边插入，同时进行观察，注意送气量过大和粗暴插入会刺激食管迷走神经可引起明显的心率下降。颈部食管正常是塌陷的，黏膜光滑、湿润、呈粉红色，犬有纵行皱襞（图15-3-1），猫有环状皱襞（图15-3-2）。注意胸段食管在心脏前沿有一生理性狭窄，通过时注意调整镜的方向。食管随呼吸运动而扩张和塌陷，食管与胃的结合部（贲门）常关闭（图15-3-3）。急性食管炎时，黏膜肿胀，呈深红色天鹅绒状（图15-3-4）。慢性食管炎时，黏膜弥漫性潮红、水肿或出血，附有淡白色渗出物，亦可见糜烂、溃疡或肉芽肿（图15-3-5）。若食管壁长有息肉，可见黏膜向腔内呈局限性隆起，注气后不消失。同时注意观察食管是否有病理性狭窄、食管憩室、食管黏膜肿瘤、静脉瘤、静脉曲张等病变（图15-3-6）。

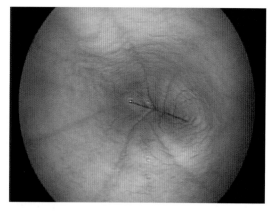

图15-3-1　犬正常食管

颈部食管正常时塌陷，黏膜光滑、湿润、呈粉红色，有纵行皱襞。

（吴仲恒）

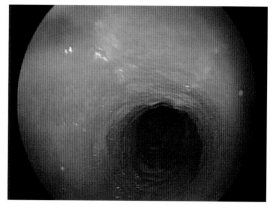

图15-3-2　猫正常食管

颈部食管正常时塌陷，黏膜光滑、湿润、呈粉红色，有环行皱襞。

（吴仲恒）

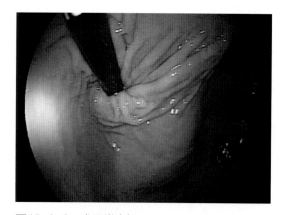

图15-3-3　犬正常贲门

食管随呼吸运动而扩张和塌陷，贲门通常关闭。

（吴仲恒）

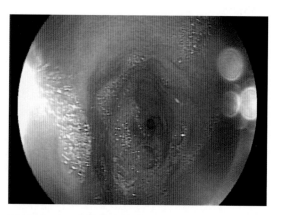

图15-3-4　犬急性食管炎

贲门口食管黏膜肿胀，呈深红色天鹅绒状。

（吴仲恒）

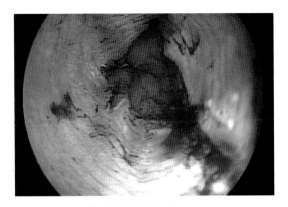

图15-3-5　猫慢性食管炎（1）

食管黏膜损伤，有多处出血点，附有淡白色渗出物。

（吴仲恒）

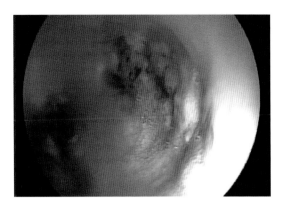

图15-3-6　猫慢性食管炎（2）

食道糜烂，附有淡白色渗出物，食道狭窄处前方似有一个食道憩室。

（吴仲恒）

　　进行胃部检查的顺序依次为贲门、胃体部、幽门窦、幽门、十二指肠球部，在插入胃镜时进行大体观察，退镜时进行详细观察，此时观察顺序则为十二指肠球部、幽门、幽门窦、胃体、胃底和贲门。在完全退出前把胃内空气吸出，使胃恢复原来的状态。

　　检查时缓慢进镜，镜头过贲门后停止插入，对胃腔进行大体观察。正常胃黏膜湿润、光滑、暗红色，皱襞呈索状隆起。上下移动镜头，可观察到胃体部大部分，在胃体部时可以反屈镜头呈J形，旋转镜身，观察胃底部和贲门（图15-3-7、图15-3-8）。放开镜头后继续观察胃体和幽门窦，依据大弯部的切迹可将体部与窦部分开，再将镜头上弯并沿大弯推进，便可进入窦部和幽门部（图15-3-9、图15-3-10）。在进入幽门窦部滑行到幽门时，动作需轻柔，方向准确，以免造成医源性胃黏膜损伤。进入幽门后，下弯镜头，对准幽门推送，可以进入十二指肠球部进行观察，进入幽门前应吸出胃内部分气体，使幽门靠近镜头，观察幽门大小以判断镜头能否通过，若胃内充气过度则镜头难以伸进十二指肠。常见的病症有胃炎或胃溃疡、胃出血、胃息肉或胃内异物等（图15-3-11至图15-3-14）。

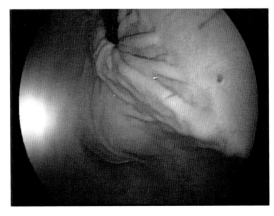

图15-3-7　犬正常贲门和胃底部

贲门处黏膜湿润、光滑、暗红色，皱襞向胃底部延伸。

（吴仲恒）

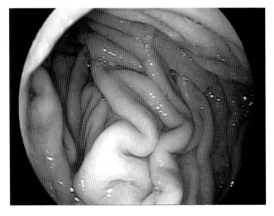

图15-3-8　犬正常胃底腺区

胃底部有大量索状隆起的皱襞，胃底腺区约占全胃面积的2/3。

（吴仲恒）

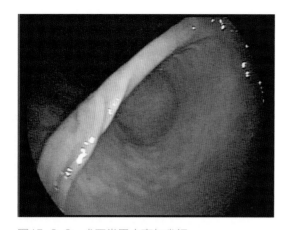

图15-3-9 犬正常胃小弯与幽门

胃小弯在胃腔内有明显的皱襞样隆起。

（吴仲恒）

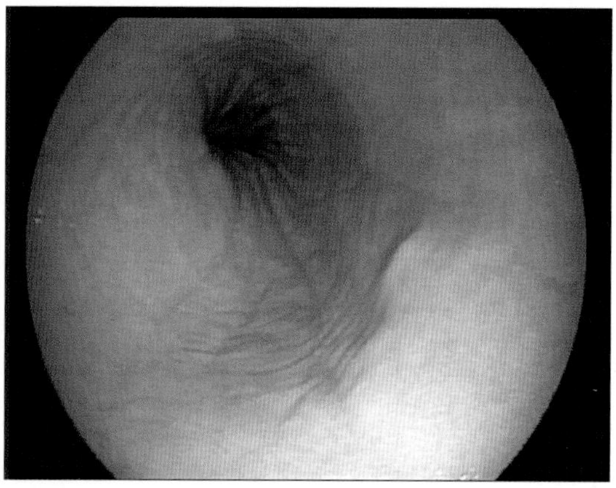

图15-3-10 犬正常幽门

正常幽门腺区较小、呈灰白色。

（吴仲恒）

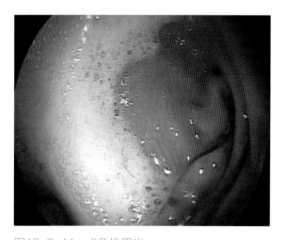

图15-3-11 犬急性胃炎

胃体部糜烂、充血、出血。

（吴仲恒）

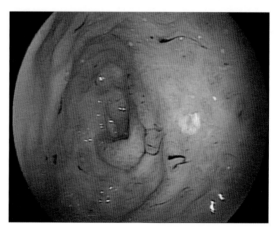

图15-3-12 犬急性胃十二指肠炎

十二指肠出血严重。

（吴仲恒）

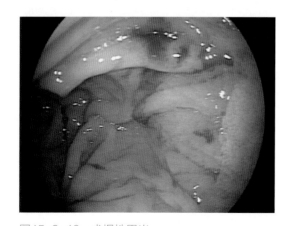

图15-3-13 犬慢性胃炎

胃黏膜多处糜烂、出血，附有淡白色渗出。

（吴仲恒）

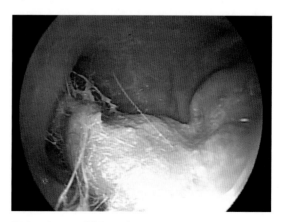

图15-3-14 猫胃毛球

胃内毛球结成长条形团块状。

（吴仲恒）

需要明确的是，外径8mm的胃镜钳道为2.2mm，外径9.2~9.5mm的胃镜钳道为2.8mm，外径小的内窥镜适合于检查多种宠物，但其钳道和所配套的异物钳偏小，可能会导致抓取某些异物的力量不足，所以选择购买胃镜时会面对这样的纠结。

四、应用电子胃镜的并发症

应用消化道内镜对消化道探查及治疗是安全有效的，损伤率或并发症很低。临床常见的并发症为气体充入过多引起胃扩张，胃扩张后会压迫后腔静脉和胸腔，结果造成静脉回流受阻和血压及潮气量下降而发生危险。其次的并发症是呕吐，通常是禁食不充分或过度充气引起，检查前应对动物进行气管插管并充盈套囊，防止呕吐物进入呼吸道引起异物性肺炎。还有的并发症发生于消化道异物取出术，一般与取出较大而锐利的异物时造成消化道黏膜损伤、出血、感染或穿孔等有关，从而可导致纵隔炎、胸膜炎或腹膜炎。轻度黏膜损伤、出血，给予抑酸剂与胃黏膜保护剂，数日内可愈。出血较多者，可借助于内镜局部注射1∶10 000肾上腺素；或喷洒1∶10 000去甲肾上腺素、生理盐水适当稀释的凝血酶等；同时采取禁食、补液、抑制胃酸分泌等措施。如怀疑发生穿孔，应立即进行X线检查，判断有无大量气体进入体腔，一旦确诊便及时施术进行抢救。

（吴仲恒　周庆国）

第十六章
磁共振成像检查

　　磁共振成像（Magnetic Resonance Image，MRI）是近30年来出现的新型医学影像学诊断技术，具有无放射线及强磁性危险、软组织对比度高、可在任意设定的图像断面上获得图像等优点，被广泛地用于脑、脊髓、心血管、纵隔、肝、胰、肾、膀胱、软组织、骨骼和关节等组织器官结构与功能异常的诊断，能清晰地显示动物体细微的解剖结构，还能提供组织丰富的生化及新陈代谢信息；尤其对于中枢神经系统疾病的诊断，MRI的空间分辨率和对比度都超过计算机断层扫描（CT）。这项技术在发达国家或地区的大学教学动物医院或私立大型综合性动物医院已发挥特殊的诊断作用，如我国香港太平道宠物诊所在MRI检查方面已具有相当丰富的经验，北京农学院中兽医国际培训研究中心、北京观赏动物医院与北京中日友好医院于2001年合作，利用美国GE公司 Signa Contour 0.5T MRI系统对犬椎间盘病进行了一系列诊断研究；之后深圳皇家宠物医院、上海岛戈宠物医院、北京派仕佳德动物医院、武汉点点宠物医院和广州泰洋动物医院也都先后引进了国产宠物专用MRI系统，目前已经积累了大量的病例资料和一定的经验，证明MRI对颅脑、脊髓、肿瘤、心血管系统与泌尿系统等许多疑难疾病具有不可替代的诊断作用。

一、磁共振成像的基本原理

　　MRI是一种先进的扫描技术，其工作原理简单地说是利用磁场、无线电波与精密的计算机技术，通过激发MR活性元素（一般为氢质子）产生共振，并且记录氢质子回复原来状态过程中的信号，从而可以将人体组织的解剖结构与生理信息通过磁信号反应出来。产生磁共振需要具备三个条件或步骤：①必须有一个巨大的磁体，这个磁体能产生一个恒定不变的强大静磁场（B_0），并将体内广泛存在氢质子的动物放在这个磁场内（图16-1-1、图16-1-2）。此前，动物体内众多的氢质子自旋运动产生的磁矩在其自旋轴的排列上并无一定规律，而在大磁体的均匀强磁场中，这些小磁矩的自旋轴将按磁力线方向重新排列呈纵向磁化，处于纵向磁化的质子则是下一步射频脉冲激发的对象；②通过射频线圈在与B_0磁力线垂直方向上旋加一个小的射频磁场（radio frequency pulse，RF脉冲），这一脉冲需与质子频率相同，使受检部位的质子从中吸收能量偏离静磁场B_0方向（Z轴），而在垂直于Z轴的X-Y平面上同步、同相运动，从而产生一个新的磁化，即横向磁化；③中断射频磁场（RF脉冲）后，吸收了能量的质子释放出能量，并逐步回到静磁场B_0方向。把核子能量的这一跃迁和跌落过程称磁共振现象，将释放出的电磁能用线圈接收起来，即可转为MR信号。

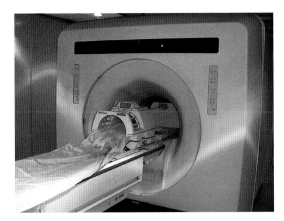 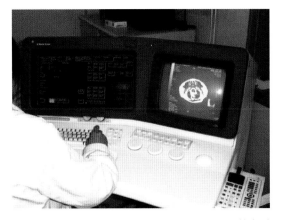

图16-1-1 GE Signa Contour 0.5T MRI系统（1）
主体设备为主磁体部分，中央为放置被检动物的射频线圈。
（陈武）

图16-1-2 GE Signa Contour 0.5T MRI系统（2）
MRI系统工作室的操作台。
（陈武）

　　总之，MRI是利用机体组织和器官所含氢原子（质子）及其密度的差异，在外加主磁场（B_0）和外加射频磁场（B_1）的重复作用下激发而产生能量改变的磁共振现象，检测质子复原时的不同能量变化（电磁波），再通过计算机对测得的回波信号的频率、时间顺序、相位和强度等进行定位分析而构建图像（图16-1-2）。MRI的实质是用磁感应线圈检测机体的氢质子，其图像的亮暗区别是不同组织器官间信号强度的反映。信号强度除与组织的质子密度有关外，还与质子共振后的驰豫时间，即纵向恢复时间（T_1）和横向恢复时间（T_2）、血流情况、磁敏感性以及图像时机器的脉冲重复时间（TR）、回波时间（TE）等图像参数有关。

二、磁共振成像系统的构造和类型

　　MRI系统一般由主磁体、梯度系统、射频系统、计算机控制系统、外圈设备等部分构成。主磁体分为常导型、永磁型和超导型三种，其性能参数主要有磁场强度、磁场均匀性和磁场稳定性等。主磁场强度的单位是特斯拉（T），它是衡量磁体性能的主要指标。由于场强的提高要以更高的技术支持为前提，高场强系统往往其整体性能普遍提高，所以习惯上常以主磁场强度作为整个磁共振系统最具代表性的性能参数。一般情况下，主磁场强度的高低可以反映图像信噪比情况，所以一般磁共振设备的场强越高越好。当然也不能无限增加，目前进入医学临床应用的场强最高的设备为4.0T。低场强的磁体多为永磁型磁体，由磁性物质制成的磁砖所组成，质量较大，场强一般为0.1～0.3T，其优点是结构简单、造价低，不消耗能量，较低的维护费用；但缺点是场强较低，均匀性稍差，对温度变化非常敏感，使用中对磁体室的环境温度要求较苛刻。目前提高场强的办法是使用超导型磁体，它是用铌-钛合金线绕成的线圈，场强一般为0.5～3.0T。这种磁体的优点除了图像信噪比较高以外，还表现在磁场具有良好的均匀性和稳定性，因此可以获得高精度的图像；但其缺点为磁体结构复杂，需定期补充液氦，需要额外的制冷设备为液氦容器降温，因此运行成本较高，而且也增加了系统故障概率。

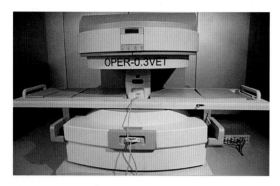

图16-2-1　国产OPER-0.3VET宠物专用MRI检查室

设备上下部分为主磁体，中部为检查床和射频线圈，右下角为射频发射系统。

（李拓）

图16-2-2　国产OPER-0.3VET宠物专用MRI操作室

通过玻璃可看到检查室，通过通话装置可与检查室沟通，通过操作软件可进行MRI检查。

（李拓）

图16-2-3　国产OPER-0.3VET宠物专用MRI系统

MRI检查室内的射频发射系统。

（李拓）

图16-2-4　国产OPER-0.3VET宠物专用MRI主机室

包括总电源开关、计算机系统、恒温器、射频控制系统和图像模拟转换系统等。

（李拓）

国产OPER-0.3VET宠物专用MRI系统分为两大部分：①主磁体、梯度系统、射频系统与MR信号接收器等，这个部分负责MR信号的产生、探测与编码；②模拟转换器、电子计算机等，这个部分负责数据处理、图像重建、显示与存储（图16-2-1至图16-2-4）。理想的小动物专用MRI系统应具有功率大，图像时间短的优势，以缩短动物麻醉时间和减少骚动对图像质量的影响。

三、磁共振成像系统的基本操作程序

（一）动物检查前准备

在进行MRI检查前，必须对动物做基础临床检查、血液学检查、神经学检查、影像学检查，确定是否适合对动物做MRI检查，并且通过前期检查的初步结果确定被检部位，同时根据动物的大小、体位、检查部位等，确定MRI序列与射频线圈的大小规格，常用的射频线圈

有头线圈、颈线圈、膝关节线圈等（图16-3-1、图16-3-2）。开始MRI检查时，需要对被检动物进行全身麻醉和可靠保定，应根据麻醉前的检查结果选择麻醉方式与麻醉程度，并在动物腹下或体壁两侧辅以托垫物以防止移动。若麻醉或保定不确实，将会对MRI影像质量造成不良影响（图16-3-3、图16-3-4）。MRI检查是在大磁场环境下进行的，如被检动物体内存有磁性及金属支架等，则不能做MRI检查。检查前需解除被检动物身上所有的磁性物质，以免干扰MRI信号甚至导致生命危险。

（二）MRI系统的准备

进行MRI检查前，需将检查室温度调为18~24℃，湿度调为40%~70%，以使机器能够

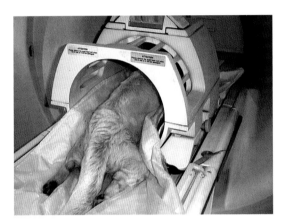

图16-3-1　犬躯干的MRI检查（1）

使用美国GE Signa Contour 0.5T MRI系统和人的头线圈，对患犬进行俯卧位MRI检查。

（陈武）

图16-3-2　MRI检查用的颈线圈

国产OPER-0.3VET 宠物MRI系统的颈线圈，插头用于和主磁体连接。

（何扬）

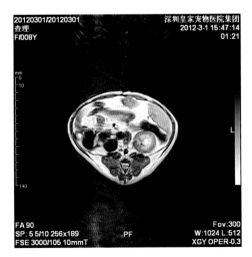

图16-3-3　犬躯干的MRI检查（2）

麻醉不确实导致的纵向伪影。

（何扬）

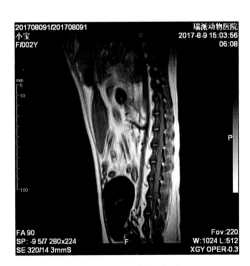

图16-3-4　犬躯干的MRI检查（3）

动物呼吸导致膀胱的运动伪影，对读片造成干扰。

（李拓）

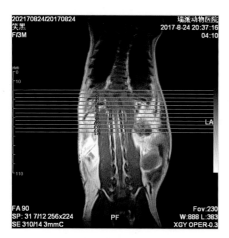

图16-3-5　犬躯干的MRI检查（4）

在初步扫描的冠状位上选择横截位的位置、层数、厚度等。

（李拓）

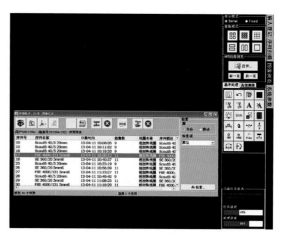

图16-3-6　国产OPER-0.3VET宠物专用MRI图像处理软件

基本处理功能包括放大图像、恢复图像、标注、拖动图像、增强图像、测距、旋转图像、负像等。

（李拓）

正常运行。检查前对系统各个部分进行检查，确定连接正常。然后启动机器，使用水模进行调频与测试，确定机器运转正常。根据动物大小及检查部位选择合适的线圈，将线圈与主磁体连接。线圈内垫好固定动物的软垫。

（三）操作人员的准备

进行MRI检查，起码需要两个专业的兽医师协同合作，一名操作机器，另一名监控麻醉以及机器和动物的状态，两人通过对讲机联系。进行MRI检查前，检查人员需将自己身上的磁性物体取下，装有心脏起搏器的人员不可参与MRI的检查。检查开始后，监控人员需注意动物的姿势及生理数据，以防动物出现麻醉意外。

（四）图像获取与处理

机器与动物都准备好之后，选择检查所需的MRI序列、截面位置、层厚、窗口大小等数据，然后对动物进行扫描（图16-3-5）。扫描完成后，MRI计算机系统自动生成所检查的图像，并且在显示屏上显示。MRI系统通常都具有图像处理功能，如放大、裁切、旋转、标注等诸多实用功能（图16-3-6）。

（五）初步诊断

根据所得图像信息做出初步诊断。

四、磁共振常用序列图像的解读

（一）加权图像

加权图像即为"突出重点"的意思，通过设置不同成像条件突出组织某方面的特性。在各个序列当中都可以使用不同的加权图像，主要分为T1加权图像、T2加权图像、质子密度加权图像。正常与病理组织的质子分布密度不同，驰豫时间也存在明显差异，因此利用加权图像的信号变化诊断疾病。

1. T1加权图像（T1WI）　T1加权图像主要反映组织纵向弛豫的差别。在此加权图像中，纵向弛豫时间越短，其MR信号强度越强；反之，纵向弛豫时间越长，其MR信号强度越弱。在机体各种组织中，脑脊液、尿液、胆汁等含水组织的纵向弛豫时间最长，因此在T1加权图像中信号强度最低，而脂肪组织的纵向弛豫时间最短，因此在T1加权上信号最强。脑组织灰质信号强度低于白质，脾脏信号强度低于肝脏，肾脏髓质信号低于皮质。总之在T1加权像中，纵向弛豫时间较长的组织如体液、积液、水肿和渗出液等，均表现为低信号；纵向弛豫时间较短的组织如脂肪、某些肿瘤等，均表现为高信号；而含水少的组织如骨皮质、钙化灶、纤维结缔组织和肺组织（含气体）等，由于缺乏产生自旋的质子也表现为低信号，均在影像中显示为低信号或无信号；其他使T1弛豫时间缩短的组织，如出血或含脂性的或蛋白性液体等均表现为高信号，则在影像上显示为中高信号（灰白色或白色），从而与周围组织形成对比（图16-4-1）。

2. T2加权图像（T2WI）　T2加权图像主要反映组织横向弛豫的差别。在此加权图像中，横向弛豫时间越长，其MR信号越强。在机体各组织中，脑脊液、尿液、胆汁等水样结构的横向弛豫时间最长，因此在T2加权中信号强度最强。脑组织灰质信号强度高于白质，脾脏信号高于肝脏，肾脏髓质信号高于皮质。总之T2加权像中，横向弛豫时间长的组织，均表现为高信号，如肿瘤、炎症、挫伤神经组织脱髓鞘病变等所致的水肿、渗出、增殖、积液，在影像中显示为高信号；而骨皮质、钙化灶、纤维结缔组织和肺组织（含气体）等，因缺乏产生自旋的质子则呈低信号，则在影像中显示为低信号（图16-4-2）。

3. 质子密度加权图像（PDWI）　质子密度加权像主要反映单位体积不同组织间氢质子含量的差别。在机体中，蛋白质等大分子物质的氢质子由于横向弛豫时间很短，几乎不能产生MR信号，因此一般组织的MR信号主要来自组织中的水分子和脂肪中的氢质子，因此质子密度加权像主要反映的是组织中自由水分子的多少。机体中如脑脊液、胆汁、尿液等物质呈现高信号。

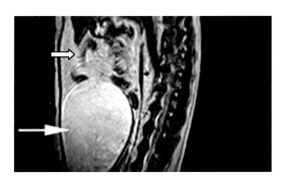

图16-4-1　犬T1加权像

长箭头所示膀胱内呈低信号，短箭头所示大网膜脂肪呈高信号。

（何扬）

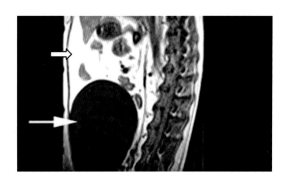

图16-4-2　犬T2加权像

长箭头所示膀胱内呈高信号，短箭头所示大网膜脂肪呈中高信号。

（何扬）

（二）动物常用序列

由于影响组织磁共振信号的因素复杂，就需要选择合适的条件以剔除不必要的影响，因此在成像的过程中，通过设置不同的条件与参数以获取合适的影像，这些固定的条件与参数组合称之为序列。一般的脉冲序列由五个部分组成：射频脉冲、层面选择梯度场、相位编码梯度场、频率编码梯度场及MRI信号。下面介绍几种动物常用的序列。

1. 自旋回波序列（SE） 自旋回波序列是MRI的经典序列，其特点是组织对比度良好，信噪度比较高，伪影较少，信号变化容易解释，一般用于T1加权图像，序列条件是把重复时间（TR）与回波时间（TE）减至尽可能小。缺点是图像时间过长。T1加权影像学特征以脑部影像为例，头皮脂肪是高信号，脑脊液是低信号，白质呈现中等信号，灰质表现为中等偏低信号（图16-4-3）。

2. 快速自旋回波序列（FSE） 快速自旋回波序列是在自旋回波基础上发展的常用序列，其特点是图像速度快，加强脂肪组织信号强度，对磁场均匀性不敏感等，一般用于T2加权图像。序列条件是把TR与TE增加到足够大。缺点是图像的模糊效应，降低了图像的对比度。T2加权影像学特征以脑部影像为例，头皮表现为中等偏低信号，脑脊液是高信号，白质是中等偏低信号，灰质是稍高信号（图16-4-4）。

以肾脏影像为例，自旋回波序列用于T1加权图像和快速自旋回波序列用于T2加权图像，也有不同的表现，有利于对肾脏疾病做出准确诊断（图16-4-5、图16-4-6）。

3. 梯度回波序列（GRE） 梯度回波序列是最常用的快速图像序列之一，利用梯度场的反向切换产生回波，主要特点是可产生T1WI、T2WI、PDWI，图像时间快，血流常呈高信号等，主要缺点在于固有信噪比较低，对磁场的不均匀性敏感。在梯度回波序列中，椎间盘呈中高信号，脊髓呈中等信号（图16-4-7、图16-4-8）。

4. 其他MRI序列 除上述的序列外，宠物临床上还经常使用反转恢复序列、快速反转恢复序列、自由水抑制序列等以在特殊病例获得满意的影像学。另外还有一些序列为各种基本序列的修改与整合，称之为杂合序列，宠物临床应用较少。

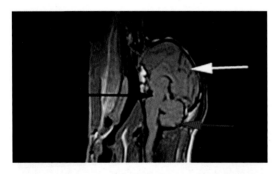

图16-4-3 SE-T1WI影像（1）

白箭头所指为大脑，蓝色箭头所指为脑干，红色箭头所指为小脑，注意右图与左图相比较，主要区别在于脑脊液的信号高低，右图脑脊液呈低信号，左图为高信号。

（何扬）

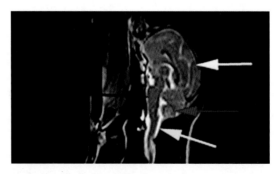

图16-4-4 FSE-T2WI影像（1）

白色箭头所指为大脑，蓝色箭头所指为脑干，红色箭头所指为小脑，黄色箭头所指为脑脊液高信号。

（何扬）

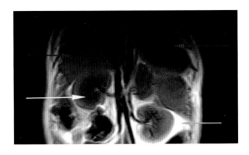

图16-4-5　SE-T1WI影像（2）

白色箭头所指为肾脏，可见肾皮质信号强度高于髓质，大网膜脂肪呈高信号（绿色箭头），胃内空气无信号（红色箭头），肝脏呈中等信号。

（何扬）

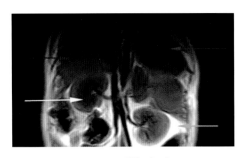

图16-4-6　FSE-T2WI影像（2）

白色箭头所指为肾脏，可见肾髓质信号强度高于皮质。

（何扬）

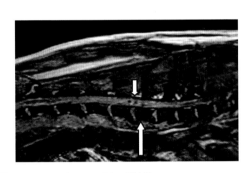

图16-4-7　GRE-T1WI影像

长箭头所示为椎间盘，短箭头所示为脊髓。

（何扬）

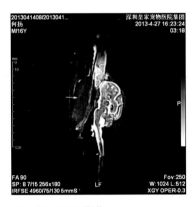

图16-4-8　IR-FSE 影像

箭头所示为舌下脂肪信号被抑制，呈低信号。

（何扬）

（三）常用序列的MRI解剖学特征

MRI的判读与其他影像学有类似之处，观察影像中的器官大小、形态、位置、信号强度等变化来诊断疾病，所以器官解剖与影像学特征是MRI判读的基础。下面对MRI常见器官的解剖特征进行简单介绍。

1. 中枢神经系统　神经系统包括位于椎管内的脊髓和位于颅腔内的脑，大脑包括脑干、间脑、小脑和端脑，脊髓分为颈段、胸段、腰段和尾段（图16-4-9至图16-4-12）。

2. 外周器官系统　MRI常用于诊断腹腔内的静态器官，如肝脏、肾脏、脾脏、膀胱等，需要牢固掌握这些器官的影像学解剖特征（图16-4-13、图16-4-14）。

总之，在MRI的鉴别诊断中，主要根据影像所反映的解剖学变化、信号强弱变化、形态变化、位置变化等信息进行读片，其中又根据不同的加权图像进行读片是其特征之一，通过对比和观察不同加权图像的变化，做出初步诊断。

五、犬猫常见脑脊髓病磁共振加权图像

犬猫的脑病种类繁多，并且复杂，包括先天异常、外伤性出血、炎症性脑病、代谢性脑

图16-4-9　犬中枢神经系统FSE-T2WI影像（1）

背侧从左至右箭头所指依次为大脑、侧脑室、小脑、颈段脊髓，腹侧从左到右箭头所指依次为胼胝体、脑干、延髓、椎间盘。

（何扬）

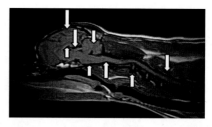

图16-4-10　犬中枢神经系统SE-T1WI影像

背侧从左到右箭头所指依次为大脑、侧脑室、小脑、颈段脊髓，腹侧从左到右箭头所指依次为胼胝体、脑干、延髓、椎间盘。

（何扬）

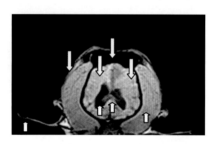

图16-4-11　犬中枢神经系统GRE-T1WI影像

背侧箭头所指依次为右侧脑部肌肉、右脑、额窦、左脑，腹侧箭头所指依次为耳、脑室、胼胝体、左边脑部肌肉。

（何扬）

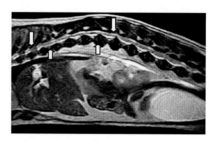

图16-4-12　犬中枢神经系统FSE-T2WI影像（2）

背侧箭头所指依次为胸段脊髓、腰段脊髓，腹侧箭头所指依次为椎体、椎间盘。

（何扬）

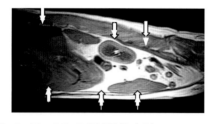

图16-4-13　SE-T1WI影像（3）

背侧箭头所指从左到右依次为椎体、肾脏、腰部肌肉，腹侧箭头所指从左到右依次为肝脏、大网膜、脾脏。

（何扬）

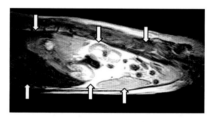

图16-4-14　FSE-T2WI影像（3）

背侧箭头所指从左到右依次为椎体、肾脏、腰部肌肉，腹侧箭头所指从左到右依次为肝脏、大网膜、脾脏。

（何扬）

病、肿瘤等。大脑疾病的症状包括意识异常、行为改变、视力缺失、癫痫、本体感觉缺失、步态异常等。小脑与大脑、脑干和脊髓之间联系丰富，参与躯体平衡和肌肉张力的调节，以及随意运动的协调。小脑患病症状包括痉挛性共济失调、宽步、辨距不良、异向震颤等，其典型症状为辨距不良，辨距过长或过短都有可能出现。严重的小脑外伤可能导致去小脑强直状态出现，表现为前肢强直、后肢肌张力正常。当损伤在小脑绒球小结节时，可能出现与前庭系统类似的症状。犬猫的脊髓疾病多见于外伤（脊椎骨折、椎间关节脱位、椎管内出血）、肿瘤、椎间盘突出等，临床以脊髓节段性运动及感觉障碍或排粪、排尿障碍为特征。对于犬猫脑病和脊髓疾病的诊断，尤其对于脊髓出血或肿瘤的诊断，均需要进行磁共振检查或CT检查，才能清晰地确诊病灶位置（图16-5-1至图16-5-10）。

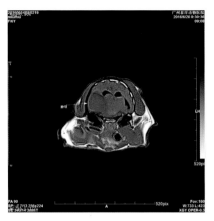

图16-5-1 猫脑膜脑瘤（1）

T1加权横断位显示右侧颞叶团块中低信号。

（广州泰洋动物医院）

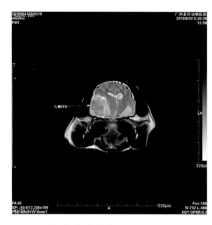

图16-5-2 猫脑膜脑瘤（2）

T2加权横断位显示右侧颞叶团块中高信号。

（广州泰洋动物医院）

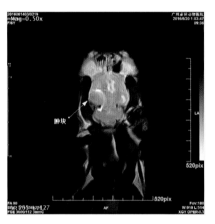

图16-5-3 猫脑膜脑瘤（3）

T2加权冠状位显示右侧颞叶团块中高信号。

（广州泰洋动物医院）

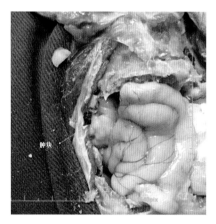

图16-5-4 猫脑膜脑瘤（4）

手术打开右侧硬脑膜发现实质性团块。

（广州泰洋动物医院）

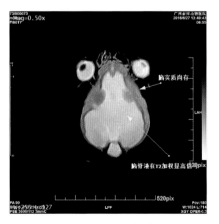

图16-5-5 犬先天性脑积水（1）

T2加权冠状位显示大脑中部高信号脑脊液，脑实质萎缩。

（广州泰洋动物医院）

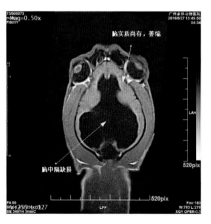

图16-5-6 犬先天性脑积水（2）

T1加权冠状位显示大脑中部低信号脑脊液，脑中隔缺损。

（广州泰洋动物医院）

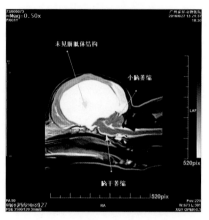

图16-5-7 犬先天性脑积水（3）

T2加权矢状位显示小脑和脑干萎缩。

（广州泰洋动物医院）

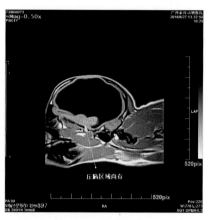

图16-5-8 犬先天性脑积水（4）

T1加权矢状位显示大脑胼胝体缺损。

（广州泰洋动物医院）

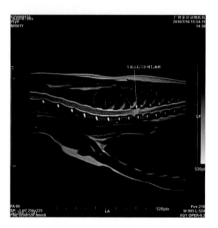

图16-5-9 犬外伤性脊髓出血

T2加权矢状位显示T3—T5区域杂乱高信号。

（广州泰洋动物医院）

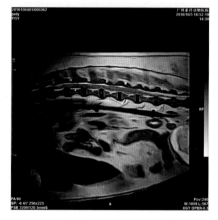

图16-5-10 犬椎间盘突出

T2加权矢状位显示泛发性椎间盘突出。

（广州泰洋动物医院）

（何扬 李拓）

第七篇
实验室检验

实验室检验是现代医学或兽医学临床辅助诊断疾病的另一种重要手段，根据临床症状及一般检查结果，通过对临床病例进行必要的血液学检验、临床生化检验、电解质与血气检验、血液凝固检验、尿液检验、粪便检验、传染病及寄生虫抗原抗体检验等，并且必要时结合相关的影像学检查结果，就能使宠物医师在很大程度上全面了解整个机体或内部器官的病理状态，从而对患病情况做出准确诊断。兽医临床以往的实验室检验方法多为手动或半自动操作，费时费力，因受人为操作影响，结果重复性差，极大地制约了实验室检验工作的开展。随着全自动兽医专用实验室检验仪器不断推出，随着国内宠物诊疗行业的快速进步，宠物临床实验室检验已全面开展起来，在临床诊疗工作中发挥了极其重要的作用。

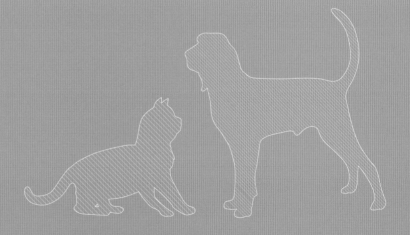

第十七章
血液学检验

血液是由液体成分血浆和悬浮于血浆中的有形成分——红细胞、白细胞和血小板组成，其主要作用是：①运输营养物质、氧气、抗体、激素等；②排泄机体代谢产物和废物；③维持和调节机体的水分、体温、渗透压、酸碱平衡等。在神经体液因素的调节下，血液通过心血管系统，不断循环于机体全身，与全身各组织器官产生密切联系。因此，除了机体造血器官的疾病可以直接引起血液固有成分变化以外，机体其他系统的疾病也能影响血液成分的改变。血液检验不仅是血液疾病的主要诊断指标，也是其他系统疾病的主要诊断指标。同时，血液检验在判断机体状态、观察疗效和预后诊断方面也具有重要的临床意义。

血液检验是指血常规检验，主要是对血液中的红细胞、白细胞和血小板及某些固相成分如血红蛋白的检验。传统的血常规检验是用简单的血细胞计数板和血红蛋白计完成的，操作不仅费时、费力，而且准确性与重复性差。随着科学技术的进步，血细胞分析仪已经成为当代医院或宠物医院临床检验应用非常广泛的仪器之一，国内宠物临床使用的全自动血液分析仪有很多品牌，不仅能够进行白细胞三分类或五分类，而且能够完成多达20多个指标的分析计算。

一、血细胞分析仪的种类

血细胞分析仪又称为血细胞计数仪或血细胞仪，按自动化程度分为半自动血细胞分析仪、全自动血细胞分析仪和血细胞分析工作站；按检验原理分为电容型、电阻抗型、激光型、光电型、联合检验型和干式离心分层型；按分类白细胞的能力分为三分类、四分类、五分类、五分类+网织红血细胞分析仪。按使用耗材为液体试剂或毛细管，可分为湿式机和干式机。目前宠物临床使用的血细胞分析仪大多是湿式全自动动物用三分类血球仪，主要采用库尔特原理或称为电阻抗型血球仪，即是利用血细胞（颗粒）通过微孔瞬间的电阻变化产生的电位脉冲而计数的，脉冲信号的大小和次数与颗粒的大小和数目成正比。部分宠物医院已经使用全自动五分类血球仪，仪器采用的技术比较复杂，基本联合采用了激光散射技术、流式细胞技术和化学染色技术等多项先进的检验技术。当前湿式血球仪的品牌很多，而干式血球仪的品牌较少，主要有IDEXX VetAutoread™血细胞分析仪。血细胞分析仪的研发方向是从对细胞简单的物理性能研究转为对细胞内部化学性质及免疫性质的研究，即从细胞学向分子生物学、从分子生物学向免疫学方向发展，相信在不久的将来会有更先进的血细胞分析仪面世，以满足临床对血细胞分析更为深入的要求。

二、常见的血细胞分析仪

（一）IDEXX VetAutoread™干式血细胞分析仪

美国爱德士科技有限公司（后称爱德士公司）推出的一款适用于犬、猫、马血细胞检验的干式血球分析仪，由于采用干式离心分层原理，避免了湿式机管路堵塞弊端及每日的清洗步骤，具有显著的特点（图17-2-1）。VetAutoread™的工作原理跟血液分层有关，根据不同血细胞的密度不同，其专用毛细采血管中的抗凝血离心后分成三层：红细胞层、白细胞+血小板层（淡黄层）以及血浆层。另外，VetAutoread™ Tube内部的管壁涂了一层吖啶橙，根据吖啶橙和蛋白质、DNA、RNA结合后，在特定光源激发下可发出不同颜色的光，通过测量VetAutoread™ Tube中细胞散发的荧光强度来区分红细胞、白细胞、血小板、网织红细胞，并提供以下各项数据：HCT（%）、HGB（g/dL）、MCHC（g/dL）、Total WBC、GRANS（百分比和绝对值）、LYMPH/MONOS（百分比和绝对值）、RETICS（%）、PLT，此外，在犬的样本中，系统还会计算出NEUTROPHILS（绝对值）和EOSINOPHILS（绝对值），如表17-2-1所示。检验结果通过爱德士实验室信息管理系统（IDEXX VetLab Station™），可与该公司的VetTest®或Catalyst Dx™血液生化仪、VetStat®电解质及血气分析仪、SNAPshot Dx®内分泌及快速检验试剂分析仪等其他检验结果整合为一份报告，并打印出各项检验结果的直观图表，为判读分析提供了方便。

吖啶橙染色的技术优势：①可以提供网织红细胞计数；②可以提供有核红细胞计数；③可以提供纤维蛋白项目的数据，有助非特异性炎症的诊断；无需其他任何多余的耗材；④血小板/白细胞计数准确，不会受到血小板凝集的干扰。VetAutoread™能对网织红细胞和有核红细胞进行计数，对于鉴别诊断贫血是再生性还是非再生性有很大帮助。

表17-2-1　VetAutoread™血细胞分析仪检验项目

序号	英文缩写	中文名称	序号	英文缩写	中文名称
1	HCT	红细胞压积	8	ESO	嗜酸性粒细胞计数
2	HGB	血红蛋白	9	L/M	淋巴细胞与单核细胞数
3	MCHC	平均红细胞血红蛋白浓度	10	L/M%	非颗粒细胞百分比
4	WBC	白细胞计数	11	PLT	血小板计数
5	GRANS	粒细胞数（中性、嗜酸性、嗜碱性）	12	RETIC%	网织红细胞占血容积比
6	GRAN%	颗粒细胞百分比	13	nRBC	有核红细胞计数
7	NEUT	中性粒细胞计数			

（二）IDEXX ProCyte Dx®全自动血细胞分析仪

爱德士公司推出的一款具有高科技含量的、实现白细胞五分类的全自动湿式血细胞分析仪，其工作原理是根据不同细胞的性质而采用不同的技术进行检验，如依赖先进的激光流式细胞计数原理完成每个白细胞多重特征的全面分析，避免了红细胞和血小板对白细胞计数的影响，实现白细胞五分类；

通过特异性荧光染色技术对网织红细胞计数,同时对血小板进行重复分析,以确保相似大小的血小板和红细胞能被区分出来;采用层流电阻抗法对红细胞计数,使红细胞一个接一个排列后通过小孔检验,保证了检验结果的准确可靠;并可提示核左移及有核红细胞(图17-2-2)。该机支持犬、猫、马、牛、貂、猪、兔、沙鼠、豚鼠等物种,可对EDTA抗凝全血、胸水、腹水、脑脊液等各类体液进行检验,2min后获得24项检验结果(表17-2-2)。如果与Catalyst Dx™生化分析仪同步检测生化指标,只需8min可以得到血液学检查和生化检查的结果,但需有IDEXX VetLab Station™支持。在该系统支持下,ProCyte Dx®血细胞仪的检测结果可与IDEXX VetTest®或Catalyst Dx™血液生化仪、VetStat®电解质与血气分析仪、SNAPshot Dx®内分泌及快速检验试剂分析仪等其他检验结果整合为一份报告,有助于对各项检验结果进行综合分析。

表17-2-2 ProCyte Dx®全自动血细胞分析仪检验项目

序号	英文缩写	中文名称	序号	英文缩写	中文名称
1	RBC	红细胞计数	13	MONO	单核细胞计数
2	HCT	红细胞压积	14	ESO	嗜酸性粒细胞计数
3	HGB	血红蛋白	15	BASO	嗜碱性粒细胞计数
4	MCV	红细胞平均体积	16	NEU%	中性粒细胞百分比
5	MCH	平均红细胞血红蛋白含量	17	LYM%	淋巴细胞百分比
6	MCHC	平均红细胞血红蛋白浓度	18	MONO%	单核细胞百分比
7	RDW	红细胞分布宽度	19	EOS%	嗜酸性粒细胞百分比
8	RETIC	网织红细胞计数	20	BASO%	嗜碱性粒细胞百分比
9	RETIC%	网织红细胞百分比	21	PLT	血小板计数
10	WBC	白细胞计数	22	MPV	平均血小板体积
11	GRANS	中性粒细胞数	23	PDW	血小板分布宽度
12	LYM	淋巴细胞计数	24	PCT	血小板压积

(三)迈瑞BC-2800Vet全自动动物血细胞分析仪

深圳迈瑞生物医疗电子股份有限公司生产的一款白细胞三分类全自动动物血细胞分析仪,该仪器采用细胞信号全数字化处理技术、粒子导向技术、双向立体后旋流技术、特有的体积计量管直接定量技术、浮动界标功能及人工调整分群技术,支持犬、猫、猴、马、猪、奶牛、水牛、大鼠、小鼠、兔子、山羊、绵羊和骆驼13种动物以及3种自定义动物的专业算法检测模式,每种动物设有各自独立的专用测量系统,同时提供原厂配套的专用试剂及专用的配套校准物和质控物,从而保证检测结果精准可靠,运行稳定。仪器提供多达19项参数(表17-2-3)和3个直方图,包括白细胞三分类和嗜酸性粒细胞百分比(EO%),其中EO%参数对动物寄生虫、皮肤病和过敏性疾病的筛查和鉴别具有重要意义。进行血液分析

图17-2-1　IDEXX VetAutoread™血细胞分析仪

一款适用于犬、猫、马的血细胞分析仪，采用干式离心分层工作原理，随机另配专用吸血管和离心机，外形宽34cm，深24cm，高10cm，重3.6kg。

（李慧琴）

图17-2-2　IDEXX ProCyte Dx®全自动血细胞分析仪

适用于犬、猫、马等9种动物的血细胞分析，需要两种试剂套组，1组放于仪器外，1组放于仪器内，仪器外形宽32cm，深41cm，高40cm，重25kg。

（李慧琴）

检测时，一次需要13μL全血量，2min完成一个样本的测试。机器能够存储10 000个带直方图及数据的病例检查结果，可以随时对过往病例进行回顾。机器操作简单易上手，一键测试，一键维护，对操作人员要求不高（图17-2-3）。

表17-2-3　迈瑞BC-2800Vet全自动动物血细胞分析仪检验项目

序号	英文缩写	中文名称	序号	英文缩写	中文名称
1	WBC	白细胞计数	11	EO%	嗜酸性粒细胞百分比
2	RBC	红细胞计数	12	GR%	粒细胞百分比
3	HGB	血红蛋白浓度	13	LY	淋巴细胞计数
4	HCT	红细胞压积	14	MO	单核细胞计数
5	MCV	红细胞平均体积	15	GR	粒细胞计数
6	MCH	平均红细胞血红蛋白含量	16	RDW	红细胞分布宽度
7	MCHC	平均红细胞血红蛋白浓度	17	PCT	血小板压积
8	PLT	血小板计数	18	MPV	平均血小板体积
9	LY%	淋巴细胞百分比	19	PDW	血小板分布宽度
10	MO%	单核细胞百分比			

（四）NIHON KOHDEN Celtac MEK-6450K全自动动物血细胞分析仪

日本光电工业株式会社在华全资子公司——上海光电医用电子仪器有限公司生产的一款白细胞四分类全自动动物血细胞分析仪，该款血细胞分析仪采用容积阻抗法原理，可以测定20项（犬、猫、牛和马）或12项（大鼠、小鼠或其他动物）血液指标（表17-2-4），所有操作均自动完成。当测定犬、猫、牛和马的样本时，可以同时测定包括白细胞四分类在内的

20个项目，将白细胞分为淋巴细胞、单核细胞、嗜酸性粒细胞和粒细胞。血红蛋白的检测是通过分光光度计的方法进行测定。仪器还设置了正常、高、极高和低4种稀释比例模式。检测结果显示于320×240像素的全彩色TFTLCD屏幕上，只需轻轻触摸屏幕就可以轻松完成各种操作。MEK-6450K需要血液样本量少，采用末梢血预稀释模式仅需10μL或20μL血量。MEK-6450K可以存储400个样本的测定数据，并且可以存储最新50个样本的直方图，可以从存储数据中选择任意一个数据做显示、打印、传送和删除，还可以将测定数据保存在SD卡上（图17-2-4）。

表17-2-4　MEK-6450K全自动动物血细胞分析仪检验项目

序号	英文缩写	中文名称	序号	英文缩写	中文名称
1	WBC	白细胞计数	11	EO%	嗜酸性粒细胞百分比
2	RBC	红细胞计数	12	GR%	粒细胞百分比
3	HGB	血红蛋白浓度	13	LY	淋巴细胞计数
4	HCT	红细胞压积	14	MO	单核细胞计数
5	MCV	红细胞平均体积	15	EO	嗜酸性粒细胞计数
6	MCH	平均红细胞血红蛋白含量	16	GR	粒细胞计数
7	MCHC	平均红细胞血红蛋白浓度	17	PLT	血小板计数
8	RDW	红细胞分布宽度	18	PCT	血小板压积
9	LY%	淋巴细胞百分比	19	MPV	平均血小板容积
10	MO%	单核细胞百分比	20	PDW	血小板分布宽度

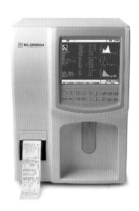

图17-2-3　迈瑞BC-2800Vet全自动动物血细胞分析仪

拥有8.4英寸大屏幕彩色显示屏，可以同屏显示动物种类及所有参数和直方图，具有完善的中文输入输出功能；外形宽322mm，深397mm，高437mm。

（廖建明）

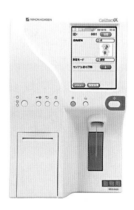

图17-2-4　光电MEK-6450K全自动动物血细胞分析仪

适用于犬、猫、牛、马、大鼠、小鼠等其他动物的血常规分析仪，仪器操作简单方便；外形宽230mm，深450mm，高383mm。

（田野）

（周庆国　田野）

第十八章
临床生化检验

临床生化检验即血液生化分析，是通过对血液多种生化指标的分析，比较准确地反映体内重要器官如肝脏、肾脏、胰腺等的功能及水与电解质平衡是否发生改变。传统的血液生化分析主要采用光电比色法、可见光或紫外光分光光度法等进行分析，比血液常规检验更加费时、费力，分析结果往往受操作人员熟练程度及责任心的影响。随着科学技术的进步和全自动血液生化分析仪价格的下降，目前国内多数宠物医院基本使用了全自动血液生化分析仪，具有快速、简便、微量、准确以及标准化等显著优点。

急性期蛋白，是指在机体受到感染或组织损伤时血浆中一些急剧上升的蛋白质，可以激活补体和加强吞噬细胞的吞噬而起调理作用，从而清除入侵机体的病原微生物和损伤、坏死、凋亡的组织细胞，在机体的天然免疫过程中发挥重要的保护作用，因其浓度在短时间内发生变化，是一种非特异性的炎症敏感指标，可用于鉴别诊断炎症性疾患与非炎症性疾患、监测炎症性疾患的治疗过程或术后治疗过程。犬的急性期蛋白即C反应蛋白（C-reactive protein，CRP），相对分子质量约100 000，主要在肝脏合成。猫的CRP对炎症刺激不敏感，不适合作为猫的炎症标志物，其急性期蛋白以血清淀粉样蛋白A（SAA）或α_1-酸性糖蛋白（α_1-AGP）为代表，SAA相对分子质量约12 000，α_1-AGP相对分子质量约43 000，均由肝脏产生。目前急性期蛋白的检测已被宠物主人所接受，成为宠物医师诊断和治疗疾病过程中的一项重要监测项目。

一、血液生化分析仪的种类

血液生化分析仪有多种分类方法，按同时可测项目数，分为单通道和多通道，前者每次只能检验一个项目，但项目（可达几十个）可更换，后者每次可同时检验多个项目。按自动化程度，分为半自动型和全自动型，前者需要在机外离心血液样本、人工取样和加试剂，后者可由仪器自身离心血样、自动取样加试剂和检验。按使用的试剂为液体或试剂片（条、盘），可分为湿式机和干式机。人类医院和少数大型宠物医院由于每天的检验样本量很大，为降低检验（试剂）成本，基本使用湿式全自动多通道机。兽医临床早期有用湿式半自动单通道生化仪的情况，虽然检验成本低，但出结果速度太慢，不适应宠物临床实际要求，基本都已废弃。从大多数宠物医院实际情况出发，每天检验样本量不大，但需要快速出结果，选择干式全自动多通道机比较方便，虽然检验（试剂条、片、盘）成本较高，但操作极为简便，仪器无需特别维护，尤其适用于无固定检验人员的宠物诊所和医院。相反，由于湿式生化分析仪内部含有管路系统，为防止管路堵塞、漏水、漏气等现象的发生，日常的维护保养工作就特别重要。

目前国内用于宠物专用的急性期蛋白检测仪器是日本牛尾公司生产的PointReader™Ⅴ，称为理化分析仪，现阶段可检测的项目主要是犬CRP和猫α_1-AGP，分别配置了不同的检测试片。2

二、常见的血液生化分析仪

（一）IDEXX VetTest®血液生化分析仪

美国爱德士公司生产的一款经典的兽医专用干式生化分析仪。配有24种单项试剂片，共26项生化检验结果（2项计算值），如表18-2-1所示，一次可进行1～12项检验，需要0.5mL血样。基本检验过程为待检样本在机外离心，仪器吸头吸入一定量的待检样本后，自动将10μL样本逐一加在每个试剂片上，样本与试剂发生化学反应出现渐进性颜色变化，仪器在6个波长范围内根据不同的检验项目，采用终点法或速率法对颜色及强度进行检验，并将检验值转换成最终结果，从载入样本到出结果只需6min检验时间。VetTest®的专用试剂片含有独特过滤层，最大限度地减少溶血、脂血、黄疸等干扰因素的影响，以保证检验结果准确（图18-2-1至图18-2-3）。VetTest®为临床诊断方便提供了多种预装套组：①健康检查套组，适用于年轻宠物的体格检验、中老年疾病筛检、病情的评估；②诊断检查套组，适用于任何不健康的患病动物检验；③术前基础检查套组，适用于手术麻醉前的检验，以提升手术的安全性；④非类固醇抗炎药监测套组，适用于使用非类固醇抗炎药副作用的监测；⑤尿蛋白和尿肌酐套组，协助诊断早期肾脏疾病。VetTest®提供了39种不同年龄、不同动物种类的参考值，支持的动物种类有犬、猫、马、牛、山羊、绵羊、禽类、蜥蜴、貂、猴、小鼠、大鼠、猪、兔、龟、蛇等。

表18-2-1　VetTest®血液生化分析仪检验项目

序号	英文缩写	英文名称	中文名称
1	ALB	Albumin	白蛋白
2	ALKP	Alkaline phosphatase	碱性磷酸酶
3	ALT（GPT）	Alanine aminotransferase	丙氨酸氨基转移酶
4	AMYL	Amylase	淀粉酶
5	AST（GOT）	Aspartate aminotransferase	天门冬氨酸氨基转移酶
6	UREA（BUN）	Blood urea nitrogen	血清尿素氮
7	Ca	Calcium	钙
8	CHOL	Cholesterol	胆固醇
9	CK	Creatine kinase	肌酸磷酸激酶
10	CREA	Creatinine	血肌酐
11	GGT	Gamma-glutamyltransferase	γ-谷氨酰基转移酶
12	GLU	Glucose	血糖
13	LACT	Lactate	乳酸
14	LDH	Lactate dehydrogenase	乳酸脱氢酶

序号	英文缩写	英文名称	中文名称
15	LIPA	Lipase	脂肪酶
16	Mg	Magnesium	镁
17	NH_3	Ammonia	血氨
18	PHOS	Inorganic phosphate	无机磷
19	TBIL	Total bilirubin	总胆红素
20	TP	Total protein	总蛋白
21	TRIG	Triglycerides	三酰甘油
22	UPRO	Urine protein	尿蛋白
23	UCREA	Urine Creatine	尿肌酐
24	URIC	Uric acid	尿酸
25	UPRO/UCREA	Urine protein/ Creatine	尿蛋白/尿肌酐比值
26	GLOB	Globulin	球蛋白

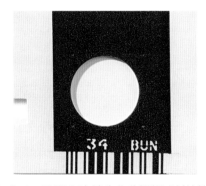

图18-2-1　IDEXX血液生化分析仪试剂片外形

IDEXX血液生化分析仪所配的干式单项试剂片，此为尿素氮（BUN）试剂片。

（李慧琴）

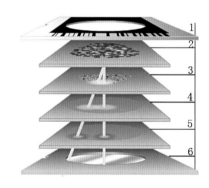

图18-2-2　IDEXX血液生化分析仪试剂片结构

一块试剂片可分为6层，1～6分别为样本层、扩散层、过滤层、试剂层、测试层、支持层，光源从支持层射入，可避免干扰物对结果的影响。

（李慧琴）

（二）IDEXX Catalyst One™全自动生化分析仪

美国爱德士公司最新推出的一款兽医专用全自动生化分析仪，和VetTest®一样，Catalyst One™采用同样最精确的检验技术——干式生化技术，可检验全血、血清、血浆和尿液等多种类型的样本，且利用层析法过滤杂质，即使是质量不佳的样本，也能得到精确的检验结果（图18-2-4）。Catalyst One™生化分析仪比VetTest®生化分析仪增加了5种单项试剂片和

图18-2-3　IDEXX VetTest® 经典干式生化分析仪

此款血液生化分析仪采用干式试剂片，每次检验1个样本，将血样离心后再抽吸到该仪器内检验，外形宽46cm，深36cm，高20cm，重14kg。

（李慧琴）

图18-2-4　IDEXX Catalyst One™全自动生化分析仪

此款血液生化分析仪同样采用干式试剂片，每次检验1个样本，仪器自带离心机，外形宽25.4cm，深35.56cm，高37.59cm，重11.34kg。

（李慧琴）

6项计算值（表18-2-2），共有30种单项试剂片和6种检验套组（试剂片组合），分别为生化17项、生化15项、生化10项、电解质4项、马类15项、非类固醇消炎药监控等。临床可根据诊断需要，自行加入单项试剂片到试剂片套组中，一次最多可检验25项。与VetTest®不同的是，Catalyst One™内置全血离心、试剂片自动装载和吸样，一次生化检测最长8min，若检测总甲状腺素（TT4），则需要15min。该仪器须与IDEXX VetLab Station™配合使用。Catalyst One™也提供了39种不同年龄、不同动物种类的参考值，适用的动物物种有犬、猫、马、牛、山羊、绵羊、禽类、貂、骡、蜥蜴、猴、小鼠、大鼠、猪、兔、蛇、龟。

表18-2-2　Catalyst One™全自动生化分析仪增加的单项试剂片和计算值

序号	英文缩写	英文名称	中文名称
1	Na^+	Sodium	钠
2	K^+	Potassium	钾
3	Cl^-	Chloride	氯
4	FRU	Fructosamine	果糖胺
5	PHBR	phenobarbitone	苯巴比妥
6	GLOB	Globulin	球蛋白
7	ALB/ GLOB	Albumin /Globulin	白蛋白 / 球蛋白比值
8	BUN/CREA	Urea nitrogen/ Creatine	尿素氮 / 肌酐比值
9	UPRO/UCREA	Urine protein/ Urine creatine	尿蛋白 / 尿肌酐比值
10	Na^+/ K^+	Sodium/ Potassium	钠 / 钾比值
11	OSMO	Osmolality	渗透压

（三）Arkray SP-4430全自动急诊生化分析仪

日本爱科来株式会社（后称爱科来公司）推出一款采用干式生化技术、快速进行血液生化检验的小型仪器，测定原理为基于二波长反射光度法的终点法和比率法，适用标本为血清、血浆或全血。该机适用于急诊的特点是全血样本不需要前处理，将采集的250μL全血注入专用离心管并放入机器内，同时放入吸样管和待检项目试剂条，只需按"开始"键机器自动完成离心、吸样和与生化项目试纸条的反应过程，从载入样本到打印出结果只需8min。SP-4430生化分析仪的可检项目合计22项（表18-2-3），根据临床需要（检验目的）组合了常规检查、急诊、心、肝、肾功能检查等7种常用项目试剂条（附后），每个样本一次检验可选1种组合项目试剂条和3种单项试剂条，即一次检验8~9个项目，基本达到临床检验目的（图18-2-5）。试剂条为单片铝箔包装，不易受潮，使用方便。试纸盒内包含有磁卡校准卡，每批使用前可用该磁卡自动校准各批次和经时变化引起的偏差。

（四）微钠芯PV2全自动动物生化分析仪

由天津微纳芯科技有限公司自主研发，以微流控技术为基础，融合了试剂冻干工艺。该仪器采用微量样本（0.1mL的全血、血浆或血清），10min得出所选套餐（最多达15个项目）的检验结果。设备自带离心机，配套有8种组合试剂盘可选（附后），在微流控试剂盘中自动完成血细胞分离、样本和稀释液定量、样本和稀释液混合以及反应检测等功能（图18-2-6）。仪器内部无气体和液体管路，设备自身无损耗配件，光源采用高稳定性超长寿命的氙闪光灯。试剂以冻干的方式存储于试剂盘中，独立包装，2~8℃下可保存一年。试剂在出厂前已经完成了定标工作，仪器通过识别试剂包装袋上的二维码将定标信息读取到设备中，用户只需要进行加样、将试剂盘放入抽屉的简单操作即可得到准确的生化及电解质项目的检验结果（表18-2-4）。

图18-2-5　SP-4430全自动急诊生化分析仪

仪器内置有超小型离心机，机身小巧美观，外形长33.8cm，宽20.3cm，高16.7cm，重5.4kg。

（田野）

图18-2-6　Celercare PV2全自动生化分析仪

仪器操作面板简约、大气，外形宽23mm，深25.5mm，高33mm，重6.0kg。

（黄江谋）

表18-2-3　SP-4430全自动急诊生化分析仪组合试剂条检验项目

英文名称	中文名称	组合项目
Heart	心血管功能	LDH、CPK、AST、TP、T-BIL、BUN、T-CHO
Liver	肝功能	LDH、ALT、AST、ALB、TP、TBIL
Kidney	肾功能	CRE、ALB、TP、UA、BUN

英文名称	中文名称	组合项目
STAT	急诊检查	LDH、CPK、ALT、AST、BUN、T-BIL
PANEL-V	常规体检	CRE、ALT、TP、ALP、GLU、BUN
PANEL-1	常规检查-1	ALT、AST、BUN、GLU、T-CHO、T-BIL
PANEL-2	常规检查-2	LDH、ALB、TP、UA、Ca、TG

表18-2-4　Celercare PV2全自动生化分析仪组合试剂盘检验项目

试剂盘名称	组合项目
健康检查盘	ALT、CRE、GLU、TBIL、ALP、AMY、BUN、ALB、TP、GLOB、Ca^{2+}、PHOS、CHOL、CK
手术前检查盘	ALT、CRE、GLU、ALP、BUN、TP
手术前+检查盘	ALT、CRE、GLU、ALP、BUN、TP、CK、AST、LDH
肝肾检查盘	ALT、CRE、GLU、TBIL、BUN、ALB、TP、GLOB、AST、GGT
肝功能检查盘	ALT、TBIL、ALP、ALB、TP、GLOB、AST、GGT、DBIL、IBIL
肾功能检查盘	CRE、BUN、ALB、Ca^{2+}、PHOS、K^+、TCO_2、
急重症检查盘	ALT、CRE、GLU、BUN、K^+、TCO_2、Na^+、Cl^-
电解质检查盘	Ca^{2+}、PHOS、K^+、TCO_2、Na^+、Cl^-、Mg^{2+}

（五）成都SMT-120V兽用全自动生化分析仪

由普朗医疗集团成都斯马特科技有限公司在SMT-100V基础上新推出的一款全自动干式生化仪，能检测犬、猫、马、牛、猪、羊、兔、鼠和鸟的血液生化指标。新款生化仪外形改变，机壳为金属材质，采用触摸敏感的电容屏，使用Android系统使操作更加快捷（图18-2-7）。检测原理为吸收光谱法和透射比浊法，仪器带有能带动试剂盘旋转的变速电机、用于测试液体中某种物质浓度的光度计和两个分别用于仪器控制及测试计算的微处理器等，具有智能实时质控定标功能，与配套的SMT系列试剂盘（图18-2-8）一起使用。SMT-120V除具有SMT-100V的14个生化项目检测外，新增了C反应蛋白（CRP）和血凝四项检测，扩大了SMT生化仪的检测范围。试剂盘单次检测项目多达14个，除了SMT-100V所具有的综合诊断、健康检查、急重症、肝功、肾功、电解质、术前检测等组合项目外（表18-2-5），另推出CRP试剂盘和含血凝四项的试剂盘。操作者只需将90~120μL血液样本（肝素锂抗凝全血、血浆、血清）加入到事先选定的试剂盘加样孔内，然后将试剂盘放入分析仪的托盘里即可自动完成测试，约12min自动显示分析结果并打印出来。

表18-2-5　SMT-100V全自动生化分析仪组合试剂盘检验项目

试剂盘名称	组合项目
综合诊断14项	K^+、Na^+、ALT、ALB、ALP、AMY、TBIL、GLU、GGT、CHE、CREA、TP、UA、UREA、GLOB*

试剂盘名称	组合项目
健康检查 13 项	ALT、ALB、AST、AMY、Ca^{2+}、CREA、GLU、TBIL、CK、TG、UREA、PHOS、TP、GLOB*
急重症 10 项	K^+、Na^+、Cl^-、TCO_2、ALT、AMY、GLU、UREA、CREA、CHE
肝功检查 9 项	ALT、AST、ALB、ALP、TBA、TBIL、GGT、TC、TP
肾功检查 8 项	Ca^{2+}、PHOS、TCO_2、ALB、GLU、UREA、CREA、UA
电解质检查项 7	K^+、Na^+、Cl^-、Ca^{2+}、TCO_2、Mg^{2+}、PHOS
术前检测 9 项	ALT、AST、ALP、GLU、UREA、CREA、TP、LDH、CK
鸟类及爬行类 11 项	K^+、Na^+、Ca^{2+}、PHOS、ALB、AST、CK、TBA、GLU、TP、UA、GLOB*

注：* 为计算项目。

图18-2-7　SMT-120V全自动生化分析仪

整机结构紧凑，配有6.5英寸电容屏，触摸敏感，体积小于0.02m³，重4.5kg。

（程登伟）

图18-2-8　SMT-120V全自动生化分析仪试剂盘

试剂以冻干方式存储于试剂盘边缘比色孔中，每盘直径约为8cm，厚约2cm，独立包装，2~8℃下可保存一年。

（程登伟）

（六）PointReader™V

该检测仪是通过测定测量试纸片的免疫层析显色反应来定量分析样本中的急性期蛋白成分。通过光源照亮测量试纸片，对测量试纸片的种类进行辨别，反应完成后，来自测量试纸片测试线部的反射光通过能实现内置光电转换的检测器进行测量，最后对测量结果进行数理计算，由处理所得的吸光度计算出浓度。测量试纸片插入后的一系列处理将自动进行，操作简单（图18-2-9至图18-2-12）。在人医临床上，急性期蛋白的检测主要是检测CRP。人的CRP和犬的CRP抗原性存在很大差异，故不能用人类相关检测试纸或试剂进行犬的CRP检测。PointReader™V检测犬CRP的正常范围为<5mg/L，猫的AGP正常范围为<2 000mg/L，一旦高于正常范围均提示动物可能发生炎症、感染或组织损伤。初诊病例可以用于疾病筛查，在疾病治疗过程中的监测可提示动物对治疗的反应，与血常规检测同时进行，可以给临床兽医提供更多与炎症、感染或组织损伤相关

的有用信息。急性期蛋白的检测可广泛地用于动物泌尿系统疾病、消化系统疾病、心血管疾病、皮肤病、肿瘤疾病等等各种疾病的诊断和治疗中。每台PointReader™V配置一个10μL和一个100μL的移液枪供操作使用。每盒试剂片都会配置一片校准试剂片，用于校准不同批次检测试片的信息。

PointReader™V在2016年以后将陆续推出D-dimer等多项检测项目，以满足宠物临床的检测需要。D-dimer反映纤维蛋白溶解功能，当体内有活化的血栓形成及纤维溶解活动时，该检测值会升高。

图18-2-9　PointReader™V急性期蛋白检测仪（1）

检测前从冰箱取出检测试片和稀释液，待回到室温后，将检测试片插入一半位置让仪器读取信息。

（田野）

图18-2-10　PointReader™V急性期蛋白检测仪（2）

吸取100倍（犬）或200倍（猫）稀释后的样品100μL滴入检测试片样品孔。

（田野）

图18-2-11　PointReader™V急性期蛋白检测仪（3）

然后将试片继续插至仪器发出检测音的规定位置，开始自动检测。

（田野）

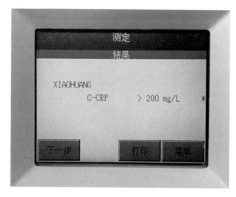

图18-2-12　PointReader™V急性期蛋白检测仪（4）

5～10min后在3.5英寸彩色触摸屏上显示结果。

（田野）

（田野　周庆国）

第十九章
电解质与血气检验

水和无机盐是动物机体维持体液平衡的重要物质。动物体内的无机盐以两种形式存在于体内，一种是沉积于骨骼和牙齿中的晶体，另一种是分布于体液中的电解质，主要有钠、钾、氯、钙、磷、镁等。外界环境条件的改变和疾病影响，常会引起水和无机盐代谢紊乱，使体液平衡和酸碱平衡遭到破坏。血液气体（简称血气）是指血液氧分压（pO_2）和二氧化碳分压（pCO_2），血气分析是对血液pH、pO_2和pCO_2这三个项目的检验，有助于鉴别不同类型的酸碱平衡失调。健康犬猫血液pH一般在7.35~7.45，动脉血液pH比静脉高出0.02~0.10。当血液pH<7.10，即为威胁生命的酸中毒，而当血液pH<6.80将导致动物死亡；反之当血液pH>7.60，即为严重的碱中毒，同样易导致动物死亡。pO_2是指血浆中物理溶解的氧分子产生的张力，检验pO_2的意义是判断机体是否缺氧及其程度。pCO_2是指血浆中物理溶解的二氧化碳分子产生的张力，检验pCO_2的意义是判断机体呼吸机能有无改变和酸碱平衡失调是否为呼吸性。因此，电解质与血气分析是疾病诊断、治疗和预后判断不可缺少的检验项目，对引起严重呕吐、腹泻和脱水、呼吸困难、少尿或无尿等疾病的诊断和输液治疗可提供重要指导，犬猫正常血气参考值见表19-0-1。

表19-0-1 犬猫正常血气参考值

项目	pH	pO_2（mmHg*）	pCO_2（mmHg）	HCO_3（mmol/L）
犬动脉血	7.36~7.44	100（80~110）	36~44	18~26
犬静脉血	7.32~7.40	40（35~45）	33~50	18~26
猫动脉血	7.36~7.44	≈100	28~32	17~22
猫静脉血	7.36~7.44	40（35~45）	33~45	18~23

引自：周桂兰，高德仪，2010. 犬猫疾病实验室检验与诊断手册[M]. 北京：中国农业出版社.

一、电解质与血气分析仪的种类

电解质分析仪和血气分析仪是两种完全不同的医疗设备，但工作原理比较相似。临床上有专门的电解质分析仪，也有专门的血气分析仪，还有复合为一体的血气电解质分析仪。电解质分析仪的结构组成一般包括离子选择性电极、参比电极、分析箱、测量电路、控制电

注：*mmHg（毫米汞柱）为非许用计量单位，1mmHg=0.133kPa。

路、驱动电极和显示器，按离子选择性电极的种类或数量而有检验3个项目、4个项目或5个项目的区别，其工作方式可分为湿式和干式。湿式电解质分析仪也称为流动法电解质分析仪，是运用传统的玻璃电极，当测试样品流动地通过每个测试电极后测出结果。以检验Na、K、Cl、Ca为例，一套电极需要4个测试电极和1个参比电极（Ag⁺/AgCl电极），玻璃电极需24h浸泡于活化液中以保持活化状态，所以有一定寿命，仪器使用中需要专用的定标/冲洗液、去蛋白清洗液、电极内充液和参比电极内充液等。干式电解质分析仪可称为干式电极法电解质分析仪，是把测试电极和参比电极做成一个独立的卡片，随用随取，1个测试片因品牌不同可测试1～3个离子，测试片用到质控液、标准液和清洗液，机器本身不带电极，没有管路，因此机器不需要定标、冲洗等液体，所以故障率很低。血气分析仪的结构组成一般包括电极、进样室、CO_2空气混合器、放大器元件、数字运算显示屏和打印机等部件，基本工作原理是由pH电极、pO_2电极、pCO_2电极和相应的参比电极分别测出pH、pO_2和pCO_2数值，并推算出一系列参数。

二、常见的电解质与血气分析仪

（一）IDEXX VetStat®电解质与血气分析仪

美国爱德士公司生产的一款便携式动物专用干式电解质与血液气体分析仪，采用荧光化学传感器测试原理、触摸式彩色显示屏和仪器自动吸样，以单次可抛式传感器试剂片提供全血、血浆或血清电解质与血气的分析结果（图19-2-1）。VetStat®可以快速检验的项目有Na^+、K^+、Cl^-、Ca^{2+}、pH、pCO_2、pO_2、THb（总血红蛋白）、SO_2（血氧饱和度）、Glu（葡萄糖）、TCO_2（总二氧化碳）、HCO_3^-与AG（阴离子间隙）等13项，具体分为5种试剂包，分别为电解质试剂片（Na^+、K^+、Cl^-）、输液治疗与酸碱分析试剂片（Na^+、K^+、Cl^-、pH、pCO_2、TCO_2、HCO_3^-与AG）、呼吸与血气试剂片（Na^+、K^+、Cl^-、pH、pCO_2、pO_2、、SO_2、TCO_2、HCO_3^-与AG）、游离钙试剂片和葡萄糖试剂片，需要血样125μL，检验时间小于2min。VetStat®电解质与血气分析仪提供了犬、猫、马的正常参考值（表19-2-1）。检验结果可通过IDEXX VetLab Station™，与IDEXX VetAutoread™血细胞分析仪、VetTest®或Catalyst Dx™血液生化仪、SNAPshot Dx®内分泌及快速检验试剂分析仪等的所有结果整合为一份报告。

表19-2-1　VetStat®分析仪所需样本种类、检验结果单位与测试范围

参数	样本类型			单位		测试范围
	全血	血浆	血清	设定	其他	（设定单位）
Na^+	●	●	●	mmol/L		100～180
K^+	●	●	●	mmol/L		0.8～10
Cl^-	●	●	●	mmol/L		50～160
Ca^{2+}	●			mmol/L	mg/dL	0.2～3.0
pH	●					6.6～7.8

参数	样本类型			单位		测试范围
	全血	血浆	血清	设定	其他	（设定单位）
pCO_2	●			mmHg	kPa	10 ~ 200
pO_2	●			mmHg	kPa	10 ~ 700
THb	●			g/dL	mmol/L、g/L	5 ~ 25
Glucose	●	●	●	mg/dL	mmol/L	30 ~ 400
TCO_2 *	●			mmol/L		1.0 ~ 200.0
HCO_3^- *	●			mmol/L		1.0 ~ 200.0
AG *	●			mmol/L		3 ~ 30

（二）Arkray SPOTCHEM SE-1520干式电解质分析仪

日本爱科来公司产品，采用离子选择电极电位测定法进行电解质检测，它可以同时测量三种基本离子（钠、钾、氯）。全血、血清、血浆、尿液均可进行检测（图19-2-2）。检测尿液电解质时，需用精制水将尿液稀释两倍之后再进行检测。每一台SPOTCHEM SE-1520都配置了一个专用双移液枪，可同时吸取参比溶液和样本，不能使用其他的移液枪进行操作。每盒试纸片都配备了校正磁卡，用于校正批间差异产生的问题；同时每盒试纸片还配备了两瓶参比溶液进行检测。SPOTCHEM SE-1520最大可存储50个样本数据。SPOTCHEM SE-1520外观小巧，操作简单，检测快速，适合于宠物医院日常使用，其不足之处为检测项目较少。

（三）普朗PL2000锐锋血气电解质分析仪

南京普朗医疗设备有限公司产品，采用先进的全固态离子选择电极传感器测量技术，血气、电解质检验一体化设计，以湿式测量原理和可抛弃式试剂包的耗品模式，直接测量

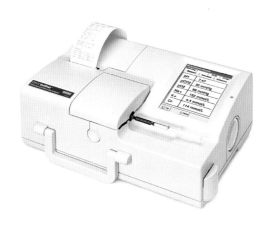

图19-2-1　IDEXX VetStat®电解质与血气分析仪

该机采用荧光化学传感器测试原理，以单次可抛弃传感器测试片测试全血、血浆或血清的电解质与血气，外形宽36cm，深23cm，高12cm，重5.5kg。

（李慧琴）

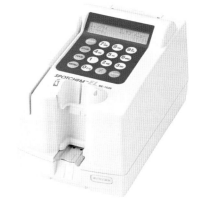

图19-2-2　SPOTCHEM SE-1520干式电解质分析仪

采用离子选择电极电位检测方法，可检测钠、钾、氯三种电解质，外形宽13.5cm，深22.5cm，高13.8cm。

（田野）

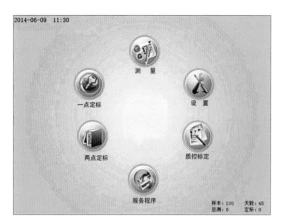

2014-06-09 11:30
测 量
一点定标
设 置
两点定标
质控标定
服务程序
样本：100 天数：45
总测：0 定标：0

图19-2-3　普朗PL2000锐锋血气电解质分析仪（1）

采用全中文8英寸彩色液晶触摸屏，开机后显示6个功能键，一键式操作。页面左上角显示当前日期和时间，右下角显示可测样本数和试剂效期。

（曹剑峰）

服务程序
通道状态
机器型号
PL2000
PL2100
PL2200
项目 ON/OFF mV1 mV2 S
K+ ON 888.1 967.3 51.6
Na+ ON 1694.2 1665.9 52.9
Ca++ ON 1762.9 1803.6 26.6
pH ON 690.2 984.7 54.1
Cl− ON 1421.7 1457.6 45.5
pO2 ON 331.5 10 1.1
pCO2 ON 155.7 31.3 44.4

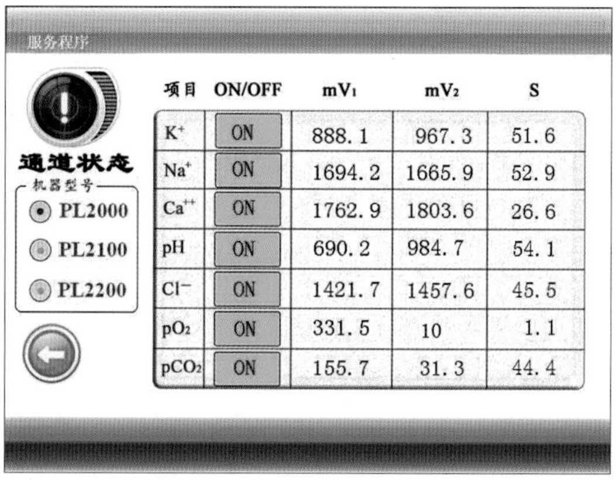

图19-2-4　普朗PL2000锐锋血气电解质分析仪（2）

整机采用图形化操作系统，检验通道可分别开启或关闭，以满足不同的检验需求。

（曹剑峰）

全血或血清（样本量150μL）中的Na^+、K^+、Cl^-、Ca^{2+}、pH、pO_2、pCO_2。该机采用中文彩色液晶触摸屏（图19-2-3、图19-2-4），用户可根据临床检验需求选择电极通道，以减少试剂消耗（图19-2-4）。此外，该仪器还根据临床检验不同样本量提供50、100、150和200头份等不同规格的一体化试剂包，有助于避免试剂过期（开封效期45d），最大程度地降低使用成本。与传统电解质分析仪的玻璃电极6～12个月的使用寿命相比，全固态离子选择电极使用周期可达24～36个月。同传统电解质分析仪一样，厂家建议24h开机以保证电极工作稳定，避免重新开机时可能会提示“××电极不稳，请两点定标或关闭该通道”，否则需要预热机器1h以上并按“两点定标”键进行两点校正。

（周庆国　田野）

第二十章
血液凝固检验

血栓与止血是血液重要的功能之一，血栓形成与止血调节构成了血液内成分复杂、功能对立的凝血系统和抗凝系统，两者通过各种凝血因子的调节保持着动态平衡，使得血液在生理状态下维持正常的流体状态，既不溢出于血管外（出血），又不凝固于血管中（血栓形成）。血液凝固是一系列凝血因子连锁性酶促反应的结果，血液中的凝血因子以无活性酶原形式存在，当某一凝血因子被激活后，可使许多凝血因子按一定的次序先后被激活，彼此之间有复杂的催化作用，被称为"瀑布样学说"。

血液凝固检验主要是对新鲜全血或柠檬酸盐抗凝全血中重要凝血因子的检测。血凝的常规检测项目包括凝血酶原时间（prothrombin time，PT）、活化部分凝血活酶时间（activated partial thromboplastin time，APTT）、凝血酶时间（TT）、纤维蛋白原（FIB）含量，以PT、APTT两项或PT、APTT、TT、FIB四项检测在临床最多应用，分别称为凝血两项或四项检测。PT主要反映外源性凝血系统状况，PT延长反映先天性凝血因子Ⅰ、Ⅱ、Ⅴ、Ⅶ、Ⅹ缺乏或后天性凝血因子缺乏，见于维生素K缺乏、严重的肝病（如传染性肝炎）、纤溶亢进、DIC、肝素用量大或双香豆素中毒等；PT缩短见于血液高凝状态和血栓性疾病等。APTT主要反映内源性凝血系统状况，APTT延长反映凝血因子Ⅷ、Ⅸ和Ⅺ或Ⅻ水平减低，APTT缩短见于高凝状态如促凝物质进入血液及凝血因子活性增高等情况。TT主要反映纤维蛋白原转为纤维蛋白的时间，TT延长反映DIC纤溶亢进期、低（无）纤维蛋白原血症、异常血红蛋白血症、血中纤维蛋白（原）降解产物（FDPs）增高，缩短无临床意义。FIB是一种急性时相蛋白，其增加往往是机体的一种非特异反应，常见于毒血症、肺炎、轻型肝炎、胆囊炎及长期的局部炎症、无菌炎症、肾病综合症、恶性肿瘤等；FIB降低见于DIC消耗性低凝溶解期、原发性纤溶症、重症肝炎、肝硬化等。

开展凝血项目检测已成为评估医疗风险、保障医疗安全的重要内容，尤其是在涉及外科手术病例、出血性疾病或血栓性疾病的诊断和治疗，以及各种原发或继发性纤溶的诊断及疗效观察时，均离不开凝血项目的检测。

一、血液凝固分析仪的种类

血液凝固分析仪（简称血凝仪）是血栓与止血分析的专用仪器，可检测血栓与止血的多种指标，为出血和血栓性疾病的诊断、溶栓与抗凝治疗监测及疗效观察、手术前评估出血风险提供了重要的依据。血凝仪按其检测的自动化程度，分为半自动血凝仪和全自动血凝仪。不同类型的血凝仪采用的原理也不同，主要的检测方法有凝固法（包括光学法和磁珠法）、底物显色法、免疫比浊法、乳胶凝集法等。其中凝固法是检测血液在凝血激活剂作用下所发生的生物物理特性变化，如电阻增大（电流法）、黏度增强（磁珠法）和浊度上升（光学法），通过计算机分析所得数据并将之换算为最终结果。电流法测量的可靠性不如光学法和磁珠法（又称机械法）。光学法适合于检测非高混浊的样本，对高混浊样本如黄疸、高血脂或溶血样本的抗干扰能力差，需要仪器换算补偿。磁珠法则不受高混浊样本颜色的干扰，无论高混浊或非高混浊样本，其检测敏感度都很高。目前半自动血凝仪基本上以光学法或磁珠法检测为主，也有采用电流法检测原理。全自动血凝仪中不仅包括凝固法测量方式，也采用了其他测量原理和方法，前者一般需要手动加样、自动完成凝血项目检测并储存检测结果（或另带打印功能），后者则有自动吸样、稀释样本、检测、结果储存、数据传输、结果打印、质量控制等功能，除对凝血、抗凝、纤维蛋白溶解系统功能进行全面的检测外，尚能对抗凝、溶栓治疗进行实验室监测。

二、常见的血液凝固分析仪

（一）IDEXX Coag Dx™血凝分析仪

美国爱德士公司产品，采用金标准的血液凝固法，以新鲜全血或柠檬酸盐抗凝全血为样本，使用已容纳特定试剂的一次性试剂片，分别检测活化部分凝血活酶时间（APTT 或 Citrate APTT）和凝血酶原时间（PT或Citrate PT），从而判断出内源性、外源性和共同途径的血液凝固因子有无异常（图20-2-1至图20-2-3）。需要说明的是，Coag Dx™血凝仪仅可以检测犬、猫的PT与APTT（需单独检测），或仅能检测马的PT，并提供犬、猫、马专属的参考值（图20-2-4），协助分析判断犬、猫、马的凝血功能障碍。检验结果可通过IDEXX VetLab Station™，与VetAutoread™、VetTest®或Catalyst Dx™血液生化仪、VetStat®电解质及血气分析仪、SNAPshot Dx®内分泌及快速检验试剂分析仪等其他检验结果整合为一份报告，并打印出各项检验结果的直观图表，为判读分析提供了方便。对于血细胞压积低于20%或高于55%的样本，不建议做此检验，因为其折光值超出该仪器的检测范围。

（二）qLabs®QV-1兽用凝血检测仪和qLabs®eStation

深圳微点生物技术有限公司产品，配有犬猫专用PT/APTT组合检测卡，该检测卡设置了

图20-2-1 IDEXX Coag Dx™血凝分析仪（1）

此款手持式血凝仪以交流电或锂电池为电源，充足电的工作时间>2h，操作环境15～30℃，外形宽19cm，深度9.4cm，高5cm，重0.53kg。

图20-2-2 IDEXX Coag Dx™血凝分析仪（2）

采集至少0.2mL的血液，迅速滴入约50μL血液至试剂片样本孔盘内，然后按下Start键。

（李慧琴）

（李慧琴）

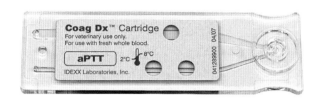

图20-2-3 IDEXX Coag Dx™血凝试剂片

日常于2~8℃保存，检测前自冰箱取出回温30min左右至室温，再拆开包装插入仪器内预热30~90s，然后采血。

（李慧琴）

Test	种类	参考值（sec）
Citrate APTT	犬	72 ~ 102
Citrate PT	犬	11 ~ 17
Citrate APTT	猫	65 ~ 119
Citrate PT	猫	15 ~ 22
Whole Blood APTT	犬	60 ~ 93
Whole Blood PT	犬	11 ~ 14
Whole Blood APTT	猫	60 ~ 115
Whole Blood PT	猫	13 ~ 22

图20-2-4 IDEXX Coag Dx™血凝仪测试参考值

爱德士公司提供的使用全血或含柠檬酸盐抗凝剂的样本检测参考值。

（李慧琴）

两个反应区，分别用于犬猫凝血因子PT和APTT两项检测。此款凝血检测仪能自动地监测检测卡到位，并将检测仪加热至预先设定的操作温度值。当把一滴全血加入到检测卡加样口时，检测卡的进样管道会通过毛细管作用自动将血样引入反应区，在那里血样与事先滴印好的干试剂相遇混合而引发凝血。随着流入血样在反应区内的凝血进程，血样的电气阻抗特性发生变化，继而导致流过各电极对的电流值发生相应的变化。检测仪通过监测PT和APTT两个电极对的电流变化过程，识别出PT和APTT检测的凝血时间终点，并将此终点数值转换为可读结果显示在液晶屏上。从向检测卡加血样（10~20μL）至显示结果不超过7min。qLabs®兽用凝血检测仪要求血样为新鲜的静脉全血，因为支持PT/APTT组合检测卡，能一次检测两个凝血项目，故检测成本较低。qLabs®兽用凝血检测仪的供电及使用很有特点，既可以使用标配的电源适配器或4节标准1.5V AA电池独立检测、显示和上传结果（图20-2-5），也可以放置于qLabs®eStation机身插槽内获得供电、打印和数据上传功能。qLabs®eStation实为与qLabs®兽用凝血检测仪配套使用的扩展底座，不仅能为qLabs®兽用凝血检测仪提供电源和打印功能，而且配有数据线和电脑连接，从而可以利用电脑进行数据管理（图20-2-6）。此外，qLabs®兽用凝血检测仪提供了犬猫PT/APTT检测参考值，使用者也可以根据临床实际检测结果对厂家设定的参考值进行修改。

图20-2-5 qLabs®QV-1兽用凝血检测仪

检测仪体积小巧，用干电池供电可移动使用。配套的PT/APTT组合检测卡采用单个铝箔包装。

（周庆国）

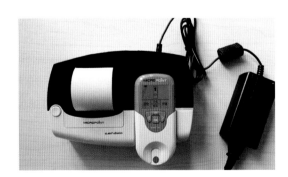

图20-2-6 qLabs®eStation

扩展底座为qLabs®QV-1兽用凝血检测仪提供电源、打印和数据上传功能。

（周庆国）

（周庆国 田野）

第二十一章
尿液检验

尿液是血液经肾小球滤过，通过肾小管和集合管的重吸收及排泄而产生的终末产物。动物的许多病症如肾炎、膀胱炎、泌尿道结石、糖尿病、急性胰腺炎、溶血或黄疸等，其尿液组成和性状会发生变化，临床上通过对尿液进行检验或分析，可获得对相关疾病进行早期诊断、病情及治疗结果评估的依据。

尿液检验包括尿液物理性质、尿液化学性质与尿沉渣的检验，前者包括尿量、尿色、透明度、气味、尿密度5项，其中前4项通过人工观察记录下来，如犬每日尿量为24~40mL，猫每日尿量为16~18mL，否则便为多尿或少尿。犬猫正常尿色为淡黄色、黄色到琥珀色，病理情况下可变为暗黄色、橘黄色、棕黄色、棕红色或红色等。犬猫正常尿液清亮透明。检验尿密度可用尿密度仪或折射仪，使用犬猫专用折射仪简单方便，仅用1~2滴尿即可得到结果。尿液化学性质检验项目中的pH、尿葡萄糖（GLU）、尿蛋白（PRO）、白细胞（LEU）、红细胞（BLD）、尿胆红素（BIL）、尿胆素原（UBG）、酮体（KET）、尿肌酐（CRE）、尿亚硝酸盐（NIT）等也需要用相关仪器进行分析。尿沉渣检验是对尿中沉淀物如红细胞、白细胞、上皮细胞、管型、结晶等有形成分进行检验，传统方法主要是使用生物显微镜观察分析，由于尿中有形成分随其产生的部位与环境、尿液pH、尿液浓缩与稀释及存留时间等存在诸多变异，所以准确识别各类有形成分一般被认为是尿液检验的高难技术。现代医学临床已经使用全自动尿沉渣分析仪或自动染色尿沉渣分析仪，能够对尿中有形成分进行定量或染色分析。

一、尿液分析仪的种类

尿液分析仪按工作方式，可分为湿式尿液分析仪和干式尿液分析仪。尿液分析仪按测试项目，可分为8项、9项、10项、11项、12项、13项和14项尿液分析仪。干式尿液分析仪即干化学尿液分析仪，用于自动判断和评估吸附尿液的试纸条的检验结果，具有快速准确和操作简便的突出优点，已被医学或宠物医学临床普遍采用。干化学尿液分析仪的品牌甚多，其检验原理均是其配套的试剂带（试纸条）上有数个试剂垫，将其接触尿液后，各自与尿中相应成分进行独立反应而发生颜色变化，颜色的深浅与尿液中某种成分成比例关系，将吸附尿液的试剂带放入尿液分析仪的比色槽内，经一定波长的光源照射后其光信号被转变为电信号，然后转化为对应的数值，在10~20s内即可将检验结果打印出来，为临床诊断疾病提供指导。

二、常见的尿液分析仪

（一）IDEXX VetLab®bUA™尿液分析仪

美国爱德士公司生产，是判读和评估所配的IDEXX尿液试纸条检验结果的专用仪器（图21-2-1）。配套的试纸条为特殊网层过滤设计，可过滤杂质并能使尿液被均匀吸收，显色反应可靠。试纸条上添加了独特的碘化物成分，可避免维生素C干扰所导致的潜血及葡萄糖假阴性报告。该仪器主要供检验犬、猫、马的尿液样本使用，提供LEU、UBG、KET、BLD、pH、GLU、BIL、PRO共8项检验指标。附有物种专属参考值。检验结果可通过IDEXX VetLab Station™，与VetAutoread™、VetTest®或Catalyst Dx™血液生化仪、VetStat®电解质及血气分析仪、SNAPshot Dx®内分泌及快速检验试剂分析仪等其他检验结果整合为一份报告，并打印出各项检验结果的直观图表。

（二）Arkray thinka RT-4010尿液分析仪

日本爱科来公司专为犬猫设计的一款超小型便携式尿液分析仪，配套专用thinka 10UB尿液试纸，采用双波长反射检测原理，对于犬的尿液标本，可检验GLU、PRO、微量白蛋白（ALB）、BIL、CRE、pH、BLD、KET、NIT、LEU等10项指标；对于猫的尿液样本，不能检验LEU指标。与此同时，仪器还能演算出尿蛋白与肌酐比（UP/C）、尿微量白蛋白与肌酐比（UA/C），在肾病筛查中具有重要意义。需要注意的是，仪器使用前需转换动物测定模式。仪器使用2节AA碱性电池或AC（交流）适配器供电，仅需1min便可输出测定结果（图21-2-2至图21-2-4）。

［附］尿沉渣检验法：分直接检验法和离心沉淀法，前者适用于尿液性状明显变化的标本，直接使用生物显微镜观察分析；后者适用于变化轻微或无明显变化的标本，具体操作过程是：取新鲜无污染尿液10～15mL放入离心管，以1 500～2 000r/min离心3～5min后取出离心管，用吸管小心弃去上清液，留尿0.2mL混匀，取少量放在载玻片上，然后用盖玻片覆盖，置于生物显微镜暗视野下（调小光亮、缩小光圈和降低聚光器）观察。开始用低倍镜观

图21-2-1　IDEXX UA™尿液分析仪

此款尿液分析仪小巧轻薄，附带专用试纸条及校正片，使用每批试纸条前须用校正片对仪器进行校正以保证测试准确性，外形宽19cm，长30cm，高9cm，重0.8kg。

（李慧琴）

图21-2-2　Arkray thinka RT-4010尿液分析仪

此款尿液分析仪更加小巧轻薄，附带专用试纸条，具有着色尿校正、温度校正等功能，外形宽12.5cm，长13.3cm，高3.6cm，重180g（不带电池）。

（田野）

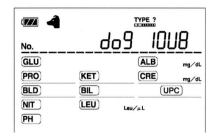

图21-2-3　thinka RT-4010尿液分析仪的工作
界面（1）

左上角显示当前电池电量和犬样本模式，第1行显示样本
为犬及尿液试纸型号为10UB，下面为待检项目。

（田野）

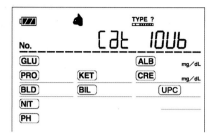

图21-2-4　thinka RT-4010尿液分析仪的工作
界面（2）

左上角显示当前电池电量和猫样本模式，第1行显示样本为
猫及尿液试纸型号为10UB，下面为待检项目，缺乏LEU。

（田野）

察管型和尿沉渣中其他有形成分的全貌，然后换高倍镜辨认细胞、结晶等成分。连续观察
10~15个低倍或高倍视野，求出每个视野所见某一成分的平均数，其中管型以低倍视野所
见最低和最高数字表示，如每个低倍视野有管型1~2个；细胞以高倍视野所见最低和最高
数字表示，如每个高倍视野有白细胞2~3个；尿结晶和盐类以高倍视野所见1+~4+表示。
需要指出的是，在动物尿沉渣中看到少量红细胞或白细胞（每个高倍视野1~2个）、几个上
皮细胞或偶尔看到透明管型，都视为正常尿液。

（田野　周庆国）

第二十二章
粪便检验

粪便检验（简称粪检）是宠物门诊的常规检验项目，根据粪便的性状和组成，可以间接地判断包括肝胆、胰腺在内整个消化系统的功能状态，也能直接诊断出消化系统有无病原微生物或寄生虫感染。犬的正常粪便为棕黄色成形软便，猫的正常粪便较干、成条状或球形，均可因摄入食物的种类、量或消化功能状态不同，或感染某些疾病而发生改变。临床常从粪便一般性状变化初步判断消化系统的功能或病理状态，如幼龄犬猫排出黄绿色糊状便多见于过量饮食或消化不良，当粪便带有血液时则是消化道出血，粪便如柏油状或呈暗红色见于上消化道出血，鲜红血便见于结肠或直肠肿瘤等出血性疾病，特殊腥臭味番茄汁样血便多见于犬细小病毒性肠炎，带脓血或黏液样粪便见于细菌性肠炎或溃疡性结肠炎等，粪便呈灰白色见于胆道梗阻（陶土样便）或消化道钡剂检查后（排钡）。对粪便进行更深入地观察和检验，结合血液常规检验、生化检验和电解质与血气分析等，便能全面而准确地掌握消化系统的功能或病理状态。

一、粪便检验常用方法

犬猫粪检的方法包括一般性状检查、显微镜下观察、化学检验和使用免疫胶体金快速检测卡检测等。一般性状检查是指对粪便量、外观、气味、寄生虫成虫等的肉眼观察。显微镜下观察包括粪便中所含细胞、食物残渣、细菌、肠道真菌、寄生虫卵或原虫等内容。化学检验包括隐血试验、粪胆色素检查、消化吸收功能试验等。免疫胶体金快速检测卡用于犬瘟热、犬细小病毒病、冠状病毒感染、猫瘟等有肠道感染症状传染病的快速检测和诊断。

（一）粪便显微镜下观察

显微镜下观察粪便组成或异常是粪检的重要内容。正常粪便偶见白细胞，无红细胞，但肠炎时白细胞显著增多，而肠道下段炎症（如结肠炎）或出血（如息肉、肿瘤）可见多量红细胞。过敏性肠炎及肠道寄生虫感染时可见嗜酸性粒细胞，并伴有夏科-雷登氏（Charcot-Leyden）结晶（为嗜酸性粒细胞破裂后嗜酸性颗粒相互融合而成，呈菱形无色透明指南针样，其两端尖长，大小不等，折光性强）。正常粪便可见少量淀粉颗粒、肌肉纤维和脂肪小滴，若其增多提示消化吸收不良，多见于慢性胰腺炎、胰腺外分泌功能不全。未定期驱虫的犬猫容易发生寄生虫感染，显微镜下可以观察到相应的虫卵，常见蛔虫卵、钩虫卵、鞭虫卵、华支睾吸虫卵和球虫卵囊等。为了提高对寄生虫的检出率，有三种常用的粪便寄生虫检查方法可以采用，即直接涂片法、粪便浮集法和粪便沉淀法。

1. 直接涂片法　该方法是最常用的粪便检测方法。需要粪便量少，准备时间短，操作过程需要设备少，用于快速估计粪便寄生虫状况，也可以检测粪便中能运动的原虫。由于需要样本量少，所以检测结果可能不够准确，在动物携带寄生虫量少的情况下，寄生虫检测结果可能为阴性。另外，由于样本中有大量杂质，会对粪便检测的结果有所干扰。

2. 粪便浮集法　粪便浮集法利用的是漂浮液和寄生虫之间的密度差异，通过漂浮液，让密度小于漂浮液的虫卵漂浮于液体表面，从而达到浓缩寄生虫的效果，提高消化道寄生虫的检出率。在动物医院内可以自配漂浮液，如蔗糖溶液（相对密度1.2～1.25）或饱和氯化钠溶液（相对密度1.2）。相对来说，蔗糖溶液浮集效果更好。目前国内有商品化的粪便虫卵检测器材销售，如丹麦古氏虫卵检测瓶，配有相应的漂浮液，操作简单方便（图22-1-1、图22-1-2）。具体检测方法是先取出透明检测瓶中的蓝色插头，将环形插头尖部插入粪便即可采到少许粪便；连同插头和粪便一起放入透明瓶内，接着倒入漂浮液至透明瓶的刻度处（约为瓶子2/3高）；之后反复顺时针和逆时针旋转蓝色插头使粪便分散到漂浮液中，然后继续加入漂浮液至透明瓶口出现微凸液面；取清洁盖玻片置于液面放置15～20min收集漂浮上来的虫卵，再将盖玻片转移到清洁载玻片上，然后把载玻片放置于显微镜下观察。

3. 粪便沉淀法　该方法用于不能用浮集法检测到的比较重的虫卵，如吸虫卵。用于沉淀法的液体通常是水。该方法的缺点是粪便沉渣和虫卵混在一起，影响显微镜检查的结果。

粪便中的大部分寄生虫虫卵或者原虫等都可以通过以上方法检测出来。为了提高某些原虫滋养体的检出率，也可以结合染色的方法来进行检测。医院内常用的Diff Quik染色剂、瑞姬氏染色液等都可以用来进行粪便样本的染色，如贾第鞭毛虫、毛滴虫等寄生虫染色后能明显提高检出率。

（二）粪便化学检验

宠物发生胃肠道炎症、溃疡或恶性肿瘤，或发生肠道寄生虫感染，如果仅为少量出血，则因红细胞分解破坏，肉眼和显微镜下均难以发现。如果采用化学检验法中的隐血试验，便能较

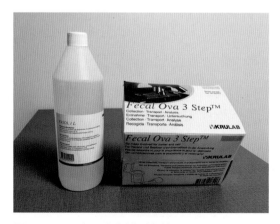

图22-1-1　古氏虫卵检测套装

配有1 000mL粪便浮集法所需的检测液和1盒50个检测瓶。

（周庆国）

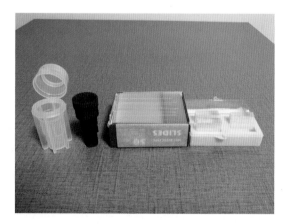

图22-1-2　虫卵检测瓶和常用玻片

1个检测瓶含有透明瓶和蓝色插头，另需备有载玻片和盖玻片。

（周庆国）

准确地做出诊断。隐血试验对消化道出血的诊断具有重要价值，根据人医临床实践，消化性溃疡呈间断性阳性，消化道癌症呈持续性阳性。目前常用的方法是四甲基联苯胺法，获取结果准确而快速。检测前需询问3d内有无采食动物血、肝脏、瘦肉等食物，避免出现假阳性结果。

（三）粪胆素定性试验

粪胆素定性试验是诊断胆总管有无阻塞的检查项目。正常粪便中的粪胆素能与汞（氯化高汞）结合成红色化合物呈阳性反应（红色），红色深浅与粪胆素含量成正比。胆汁分泌机能减退或胆道部分阻塞时仍呈阳性反应，而胆总管阻塞时则呈阴性反应（不显红色）。粪便中的粪胆原在溶血性黄疸时，由于大量胆红素排入肠道被细菌还原而明显增加；在梗阻性黄疸时，由于排向肠道的胆汁减少而粪胆原明显减少；在肝细胞性黄疸时，粪胆原可增加也可减少，主要视肝内梗阻情况而定。因此，粪胆原定性或定量对于黄疸类型的鉴别具有一定价值。

二、粪便检验常用器材

（一）生物显微镜

使用性能优良的生物显微镜检验粪便样本，能使观察过程轻松而不易疲劳。性能优良的显微镜光线柔和，聚焦清晰，亮度调节范围大，即使涂片偏厚的样本也能通过调节亮度而获得透亮视野，相反某些品牌的显微镜则亮度调节有限，无法观察较厚的样本。带拍照和视频功能的显微镜更为实用，可以将镜下观察到的病原或病变即刻展示给宠物主人，可明显增加主人对医生的信任度，提高主人对医生所提治疗方案的接受度（图22-2-1至图22-2-4）。

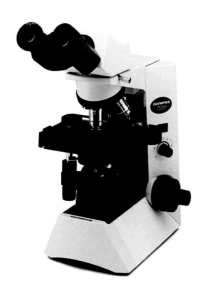

图22-2-1　奥林巴斯CX31显微镜（1）

国内宠物临床使用的主流显微镜，具有光线柔和、视野开阔、光度调节范围大等突出优点，如需拍照和录制视频，需配置摄像头和电脑支持软件。

（周庆国）

图22-2-2　奥林巴斯CX31显微镜（2）

加装了摄像头的奥林巴斯CX31三目生物显微镜。

（佛山先诺宠物医院）

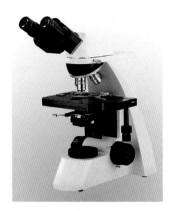

图22-2-3 Leica DM500显微镜（1）

国内宠物临床使用的主流显微镜，具有光
线柔和、视野开阔等突出优点，如需拍照
和录制视频，可选配原装数码相机，加装
在目镜和物镜之间即可。

（周庆国）

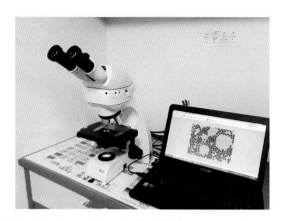

图22-2-4 Leica DM500显微镜（2）

加装了 Leica 原装数码相机的DM500生物显微镜，相机带拍照按钮。

（佛山先诺宠物医院）

（二）常用的染液

医院常用染色剂为Romanowsky stain技术原理的染色液，瑞姬氏染色液、刘氏染色液
和Diff Quik染色液都属于Romanowsky stain染色技术的改良版。这些染色方法同时包含了
酸性染色剂（如伊红）和碱性染色剂（如亚甲蓝）。富含碱性化合物的结构，如嗜酸性颗粒，
可以和酸性染剂结合而被染为红色。酸性物质，如嗜碱性颗粒，可以和碱性染剂结合而被染
为蓝色或紫色。

1. 瑞姬氏染色液　现有商品化的瑞姬氏染色液供医院使用（图22-2-5），一般包括A
液（瑞氏染剂和姬姆萨染剂）和B液（磷酸盐缓冲剂），具体使用方法可以参照说明书。根
据样本不同，环境温度不同等，染色时间为5~10min。瑞姬氏染色液的优点是操作简单，
需要注意的是，商品化的染色剂开封后，尽量在6个月内使用完毕（具体参照说明书），每
次使用后应及时拧紧瓶盖，避免挥发或变质。

2. Diff Quik染色液　Diff Quik染色液由发挥固定作用的A液、发挥嗜酸性染色作用的
B液和发挥嗜碱性染色作用的C液组成，可以用于绝大部分临床采集样本的染色，包括细胞
学涂片、血涂片、粪便或者是尿液沉渣图片（图22-2-6）。Diff Quik染色剂的特点是操作
简单，染色时间短，20~30s就能完成一张涂片的染色。需要注意的是，发挥固定作用的A
液易挥发，使用染色液时要保证容器的密闭性，每次使用完检查容器是否盖好，减少溶剂的
损失。

（三）便隐血检测试纸

常用的便隐血检测试纸有两种，分别为家用型便隐血检测试纸（四甲基联苯胺法）和便
隐血胶体金一步检验法（免疫法）。

1. 家用型便隐血检测试纸　在可降解的薄纸上包被了一层四甲基联苯胺显色染料和过

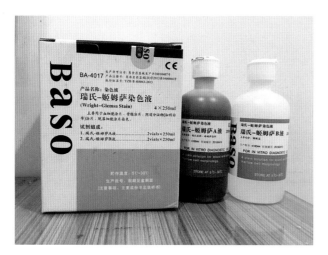

图22-2-5 瑞姬氏染色液

该品牌染色液分为A液和B液，染色时间为5～10min。

（田野）

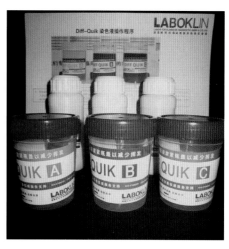

图22-2-6 Diff Quik染色液

Diff Quik染色液分为A液、B液和C液，是目前临床上最常用的染色剂。

（德国纳博科临床实验室）

氧化物膜，由于粪便血红蛋白中的亚铁血红素有类似过氧化物酶的活性，通过过氧化物膜释放出氧，后者将无色的四甲基联苯胺氧化成蓝绿色的联苯胺兰，显示粪便隐血检测结果为阳性，2min获得检验结果。人类使用无需采集和处理粪便，将试纸直接投入马桶或便池即可，样品中Hb浓度超过0.2μg/mL即可测出。主要组成成分为四甲基联苯胺、过氧化物膜、阳性对照。

判定方法：试纸反应区任何一处出现蓝绿色，表明粪便样品中有隐性出血为阳性；试纸反应区无颜色显示，表明粪便样品中没有隐性出血为阴性。

2. 便隐血胶体金一步检验法　采用高度特异性的抗原抗体免疫法，快速检测粪便样品中的血红蛋白，在不到5min的时间里可以检测出量少到0.2μg/mL的人血红蛋白，采食其他动物肉类、含过氧化物酶的新鲜蔬菜、铁剂、维生素C（还原剂）、药物（Fe^{2+}）等，对此检验无干扰作用，避免了四甲基联苯胺法容易造成的假阳性结果，准确度达到99.9%。主要组成成分为胶体金、抗Hb2单克隆抗体、抗Hb1单克隆抗体和羊抗鼠IgG多克隆抗体。

判定方法：控制线（C）出现色带的同时，反应线（T）也出现色带，表明粪便样品中有隐性出血为阳性；只有控制线（C）出现色带，反应线（T）无色带出现，表明粪便样品中没有隐性出血为阴性；控制线（C）和反应线（T）均无色带出现，表明试验无效，应取新条重新测试。需要注意的是，需在5～10min内进行结果判读，10min后读结果视为无效。试纸禁止冷冻保存，使用前将试纸和试剂盒恢复室温再用于检测。

（田野　周庆国）

第二十三章
快速检测试剂盒

无论人类医学临床还是宠物临床，均希望快速获取检测结果，以便对疾病快速做出诊断。然而，宠物临床又与人类医学临床存在明显的区别，尤其是宠物诊所和小型宠物医院每天检测的病例数较少，这就使得采用干化学检测原理、每次检验1~2个样本的小型检验仪器尤其适用，具有质控简便、不需特别维护、试剂（片、条、盘、盒）购买量可控的优点。同时，由于许多宠物病例可采的样本量也少，门诊常存在一人多岗、检验人员不确定的现象，所以仅需微量样本量便可检测的全自动检验仪器和反应快速、结果较为可靠、容易操作的快速检测试剂盒更是受到宠物医师的青睐，并在宠物临床得到了广泛的应用。

一、快速检测试剂盒的种类

当前，宠物临床使用的快速检测试剂盒按其检测原理主要分为三大类，第一类是采用胶体金免疫层析技术及硝酸纤维素膜生产的犬猫感染性疾病的病原抗原或抗体检测试纸卡，即国内较多使用的韩国Anigen、RapiGEN等品牌和我国上海快灵生物科技有限公司的产品，检测时间为5~10min；第二类是采用专利的ELISA（酶联免疫吸附试验）检验技术生产的犬猫感染性疾病的病原抗原或抗体检测试剂、特异性胰酶检测试剂和内分泌激素检测试剂，即美国爱德士公司生产的SNAP ®Test系列，采用囊括清洗和酶放大程序的双向流动技术，具有很高的敏感性和特异性，检测时间为8~10min（图23-1-1至图23-1-3）；第三类是核酸荧光定量检测技术，其原理是利用能特异识别病原基因的引物，将微量目标基因片段扩增放大到数亿倍，通过荧光信号判定样本中是否存在目标检测物，检测时间为1~1.5h。此种方法虽然检测时间较长，但其灵敏度比试纸卡提高1 000倍以上，目前市场上已有约30种犬猫多发传染病和寄生虫病病原的核酸检测试剂，如北京世纪元亨动物防疫技术有限公司生产的V8实时荧光PCR仪及试剂套装和台湾瑞基海洋生物科技有限公司生产的POCKIT手持式荧光PCR仪及试剂套装，已推广到相当多的宠物医院使用，推动宠物临床对犬猫多发传染病和寄生虫病的诊断进入更加快捷、精准的时代。

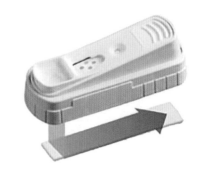

图23-1-1　IDEXX SNAP®试剂盒（1）

独特的设计让样本与抗体/抗原充分结合。

（李慧琴）

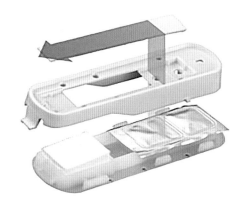

图23-1-2　IDEXX SNAP®试剂盒（2）

双向流动设计使反应更为充分。

（李慧琴）

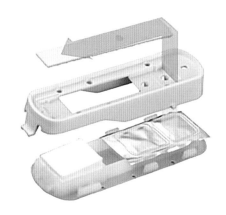

图23-1-3　IDEXX SNAP®试剂盒（3）

特异酶催化底物使反应信号放大与显色。

（李慧琴）

二、常见的快速检测试剂盒

（一）IDEXX SNAP®Tests快速检测试剂盒

目前爱德士公司为宠物临床提供的快速检测试剂盒可分为三大类：①感染性疾病的抗原或抗体检测类，如SNAP®Parvo Test（检测犬细小病毒抗原）、SNAP®Feline Combo Test（同时检测猫白血病抗原、艾滋病抗体）、SNAP®Feline Triple Test（同时检测猫白血病抗原、心丝虫抗原、艾滋病抗体）、SNAP®Heartworm Test（检测犬/猫心丝虫抗原）、SNAP®Giardia Test（检测犬/猫梨形鞭毛虫/贾弟鞭毛虫抗原，图23-2-1）、SNAP® 4Dx®Plus Test（同时检测犬心丝虫病抗原、犬埃里克体抗体/伊文氏埃里克体抗体、嗜吞噬细胞无形体抗体/片状边虫抗体、莱姆病抗体，图23-2-2）、SNAP®Lepto Test（检测犬钩端螺旋体抗体）；②特异性酶检测类：如SNAP®cPL Test（检测犬胰腺特异性脂肪酶）、SNAP®fPL Test（检测猫胰腺特异性脂肪酶）；③内分泌激素检测类：如SNAP®T4（T4检测试剂）、SNAP®Bile Acid（皮质醇检测试剂）、SNAP® Cortisol（可的松检测试剂）。血液样本要求为抗凝全血、血浆或血清。

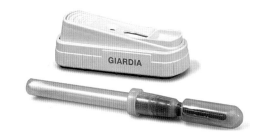

图23-2-1　IDEXX SNAP® Giardia Test试剂盒

用于检测犬猫贾弟鞭毛虫的试剂盒，配有专用粪液吸管。

（李慧琴）

图23-2-2　IDEXX SNAP®4Dx Plus Test试剂盒

用于检测犬六种感染性疾病的试剂盒，自左至右依次为样本槽、结果判断窗、扩散指示窗和反应按压钮。

（李慧琴）

IDEXX SNAPshot Dx® 内分泌及快速检测试剂盒分析仪是一个数字影像记录系统，能够记录和读取（计算）SNAP Test系列试剂盒的检测结果（呈色反应），可有效地避免人为判读产生的误差，大大提高了诊断准确性，一次检验时间只需10~15min，并提供了犬、猫、马三种动物的参考值（图23-2-3）。所有SNAP系列试剂盒上皆有专用条形码，当其被放入SNAPshot Dx® 分析仪后，该仪器可辨识和确认SNAP检验的种类（图23-2-4）。目前能支持的SNAP Test系列试剂盒共有8种，即SNAP T4（T4检验试剂）、SNAP Bile Acid（皮质醇检验试剂）、SNAP Cortisol（可的松检验试剂）、SNAP cPL（犬胰腺炎快速检验试剂）、SNAP fPL（猫胰腺炎快速检验试剂）、SNAP 4Dx Plus（犬四合一加快速检验试剂）、SNAP Heartworm（犬心丝虫快速检验试剂）、SNAP FIV/FeLV Combo（猫白血病、艾滋病检验试剂）等。

（二）传染病抗原抗体检测试纸卡

采用胶体金免疫层析技术及硝酸纤维素膜生产的一类传染病快速检测试纸卡，实际上是胶体金标记技术和抗原抗体反应相结合而形成的一种实用检测方法，相比ELISA试剂，除标记物不同外，同样属于抗原抗体反应特性（图23-2-5）。胶体金是氯金酸（$HAuCl_4$）的水溶胶，氯金酸在还原剂的作用下，聚合成特定大小的金颗粒，并由于静电作用成为一种稳定的胶体状态。胶体金在碱性条件下带负电荷，与蛋白质分子的正电荷基团产生静电吸引，从而牢固结合。试剂卡以硝酸纤维素膜为载体，利用了微孔膜的毛细血管作用，滴加在膜条一端的液体慢慢向另一端渗移，通过抗原抗体结合，并利用胶体金呈现颜色（红色）反应，达到检测抗原/抗体的目的（图23-2-6）。此种检测试纸卡具有很多优点，可用于检测血液、尿液或粪便，不同环境下稳定性好，无需冷藏，方便使用，操作简单，不需仪器设备，不需经过特殊培训，通常数分钟即可得出结论。

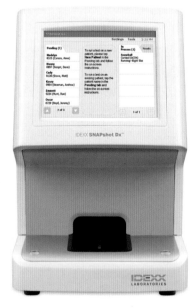

图23-2-3 IDEXX SNAPshot Dx® 分析仪

（李慧琴）

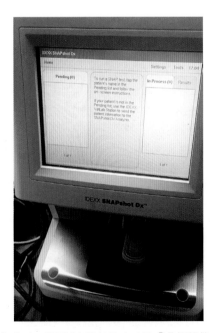

图23-2-4 IDEXX SNAPshot Dx® 分析仪使用中

（毛典荣）

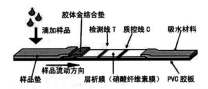

图23-2-5　传染病抗原抗体检测试剂卡（1）

采用胶体金免疫层析技术和硝酸纤维素膜，样品从试剂条一端向另一端流动而发生抗原抗体反应。

（周庆国）

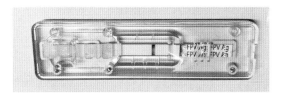

图23-2-6　传染病抗原抗体检测试剂卡（2）

使用某品牌猫瘟病毒抗原检测试剂卡，仅对照线（质控线）为红色显示检测结果为阴性。

（周庆国）

（周庆国　田野）

第八篇
基本治疗技术

小动物临床对于各类疾病均有相应的治疗方法，对于内科病、传染病和体内寄生虫病，主要采用注射或内服给药方法；对于体表寄生虫病和皮肤病，往往采用内、外给药相结合的方法；对于大部分外科病和某些产科病，在内、外给药的同时，往往还需要采用手术疗法。然而，临床最基本最多用的治疗技术是采血、给药、输液、输氧、导尿、灌肠等，日常门诊工作每天用到，也是每个宠物医生和助理必须掌握的技术。

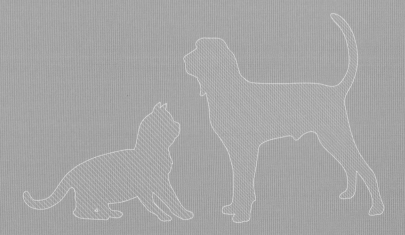

第二十四章
常用给药法

常用给药法是指使某种或某些药物进入宠物体内的途径及具体操作方法，常用的给药途径包括注射给药、口服给药、雾化给药及皮肤给药等，其中注射给药的途径较多，又包括皮下或肌肉注射、静脉、腹腔、气管或椎管内注射等。经注射途径给予的药物通常具有预防和治疗疾病的关键作用，如疫苗类、抗菌抗病毒类、镇静麻醉类、解热镇痛抗炎类等。经口腔给予（口服）的药物通常具有保健和治疗疾病的辅助作用，如驱虫类、维生素类、保肝养肾类、营养滋补类等。经呼吸道给予的雾化药物主要针对呼吸道疾病或炎症，如抗菌消炎类、镇咳平喘类等。经皮肤给予的药物则主要是预防和治疗皮肤疾病，如灭蚤杀螨类、消炎止痒类、皮肤营养类等。

一、注射给药法

注射是小动物临床最常用的给药途径，通过注射将药物直接注入宠物体内，可迅速产生疗效，避免了胃肠内容物对药物作用的影响，尤其对胃产生刺激性的药物更多地选择注射剂型及途径。注射给药常选皮下、肌肉、静脉或腹腔等途径，具体选择哪种途径，应当按照厂家指导的给药途径给药，以避免引起局部或全身的不良反应，包括对局部组织的刺激性及全身过敏反应等。

（一）皮下或肌肉注射法

皮下注射是将药物注入皮下结缔组织内，经毛细血管和淋巴管吸收后进入血液循环。因皮下有脂肪层，吸收速度较慢，一般在注射后5～10min才呈现药效。凡无刺激性或刺激性较小的注射液，如生理盐水、复方盐水和疫（菌）苗、血清等，均可皮下注射。皮下注射区域为肩胛骨后面背中线两侧胸壁皮下，常用左手三指捏起一块皮肤皱褶，右手持70%酒精棉球消毒皮肤，接着继续用右手将针头在左手拇指下逆毛方向（朝向头侧）迅速刺入皮下并推入药液（图24-1-1），注射后将针头迅速退出，用酒精棉球消毒注射点。

肌肉注射是将药液注入肌肉组织内，因肌肉内血管丰富，故药液吸收较快，并且肌肉内感觉神经较皮下少，故注射刺激性略强的药液时疼痛较轻。所以，使用刺激性略强的药液和较难吸收的药液，应当选择肌肉注射。肌肉注射区域较多，如前肢臂三头肌，或后肢半腱肌和半膜肌、股四头肌和背侧腰肌，均适合于对犬肌肉注射，而股四头肌和背侧腰肌适合于对猫肌肉注射。需要注意的是，进入针头后需回抽有无血液，若回抽出血液应另换注射点注射；若药物说明书标注需深部肌肉注射时，一般均是刺激性较大的药液，绝对不可进行皮下或浅表肌肉注射，否则会造成注射部位皮肤坏死和脱落。

进行皮下或肌肉注射时，对小型犬或大、中型犬的幼犬可采用怀抱保定法，大、中型成犬可站立于地面或诊疗台上。对于短嘴鼻犬种建议佩戴伊丽莎白圈，对嘴鼻较长犬、尤其凶恶的犬种，必须行扎口或嘴套保定并配合伊丽莎白圈，必要时可用犬笼保定。对猫可采用徒手、毛巾或猫袋保定，谨防被猫抓伤。

（二）静脉采血或注射法

从静脉少量采血多用于血常规、生化或血气电解质检验等，大量采血多用于对其他动物输血治疗。用于血液检验时，因采血量少和采血时间短，一般用连接好注射器的头皮针或连接真空采血管的专用针头直接扎入静脉采血。用于输血治疗的采血，因为采血量大和采血时间长，为防止血液凝固，一般会选择较粗的静脉，且在静脉上埋置静脉留置针，以方便重复采血和防止跑针或血管破裂。

静脉注射是将药液缓慢注入静脉血管内，随血流分布全身。临床上的静脉注射多是注入急需奏效的药品，如静脉给予多咪静、舒泰、丙泊酚等进行麻醉诱导，或给予阿托品、肾上腺素等抢救危重病例；而静脉滴注多用于补糖、补液、输血，或给予刺激性较强的药物如四环素、红霉素、氯化钙等，使得宠物能够较好地耐受（因被血液稀释）。

静脉采血或注射时，犬、猫应俯卧或侧卧，佩戴伊丽莎白颈圈或用猫袋确实保定，采血部位依据采血量而定。当采血量少时，对犬常选前肢头静脉（图24-1-2）或后肢外侧隐静脉前支（图24-1-3），而对大型犬选择跗背静脉采血或注射，操作也很方便（图24-1-4）。对猫常选前肢头静脉或后肢股内侧隐静脉（图24-1-5）。当需要大量采血时，犬、猫均可选颈外静脉（图24-1-6）。

（三）腹腔穿刺或注射法

腹腔穿刺用于采集腹腔液以检查其性质，对诊断腹腔器官的形态及机能改变有重要作

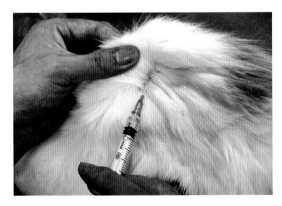

图24-1-1　皮下或肌肉注射

左手三指捏起一块皮肤皱褶，右手用酒精棉消毒注射部位后，仍用右手持一次性注射器进针。

（周庆国）

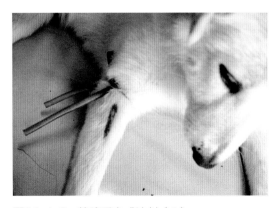

图24-1-2　静脉采血或注射（1）

用乳胶管扎紧前肢头静脉上方肢体，使头静脉充盈隆起，根据血管显露程度酌情剪毛，消毒皮肤后即可采血或注射。

（周庆国）

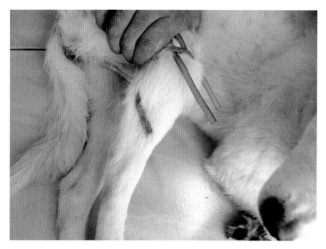

图24-1-3　静脉采血或注射（2）

用乳胶管扎紧后肢隐静脉上方肢体，使隐静脉充盈隆起，根据血管显露程度酌情剪毛，消毒皮肤后即可采血或注射。

（周庆国）

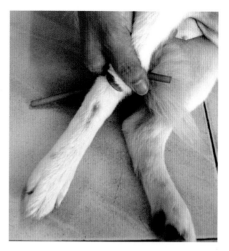

图24-1-4　静脉采血或注射（3）

用乳胶管扎紧后肢跖背静脉上方肢体，使跖背静脉充盈隆起，根据血管显露程度酌情剪毛，消毒皮肤后即可采血或注射。

（周庆国）

图24-1-5　静脉采血或注射（4）

用手指按压股内侧隐静脉进心端，使股内侧隐静脉充盈隆起，通常不必剪毛，消毒皮肤后即可采血或注射。

（周庆国）

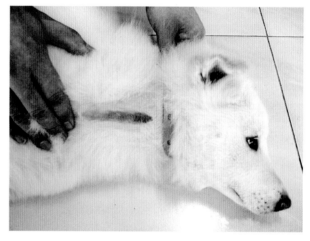

图24-1-6　静脉采血或注射（5）

用手指按压颈静脉沟，使颈静脉充盈隆起，根据血管显露程度酌情剪毛，消毒皮肤后即可采血或注射。

（周庆国）

用，并且也是改善腹水症状的一种手段。腹腔注射是将药液注入腹膜腔。腹膜面积很大，腹膜内有较丰富的毛细血管和淋巴管，当腹膜腔内有少量积液、积气时可被完全吸收。利用腹膜这一特性，可将药液直接注入腹膜腔内，经腹膜吸收进入血液循环，适用于需要补充大量液体而行静脉滴注又非常困难的病例。此外，采用腹腔封闭疗法治疗腹腔某些疾病如肠炎、腹膜炎等，具有显著的疗效。

　　行腹腔穿刺或注射时，大、中型犬可取站立位保定，腹部剃毛常规消毒，使用B超对腹腔进行初步的超声检查，在确定部位后，选择适当的套管针或已连接好三通管的头皮针刺

图24-1-7　腹腔注射法

小型犬或猫倒提保定，使用7号输液针头于耻骨前缘腹正中线旁侧刺入腹腔，回抽注射器无出血，推注无阻力，即可注射。

（周庆国）

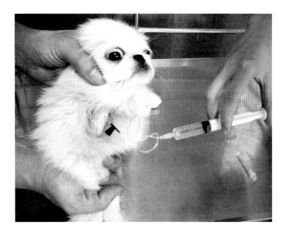

图24-1-8　气管注射法

小型犬行徒手保定，使用7号输液针头垂直刺入气管内，连接注射器回抽有气体，即可注射。

（周庆国）

入，即可抽出腹水或注入药液。小型犬、猫可施以倒提保定，使用20～24号静脉留置针于耻骨前缘腹正中线旁侧进针，当进入腹腔后退出针芯，再使动物呈站立姿势，之后连接注射器抽液或注射（图24-1-7）。在实际工作中，也可参照大动物的腹腔注射方法，使宠物取站立位，使用20～24号静脉留置针或输液器头皮针于其左、右腹侧壁后上方的腰椎横突下刺入腹腔，然后连接注射器回抽无异常，即可注射药液，也可连接输液管快速或缓慢输注。需要指出的是，用于腹腔注射的药液必须为适当加温的等渗或低渗液体，不可具有刺激性。药液剂量控制为每千克体重不超过30mL为宜。

（四）气管内注射法

气管内注射是将药液注入气管内，使药物直接作用于呼吸道病灶，对于治疗气管或肺部炎性疾病有良好的效果。注射时，对大、中型犬行站立保定，对小型犬或猫行徒手保定，助手将宠物头部上仰使颈部尽量伸直，对颈腹侧中部皮肤常规消毒，注射者一手拇指和食指固定气管，另一手持输液器的头皮针垂直刺入气管内，然后连接注射器缓慢注入药液（图24-1-8）。

二、口服给药法

经口投药是小动物临床较多应用的简便给药方法，在许多疾病的早期，口服给药具有疗效明显、治疗费用低的优点。如对消化不良、便秘、胃炎、肠炎等常见消化道疾病，口服的药物直接作用于胃肠内容物或胃肠黏膜而发挥药理作用，产生疗效迅速可靠。对于心脏病、肝病、肾病等慢性疾病，需要采取长期给药的治疗方案，而口服给药则是主人比较容易接受的方法。因此，经口投药是小动物临床不可取代的一种给药途径。依据犬、猫的生理特点和药物的不同剂型，投药一般采用以下两种方法。

图24-2-1　片、丸剂给药法（1）

左手用力打开口腔，右手食指和中指夹持药片放入口腔深部。

（周庆国）

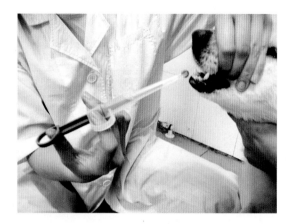

图24-2-2　片、丸剂给药法（2）

左手用力打开口腔，右手将夹持药片的投药器前端插入口腔深部，快速推入药片。

（周庆国）

（一）片、丸剂给药法

投药时使犬、猫站立或呈犬坐式体位，投药者左手从犬鼻背部或从猫头后用拇指和中指挤压口角打开口腔，右手持匙、镊或直接用手指将药片或药丸送于舌根部（图24-2-1）。投药后立即抽出匙、镊或手指，迅速合拢口腔并抬高宠物下颌，或用手掌扣打其下颌或咽部，以诱发其吞咽动作。也可使用塑料投药器，其形状与一次性注射器相似，内装少量清水，前部有夹持药片的夹头，将其插入宠物口腔深部后推进，药片与水同时进入咽部（图24-2-2）。

投药应掌握的原则是果断、快速，在打开宠物口腔瞬间将药物投入咽部。

（二）水、油剂给药法

将水性或油性药液事先吸入一次性注射器内，保定犬、猫呈站立或犬坐式体位，一手把握并适当抬高宠物头部，另一手将吸好药液的一次性注射器前端（需除去针头）从其同侧口角插入口腔，缓缓推入药液。切记不可使用旧式的玻璃注射器，否则即被宠物咬碎，甚至可能引起口腔或消化道损伤（图24-2-3、图24-2-4）。

三、雾化给药法

雾化给药是当前小动物临床治疗犬猫呼吸道疾病的好方法。雾化给药使用的仪器为超声波雾化器，其原理是通过电子振荡电路，由晶片产生超声波，通过介质水作用于药杯，使杯中的水溶性药物变成极其微小的雾粒，并经波纹管及面罩送入宠物鼻腔和呼吸道直达肺泡，直接对病灶发挥消炎、解痉、祛痰等治疗作用。超声波雾化器设有0～60min定时装置，并设有空气过滤装置、雾化量与风量调节旋钮等，有利于根据治疗需要进行调节。常用的治疗药物有抗菌药、抗病毒药、糖皮质激素、祛痰止咳剂等，一般按常规肌注剂量加入蒸馏水10～15mL，雾化治疗10～15min，可取得明显疗效（图24-3-1、图24-3-2）。

图24-2-3　水、油剂给药法（1）

对于猫或小型犬，左手保定宠物头颈不动，右手将装有药液的一次性注射器前端插入同侧口角，缓慢推注。

（周庆国）

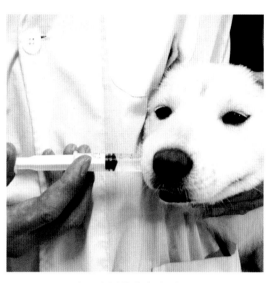

图24-2-4　水、油剂给药法（2）

对于大、中型犬，可将宠物头部贴近投药者腰部，然后将装有药液的一次性注射前端插入同侧口角，缓慢推注。

（周庆国）

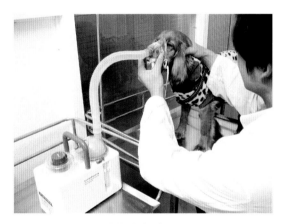

图24-3-1　雾化给药法（1）

对于安静的犬只，可将雾化器波纹管连接面罩套其口鼻部进行雾化治疗。

（周庆国）

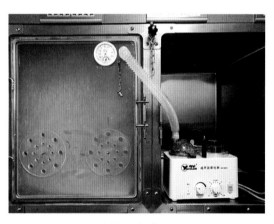

图24-3-2　雾化给药法（2）

若犬不安静或人手不足时，可用氧气笼进行雾化治疗（参看图25-2-3）。

（周庆国）

（周庆国　张丽）

第二十五章
输液法与供氧法

输液又名打点滴或者挂水，是指由静脉滴注方式输入宠物体内较大剂量的药液。使用时通过调整输液器的滴速，使药液持续而稳定地进入静脉，以补充体液、电解质或提供营养物质，一次给药通常为每千克体重30～50mL。常用药液分为三类，①电解质类：如氯化钠注射液、复方氯化钠注射液、乳酸钠注射液等；②营养类：如葡萄糖类、氨基酸、脂肪乳等；③胶体类：如右旋糖酐、淀粉衍生物、明胶等。在输液过程中应加强巡视，特别观察宠物对输液有无产生过敏反应。输液后拔针时注意按压，防止针孔出血或形成皮下血肿。对宠物留诊观察20min以上，确认无异常反应再允许离院。

供氧的作用在于提高机体动脉氧分压，改善宠物的氧气供应，减轻因代偿缺氧所增加的呼吸和循环负担，对于呼吸窘迫的临床病例常能迅速改善缺氧症状。然而，供氧效果因导致缺氧的疾病不同而有所区别，凡因肺组织病变影响换气功能，导致氧气吸收障碍或通气量不足者，供氧效果显著；凡因循环功能不全或贫血引起氧运输障碍者，供氧有一定效果，但却无法从根本上解决缺氧问题。

一、输液法

（一）皮下输液

皮下输液是指将较多剂量的药液直接输入皮下，通过皮肤下的毛细血管吸收以达到治疗的目的。皮下输液一般适用于心肺功能异常或体型较小的宠物，或作为静脉输液未能达到需要的液体量时可选择的输液方法。需要注意的是，皮下输液的液体必须是低刺激性，通常为生理盐水或乳酸钠生理盐水，输液前必须对输液部位彻底消毒，之后将液体连接头皮针和静脉导管，选择小号头皮针直接刺入皮下，再用小夹子或胶布固定于被毛或皮肤上，输液完成后直接拔出针头（图25-1-1、图25-1-2）。

（二）静脉输液

静脉输液是指将较多剂量的药液直接输入静脉，比肌肉注射、静脉注射及腹腔注射等具有更加广泛的治疗作用，除了治病所必须的关键药物外，通过静脉途径大量补液，还能补充营养，维持热量；纠正水和电解质失调，维持酸碱平衡；增加循环血量，维持血压；提高血液渗透压，减轻组织水肿和利尿等，是小动物临床不可缺少的重要治疗方法。常用的静脉输液法有以下几种。

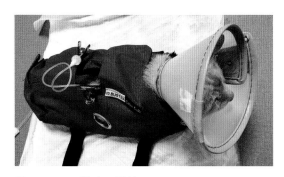

图25-1-1　猫皮下输液

对1只病猫在其背中线偏右侧胸壁皮下输液，用2个小夹子固定输液管。

（佛山先诺宠物医院）

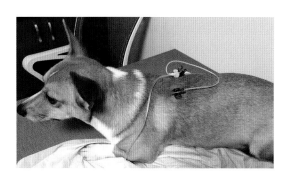

图25-1-2　犬皮下输液

对1只病犬在其左侧肩部皮下输液，用2个小夹子固定输液管和针头。

（佛山先诺宠物医院）

1. 密闭式静脉输液法　这是将一次性输液器一端连接原装灭菌药液瓶，另一端通过头皮针插入静脉进行输液的方法。该法操作简便，使用材料少，主要应用于大动物临床，较少用于小动物临床。输液时对犬、猫行俯卧或侧卧保定，将一次性输液器连接输液瓶并排出输液管中气泡，有些操作者习惯在头皮针柄上预先粘贴一段胶布条（图25-1-3），在按照前述静脉采血或注射的进针方法刺入静脉（如前肢头静脉、后肢外侧隐静脉或跖背静脉等）后，即可看见血液回流，然后将针头全部推入血管，再将预先粘贴在针柄上的胶布条环绕肢体数圈以固定针柄，接着把头皮针细管向上折转，用剩余胶布条缠绕该细管将其固定。这种输液方法存在明显的弊端，如果宠物挣扎或肢体活动范围稍大，则静脉内的头皮针很容易扎透血管壁或从血管滑出而引起肿胀和疼痛，因此通常需要将宠物保定于犬笼内并用手牵拉其肢体以制止其活动，结果又会造成患病宠物不舒适（图25-1-4）。所以，小动物临床静脉输液大多是采取下述的静脉留置针输液法。

图25-1-3　密闭式静脉输液法（1）

将头皮针刺入静脉后，用预先粘贴好的胶布条顺时针缠绕以固定针柄和细管。

（周庆国）

图25-1-4　密闭式静脉输液法（2）

助理牵拉保定于犬笼内的输液犬前肢，不仅耗费了一个人力，而且患犬很不舒适。

（周庆国）

2. 静脉留置针输液法　静脉留置针又称为套管针，由针芯、外套管、针柄及肝素帽等组成。静脉留置针外套管柔软无刺激，与血管相融性好，能在血管内停留数天时间。输液使用静脉留置针，可减少每天输液穿刺进针给患病宠物带来的痛苦，避免宠物骚动造成针头滑出血管引起注射部位肿胀，并且可在肢体上保留3～5d，为持续治疗给药提供极大的方便。尤其对于麻醉和手术病例使用静脉留置针，可以保持畅通的静脉通道，有利于在宠物紧急情况时快速给药抢救。

静脉留置针的使用方法：①常规结扎或按压静脉近心端使血管充盈、隆起，使用70%酒精棉消毒穿刺部位；②撕开包装和去除针套，保持针芯斜面向上，右手以拇指和食指捏紧留置导管护翼，将针头与皮肤呈15°～30°角穿刺（图25-1-5），看见回血后降低角度，将留置导管再推进0.2～0.5cm；③以左手拇指固定留置导管护翼，右手抽出针芯0.5～1cm（图25-1-6），再以右手将留置导管全部推入静脉，并完全抽出针芯；④松开乳胶管，在留置导管末端旋上肝素帽（图25-1-7），向肝素帽内注入0.5mL肝素生理盐水溶液（图25-1-8）；⑤先用几条医用纸胶带将留置导管简单固定于肢体上（图25-1-9），然后继续环绕胶带将留置导管与肢体可靠固定（图25-1-10）；⑥把备好的输液器头皮针刺入肝素帽内进行输液，输液完毕向肝素帽内注入0.5mL肝素液，以边推注边退针的方式进行封管；⑦再次输液时，用70%酒精棉常规消毒肝素帽，使用一次性注射器先回抽检查有无堵塞，再向肝素帽内推注适量的生理盐水，以检查留置导管是否通畅。如能将生理盐水推入血管，即可将输液器头皮针刺入肝素帽内再次输液；如发现留置导管阻塞不通，可吸取少量肝素液冲洗后尝试再次输液。如果仍不成功，应更换留置导管或使用普通输液器头皮针进行输液。

肝素生理盐水溶液配制方法：将1支1.25万U的肝素溶解于1 250mL生理盐水中，即每毫升含10U肝素，每次封管用量0.5mL，维持抗凝6～8h。

使用静脉留置针，虽然减少了每次输液穿刺皮肤和血管给宠物造成的疼痛，有效地避免了针头刺穿血管造成药液外渗引起的肿胀，但留置针固定不牢靠或犬、猫随意走动，也有滑

图25-1-5　静脉留置针输液法（1）

常规结扎静脉近心端使血管充盈、隆起，使用70%酒精棉消毒穿刺部位后，右手以拇指和食指夹紧导管针护翼，准备穿刺。

（佛山先诺宠物医院）

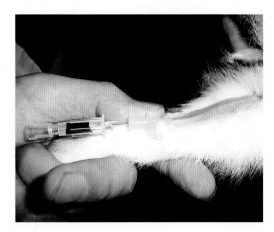

图25-1-6　静脉留置针输液法（2）

看见回血后，右手将导管针推进0.2～0.5cm，接着用左手拇指压紧导管针护翼，右手将针芯适当后退，并将留置导管全部推入静脉。

（佛山先诺宠物医院）

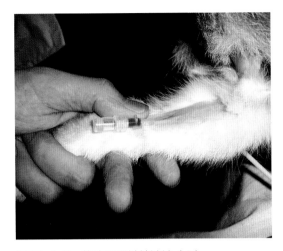

图25-1-7　静脉留置针输液法（3）

完全抽出针芯后松开乳胶管，在留置导管末端旋上肝素帽。

(佛山先诺宠物医院)

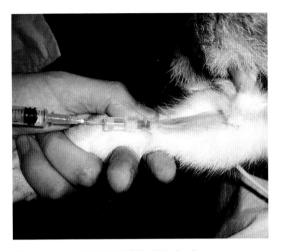

图25-1-8　静脉留置针输液法（4）

通过肝素帽注入0.5mL肝素液封管。

(佛山先诺宠物医院)

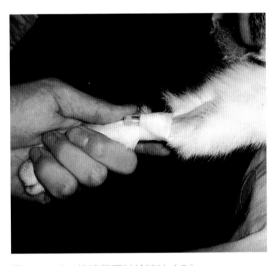

图25-1-9　静脉留置针输液法（5）

用纸胶带或透明塑料胶带缠绕固定导管针护翼和肝素帽。

(佛山先诺宠物医院)

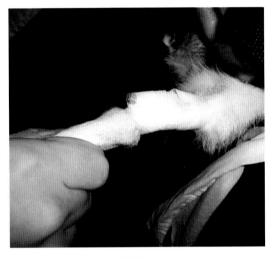

图25-1-10　静脉留置针输液法（6）

反复缠绕胶带，确实保护导管针护翼和肝素帽，防止脱落或被宠物咬坏。

(佛山先诺宠物医院)

出血管的可能。因此，传统的输液方法都是将宠物放在专门的输液台上，主人在旁边守护、观察或在宠物过度活动时适当固定，以避免出现意外，参看图2-2-46。实际上，将宠物放于特制的留观笼或住院笼中输液并使用输液泵监控是值得推广的好方法，可以有效地控制宠物在有限空间里适度活动，精确地控制输液流量或速度，而且输液泵还具有气泡、阻塞与输完报警、药液加温等功能，从而减少主人或助理长久牵拉和观察造成的疲劳，极大地节省了门诊人力（图25-1-11，参看图2-2-47、图2-2-48）。在临床工作上，对于输液量较多且输液速度较快的输液监控，通常选用常规的输液泵；而对于体型较小的犬猫，因为要求输液量少，且流速慢，最宜选用微量注射泵（图25-1-12）。

图25-1-11　使用输液泵输液法

适用于输液量较大时，即输液量大于50mL时。

（佛山先诺宠物医院）

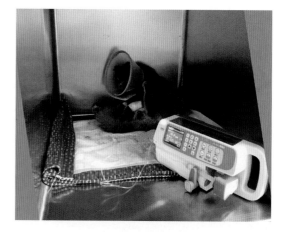

图25-1-12　使用微量注射泵输液法

适用于体型很小的宠物或输液量小于50mL时。

（佛山先诺宠物医院）

二、供氧法

供氧的作用在于提高宠物动脉氧分压，改善机体的氧气供应，减轻因代偿缺氧所增加的呼吸和循环负担。小动物临床常用于呼吸系统疾病、心血管疾病或血液病等导致的呼吸困难或缺氧状态，如肺充血、肺水肿、肺炎、气胸、心力衰竭、严重贫血、休克等。此外，外科手术实施气体麻醉也需输入挥发性麻醉药与氧气的混合气体。不同疾病所致缺氧的原因不同，供氧效果也不同。由于肺组织病变影响换气功能，导致氧气吸收障碍或通气量不足的病症，供氧效果显著；而因循环功能不全或贫血引起氧运输障碍的病症，供氧有一定效果，但无法从根本上解决缺氧问题。临床供氧时，氧气需通过湿化瓶，以水温45℃左右效果最好，未经加温和增湿的氧气会使宠物体温降低。

供氧所需的基本器材为氧气瓶或制氧机、流量计与湿化瓶、鼻导管、面罩或氧气笼等。常用的供氧方法有以下几种。

（一）鼻导管供氧法

鼻导管供氧法是小动物临床常用的简单易行的供氧方法，首先清除病犬的鼻液、鼻痂，将人用的吸氧管一端连接湿化瓶的氧气输出口，将另一端轻柔地放入病犬鼻孔内，然后用胶带将吸氧管固定于犬鼻孔周围皮肤上，防止滑落。氧流量为0.5～1L/min，吸入氧浓度为30%左右。对于鼻孔细小的犬或猫，则可将吸氧管粘贴在伊丽莎白圈内（图25-2-1），另用保鲜膜或清洁无味塑料袋套住伊丽莎白圈的90%部分（不可完全密闭，留出CO_2排出口）（图25-2-2），然后打开氧气瓶阀门，以3～5L/min的流量输入氧气，可维持圈内氧浓度在40%～50%，而无二氧化碳积蓄。

（二）面罩供氧法

如果采用上述方法供氧效果不理想，即呼吸困难未获得明显改善，可使用麻醉专用面罩

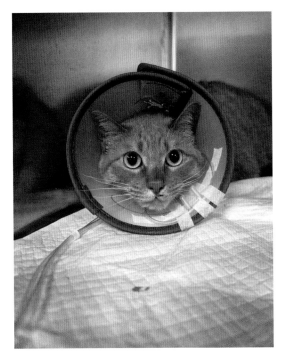

图25-2-1　鼻导管供氧法（1）

将人用吸氧管牢固粘贴在伊丽莎白圈内。

（佛山先诺宠物医院）

图25-2-2　鼻导管供氧法（2）

用清洁无味塑料袋套住伊丽莎白圈。

（佛山先诺宠物医院）

供氧。麻醉专用面罩有多种型号，可根据宠物品种特点及体格大小选择，一般适用于病情较重的病例（参看图7-1-9、图7-1-10）。使用面罩供氧时口鼻皆可吸氧，效果比相同流量的鼻导管给氧法要好。氧流量为1~3L/min，吸入氧浓度为50%~60%。

（三）氧气笼供氧法

氧气笼供氧法是临床较方便的一种供氧方法，目前既有商品化的氧笼，也有将不锈钢住院笼门换成氧笼门而作为氧笼使用。氧笼门为树脂或有机玻璃门，门上安装了1~2个紧贴门面的转盘，转盘上面有与门面相通的若干气孔，通过旋转转盘使这些气孔相互对合或错位，以达到调节笼内氧气浓度和湿度的目的（图25-2-3）。氧流量为3~4L/min，吸入氧浓度为40%~50%。

宠物专用治疗监护室又称为宠物ICU，是专为小动物创造的最佳生存及治疗环境。设备采用微电脑对室内温度、湿度进行精确控制，使得供热均匀、温湿度稳定，有利于维持小动物体温。室内光照为多级调节，模拟各种自然环境配合治疗。系统具有高效消毒、杀菌、除臭、过滤等功能，还具备输液、供氧与监测口及雾化治疗功能，最大程度地满足了小动物治疗及监护所需要的所有医疗条件。临床对于呼吸困难的病例，可将连接氧气瓶或制氧机的一次性吸氧管经该设备的供氧口插入室内，即形成一个优良的"氧仓"（图25-2-4）。

需要提示的是，吸氧时并不是浓度越高、时间越长越好，缺氧的宠物若长时间持续高浓度吸氧（浓度超过60%），肺部毛细管屏障被破坏，导致肺水肿、肺淤血和出血，其呼吸困难将会加重，甚至发生心肺功能衰竭而死亡，此时即为氧中毒，一般多在使用呼吸机或机械

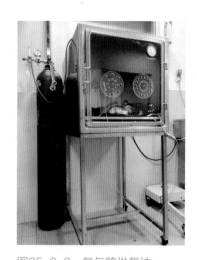

图25-2-3　氧气笼供氧法

将连接湿化瓶的吸氧管一端经门上转盘孔插入氧笼内。

（周庆国）

图25-2-4　制氧机配合ICU供氧法

使用制氧机和宠物ICU供氧，适用于新生宠物体温复苏，患病宠物输液、供氧及雾化治疗，重症宠物抢救及监护等。

（周庆国）

正压给氧时发生，而采用鼻导管、鼻塞甚至面罩等一般供氧方法，均不会达到这个浓度。为了预防氧中毒应注意以下两点：①当宠物经吸氧病情好转应及时停止吸氧；②给氧浓度一般要低于60%，时间短于24h。

（张丽　周庆国）

第二十六章
导尿法与灌肠法

导尿是指经由尿道插入导尿管到膀胱，引流出尿液，以达到诊断或治疗的目的。临床常对排尿不畅或发生尿闭的病例进行导尿，根据导尿管插入是否顺畅，判定有无尿道结石，同时防止膀胱过度充盈而破裂。通过导尿采集尿液进行理化性质或尿沉渣检验，能对尿路感染或某些全身性疾病做出诊断。对于膀胱炎、尿道炎或接受了膀胱切开术的病例，通过导尿管可对膀胱进行反复灌洗，能有效地控制感染、消炎和止血。

灌肠是指将导管自肛门经直肠插入结肠内灌注液体，以达到通便排气的治疗目的。灌肠过程能刺激肠蠕动，软化、清除粪便，并有降温、催产、稀释肠内毒物而减少吸收的作用。此外，灌肠也是临床给予药物、营养、水分等的一个重要途径。小动物临床主要作为巨结肠症（便秘）、肠炎、早期肠套叠等病症的一种保守疗法或辅助疗法。当宠物呕吐剧烈且静脉输液有困难时，也可以作为营养补给途径之一。

一、导尿法

导尿法分为导管留置性导尿与间歇性导尿，前者是将导尿管插入膀胱后留置于体内数天，每天经导尿管排出尿液，再用适宜的药液进行灌洗，当感染或炎症获得控制后拔出管子，适用于患有膀胱炎、尿道炎或接受了膀胱切开术的病例；后者是每隔一段时间进行一次导尿，当膀胱排空后即将导尿管拔出，适用于患有膀胱结石但不常造成堵塞的病例，只是在发生堵塞时进行导尿。

犬、猫各有其专用导尿管，形状类似于医用普通导尿管，型号齐全，容易选择，进行一次性或间歇性导尿时很好使用。但因导尿管前端（头部）无气囊容易从尿道滑出和脱落，不大适用于留置性导尿。医用导尿管种类繁多，普通导尿管多用于一次性非留置性导尿，菌状导尿管多用于耻骨上膀胱造瘘、盲肠造瘘，尖头导尿管多用于前列腺肥大病例的导尿，金属导尿管多用于尿道口狭窄且无法插入普通导尿管的病例，气囊导尿管则用于留置性导尿。医用普通导尿管价格便宜，但硬度不如犬猫专用导尿管，小动物临床可用于患有膀胱炎、尿道炎或接受了膀胱切开术的病例。医用气囊导尿管可在施行膀胱切开术时置入，随后向气囊内注入生理盐水，比注入气体能更好地防止导尿管滑出和脱落。

（一）公犬导尿法

公犬侧卧保定，将上面的后肢拉向后方固定，对包皮口附近皮肤剃毛消毒，检查龟头和包皮囊有无感染发炎，必要时用适宜的消毒液清洗后再行插管，并在插管过程中防止导尿管污染。根据犬的体型大小，一般选择6～12号导尿管，内径一般为1～3mm。使用前将导尿管浸入0.1%新洁尔灭溶液中消毒，操作者戴无菌乳胶手套，一只手推动包皮使阴茎龟头充分暴露，另一只手将导尿管经尿道外口徐徐插入尿道内，并缓慢向膀胱内推进。为降低阻力，减少导尿管对尿道的刺激，可在导尿管外壁涂抹水溶性的润滑剂。当导尿管顶端到达坐骨弓处时，用手指隔着皮肤压迫导尿管顶端使其弯向骨盆腔，有助于导尿管进入膀胱。导尿管进入膀胱后即有尿液流出，事先备好肾形盘或一次性口杯接尿（图26-1-1）。导尿完毕，向膀胱内注入0.02%～0.05%新洁尔灭、碘伏、洗必泰或适宜的抗生素生理盐水，然后留置或拔出导尿管。

（二）母犬导尿法

对母犬镇静后俯卧，后躯抬高保定。操作者戴无菌乳胶手套，先用0.05%～0.1%新洁尔灭溶液或碘伏清洗阴门及阴道前庭，一手持手电筒或麻醉喉镜照明，必要时由助手协助开张阴门，另一手持涂抹了润滑剂的专用导尿管于阴道腹侧探查尿道口并徐徐向膀胱推进，直至尿液流出。导尿完毕，向膀胱内注入0.02%～0.05%新洁尔灭、碘伏、洗必泰或适宜抗生素生理盐水，然后留置或拔出导尿管。

（三）公猫导尿法

公猫的阴茎很短，且尿道极细，猫本身又有抓咬的习性，所以给公猫导尿在猫身体条件允许下需要全身镇静或若状况差也要做好可靠保定，同时还需使用硬度适宜的猫专用导尿管。猫用导尿管质地稍硬且有弹性，内有不锈钢芯，在插入尿道时起到关键的支撑作用，能够保证导尿管顺利插入尿道及膀胱，是顺利实施导尿的必备材料（图26-1-2）。对于患有尿道结石引发的排尿困难的公猫，常常会发现其尿道严重水肿、狭窄，且有黏稠的白色结晶堵塞，甚至连专用的最小号的导尿管也无法进入。此时可选用24G或26G静脉留置针的软针管，连接注射器，使用局部麻醉药物进行尿道口的冲洗。待通畅后再用专用导尿管插入膀胱内，并将导尿管固定在包皮上。

图26-1-1　公犬导尿法

操作者戴无菌乳胶手套，一手将包皮后拉以充分显露龟头，另一手向尿道徐徐插入导尿管，直至尿液流出。

（周庆国）

图26-1-2　公猫导尿法

操作者戴无菌乳胶手套，一手将包皮后退以充分显露龟头，另一手向尿道徐徐插入导尿管。图示正确的操作手法。

（周庆国）

二、灌肠法

灌肠多用于犬、猫消化系统疾病的辅助治疗，如巨结肠症（便秘）的保守疗法常用液体石蜡或温热肥皂水作为灌肠液，以促使积粪排出而缓解症状；肠炎的辅助治疗常用适当加温的抗生素生理盐水灌肠，具有排除肠腔内毒素和消退肠道炎症的作用；肠腔出血可用含有肾上腺素或云南白药等的液体灌肠，能获得良好的止血效果。

灌肠时犬、猫站立或将其后躯抬高，助手固定其头部限制其走动。灌肠所用的0.1%～0.2%肥皂液、生理盐水或药液事先加温至39℃左右（发热病例所用灌肠液为28～32℃，中暑病例所用灌肠液为4℃），剂量一般为每千克体重8～12mL。所用胶管浸蘸液体石蜡，操作者一手提起尾巴，另一手将灌肠胶管插入肛门，直到有阻力为止（图26-2-1、图26-2-2）。接着连接一次性输液管，将液体注入直肠。如直肠积粪较多，先注入部分液体促使宠物产生排便反应，待宠物大量排便后再将所余液体继续灌入肠腔。

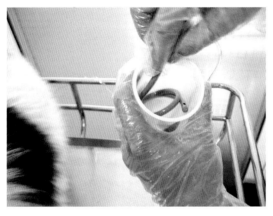

图26-2-1　犬灌肠法（1）

操作者戴乳胶或塑料手套，将灌肠胶管浸蘸液体石蜡润滑后备用。

（周庆国）

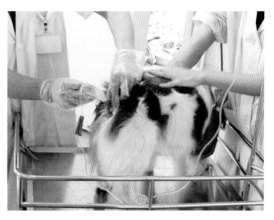

图26-2-2　犬灌肠法（2）

助手保定宠物不动，操作者一手提起尾巴，另一手将灌肠胶管插入肛门，然后将预先剪掉头皮针接头一端的输液管插入灌肠管中，即可开始灌肠。

（周庆国）

（周庆国　张丽）

第九篇
传染性疾病

　　传染性疾病即传染病，指可以在犬与犬、猫与猫或犬与猫之间相互传染的一大类疾病。每种传染病都由其特异的病原微生物引起，包括病毒、细菌、支原体、衣原体、立克次体及钩端螺旋体等。通常把由病毒引起的传染病称为病毒性传染病，而把病毒以外其他病原微生物引起的传染病统称为细菌性传染病。每种传染病均具有一定的潜伏期、临诊表现和传染性，易感动物通过呼吸道、消化道、皮肤黏膜或血液等途径接触病原微生物后即被感染，并表现与发病动物相同或相似的症状，这是与非传染病进行区别的重要特征。病原微生物不同，引起的疾病特点不同，甚至有很大差异，但也有表现相同或相似的临诊特征，从而导致诊断的复杂性和治疗的多样性。

　　传染病的传播和流行必须具备3个环节：① 传染源，指患病动物或病原携带动物，或该动物的分泌物、排泄物和用具等；② 传播途径，指病原体传染给其他动物的途径，如呼吸道、消化道、皮肤黏膜或血液等；③ 易感动物，指对该种传染病无免疫力的动物。小动物临床防治犬猫传染病的有效措施是院内严格隔离患病动物，阻断病原微生物在院内可能的传播途径；对未接受免疫注射的犬猫的主人进行广泛的宣传，对易感犬猫定期实施免疫注射。

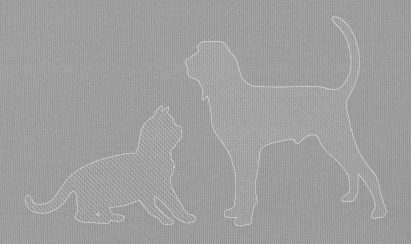

第二十七章
病毒性传染病

　　病毒性传染病是对犬、猫生命危害最大的一类疾病，其中部分疾病呈致死性。按照受侵害的主要器官或系统分类，有助于根据患病动物的临诊症状认识这些疾病。在犬多发的病毒性传染病中，有主要表现呼吸系统、消化系统和神经系统症状的犬瘟热，有主要表现消化系统症状的犬细小病毒或冠状病毒感染，有主要表现消化系统症状和肝、肾、脑、眼等小血管病变的犬传染病肝炎，有主要表现呼吸系统症状的犬传染性气管支气管炎等。在猫多发的重要传染病中，有主要表现消化系统症状的猫泛白细胞减少症，有主要表现呼吸系统症状的猫病毒性鼻气管炎和猫杯状病毒感染，有主要表现渗出性腹膜炎或多脏器肉芽肿病变的猫传染性腹膜炎，有主要表现全身淋巴瘤的猫白血病等。小动物临床对于犬猫病毒性传染病的诊断思路是以症状为线索，随即使用病毒快速检测试纸板（采用胶体金免疫层析技术研制）进行病原学检查，无论是否呈阳性结果，都有必要进行血常规、血液生化、血气及电解质、尿液、急性期蛋白等检查，以了解宠物机体所发生的病理生理学改变及其程度。对于引起呼吸道、消化道或腹部、其他部位等异常的传染病，也需在必要时进行X线或B超检查，以判断宠物机体所发生的病理形态学改变，以及是否并发或继发了其他疾病。

一、犬瘟热

　　犬瘟热是对犬威胁最大的高度接触性传染病，具有非常突出的一系列临床症状，以病初呈现双相性体温升高、眼鼻有浆液性或脓性分泌物、出现呼吸道和胃肠道感染症状、中后期发生肌肉抽搐或瘫痪等神经症状为特征。

（一）病原与感染特点

　　病原为副黏病毒科、麻疹病毒属的犬瘟热病毒（Canine distemper virus，CDV），目前仅有一个血清型，可感染多种细胞与组织，但亲嗜性最强的是淋巴细胞和上皮细胞，使机体的细胞免疫与体液免疫功能受到严重破坏。有资料介绍，除了导致支气管败血波氏杆菌、溶血性链球菌、消化道沙门氏菌、大肠杆菌、变形杆菌的继发感染外，也有腺病毒、冠状病毒的混合感染。传染源主要是病犬和带毒犬，犬场可因引入带毒犬引起本病流行。病犬和带毒犬的鼻液和唾液带有大量病毒，其泪液、血液、尿液、粪便及呼出的气体也含有病毒，主要通过空气、飞沫传播，造成食物、饮水、用品及周围空气等的污染，传染性极强。易感动物主要是多种犬科、鼬科和浣熊科动物，主要经呼吸道感染，其次是消化道，无年龄、性别和品种区别，但以1岁之内，尤其2~6月龄的未免疫幼犬在母源抗体消失后最易感，往往成窝发病，感染的幼犬死亡率高达80%以上。猫和猫属动物可隐性感染，其他家养小动物如小鼠、豚鼠、鸡、仔猪、家兔等和人对本病无易感性。

（二）症状

主要表现以下几个方面。

1. 双相性体温升高　本病潜伏期3~6d。多数病犬于感染后第4天、少数于第5天体温升高达39.8~41℃，持续1~2d，接着有2~3d的缓解期（体温为38.9~39.2℃）。随后体温再度升高，出现典型的呼吸系统和消化系统感染症状，少数病例于病初即表现神经系统感染症状，病程长达数周。

2. 呼吸系统表现　随着体温升高，病犬精神沉郁，食欲不振，眼睛湿润、流泪，有浆液性鼻液，偶有咳嗽或人工诱咳阳性（图27-1-1、图27-1-2）。随着病情发展（发病约1周），眼、鼻分泌物转为黏液性或黏脓性，喉气管及肺部听诊呼吸音粗厉（图27-1-3、图27-1-4）。在疾病中、后期常表现出支气管肺炎或纤维素性肺炎症状，病犬鼻端干燥（裂），呼吸急促。在发病1~2周后，多数病犬表现本病常有的化脓性结膜炎外观：脓性眼眵附着于内外眼角与上下眼睑，有些病犬眼角和眼睑周边脱毛，似戴一副眼镜状（图27-1-5、图27-1-6）。

3. 消化系统表现　病初常有呕吐表现，但呕吐次数不多，食欲减退或废绝，对本病具有一定的示病意义。在发病中后期，幼犬多排出带有黏液或血液的深咖啡色稀便（图27-1-7、图27-1-8），成年犬常排出少量黑色或暗红色软便或多日无便。病犬因呕吐、腹泻及食欲废绝，逐渐呈现脱水与衰竭体征（图27-1-8）。

4. 神经系统表现　在发病2~3周或上述症状有所缓解后，多数病犬易出现神经系统感染症状，有的表现口唇、眼睑、耳根抽动，或转圈、翻滚、四肢阵发性抽搐（图27-1-9），或后肢软弱无力、麻痹、共济失调。尤其当咀嚼肌出现反复节律性颤动或抽搐时，此乃本病的特征性症状，可在发病的初期或中后期出现，具有重要的示病意义（图27-1-10）。

图27-1-1　犬瘟热早期表现（1）

病犬眼睛湿润，有浆液性鼻液。

（周庆国）

图27-1-2　犬瘟热早期表现（2）

随着病情发展，上下睑缘明显湿润，有浆液性鼻液。

（周庆国）

图27-1-3　犬瘟热中期表现（1）

随着病情发展，双眼出现黏液性分泌物。

（周庆国）

图27-1-4　犬瘟热中期表现（2）

随着病情发展，双眼有多量黏脓性分泌物。

（周庆国）

图27-1-5　犬瘟热后期表现（1）

脓性眼眵附着于内外眼角与上下眼睑。

（周庆国）

图27-1-6　犬瘟热后期表现（2）

因泪液和眼屎浸渍，眼睑脱毛似戴一副眼镜，同时有少量黏脓性鼻液。

（周庆国）

图27-1-7　犬瘟热中后期表现（1）

深咖啡色血便是犬瘟热幼犬的常见症状。

（周庆国）

图27-1-8　犬瘟热中后期表现（2）

病犬排出深咖啡色血便，重度脱水和衰竭。

（周庆国）

图27-1-9　犬瘟热中后期表现（3）

图27-1-2的病犬，四肢阵发性抽搐。

(周庆国)

图27-1-10　犬瘟热中后期表现（4）

咀嚼肌节律性颤动为本病的特征性表现，病犬口角黏附并喷出大量泡沫。

(周庆国)

图27-1-11　犬瘟热初期表现

病犬腹下和股内侧皮肤上常出现大量脓疱。

(周庆国)

图27-1-12　犬瘟热中后期表现（5）

部分病犬四肢脚垫过度增生、角质化。

(周庆国)

5. 其他方面表现　幼龄病犬可表现齿釉质发育不全（牙齿有纹孔）。部分病犬于腹下和股内侧皮薄处出现米粒至豆粒大小的红斑、水疱或脓疱（图27-1-11），可称为脓疱性皮炎；在使用抗生素治疗后，这些脓疱往往很快干枯消失。部分病犬于发病2周后，其鼻端和四肢脚垫角质化过度、变硬（图27-1-12），当疾病康复后，硬化的鼻端、脚垫的角质层会逐渐脱去。

（三）诊断

根据病犬表现本病典型症状和免疫不全的记录，可做出初步诊断，但在发病初期需与感冒进行鉴别。据临床观察，病犬病初双眼一般多因流泪而呈所谓"泪汪汪"表现，或上下眼睑黏附多量黏脓性分泌物，有球结膜充血的表现，而感冒一般没有这种现象。目前，有采用胶体金免疫层析技术研制的多个品牌的CDV检测试纸卡（板）被大多数宠物诊所或医院采用，取病犬眼、鼻分泌物、唾液或尿液等，置于附带的稀释液中充分混匀静置后，取上清液滴于样品孔内，可在数分钟内做出诊断（图27-1-13、图27-1-14）。有的病例可能同时感染腺病毒或副流感病毒，因此最好采用犬瘟热病毒-腺病毒/副流感病毒二联检测试纸卡（板），有助于对病原和病犬做出正确诊断。需要指出的是，采用胶体金免疫层析技术研制的病毒快速检测试纸的特异性很高，敏感性稍差。包喜军等（2014）给7只3～6月龄罗威纳幼犬鼻孔滴入犬瘟热患犬的口腔、鼻腔和眼睛分泌物稀释液，幼犬在接种后3～5d出现类似感冒症状，于第5天采集所有幼犬鼻腔和眼睛分泌物用胶体金试纸卡检测均呈阴性，而第10天重复检测均呈阳性。从而表明，胶体金快速检测试纸卡的检测结果受检测时间和样本病毒含量的影响，明确这个原理有助于减少犬瘟热临床诊治中的医患纠纷。

血液常规和血清生化检验对于本病的诊断意义不大，但对预后或判断治疗效果却有很大的帮助。未治疗的病犬常出现不同程度的并发症，血常规检查结果差异很大。临床上经常看到，在发病初期，病犬白细胞总数、中性粒细胞和淋巴细胞数呈一致性减少，而红细胞、血红蛋白、红细胞压积和白蛋白等无明显变化或呈轻度减少。至发病中后期，有的病犬血液白细胞总数、中性粒细胞和淋巴细胞数常在正常范围，仅中性粒细胞百分比增多，淋巴细胞百分比减少；有的病犬血液白细胞总数和中性粒细胞明显增多，淋巴细胞数及百分比无异常变化，呈现典型的细菌感染血象，而红细胞、血红蛋白和白蛋白显著减少，呈现明显的贫血和低蛋白血症。血小板通常均显著减少（图27-1-15、图27-1-16）。肝肾功能一般无明显变化。

剖检死亡病犬能够发现几乎全身组织器官的病理变化（图27-1-17至图27-1-21），遇秀玲等（1994）采用免疫组化间接BA法对临诊疑似犬瘟热病犬脏器组织中的抗原进行了定位检查并进行了系统病理学观察，结果表明，发病犬大脑、小脑、延髓、肺、心、脾、膀胱、肠、肝、胰、肾上腺等组织细胞及血管内皮、支气管上皮细胞胞质内均可见抗原阳性反应，同时抗原呈阳性反应的组织器官中均可见不同程度的病理变化。包涵体检查是诊断犬瘟热的重要辅助方法，包涵体主要存在于膀胱黏膜、支气管上皮细胞和肾盂上皮细胞内，且多数在细胞质内，1个细胞可能有1～10个，呈圆形或椭圆形（图27-1-22）。

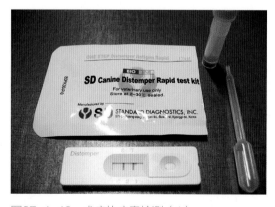

图27-1-13　犬瘟热病毒检测（1）

各品牌的犬瘟热病毒检测试剂包基本相同，含一小瓶样品稀释液、一次性吸管和检测试纸卡。

（周庆国）

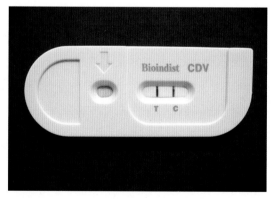

图27-1-14　犬瘟热病毒检测（2）

判定方法：检测线（T）和对照线（C）同时显色为阳性，仅对照线（C）显色为阴性，如对照线（C）不显色为检测无效，可能是不正确操作或是检测卡失效。

（周庆国）

参数		结果	参考范围	参数		结果	参考范围
WBC 白细胞数目	L	2.4x10⁹/L	6.0-17.0	HCT 红细胞压积	L	38.9%	39.0-56.0
Lymph# 淋巴细胞数目	L	0.6x10⁹/L	0.8- 5.1	MCV 平均红细胞体积	L	60.7fL	62.0-72.0
Mon# 单核细胞数目		0.1x10⁹/L	0.0- 1.8	MCH 平均红细胞血红蛋白含量	L	18.5pg	20.0-25.0
Gran# 中性粒细胞数目	L	1.7x10⁹/L	4.0-12.6	MCHC 平均红细胞血红蛋白浓度		305g/L	300-380
Lymph% 淋巴细胞百分比		25.8%	12.0-30.0	RDW 红细胞分布宽度变异系数		15.3%	11.0-15.5
Mon% 单核细胞百分比		4.1%	2.0- 9.0	PLT 血小板数目	L	55x10⁹/L	117-460
Gran% 中性粒细胞百分比		70.1%	60.0-83.0	MPV 平均血小板体积		8.4fL	7.0-12.0
RBC 红细胞数目		6.41x10¹²/L	5.50-8.50	PDW 血小板分布宽度		15.5	
HGB 血红蛋白		119g/L	110-190	PCT 血小板压积		0.046%	

图27-1-15　一例犬瘟热幼犬患病早期血常规检查结果

白细胞总数、中性粒细胞和淋巴细胞数呈一致性减少，红细胞和血红蛋白等指标未出现变化，血小板显著减少，提示机体处于病毒感染阶段。

（佛山先诺宠物医院）

参数		结果	参考范围	参数		结果	参考范围
WBC 白细胞数目	H	21.9x10⁹/L	6.0-17.0	HCT 红细胞压积	L	15.2%	39.0-56.0
Lymph# 淋巴细胞数目		3.6x10⁹/L	0.8- 5.1	MCV 平均红细胞体积	H	83.51fL	62.0-72.0
Mon# 单核细胞数目		1.3x10⁹/L	0.0- 1.8	MCH 平均红细胞血红蛋白含量		21.8pg	20.0-25.0
Gran# 中性粒细胞数目	H	17.0x10⁹/L	4.0-12.6	MCHC 平均红细胞血红蛋白浓度	L	263g/L	300-380
Lymph% 淋巴细胞百分比		16.3%	12.0-30.0	RDW 红细胞分布宽度变异系数	H	20.1%	11.0-15.5
Mon% 单核细胞百分比		6.1%	2.0- 9.0	PLT 血小板数目	L	33x10⁹/L	117-460
Gran% 中性粒细胞百分比		77.6%	60.0-83.0	MPV 平均血小板体积		11.0fL	7.0-12.0
RBC 红细胞数目	L	1.83x10¹²/L	5.50-8.50	PDW 血小板分布宽度		16.5	
HGB 血红蛋白	L	40g/L	110-190	PCT 血小板压积		0.036%	

图27-1-16　一例犬瘟热幼犬患病中期血常规检查结果

白细胞总数和中性粒细胞数增多，淋巴细胞数没有改变，红细胞和血红蛋白等指标有明显改变，血小板显著减少，提示机体处于细菌继发感染阶段和贫血状态。

（佛山先诺宠物医院）

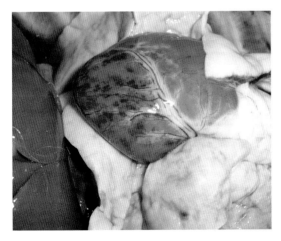

图27-1-17　犬瘟热病犬剖检（1）

图27-1-6中的病犬心外膜大片状出血。

（周庆国）

图27-1-18　犬瘟热病犬剖检（2）

图27-1-6中的病犬肺脏点状出血。

（周庆国）

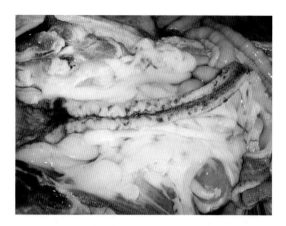

图27-1-19　犬瘟热病犬剖检（3）

图27-1-6中的病犬小肠黏膜多处点状出血。

（周庆国）

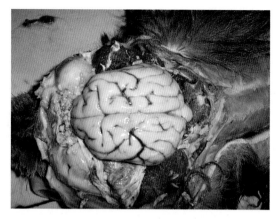

图27-1-20　犬瘟热病犬剖检（4）

图27-1-6中的病犬脑部血管充血。

（周庆国）

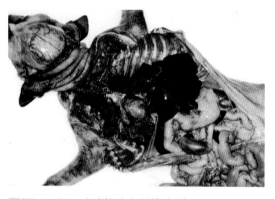

图27-1-21　犬瘟热病犬剖检（5）

图27-1-8中的病犬肺充血出血，胃幽门部浆膜充血出血，小肠充气和肠系膜充血，脑部血管充血，主要提示呼吸系统、消化系统和神经系统炎症。

（周庆国）

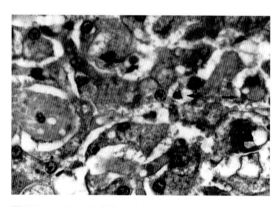

图27-1-22　犬瘟热病犬肝脏切片

肝细胞肿大，在变性的肝细胞中可见胞质内呈红色圆球状的包涵体。

（HE 400×，陈怀涛）

（四）预后

在病初病犬尚未出现典型症状时，尽快注射犬瘟热单克隆抗体或大剂量高免血清，可使免疫状态增强到足以阻止疾病发展。若特征性临床症状、尤其是神经症状出现后，则预后不良，病犬即使经过耐心治疗后幸存，往往遗留肢体抽搐或意识不清的后遗症。

（五）治疗

病初尽快注射抗犬瘟热病毒单克隆抗体或高免血清，以中和细胞外游离的CDV，剂量通常为每千克体重1~2mL，并且每治疗3d最好做一次血常规、C反应蛋白检验，以监测机体的炎症变化，根据病情及时调整用药，有利于提高治愈率。为抑制病毒增殖和控制细菌并发或继发感染，常应用利巴韦林和头孢菌素等。对发热病犬，应用复方氨基比林或柴胡注射液，以改善病犬的精神状态。实际上只要有效地控制了病情发展，不需应用任何退烧药，病犬都能退热。有便血症状的，可应用安络血或止血敏。呕吐不多或已经控制的，可投服抗病毒口服液。对未出现神经症状的病例，可配合注射一种神经生长因子（商品名为康肽）。据资料介绍，康肽对多种原因引起的外周及中枢神经系统损伤具有促进修复和再生作用，同时具有一定的增强免疫、提高机体造血、生殖和抗衰老等功能。对于已出现神经症状的病犬，因为治愈率太低，治疗意义不大。

实践证明，治疗中注重输液补充营养，维持水、电解质及酸碱平衡，配合应用重组犬α干扰素、黄芪多糖等免疫增强剂，并且注重中西药物的联合应用，能有效地提高病犬机体的抗病力，大大提高对该病的治愈率，尤其对发病中后期的病犬更加如此。

（六）预防

目前可选用的疫苗主要有国产五联和进口犬二联、四联（五防）、六联、七联（八防）疫苗等，以预防犬瘟热、细小病毒、传染性肝炎、副流感、腺病毒2型和冠状病毒感染，以及犬型钩端螺旋体和黄疸出血型钩端螺旋体感染。国产五联疫苗的免疫程序为：幼犬于7~9周龄时首次注射，然后以2~3周的间隔再连续注射2次，以后每半年或1年加强免疫注射一次。进口疫苗主要为美国默沙东公司、美国硕腾公司和法国梅里亚公司生产，其免疫程序基本相同：2月龄以下的小犬首免3次，分别于6、9和12周龄时进行免疫注射，以后每年加强免疫注射一次。

美国默沙东公司的宠必威®幼犬保二联疫苗，即原荷兰英特威公司的"小犬二联苗（Duppy DP）"，能有效地突破母源抗体干扰，适合于受犬瘟热和细小病毒威胁的4周龄幼犬早期免疫注射。免疫程序为：幼犬4~6周龄时注射"Duppy DP"，间隔3~4周注射"犬四联苗（DHPPi）"和"犬钩体苗（Lepto）"，再间隔3~4周注射"DHPPi""Lepto"和"狂犬苗（Rabies）"，最后间隔3~4周注射"DHPPi""Lepto"和"Rabies"。以后每年进行一次加强免疫注射。

二、犬细小病毒感染

犬细小病毒感染是仅次于犬瘟热的致死率很高的一种急性传染病，以体温升高、频繁呕吐、出血性腹泻、迅速脱水和血液白细胞总数显著减少为特征。

（一）病原与感染特点

病原为细小病毒科、细小病毒属的犬细小病毒2型（Canine parvovirus type-2，CPV-2），目前已演化出新的抗原型CPV-2a、CPV-2b和CPV-2c。细小病毒的复制需要依赖于宿主细胞的某些功能，只能在细胞分裂最旺盛的DNA合成期之前才能引起有效感染，这或许是传染源主要是病犬和带毒犬，通过尿液、粪便、唾液或呕吐物排毒，造成食物、饮水和用具等的污染，无免疫力的健康动物经消化道途径感染本病。幼犬感染CPV-2后，病毒在口咽、肠系膜和胸腺的淋巴样组织复制，经病毒血症弥散至小肠的肠隐窝细胞，感染后1~5d出现明显的病毒血症。病毒排毒起始于感染后的3~4d，大量排毒可持续7~10d。随后排毒数量大幅降低，甚至消失。易感动物包括犬科和鼬科动物，以2～6月龄的纯种犬易感性最高，并具有同窝暴发特点，死亡率高达50%～100%。

（二）症状

犬感染本病后经过1～2周的潜伏期，主要表现出典型的、严重的出血性胃肠炎症状，其呕吐、腹泻和脱水方面分别具有以下特点。

1. 呕吐　病初通常先表现呕吐，先呕出胃内未消化食物，随后的呕出物多为清水或黏液，或为含有黄绿色胆汁的泡沫，以夜晚呕吐频繁为特点（图27-2-1）。同时食欲废绝，饮欲强烈，饮后立即呕吐，体温高达40℃左右。

2. 腹泻　频繁呕吐1～2d后出现腹泻，粪便由软到稀，而后带血，呈番茄汁样血便，有特殊腥臭味，可迅速弥漫整个临诊空间（图27-2-2）。

3. 脱水　胃肠炎症状出现24～48h后迅速脱水和体重减轻，眼球凹陷，皮肤弹性减退，贫血与虚弱无力（图27-2-3、图27-2-4）。

4. 急性心肌炎　缺乏母源抗体保护的4～6周龄的幼犬，可能发生急性心肌炎，突发心率加快、心律不齐和心力衰竭，呼吸困难，黏膜发绀，容易死亡。

（三）诊断

依据幼犬体温升高、频繁呕吐，随即出现严重出血性腹泻、脱水等表现，结合典型的流行病学特点应怀疑本病。血液常规检查有重要的诊断意义，病初血液白细胞总数和中性粒细胞数目显著减少，淋巴细胞百分比相对升高；随着血便出现和疾病发展，血液红细胞、血红蛋白减少，红细胞压积趋于降低，贫血现象明显（图27-2-5、图27-2-6）。成年犬感染本病后，通常仅表现腹泻，体温正常或轻度升高。采用胶体金免疫层析技术研制的多个品牌犬细小病毒检测试纸板已得到广泛应用，取少许病犬粪便置于附带的稀释液中混匀静置后，取上清液滴于样品孔内，可在数分钟内做出诊断。有的病例可能同时感染冠状病毒或犬瘟热病

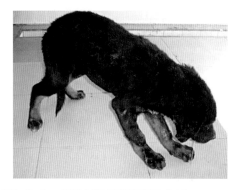

图27-2-1　犬细小病毒感染表现（1）

频繁呕吐及饮水后立即呕吐是细小病毒感染的突出症状，该犬口角和前肢黏附着呕吐黏液。

（周庆国）

图27-2-2　犬细小病毒感染表现（2）

呕吐不久发生严重的出血性腹泻是细小病毒感染的另一突出症状。

（周庆国）

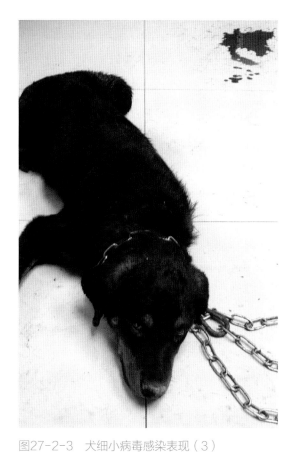

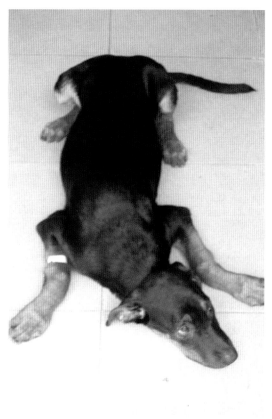

图27-2-3　犬细小病毒感染表现（3）

发生频繁呕吐和出血性腹泻后，病犬迅速脱水和体重减轻。

（周庆国）

图27-2-4　犬细小病毒感染表现（4）

病犬结膜苍白、贫血、虚弱，头颈常贴于地面，无力站起。

（周庆国）

参数		结果	参考范围	参数		结果	参考范围
WBC 白细胞数目	L	2.1x10⁹/L	6.0-17.0	HCT 红细胞压积	L	30.7%	39.0-56.0
Lymph# 淋巴细胞数目		1.4x10⁹/L	0.8- 5.1	MCV 平均红细胞体积	L	54.1fL	62.0-72.0
Mon# 单核细胞数目		0.2x10⁹/L	0.0- 1.8	MCH 平均红细胞血红蛋白含量	L	16.8pg	20.0-25.0
Gran# 中性粒细胞数目	L	0.5x10⁹/L	4.0-12.6	MCHC 平均红细胞血红蛋白浓度		312g/L	300-380
Lymph% 淋巴细胞百分比	H	66.8%	12.0-30.0	RDW 红细胞分布宽度变异系数	H	23.3%	11.0-15.5
Mon% 单核细胞百分比		8.5%	2.0- 9.0	PLT 血小板数目		182x10⁹/L	117-460
Gran% 中性粒细胞百分比	L	24.7%	60.0-83.0	MPV 平均血小板体积		7.1fL	7.0-12.0
RBC 红细胞数目		5.69x10¹²/L	5.50-8.50	PDW 血小板分布宽度		14.1	
HGB 血红蛋白	L	96g/L	110-190	PCT 血小板压积		0.129%	

图27-2-5　一例细小病毒感染幼犬患病早期血常规检查结果

血液白细胞总数和中性粒细胞数目显著减少，淋巴细胞百分比升高，红细胞数暂无变化，但血红蛋白和红细胞压积降低，已有贫血现象，提示机体处于病毒感染阶段。

（佛山先诺宠物医院）

毒，因此最好选择犬细小病毒-冠状病毒或犬细小病毒-犬瘟热病毒二联检测试纸板，有助于对该病例做出正确诊断（图27-2-7、图27-2-8）。美国爱德士公司的SNAP® Parvo Test（检测犬细小病毒抗原）采用ELISA技术，据介绍细小病毒抗原检测敏感性达到100%，特异性98%，是唯一不受细小病毒疫苗注射干扰的检测试剂。

参数		结果	参考范围	参数		结果	参考范围
WBC 白细胞数目	L	2.3x10⁹/L	6.0-17.0	HCT 红细胞压积	L	30.1%	39.0-56.0
Lymph#淋巴细胞数目		0.8x10⁹/L	0.8- 5.1	MCV 平均红细胞体积		62.4fL	62.0-72.0
Mon#单核细胞数目		0.1x10⁹/L	0.0- 1.8	MCH 平均红细胞血红蛋白含量		20.0pg	20.0-25.0
Gran#中性粒细胞数目	L	1.4x10⁹/L	4.0-12.6	MCHC 平均红细胞血红蛋白浓度		322g/L	300-380
Lymph%淋巴细胞百分比	H	36.0%	12.0-30.0	RDW 红细胞分布宽度变异系数	H	17.5%	11.0-15.5
Mon%单核细胞百分比		3.1%	2.0- 9.0	PLT 血小板数目		137x10⁹/L	117-460
Gran%中性粒细胞百分比		60.9%	60.0-83.0	MPV 平均血小板体积		8.3fL	7.0-12.0
RBC 红细胞数目	L	4.83x10¹²/L	5.50-8.50	PDW 血小板分布宽度		15.9	
HGB 血红蛋白	L	97g/L	110-190	PCT 血小板压积		0.113%	

图27-2-6 一例细小病毒感染幼犬患病早期血常规检查结果

血液白细胞总数和中性粒细胞数目显著减少,淋巴细胞百分比升高,红细胞数、血红蛋白和红细胞压积一致性降低,贫血现象明显。

(佛山先诺宠物医院)

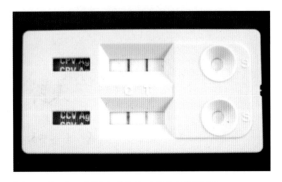

图27-2-7 犬细小病毒与冠状病毒检测

对一只疑似细小病毒感染的幼犬进行粪便样本检测,显示该犬为细小病毒和冠状病毒混合感染。

(周庆国)

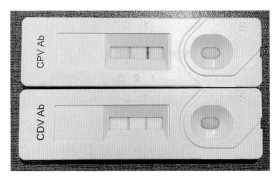

图27-2-8 犬细小病毒与犬瘟热病毒检测(2)

对一只疑似细小病毒感染的幼犬进行粪便样本检测,显示该犬为细小病毒和犬瘟热病毒混合感染。

(周庆国)

对死亡病犬进行剖检,主要以空肠、回肠的出血性炎症为主(图27-2-9、图27-2-10)。将小肠组织进行切片和HE染色后观察,主要表现为后段空肠、回肠黏膜上皮变性、坏死和脱落,在部分完整或变性的黏膜上皮细胞内出现核内包涵体(图27-2-11、图27-2-12)。

特别需要指出,临床上有不少表现出血性腹泻症状的病犬并非犬细小病毒感染,如犬瘟热、传染性肝炎、钩虫或球虫感染、摄入锐利骨骼或异物造成胃肠壁损伤等,应当注意鉴别和采取正确的治疗方法。

(四)预后

本病特点为病程短急、发展迅速,对于典型的细小病毒感染如果治疗失宜,病情常在几天内恶化并死亡,与犬瘟热的转归特点不同。此外,犬细小病毒病有可能继发肠套叠或胰腺炎,导致病情更加严重。在本病治疗中若能迅速有效地止吐、止泻和止血,并及时合理地输液纠正水、电解质及酸碱平衡紊乱,可显著提高治愈率。血液白细胞总数和淋巴细胞数的变化对本病预后具有指示意义,随着病情好转,血液白细胞总数和淋巴细胞数明显升高。

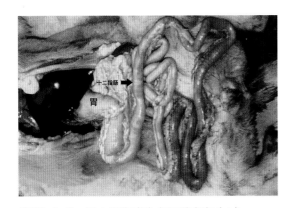

图27-2-9　细小病毒感染犬肠道病变（1）

病犬主要表现消化道炎症和出血，尤以小肠出血为主。

（周庆国）

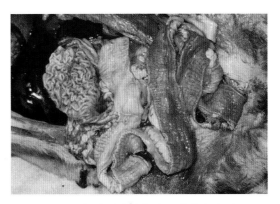

图27-2-10　细小病毒感染犬肠道病变（2）

剖开肠腔后可见，小肠黏膜充血、出血。

（周庆国）

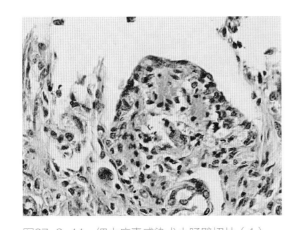

图27-2-11　细小病毒感染犬小肠壁切片（1）

十二指肠绒毛萎缩变短，其表面覆以扁平上皮，肠腺萎缩，形状不规则。

（HE 400×，陈怀涛）

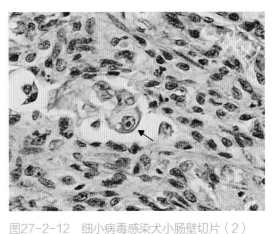

图27-2-12　细小病毒感染犬小肠壁切片（2）

图中一个肠腺的上皮细胞发生变性，内有核内包涵体形成。

（HE 400×，陈怀涛）

（五）治疗

　　病初尽快注射抗犬细小病毒单克隆抗体或高免血清，同时针对频繁呕吐、出血性腹泻与快速脱水的症状，在进行血气和电解质检测分析后，果断采取强心补液、抗菌消炎、止吐、止泻和止血等对症疗法。通常应用5%葡萄糖氯化钠溶液，或5%～10%葡萄糖溶液和复方氯化钠溶液，添加适量的氯化钾，再加入适当剂量的利巴韦林、庆大霉素或丁胺卡那霉素、硫酸阿托品或盐酸654-2等，静脉滴注。应当特别注意，大剂量长期使用利巴韦林可引起贫血、白细胞减少、血清转氨酶和胆红素升高；而应用抗生素主要考虑机体免疫力低下（白细胞减少）而防止肠道内细菌继发感染，因此不宜长时间大剂量使用。对于呕吐的控制，建议使用止吐宁（马洛匹坦），止吐效果比较理想，每千克体重1mg，每天1次，一般连用3～5d。也可以肌注爱茂尔或氯丙嗪止吐，一天内多次用药能明显减少呕吐次数。但氯丙嗪及爱茂尔具有镇静作用，可能会影响到血压，细小病毒患犬由于脱水等体液不平衡可能存在低血压，使用这些药物要注意。止吐药不宜使用胃复安，其促进胃肠正向蠕动的药理效应容易造成肠道大量出血。对于肠道出血的控制，最好联合应用止血敏、维生素K和氨甲苯酸，使其在凝血机制的不同环节上发挥止血作用。对于出血不止的病犬，建议直接应用含有少量去甲肾上腺素的生理盐水灌肠，或选择注射用二乙酰氨乙酸乙二胺、注射用血凝酶（巴曲亭）或白眉蛇毒血凝酶（邦亭）等高效止血药，有利于减少出血量和达到止血效果。对于脱水的预防或纠正，主要在于合理输液，每次输液前需依据病犬脱水状态计算输液量，并针对精神状态、口渴程度、血液电解质及血气测定结果以及血浆白蛋白含量等，合理地调整输液成分。同时需对病犬严格禁水，避免诱发频繁呕吐而使脱水难以得到有效纠正。

（六）预防

国产和进口系列疫苗的使用方法参见犬瘟热的预防。根据美国默沙东公司提供的研究结果，使用宠必威®细小病毒疫苗（单苗）对18只幼犬分别于第6、9和12周龄进行免疫注射，于第一次免疫后10d和11d，可从免疫犬粪样中分离到细小病毒；但在第二次和第三次免疫后，粪样中没有分离到细小病毒。在最后一次免疫后4周，使用临床分离到的2型、2a型和2b型野毒株混合物，对上述18只幼犬通过口鼻途径进行攻毒试验，结果所有免疫犬均获得保护，并且在攻毒后7d的粪样中及攻毒后3周剖检所有免疫犬均未分离到细小病毒，表明肠道也获得了保护。此外，美国硕腾公司的卫佳®细也是一种细小病毒单苗，针对各种抗原型的细小病毒CPV-2a、CPV-2b和CPV-2c，建议用于6周龄以上犬及配种前2周的母犬以提高幼犬抗体水平。

三、犬传染性肝炎

犬传染性肝炎是犬的一种急性传染性败血性疾病，主要以出血性胃肠炎、肝炎、角膜水肿及混浊、肝细胞与窦状隙内皮细胞出现核内包涵体为特征。

（一）病原与感染特点

病原为腺病毒科、哺乳动物病毒属的犬腺病毒1型（Canine adenovirus type-1，CAV-1），可引起犬传染性肝炎和熊、狐脑炎，因此亦分别称为犬传染性肝炎病毒和狐狸脑炎病毒。传染源为病犬和带毒犬，通过眼泪、唾液、粪尿等分泌物和排泄物排毒，污染周围环境、饲料和用具等。传播途径主要为消化道，也可经胎盘感染胎儿引起新生仔犬死亡。易感动物无品种、年龄和性别差异，但发病多见于1岁以内的幼犬，断奶不久的幼犬发病率和死亡率最高，高达25%~40%；成犬一般呈隐性感染，很少出现临床症状。

（二）症状

本病症状与病毒侵入犬体后主要定位于肝实质细胞、肾脏和眼睛等多种组织器官的小血管内皮细胞有关，所以病犬主要表现急性实质性肝炎、间质性肾炎、眼前色素层炎的相关症状。

自然感染的潜伏期6～9d，最急性幼犬病初体温升高，精神高度沉郁，食欲废绝，可视黏膜可出现瘀斑，在出现频繁呕吐、腹泻和腹痛等症状后数小时内即可死亡。急性幼犬病初的表现和感冒有些相似，除了体温升高、精神沉郁、食欲废绝、饮欲增加、眼鼻有少许浆液性或黏液样分泌物外，但多无咳嗽或上呼吸道感染症状，是与感冒或犬瘟热的主要区别。有的病犬眼结膜轻度黄染，眼结膜或齿龈可能有出血点或出血斑（图27-3-1），头、颈、颌下及眼睑出现水肿，继而波及四肢内侧、腹下。多数病犬频繁呕吐或呕吐物带血，腹泻和排出果酱样血便，触压剑状软骨部位敏感疼痛，胸腹腔穿刺排出多量清亮、淡红色液体，部分病犬出现蛋白尿或胆红素尿，于发病1周后单眼或双眼角膜水肿、呈淡蓝色混浊，即"肝炎性蓝眼"（图27-3-2），从而构成本病的特征症状或综合症候群。

（三）诊断

　　依据本病的症状特点应怀疑本病，注意与犬瘟热、细小病毒性肠炎、感冒等进行鉴别。血液常规检查和血清生化检验有重要的诊断意义，病初血液红细胞、血红蛋白、细胞压积和血小板呈一致性降低，血凝时间延长，白细胞总数一般无明显变化，但淋巴细胞百分比相对升高，血涂片可见大量淋巴细胞性单核细胞（反应性淋巴细胞）；血清丙氨酸氨基转移酶（ALT）、天门冬氨酸氨基转移酶（AST）、碱性磷酸酶（ALP）、谷氨酰转肽酶（GGT）等活性明显升高，总胆红素升高，总蛋白降低。如果继发细菌感染，白细胞总数和中性粒细胞数多表现升高。尿液检查也有诊断意义，病犬可出现胆红素尿和蛋白尿。使用国产或进口犬腺病毒检测试纸板或犬瘟热-腺病毒二联检测试纸板是诊断本病的简易快速方法，取少许病犬眼、鼻分泌物置于附带的稀释液中作用后，取上清液滴于样品孔内，可在数分钟内做出诊断。

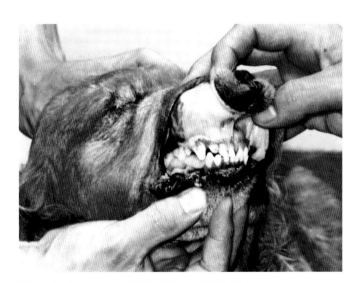

图27-3-1　犬传染性肝炎病毒感染表现（1）

口腔黏膜或齿龈有多处出血点或出血斑。

（周庆国）

图27-3-2　犬传染性肝炎病毒感染表现（2）

发病中、后期一眼或两眼发生间质性角膜炎，角膜轻度混浊，呈淡蓝色外观。

（周庆国）

对死亡病犬进行剖检，多见肝脏肿胀、质脆、有大面积淤血和少量淡黄色坏死灶；胆囊充盈、胆汁浓稠，囊壁水肿、增厚，黏膜出血水肿；肾、脾肿大，胰腺未见异常；肠系膜淋巴结肿大，小肠黏膜出血、坏死；胸、腹腔内积有多量清亮的淡红色或红色液体（图27-3-3）。取肝组织进行切片和HE染色后观察，可见肝细胞变性，肝小叶中心坏死，坏死灶周围有淋巴细胞、单核细胞浸润，肝细胞及窦状隙内皮细胞内出现核内包涵体（图27-3-4）。其他许多器官的血管内皮细胞内也可发现核内包涵体。

（四）预后

由于犬传染性肝炎病毒对犬的肝脏及小血管内皮细胞造成广泛损害，使得临床使用常规止血药很难控制出血症状，患病幼犬多因发生严重贫血及脱水而死亡。成犬通常可以耐过，一般在2周内康复，并产生长达5年以上的坚强免疫力，但病毒能在肾脏内存活，经尿长期排毒达6～9个月，是引起其他健康犬感染的重要疫源。

（五）治疗

早期大剂量使用抗犬腺病毒1型或2型的高免血清，在输注葡萄糖、补充白蛋白、维持水与电解质平衡的基础上，静脉或肌肉注射利巴韦林和干扰素，适量使用拜有利或氨基糖苷类抗生素，加强止吐、止泻与止血措施，其中制止出血非常重要。由于肝脏合成凝血因子发生障碍，需要补维生素K，如能输入健康犬全血或血浆以补充凝血因子与血小板，可明显提高止血效果。同时使用注射用二乙酰氨乙酸乙二胺或注射用血凝酶（巴曲亭）或白眉蛇毒血凝酶（邦亭）等高效止血药，也有助于提高止血效果。

保肝药的使用很有必要，如肝复肽是由肝脏中提取的活性多肽物质，作用于肝脏细胞，刺激肝细胞DNA的合成，促进肝细胞再生，对损伤的肝细胞有较好的保护作用，对病变肝细胞有较强的修复、再生作用，可肌肉或静脉点滴给药。肝炎灵（山豆根）注射液和肌苷注射液对急慢性肝炎或病毒性肝炎也有良好的治疗作用，前者有清热、解毒、消炎和止痛作用，降酶效果迅速，能明显减轻受损伤的肝组织变性和坏死，促进肝细胞的再生修复，

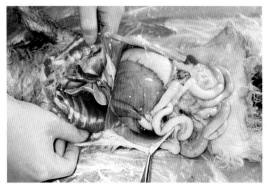

图27-3-3　犬传染性肝炎病犬剖检

胸腹腔充有大量清亮的浅红色液体，心肺无明显变化，肝脏轻度肿胀，小肠及肠系膜均有出血。

（周庆国）

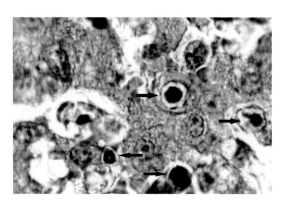

图27-3-4　犬传染性肝炎病犬肝脏切片

在肝细胞坏死区内，变性的肝细胞内有圆形团块状核内包涵体，包涵体与核膜之间存在狭小的轮状透明带。

（HE 400×，陈怀涛）

参考剂量为肌肉注射2～4mL，每天1～2次；后者参与机体能量代谢和蛋白质合成，改善缺氧状态的细胞代谢，有利于受损伤的肝组织修复。此外，还可选用甘利欣（甘草酸二铵注射液），本品是中药甘草有效成分的第三代提取物，具有较强的抗炎、保护肝细胞膜及改善肝功能的作用，对本病也有良好的疗效。丹诺士（S-腺苷硫氨酸）是很多医生乐意使用的疗效肯定的口服降酶保肝药品，能有效降低各种原因导致的丙氨酸氨基转移酶升高，改善缺氧状态的肝细胞代谢，有利于受损伤的肝组织修复。

（六）预防

国产和进口系列疫苗的使用方法参见犬瘟热的预防。黎立光等（2000）认为，使用CAV高免血清或免疫球蛋白能提供立即保护，保护力可以持续2～3周，疫情一旦发生，为保护良种小犬可考虑采用。人工接种犬腺病毒疫苗，两周后即可产生较强的免疫力。使用弱毒苗可提供几年的保护力，且随其尿排出的弱毒能使其他接触犬也产生一定的免疫力。但母源抗体对小犬免疫效果影响较大，母源抗体的半衰期平均为8.5d，一般从生后9周龄时进行第一次接种较为适宜，第15周龄时进行第二次注射。

四、犬冠状病毒性腹泻

犬冠状病毒性腹泻是犬科动物，尤其是幼犬的一种急性消化道传染病，以呕吐、腹泻、厌食、精神沉郁等轻重不一的胃肠炎症状为特征。

（一）病原与感染特点

病原为冠状病毒科、冠状病毒属的犬冠状病毒（Canine coronavirus，CCV），目前只有一个血清型，但存在不同毒力的毒株。国内有关资料显示，家养犬和群养犬的冠状病毒感染相当普遍，粪检阳性率很高。冠状病毒主要存在于感染犬的粪便、肠上皮细胞和肠系膜淋巴结内，通过唾液、鼻液、粪便等分泌物和排泄物向外排毒达14d，造成周围环境、食物、饮水和用具等的污染，并且病毒可在粪便中存活6～9d，在水中可保持数天的传染性。易感犬可经消化道或呼吸道感染，各品种、性别和年龄均可感染，以2～4月龄犬发病率最高，但死亡率较低；2～3日龄的新生幼犬如感染本病，多因迅速脱水而死亡；成年犬感染本病后的症状比较轻微。

（二）症状

自然感染犬经过1～4 d的潜伏期，突然出现腹泻，或先呕吐后腹泻，同时食欲废绝，精神沉郁，体温大多正常或轻度升高。新生幼犬感染本病后，由于脱水显得更加衰弱，体温通常降低。病犬粪便基本为糊状、半糊状，典型特征为橘色恶臭粪便（图27-4-1）。

（三）诊断

依据典型的胃肠炎症状、比细小病毒感染的胃肠道症状轻且死亡率低、多数病犬体温正常、新生幼犬体温降低等特点，即可怀疑本病。然而，犬冠状病毒性腹泻表现的呕吐、腹泻症状并无明显的特征，在缺乏病原检测结果和流行病学资料的情况下，确实与犬轮状病毒感染、一般细菌感染或采食不当等原因引起的普通胃肠炎难以鉴别。因此，建议使用犬冠状病毒检测试纸板，根据病毒检测结果以求快速做出诊断（图27-4-2）。有些病例可能同时感染细小病毒，如果采用犬细小病毒-冠状病毒二联检测试纸板，有助于对本病做出正确诊断（图27-2-8）。本病的血液常规和血清生化检验指标无特异性改变，可见血液白细胞总数维持正常或略有减少。国内某些大学的教学动物医院取患犬粪便上清液做磷钨酸负染后上电镜观察，发现典型冠状病毒颗粒也能迅速做出诊断。

（四）预后

本病症状较轻，除了新生幼犬以外，致死率很低，约为30%。多数病犬通过合理的治疗，均容易恢复。张海泉报道，从20世纪90年代末期开始，来自日本、澳大利亚、意大利等地的报道显示CCV具有比以前更强的毒力，多篇报道显示幼犬冠状病毒感染很像CPV感染，死亡率较高，多种实验室检测方法均检测出CCV而未检出CPV。CCV感染如果合并CPV或CDV感染，症状将更为严重至死亡。犬感染冠状病毒后难以获得坚强的免疫力，康复犬仍有复发本病的可能性。

（五）治疗

尽快注射抗犬冠状病毒高免血清或含抗犬冠状病毒抗体的多联血清注射。其他用药及给药途径与犬细小病毒性肠炎的治疗基本相同，包括止吐、止泻、消炎、补液、增加营养等，预防水、电解质平衡及酸碱平衡紊乱等。

（六）预防

可以使用国产犬六联、七联弱毒疫苗或美国硕腾公司的"卫佳®捌"犬苗进行免疫注射，

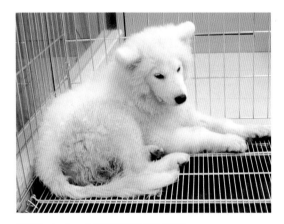

图27-4-1 犬冠状病毒感染表现

冠状病毒感染的病犬临床症状如普通胃肠炎病例，而体温一般正常，如不进行病毒检测，难以确诊。

（周庆国）

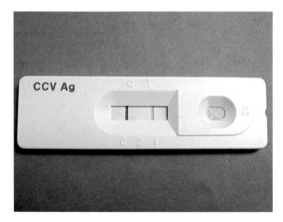

图27-4-2 犬冠状病毒检测

对左图中表现胃肠炎症状的病犬取粪便样本检测，显示阳性结果。

（周庆国）

后者除了保护易感犬免受冠状病毒感染外，同时免受犬瘟热病毒、细小病毒、副流感、腺病毒1型和2型感染，以及犬型钩端螺旋体和出血黄疸型钩端螺旋体感染。硕腾公司的实验证实，接种"卫佳®捌"后7d可显著升高粪便中抗CCV的IgA水平，能阻止CCV入侵肠上皮的可能性而起到预防和保护作用。免疫程序为：2月龄以下幼犬首免3次，分别于6、9和12周龄时进行免疫注射；2月龄以上犬进行2次免疫接种，每次间隔3周，以后均每年加强免疫注射1次。

五、猫泛白细胞减少症

猫泛白细胞减少症又称猫传染性肠炎或猫瘟热，是猫及猫科动物的一种急性高度接触性致死性传染病，以突发双相性高热、剧烈呕吐、腹泻、脱水及血液白细胞总数显著减少为特征。

（一）病原与感染特点

病原为细小病毒科、细小病毒属的猫细小病毒（Feline parvovirus，FPV），存在于感染猫的肠黏膜细胞及粪便中，目前只有一个血清型。有资料显示，犬细小病毒（CPV）也能引起猫感染发病，主要是CPV获得在猫体内进行复制的能力，并且已从许多健康猫或猫瘟病例体内分离出CPV-2a、CPV-2b，而FPV却不能使犬发病。感染猫的呕吐物、唾液、粪便等分泌物和排泄物含有大量病毒，向外排毒后造成周围环境、食物、饮水和用具等的污染，引起未曾免疫或免疫状态不良的易感猫经口腔或消化道感染本病。病猫或带毒猫也可通过胎盘传染给胎儿，造成胎儿早期死亡、吸收或脑发育异常等。易感动物主要为家养猫或野生猫科动物，无品种、性别和年龄差异，但以1岁以下1～3月龄的幼猫最易感，且感染后的死亡率极高，可达50%～90%。随着猫的年龄增长，本病发病率降低。

（二）症状

本病潜伏期多为4d左右。发病幼猫病初多表现典型的双相热型，体温高达40℃以上，约持续24h降至常温，再经2～3d重新上升。与此同时，多数病猫频繁呕吐且常呕出含胆汁的黄绿色黏液，部分病猫表现腹泻，极少数病猫可有出血性腹泻，多数病猫均呈明显的脱水状态，精神极度沉郁，食欲减退或废绝，被毛粗乱，病猫腹痛而表现弓背或伏卧，头搁于两前肢之间（图27-5-1、图27-5-2），眼、鼻有少量黏脓性分泌物，瞬膜突出（图27-5-3）。幼龄病猫至发病后期体温降低，多以死亡告终。有些年龄稍大的猫发病症状较轻，仅表现精神沉郁、厌食和轻度脱水，不出现呕吐或腹泻症状，体温正常甚至降低，症状很不典型。

胎儿在妊娠末期或出生后头2周感染，可对中枢神经系统造成永久性损伤，引起小脑发育不全，可出现进行性运动失调、伸展过度、侧摔、趴卧、紧张性震颤等。病毒也可感染新

图27-5-1　猫瘟表现（1）

病猫精神沉郁，呈弓背姿势，眼鼻附着黏脓性分泌物。

（周庆国）

图27-5-2　猫瘟表现（2）

病情严重的患猫精神极度沉郁，伏卧，头无力抬起。

（周庆国）

图27-5-3　猫瘟表现（3）

图27-5-2中的病猫被毛粗乱，眼神呆滞，眼角和鼻端附着黏脓性分泌物，瞬膜突出。

（周庆国）

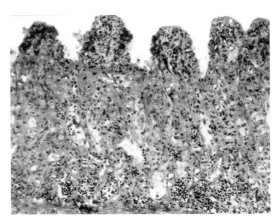

图27-5-4　猫瘟病毒感染小肠壁切片

小肠绒毛裸露，上皮坏死脱落，固有层充血。

（HE 100×，陈怀涛）

生猫的胸腺，引起胸腺萎缩和新生猫早期死亡（幼猫衰竭综合征）。

（三）诊断

依据病猫发热、频繁呕吐及异常的姿态表现，应怀疑本病。目前，国产和进口的猫瘟病毒检测试纸板已被广泛采用，根据检测结果有助于快速做出诊断。然而，蒋宏（2010）对70例表现猫瘟症状、但用某品牌猫瘟试纸检测阴性而血像呈病毒感染的病猫，采用同一品牌犬细小病毒检测试纸检测，结果有64只病猫呈阳性反应，其中仅1只猫曾接种过进口猫三联疫苗。因此表明，63只病猫均为犬细小病毒CPV-2a和CPV-2b血清型感染。需要指出的是，不少成年感染猫的粪便样品实际检测可能为假阴性，主要与粪便中较低的病毒含量或高水平的抗体或检测试纸的敏感度有关，这些患猫的粪便样品有时需要借助电镜才能观察到细小病毒。

血液常规检查结果对确诊本病有重要的辅助诊断价值，病猫血液白细胞总数，尤其以中性粒细胞和淋巴细胞数显著减少（常减少至$5×10^9$/L以下），血小板也呈不同程度的减少，红细胞数和血红蛋白值常无明显变化，大多因脱水而相对升高。白细胞减少程度与临诊症状的严重程度相关，随着疾病康复开始回升。血液生化和电解质检验，主要表现总蛋白、白蛋白和钾离子含量降低。

对死亡病猫进行剖检，病理变化为小肠肿大和膨胀，其中以空肠、回肠的卡他性或出血性炎症为主。将小肠组织进行切片和HE染色后观察，主要表现为肠隐窝上皮坏死、绒毛脱落（图27-5-4）。淋巴结、胸腺和脾脏的滤泡和副皮质区明显的淋巴细胞缺失，在部分完整或变性的黏膜上皮细胞内可见核内包涵体。

（四）预后

本病为猫的致死性传染病，若无特异性高免血清治疗，治愈率很低，致死率为60%～70%，甚至高达90%以上。血液检验白细胞总数减少至$2×10^9$/L以下的病猫，预后不良。如果治疗有效，已降低的白细胞、血小板、总蛋白、白蛋白和钾离子等开始升高，则是疾病恢复的重要标志。康复猫可获得较坚强的免疫力，体内保护性抗体一般可持续3年，但数周至1年以上仍能从粪、尿中排出病毒。隐性感染猫也能大量排毒数天至数周。粪便排毒的传染性最强。

（五）治疗

病初尽快应用抗猫瘟病毒单克隆抗体或高免血清，对采用犬细小病毒检测试纸板检测阳性的病例，有人建议使用犬细小病毒单克隆抗体，按每千克体重1～2mL；配合使用重组猫ω干扰素，按每千克体重50万～100万U，连用3～5d。同时可适量使用庆大霉素或拜有利以控制细菌感染，并针对频繁呕吐和脱水症状，进行必要的血气和电解质检测分析，然后针对性地采取强心补液、止吐、止泻和止血等一系列对症疗法。因为猫瘟病例的血便并不多见，而止吐常是治疗的重点，相关药物如雷尼替丁、奥美拉唑、爱茂尔、阿托品、氯丙嗪等都是控制症状需要适时应用的。当然，使用爱茂尔或氯丙嗪可能会影响血压，阿托品会影响心脏功能，而患猫往往呈脱水状态，应持续监测血压变化与心脏功能。庆大霉素的肾毒性和耳毒性较大，需要控制使用剂量和时间。同样拜有利对幼年动物可能影响软骨发育，对于猫可能会造成视网膜退行性变化而导致失明，因此也不能超剂量使用。

对于在胎儿期或出生不久感染的幼猫，因小脑发育不全导致的神经症状很难治疗，随着年龄增长有逐渐改善的希望。

（六）预防

美国默沙东公司生产的猫三联和美国硕腾公司生产的"妙三多®"猫三联灭活疫苗已在我国被广泛应用，用于预防猫瘟热、猫病毒性鼻气管炎、猫杯状病毒感染，但不可用于妊娠猫。推荐的免疫程序为：对健康幼猫宜在12周龄或之后进行肌肉或皮下免疫注射，间隔

3～4周后再次免疫注射。一般于首次免疫后7d，即可建立起对猫瘟病毒感染的免疫保护，而对其他病原感染的保护作用建立较晚，通常在第二次注射后7d。如幼猫处于感染区域或环境中，可于8～9周龄对其首次免疫，于12周龄时再行免疫注射一次。据有关研究资料，由于有些猫的母源抗体可持续到8～12周，为保证疫苗免疫效果，在缺乏抗体水平检测的情况下，建议16周龄时最好再行免疫注射一次。以后每年加强免疫注射一次。

六、猫病毒性鼻气管炎

猫病毒性鼻气管炎是猫的一种急性接触性上呼吸道疾病，以突然发热、阵发性喷嚏和咳嗽、角膜结膜炎等急性感冒样症状为特征。

（一）病原与感染特点

病原为疱疹病毒科、甲型疱疹病毒亚科的疱疹病毒1型（Feline herpevirus type-1，FHV-1），又称猫传染性鼻气管炎病毒，目前只有一个血清型，仅对猫及猫科动物致病。病猫在发病初期通过眼、鼻、咽分泌物大量排毒，持续数周。感染猫康复后为病毒携带者，带毒时间数月到数年不等，如遇发情、分娩或运输等应激因素则引发间歇性小量排毒，一般可持续2周并伴有轻度的临诊症状，从而成为幼猫上呼吸道感染的重要来源。健康猫通过鼻与鼻直接接触或吸入含毒飞沫经呼吸道感染，病毒可在猫的鼻、咽、喉、气管、黏膜或舌的上皮细胞内增殖，以1～6月龄幼猫最易感，发病率达100%，死亡率50%左右；成年猫发病后死亡率较低；妊娠猫如发生感染，可将病毒垂直传播给胎儿。

（二）症状

本病潜伏期2～6d，病猫体温升高，有明显的上呼吸道感染症状，多伴有明显的喷嚏，少见咳嗽，眼鼻有浆液性或黏液脓性分泌物（图27-6-1），稍久见眼鼻周围被毛脱落（面部皮炎），同时精神沉郁，食欲废绝，体重下降。由于疱疹病毒1型复制增殖的适宜温度略低于正常体温，所以感染主要局限在眼、鼻、口咽等浅表黏膜组织，偶尔波及气管，但很少蔓延至下呼吸道或肺组织。疱疹性角膜炎或角膜树枝状溃疡是疱疹病毒1型感染的示病性症状（图27-6-2），继发细菌感染后可致溃疡加重。发生感染的妊娠猫，通常缺乏典型的上呼吸道症状，可能表现死胎或流产；即使顺利分娩，但仔犬多伴有呼吸道症状，体格衰弱，容易死亡。本病常伴随猫杯状病毒感染，引发病猫严重的口咽腔水肿或溃疡，造成病猫无法吞咽或食欲废绝。

（三）诊断

依据病猫发热、典型上呼吸道感染症状、血液白细胞总数和中性粒细胞呈一定程度减少，可怀疑本病。但与其他病原引起的既有上呼吸道感染症状，也有眼鼻浆液性或黏液脓性分泌物的许多疾病如猫杯状病毒感染、呼肠孤病毒感染、鹦鹉热衣原体或支气管败血波氏杆菌感染等相比，都十分相似。因此，需要对病猫进行全面细致地观察，结合病猫表现典型的

图27-6-1 猫病毒性鼻气管炎（1）

出生1周龄幼猫发病，打喷嚏、咳嗽，结膜炎，鼻部湿性皮炎，经PCR检测为疱疹病毒感染。

（佛山先诺宠物医院）

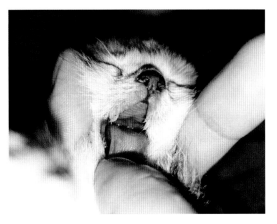

图27-6-2 猫病毒性鼻气管炎（2）

同窝另1只龄幼猫除打喷嚏、咳嗽、结膜炎和鼻部湿性皮炎外，出现咽部红肿、舌根及边缘溃疡。

（佛山先诺宠物医院）

角膜炎或角膜溃疡症状，有助于做出初步诊断。同一猫舍或家庭有多只猫反复感染，或同一只猫的临床症状反复出现，据此可基本确定病原体。如对死猫尸体做病理学检查，主要表现上呼吸道病理变化，鼻腔、鼻甲骨、喉及气管黏膜呈弥漫性充血、出血或局灶性坏死，扁桃体和颈部淋巴结肿大或有散在出血点，坏死区上皮细胞内可见大量的嗜酸性核内包涵体。目前宠物临床已有使用POCKIT手持式PCR（聚合酶链式反应）仪对本病进行快速准确诊断。

（四）预后

急性病例症状通常持续10~15d，成年猫死亡率较低，仔猫死亡率可达20%~30%，耐过的病猫症状逐渐缓和而恢复。部分病猫可转为慢性，表现持续咳嗽、呼吸困难和鼻窦炎等症状。终身携带病毒成为疫源，在应激或使用皮质类固醇药物时发生间歇性排毒。

（五）治疗

有资料指出，在核苷类抗病毒药中，泛昔洛韦是治疗猫传染性鼻气管炎的最佳药物，按每千克体重30mg，每12h投服一次，直至症状获得改善，且没有副作用。同时使用重组猫ω干扰素，按每千克体重50万U，肌肉或皮下注射，每日一次，连用5~7d，治疗效果更好。为防止细菌继发或混合感染，可应用头孢菌素等广谱抗生素，如果难以确定病原或怀疑为衣原体等感染，则选择四环素族或大环内酯类抗生素比较合理。雾化疗法是治疗呼吸道感染的有效方法，建议治疗本病时及时采用。对无法吞咽或食欲废绝的病猫，除了采取必要的输液疗法外，最好通过鼻饲管或胃管灌注营养液以提高机体抵抗力。有资料指出，L-赖氨酸具有改善机体免疫系统和抵制疱疹病毒感染的功效，按每只猫500mg，每12h与少量潮湿食物混合一起喂服，每天投服2次，有促进呼吸道黏膜再生和改善临床症状的效果。

为抑制疱疹病毒1型引起的角膜炎症或溃疡发展，最好选用三氟尿苷或碘苷滴眼液，配合胶原酶抑制剂如2%乙酰半胱氨酸或2%依地酸钠滴眼液滴眼，同时补充维生素A、B族维生素、维生素C等，以起到局部抗病毒效果和促进角膜溃疡愈合。对角膜溃疡严重或后弹力层膨出的病例，最好采用结膜瓣遮盖术，不但能预防角膜穿孔，而且对顽固性深部溃疡具有积极治疗价值。遮盖的结膜瓣作为一个良性的生物源刺激，不但有利于创面修复，还减少了创面与眼睑的摩擦及外界的刺激。当然，也应及时清除病猫的眼睛和鼻部分泌物。

（六）预防

使用美国默沙东公司生产的猫三联或美国硕腾公司生产的"妙三多™"猫三联灭活疫苗，可较好地预防猫瘟、猫病毒性鼻气管炎、猫杯状病毒感染。免疫程序和建议见前述猫泛白细胞减少症的预防。然而，疫苗不能保护已经暴露的猫，不能保护已携带病毒的猫，且不能阻止其排毒，不能阻止病毒在黏膜的定植。

七、猫杯状病毒感染

猫杯状病毒感染是猫病毒性呼吸道疾病的一种，又称猫传染性鼻-结膜炎，以双相热型、结膜炎、鼻炎和多发性口腔炎为特征。

（一）病原与感染特点

病原为杯状病毒科、杯状病毒属的猫杯状病毒（Feline calicivirus，FCV），目前只有一个血清型，因抗原性容易变异，不同毒株其毒力有所不同。病毒存在于感染猫的唾液、鼻液、粪便和尿液中，急性期可向外大量排毒，易感猫通过接触病毒污染物或气溶胶飞沫而经消化道或呼吸道感染。自然条件下以1岁以下猫最易感，尤其常发于56～84日龄，小猫病死率可达30%。1岁以上的猫常呈温和型或隐性经过。猫杯状病毒感染康复携带者，其咽喉排毒时间可持续数月甚至数年。

（二）症状

本病潜伏期2～3d，病猫体温达39.5～40.5℃，精神沉郁，食欲废绝，眼鼻有少量浆液性或黏液脓性分泌物，球结膜充血水肿（图27-7-1、图27-7-2），尤其口腔溃疡最常见并具有特征性，以舌和硬腭溃疡最为严重，舌部溃疡多见于舌前部，硬腭溃疡主要位于腭中裂周围（图27-7-3、图27-7-4），伴有明显的流涎，导致水和电解质平衡紊乱。同时，可能伴有阵发性喷嚏或咳嗽。病情严重的猫可发生肺部感染，出现呼吸困难。轻度感染病例可能仅表现发热和肌肉疼痛或慢性胃肠炎症状。近年，国外有杯状病毒变异株引起恶性全身性杯状病毒感染的报道，传染速度快，病死率高，即使免疫齐全的猫也会感染，不仅出现典型的杯状病毒感染症状，也会出现爪部溃疡、肝酶上升或肝坏死、甚至弥漫性血管内凝血等。

（三）诊断

依据病猫发热、眼鼻有浆液性或黏液性分泌物、口腔特定部位溃疡等症状，可初步做出诊断。血液常规检查，白细胞总数呈一定程度减少。溃疡病理组织学检查，在其边缘和基底部有大量中性粒细胞浸润。目前宠物临床已使用POCKIT手持式PCR（聚合酶链式反应）仪

图27-7-1　猫杯状病毒感染表现（1）
左眼角下有黏液脓性分泌物，鼻孔下方皮肤因鼻液浸渍而糜烂。
（佛山先诺宠物医院）

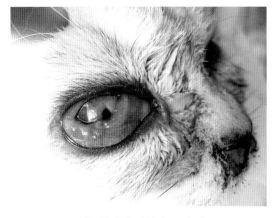
图27-7-2　猫杯状病毒感染表现（2）
球结膜潮红，显著水肿。
（佛山先诺宠物医院）

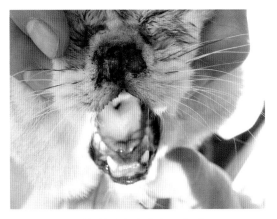
图27-7-3　猫杯状病毒感染表现（3）
口腔溃疡以舌前部和两侧明显。
（佛山先诺宠物医院）

图27-7-4　猫杯状病毒感染表现（4）
硬腭溃疡更为严重。
（佛山先诺宠物医院）

对本病进行快速准确诊断。

（四）预后

本病症状通常不如感染疱疹病毒1型时严重，多数病例都能耐过，但需要营养支持。病猫于发病1周后逐渐恢复，但多成为带毒者，通过口腔向外排毒。

（五）治疗

目前没有抗猫杯状病毒高免血清，通常使用重组猫ω干扰素进行治疗，同时使用广谱抗生素控制细菌感染。为促进口腔溃疡愈合，按每千克体重5 000U，每24h投服一次维生素A，每8h投服一次维生素C，每48h给予注射一次复合维生素B。由于病猫无法采食和吞咽，所以静脉输液（肠外营养）和安装鼻饲管给予食物（肠内营养），补充体能和提高抗病力是治愈本病的关键。如果病猫缺乏食欲，按每千克体重0.05～0.25mg，静脉注射安定有一定效果；之后必要时，可按每千克体重0.25～0.5mg，每12h投服一次。还可以考虑使用赛庚啶和米氮平。对于病猫结膜炎和口腔溃疡等症状的局部治疗，可参考第十一篇内"口炎"和第十二篇内"结膜炎"的治疗方法。

（六）预防

使用美国默沙东公司生产的猫三联或美国硕腾公司生产的"妙三多®"猫三联灭活疫苗，能较好地预防猫瘟、猫病毒性鼻气管炎、猫杯状病毒感染。免疫程序和建议见前述猫泛白细胞减少症的预防。需要明确，疫苗无法对疾病形成完全的保护，无法保护携带病毒的动物，也无法防止病毒的脱落，仅可以对抗某些杯状病毒的毒株。

八、猫传染性腹膜炎

猫传染性腹膜炎是一种猫的慢性进行性致死性传染病，临床常见两种形式，一种以腹膜炎、大量腹水积聚和高致死率为特征，另一种以多种脏器出现肉芽肿病变及相关的临床症状为特征。

（一）病原与感染特点

病原为冠状病毒科、冠状病毒属的猫冠状病毒（Feline coronavirus，FCoV），可能和犬冠状病毒、猪传染性胃肠炎病毒等来源于同一病毒，为种间交叉传染的变异株。一般认为，猫肠道冠状病毒在体内发生变异而成为病态的冠状病毒引起猫传染性腹膜炎，其实质是机体对变异病毒株的过度免疫反应造成的血管炎等病变，成因与猫的遗传敏感性、感染时的年龄和遭遇的各种应激因素及猫清除病毒的能力有关。病猫和带毒猫为感染源，主要通过粪便排毒，可经胎盘途径垂直传染胎儿。健康猫经消化道或呼吸道感染，并通过粪便排出病毒。可能也存在媒介昆虫传播途径。各种年龄的猫均易感，以6月龄至2岁猫，尤其纯种猫最多发病，如感染猫白血病病毒（FeLV）或猫免疫缺陷病毒（FIV），将增大感染本病的风险。

（二）症状

1. 渗出型（湿型）　病初精神沉郁，食欲减退，体重减轻，体温升高；持续7～42d后，腹部逐渐膨大，触诊有波动感，而无痛感（图27-8-1、图27-8-2）；病程可持续数天至数周，病猫贫血、消瘦、呼吸加快、体况衰弱。少数病猫出现多量胸腔渗出液和心包液，导致呼吸困难和心音沉闷。公猫阴囊可能变大。部分病例晚期出现黄疸。

2. 非渗出型（干型）　病初表现与渗出型相同，但很少出现腹水增多或腹膜炎，而以多器官出现肉芽肿和相关临床症状为特点，其中以眼、中枢神经系统、肝、肾、肠系膜淋巴结等病变引起的症状为主。眼部症状包括角膜水肿、色素层炎、眼房液发红或出现纤维蛋白絮块、视网膜出血等，有时可能是本病唯一的临床表现（图27-8-3、图27-8-4）。中枢神

图27-8-1　猫传染性腹膜炎渗出型（1）

病猫体温升高，精神沉郁，腹部膨大。

（蒋宏）

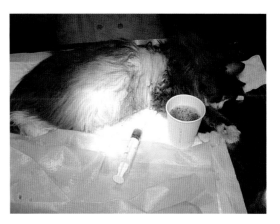

图27-8-2　猫传染性腹膜炎渗出型（2）

病猫腹部膨大，胸腔积液，从中抽出多量暗黄色蜂蜜状液体。

（蒋宏）

图27-8-3　猫传染性腹膜炎非渗出型（1）

病猫体温升高，精神沉郁，腹部稍膨大。

（周庆国）

图27-8-4　猫传染性腹膜炎非渗出型（2）

角膜水肿混浊，前房出现纤维蛋白絮块，为前色素层炎特征。

（周庆国）

经系统症状包括共济失调、轻度瘫痪、癫痫发作、感觉过敏或外周神经炎等。肝脏受到侵害时，可能发生黄疸。肾脏受到侵害时，表现肾脏肿大和肾功能减退。肠系膜淋巴结肿大。

某些病猫可能具有以上两种类型的症状特点，少数渗出型病例出现中枢神经系统和眼部症状；少数非渗出型病例则出现腹水症状。

（三）诊断

依据病猫的临床症状和相关的病理改变，可怀疑本病。检查和检验病猫的血液有辅助诊断意义：血液常规检查白细胞数和中性粒细胞可能减少或无明显变化，但淋巴细胞减少；血清生化检验总蛋白、球蛋白（主要是γ-球蛋白）、肝酶、尿素氮等指标均有升高。

渗出型病例的腹腔渗出液含有多量浆液黏蛋白和少量胆红素，所以液体透明至淡黄色或暗黄色蜂蜜状，一般相对密度＞1.017，蛋白含量高（32～118g/L），尤以γ-球蛋白量增多

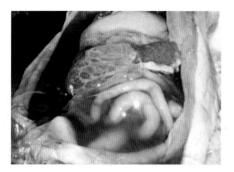

图27-8-5　猫传染性腹膜炎腹腔渗出液

病猫腹腔渗出液黏稠，呈淡黄色，小肠表面有少量纤维蛋白渗出物沉积。

（姚海峰）

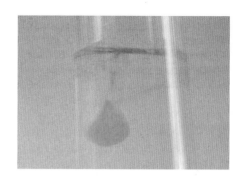

图27-8-6　李凡他氏试验

在装有少量清水的试管中加1滴冰醋酸混匀，滴入病猫腹腔液后出现絮状物而不消失，即李凡他氏试验阳性。

（姚海峰）

最为明显，并且含有较多的中性粒细胞、间皮细胞和巨噬细胞及少量的淋巴细胞，摇晃时容易出现泡沫，静置后发生凝固，李凡他氏试验阳性（图27-8-5、图27-8-6）。台湾林政毅先生认为，本病临床症状和腹水的检查就是诊断最重要的工具。中国农业大学吕艳丽的研究结果提示，体腔液的蛋白总量超过3.5g/dL且A：G比值低于0.8时，FIP预测值极高，可用于临床快速诊断。

对临床病例的房水检查也一定的意义，非渗出型病猫的房水中含有许多中性粒细胞，与特发性色素层（葡萄膜）炎病猫房水中主要含有淋巴细胞和浆细胞不同。

影像学检查是辅助诊断本病的常用方法，如胸、腹部X线常规检查和B超检查均有助于诊断胸腔和腹腔积液量，尤其当积液量较少时，可在超声引导下实施穿刺术抽吸出积液进行检验，同时可诊断出肝脏、肾脏或肠系膜淋巴结有无增大，或腹内器官是否发生了肉芽肿。

采用免疫荧光抗体染色法可对腹腔渗出液中巨噬细胞里的冠状病毒进行快速检测，从而对本病做出特异性诊断。取病猫腹腔渗出液离心后涂片，置于-20℃丙酮中固定，再用结合异硫氰酸荧光素的猫冠状病毒抗体染色，然后在荧光显微镜下观察，如果出现黄绿色荧光表明冠状病毒检测阳性。目前不少宠物医院已使用POCKIT手持式PCR仪对本病做出快速准确诊断。

（四）预后

猫肠道冠状病毒引起的轻度肠炎带有自愈性。患渗出型传染性腹膜炎的病猫一旦出现明显的症状或病理变化，便无有效的治疗方法。治疗中如果血小板数、淋巴细胞数升高，总胆红素降低，是病情转好的指标，但往往需要5～7周或更长的恢复时间。

（五）治疗

本病尚无有效的治疗方法，通常采用抗病毒、抗菌和营养支持疗法，以延长病猫生命。可以考虑使用重组猫ω干扰素，肌肉或皮下注射，每千克体重50万U，每日一次，连用

5～7d。有资料介绍，联合应用抗炎剂和免疫抑制剂有治疗效果，对于渗出型病例，在抽出胸腹腔渗出液后，按每千克体重1mg，胸腔或腹腔输入地塞米松，每天一次，连用7d。对于非渗出型病例，按每千克体重2mg投服泼尼松龙，每天一次，因其副作用较少，故可连续使用；同时配合使用环磷酰胺，按每千克体重投服2mg，每日一次，连用10～14d，能在一定程度上延长病猫生命，但不能治愈。

（六）预防

本病的常规疫苗和重组疫苗使用效果均不理想，这与猫传染性腹膜炎病毒感染具有抗体依赖性增加现象有关，即当猫体内存在抗猫冠状病毒的抗体时，猫一旦接触强毒反而促进本病的发生。国外使用一种通过鼻内接种的疫苗，病毒只在上呼吸道增殖，能诱导很强的局部黏膜免疫和细胞免疫，可较好地预防本病发生，但该疫苗应在猫暴露前使用。免疫程序为：初次接种后，间隔3～4周重复注射，以后每年加强免疫注射一次。同时还应注重猫舍的环境卫生，消灭猫舍的吸血昆虫和啮齿类动物，杜绝可能的传播途径。

九、猫白血病

猫白血病是猫常见的非创伤性致死性疾病，是由猫白血病病毒（Feline leukemia virus，FeLV）和猫肉瘤病毒（Feline sarcoma virus，FeSV）引起的恶性肿瘤性传染病，主要特征是恶性淋巴瘤、骨髓性白血病、变性性胸腺萎缩和非再生性贫血等，其中对猫危害最严重的是恶性淋巴瘤。

（一）病原与感染特点

FeLV和FeSV均为反转录病毒科、哺乳动物C型反转录病毒属成员，其中FeSV为缺陷型病毒，只有在FeLV的协助下才能在细胞中复制。传染源为病猫，其唾液、粪便、尿液、乳汁、鼻腔分泌物均含有病毒。潜伏期的猫可以通过唾液排出高浓度的病毒，进入猫体内的病毒可在气管、鼻腔、口腔上皮细胞和唾液腺上皮细胞内复制。一般认为，在自然条件下，消化道比呼吸道传播更易进行，因此猫紧密接触或互相舔毛是主要的传播方式。除水平传播外，也可垂直传播，妊娠母猫可经子宫感染胎儿，于妊娠的3～5周发生胎儿重吸收，可能会伴随出现阴道分泌物。本病病程短，致死率高，约有半数的病猫，在发病后4周死亡。幼猫对于FeLV的感受性随着年龄增长而递减，出生4周内受母源抗体保护。

（二）症状

病猫除一般性的逐渐消瘦、厌食、贫血、精神沉郁、体温偏低外，其典型症状依肿瘤发生部位不同而有以下不同：

1. 腹型（消化道淋巴瘤） 病毒主要侵害肠道淋巴组织和肠系膜淋巴结，并波及肝、脾、肾等邻近脏器，引起这些器官的肿瘤，触诊时可摸到肿瘤块。病猫可视黏膜苍白、贫血，食欲减退，体重减轻，时有呕吐和腹泻。此种类型最多见。

2. 胸型（胸腺淋巴瘤） 病毒主要侵害胸腺，波及纵隔淋巴结，严重病例肿瘤块可占胸腔的2/3，导致胸腔积液，引起呼吸困难、吞咽困难等症状，病猫张口呼吸，循环障碍，表情十分痛苦。X线摄片检查可见胸腔有肿物存在，解剖病死猫或安乐死猫可见纵隔淋巴肿瘤。此种类型多见于青年猫。

3. 弥散性（多发性淋巴瘤） 病毒侵害全身淋巴结，全身体表淋巴结肿大，肝、脾亦发生波及性肿大，可触及颌下、肩前、膝前及腹股沟淋巴结肿大，病猫消瘦，贫血，减食，精神沉郁等。

4. 淋巴白血病型 病毒主要侵害骨髓，引起白细胞异常增生，脾、肝、淋巴结轻度至中度肿大。病猫出现间歇热、消瘦、贫血、皮肤和黏膜有出血点等症状。实验室检验可见白细胞总数增多，淋巴样肿瘤细胞增多，有时可达100 000个/μL。红细胞、颗粒细胞和血小板减少。

FeLV持续感染猫，其呼吸道或胃肠道对于其他病毒、细菌或真菌感染特别易感。病猫通常消瘦或总体状况不良，体温可能持续性升高。尽管老年猫发生口炎或口腔溃疡多与猫杯状病毒（FCV）或免疫缺陷病毒（FIV）感染有关，但FeLV感染也可能会伴发口炎或口腔溃疡。如果年青猫的口腔溃疡长期不愈合或伤口愈合迟缓，有可能是FeLV感染造成免疫抑制的结果。

（三）诊断

根据华南农业大学陈义洲博士对猫消化道淋巴瘤一例的检查过程，基本可以理解和掌握本病的诊断方法。病猫16岁，体温37.5℃，心率110次/min，心律整齐，呼吸平稳，食欲减退，可视黏膜颜色正常，触摸浅表淋巴结未见肿大，腹部触诊可触及中后腹部一拳头大肿块，质地较硬。对病猫依次进行X线摄片检查、B型超声检查和临床生化检验（图27-9-1至图27-9-4）。

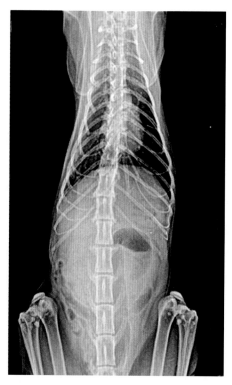

图27-9-2　猫消化道淋巴瘤病例（2）

腹背位X线影像显示：该团块位于中腹部偏左侧，小肠被挤压到右侧。

（陈义洲）

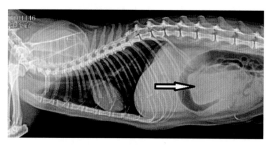

图27-9-1　猫消化道淋巴瘤病例（1）

侧位X线影像显示：中后腹部有一中等密度团块，团块将大部分肠管推向腹腔背侧和后侧，肠管臌气。

（陈义洲）

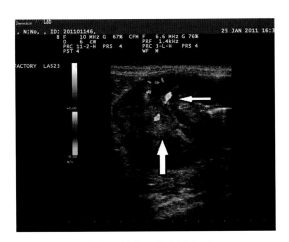

图27-9-3 猫消化道淋巴瘤病例（3）

腹部肿块B超声像图显示：团块呈中等回声（大箭头），团块中有血流经过（小箭头）。

（陈义洲）

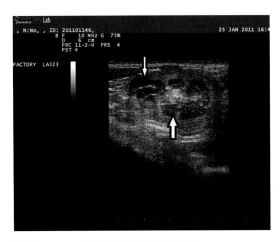

图27-9-4 猫消化道淋巴瘤病例（4）

肾脏B超声像图显示：双肾表面有中等回声突出于肾包膜的团块样影像（小箭头），肾髓质结构清楚（大箭头）。

（陈义洲）

　　血清生化检查可见ALB、A/G数值降低，DBIL、BUN、CREA、CA数值升高，其他指标未见异常。BUN、CREA升高提示肾前性及肾性疾病，结合B超影像提示，分析为肾功能恶化。ALB及A/G比例减少提示肝功能异常。DBIL升高提示胆道梗阻或肝、胆功能异常。

　　与主人沟通后，决定对病猫进行开腹探查和取肿瘤组织切片观察（图27-9-5至图27-9-10）。

　　关于宠物临床的免疫学诊断方法，主要选用美国爱德士公司的SNAP Feline TRIPLE Test kit，可以快速检验全血、血清或血浆中的猫白血病病原、艾滋病抗体

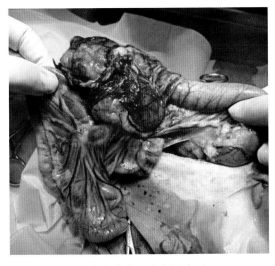

图27-9-5 猫消化道淋巴瘤病例（5）

部分肠段被肿块包裹，肿块质地较硬，表面凹凸不平，表面有大量血管分布，大网膜部分与肿块粘连，肠系膜淋巴结肿大。

（陈义洲）

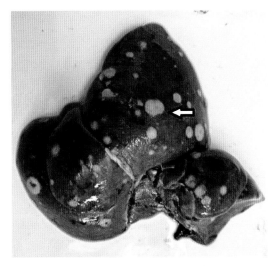

图27-9-6 猫消化道淋巴瘤病例（6）

肝脏表面有大小不一的散发性白色圆形病灶。

（陈义洲）

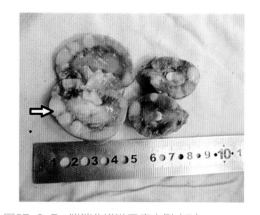

图27-9-7　猫消化道淋巴瘤病例（7）

肾皮质内有大量散发性白色圆形结节，双肾大小不一。
（陈义洲）

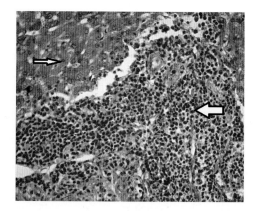

图27-9-8　猫消化道淋巴瘤病例（8）

肝细胞（小箭头）周围有明显淋巴样增生灶，肿瘤细胞（大箭头）中等大小，细胞核大小不等。
（HE 100×，陈义洲）

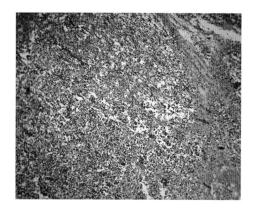

图27-9-9　猫消化道淋巴瘤病例（9）

肠道周围及肠道内有大量明显淋巴样增生灶。
（HE 40×，陈义洲）

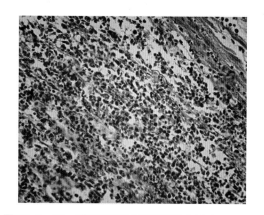

图27-9-10　猫消化道淋巴瘤病例（10）

肿瘤细胞中等大小，细胞核大小不等，核质浓缩，见较多坏死，间质成分少。
（HE 100×，陈义洲）

和心丝虫抗原。许多中、老龄猫可能存在猫免疫缺陷病毒（Feline immunodeficiency virus，FIV）感染（即艾滋病），因免疫功能被抑制，其发展为淋巴瘤或白血病的概率比非感染猫高5倍，采用SNAP Feline TRIPLE Test kit对病猫血液进行检测，有助于对这两种疾病做出诊断。部分病猫在病毒被免疫系统清除后，可能仍有病毒抗原存在于血液循环中，因此可出现阳性检测结果。此外血液样本发生溶血也可能出现假阳性，但实际上无法分离出病毒。对于阳性检测结果，通常于12周后复检，可以确定感染为短暂性或持续性，有利于制定科学的治疗方案。可能需要指出，很多FeLV抗原阳性的患猫并没有明显的临床症状，有些可能临床健康，有些是轻微的下颌淋巴结肿大，有些是口炎，有些是血液病或其他常见FeLV引起的症状，但目前临床上对FeLV的检查尚未普及，可能会存在很多的漏诊。

（四）预后

本病病程较短，致死率高，约有半数的病猫在发病28d内死亡。感染FeLV而康复的猫，一半以上可能存在骨髓FeLV潜伏感染，并在潜伏期排出病毒。由于病毒量太低，通常无法测出或无法感染上皮细胞，所以潜伏感染猫很少成为本病传染源。潜伏的病毒可能会因为某些因素开始大量地增殖，如使用类固醇药物治疗后。约有10%的康复猫会维持潜伏感染状态至少三年。

（五）治疗

本病目前尚无有效的治疗方法，主要是采取营养支持，纠正水、电解质平衡紊乱，试用利巴韦林（不建议全身性使用），配合重组猫ω干扰素，试用抗生素防止细菌感染。当恶性肿瘤无法切除或已发生转移时，为了抑制肿瘤生长，可以试用化学疗法，如使用强的松龙、地塞米松、环磷酰胺、苯丁酸氮芥和氨甲嘌呤等，可一定程度地缓解症状，但这些药物使用过量会引起中毒。有资料介绍，给患猫大剂量输注正常猫的血浆或血清，可使患猫的淋巴肉瘤完全消退。又据人类医学临床报道，使用单克隆抗体注射治疗淋巴瘤患者，可使循环中的肿瘤细胞暂时降低并暂时改善患者的临床症状，但同时会对病人产生不同的副作用，持续治疗后发现病人会产生抗体而降低治疗效果。

（六）预防

对幼猫于9周龄时首次注射FeLV疫苗，间隔4周后再行注射一次，并于每年加强免疫注射一次。许多临床兽医师建议，在接种疫苗前先进行FeLV检验，因为接种疫苗无法清除先前的感染，这一点需与猫主人交待清楚。疫苗接种不会使FeLV抗原出现于血液循环中，使用IDEXX SNAP Feline Combo Test kit检测不会呈现假阳性结果，所以已注射疫苗的猫如果出现检验阳性，则表明是自然感染下引起的病毒血症或抗原血症，而非疫苗接种所引起。FeLV疫苗与其他大部份疫苗作用类似，无法提供100%的保护，但注射疫苗仍是目前控制FeLV感染的较好方式。真正控制本病扩散的方法是对新购买的猫进行检验，发现阳性猫后，不能有新猫进入原有的猫群，或不能将阳性猫引入新的猫群。猫舍如果考虑感染猫的价值，应将阳性猫与阴性猫完全隔离开后进行治疗，所有物品不可交互使用，并对环境进行消毒；12周后复检出的阳性猫要隔离，之后每6～12个月对所有猫进行检验，并移除阳性猫。

（周庆国　蒋宏　陈义洲　罗倩怡）

第二十八章
细菌性传染病

　　细菌性传染病通常称为细菌病。从全国高校统编教材看，韩博教授主编的《犬猫疾病学》（第3版）中列出了11个细菌病，侯加法教授主编的《小动物疾病学》（第2版）中列出了14个细菌病，加上书中5个"立克次体病和衣原体病"，共列出了19个细菌病。从国内临床实际情况看，犬猫的细菌病远没有病毒病种类多及威胁大，比较重要的细菌病有犬猫的嗜血支原体病、犬埃里希体病和钩端螺旋体病，家庭散养犬猫的发生率较低，而军警犬基地的犬群发生率较高。犬猫的嗜血支原体病以发热、贫血和血红蛋白尿为特征，与血液巴贝斯虫病的临床症状十分相似，强调必须进行血液涂片镜检，否则很难做出准确诊断。犬埃里希体病以间歇性体温升高、鼻腔滴血或关节和脾脏肿大、各类血细胞减少为特征，如果不进行抗原或抗体检测，也不进行血常规检查以发现红细胞、白细胞和血小板呈一致性减少，也很难做出准确诊断。犬钩端螺旋体病如为急性和亚急性，以发热、黄疸、血红蛋白尿、出血性素质等为主要症状，也与嗜血支原体病和埃里希体病的临床症状相似，需要通过血液学检查、肝肾功能检验和血清抗体检测等做出准确诊断。

一、嗜血支原体病

　　嗜血支原体病是新提出来的，以往习惯地称之为附红细胞体病或血巴尔通体病，是犬猫多发的一种由吸血昆虫或节肢动物传播的慢性感染性疾病，病原体寄生于犬猫的红细胞、血浆和骨髓中，感染犬猫以隐性感染、慢性迁延、条件致病、急性发病时致死率高为特点，临床症状以发热、溶血性贫血、黄疸和血红蛋白尿为基本特征。

（一）病原与感染特点

　　病原为支原体目的犬血支原体和猫血支原体。犬血支原体以前在我国被习惯地称为犬附红细胞体（或犬血巴尔通体），猫血支原体过去称之为猫血巴尔通体，之前均归类于立克次体目、乏质体（无形体）科、血巴尔通体属。近年来根据核酸序列分析和电镜观察结果，发现几种动物附红细胞体和血巴尔通体的16S rRNA序列均接近于支原体生物的16S rRNA序列，因此国际上将附红细胞体属和血巴尔通体属的生物统一归类为支原体目、支原体属，称为嗜血支原体。但也有学者认为，将这两个属的所有种都归类为支原体还需进一步研究，将来的分类地位有可能改变，所以附红细胞体和血巴尔通体的名称仍被习惯地沿用。由于本章参考文献所采用的名称均为附红细胞体或血巴尔通体，为保留原作观点，仍然引用原文中的名称。

犬血支原体和猫血支原体的16S rRNA序列同源性高达99%，但二者RNA酶的P基因同源约95%，因此可认为是关系相近的两个种。犬、猫嗜血支原体的形态大多为球状，少见椭球状、杆状或环状等，直径小于0.9μm，革兰氏染色阴性，无细胞壁及明显的细胞器、细胞核结构，仅由单层界膜包裹，膜上有数根纤丝状结构，这种结构可嵌在红细胞膜上。嗜血支原体常呈单个、散在或链状分别附着在犬、猫的红细胞表面，或围绕在整个红细胞上，使红细胞形成突起或结构和通透性改变导致变形（图28-1-1、图28-1-2）。

朱雪勇（2007）采用PCR检测方法对采自于上海地区宠物医院、犬场和居民饲养的406份犬血样进行了镜检和PCR检测，结果显示，犬场的犬附红细胞体阳性率高达76.9%，远高于宠物医院的犬血样本（33.3%）和居民家中的犬血样本（22.0%），说明该病的感染与环境因素密切相关。

黄儒婷等（2015）调查了北京市城八区共104只宠物猫和56只流浪猫的血巴尔通体感染情况，方法包括抗凝血体外培养、间接免疫荧光法血清抗体检测和挑取分离到的疑似菌落进行PCR并测序，结果显示猫血巴尔通体培养分离率为13.8%，但以流浪猫（30.4%）、染蚤猫（36.6%）、幼猫（27.9%）的血培养阳性率较高；获得的22株分离株全部为对人致病的汉赛巴尔通体，血清抗体阳性率为39.4%，以染蚤猫的血清抗体阳性率（61.0%）也显著高于未染蚤猫（31.9%）。

目前认为，已感染的犬猫是嗜血支原体的主要传染源，跳蚤（栉首蚤）是该病原体的主要载体及传播媒介，也有其他吸血节肢动物如虱、蚊、蝇、蜱等，通过叮咬健康犬猫传播本病。动物之间通过摄食感染血液或含血食物，饮入被血液污染的尿液，舔舐断尾的伤口、咬尾、交配或输血等方式感染，并且亦存在垂直传播方式。病原在隐性感染的动物体内可存在数年之久，应激、免疫抑制性疾病或脾切除手术可导致感染的红细胞进入血流或出现临床症状。

（二）症状

嗜血支原体病的主要症状是红细胞大量破坏和贫血，犬猫因感染程度及个体差异而有不同

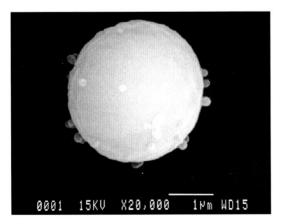

图28-1-1 犬嗜血支原体（1）

在扫描电镜下观察单个红细胞上黏附的犬嗜血支原体形态。

（20 000×，刁有祥 车京波）

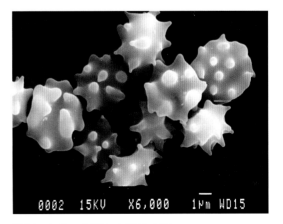

图28-1-2 犬嗜血支原体（2）

在扫描电镜下观察红细胞感染犬嗜血支原体后的形态变化。

（6 000×，刁有祥 车京波）

程度的症状。隐性或轻度感染时，一般无明显异常，主要表现为消瘦和慢性贫血；急性或重度感染时，除体温显著升高外，精神倦怠，反应迟钝，不愿走动，喜卧嗜睡，强令其行走则步态蹒跚，可视黏膜苍白或黄疸，尿少色黄，食欲多随体温升高而减退或废绝。有的病例呕吐，粪便初期干燥，以后变稀、腥臭，常混有黏液或带血，尿呈浓茶色；有的病例黏膜或表皮出现瘀斑。犬细小病毒等感染可导致隐性感染发病，猫白血病病毒等感染可增加发病机会。

猫感染本病后，相关症状还有体表淋巴结肿大、眼前色素层炎、齿龈或口腔黏膜有散在出血点，心内膜炎和心肌炎等。

车京波（2007）对犬附红细胞体病进行的研究发现，当红细胞感染率低于50%时，每个红细胞表面附有1~3个附红细胞体，体温、呼吸、心率变化不明显时，感染犬表现为隐性感染；红细胞感染率达到80%~100%时，每个红细胞附有5个以上附红细胞体，临床表现为体温、呼吸、心率显著增高，精神沉郁，可视黏膜苍白、黄染时，感染犬表现为显性感染。

（三）诊断

采集患病犬猫新鲜血液压片和涂片镜检是最常用的检查方法。鲜血压片镜检是在洁净玻片上滴上1滴血后再加2滴生理盐水稀释混匀，再加盖玻片后镜检，可以观察到红细胞边缘不整呈棘突样变形，与正常红细胞形成鲜明对比；红细胞表面附着球形或卵圆形小体，数量多者可达15个以上，感染严重的病犬，红细胞染虫率可达70%~90%。随着镜检时间延长，虫体逐渐脱离红细胞而游离于血浆中，呈不断变化的星状闪光小体，在血浆中不断地摇摆、扭转、翻滚（图28-1-3）。庄庆均等（2008）报道，采集疑似感染犬血巴尔通氏体的血样进行涂片染

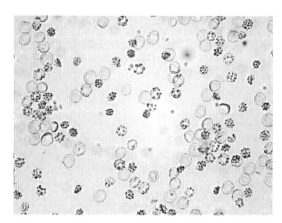

图28-1-3　犬嗜血支原体鲜血压片

镜检嗜血支原体黏附在60%以上的红细胞上，红细胞变形、皱缩。

（400×，周庆国）

色，光镜下发现多个病原体成链状出现于红细胞表面，这是一个较为有效的诊断标准。临床常用染液为姬姆萨染液或瑞氏-姬姆萨染液，染色后观察红细胞呈淡紫色或紫红色，附红细胞体被染成紫蓝色。

车京波（2007）研究发现，使用pH为9.0的姬姆萨染液及染色18h以上，才能获得满意的染色效果，镜下附红细胞体着色深，轮廓清晰。郑丽艳等（2006）比较研究了瑞氏、姬姆萨、吖啶橙染色法及PCR法对附红细胞体的检出率，结果显示，吖啶橙的检出率为最高（85%），PCR为其次（80%），瑞氏和姬姆萨染色的检出率最低（分别为20%和30%），表明PCR方法和吖啶橙染色法比瑞氏和姬姆萨染色法在诊断该病上更有价值，但吖啶橙染色后需要使用荧光显微镜观察。吖啶橙染色法的优点在于，即使病原的数量小，但呈明亮橘黄色的病原体容易与暗绿色的背景相区别。

对病犬进行血液常规检查和生化检验，可见红细胞数显著减少，红细胞压积降低，血红

蛋白及血糖值明显低于正常值，白细胞总数、中性粒细胞和单核细胞明显增多，嗜酸性粒细胞和淋巴细胞明显减少，血清总胆红素、总胆汁酸、谷丙转氨酶、血钠、血钾、血钙等均明显高于正常值。

朱建明（2013）对患本病死亡的8只肉犬进行了剖检，可见皮肤苍白，皮下脂肪黄染，血液稀薄、凝固较差，胸腹腔内有不同程度积液，心包内液体增多，心外膜有出血点，肝脏肿大、呈土黄色，胆囊肿大充盈，胆汁浓稠，脾肿大、质地柔软，肾脏贫血、局部淤血，全身淋巴结肿大、切面外翻，膀胱积尿、黏膜有零散出血点。

（四）预后

犬群一旦感染本病，很难完全清除。凡母犬为阳性者，其仔犬一般获得感染，生后自然死亡率较高，存活幼犬对其他疾病的抵抗力下降。隐性感染者，可因使用免疫抑制剂或脾切除而发病、贫血和死亡。应用四环素族等药物对病犬进行治疗后，其症状一般可得到有效的缓解，全身状态明显改善，镜检红细胞染虫率也显著降低，但血液中的附红细胞体很难清除干净。

（五）治疗

二丙酸咪唑苯脲注射液是治疗动物焦虫病和嗜血支原体病的首选药，该药具有治疗效果好、副作用少、使用安全方便等优点。盐酸强力霉素是国内外常用的的治疗药物，按每千克体重10mg投服，每天1~2次，连用28d，以防很快复发。

董霞等（2006）对20只确诊感染了犬附红细胞体且红细胞感染率达80%以上的患犬进行药物治疗试验，结果表明，分别以每千克体重2mg和3mg剂量，联合应用贝尼尔和咪唑苯脲分别行深部肌肉注射，每隔1d注射1次，连续用药3次后红细胞感染率显著降低；而以相同给药次数，以每千克体重4mg单纯应用贝尼尔、以每千克体重5mg单纯应用咪唑苯脲、以每千克体重0.5mg单纯应用特效米先的治疗效果均不及前者。

陈凤等（2011）应用盐酸强力霉素治疗一只体重3kg、肛温40.5℃且食欲废绝的吉娃娃患犬，按每千克体重10mg口服强力霉素，每天2次，连续4d，于治疗次日肛温降为39℃，食欲恢复；于治疗后第4天复诊，犬饮食正常，肛温38.7℃，红细胞悬液检查已见部分正常红细胞，建议继续口服强力霉素。

刘利霞（2013）应用土霉素治疗一只5~6月龄、体重30kg的雄性金毛犬，按每千克体重6mg，加入到5%葡萄糖溶液150mL中静脉注射，每天1次，连用5d；同时应用三氮脒，按每千克体重3mg，使用生理盐水稀释后肌肉注射，每天1次，连用5d；通过以上治疗措施，病犬病情逐渐好转，1周后随访，病犬已恢复健康。

以上报道反映了联合用药或单用盐酸强力霉素治疗犬嗜血支原体病例的良好效果，但在针对病原治疗的同时，还应根据患病犬猫的临床症状进行必要的对症疗法，如补充右旋糖酐铁和维生素，纠正继发或并发的其他疾病或异常等。

（六）预防

目前国内外还没有用于预防嗜血支原体感染的疫苗，只能采取综合性（非特异性）的防制措施，如搞好犬舍环境和饲养用具的卫生，定期消毒，在昆虫活动季节经常喷洒驱除吸血昆虫的药物，严防因吸血昆虫叮咬而传染。

二、犬埃里希体病

犬埃里希体病是近年来多发的一种由蜱传播的犬传染病，病原体寄生于犬的单核细胞、粒细胞或血小板中，临床上以间歇性体温升高、眼有黏液脓性分泌物、关节和脾脏肿大、鼻腔滴血和各类血细胞减少为特征。本病中文名称根据英文canine ehrlichiosis音译而来，有"犬埃里克体病""犬埃立克体病""犬埃里希体病""犬埃利希体病"等，本书采用了普通高等教育"十一五""十二五"国家级规划教材《兽医传染病学》中的译名：犬埃里希体病。

（一）病原与感染特点

病原主要为立克次体目、乏质体（无形体）科、埃里希体属的犬埃里希体、欧文埃里希体和无形体属的血小板无形体等，为专性细胞内寄生的革兰氏阴性小球菌，分别以单个或多个形式寄生于单核细胞、中性粒细胞（图28-2-1、图28-2-2）或血小板中，多个菌体聚集在与宿主细胞膜相连的胞质空泡内，形成光镜下可见的桑葚状包涵体。血红扇头蜱和微小牛蜱是我国埃里希体的主要储存宿主和传播媒介，幼蜱或若蜱因摄食感染犬的血细胞而感染，之后蜕皮发育为成蜱，在叮咬健康犬时将病原传播。菌体可在感染蜱体内存活155d以上，因此蜱越冬后仍然是本病的重要感染源。易感动物包括家犬、野犬、山犬、胡狼、狐和啮齿类，家犬中以德国牧羊犬最易感，其他品种也容易感染。一般无性别、年龄差异。张端秀等（2010）使用美国爱德士SNAP®4Dx检验套组对东莞市210份犬血清进行了相关项目检测，结果发现犬埃里希体抗体阳性12份，抗体阳性率为5.71%。

埃里希体属和无形体属包含了所有感染动物和人类外周血细胞的蜱传播疾病病原，其中

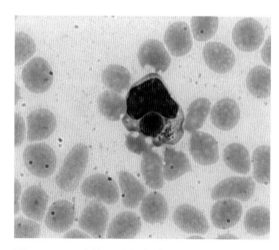

图28-2-1　犬埃里希体（1）

寄生在犬中性粒细胞内的埃里希体聚集形成光镜下可见的桑葚状包涵体。

（李广治　杨德胜）

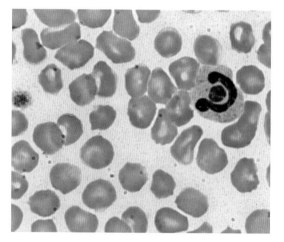

图28-2-2　犬埃里希体（2）

寄生在犬中性粒细胞内的埃里希体聚集形成光镜下可见的桑葚状包涵体。

（李广治　杨德胜）

的查菲埃里希体主要引起人类单核细胞埃里希体病，嗜吞噬细胞无形体主要引起人类粒细胞无形体病，这两种病原对犬也具有致病性。

（二）症状

1. 单核细胞埃里希体病　由犬埃里希体感染单核细胞及组织中的巨噬细胞而引起，潜伏期8～20d，急性期病犬体温升高，精神沉郁，食欲减退，体重减轻，眼有黏脓性分泌物，结膜苍白或有出血点、出血斑，少数病犬可急性死亡；1～2周后转为亚临床期，可持续数月至数年，通常无特征性临床症状，但血液常规检查白细胞、红细胞和血小板有所减少；慢性期病犬常见多器官出血，如皮肤黏膜有出血斑、流鼻血、尿血、拉黑色血便等，尤其以两侧鼻腔滴血最为多见；并伴有精神沉郁、厌食、贫血、体重减轻、结膜苍白及前色素层炎等症状。据有关资料，最近发现猫亦可自然感染犬埃里希体，表现为多发性关节炎及全血细胞减少症。

2. 犬粒细胞埃里希体病　由欧文埃里希体感染中性粒细胞而引起，除以上症状外，还可能表现肢体腕关节和跗关节等的关节炎，膝关节不灵活，肌肉僵硬，一肢或多肢跛行，中性粒细胞减少等。

3. 犬传染性血小板减少症　由血小板无形体感染血小板而引起，除以上症状外，主要表现血小板严重减少，部分病犬可出现眼前色素层炎。

杨德胜（2012）报道一例15kg古代牧羊犬发生埃里希体感染，病犬持续发烧，食欲下降，尿液呈浓茶色至红色，间断性鼻出血近2个月。检查全身多处有蜱虫寄生，眼结膜轻度黄染，口腔黏膜苍白，体表淋巴结明显肿大，且在检查中病犬排出约120mL血性尿液。通过血液常规检查发现，WBC 4.5×10^9/L［正常（6.0～16.9）$\times 10^9$/L］，HCT 8.9%（正常37.0%～55%），PLT 13×10^9/L［正常（175～500）$\times 10^9$/L］。通过血液涂片镜检，在中性粒细胞胞浆内发现桑葚状包涵体（图28-2-1、图28-2-2）。

苏荣胜等（2013）报道一例26kg体重的雄性金毛犬发生埃里希体感染，病犬鼻端干燥，可视黏膜苍白，半个月来体温一直在39.8℃以上，偶尔流鼻血，采食量减少，不太活跃，心肺听诊及腹部触诊均未见异常。采集病犬抗凝血和采用美国爱德士公司的四合一（SNAP® 4Dx）ELISA试剂盒检测，确诊为犬埃里希体和嗜吞噬细胞无形体混合感染。

（三）诊断

依据病犬发热、鼻腔滴血、多关节肿大、脾脏肿大等异常，同时在犬体表容易发现寄生蜱，可怀疑本病。取急性期发热病犬血液涂片，使用瑞氏-姬姆萨染液染色后镜检，可能在单核细胞、中性粒细胞或血小板中发现紫兰色的桑葚状包涵体，但检出率很低。如果将抗凝血离心后取白细胞层涂片，有助于提高埃里希体包涵体的检出率。

血液常规检查有重要的诊断意义，病犬血细胞压积降低，白细胞、红细胞、血红蛋白和血小板数呈一致性显著减少（图28-2-3）。血清生化检验，部分病犬血清丙氨酸氨基转移酶（ALT）、天门冬氨酸氨基转移酶（AST）、碱性磷酸酶（ALP）等活性升高，尿素氮和肌酐值升高，白蛋白减少，球蛋白增多。尿液常规检查，可能出现蛋白尿。

参数		结果	参考范围	参数		结果	参考范围
WBC 白细胞数目	L	5.4x10⁹/L	6.0-17.0	HCT 红细胞压积	L	34.1%	37.0-55.0
Lymph#淋巴细胞数目		1.4x10⁹/L	1.0-4.8	MCV 平均红细胞体积	L	51fL	60.0-74.0
Mon#单核细胞数目		0.2x10⁹/L	0.15-1.35	MCH 平均红细胞红蛋白含量		24.1pg	19.5-24.5
Gran#中性粒细胞数目		3.8x10⁹/L	3.6-11.8	MCHC 平均红细胞血红蛋白浓度	H	476g/L	310-360
Lymph%淋巴细胞百分比		27.6%	12.0-30.0	RDW 红细胞分布宽度变异系数		17.7%	11.0-15.5
Mon%单核细胞百分比		4.4%	3.0-14.0	PLT 血小板数目	L	93x10⁹/L	200-500
Gran%中性粒细胞百分比		68.0%	60.0-80.0	MPV 平均血小板体积		8.8fL	7.0-12.0
RBC 红细胞数目		6.75x10¹²/L	5.50-8.50	PDW 血小板分布宽度		10.2	
HGB 血红蛋白		162g/L	120-180	PCT 血小板压积		0.082%	

图28-2-3　一例埃里希体轻度感染犬血常规检查结果

白细胞总数和血小板数目减少，红细胞压积降低，提示机体为轻度感染，且症状较轻。

（周庆国）

目前，国内宠物临床普遍使用美国爱德士公司的四合一（SNAP® 4Dx）ELISA试剂盒，用于检测包括犬埃里希体、嗜吞噬细胞无形体及莱姆病的IgG抗体和恶丝虫抗原等在内的六种虫媒性疾病。据爱德士公司资料，该试剂对这六种疾病的检测特异性均高于98%，敏感性高于96%。用前从冰箱中取出，使其温度恢复至室温，检测样品为患病犬猫新鲜或冷冻的血清或血浆，取3滴血清或血浆与试剂盒中的底物结合液4滴混匀后滴到试剂盒样品孔中，当激活圈内出现颜色时，用力压下试剂盒上的启动按钮（带SNAP字样），使样本液充满整个试剂盒，8min后显示犬埃里希体或嗜吞噬细胞无形体的抗体是否呈阳性结果。

（四）预后

大部分急性病例在1~2周后转为慢性，持续1~4个月后往往复发。幼犬发病率与死亡率比成犬高。应用四环素、强力霉素、美他霉素等治疗有效，症状可得到显著改善，但不易消除血液带菌状态。

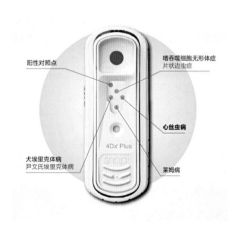

图28-2-4　爱德士SNAP® 4Dx试剂盒阳性标准

图中分别显示犬埃里克体抗体阳性、嗜吞噬细胞无形体抗体阳性、莱姆病（疏螺旋体）抗体阳性和心丝虫抗原阳性位置。

（董艳芳）

图28-2-5　使用SNAP® 4Dx试剂盒的检测结果

对照图28-2-4可知，左为犬埃里希体抗体阳性，中为嗜吞噬细胞无形体抗体阳性，右为阴性。

（佛山先诺宠物医院）

（五）治疗

治疗本病常用盐酸强力霉素（盐酸多西环素），对急性病犬或慢性感染且症状轻微的病犬疗效明显，按每千克体重10mg，溶于5%葡萄糖生理盐水中静脉注射，每天1次，连续用药至体温恢复正常、鼻腔滴血停止，但清除病原需持续用药16～23d。也可投服强力霉素片剂，用药需持续数周，但个别犬可能对服药表现呕吐或过敏反应，配合适量糖皮质激素有利于减轻反应。对于临床症状复杂且严重的病犬，通常需要采取止血、输血、调节酸碱平衡和电解质平衡、保肝等综合措施。如鼻腔出血明显，最好联合应用止血敏、维生素K和氨甲苯酸，或选择高效止血药如注射用二乙酰氨乙酸乙二胺、注射用蛇毒血凝酶或白眉蛇毒血凝酶等，能起到较好的止血作用。当然对贫血和出血病犬，如能及时输血，既可以补充循环血量，迅速改善贫血状态，也能有效控制因血小板减少而导致的各器官出血。

杨德胜（2012）对前述埃里希体病犬输血600mL，并按每千克体重首次投服5mg A-派克强力霉素，每天2次，然后按每千克体重2.5mg给予维持量，连用10d，同时使用丹诺仕（S-腺苷甲硫氨酸）、甘利欣（干草酸二铵注射液）、能量合剂、氨基酸和维生素B$_{12}$等，病犬症状于治疗第3天明显改善，出现食欲，大量饮水；第5天精神好转，食欲增加，眼结膜黄染消失，尿色趋于正常；第7天精神良好，活动力强，食欲旺盛，大小便正常，血液常规项目和肝、肾指标等全部恢复正常。但据有关资料，使用药物不能完全清除犬体内的犬埃里希体病原，病愈犬将长期隐性带菌，容易复发。

人医临床使用美他霉素作为首选或选用药物治疗立克次体病、支原体属感染、衣原体属感染等，要求空腹口服，即餐前1h或餐后2h服用，以避免食物对吸收的影响，并且服药时饮用足量的水（240mL）以减少胃肠道刺激症状。长期用药还应定期检查血常规以及肝、肾功能。

（六）预防

在蜱活动的季节里，注意对犬体表及养犬环境进行有效的灭蜱十分必要，如犬体表可选用德国拜耳公司的"拜宠爽"滴剂，对于蜱、蚊、蚤等节肢昆虫有良好的驱避作用，而法国梅里亚公司的"福来恩"滴剂对于蜱、蚤等节肢昆虫有良好的驱杀作用，对犬均有1个月以上的保护时间，非常适合家庭散养宠物。规模化犬场限于价格因素较少选用，可在蜱活动旺季，按每千克体重10mg，每天投服或在食物中添加土霉素或四环素，但长时间使用会产生耐药性。

据人类医学资料，猫立克次体是人类蚤传斑点热的病原体，其传播媒介不是蜱类，而是猫栉头蚤，猫为储存宿主无临床症状。另有资料显示，在英国和法国对猫蚤进行的PCR检测研究均获得猫立克次体阳性结果。在美国对宠物收容所家猫和野猫共170只进行了血清学试验，立克次体阳性率分别为立氏立克次体17.2%、小蛛立克次体14.9%、莫氏立克次体4.9%、猫立克次体11.1%及汉赛巴通体14.7%，表明猫科动物的不同病原及其媒介是人兽共患立克次体病的重要来源。因此，在预防犬猫立克次体感染时，重视驱避和杀灭犬猫体表和环境中的蜱、蚊、蚤等节肢昆虫就显得非常必要。

犬猫饲养环境的灭蜱必须与犬猫体表灭蜱同步进行，具体措施包括清除杂草、平整场地、堵塞墙壁及地面孔洞缝隙和清洁卫生死角，喷洒农药，以求彻底清除犬所处环境中的蜱。

三、钩端螺旋体病

钩端螺旋体病是由致病性钩端螺旋体感染引起的一种人兽共患病，犬猫感染后多呈亚临床感染或慢性感染，无明显症状。当犬猫感染致病力强的病原性钩端螺旋体后，容易呈现急性和亚急性临床症状，以发热、黄疸、血红蛋白尿、出血性素质等为主要症状。

（一）病原与感染特点

病原为钩端螺旋体科、细螺旋体属的似问号钩端螺旋体，对人和动物有致病性。该菌体纤细，呈螺旋形紧密缠绕，一端或两端弯曲呈钩状，长6~20μm，宽0.1~0.2μm，革兰氏染色阴性，但很难着色，而采用Fontana镀银染色法着色较好，菌体呈褐色或棕褐色采用Diff Quik染色后观察钩端螺旋体呈紫蓝色（图28-3-1）。钩端螺旋体广泛存在于气候温暖、雨量较多的热带亚热带地区的江河两岸、湖泊、沼泽、水田、池塘等地，适宜的pH7.0~7.6。该病主要通过直接或间接接触被污染的尿液而传播，并经皮肤伤口、完整的黏膜和消化

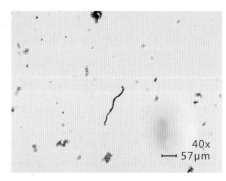

图28-3-1 尿沉渣中的钩端螺旋体

采用Diff Quik染色液染色后，40×视野下的钩端螺旋体。

（马庆博）

道传染给易感动物。在菌血症期间，某些吸血昆虫可作为传播媒介。宿主几乎涉及自然界所有温血动物，据我国资料已从67种动物中分离出钩端螺旋体，其中以啮齿动物（如黑线姬鼠、黄毛鼠、黄胸鼠）、猪、牛、犬等为主要储存宿主和传染源。鼠类主要携带黄疸出血群钩端螺旋体，因其分布广、繁殖快，对钩端螺旋体呈亚临床感染，且长期从尿中排菌，是自然疫源的主体。在我国从犬分离的致病性钩端螺旋体11个血清群中，主要是犬群和黄疸出血群钩端螺旋体。

刘波等（2012）分析了我国人群钩端螺旋体疫情流行病学特征，长江流域的四川、湖南和江西，珠江流域的广西和广东以及澜沧江流域的云南为我国钩体病流行最为严重的6个省份，2006—2010年合计报告病例2 682例，占同期全国病例总数的74.58%，发病高峰为8、9月，占全年病例的38.95%；感染病例发病前一个月明确有可疑疫水接触史，其中绝大部分为田间劳动或游泳戏水，说明田间作业和游泳戏水为通过疫水感染钩体病的主要方式。这提示了疫水也可能是犬感染钩端螺旋体的重要方式，但家猫接触疫水的机会很少，而捕捉鼠类可能是家猫感染钩端螺旋体的重要方式。

齐海霞等（2012）采用显微凝集试验方法，对采自北京地区的200份犬猫血清进行了钩端螺旋体感染情况调查，结果显示，犬血清阳性率为67.2%（86/128），猫血清阳性率27.8%

（20/72）；同时分析了钩端螺旋体血清型群，其中犬群抗体阳性率为25.5%，澳洲群阳性率为23.5%，黄疸出血群和秋季群阳性率均为21.5%，并且同一份血清检测到两种以上的抗体群，说明钩端螺旋体菌株并非单一感染，可以双重感染甚至多重感染，无论是犬还是猫，双重感染和多重感染的总和占阳性率的50%左右。

多份资料表明，犬对本病易感，以公犬抗体阳性率较高，幼犬与体质弱的犬容易发病且症状严重，患犬可经尿液连续或间歇排菌，康复犬间歇排菌可达数月至数年。猫很少发病，或临床症状温和。

（二）症状

感染犬经过5～15d的潜伏期，主要表现急性出血性黄疸和亚急性或慢性肾炎两种病型。

1. 急性出血性黄疸　病初表现体温升高、精神沉郁、呕吐和食欲废绝等全身异常，可视黏膜充血或有出血斑点，广泛性肌肉触痛及四肢乏力。随着病程延长，多数患犬发生溶血性黄疸和肝实质性黄疸，可视黏膜和全身皮肤发黄（图28-3-2、图28-3-3），尿液混浊呈豆油色或红色，部分患犬呕血、鼻出血及排出血便，病情严重的肝功能衰竭，出现腹水增多和肝性脑病症状。

2. 亚急性肾炎　轻症病例体温可能正常，仅精神沉郁、食欲减退，可视黏膜轻度黄染。严重病例表现体温升高、可视黏膜充血、呕吐和食欲废绝、全身黄染等异常，随病情发展还表现肾功能损害，患犬少尿或无尿，少数患犬因肾功能衰竭出现尿毒症，临床症状加重。

（三）诊断

依据患犬体温升高、皮肤黏膜黄疸及黏膜出血点、尿液黏稠呈豆油色、血液红细胞和血红蛋白明显减少、白细胞总数显著增多、血小板减少及血清生化检验肝、肾主要指标均显著升高，可做出初步诊断。病原检查的传统方法是，采集患犬高热期少量血液或尿液立即离心

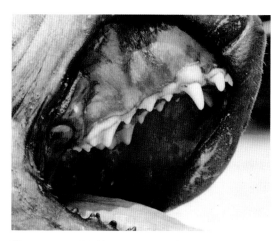

图28-3-2　钩端螺旋体感染犬（1）

病犬皮肤和齿龈发黄。

（周庆国）

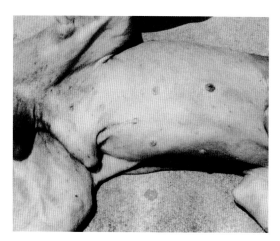

图28-3-3　钩端螺旋体感染犬（2）

病犬全身皮肤一致性发黄。

（周庆国）

浓缩，用暗视野显微镜及荧光抗体染色后检查。也可取病犬死后1h内的肾组织，接种柯索夫（Korthof）培养基于28℃培养箱内进行数天的增菌培养，取培养液以1 500r/min的速度离心5min，然后取沉淀物进行Fontana镀银染色，在低倍显微镜下暗视野观察，若看到褐色或棕褐色的似问号样钩端螺旋体便可确诊。

显微凝集试验是使用最广泛的血清学方法之一，是钩端螺旋体病血清学检测的金标准，其方法是直接利用标准活钩端螺旋体作为抗原，唯一能对钩端螺旋体进行分群分型的血清学方法。然而，钩端螺旋体病的多数抗体于发病第8～10天才易被检测到，于3～4周内普遍达到高峰水平，所以此法不适用于对钩端螺旋体感染进行早期诊断。

刘占斌等（2012）采用Korthof培养基和显微凝集试验进行了犬钩端螺旋体病研究，对首次血清学检查阳性的8个样本于2周后进行血清抗体滴度检测，定性其中6个样本为钩端螺旋体感染阳性犬，1个样本为疑似感染犬，1个样本为曾经感染犬。对6只感染阳性犬血液和尿液进行增菌培养，结果仅有3份血液样本和3份尿液样本为钩端螺旋体培养阳性，与血清学检查结果相符率各为50%（3/6），血液培养或尿液培养阳性犬共5只，与血清学检查结果相符率为83.3%（5/6），而血液培养和尿液培养都呈阳性的犬仅1例，反映了钩端螺旋体病犬血液培养和尿液培养的不确定性。因此如果增菌培养未获成功，不可草率得出未感染结论。

目前最快速、最简便的检测方法是使用IDEXX SNAP Lepto犬钩端螺旋体快速检测试剂（图28-3-4），该试剂采用ELISA方法检测患病动物血清中的钩端螺旋体脂蛋白LipL32抗体，而脂蛋白LipL32是致病性钩端螺旋体的含量最丰富的外膜蛋白。对未接种钩体疫苗但有疑似临床症状的患犬，使用SNAP Lepto检测出现阳性结果，表明该犬患病概率很高；若呈阴性结果则不能排除感染，可能为感染初期暂未检出抗体，可7～10d后再行检测或考虑PCR检测。对有

图28-3-4　钩端螺旋体快速检测试剂盒

IDEXX SNAP Lepto快速检测试剂盒，左边为阴性，右边为阳性。

（舒雪利）

钩体疫苗接种史又有疑似临床症状的患犬，使用SNAP Lepto检测出现阳性结果，不能说明该犬是否患病，应结合症状、生化检验和PCR检测结果进行判断。

（四）预后

急性病例症状重，病程短，常在发病后2～3d死亡。亚急性病例经及时有效的治疗，预后良好。部分亚急性病例可转为慢性，呈现慢性肾炎症状。

（五）治疗

一般认为链霉素和四环素类抗生素有良好的治疗效果，但对犬猫来说，四环素或强力霉素应当作为首选药物。由于急性和亚急性患犬肝功能损害及出血性病变严重，应配合营养支

持疗法和必要的强心、利尿、止血、保肝疗法等，可参照犬传染性肝炎的治疗。

（六）预防

进口疫苗主要有美国默沙东公司的犬钩端螺旋体二价灭活苗（Nobivac® Lepto）和硕腾公司的卫佳®捌（Vanguard® Plus 5-CVL）疫苗，均含犬型、出血黄疸型钩端螺旋体两种病原的抗原，能提供最少长达12个月的保护，并且能够阻止病原在肾脏附殖及经尿液排出。这两种疫苗极少引起过敏反应，安全性好，可用于早至6周龄的幼犬及妊娠母犬，每次1头份，于第6周首免后，间隔3～4周进行第2次免疫，以后每年加强免疫1次。

（周庆国）

第十篇
体内寄生虫病

　　犬猫体内体外的寄生虫或寄生虫病非常普遍，是传统意义上影响犬猫健康的仅次于传染病的一大类疾病。随着宠物主人的免疫防病意识增强，犬猫的传染病已经或必将更少地发生，犬猫的寄生虫病必将成为其一生需要预防的疾病，自然也是其主人们重视的疾病。

　　寄生于犬猫体内的虫体分为蠕虫和原虫两大类，每一类均有多种不同结构和形态的虫体、幼虫或虫卵（或卵囊），分别寄生或移行于体内不同的器官、系统内，引起所寄生的器官、系统出现病理损害和机能降低。由于犬猫的生活习性，消化系统是寄生虫最多感染的部位，常见多种线虫、绦虫、吸虫或棘头虫等蠕虫感染，也常见等孢球虫、贾第鞭毛虫等原虫感染，虽然感染的寄生虫不同，但临床症状却十分相似，多表现为卡他性肠炎或出血性肠炎。呼吸系统是次于消化系统而易感染寄生虫的部位，常见线虫或吸虫感染，均引起支气管炎或支气管肺炎症状。泌尿系统较少发生寄生虫感染，并且仅见于线虫感染，引起的症状类似肾炎或膀胱炎。心脏（或右心室）和肺动脉是某种线虫（恶丝虫）能寄生的部位，虫体可导致右心衰竭和肺动脉炎症。血液红细胞则是某种原虫（巴贝斯虫）最多寄生的部位，可引起严重的贫血和黄疸症状。按照犬猫体内寄生虫感染的器官、系统进行分类和描述，有助于理解体内寄生虫病的发生规律和症状特点，从而较容易地和症状相似的传染病或内科普通病区别开来，避免误诊。

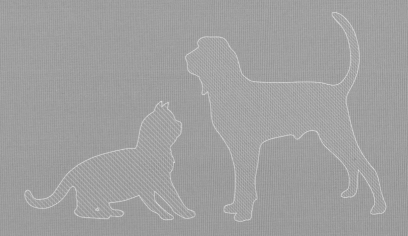

第二十九章
消化系统寄生虫病

犬猫的消化系统寄生虫病最为复杂，寄生的虫体种属繁多，引起的症状与某些传染病或某些内科普通病症状相似或相同，非常容易混淆。如旋尾线虫（血色食道线虫）可寄生于犬猫食道壁或胃壁引起食道瘤症状，如蛔虫、钩虫、类圆线虫、鞭虫、绦虫、棘口吸虫、球虫和贾第鞭毛虫等，可寄生于犬猫小肠或大肠壁引起卡他性肠炎或出血性肠炎症状，其中蛔虫、钩虫和类圆线虫的感染性幼虫侵入幼龄犬猫后，可通过"肝-气管途径"或"食管-气管途径"移行造成肺损伤和咳嗽症状，还有华支睾吸虫和后睾吸虫可寄生于犬猫肝胆管与胆囊内引起黄疸和血红蛋白尿症状等。

犬猫感染虫卵或虫体的途径也很复杂，胎儿期的犬可通过胎盘途径感染蛔虫和钩虫，哺乳期的犬猫均可通过吸吮初乳感染蛔虫和钩虫，犬猫出生后可通过直接吞食外界的感染性虫卵（或卵囊或吞食已摄食感染性幼虫的中间宿主）而感染食道线虫、蛔虫、钩虫、鞭虫、绦虫、棘口吸虫、球虫和贾第鞭毛虫等，其中短暂生存于外界的钩虫和类圆线虫的感染性幼虫还能经犬猫的皮肤和黏膜侵入其体内引起感染。

犬猫初患消化系统寄生虫病，通常表现为隐性感染或慢性感染，轻者可无明显异常，但感染严重则可出现明显的营养不良、腹泻或血便、咳嗽和肺炎、黄疸和血红蛋白尿、体温升高、精神沉郁、食欲减退或废绝等一系列全身症状，必须注意与某些传染病及内科普通病鉴别诊断，并进行科学合理的治疗。

犬猫消化系统寄生虫病的传统用药多为左旋咪唑、丙硫苯咪唑、芬苯哒唑、吡喹酮等单一成分，驱虫谱窄且效力有限。目前，宠物临床多用犬猫专用复方驱虫片，主要成分为双羟萘酸噻嘧啶、非班太尔（或芬苯哒唑）和吡喹酮，具有广谱驱杀或驱除多种肠道线虫和绦虫的作用。有的产品含芬苯达唑、吡喹酮、硝硫氰酯和妥曲珠利，除广谱驱杀或驱除多种肠道线虫和绦虫外，也具有抑杀艾美耳球虫及其卵囊的作用。

一、犬食道线虫病

犬食道线虫病，又称犬血色食道线虫病或犬旋尾线虫病，是由一种旋尾线虫寄生于犬的食道、胃、主动脉壁或其他组织形成肿瘤状结节，引起患犬呕吐、流涎、咳嗽、吞咽困难等，并可继发动脉破裂大出血和死亡。

（一）病原与感染特点

病原为旋尾科、旋尾属的狼旋尾线虫，又称犬血色食道线虫。虫体呈淡血红色，蜷曲呈螺旋形，雄虫（30～50）mm×0.67mm，雌虫（54～80）mm×1.15mm。寄生于患犬食道或胃壁的肿瘤样结节内的食道线虫所产生的虫卵，经结节顶部破口进入消化道中随粪便排出体外，初排出的虫卵内含虫胚，被中间宿主（食粪甲虫类、蟑螂、蟋蟀、蜻蜓等）吞食后，虫胚逸出在其肠腔内发育为第1期幼虫，穿过肠壁进入体腔发育至第2期幼虫，后移行至气管内发育为具有侵袭性的第3期幼虫，并形成包囊，不再发育为成虫。此时的中间宿主若被不适合虫体发育、寄生的转运宿主（两栖类、爬行类、禽类和小型哺乳动物等）吞食后，幼虫可在它们体内（胃、肠、肠系膜或其他器官）再次形成包囊，继续存活，并具有侵袭能力，也不能发育成为成虫。当寄生有或保存有食道线虫包囊的中间宿主或转运宿主一旦被终末宿主（犬、狼、狐、豺等动物）吞食或采食后即引起感染，包囊内的幼虫就在胃内逸出，穿过胃壁进入胃网膜动脉，移行至腹腔动脉而达主动脉。在移行过程中发育为第4期幼虫，经过2.5～3.5周到达主动脉，最后通过结缔组织或复经血液，多数移行至食道壁内寄生，少数寄生于胃壁和主动脉壁内，形成肿瘤样结节并发育为成虫。偶见虫体寄生于肺、支气管、淋巴结、胸腺、皮下和肾包膜下。犬从感染后至由粪便中排出虫卵需经过5～7个月。冯勇等（2011）对四川省通江县犬猫寄生虫感染进行的调查结果显示，犬血色食道线虫的感染率为92.8%（553/596），是被调查犬感染率最高的线虫。

（二）症状

犬感染食道线虫病初期或轻度感染时，一般临床上观察不出明显的症状。在病的中期或严重感染时，虫体寄生的食道壁部位已形成肿瘤结节并逐步增大压迫食道时，则出现食道梗阻、吞咽困难、流涎和呕吐等症状。有时可见患犬呕出虫体或食物从鼻孔逆出。当虫体寄生于胃壁时，也可呈现呕吐、食欲不振等症状。当虫体寄生于肺部和支气管壁时，可呈现激烈而断续的咳嗽、呼吸困难等症状。当肿瘤结节发生细菌感染后，患犬表现体温升高。在病的后期，因消化功能、呼吸系统和循环系统障碍，患犬结膜苍白，鼻镜干燥，精神沉郁，体质极度消瘦，并呈现收腹拱背、行走摇晃、肌肉抽搐、呻吟等症状。有的并发脊椎炎或肥大性骨关节病，呈现前后肢肿胀、疼痛，X线检查呈骨膜增生像。有的呈现胸腔积液。最后以衰竭或继发其他病而转归死亡。个别患犬因虫体寄生于主动脉壁形成动脉瘤，血管腔狭窄易引起血管壁破裂，结果导致大出血而发生急性死亡。

（三）诊断

根据临床症状和对食道病变部位进行触诊、X线检查和钡剂造影或进行食道镜检查等的检查结果，可怀疑本病或做出初步诊断。据资料介绍，多数病变部位是在食道的上1/3和下1/3段，因此对颈部食道可进行食道触诊，如为本病，可触摸到一定大小的硬固的肿瘤状结节，同时患犬表现出不适或疼痛反应。X线摄片和钡剂造影检查是临床常用的方法，由于正常情况下难以观察到食道影像，如患犬发生本病，则容易观察到密度增高的食道肿瘤样阴影。结合钡剂造影检查，有助于判断病变部位、范围和食道梗阻程度。对犬进行食道钡剂造影检查时，最好采用具有透视功能的X光机（如C形臂X光机），或能在患犬站立位进行拍摄的DR，在给犬投服约80%的浓硫酸钡浆10～30mL后，令患犬以站立侧位接受透视或多次曝光，当钡剂流至肿瘤状结节时发生滞留或绕过呈线状流下。目前，宠物临床的食道镜和胃镜检查已经开展起来，这种直观的检查方法能够清楚地观察食道壁病变及其部位、范围、程度等。

取患犬粪便或呕吐物镜检发现旋尾线虫卵是诊断本病的重要依据。旋尾线虫的虫卵较小，呈椭圆形，大小为（30～37）μm×（11～15）μm，卵壳厚，初排出的虫卵内含有1个弯曲的虫胚（幼虫）。由于虫卵为周期性排出，因此对患犬生前的粪便和呕吐物需进行反复多次的虫卵检查，并采用饱和盐水漂浮集卵法或水洗沉淀集卵法收集虫卵以提高检出率。旋尾线虫卵与寄生于犬胃肠内的犬胃虫虫卵相似，应注意加以鉴别。

对因病死亡患犬进行剖检，病变部位主要在食道（占96%），动脉和胃各占2%。食道病灶多位于食道的上1/3和下1/3段，剪开食道管腔，在管壁上有花生米至核桃大的与周围组织界限明显的肉瘤状肿块，有的肿块顶部已向消化道管腔内形成一个破口（排卵口），切开肿块物为纤维或纤维肉质样结构，内有很多瘘管，管内充满淡红色的浓稠液体，内有1个或多个蜷曲成团的成虫虫体。剖检多发性感染病例，其特征为多个肿瘤结节病灶分布于食道壁、靠近贲门部的胃壁或主动脉壁上，结节病灶大小不等，小的结节病灶如绿豆至黄豆大，大的结节病灶有鸽蛋至鸡蛋大，有的已向外开口，有的尚未向外开口。剪开结节病灶可见成虫体，有的已形成陈旧性、钙化性病灶。死于主动脉管壁破裂的病例，剖检可见胸腔积蓄大量的凝血块，在动脉壁上有肿瘤病灶（内有虫体）和动脉瘤发生破裂的病变。

（四）治疗

本病的治疗方法分为手术疗法、药物疗法和对症疗法等。手术疗法具有一定难度，因为切除一段食道后，其长度变短，需将胃向前移或开胸移入胸腔内，或采用人类食道癌的手术方法，转移一段小肠以替代食道功能。目前本病仍以药物疗法为主，在患病早期或产生严重病变之前，可选用瑞普（天津）公司的"美虫星"芬苯达唑片或南京金盾公司的"诺信"芬苯达唑片，或选用德国拜耳公司的"拜宠清"复合驱虫片，口服剂量和使用方法参照各自的药品说明书。1%伊维菌素（害获灭）是驱杀动物线虫的常用注射剂，按每千克体重0.02～0.03mL，皮下注射，每隔7d 1次，连用3～5次。这些药物疗法均可杀灭发育过程中的虫体，虫体所致的肿瘤状肿块也可逐渐缩小和消散，只在局部留下微小、稍微突出的结缔组织瘢痕。在驱虫治疗中，根据患犬病情，采取必要的对症疗法。

（五）预防

对犬的粪便和呕吐物及时清除或进行无害化处理，减少和杜绝犬只接触并吞食、捕食中间宿主动物和转运宿主动物，定期投服驱虫药，参考蛔虫病的预防。

二、蛔虫病

蛔虫病是由几种蛔虫寄生于幼龄犬猫小肠内引起的疾病，主要以卡他性肠炎、营养不良和发育迟缓等为特征。

（一）病原与感染特点

病原为蛔科、弓首属的犬弓首蛔虫和猫弓首蛔虫，以及弓蛔属的狮弓蛔虫，其基本形态均为淡黄白色、中间粗大、两端较细的线状或圆柱状虫体。

1. 犬弓首蛔虫　雄虫长40～60mm，雌虫长65～100mm，寄生于犬和犬科动物的小肠内，幼犬通过胎盘、吸吮初乳或吞食感染性虫卵而感染。

2. 猫弓首蛔虫　雄虫长40～60mm，雌虫长40～120mm，寄生于猫和猫科动物的小肠内，幼猫通过吸吮初乳或吞食感染性虫卵而感染。

3. 狮弓蛔虫　雄虫长20～70mm，雌虫长20～100mm，寄生于犬猫和多种野生肉食动物的小肠内，幼龄犬猫通过吞食感染性虫卵而感染。

（二）症状

蛔虫病常见于6月龄以下的犬猫，通常体温、食欲正常，但发育迟缓，渐进性消瘦，异嗜和间歇性腹泻，常随粪便排出或随呕吐物呕出蛔虫虫体（图29-2-1、图29-2-2）。粪便一般少含黏液或带血，感染严重可发生卡他性肠炎或出血性肠炎。有的犬猫明显消瘦，但腹部膨大，腹部皮肤似半透明的黏膜状。3月龄以内犬猫感染后，幼虫在体内可经"肝-气管途径"移行过程导致其表现咳嗽或支气管肺炎症状。肠道有大量虫体寄生时，可能引起肠阻塞或套叠，严重时可能导致肠破裂。

（三）诊断

本病临床症状不具有特征性，应注意与普通的卡他性肠炎进行鉴别，对群发咳嗽或支气管肺炎症状的3月龄以下犬猫，也应怀疑本病。临床筛查常利用探测体温时黏附在体温计上的少量粪便直接涂片镜检，或采集3～5g粪便使用饱和蔗糖溶液（或盐水）漂浮法收集虫卵后镜检：犬弓首蛔虫卵为短椭圆形，直径75～85μm，呈深褐色，卵壳较厚并有许多点状凹陷，内含未分裂卵胚，卵胚充满卵黄细胞，卵壳与卵胚之间无间隙或间隙很小（图29-2-3）。

图29-2-1　犬蛔虫成虫（1）

患犬腹泻，随粪便排出一条蛔虫。

（周庆国）

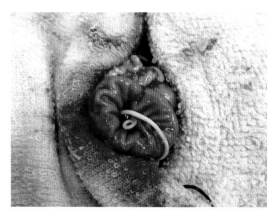

图29-2-2　犬蛔虫成虫（2）

蛔虫易窜入胃内，在胃切开术中发现的蛔虫。

（周庆国）

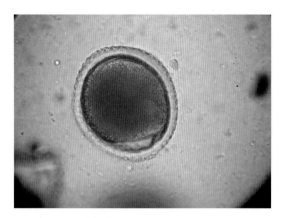

图29-2-3 犬蛔虫卵

采用饱和蔗糖溶液漂浮法发现的弓首蛔虫卵。

（600×，胡霖）

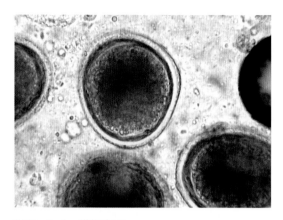

图29-2-4 猫蛔虫卵

采用饱和蔗糖溶液漂浮法发现的弓首蛔虫卵。

（600×，陶建平）

猫弓首蛔虫卵为亚球形，直径65~70μm，卵壳薄，表面也有许多点状凹陷（图29-2-4）。狮弓蛔虫卵近似圆形，直径（60~75）μm×（75~85）μm，呈浅黄色，外膜光滑，内含未分裂卵胚，卵胚不够充满，卵壳内空隙较大。

（四）治疗

左旋咪唑是驱除包括蛔虫在内的动物线虫成虫的经典药物，每千克体重10mg，每天1次，口服1~2次即可。目前犬猫专用复方驱虫药片在宠物临床得到广泛应用，如德国拜耳公司的"拜宠清"复合驱虫片、瑞普（天津）公司的"美虫星"芬苯达唑片或南京金盾公司的"诺信"芬苯达唑片等，都对蛔虫、钩虫、鞭虫、绦虫、贾第鞭毛虫等的成虫、幼虫或包囊具有驱杀作用，具体口服剂量和使用方法可参照各自的药品说明书。

注射伊维菌素（商品名为害获灭）或多拉菌素（商品名为通灭）也是驱除犬猫体内线虫和体表虱、螨的有效方法，但驱杀作用比较缓慢，剂量为每千克体重0.2~0.3mg，一次内服或皮下注射，必要时可间隔7~9d再用药1次。需要注意：苏格兰牧羊犬及相关血统犬对该药极为敏感，每千克体重0.1mg以上剂量即可引起中毒，容易造成死亡。

（五）预防

建议的驱虫时间为：幼龄犬猫出生后30d首次驱虫，3月龄内每月1次，3月龄后每两个月1次。成年犬每3个月驱虫1次。母犬猫配种前25d和15d各驱虫1次，妊娠后原则上不再投药，但若感染严重，可于产前15~30d驱虫1次，药物剂量为正常剂量的2/3。投药后需对犬猫进行观察，体内有大量虫体寄生时，可能因虫体死亡释放抗原或无法排出引起过敏等不良反应，应及时给予处理。驱虫后要及时清除粪便，保持饲养环境清洁卫生，防止重复感染。

三、钩虫病

钩虫病是由几种钩虫寄生于幼龄犬猫小肠内引起的疾病，主要以卡他性肠炎或出血性肠炎和贫血为特征。

（一）病原与感染特点

病原主要为钩口科、钩口属的犬钩口线虫和巴西钩口线虫，以及弯口属的狭头弯口线虫和美洲板口线虫等，基本形态均为淡黄白色（死后为灰白色）纤细短小的线状虫体（图29-3-1、图29-3-2）。

1. 犬钩口线虫　雄虫长11～13mm，雌虫长14.0～20.5mm，主要寄生于犬的小肠内，幼犬通过胎盘、吸吮初乳、吞食感染性幼虫（丝状蚴）或丝状蚴经皮肤侵入而感染。

2. 巴西钩口线虫　雄虫长5.0～7.5mm，雌虫长6.5～9.0mm，主要寄生于猫的小肠内，幼猫的感染途径与犬感染钩口线虫类似，很少经胎盘感染。

3. 狭头弯口线虫　雄虫长6～11mm，雌虫长7～12mm，主要寄生于犬的小肠内，在猫体内罕见，犬猫的感染途径主要是吞食丝状蚴而感染，很少有其他感染途径。

4. 美洲板口线虫　雄虫长5～10mm，雌虫长7.7～13.5mm，寄生于人、犬的小肠内，是人的重要寄生虫病，对犬的危害相对较小；幼虫被宿主吞食后不移行，直接在肠道发育为成虫。

（二）症状

犬猫轻度感染时，主要表现为轻度贫血、消化不良和胃肠功能紊乱、生长发育迟缓和消瘦。当感染严重时，则频繁出现呕吐、腹泻，粪便带血呈黑色柏油状，精神沉郁，结膜苍白，最终以重度贫血和极度衰弱而死亡。若犬猫于胎内或吸吮初乳时发生感染，则钩虫的感染性幼虫可经"血管-气管途径"移行造成肺损伤和咳嗽。在丝状蚴侵入的爪部皮肤处，可表现瘙痒、脱毛、肿胀和角质化，继发细菌感染后则明显肿胀，严重时可能破溃。

（三）诊断

本病症状具有一定的特征性，依据患病犬猫为幼龄、贫血、粪便呈黑色柏油状、体温正常

图29-3-1　犬钩虫成虫

寄生在犬小肠壁上的纤细短小的钩虫。

（周庆国）

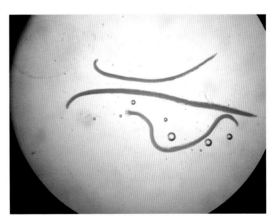

图29-3-2　猫钩虫成虫

从猫粪便中检出的钩虫于显微镜下观察。

（陶建平）

或轻度升高等，应怀疑本病。血液常规检查有重要的诊断意义，患病犬猫呈明显贫血状态，血液红细胞总数、血细胞压积均明显降低，嗜酸性粒细胞比例可达15%以上，并发细菌感染时白细胞总数升高。采集患病犬猫粪便直接涂片或采用饱和蔗糖溶液（或盐水）漂浮法检查虫卵是确诊本病的可靠方法，各种钩虫的虫卵形态很相似，多呈长椭圆形，长60～80μm，宽40μm，两端钝圆，无色透明，内含4～8个分裂的卵细胞（图29-3-3、图29-3-4）。

（四）治疗

驱虫可选用"美虫星"或"诺信"芬苯达唑片，按2.5～5kg体重投服1片，并根据犬猫体重增加用药剂量。其他犬猫复方驱虫药品如"拜宠清"驱虫片等也可选用，或选用伊维菌素或多拉菌素注射驱虫，具体口服剂量和使用方法可参照药品说明书。

除了针对性驱虫以外，应结合肠炎和贫血等症状进行合理治疗，如消炎、止泻、输液、输血等，并且同时口服或注射含铁的滋补剂。

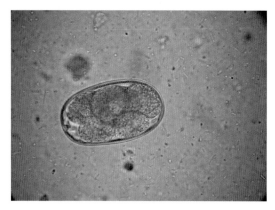

图29-3-3　犬钩虫卵（1）

采用饱和蔗糖溶液漂浮法发现的钩虫卵。

（400×，胡霖）

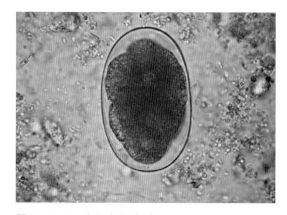

图29-3-4　犬钩虫卵（2）

应用卢戈氏碘液染色后的犬钩虫卵。

（600×，胡霖）

（五）预防

参考蛔虫病的预防方法。

附卢戈氏碘液配制方法：先在容量瓶中加入少量（约10mL）蒸馏水或注射用水，再加入10g碘化钾并用搅拌棒使之溶解，然后加入5g碘并搅拌一段时间使之完全溶解（不易溶解），最后加入蒸馏水至容量瓶100mL刻度处并搅拌混匀即可。注意：配制顺序不可颠倒，否则碘溶液无法溶解在蒸馏水中。

四、鞭虫病

鞭虫病是由几种毛尾线虫（亦称为毛首线虫）寄生于幼龄犬猫盲肠内引起的疾病，主要以卡他性或出血性肠炎、消化吸收障碍为特征。

（一）病原与感染特点

病原为毛尾科、毛尾属的狐毛尾线虫、猫毛尾线虫和有齿（或锯形）毛尾线虫，虫体长40~70mm，前部细长呈丝状为食道部，约占体长的3/4；后部粗短为体部，约占体长1/4，基本形态为前段纤细、后段粗大的放羊鞭状，故又称为鞭虫。狐毛尾线虫寄生于犬和狐、貂等的大肠（或盲肠）内，猫毛尾线虫和锯形毛尾线虫寄生于猫的大肠（或盲肠）内。毛尾线虫的发育不需要中间宿主，幼龄犬猫吞食外界的感染性虫卵后发生感染，幼虫在小肠孵出后钻入肠黏膜中，停留2~8d后新回到肠腔，并进入盲肠内发育为成虫（图29-4-1）。犬猫从感染到体内出现成虫需74~87d，成虫寿命约为16个月。

（二）症状

犬猫轻度感染多无明显症状，仅在做常规粪检时发现鞭虫特征性虫卵，才知道有鞭虫寄生。严重感染的犬猫，表现长期间歇性腹痛、腹泻、消瘦及贫血等慢性结肠炎症状，粪便多呈水样血便，暗红色或粉红色，患病犬猫精神沉郁，食欲废绝，明显脱水和衰弱。

（三）诊断

本病症状不具有特征性，可采集患病犬猫粪便直接涂片或采用饱和蔗糖溶液（或盐水）漂浮法检出鞭虫的特征性虫卵而确诊。鞭虫虫卵呈腰鼓状，两端有塞状构造（卵盖），长70~89μm，宽37~41μm，黄褐色，内含单个胚细胞，极具证病意义（图29-4-2）。黄勉（1991）曾剖检一条鞭虫病患犬，发现主要病变为直肠至盲肠黏膜有大量鞭虫并严重出血，盲肠更为严重，脾硬化呈淡白色，肝稍硬，膀胱高度胀满，约有1 000mL液体，结肠至十二指肠均有出血，胃大弯出血，其他未见异常。

（四）治疗

双氢萘酸酚嘧啶（奥克生太、奥克太尔）对鞭虫具有优越的选择性杀灭活性，对其他肠

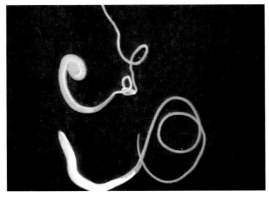

图29-4-1　鞭虫成虫

在暗视野下观察的鞭虫标本。

（李祥瑞）

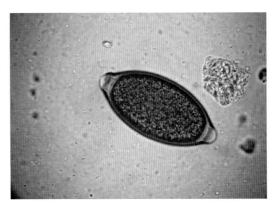

图29-4-2　鞭虫卵

采用饱和蔗糖溶液漂浮法发现的鞭虫卵。

（400×，胡霖）

虫则几乎无活性，为治疗鞭虫的首选药，如与噻嘧啶合用可驱除蛔虫、钩虫等线虫。按每千克体重20mg，一次投服有良好效果。前述"美虫星"或"拜宠清"驱虫片含有非班太尔或芬苯达唑成分，可用于驱除鞭虫，具体口服剂量和使用方法可参照药品说明书。对腹泻及血便症状严重的患犬，可用庆大霉素、止血敏、阿托品等常规消炎、止血、止泻药物控制症状，必要时还需根据患犬体况进行输液治疗。

根据人类医学资料，由于鞭虫前端扎入黏膜内，深度多达15～20mm，故一般驱虫药对其驱除的效果不及对钩虫、蛔虫和蛲虫的驱除效果。医学临床使用电子结肠镜作为诊断、治疗鞭虫病的一种良好手段，在给病人口服甘露醇和洗肠盐清洁肠道后，利用活检钳可将寄生在回盲瓣黏膜、阑尾开口旁、盲肠及升结肠黏膜上的鞭虫顺利取出，病人次日腹痛消失，大便情况改善。

（五）预防

参考蛔虫病的预防方法。

五、绦虫病

绦虫病是由多种绦虫寄生于犬猫小肠内引起的疾病，轻度感染一般不显异常，严重感染可表现慢性卡他性或出血性肠炎、消瘦和贫血等症状。

（一）病原与感染特点

本病的病原种类十分复杂，包括多节绦虫亚纲内不同科、属的虫体十几种，主要有双壳科复孔属的犬复孔绦虫（图29-5-1、图29-5-2），带科带属的带状带绦虫、泡状带绦虫、豆状带绦虫，带科多头属的多头带绦虫，带科棘球属的细粒棘球绦虫，中绦科中绦属的中线绦虫，双叶槽科迭宫属的曼氏迭宫绦虫（图29-5-3、图29-5-4），双叶槽科双叶槽属的阔节裂头绦虫等。成虫基本形态为背腹扁平、白色或乳白色不透明带状，由头节、颈

图29-5-1　犬复孔绦虫

剖检犬小肠发现复孔绦虫，节片呈黄瓜籽状。

（周庆国）

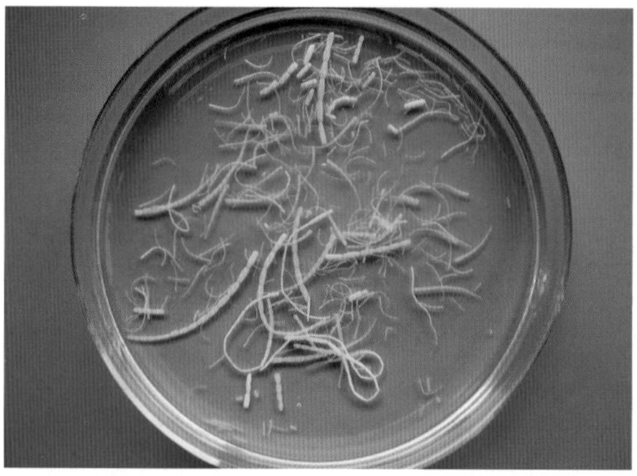

图29-5-2　猫复孔绦虫

从猫消化道内检出的复孔绦虫。

（陶建平）

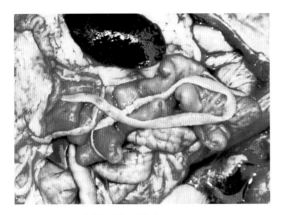

图29-5-3　犬曼氏迭宫绦虫

部检犬小肠发现曼氏迭宫绦虫，节片宽大于长。

（周庆国）

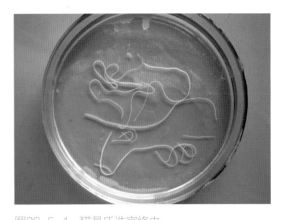

图29-5-4　猫曼氏迭宫绦虫

从猫消化道内检出的曼氏迭宫绦虫。

（陶建平）

节与许多体节连接而成，虫体最短不超过7mm，最长可达10m。绦虫的体节数因虫体种类不同有很大差异，少的仅3~4个体节，多的可达几千个体节，由前向后将其分别称为未成熟节片、成熟节片和孕卵节片，其中孕卵节片容易脱落或裂解，随宿主粪便排出体外而散布虫卵。

绦虫生活史也比较复杂，需要1~2个中间宿主，除犬复孔绦虫以跳蚤为中间宿主外，其他绦虫分别以鼠、兔、猪、羊、牛、马、人、蛙、蛇、鸟、鱼类等某种动物为中间宿主，而以犬、猫、狐、狼等犬科、猫科动物为终末宿主，犬猫通过吞食已经感染了绦虫卵或幼虫的中间宿主而获得感染。

（二）症状

犬猫轻度感染多无明显症状，但发生重度感染后，可表现出慢性卡他性肠炎，如呕吐、腹泻和随粪便排出扁平、白色的孕卵节片，同时可见营养不良、食欲紊乱、渐进性消瘦或异嗜。复孔绦虫的孕卵节片呈黄瓜籽状或大米粒状，而其他各种绦虫的孕卵节片基本呈四方形，长大于宽或宽大于长，容易将复孔绦虫病与其他绦虫病区别开来。

（三）诊断

本病的消化道症状完全不具特征性，当在患病犬猫排出的粪便中发现扁平、白色的绦虫孕卵节片时，即可确诊已感染了绦虫。如果想了解具体为何种绦虫，需要熟悉绦虫节片及其虫卵特点，通过采集患病犬猫粪便直接涂片或用饱和蔗糖溶液（或盐水）漂浮后观察虫卵形态（图29-5-5至图29-5-8），从而做出诊断。

（四）治疗

吡喹酮是传统高效的广谱驱绦虫、吸虫药，犬每千克体重5~10mg，猫每千克体重2mg，1次投服，连用2~3d，能有效地驱杀和驱除常见的各种绦虫。单用甲苯达唑和芬苯达唑有驱杀带状绦虫的作用，犬猫每千克体重25~50mg，每天1次，连用3~5d能取得满意

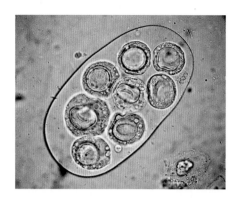

图29-5-5　犬复孔绦虫卵袋

成熟节片内的子宫可发育为卵袋，每个卵袋内含数个虫卵，卵呈圆形，卵壳2层，直径25~40μm，内含六钩蚴。

（400×，胡霖）

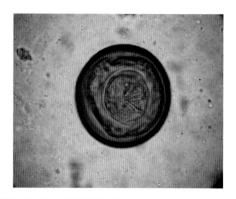

图29-5-6　犬带状绦虫卵

虫卵呈卵圆形，黄褐色，卵壳厚而光滑，直径31~36μm，内含六钩蚴。

（400×，胡霖）

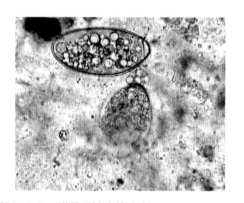

图29-5-7　猫曼氏迭宫绦虫卵

虫卵近椭圆形，浅灰褐色，两端稍尖，一端有卵盖，大小为（52~76）μm×（31~44）μm，内含一个卵细胞和许多卵黄细胞。

（陶建平）

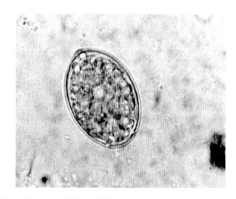

图29-5-8　犬阔节裂头绦虫卵

虫卵呈卵圆形，灰褐色，两端钝圆，一端有卵盖，大小为（67~71）μm×（40~51）μm，卵内不含六钩蚴。

（徐伏牛）

的疗效，但对犬猫最多发的复孔绦虫无效。

　　瑞普（天津）公司的"安虫清"驱虫片和德国拜耳公司"拜宠清"也都含有吡喹酮，可用于驱除各种绦虫，具体口服剂量和使用方法可参照药品说明书。

（五）预防

　　预防本病的重点是防止犬猫摄食中间宿主，即杜绝摄入可能含有绦虫幼虫的畜禽尸体或内脏器官，也要防止猫捕捉和食入老鼠。为了有效地防止犬猫复孔绦虫感染，必须注重驱除犬猫体表的跳蚤，建议选用法国梅里亚公司生产的"福来恩®"或美国辉瑞公司生产的"大宠爱®"，两者均为外用滴剂，对跳蚤成虫、幼虫和虫卵均具有快速的杀灭作用，给犬猫背部皮肤滴用一次，就能保持1个月以上的防治效果。此外，德国拜耳公司生产的"拜虫爽®"外用滴剂对跳蚤既有杀灭又有驱避作用，但仅适用于犬。目前这3种药物在国内均有销售并得到广泛应用，具体使用方法参看这些药品的说明书。

六、球虫病

球虫病是由几种球虫寄生在犬猫小肠黏膜上皮细胞内所引起的一种原虫病，主要以幼龄犬猫发生卡他性肠炎或出血性肠炎为特征。

（一）病原与感染特点

病原包括艾美耳科、等孢子属的犬等孢球虫、俄亥俄等孢球虫、伯氏等孢球虫、猫等孢球虫、新芮氏等孢球虫等多种球虫，其中犬等孢球虫、俄亥俄等孢球虫是感染犬的主要虫种；猫等孢球虫、芮氏等孢球虫是感染猫的主要虫种。董和平等（2007）在郑州进行的犬球虫流行病学调查发现，球虫总感染率为31.4%（33/105），其中宠物市场待售犬球虫感染率为100%（4/4），宠物医院临床病犬球虫感染率为33.3%（2/6），观察到俄亥俄等孢球虫和伯氏等孢球虫。孟余等（2010）在昆明进行的犬球虫感染率调查发现，球虫总感染率为35.2%（141/400），观察到犬等孢球虫、俄亥俄等孢球虫、肉孢子虫未定种和哈曼德/犬新孢样球虫卵囊，其中俄亥俄等孢球虫感染率最高。刘田生（2010）所报道的22例球虫病患犬中，1～3月龄犬占50%，4～6月龄犬占31.81%，1～6月龄犬共占81.81%；6月龄以上犬所占比例明显降低。

球虫致病主要由卵囊引起，其基本形态呈宽卵圆形，大小因虫种不同而有区别，如犬等孢球虫卵囊为（32～42）μm×（27～33）μm，猫等孢球虫卵囊为（38～51）μm×（27～39）μm。球虫生活史基本相似，属直接发育型，无中间宿主。球虫卵囊随宿主粪便排出，在外界适宜条件下经1d或更长时间完成孢子化，内含2个孢子囊，每个孢子囊内可再发育为4个子孢子。孢子化的卵囊具有感染性，初生犬猫主要在哺乳时摄入母体乳房上的孢子化卵囊而感染。

（二）症状

感染的幼龄犬猫小肠全段呈卡他性炎症或出血性炎症，以回肠下段最为严重，主要排出稀软、混有黏液和血液的泥状粪便，同时可出现轻度发热、精神沉郁、食欲减退、消瘦和贫血等症状。成年犬猫感染后多呈慢性经过，食欲不振，便秘与腹泻交替发生，异嗜，病程可达3周以上，一般能自然康复，但其粪便中仍有卵囊排出。

（三）诊断

本病的消化道症状完全不具特征性，在未获得病原诊断的情况下，容易与犬猫常见传染病或普通出血性肠炎相混淆。临床诊断可根据典型肠炎症状，结合常规疗法治疗无效，可怀疑本病。采集患病犬猫粪便直接涂片或采用饱和蔗糖溶液（或盐水）漂浮法检出有特点的球虫卵囊（图29-6-1、图29-6-2），可做出诊断。已知寄生于犬的等孢球虫有4种，分别为犬等孢球虫、俄亥俄等孢球虫、伯氏等孢球虫和新芮氏等孢球虫，其中犬等孢球虫卵囊最大，且呈蛋形而最易识别和鉴定。俄亥俄等孢球虫、伯氏等孢球虫和新芮氏等孢球虫是犬粪便中的中等大小的等孢球虫卵囊，其卵囊大小相互重叠，结构相

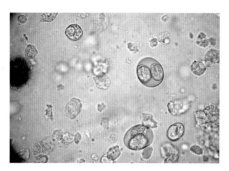

图29-6-1 大球虫卵囊

采用饱和蔗糖溶液漂浮法发现的犬粪便中的球虫卵囊，视野里的4个卵囊均已完成孢子化，各含2个孢子囊，具有感染性。

（400×，胡霖）

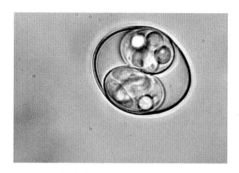

图29-6-2 猫球虫卵囊

从猫粪便中分离到的球虫卵囊，经鉴定为芮氏等孢球虫卵囊。

（1 000×，陶建平）

似，鉴定有一定困难。

猫球虫卵囊呈卵圆形，淡粉红色，内含原生质球。对死亡的犬猫剖检，如发现小肠黏膜有卡他性炎症和糜烂，并见有白色球虫性结节也可确诊。

（四）治疗

磺胺喹噁啉为抗球虫的专用磺胺药，也是治疗畜禽球虫病的首选药，具有抗肠道球虫和抗菌的双重功效，且不影响宿主对球虫的免疫力。该药用于犬猫，按每千克体重30mg，每天口服2次，连用5～7d，或使用磺胺-6-甲氧嘧啶，首次剂量为每千克体重50～100mg，维持量减半，每天口服、静脉或肌肉注射1～2次，连用5～7d。犬猫专用复方驱虫药"诺信"芬苯达唑片（含芬苯达唑、吡喹酮、硝硫氰酯和妥曲珠利）除对肠道各种线虫、绦虫有驱虫作用外，也具有抑杀艾美耳球虫及其卵囊的作用，犬猫按2.5～5kg投服1片，连用3～6d为1个疗程，适用于0.5～15kg。临床有人使用德国拜耳公司的百球清（含妥曲珠利）驱杀球虫，犬按每千克体重0.25mL，猫按每千克体重0.15mL，每天投服1次，也有良好效果。

对脱水严重的患病犬猫还应及时补液，并根据贫血程度采取必要的输血疗法。

（五）预防

感染球虫的犬猫是本病主要传染源，预防重点是净化饲养环境，及时清除犬猫粪便。

七、贾第鞭毛虫病

贾第鞭毛虫病是由某种贾第鞭毛虫寄生在犬猫等动物或人小肠黏膜上皮细胞上所引起的一种人兽共患原虫病，主要以腹泻、卡他性肠炎和消瘦等为特征。

（一）病原与感染特点

病原为六鞭科、贾第虫属的蓝氏贾第鞭毛虫，一般认为在人和其他动物中存在相同的种和基因型，即贾第虫无宿主专一性。张萍等（2011）从广东佛山大沥宠物市场的犬粪样中收集到两株犬源贾第虫，采用碘液染色后观察了贾第虫的包囊形态，并用套式PCR扩增了*tpi*基因，结果发现其中一株为人兽共患的集聚体A型。另有资料表明，寄生于犬的贾第虫可感染猫，寄生于人的贾第虫可感染家兔和犬。何宏轩等（2001）对吉林省242只犬调查发现，犬贾第虫的感染率为25.2%。毕甜甜等（2011）对910只实验Beagle犬贾第鞭毛虫感染情况进行了调查，其中109只检出贾第虫包囊，感染率为11.98%。

贾第虫有滋养体和包囊2种形态，其中滋养体呈倒置梨形，前端宽圆，后端尖细，长9.5～21μm，宽5～15μm；包囊为卵圆形，长约12μm，宽约8μm。包囊随粪便排出体外污染食物和饮水，其中水源传播是传播本虫的重要途径。包囊被犬猫摄入后在十二指肠脱囊形成两个滋养体，后者随后黏附在肠黏膜上皮细胞上寄生，并以纵二分裂法繁殖引发肠炎，到达小肠后段或大肠形成包囊，随粪便排出体外，并且能在冷、湿条件下存活数天至数周而保持其感染性，可使犬猫自身遭受重复感染。

（二）症状

临床症状以幼龄犬猫多见，主要表现为急性或慢性反复发作的腹泻，经常排出糊状软便，可能带有黏液，粪便隐血可呈阳性反应。轻度感染的犬猫，体温和精神一般正常，食欲有所减退，但显消瘦，体重减轻。成年犬猫表现间歇性腹泻或慢性腹泻，排出多泡沫的糊状粪便。感染本病的犬猫，很少有呕吐表现。

（三）诊断

常用的诊断依据是发现粪便中的贾第鞭毛虫滋养体，该滋养体前1/3部位有两个细胞核，之间有轴柱纵向穿过，后1/3有两个横向的中体，还有左右4对鞭毛，形成了贾第鞭毛虫特有的戏剧化"笑面"脸谱，因此成为确诊本病病原的重要特征（图29-7-1）。但是，随粪便排出的滋养体在宿主体外很快死亡，最好从疑似感染的犬猫直肠内直接采集粪便，尽快涂片后用卢戈氏碘液染色后镜检，贾第鞭毛虫及包囊被染成如图中的黄绿色，其中包囊内含有两个没有完全分开但已形成的滋养体，有时可见囊内的轴柱、腹盘的碎片及4个核，具有一定的特征性（图29-7-2）。如果采用粪便漂浮法收集贾第鞭毛虫包囊，相对密度为1.18的33%硫酸锌溶液为首选的漂浮液。

目前已有商业化的ELISA快速检测试剂对粪便样本中贾第鞭毛虫抗原进行检测，如美国爱德士公司的SNAP®Giardia Test，其原理是以蓝氏贾第鞭毛虫包囊为抗原，以新鲜采集的粪便样本为检测对象，借助酶标抗体，通过酶促显色的放大作用，可有效检测出样本中微量的贾第鞭毛虫包囊。

免疫荧光技术也是目前国内外学者检测贾第鞭毛虫常用的方法之一，该法敏感性高、特异性强和重复性好，在贾第鞭毛虫的检测中应用非常广泛，无论采用直接免疫荧光法检测粪便抗原，还是采用间接免疫荧光法检测血液中的抗体，均显示该方法具有较高的敏感性和特异性。并且，免疫荧光技术对水中贾第鞭毛虫的检测已经成为目前国际上通用的金标准方法。

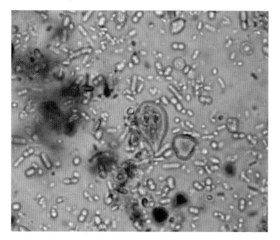

图29-7-1 贾第鞭毛虫滋养体

应用卢戈氏碘液染色后的贾第鞭毛虫滋养体。

（400×，胡霖）

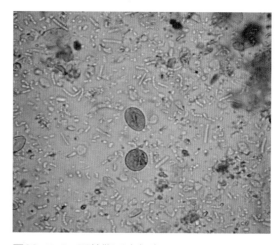

图29-7-2 贾第鞭毛虫包囊

应用卢戈氏碘液染色后的贾第鞭毛虫包囊。

（400×，胡霖）

（四）治疗

芬苯达唑对贾第鞭毛虫病的治疗效果良好，可以选用"诺信"芬苯达唑片，按2.5～5kg体重投服1片，连用3d。德国拜耳公司的"拜宠清"驱虫片对犬同样有效，所含的非班太尔成分可在犬胃肠道内转变成芬苯达唑（及其亚砜）和奥芬达唑而发挥有效的驱虫作用，按每10kg体重投服1片，对超过或小于10kg体重的犬相应增减投服剂量，连用2d。甲硝唑对贾第鞭毛虫病也有良好的疗效，按每千克体重25～50mg口服，每天2次，连用5～7d，也能取得满意的疗效，但不宜用于妊娠犬猫和哺乳犬猫，因为该药可透过胎盘屏障和乳腺屏障。

梁晓英等（2009）使用硝唑尼特对人工感染贾第虫滋养体悬液的3组（每组2只犬）阳性患犬进行治疗试验，分别以每千克体重1mg、2mg、4mg的剂量对1、2、3组试验犬进行灌服治疗，第4组试验犬不用药作为对照，用药后每天检测贾第虫包囊并计数。结果表明，以每千克体重2mg、4mg给药的试验犬1d后粪检结果转为阴性，而以每千克体重1mg给药的试验犬4d后粪检结果转为阴性。

（五）预防

研究表明，贾第鞭毛虫包囊在水中和凉爽环境中可存活数天至数月之久，如在经氯（0.5%）消毒的水中可存活2～3d，在人或动物排出的粪便中维持感染活力10d以上，在4℃环境中可存活2个月以上，但在50℃以上高温或干燥环境下抵抗力较弱易死亡。因此在冷湿季节，犬猫被环境中存活包囊感染的可能性很大。临床有关资料也已证实，在对感染犬猫首次治疗后症状改善或消除，但不久即容易复发，就是由于环境仍存有包囊或有其他流浪犬猫排出的包囊。所以预防本病的重点是净化饲养环境，及时清除犬猫的粪便和可能存在的贾第虫包囊。

八、肝脏吸虫病

肝脏吸虫病是由两种吸虫分别寄生于犬猫等多种哺乳动物及人肝胆管、胆总管或胆囊内所引起的一种人兽共患吸虫病，轻度感染一般不显异常，严重感染可表现食欲减退、黄疸、腹水等肝功能及消化机能障碍等一系列症状。

（一）病原与感染特点

病原为后睾科、支睾属的华支睾吸虫或后睾科、后睾属的猫后睾吸虫，虫体基本形态呈背腹扁平的葵花籽状或柳叶状，前端稍尖，后端钝圆，其中华支睾吸虫长10~25mm，宽3~5mm（图29-8-1）；后睾吸虫长8~12mm，宽2~3mm（图29-8-2）。两者的生活史十分相似，成虫排出的虫卵随胆汁进入小肠并随粪便排出体外，先被第一宿主淡水螺（如长角涵螺、赤豆螺、纹沼螺等）吞食，进入其体内发育为成熟尾蚴，后者离开螺体后又被第二宿主淡水鱼（如麦穗鱼、鲩、鳙、鲹等）或虾吞食，进入其肌肉中接着发育为囊蚴，当犬猫摄食带有囊蚴的生鱼虾及生的鱼类加工品后，经1个月左右即在其胆管内出现成虫。肝吸虫的终末宿主除犬猫以外，也包括人、猪及多种哺乳动物。王贵燕等（2013）对广东珠三角地区家猫自然感染华支睾吸虫的情况进行了调查，2010—2012年家猫华支睾吸虫自然感染率平均为41.47%（214/516），感染最少为1条，感染最多为321条。

（二）症状

本病多数呈慢性经过，病初表现精神沉郁，食欲减少，继之呕吐、腹泻和脱水，可视黏膜发黄，尿液呈橘黄色，肝区触诊疼痛。严重感染时，出现顽固性下痢、贫血和逐渐消瘦，因胆管寄生的大量虫体或虫卵刺激而引起急慢性胆囊炎、胆管梗阻性黄疸和胆结石等疾病，更严重时可发展为肝硬化、肝内胆管癌，并因腹水增多而表现腹部显著增大。

（三）诊断

根据犬猫的临床症状，结合有摄食生鱼虾的病史，应怀疑本病。目前确诊本病的主要方法仍是传统的粪便检查，如果发现典型的肝吸虫卵，便可确诊。华支睾吸虫卵呈梨形，淡黄

图29-8-1　华支睾吸虫

成虫前端稍尖，后端钝圆，状似葵瓜子仁，体表光滑。虫体中部为子宫，卵巢在其后，卵黄腺分布于子宫两侧，卵巢之后为呈树枝状的前后2个睾丸，在卵巢和睾丸之间为一呈椭圆形的较发达的受精囊。

（陶建平）

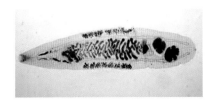

图29-8-2　猫后睾吸虫

成虫形态与华支睾吸虫很相似，但体积略小，生殖器官分布与华支睾吸虫基本相同，但睾丸呈裂状分叶，前后斜列于虫体后1/4处。

（张浩吉）

褐色，大小为（27～35）μm×（11～19）μm，前端窄，有卵盖，宽的一端常有逗点状小突起。由于肝吸虫虫卵体积小，易被粪渣遮盖，若犬猫仅为轻度感染，则粪便中的虫卵数量较少，粪检时容易漏诊，临床需采用沉淀法检查虫卵（图29-8-3）。如果怀疑犬猫因患本病死亡，可对胆管、胆囊进行剖检，若检获到虫体进行显微镜检查，可对华支睾吸虫或后睾吸虫进行鉴别（图29-8-4至图29-8-6）。

对患病犬猫进行血液常规检查，表现不同程度的贫血，白细胞总数升高，嗜酸性粒细胞增多。血液生化检验结果显示，血清丙氨酸氨基转移酶、γ-谷氨酰转肽酶、碱性磷酸酶活力增高，血浆总蛋白和白蛋白减少。

由于华支睾吸虫导致肝脏、胆道损害的病理改变有相应的声像图表现，所以可利用超声检查对华支睾吸虫病进行快速诊断。邢有东（2007）对经实验性感染华支睾吸虫的犬分别进行了B超、CT和实验病理的同步观察，结果显示，轻度感染犬于感染后第10天B超检查，肝内可见点状及管状强回声，胆囊内可见少量沉积物；第15天B超检查显示肝内病变广泛，CT提示肝内胆管广泛轻度扩张。重度感染犬于感染后第22天出现腹水，第35天B超、CT检查均显示出肝内胆管弥漫性扩张，肝被膜下高度扩张；B超胆囊内见多个点状强回声及沉积物（不伴声影），腹水厚53cm。同步进行的病理剖检证实了B超和CT检查结果，从而认为B超、CT检查对华支睾吸虫病具有早期诊断价值。

王贵燕等（2013）对珠三角自然感染华支睾吸虫的家猫进行了剖检，发现虫体寄生数量少时，肝组织外观正常，未发现明显病灶；虫体寄生数量多时，由于虫体在肝胆管内寄生所产生的一系列变态反应，以及虫体堵塞肝胆管，可见肝脏外观颜色变黄，质地变硬，失去正常肝组织的柔软度，有些肝脏还可见到大小不等的肿块或硬变的肝组织。

（四）治疗

吡喹酮是驱除绦虫和吸虫的理想药物，每千克体重50～75mg，一次投服，连用3d；或每千克体重25mg，每天投服3次，连用3d。阿苯达唑（丙硫苯咪唑）和芬苯达唑也有较好

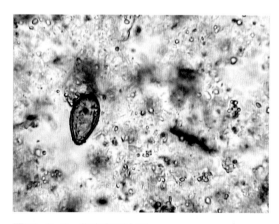

图29-8-3　华支睾吸虫卵

虫卵呈梨形，淡黄褐色，大小为（27～35）μm×（11～19）μm，前端窄，有卵盖，宽的一端常有逗点状小突起。

（陶建平）

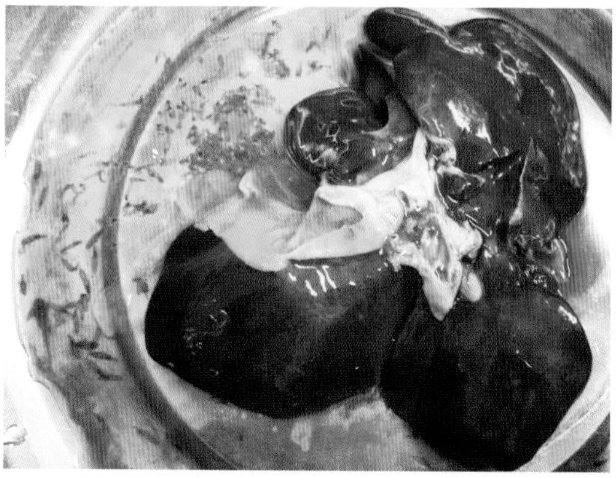

图29-8-4　病猫胆囊中的华支睾吸虫

剖检病猫肝脏表面有结缔组织增生，胆管胆囊发现大量的华支睾吸虫。

（陶建平）

图29-8-5 猫华支睾吸虫（1）

1只病猫胆管胆囊中的华支睾吸虫达1 131条。

（陶建平）

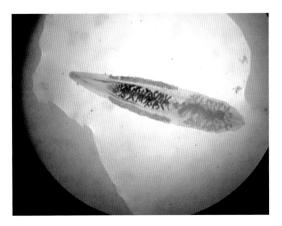

图29-8-6 猫华支睾吸虫（2）

取检获到的虫体置于载玻片上，滴加5%甘油生理盐水透明后加以盖玻片，随后在显微镜下观察虫体结构。

（陶建平）

的驱绦虫和吸虫效果，每千克体重25～50mg，一次投服，若以连续低剂量给药，则驱虫效果优于一次给药。

需要注意的是，"安虫清"驱虫片、"拜宠清"驱虫片和"诺信"芬苯达唑片均含有吡喹酮成分，但唯有"安虫清"驱虫片说明有驱除吸虫作用，而"拜宠清"驱虫片和"诺信"芬苯达唑片均指适用于驱杀肠道内各种寄生虫，后两种产品均未说明对肝、肺吸虫是否有效，给临床用药留下一个疑问。从各自产品说明书了解所含吡喹酮和芬苯达唑的含量分别为："安虫清"驱虫片每片含吡喹酮100mg，为10kg体重的剂量；"拜宠清"驱虫片每片含吡喹酮50mg和非班太尔150mg，也为10kg体重的剂量；"诺信"芬苯达唑片没有介绍吡喹酮的含量，每片为2.5～5kg体重的剂量。由此得知，以上3种产品中的吡喹酮口服剂量为每千克体重5～10mg，与驱除肠道绦虫所需要的剂量（每千克体重5～10mg）一致，远低于单纯服用吡喹酮驱除吸虫所需要的较高剂量（每千克体重50～75mg），或许按药品指导剂量不具驱吸虫作用或驱吸虫作用不可靠。由此得知，临床用药要想获得驱杀吸虫效果，必须增大剂量和连续投药数次。

（五）预防

预防本病的重点是不给犬猫饲喂生鱼虾或生的鱼类加工品，不要在鱼塘、水塘边修建厕所、犬场和猪圈等，避免已感染肝脏吸虫的终末宿主动物将虫卵排入水中，从而形成肝脏吸虫的生活链。

（周庆国 胡霖）

第三十章
呼吸系统寄生虫病

犬猫呼吸系统寄生虫病种类相对较少，可寄生的虫体种属主要是线虫和吸虫，包括感染犬的几种类丝虫、感染猫的莫名猫圆线虫、可感染犬、猫的嗜气毛细线虫和多种并殖吸虫等，分别寄生于犬或猫的气管、支气管、肺泡或肺实质中，引起以咳嗽和呼吸困难为主要症状的疾病。

犬猫呼吸系统感染寄生虫的途径比较简单，主要通过直接吞食外界的感染性虫卵而感染肺毛细线虫或类丝虫，通过吞食已摄食感染性幼虫的中间宿主而感染猫圆线虫或并殖吸虫。

犬猫初患呼吸系统寄生虫病，通常表现为慢性咳嗽，感染严重时则表现明显的呼吸困难，甚至体温升高、精神沉郁、食欲减退或废绝等一系列全身症状。

犬猫呼吸系统寄生虫病的治疗用药应能驱除线虫和吸虫两类，临床宜选用犬猫专用复方驱虫药，因为含有双羟萘酸噻嘧啶、芬苯哒唑和吡喹酮等，其产品成分具有广谱驱杀或驱除呼吸道线虫和吸虫的效果。

一、肺毛细线虫病

肺毛细线虫病是由一种毛细线虫寄生于狐狸、犬猫的气管或支气管，偶尔寄生于鼻腔和额窦而引起的一种线虫病，以咳嗽和呼吸困难为主要症状，对幼龄犬猫危害严重。

（一）病原与感染特点

病原为毛细科、毛细属的嗜气毛细线虫，虫体乳白色，体细长，雄虫长15～25mm，宽约62μm；雌虫长18～32mm，宽约105μm。呼吸道线虫的生活史基本相同，雌虫寄生在多种动物的气管和支气管的上皮细胞处产卵，卵随痰液上升至气管，经喉、咽被吞下，随粪便排出体外，卵在外界适宜条件下发育为感染性虫卵，被宿主吞食后在小肠内孵出幼虫，幼虫钻入肠黏膜后随血液移行到肺，然后寄生在气管或支气管发育为成虫。

（二）症状

本病以幼虫在肺部移行造成的肺泡损伤为主，以成虫寄生对支气管、细支气管造成机械性和化学性刺激，引起鼻炎、慢性支气管炎、气管炎等炎症病变为主。犬猫轻度感染无明显症状，但严重感染的犬猫常表现鼻炎、慢性气管炎和支气管炎，可见流黏液性混有血液的鼻液，咳嗽和呼吸困难，被毛粗乱，消瘦，贫血。继发细菌感染后，临床症状显著加重。

（三）诊断

本病的临床症状很不典型，与内科一般呼吸道感染难以区别，诊断本病的关键首先是对犬猫呼吸道感染树立起可能存在寄生虫感染的观念，从而才有可能在必要时进行粪便虫卵检查。通常采取直接涂片或饱和食盐溶液漂浮法检查虫卵，嗜气毛细线虫的虫卵呈腰鼓形，淡绿色，卵壳厚且带有纹理，两端各有一卵塞，大小为（59~80）μm×（30~40）μm。对患病死亡的犬猫进行剖检，可观察到气管和支气管有炎性渗出物，气管壁充血或出血，同时可见成虫及虫卵。

（四）治疗

左旋咪唑是驱除动物肺内线虫的有效药物，每千克体重5~10mg，每天1次，连用3~5d，但不宜用于妊娠动物。阿苯达唑（丙硫苯咪唑）是适用于犬的优良驱线虫药，每千克体重25~50mg，一次口服，对肺毛细线虫有可靠的驱除效果，同样不宜用于妊娠犬。此外，也可选用犬猫专用驱虫药品，如"美虫星""诺信"芬苯达唑片，使用剂量和连用次数可参照厂家药品说明书或咨询技术经理，以获得较可靠的驱虫效果。

注射伊维菌素或多拉菌素是驱除犬猫体内线虫和体表虱、螨的有效方法，但驱杀作用比较缓慢，剂量为每千克体重0.2~0.3mg，一次内服或皮下注射，必要时可间隔7~9d再用药1次。需要注意：苏格兰牧羊犬及相关血统犬对该药极为敏感，每千克体重0.1mg以上剂量即可引起中毒，容易造成死亡。

（五）预防

改善犬猫饲养环境的卫生状况，及时清除犬猫粪便，避免粪便对食物或饮水造成污染。

二、肺吸虫病

肺吸虫病是由几种并殖吸虫寄生于犬猫或人的肺脏和气管内，所引起的以阵发性咳嗽、慢性支气管炎等特征的人兽共患寄生虫病。

（一）病原与感染特点

病原为并殖科、并殖属的卫氏并殖吸虫、斯氏狸殖吸虫和三平正并殖吸虫，为我国主要致病的并殖吸虫，但以卫氏并殖吸虫为主要病原。虫体红褐色，背面隆起，腹面扁平，很象半粒红豆（图30-2-1），常成双寄生在肺组织形成的包囊内，包囊有微细管道与小支气管相通；有的则寄生于皮下、肌肉、胸、脑、肝、肠系膜等处形成包囊。

图30-2-1　卫氏并殖吸虫

虫体呈卵圆形，红褐色，背面隆起，腹面扁平。

（张浩吉）

陆予云等（2013）测量了从人工感染犬猫肺包囊中随机取出的10条卫氏并殖吸虫，长度平均为（5.5±0.5）mm，宽度平均为（3.5±0.5）mm。

肺吸虫的发育需要两个中间宿主，成虫在犬猫或人肺部包囊内产卵后，因包囊有细管与小支气管相通，故虫卵可随痰液入口咽下并随粪便排出体外，当虫卵入水孵出毛蚴后，先在第一中间宿主淡水螺内发育为尾蚴，然后进入第二中间宿主淡水蟹或蝲蛄体内发育为囊蚴，当犬猫或人摄食第二宿主时即会感染。据有关资料，我国除东北地区为蝲蛄型疫区外，其他地区均为溪蟹型疫区。

朱敬等（2012）调查研究了湖北省西北部神农架林区斯氏狸殖吸虫病自然疫源地，第一中间宿主拟钉螺的感染率为0.91%（18/1988），第二中间宿主淡水蟹（锯齿华溪蟹、光泽华溪蟹和陕西华西蟹）均查出肺吸虫囊蚴，感染率为100%［（879＋361＋73）/1313］。共检查29只家猫粪便，其中15只发现有肺吸虫虫卵，剖检后获得斯氏狸殖吸虫成虫47条。另检查15只家犬粪便，均为阴性，但将分离出的囊蚴以100～300个经口饲喂感染每只健康家犬后，90d后在其粪便中均查获虫卵，90～120d剖检从肝、肺、胸腔及腹腔中检获成虫。新鲜虫体标本为粉红色，蠕动活跃，背部隆起，腹面扁平，长条形。新鲜成虫平均大小为6.21mm×3.38mm，成虫经压平固定染色后，平均大小为7.88mm×3.78mm。作者认为，家犬人工感染成功率高，但自然感染率低，作为保虫宿主不构成斯氏狸殖吸虫病的传播。

根据陆予云等（2013）的调查研究结果，广东省从化市良口、龙门县南昆山、乐昌市大洞和平远县木溪和郭屋5处疫源地的第一中间宿主螺蛳均为放逸短沟蜷（川蜷螺），其尾蚴感染率分别为0.33%、0.15%、0.058%、0.10%和0.05%；第二中间宿主溪蟹均为平和华溪蟹，其囊蚴感染率分别为100%、100%、38.09%、55.36%和65.26%，以上5处疫源地平均每只蟹检出囊蚴数量分别为79.4个、105.66个、9.16个、16.18个和15.6个，其中采自良口疫源地的一只蟹最多检出囊蚴1 050个，经鉴定囊蚴均为卫氏并殖吸虫。

据朱金昌等（1980）的观察研究，犬感染囊蚴3h，即见脱囊后的后囊蚴出现在空肠绒毛间，4h腹腔中可见少数幼虫，12h大量幼虫出现在腹腔中，4d左右幼虫在肝脏表面爬行或掘沟，5d穿过横膈到胸腔，42d可见肺脏出现虫囊，66～68d虫体成熟产卵。虫体在宿主体内一般可存活5～6年。

（二）症状

本病的潜伏期长，多数在感染后3～6个月发病，但最早可在感染后数天至1个月内出现症状。由于虫体移行窜扰造成机械性刺激和虫卵诱发免疫反应，可引起小支气管炎和增生性肺炎，患病犬猫病初精神沉郁，阵发性咳嗽，痰液多呈白色黏稠状或呈"烂桃样"红褐色，带有腥味。若继发细菌感染，可咳出多量的铁锈色痰液或咯血。部分病例还表现发热、气喘、胸腔积液、呼吸困难及腹泻、血便等异常。如果虫体寄生于脑部，则可能表现出共济失调、癫痫或肢体瘫痪等神经症状。

（三）诊断

依据临床症状和摄入生溪蟹的病史，可怀疑本病。采集患病犬猫的粪便、痰液直接涂片或采用沉淀集卵法收集虫卵后镜检，如观察到特异性虫卵即可确诊。陆予云等（2013）测量了从感染犬猫肺包囊中随机取出的50个卫氏并殖吸虫卵，平均大小为81μm×59μm，虫卵外形呈不对称椭圆形，卵壳厚薄不均，与粪便中检获虫卵相同，符合卫氏并殖吸虫卵特征（图30-2-2）。朱敬等（2012）测量了从感染家猫粪便中检

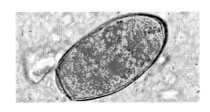

图30-2-2 卫氏并殖吸虫卵

虫卵呈不对称椭圆形，金黄色，一端有卵盖，卵壳厚薄不匀。

（张浩吉）

出的20个新鲜斯氏狸殖吸虫虫卵，虫卵金黄色，形状多数不对称，卵壳厚薄不匀，卵盖明显，平均大小为76.44μm×44.24μm。

对死亡患犬剖检有助于确诊本病。据朱金昌等（1980）的细致观察研究，犬吞食囊蚴后因脱囊幼虫在空肠壁上造成出血性或脓性窦道，有幼虫性肠炎变化。自感染第4天开始，幼虫在肝脏表面爬行或掘沟引起幼虫性肝炎，其中花纹状肝占早期病变的100%，肝表面有暗红色至灰白色的斑点或细丝状蜿蜒曲折的花纹状"坑道"，开始出现于肝边缘，逐渐发展至膈面。感染后30d左右，在"坑道"及窦孔表面出现由灰白色纤维素构成的成簇绒毛，称为绒毛状肝，以左、右中叶为重。剖检死后数小时的犬可见筛孔状肝，是因幼虫在血液循环停止后爬出肝脏所致，肝表面有很多细小的的洞穴，直径1mm以内，大小相似，散在或成群分布，状如筛孔。少数病例在灰白色"孔道"四周有明显出血，部分出血灶互相融合，边缘不整，使出血灶成地图样形态。作者总结认为，上述几种病变是一个发展过程，在感染后20~40d，花纹、绒毛、筛孔、地图样病变可能同时存在，但以某1~2种病变为主。

（四）治疗

投服吡喹酮，按每千克体重25mg，1次给药有效率接近100%；为巩固疗效，10d后按上述剂量再服用1次。也可选用芬苯达唑，按每千克体重25~50mm，每天投服2次，连用7~14d。许世锷等（2000）对家犬人工感染卫氏并殖吸虫囊蚴且至粪便检查出虫卵后，按每千克体重100mg投服三氯苯达唑，每天1次，连续2d，结果显示，投药3d及5d后对治疗犬剖检，突出肺表面的虫囊较小，多数内有暗红色体积明显缩小的死虫，部分虫囊内为脓液及腐烂虫体碎片，部分虫囊呈实心结节状；在肺部获得大量死虫，杀虫率达100%。

（五）预防

本病在临床上不如肝吸虫病常见，只有在同时存在淡水蟹（溪蟹）和螯虾的地区才能发生和流行。因此，在流行区域不给犬猫饲喂生的溪蟹或螯虾，或防止其在戏水或游泳时摄食，即可打断肺吸虫的生活链，有效地预防本病发生。

（周庆国）

第三十一章
泌尿系统寄生虫病

犬猫泌尿系统寄生虫病种类很少，可寄生的虫体种属主要是线虫，包括可寄生于肾脏、膀胱或腹腔内的膨结线虫，可寄生于膀胱内的毛细线虫，引起以尿频、尿血、尿液混浊和排尿困难为主要症状的疾病。感染途径比较简单，犬猫直接吞食外界的感染性幼虫或摄入带有感染性幼虫的中间宿主。

犬猫泌尿系统寄生虫病的治疗用药主要是驱除线虫，临床可选用阿苯达唑（丙硫苯咪唑）或芬苯达唑进行治疗，也可选用犬猫专用复方驱虫药，其实际效果需要观察。

一、肾膨结线虫病

肾膨结线虫病是由一种较大线虫寄生在犬的肾脏或腹腔内而引起的疾病，主要以尿频、尿血、尿液混浊和排尿困难为主要症状。

（一）病原与感染特点

病原为膨结科、膨结属的肾膨结线虫，主要寄生在犬科、鼬科哺乳动物的肾脏和/或腹腔内，也有感染猫、猪、马、水貂和人的报道。虫体多寄生于右肾，寄生数量为1至数条，在动物体内呈血红色，固定后呈灰褐色。周源昌（1999）在黑龙江20个县市进行了犬猫寄生蠕虫调查，在剖检的213只犬中，发现18只犬感染肾膨结线虫，感染率占8.45%。在18只阳性犬中，只见于右肾的10只，占55.56%；只见于腹腔的5只，占27.78%；右肾和腹腔同时寄生的3只，占16.67%。虫体大小在不同动物体内有一定差异，一般雄虫为（24~31）cm×（0.3~0.4）cm，雌虫（44.5~106）cm×（0.45~0.86）cm。

肾膨结线虫发育史需要一个中间宿主，目前已知正蚓科的多变正蚓（蚯蚓）为其中间宿主。成虫所产的虫卵通过尿液从肾中排出，在多变正蚓体内孵化为第1期蚴后，进而发育至第2、第3期蚴，第3期蚴为感染性蚴，当终末宿主摄食含第3期蚴的蚯蚓或转续宿主鱼、蛙类发生感染。在终末宿主体内，第3期蚴先钻入胃黏膜，在此至少停留5d，然后移行至肝脏，在肝实质内进一步发育，约需50d再移行至腹腔，后直接钻入犬肾脏，约需138d在肾盂发育为成虫。虫体亦可在膀胱、卵巢、子宫、肝脏、腹腔等部位寄生。

（二）症状

主要表现为泌尿器官感染症状，患病犬猫体温一般正常，精神沉郁，渐进性消瘦，可视黏膜苍白，弓背弯腰，行动不灵活，同时可见尿频和排红褐色混浊尿液等。有时可见从尿中排出活的或死的、甚至残缺不全的虫体，如果虫体堵塞输尿管，则引起尿路阻塞，进而导致严重的肾功能减退。王坤等（2010）报道肾膨结线虫引起猫尿闭一例，1岁雄性加菲猫，体重2kg，因精神不振、无食欲和腹部膨大明显，虽有排粪尿动作但未排出粪尿而就诊。检查体温38.5℃，脉搏186次/min，呼吸20次/min，神志清楚，皮肤、黏膜苍白，全身浅表淋巴结未触及，腹部膨大无击水音，无浮肿。导尿管插入困难，勉强插入后有尿液流出，并随尿液排出类似火柴杆状的白色虫体。虫体白色，圆柱形，两端略细，大小为6.4cm×0.13cm，经鉴定为肾膨结线虫雄虫。

（三）诊断

从尿液中发现虫体或查见虫卵是确诊本病的依据，但若虫体寄生于腹腔或仅有雄虫感染时，则无法从尿中查出虫卵。因为部分病例的肾膨结线虫寄生于腹腔，可以通过抽取腹腔液检查虫卵进行诊断。虫卵呈椭圆形或橄榄形，棕黄色，大小（60~82）μm×（38~46）μm，卵壳厚，表面密布大小不等的球状突起，从而形成许多明显的小凹陷，卵的两极有明显的透明栓样结构，卵内含1~2个细胞。

尿液常规检查显示血尿、蛋白尿和脓尿等。血液常规检查常见嗜酸性粒细胞增多、嗜碱性粒细胞增多和高球蛋白血症。B超或CT检查可能有助于诊断，如B超影像显示右肾增大并肾实质内多发条索状高回声反应，但应注意与肾脏肿瘤、肾结石、尿路感染进行鉴别。

剖检病犬发现肾膨结线虫主要寄生于犬右肾和腹腔，其中腹腔内的肾膨结线虫常寄生在右肾和肝尾叶之间的隐窝。虫体寄生引起大多数肾小球和肾盂黏膜乳头变性，肾盂中出现大量红细胞、白细胞、虫卵和红褐色脓液等，同时肾脏体积显著增大。满守义等（1991）剖检一只因病死亡的4岁龄警犬发现，腹水呈红褐色，心、肺、脾及胃肠无明显病理变化，肝脏稍肿胀呈灰黄色，主要病变在肾脏，特别是右侧肾变形呈囊泡状，按之有波动感，切开后见有多量血样液体流出，肾皮质被挤压得仅有3~4mm厚，内壁皱缩不光滑，肾脏固有组织轮廓不清，排出液体后可见5条长短不同的血红色膨结线虫，经鉴定有2条雄虫，3条雌虫。

（四）治疗

阿苯达唑（丙硫苯咪唑）是治疗本病的常用药物，按每千克体重10~20mg，一次投服即有良好的驱虫效果。为检验驱虫效果，应进行尿液虫卵检查和肾脏B超检查。手术切开肾脏取虫也是可行的治疗方法，同时需对腹腔彻底探查，以清除所有的虫体及其包囊。如果肾脏感染严重，可施行肾脏切除术。

（五）预防

人和宠物都应避免摄入生鱼、青蛙或污染水源，就能有效地预防肾膨结线虫感染。

二、膀胱毛细线虫病

膀胱毛细线虫病是由一种毛细线虫寄生于犬猫膀胱内引起的疾病，患病犬猫主要表现尿频、尿血、尿液混浊和排尿困难等症状。

（一）病原与感染特点

病原为毛细科、毛细属的狐膀胱毛细线虫，寄生在犬、猫、狼、豺、狐的膀胱内，也能感染莞熊、水獭、貂和獾等，其中狐狸和莞熊可能是自然宿主。狐膀胱毛细线虫的成虫呈丝状，黄色，雄虫29.5mm×0.074mm，雌虫45.5mm×0.015mm（图31-2-1）。雌虫所产的虫卵通过尿液从膀胱排到外界环境中发育，之后进入蚯蚓体内发育成具有感染性的幼虫，犬猫摄食感染的蚯蚓可在61~88d内出现膀胱急、慢性感染症状。

（二）症状

狐膀胱毛细线虫的成虫侵袭肾盂、膀胱和输尿管黏膜下，造成浅表性炎症反应。轻度感染的动物临床症状少见，但在严重感染的病例，可能出现膀胱炎的症状，如排尿困难和尿频。继发性的细菌性膀胱炎不常见。

（三）诊断

对常规药物治疗无效的慢性膀胱炎，应怀疑是否有寄生虫感染因素。在患犬尿沉渣中发现虫卵即可确诊，虫卵呈椭圆形，两端具盖，大小为（52~60）μm×（23~25）μm（图31-2-2）。如果是通过直肠内膀胱穿刺采样，可因粪便中的狐毛首线虫（鞭虫）的虫卵污染而出现假阳性结果。

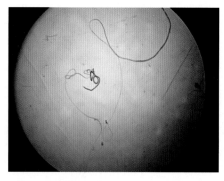

图31-2-1　狐膀胱毛细线虫

从猫膀胱中检获到的毛细线虫成虫。

（陶建平）

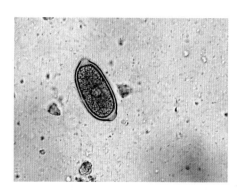

图31-2-2　狐膀胱毛细线虫卵

从猫膀胱中检获到的毛细线虫虫卵。

（陶建平）

（四）治疗

可选用阿苯达唑（丙硫苯咪唑）或芬苯达唑，按每千克体重50mg，每天1次，连用3d。同时根据膀胱炎和全身其他异常，采取相应的治疗方法。

（五）预防

控制高发病率犬场的狐膀胱毛细线虫病，首先要停止使用土壤和草地地面，可选用沙子、碎石和水泥地面。感染通常是自限性的，患犬隔离12周后虫卵计数可变为阴性，一般不需要治疗。

（周庆国）

第三十二章
心脏血液寄生虫病

犬猫心脏和血液中可寄生的虫体种类较少，寄生于心脏右心室和肺动脉的虫体属于线虫类的犬猫恶丝虫，引起以咳嗽、呼吸困难或循环障碍为主要症状的疾病；而寄生于血液红细胞内的虫体属于原虫类的巴贝斯虫，引起以溶血性黄疸、贫血、消瘦和虚弱为特征的疾病。

犬猫右心室和肺动脉感染恶丝虫的途径十分明确，主要是被携带恶丝虫幼虫（微丝蚴）的中间宿主如蚊虫、跳蚤等叮咬所引起。犬猫血液红细胞感染巴贝斯虫的途径也很明确，主要是被携带虫体的中间宿主硬蜱科的几种蜱叮咬所引起。

犬猫感染恶丝虫病和感染巴贝斯虫病的治疗用药完全不同，前者属于线虫类感染，投服左旋咪唑即对恶丝虫微丝蚴有驱杀作用，而皮下注射伊维菌素或多拉菌素，或颈背侧皮肤滴用赛拉菌素（大宠爱）则对恶丝虫成虫有效；后者属于原虫类感染，有效的治疗方法是深部肌肉注射三氮脒（贝尼尔）或疗效更好的硫酸喹啉脲。

一、心丝虫病

犬猫的心丝虫病是由寄生于心脏右心室和肺动脉的虫体，引起以咳嗽、呼吸困难或循环障碍为主要症状的疾病。

（一）病原与感染特点

病原为双瓣科、恶丝虫属的犬恶丝虫，虫体基本形态呈黄白色细长粉丝状，雄虫长120～200mm，雌虫长250～300mm，数条虫体常纠缠在一起寄生于右心室及肺动脉（图32-1-1），严重感染的病例还可寄生于右心房及前、后腔静脉。雌虫的胎生幼虫为微丝蚴，长约315μm，宽6～7μm，大量寄生于血液中做蛇行或环行运动，可在血液中生存1～2年（图32-1-2）。有资料介绍，微丝蚴在末梢血液出现具有时间性，下午6点至次日凌晨4点显著高于其他时间，正是蚊子最活跃的时间。当蚊虫（偶尔跳蚤）等中间宿主叮咬患病犬猫后，将其外周血液中的微丝蚴吸入体内，再次叮咬其他健康犬猫时传播本病。微丝蚴自侵入动物体内至在心脏发育为成虫的时间为5～7个月，若发育成熟的成虫仅为雄虫或雌虫，则无法产生微丝蚴。

（二）症状

主要与慢性肺动脉内膜炎、慢性支气管炎、慢性心内膜炎、心脏肥大和右心室扩张等

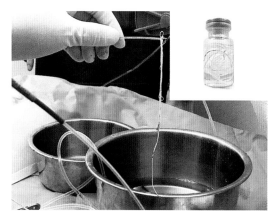

图32-1-1 从犬心脏取出的恶丝虫成虫

成虫呈细长粉丝状，微白色，多条虫体常纠缠在一起。右上角小瓶子内放的成虫。

（台湾 洪荣伟）

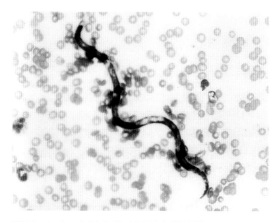

图32-1-2 血液中的犬恶丝虫微丝蚴

犬感染6~7月后血液中出现微丝蚴，在血液中做蛇行或环行运动。

（林德贵）

有关。病初表现慢性咳嗽，运动后咳嗽加重或容易疲劳，炎症加重或继发细菌感染时，体温升高。随着病情发展，可能出现心跳快弱、心缩期杂音（三尖瓣闭锁不全的逆流音）和心舒期杂音（肺动脉瓣闭锁不全的逆流音）、呼吸困难和贫血等症状。严重病例因右心衰竭而出现颈静脉搏动/扩张、肝脏肿大、腹水、黄疸、胸腔积液，听诊心音和肺音模糊、食欲废绝等症状。

猫感染本病后，心脏寄生的虫体数通常较少，可见精神不振、食欲减退、呕吐、咳嗽或猝死等非特征性症状。

在微丝蚴侵入早期，有时可见体表皮肤发生伴有瘙痒的丘疹或结节，结节中心为化脓灶，其周围血管内多有微丝蚴存在。

李强（2013）报道一例犬心丝虫和巴贝斯虫混合感染，病犬除有上述心丝虫病症状外，还表现可视黏膜先苍白、后黄染，小便呈茶色、红褐色等症状，通过无菌采取病犬耳尖血推片晾干、姬姆萨染色后镜检，发现病犬红细胞内有1~4个典型的双梨籽形虫体；另取1mL所采血液加7%醋酸溶液5mL后离心并沉淀2min，对沉淀物进行镜检发现蛇行和环行运动的微丝蚴。

（三）诊断

取患病犬猫末梢血液一滴置于载玻片上，加少量生理盐水稀释后加盖片直接镜检，如观察到一头钝圆、一头纤细的微丝蚴即可确诊。由于此法检出率不高，可考虑采用溶血集虫法，即取数毫升全血与等量蒸馏水混合，溶血后离心取沉渣镜检，可明显提高对微丝蚴的检出率。类似方法为改良Knott's法，取全血1mL加2%甲醛9mL混合，以1 000~1 500r/min离心5~8min，然后弃去上清液，取1滴沉渣和0.1%美蓝溶液1滴混匀镜检。采血时注意，尽量在微丝蚴最多出现的时间内采血以提高检出率。

然而，临床发现对部分感染犬猫采集血液镜检很难观察到微丝蚴，主要与虫体尚未成熟、性别单一、宿主对微丝蚴的免疫力或血样的采集时间等多种因素有关。叶青华等（2012）采用改良Knott's法和韩国Animal Genetics公司生产的ELISA心丝虫快速检测试剂盒，对采自成都、德阳、绵阳、乐山、宜宾、阿坝六地共128只工作犬（包括警犬和护卫犬）的血样分别进行了对比检测。结果显示，采用改良Knott's法仅检出7只犬微丝蚴阳性，而采用ELISA快速检测试剂盒检出26只阳性犬，从而表明ELISA快速检测试剂盒比Knott's法的敏感度高很多。

目前，宠物临床普遍使用美国爱德士公司的SNAP® 4Dx®Plus Test快速检测试剂，可以检测包括犬恶丝虫抗原（雌性成虫子宫排泄物）在内的4种虫媒性疾病，能对这些疾病做出快速准确的诊断，且操作简单方便，具体操作方法可参看产品说明书。

胸部X光检查或心脏彩超检查是心丝虫病的辅助诊断方法，能够显示心脏肥大，右心房、心室扩张和肺动脉扩张、弯曲、分支阻塞和肺水肿，或在右心室和肺动脉内出现心丝虫成虫的特征影像。

血液常规检验和血清生化检验有助于评估患病犬猫感染程度及全身体况，通常病犬白细胞总数和嗜酸性粒细胞显著增多，红细胞和血红蛋白减少，血细胞压积降低；肝、肾功能异常；尿液检验显示蛋白尿、血红蛋白尿或胆红素尿。

对死亡病犬进行剖检有助于了解病犬的感染情况。刘撑强等（2006）对两只病犬剖检发现，肺门淋巴结肿大，肝肿大，气管内有大量粉红色气泡，心外壁血管充盈，心室有血块，在右心室见白色丝状心丝虫蠕动，两只犬共检出18条心丝虫，病例一15条，病例二3条。

（四）治疗

硫乙砷胺钠是一种驱杀恶丝虫成虫的砷制剂，对感染犬猫按每千克体重2.2mg，加入到适量的5%葡萄糖氯化钠溶液中，一次静脉注射，每天2次，间隔6～8h，连用3d，有效率高达95%。静脉注射时应缓慢注入，不可将药液漏出血管外，否则会引起局部蜂窝织炎和组织坏死。本品属于肝毒、肾毒药物，用药后可能引起精神沉郁、食欲减退、呕吐、黄疸等反应，不宜用于肝肾功能不全的宠物。盐酸灭来丝敏是驱杀恶丝虫成虫的一种低毒高效药品，剂量同样为每千克体重2.2mg，首次肌肉注射后，间隔3h再注射一次，对成虫杀虫率高达99%以上。

根据有关资料，伊维霉素配合强力霉素使用1个月是值得借鉴的好方法，将这两种药物同时使用36周以后，犬体内78%的成虫都会被消灭掉，虽然体内可能有幼虫存活，但绝对不可能发展为心丝虫成虫。按每千克体重10mg给予强力霉素，每天投服2次，以4周为一个疗程，那么3～4个月能保证消灭大多数成虫的有机组织，使其失去再次生成的可能。

左旋咪唑可用于驱杀血液中的微丝蚴，按每千克体重10mg，每天投服1次，连用6～15d。伊维菌素或多拉菌素对犬恶丝虫成虫及微丝蚴均有杀灭作用，按每千克体重0.2～0.3mg，一次皮下注射，治疗效果可靠。同时应针对患病犬猫的临床症状，采取必要的对症疗法和营养支持疗法。

对感染犬猫进行治疗后3～5个月，最好使用爱德士公司的SNAP® 4Dx®Plus Test试剂盒再次检测，如果检测结果仍为阳性，表明尚有成虫残留，应继续给药治疗。

部分病例用药后可能出现发热、不安、呼吸急促或呕吐等虫体死亡反应，或因成虫死亡裂解的碎片导致血管栓塞，且碎片在体内完全溶解吸收需要2个月左右，所以用药后应密切观察犬猫的精神状态，严格控制其活动4~6周，防止剧烈运动中意外猝死，之后才允许其户外运动。有资料建议，用药前1h和用药后6h可按每千克体重1~2mg投服泼尼松，能在一定程度上预防和减轻用药带来的副作用。并且在治疗中1~2周内，按上述剂量投服泼尼松并逐渐递减剂量，可以减轻恶丝虫成虫及微丝蚴引起的间质性肺炎或肉芽肿病变。

（五）预防

在蚊、蚤繁殖季节，可考虑对犬使用蚊虫驱避剂，如德国拜耳公司的"拜宠爽"（吡虫啉、二氯苯醚菊酯）复合滴剂对蚊子和跳蚤等具有杀灭和驱避双重作用，通过阻止蚊、蚤附着和叮咬而达到预防效果。滴用本品一次能维持1个月的药效，且药效不受洗澡和下雨等影响，对妊娠、哺乳期母犬及7周龄以上幼犬非常安全，但不能用于猫。

美国硕腾公司的"大宠爱"（赛拉菌素溶液）滴剂适用于6周龄以上的犬（包括柯利犬或柯利血统犬）和猫，每月在其颈根部皮肤滴用1支，可以有效地预防本病和跳蚤感染，同时还可杀蜱、疥螨、耳螨、肠道蛔虫和钩虫等。梅里亚公司的"犬心保"牛肉味咀嚼片含伊维菌素和双羟奈酸噻嘧啶，可安全地用于柯利犬、妊娠犬、哺乳期母犬及6周龄以上幼犬，每月按体重口服对应规格的"犬心保"一块，能有效地清除心丝虫幼虫——微丝蚴（对成虫无效），同时治疗和控制肠道蛔虫病和钩虫病。"海乐妙"是浙江海正动物保健品有限公司最新推出的猫专用驱虫药，主要成分为米尔贝肟吡喹酮，既能够高效驱杀肠道蛔虫、钩虫、绦虫等，从蚊虫季节开始前1个月口服，每月1次，也能预防猫心丝虫病的发生，且安全地应用于妊娠猫和哺乳期猫。

二、巴贝斯虫病

巴贝斯虫病，也称为梨形虫病，是由蜱传播的几种巴贝斯虫寄生于犬科动物的红细胞内引起的一种血液原虫病，患犬以严重的贫血、黄疸和血红蛋白尿为特征。

（一）病原与感染特点

病原为巴贝斯科、巴贝斯属的犬巴贝斯虫、韦氏巴贝斯虫和吉氏巴贝斯虫等，其中犬巴贝斯虫长4~5μm，形态如梨籽形，常成双寄生在红细胞内（图32-2-1）；韦氏巴贝斯虫体形略大，形态和犬巴贝斯虫十分相似；吉氏巴贝斯虫长1~3.3μm，形态为环行、圆点形、椭圆形或小杆形，多以单个虫体寄生在红细胞边缘或偏中央（图32-2-2）。梁亿林等（2011）运用PCR技术对来自东莞某宠物医院临床疑似巴贝斯虫感染犬的血样进行诊断，从分子水平证明该犬感染了韦氏巴贝斯虫。王望宝等（2013）从全国12个省份20个警犬技术工作单位采集饱血雌蜱，运用PCR技术在其中8个单位的蜱虫体内检测到巴贝斯虫，经鉴定均为韦氏巴贝斯虫。

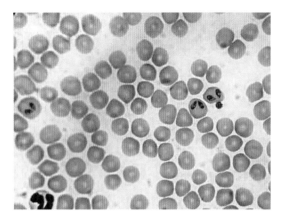

图32-2-1 犬巴贝斯虫

虫体大小5μm×（2.5～3）μm，在红细胞内常呈典型的成对梨籽形，尖端以锐角相连。

（罗兆益）

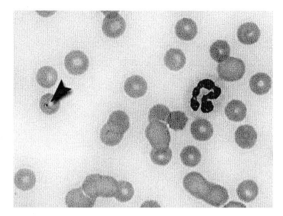

图32-2-2 吉氏巴贝斯虫

虫体大小约1.9μm×1.2μm，在红细胞内呈多形，但以圆形和卵圆形虫体最为多见。

（张浩吉）

本病传播媒介为血红扇头蜱、镰形扇头蜱、长角血蜱和二棘血蜱，是巴贝斯虫的中间宿主。当蜱叮咬患犬时，其血液中的巴贝斯虫大小配子进入蜱体内进行有性繁殖，之后结合形成的合子、动合子侵入蜱卵随其发育成熟，并在子代蜱唾液腺中进行孢子生殖，当子代蜱叮咬健康犬时，其唾液腺中的巴贝斯虫子孢子随唾液进入犬体内附着于红细胞表面，通过内吞作用进入红细胞内，经过无性繁殖形成具感染力的裂殖子，再从红细胞释放出来侵入其他红细胞。犬巴贝斯虫病也通过胎盘垂直传播。柯昌芬等（2012）对50例临床资料记录完整的病犬进行了统计分析，有蜱虫接触史的占96%（48/50），体表发现蜱虫的占74%（37/50），均感染吉氏巴贝斯虫，基本无品种、年龄差异，以1～3岁犬发病率最高，可能与其较多的户外活动有关。

（二）症状

主要因蜱叮咬感染后造成红细胞溶解，从而导致患犬发生溶血性贫血和黄疸，特别在缺乏有效药物治疗的情况下，虫体引起的组织缺氧和毒素作用将会导致器官衰竭和死亡。根据郭自东等（2013）观察，两只警犬外出执行任务时被蜱叮咬至出现发热与食欲减退等症状约为20d。急性病犬体温可达40℃以上，持续数天不退，黏膜潮红、黄染或发绀，脉搏、呼吸加快，食欲废绝，行动迟缓，甚至卧地不起，尿液呈暗褐色。慢性病犬也表现体温升高，但持续3～5d后可转为正常，5～10d后再度升高，基本呈不规则间歇热型，此时病犬精神沉郁，食欲废绝，四肢无力，不愿活动，并随病情发展，可视黏膜苍白至黄染，尿液呈黄褐色、暗红色或酱油色。腹部触诊脾脏肿大，肾脏单侧或双侧肿大且有痛感。部分病犬有呕吐症状，流清鼻液，眼有分泌物等。病情严重的表现腹水增多。

（三）诊断

依据患犬典型症状和体表有硬蜱寄生，可怀疑本病。据柯昌芬等（2012）对50个临床病例的统计分析结果，发热49例，精神、食欲差50例，贫血50例，茶色尿或红尿48例，黄染21例。这项统计分析结果，对临床诊断具有很好的启示意义。临床一般采发热期患犬末梢血液涂片，使用瑞氏染液或姬姆萨染液染色后在油镜下观察，如在红细胞内发现有染成淡蓝色的典型虫体即可确诊。未查出虫体而仍怀疑本病时，可使用有效药物进行诊断性治疗，若有明显疗效，基本可以确诊。

血液和尿液常规检查具有一定的诊断意义。采血时可见血液十分稀薄，血细胞分析结果为红细胞数显著减少，血细胞压积降低，白细胞总数和嗜酸性粒细胞数增多，血小板减少。尿液由正常的微黄色、清亮透明尿转变为混浊的黄褐色或暗红色，尿相对密度明显增加，可由正常1.015~1.045增加到1.080以上，尿蛋白和尿胆红素检查均呈强阳性。

大部分病犬的生化检验结果一般正常。有些病情严重的犬，后期可出现血清总蛋白降低，胆红素升高，谷丙转氨酶、谷草转氨酶、碱性磷酸酶升高，尿素氮和肌酐升高，总二氧化碳降低，提示有肝肾功能障碍。

陈金泉等（2013）对1只因本病死亡的5~7月龄德国牧羊犬进行解剖观察，主要表现为重度脱水，皮肤黏膜及胃肠道高度黄染，肠黏膜轻度出血，肝脏、脾脏和左侧肾脏肿大，其余脏器未见明显病变。

（四）治疗

可以选用硫酸喹啉脲，按每千克体重0.25mg，皮下或肌肉注射，隔日重复用药一次。或选用咪唑苯脲，按每千克体重5.0~6.6mg，皮下或肌肉注射，间隔2~3周再用药一次。硫酸喹啉脲和咪唑苯脲均有抑制胆碱酯酶的作用，导致病犬出现流涎、呕吐等异常反应，如果用药前或同时应用适量的阿托品，可减轻其副作用。

三氮脒（贝尼尔）是临床使用的传统药物，使用前用生理盐水或注射用水配成5%的水溶液，按每千克体重3~5mg，深部肌肉注射，每天1次，连用3d。据柯昌芬等（2012）使用三氮脒治疗50个临床病例的结果，按每千克体重3.5mg，并按第1、3、7、14、28、42天的程序依次肌肉注射三氮脒，同时按每千克体重10mg投服多西环素（强力霉素），每次复查血涂片，直至没有虫体时停止注射三氮脒。结果显示，一般需要注射4~6次，50个临床病例中有48例治愈，但大多数犬均在痊愈后1~4个月复发1~2次。这份病例报告表明，使用三氮脒治疗并不能完全清除病原，痊愈的患犬将成为病原携带者，在其免疫力低下时容易复发。柯昌芬等（2012）发现，如果在痊愈后很好地控制患犬的活动量，减少应激，能在一定程度上降低复发率。

在应用特效杀虫药的基础上，还应配合营养支持疗法，补充体液和葡萄糖，使用促红细胞生成素和维生素B_{12}等，尤其配合输血疗法能显著提高疗效。昝启斌等（2011）治疗了1例3岁雄性、体重32kg的感染巴贝斯虫的金毛寻回犬，在两次肌肉注射血虫净（三氮脒）并配合其他药物治疗几天后，但患犬精神越来越差，红细胞数继续下降，患犬病情危急。取其同窝健康犬血液260mL一次静脉滴注，次日患犬精神好转，红细胞数已呈上升趋势。触诊腹部，有轻微腹水现象。肌肉注射速尿，注射剂量按每千克体重0.3mL。停药后患犬状态慢慢好转。

（五）预防

多数病犬均有随主人户外郊游或经常在草坪玩耍的经历，因此在蜱滋生季节，主人应限制或禁止犬出入草坪和丛林，避免带犬外出郊游以降低犬感染巴贝斯虫病的概率。如果需要携犬外出，尤其工作犬外出训练或执行任务，可以选用德国拜耳公司的"拜宠爽"滴剂，对犬蜱具有显著的驱避作用，滴用一次可维持长达1个月的驱避效果。

（周庆国）

第十一篇
内科疾病

　　小动物内科学是兽医临床医学的一个专科，几乎是所有其他临床医学的基础，而且彼此间存在着密切的联系。小动物内科学主要研究和涉及非传染性（无特定病原的）内科疾病，包括消化系统疾病、呼吸系统疾病、泌尿系统疾病、心血管系统疾病、营养代谢异常和中毒性疾病等。生殖系统疾病传统上细分为产科疾病，但也属于广义的内科病，因本书未列出"产科疾病"篇，故将生殖系统疾病归入内科疾病中。内科学或内科病的知识是以解剖学、生理学、生物化学、病理学、临床诊断学、药理学以及饲养学和营养学为基础，以系统的诊断思路和方法获取机体的异常表现（或临床症状），以实验室检验和/或影像学检查手段进行诊断或鉴别诊断，从而获得最可能的诊断结果，然后进行治疗。然而，内科疾病的诊治经验却是来源于临床诊疗实践，必须不断地积累和总结，不断地提高对内科疾病的认知水平，才能逐渐形成自己对于内科疾病的诊治经验。

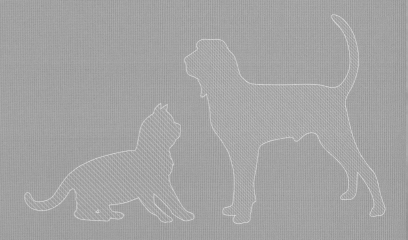

第三十三章
消化系统疾病

消化系统主要包括消化管和消化腺，消化管包括口腔、食道、胃、小肠（十二指肠、空肠、回肠）和大肠（盲肠、结肠、直肠、肛管），消化腺包括唾液腺、肝脏、胰腺及散在消化管各部的管壁内的小消化腺。消化系统疾病的症状主要为呕吐或返流、腹泻、可能出现腹痛等，若是口腔的疾病可能出现流涎等症状。临床症状除消化系统本身症状外，也常伴有其他系统或全身性症状，要注意分清是呕吐还是返流，如有腹泻，则需要鉴别是大肠性腹泻还是小肠性腹泻。诊断时要结合问诊、临床检查和各种辅助检查，致力于确定疾病发生的具体部位以及引起疾病的原因，才能做到对因治疗和取得疗效。

一、口炎

口炎是口腔黏膜及深部组织的炎症，临床上以流涎、口臭、咀嚼障碍及口腔黏膜潮红肿胀为特征。临床上猫口炎比犬口炎常见。猫口腔易发慢性疾病包括齿龈炎（牙龈的炎症）和口腔炎（口腔黏膜的炎症），最主要的特点是与牙齿接触的牙龈部分的严重炎症。

（一）病因

机械性或化学性的刺激会导致口腔黏膜的损伤从而引起口炎。另外，微生物感染（细菌、真菌、病毒）、牙菌斑/牙结石、营养因素（缺乏B族维生素和微量元素等）、全身性疾病（如尿毒症、糖尿病等）等亦会引发口炎。引起猫的口炎有很多因素，尽管具体的病因还未知，但与免疫有关的原因被怀疑，导致了淋巴细胞浆细胞性齿龈炎、口腔炎（LPGS），这会影响整个口腔。猫白血病病毒、艾滋病病毒、杯状病毒等感染也是引发猫口炎的原因。

（二）症状

流涎，严重者唾液带血（图33-1-1、图33-1-2）。病初有食欲，但咀嚼或吞咽困难，进食时往往出现甩头及痛苦性尖叫。口腔检查可闻口臭，牙龈、舌面、咽部、软腭或颊黏膜等处可见红肿、溃疡或增生，多数牙齿表面常形成菌斑或结石（图33-1-3、图33-1-4）。

（三）诊断

依据患病犬猫采食和咀嚼困难等临床症状，需进行口腔检查，可能观察到牙齿残缺或松动、齿龈红肿、颊黏膜或舌有糜烂、坏死和溃疡灶，可能形成柔软、灰白色、稍隆起的斑

图33-1-1　犬的口炎（1）

流涎，有食欲，但咀嚼或吞咽困难。

（苏州曹浪峰动物医院）

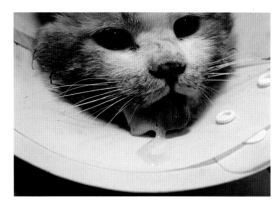

图33-1-2　猫的口炎（1）

流涎，有食欲，但咀嚼或吞咽困难。

（苏州曹浪峰动物医院）

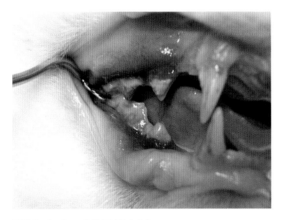

图33-1-3　犬的口炎（2）

臼齿齿龈和颊黏膜糜烂，犬齿上有牙菌斑。

（深圳康德宠物医院）

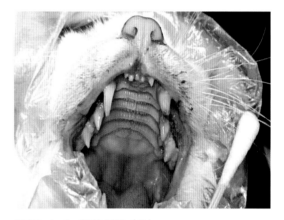

图33-1-4　猫的口炎（2）

上臼齿牙周炎和齿龈炎，齿龈出血、溃烂。

（佛山先诺宠物医院）

点，或者在溃疡面覆盖有污秽的灰黄色油脂状假膜。触诊下颌淋巴结肿大。

猫口炎的病变可能在牙龈上、口腔上腭、口腔后部、舌头或嘴唇，最常见在口腔后部。有时可看到牙消溶。口腔的X光照片可以显示中度到重度的牙周病。

（四）治疗

首先细致检查口腔，除去可能存在的尖锐异物和松动牙齿，对口腔黏膜和正常牙齿进行清洁，牙齿清洁包括洗牙、抛光，减少牙菌斑及牙结石的产生，控制细菌的存在量，并适当给予抗生素、维生素、输液等对症疗法（图33-1-5、图33-1-6）。对于猫的口炎，类固醇的使用应该是公认最有控制效果且便宜的内科治疗，刚开始使用短效类固醇，如泼尼松龙（每千克体重1～2mg，每天2次）。若经口给药困难，或想有更长的用药效果时，可考虑给予长效类固醇如甲强龙。止痛药的使用也是建议的，但是猫对非甾体抗炎药比较敏感，易出现呕吐、胃肠道出血或肾衰的副作用，使用时一定要多加注意，不可以与类固醇药品同时使用。若能使用吗啡类止痛药效果更好。抗生素的使用可能存在争议，虽然细菌感染在猫慢性

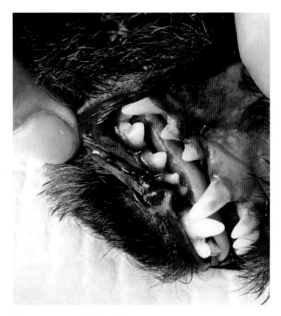

图33-1-5　犬洗牙前

上切齿、犬齿和臼齿均有牙菌斑和结石。

（佛山先诺宠物医院）

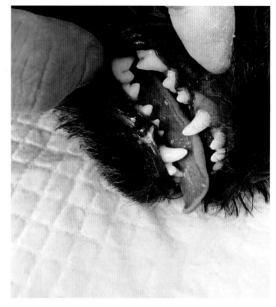

图33-1-6　犬洗牙后

洗牙后将牙菌斑和结石清除干净。

（佛山先诺宠物医院）

口炎中可能扮演着某种角色，但不是主因，长期使用引起的耐药性问题需要考虑到。

对于严重的齿龈炎或牙周炎，一般都需将牙齿及临近牙齿拔除方能治愈（图33-1-7、图33-1-8）。对于猫的口炎往往需要进行全口臼齿拔除，拔牙时必须注意把牙根完全拔出，否则局部炎症和疼痛都无法消除。需要说明的是，习惯上说的"拔牙"并非真的在拔牙，实际操作是使用犬猫牙科工具先分离牙周韧带使牙齿松动，然后将病齿挑出或夹出来。除非病齿已经松动，则将其直接夹出。简单的直接拔牙只能折断牙齿，而将牙根留在齿槽内，另取牙根将非常困难。

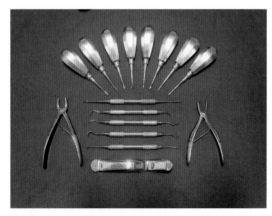

图33-1-7　犬猫牙科工具套装

澳洲iM3犬猫牙科器械，包括1～5mm翼状牙挺、拔压钳和牙石清除钳、牙骨膜分离器、探查/测量针、镰状刮治器、龈下和龈上刮治器和颊拉钩，能满足牙科操作一般需求。

（佛山先诺宠物医院）

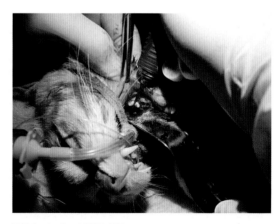

图33-1-8　拔牙过程

对患猫行气体麻醉和拔牙，图示用牙钻将臼齿破开，再分别拔除。

（佛山先诺宠物医院）

二、巨食道症

巨食道症又称为食道扩张，是指食道蠕动能力丧失、食道增粗的一种疾病，临床以吞咽困难、食物反流和进行性消瘦为特征。

（一）病因

病因尚不十分清楚，一般认为与下列因素有关：①食道肌肉神经传导异常，如先天性巨食道症可能与食道肌肉和迷走神经背侧运动核之间的传导缺陷有关，后天性巨食道症也可能因肌肉神经疾病导致食道运动机能失常，造成食道内容物后送不畅，食物蓄积而致食道扩张；②部分食道狭窄、食道下括约肌肿瘤或异物阻塞致食物停滞过久，而使食道弛缓、扩张；③持久性右主动脉弓（PRAA）、食道在心基部被血管环所环绕，使前方食道因食物蓄积而扩张；④贲门痉挛等。本病有遗传倾向，德国牧羊犬、大丹犬、爱尔兰赛特猎犬等品种发病率较高。

（二）症状

幼龄患病犬猫在哺乳期进食，返流并不明显。随着采食固体或半固体食物，表现为吞咽后很快发生食物返流，通常摄入食物或饮水后几分钟到几小时，出现不安与窘迫，头颈伸展，频繁吞咽，不久可将摄入的食物或水吐出，吐出物多混有大量泡沫状的黏液与未消化的食物。当食道扩张加重，采食后返流时间有所延迟。随着病程延长，可能发生食道炎、咽炎、进行性消瘦和体重减轻，甚至发生吸入性肺炎。

（三）诊断

对于表现反流症状的患病宠物，应怀疑为食道扩张、狭窄、肿瘤等疾病。进行食道X线硫酸钡造影检查，有助于做出诊断（图33-2-1至图33-2-4）。使用消化道内窥镜，可以观察食道的扩张程度及炎症程度，但并不建议用于巨食道症的诊断。内窥镜对于食道异物、食

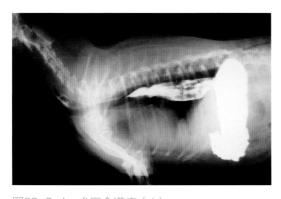

图33-2-1　犬巨食道症（1）

投服钡剂后1min侧位X线片显示：胸部食道显著扩张，有多量钡剂顺利进入胃内，提示贲门开张正常。

（毛天翔　张忠传）

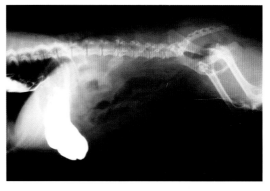

图33-2-2　犬巨食道症（2）

投服钡剂后1h侧位X线片显示：硫酸钡在胃内停留，未见排入肠道，提示胃蠕动机能减弱或幽门异常。

（毛天翔　张忠传）

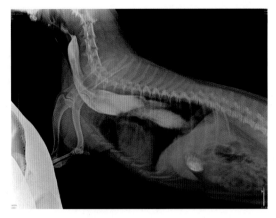

图33-2-3　犬巨食道症（3）

投服钡剂后立即侧位X线片显示：食道极度扩张，钡剂充满食道。

（广州赛诺动物医院）

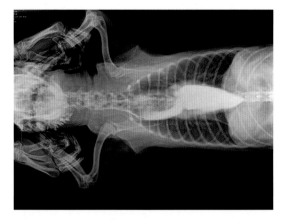

图33-2-4　犬巨食道症（4）

投服钡剂后腹背位X线片显示：贲门前食道极度扩张。

（广州赛诺动物医院）

道肿瘤、食道狭窄、食道疝的诊断有帮助，但无法明确区别食道狭窄是因为发炎引发的还是血管环所造成的（持久性右主动脉弓）。

（四）治疗

为减轻和消除摄食后的反流症状，可让患病宠物取直立体位摄食方式，摄食结束后保持直立一定时间，接着让其自由活动以促进胃肠蠕动。在猫巨食道症中，使用胃复安（甲氧氯普胺）或西沙必利等促进蠕动的药物，可能有一定的效果。为减轻返流症状，最好对宠物摄食时间及过程进行有效的管理，尽量采取少食多餐的饲喂方式，以2～3h间隔饲喂一次。同时需要注意吸入性肺炎、食道炎等并发症的发生，可使用H_2受体阻断剂（雷尼替丁）或质子泵抑制剂减少胃酸，以防止返流时胃酸对食道的伤害。

三、食道阻塞

食道阻塞是指食道被食物或异物造成的部分或全部阻塞，以突然发生吞咽障碍为特征。本病易发部位为食道起始部、食道胸腔入口与心基部之间、以及心基部与横膈之间（膈的食管裂孔处）。犬的发病率比猫高。

（一）病因

①给犬饲喂较大的骨块，给猫饲喂鱼刺、鱼骨等；②犬猫玩耍时误咽各种小玩具；③食道狭窄、肿瘤、憩室也可引起本病。

（二）症状

随阻塞部位、严重程度、经过时间与伤害程度等因素，症状有所不同。一般表现为突然停止采食，头颈伸直，呕吐和流涎，躁动不安，并不停用前肢刨抓颈部。发生不完全阻塞时，病情比较缓和，犬猫尚可饮水。发生完全阻塞后，症状较重，若不及时排除阻塞物，可造成食道壁压迫性坏死和破裂，引起严重的细菌性胸膜炎。

（三）诊断

依据临床症状、胃管探诊和X线常规摄片或硫酸钡造影检查，容易确诊（图33-3-1至图33-3-4）。若用消化道内镜检查，不仅可以确定阻塞部位及阻塞物性质，往往可以在直视下利用内镜附属器械方便地将小型阻塞物取出。

（四）治疗

治疗原则为除去食管内阻塞物及对症治疗，但具体治疗方法则依据阻塞物种类和阻塞部位而有所不同。对于食道上段阻塞，可对患病宠物进行麻醉，尝试用弯头止血钳或组织钳将异物经口腔钳出；亦可利用消化道内镜和异物钳谨慎地将异物取出，避免造成食道损伤。对于食道中下段阻塞，同样可以试用消化道内镜和异物钳将其取出；如果没有内镜，可投服液体石蜡5～10mL，尝试用胃管将阻塞物推入胃中，再密切观察该阻塞物是否能经肠道排出，否则可能需要行胃切开术将其取出。如图33-3-1和图33-3-3所示的阻塞物体积较大，若强行推入胃内，可能很难通过幽门进入肠道，或者即使进入肠道也易引起小肠梗阻，因此在不具备经胸通路行食道切开的条件下，最好选择胃切开，经贲门插入适宜胃管将阻塞物逆向推入口腔取出，也可将阻塞物推到颈部食道后经颈部通路将其取出。若食道阻塞物比较尖锐，为避免推动时造成食道损伤，应经最近的手术通路行食道切开将阻塞物取出。

排除阻塞物以后，可肌肉或静脉滴注氨苄青霉素、头孢唑啉或头孢拉定，每天2次。每天投服庆大霉素注射液2～4mL，有良好的局部抗菌消炎效果。术后3d内禁食、禁水，每天静脉补充10%葡萄糖溶液和复方生理盐水。3d后服少量温糖盐水，5～7d后饲喂流质或柔软食物，逐渐转为正常饲喂。

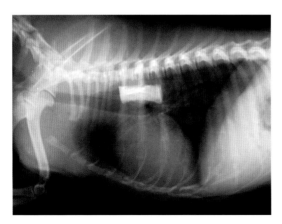

图33-3-1　犬胸段食道阻塞（1）

犬右侧位胸部X线片显示：阻塞物似短骨，停滞在心基部而无法下行。

（广州百思动物医院）

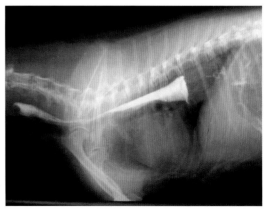

图33-3-2　犬胸段食道阻塞（2）

犬投服硫酸钡造影片显示：食道完全阻塞，造影剂无法通过。

（广州百思动物医院）

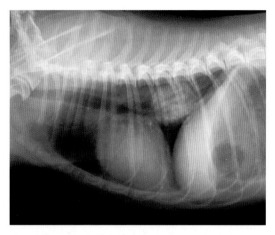

图33-3-3 3岁贵宾犬胸段食道阻塞（1）

犬侧位胸部X线片显示：心脏后缘食道水平处可见圆形软组织密度结构。

（广州百思动物医院）

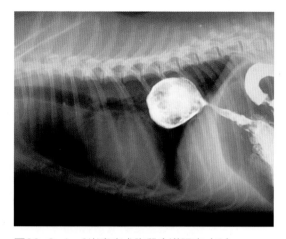

图33-3-4 3岁贵宾犬胸段食道阻塞（2）

图33-3-3犬投服硫酸钡造影片显示：钡剂将食道中的异物轮廓勾勒出来，食道显著扩张。

（广州百思动物医院）

四、胃扩张-扭转综合征

胃扩张是由于胃内蓄积气体或食糜而导致胃扩张的疾病。胃扭转是胃幽门部从右侧转向左侧，被挤压于肝脏、食管的末端和胃底之间，并导致贲门和幽门闭塞的病症。胃扭转后很快发生胃扩张，因此称为胃扩张-扭转综合征。本病多见于大型犬或胸部狭长的犬，且多见于成熟的中年或老龄犬，雄性比雌性发病率高。猫很少发生胃扭转。

（一）病因

胃扩张较多发生于大型或巨大型深胸犬，可分为缓发型和速发型两种类型。①缓发型：由于采食增加，经过较长时期，胃发生代偿性增大。其促发因素有寄生虫、不适当的饮食和胰液分泌减少等；②速发型：发病急剧，胃因分泌物、食物和气体聚积而发生急性扩张，直接原因是采食大量干燥难消化或易发酵食物，继之剧烈运动并饮大量冷水后发生。肠梗阻、便秘等机械阻塞亦可引起胃扩张。

胃扩张后容易发生扭转，这与幽门的移动性较大有关，当胃内容物过多时，由于胃内张力作用迫使犬胃向左侧或右侧移动，通常为左侧，沿着与食管和幽门括约肌连线呈直角的轴旋转，多发生在饱食后打滚、跳跃、迅速上下楼梯时的旋转、摇摆和滚动等情况下。

（二）症状

多数病犬在采食后不久发生本病，最初表现嗳气，而后前腹部膨胀，腹围增大，腹痛明显，并有流涎和干呕现象。由于腹压升高，引起肺部压力升高，从而造成肺的呼吸功能抑制和肺泡张力减弱，导致呼吸困难和血氧降低。随着病情发展，脾静脉和后腔静脉血液回流受阻，脾脏发生淤血和坏疽，还可能发生肠道水肿和出血、胰腺坏死和肾脏损伤等。由于心输出量下降，患犬心律不齐，各器官供血不足，不及时治疗便会迅速死亡。

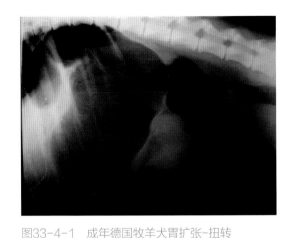

图33-4-1　成年德国牧羊犬胃扩张-扭转

犬右侧位胸部X线片显示：胃轮廓增大，为大量的低密度气体阴影。

（广州百思动物医院）

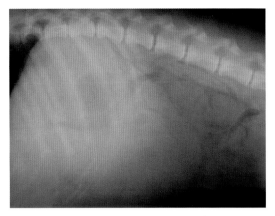

图33-4-2　2岁京巴犬胃扩张

犬右侧位胸部X线片显示：胃轮廓增大，并因十二指肠异物导致胃的液性扩张。

（广州百思动物医院）

（三）诊断

依据病史调查、腹部触诊和X线摄片检查可以确诊。触诊病犬前腹部可感腹壁紧张，于肋弓下方或后方向上按压可感胃轮廓增大，内容物坚实（积食）或有弹性（积气），此时病犬腹痛明显。对病犬行侧卧位X线摄片检查，可见胃轮廓显著增大，胃内有大量的低密度气体阴影、较高密度食物阴影或中等密度液体阴影（图33-4-1、图33-4-2）。如能将胃管顺利插入胃内，并获得一定程度的减压效果，即为单纯性胃扩张，否则为胃扩张-扭转综合征。

（四）治疗

对胃扩张病例确诊后应立即采取减压和抗休克治疗措施。尽快使用大口径胃管行胃内插管，首先测定由鼻端至最后肋骨的距离，以确定胃管插入的长度，避免插入太多损伤胃壁。插管时保持病犬呈犬坐或仰卧姿势，必要时使用镇静剂，可能有助于将胃管插入胃内，然后接负压吸引器吸出胃内容物，以达到胃部减压、降低后腔静脉压力和恢复胃黏膜血流量的目的。如行胃内插管失败，可先行皮外穿刺减压，在B超引导下避开脾脏。同时，经前肢头静脉持续大量输入晶体液和胶体液，以预防或控制休克的发生和发展，待宠物病情稳定后适当放慢输液速度，达到稍稍超过维持量即可，避免输液过量。在症状缓解后，禁食24h，之后数日内饲喂流食。在疾病恢复中根据实际需要，可能要用到胃复安、奥美拉唑、雷尼替丁、B族维生素和维生素C等药物。

若上述方法无效，即无法顺利插入胃管并减压时，表明胃已发生扭转，应当尽快施行手术整复。手术中注意胃、脾等器官的血流灌注情况，摘除肿大和坏疽的脾脏，根据术前血常规检查结果确定是否有必要输血，并进行相应的药物治疗。为防止胃扭转复发即幽门和十二指肠移位至左边，临床实践中有多种胃固定术，容易操作且优点突出的方法是将胃壁肌和其投影位腹壁肌进行缝合的唇形肌瓣固定术。术后3d内禁食禁水，之后给予低蛋白低脂肪食品，采取少给勤喂的方法，逐步过渡到正常饮食。

五、胃内异物

胃内异物是指犬猫吞入异物后长期滞留胃内，既不被胃液消化，又难以呕出或随粪便排出，因对胃黏膜长期造成机械性刺激而引起胃炎和胃消化机能障碍。

（一）病因

犬猫（尤其幼龄犬猫）有玩耍、吞食各种异物的习惯，尤其是维生素或微量元素缺乏或体内寄生虫感染，多表现异嗜，如咬食石块、瓷片、果核、线团、塑料、橡皮球等，如果不能呕出或排入肠道，停留在胃内即形成胃内异物。猫还有梳理被毛的习惯，久而久之被毛在胃中相互缠绕形成毛球，然后多以呕吐、排便的方式排出体外。

（二）症状

常见的临床症状是呕吐和食欲下降。当胃内存有小而光滑的异物时，犬猫可能表现间歇性呕吐及渐进性消瘦，或不见明显异常，如猫胃内毛球多引起间歇性呕吐。当胃内停留较大或硬的异物时，如塑料或橡胶玩具，或连线缝针或鱼钩等，常引起急性胃炎或如肠梗阻症状，以急性频繁性呕吐、触诊胃部疼痛敏感为特征。

（三）诊断

常规检查方法为前腹部触诊，对大中型品种犬的幼犬、小型犬和猫可能触及胃内较大的异物，同时可观察到腹痛反应。对患病宠物进行常规X线摄片检查、腹部超声检查或消化道内镜检查，均有助于做出诊断（图33-5-1至图33-5-6）。

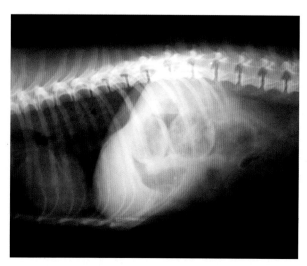

图33-5-1　犬胃内异物（1）

该犬呕吐频繁、脱水严重，经常规X线摄片检查发现胃内有3个清晰的球形物体。

（佛山先诺宠物医院）

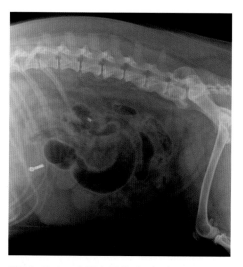

图33-5-2　犬胃内异物（2）

右侧位胸腹部X线片显示：胃内有1个较小的高密度异物，肠管臌气，腹底部肠管呈串珠状，提示有线性异物。

（佛山先诺宠物医院）

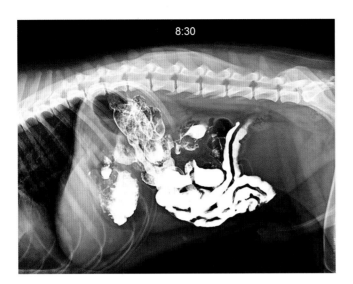

图33-5-3 犬胃内异物（3）

右侧位X线造影片显示：有从胃延续到小肠的典型线性异物影像。

（重庆圣心动物医院）

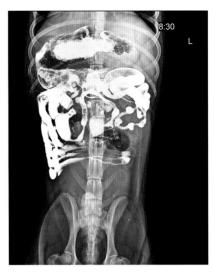

图33-5-4 犬胃内异物（4）

腹背位X线造影片显示：有从胃延续到小肠的典型线性异物影像。

（重庆圣心动物医院）

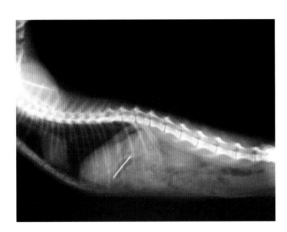

图33-5-5 猫胃内缝针

右侧位X线平片显示：胃内有1根缝针，手术中发现连有较长的缝线。

（佛山先诺宠物医院）

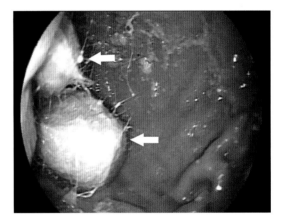

图33-5-6 猫胃内毛球

使用消化道内镜观察到的胃内毛球形态。

（广州YY宠物医院）

（四）治疗

以排除胃内异物和消除胃黏膜炎症为治疗目的。当确诊本病后，依据胃内异物的质地、形状及大小而采取不同的治疗方法，如仅位于胃内，可首选使用消化道内镜取出，夹取异物后应仔细再观察胃壁情况；若体积太大或已进入十二指肠而不易夹取，则及时施行手术取出。

使用内镜或手术取出异物后，使用硫糖铝等黏膜保护剂。

六、肠梗阻

肠梗阻是指肠腔内容物在肠道内的正常后移输送发生障碍，患病宠物以消化机能紊乱和腹痛为突出症状，通常以犬发生小肠梗阻多见。

（一）病因

吞食大块骨骼、果核、玉米芯、弹性玩具、塑料绳索、毛巾、丝袜等异物造成肠腔机械性阻塞，这与犬的习性及异嗜有关。此外，肠管肿瘤或肉芽肿、嵌闭性疝、肠套叠等也能引起与梗阻相同的症状。

（二）症状

病初呕吐，厌食，虚弱，腹部疼痛，但体温、心率和呼吸多无明显异常。如频繁呕吐则导致机体脱水，心率及呼吸明显加快。病初腹部触诊，因阻塞部前段肠管胀气而感腹壁紧张，但发病数天后触诊腹壁则松弛，若触诊到梗阻（或肠套叠）肠段，患病犬猫有疼痛表现。小肠完全梗阻的病例，有时可排出少量黑色柏油状粪便。临床可见犬猫吞入连线鱼钩或缝针，虽未造成肠腔完全梗阻，但症状与肠梗阻相似。当患病宠物体温升高、腹壁紧张和血检白细胞增多时，可能发生了腹膜炎。

（三）诊断

依据患病犬猫的体温、呕吐及粪便特点，应怀疑本病。腹部触诊是诊断本病的重要方法，尤其对于小型犬和猫容易触摸到梗阻肠段。腹部触诊时，触之梗阻部膨大，挤压敏感；触之套叠肠段质地坚实，如腊肠状有一定长度。常规X线摄片检查容易观察到肠腔内的骨骼、缝针、塑料或橡胶类等高密度或中等密度异物（图33-6-1）以及线性异物导致的串珠状肠管（图33-6-2、图33-6-3），但肠腔内的毛巾、果核、玉米芯等低密度异物和发生套叠的肠段一般难以显示出，往往可见梗阻前部肠管极度充气和膨胀。对于胃和肠腔内的线性

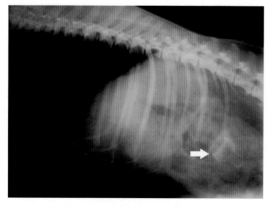

图33-6-1　犬肠梗阻（1）

侧位X线平片显示：肠腔内有个婴儿奶嘴。

（佛山先诺宠物医院）

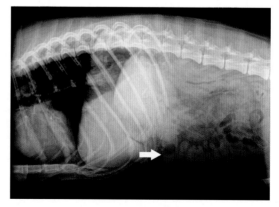

图33-6-2　犬肠梗阻（2）

侧位X线平片显示：腹腔底部肠管呈串珠状。

（佛山先诺宠物医院）

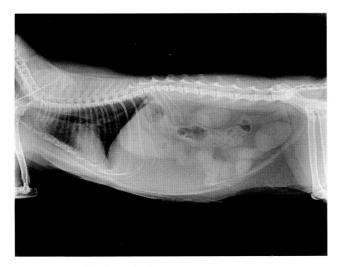

图33-6-3　猫肠梗阻（1）

侧位X线平片显示：腹腔底部小肠呈串珠状。

（广州百思动物医院）

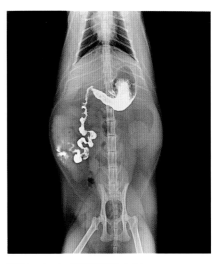

图33-6-4　猫肠梗阻（2）

左图猫投服钡剂后腹背位X线造影片显示：被钡剂勾勒出的线性异物影像。

（广州百思动物医院）

异物，投服硫酸钡后行X线造影更容易观察并确诊（图33-6-4至图33-6-6）。腹部B超检查作为本病的检查手段之一，可能看到异物，异物下方有声影（图33-6-7）；阻塞部肠段扩张，可能看见未固定于肠壁的异物活动或不动。此外，进行腹部B超检查非常有助于对肠套叠做出诊断，可见发生套叠的肠段呈典型的同心圆状（图33-6-8）。

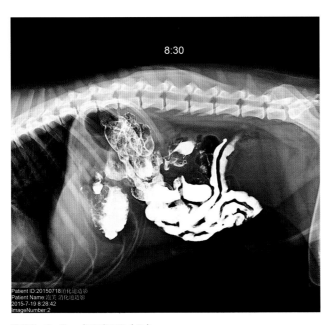

图33-6-5　犬肠梗阻（3）

投服钡剂后侧位X线造影片显示：胃和肠道内的线状异物影像。

（重庆圣心宠物医院）

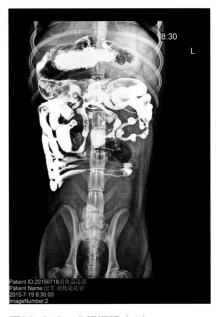

图33-6-6　犬肠梗阻（4）

投服钡剂后腹背位X线造影片显示：胃和肠道内的线状异物影像。

（重庆圣心宠物医院）

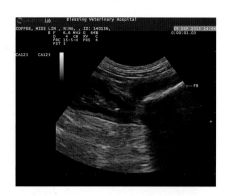

图33-6-7　犬肠梗阻（5）

B超声像图显示：肠腔为低回声区，肠道内异物为高回声（箭头所指）。

（广州百思动物医院）

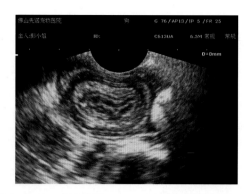

图33-6-8　犬肠套叠

B超声像图显示：发生套叠的肠段呈同心圆状。

（佛山先诺宠物医院）

（四）治疗

目的是尽快取出肠腔内异物，恢复消化功能。对于异物造成的小肠梗阻，可以试行投服液体石蜡或蓖麻油5~10mL，同时使用液体石蜡灌肠，以促进异物排出。若用药后发现治疗无效，则应尽快施行肠管切开术取出异物（图33-6-9、图33-6-10）。对于肠套叠造成的梗阻，一般都需要施行手术整复；若整复后观察套叠处的肠管淤血严重或失去生命力，就应当进行病变肠管切除，然后施行端端吻合。小动物肠管吻合的方法较多，应根据该病例肠管管径选择适合的吻合方法，通常最快速、对肠壁损伤最小且不造成狭窄的吻合方法是：使用可吸收或不吸收单丝缝线，对两个肠管断端直接进行全层单纯间断缝合（结节缝合），吻合后再用大网膜包裹；全部缝完后，前后移动肠钳留出长5~6cm的一段肠管，用一次性注射器抽取生理盐水适量注入以检查吻合处的密闭性；若密闭良好，用生理盐水彻底冲洗该段肠管，再用大网膜将其包裹，另施加几个结节缝合予以固定。

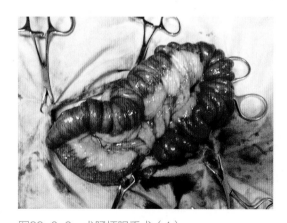

图33-6-9　犬肠梗阻手术（1）

打开腹腔后找出呈串珠状外观的肠管。

（佛山先诺宠物医院）

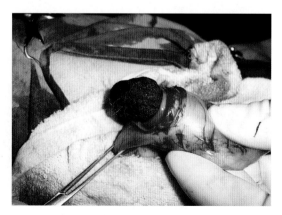

图33-6-10　犬肠梗阻手术（2）

向着胃方向寻找引起梗阻的线性异物并取出。

（佛山先诺宠物医院）

术后3d内禁食，每天可投服庆大霉素注射液2～4mL，静脉滴注10%葡萄糖溶液和复方生理盐水，按体重加入适量抗生素。3d后饲喂温糖盐水或少量流质或柔软食物，1周后逐渐转为正常饲喂。

七、巨结肠症

巨结肠症是指结肠的异常伸展、扩张且运动不足，以结肠和直肠内粪便停滞、干硬和排粪困难，即便秘为特征。

（一）病因

常见的巨结肠症多因摄入过多骨头、异物（砂石、毛发、纱织物等）与粪便混合纠缠在一起，难以顺利地通过肠腔；或一次性食入大量的动物肉类、肝脏而消化不充分，从而在结肠内形成较大的硬粪块有关。如果患有会阴疝、肛门腺囊肿、前列腺肥大、腰荐神经损伤、骨盆骨折致骨盆腔狭窄等病症，则容易继发巨结肠症。伴有结肠无力的猫的原发性或特发性巨结肠症，被认为是支配大肠后端的内在或外在神经分布异常。另外，对于反复发生便秘的病例，多次的灌肠操作会对结肠平滑肌或末梢神经造成损伤，致不可逆的巨结肠形成。

（二）症状

先天性病例出生后2～3周内可出现症状，症状轻重依据结肠阻塞程度而异，可能表现数月或长年的持续性便秘。便秘时仅能排出浆液性或带血丝的黏液性少量粪便，偶有排出褐色水样便。患病宠物运动困难，腹围膨隆似桶状，腹部触诊可感知粗大的肠管（图33-7-1、图33-7-2）。继发性病例除便秘外，还表现原发病相关症状。

图33-7-1　猫巨结肠症（1）

患猫腹围增大，运动困难。

（佛山先诺宠物医院）

图33-7-2　猫巨结肠症（2）

患猫腹围膨隆似桶状。

（佛山先诺宠物医院）

（三）诊断

主要依据腹部触诊或直肠探诊，触摸到蓄积粪便的粗大结肠可以确诊。常规X线摄片检查对本病有重要的诊断意义，可以清晰观察到结肠和直肠内的高密度粪便影像（图33-7-3、图33-7-4），其直径可能大于骨盆入口直径。使用直肠镜检查，能够直接观察肠腔内的阻塞性肿瘤或异物，或确定结肠有无先天性狭窄等。

（四）治疗

为解除结肠或直肠积粪，对轻症病例，可投服缓泻剂（乳果糖 3～5mL，每天1～2次）或促结肠运动药物（西沙必利 2.5～5mg，每天两次），容易取得满意的疗效。但对于较严重的病例，需用药物纠正脱水、电解质和酸碱代谢紊乱，同时可以使用温水或加液体石蜡等灌肠，结合腹壁适度按压便秘粪块，但这种方法可能会引起黏膜损伤。严重的便秘或采用上述方法治疗困难或无效时，可施行部分结肠切除术。

姚海峰（2011）曾对22例猫巨结肠症实施手术治疗，麻醉前用药为阿托品每千克体重0.02～0.04mg，拜有利每千克体重5mg，立芷雪100U，均皮下注射。麻醉采用异氟醚（4%～5%）或丙泊酚（每千克体重4mg）诱导，异氟醚（2%～2.5%）维持。常规腹正中线开腹，切口起于脐孔止于耻骨联合，将巨结肠牵拉至腹腔外，使用隔离巾将结肠与腹腔切口隔离。将粪便向结肠中段推移，在预定切除肠管处使用肠钳钳夹，先双重结扎结肠动静脉，在回盲口后以45°角剪断结肠前端，在骨盆入口前以垂直结肠方向切断结肠，再将回盲口段结肠与骨盆腔处结肠做端端吻合术。术者认为此手术难点有二：一是切除巨结肠后的两断端肠管口径相差1倍左右，给手术操作带来困难，需将回盲口后结肠以45°角剪断，以扩大肠管管腔和便于与骨盆腔处结肠吻合；二是结肠前端由于回盲韧带的存在，盲肠的游离性比较差，很难将盲肠向骨盆腔处牵拉，因此必须适度分离回盲韧带，以减小肠管吻合后的张力。术者特别指出需谨慎分离，回盲韧带内有多条动脉伴行，主要分布到盲肠及后段回肠，稍有不慎即可发生动脉撕裂，止血比较困难。吻合方法为先全层缝合结肠壁，再行浆

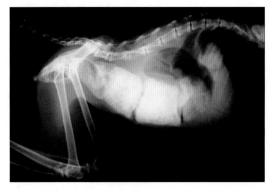

图33-7-3　猫巨结肠症（3）

右侧位腹部X线片显示：降结肠扩张积粪。

（佛山先偌宠物医院）

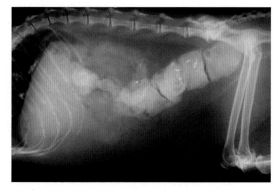

图33-7-4　15岁短毛家猫巨结肠症

临床触诊直肠增粗，直肠内存有大量干硬粪块；右侧位腹部X线片显示：降结肠扩张积粪。

（广州百思动物医院）

膜肌层包埋。术后前3d，每天直肠内灌注2万U庆大霉素。术后1周，按每千克体重5mg给予拜有利，皮下注射。所有病例均在术后补液3d，第4天开始饲喂少量流食和营养膏，第5天饲喂少量罐头食品，第10天饲喂正常干猫粮。术后所有病例均从肛门排出半透明的黄色液状物，带有少量黑色肠黏膜，持续3~4d。一般第5天无液体排出。术后1周排黑色细条状软便，1d排7~8次。大约在术后1个月，排便次数减少至3~4次，大便成形为椭圆扁片。术后观察期平均17.5个月，所有病例度过恢复阶段后，食欲旺盛，饮水量基本无变化，体重均较手术前增加。

八、直肠脱出

直肠脱出分直肠末端黏膜层脱出和直肠全层脱出两种情况，前者一般称为脱肛，而后者称为直肠脱，临床上以不安和反复努责为特征。本病多见于犬，猫很少见。

（一）病因

常继发于各种原因引起的里急后重或强烈努责，如慢性腹泻、便秘、直肠内异物或肿瘤、难产或前列腺疾病等。此外，还多见肠套叠继发直肠脱出。当宠物久病瘦弱和营养不良时，直肠与肛门周围因缺乏脂肪组织，直肠黏膜下层与肌层结合松弛，肛门括约肌松弛无力，均构成本病的易发因素。

（二）症状

肛门外暴露充血的直肠黏膜或肠管，不能自行缩回直肠内。刚脱出时，直肠黏膜呈红色，且有光泽。随着脱出时间延长，脱出的肠管变成暗红色或近于黑色，充血、水肿严重，可发展为溃疡和坏死（图33-8-1、图33-8-2）。患病犬猫多伴有不安、反复努责、摩擦肛门、精神不振、食欲减退和排出少量稀便，而体温、心率和呼吸正常。

图33-8-1　犬直肠脱出（1）
病犬结直肠脱出且部分坏死，需施行直肠切除术。
（广州百思动物医院）

图33-8-2　犬直肠脱出（2）
病犬结直肠脱出且伴发盲肠套叠脱出。
（佛山先诺宠物医院）

（三）诊断

本病在临床上容易做出诊断，但应判断仅仅是直肠黏膜脱出，还是直肠脱出或是伴有肠套叠的脱出。如为直肠黏膜脱出，脱出物为小球状；如为直肠脱出或肠套叠性脱出，脱出物似腊肠状。单纯性直肠脱出时，脱出物与肛门括约肌之间无间隙；而伴有肠套叠的脱出时，往往有间隙。如果忽视对肠套叠的诊断，仅将脱出的直肠整复，必然于整复后复发。因此，整复脱出直肠后应进行腹部触诊，如为单纯性直肠脱出，病犬腹腔松软、有整体空虚感；如为肠套叠性脱出，则能触摸到一段坚实的似"腊肠状"肠管。此外，也可采取X线钡餐造影或B型超声波检查对肠套叠做出准确诊断。

（四）治疗

在除去可能存在的直肠内异物或肿瘤前提下，对脱出肠管先行整复，然后应用药物或施行必要手术消除诱发直肠脱出的因素。直肠脱整复的基本方法是：在全身镇静或麻醉后，后躯抬高，用温生理盐水对直肠脱出部分进行冲洗、按摩、润滑，然后用湿润纱布按压或包裹将其逐渐送入肛门；确认完全复位后，选择粗细适宜的不吸收缝线对肛门做荷包缝合，并保留排粪口约一指大小，确保软便能够排出。荷包缝合通常在手工复位3~5d后拆除缝线。对于肠套叠继发的直肠脱出，在整复脱出的直肠后，另施行腹壁切开术对套叠肠管进行整复。对严重损伤的脱出肠管应当进行切除，再施行肠壁吻合术。对反复发生的病例，可施行腹腔内结肠固定术。

九、胰腺炎

胰腺炎可分为急性和慢性胰腺炎。急性胰腺炎是指胰腺及其周围组织被胰腺分泌的蛋白酶自身消化的病理过程，胰腺腺泡组织的包囊内含有消化酶的酶原粒，如果酶原被激活，就会引起腺体自体消化，产生严重的炎症反应。另一方面，腺泡组织如不往小肠内分泌消化酶，就会影响消化和发生继发性营养不良。急性胰腺炎分为水肿型和出血型（败血型），自然病例多为水肿型胰腺炎，实验发病的为急性出血性胰腺炎。前者早期治疗预后尚可，后者死亡率极高。

慢性胰腺炎是指胰腺的反复发作性或持续性炎症变化，胰腺呈广泛性纤维化、局灶性坏死、胰泡和胰岛组织的萎缩和消失、假囊肿形成和钙化。

（一）病因

胰腺炎有多种原因，损伤可能是主要因素。

1. 肥胖　患急性胰腺炎的犬多为肥胖犬。饲喂高脂食物可以改变胰腺细胞内酶的含量而诱发急性胰腺炎，饮食中的脂肪含量和犬猫的营养状况是急性胰腺炎发病的重要因素。

2. 高脂血症　在急性胰腺炎患犬中，多伴有高脂血症。高脂血症可以引起胰腺炎，反之急性胰腺炎又可以诱发高脂血症，并改变血浆脂蛋白酶。脂肪饮食能产生明显的食饵性脂血症

（乳糜微粒血症），继而发生胰腺炎，尤其当血液中清除乳糜微粒的机制受到损害时（如患甲状腺机能低下或糖尿病），更易发生急性胰腺炎。关于脂血症导致胰腺炎的机理不详，有研究者认为，位于胰腺毛细血管床的酯酶能水解血液内的脂肪，释放出脂肪酸，可造成胰腺内局部酸中毒和血管收缩，由于局部缺血和炎症释放出更多的酯酶进入血液循环，从而造成胰腺炎。

3. 胆管疾患　由于胆管和胰腺间质的淋巴管互通，所以，胆管疾患可以通过淋巴管扩散至胰腺而发病。

4. 感染　胰腺炎可见于犬猫某些传染性疾病的过程中，犬传染性肝炎、犬猫弓形体病和猫传染性腹膜炎是涉及胰腺的传染病（因为可以引起胆管肝炎而诱发胰腺炎）。在某些中毒性疾病、腹膜炎、肾脏病、败血症等的过程中，病毒、细菌或毒物等经血液、淋巴而侵害胰腺引起炎症。

5. 十二指肠液或胆汁返流　十二指肠液或胆汁返流进入胰管和胰间质（因胆汁中的溶血卵磷脂和未结合的胆盐对胰腺的毒性甚大），是急性胰腺炎的原因之一。

6. 局部缺血　低血容量、伴有DIC的血管活性胺诱导的血管收缩导致胰腺局部缺血，可造成胰腺炎。

7. 慢性胰腺炎　多由急性局限性胰腺炎发展而来，或由胆道、十二指肠感染以及胰管狭窄等所致。

（二）症状

1. 急性胰腺炎　多数患病宠物表现出严重的呕吐和腹痛，典型病患会出现以肘及胸骨支地而后躯高起的"祈祷姿势"，有的则找阴凉地方，腹部紧贴地面躺卧。精神沉郁，厌食，发热，黄疸，腹部膨胀、紧张有压痛，腹泻乃至出血性腹泻。部分病例呈现烦渴，饮水后立即呕吐，呼吸急促，心动过速，脱水。严重病例可因胰岛素突然大量释放引起低血糖，或钙与血中的脂肪酸结合导致低血钙所致，出现昏迷或休克。急性出血型胰腺炎的临床症状与急性水肿型胰腺炎相似，但症状更严重。腹痛是经常出现的症状（但猫不常见）；腹胀、腹泻和呕吐都较急性水肿型胰腺炎严重，粪便常带血；常常发生休克。

猫出现胰腺炎时症状没有犬那么明显，患猫可能仅有厌食、嗜睡的症状，有些可能出现呕吐，有些并无呕吐，需结合症状、病史、实验室数据等谨慎地鉴别诊断。

2. 慢性胰腺炎　有些病患反复出现持续性呕吐和腹痛，有些则只有食欲差、消瘦、嗜睡的症状。并发胰外分泌不足的病患，经常排出软便，粪便含未完全消化食物，服用胰酶后有好转。

（三）诊断

1. 急性胰腺炎

（1）实验室检查：白细胞总数和中性粒细胞增多，血清中淀粉酶及脂肪酶浓度升高（达正常的2倍），但血清淀粉酶多于发病2～3d后恢复正常。因为淀粉酶与脂肪酶都由肾脏排出，所以当肾脏功能不全时两者也会高于正常值。其他有助于胰腺炎诊断的实验室指标有低血钙、暂时性的高血糖症和谷丙转氨酶升高，禁食时的高脂血症，可辅助作为怀疑急性胰腺炎的诊断依据。

（2）快速检测试剂：近年来使用美国爱德士公司生产的犬胰腺特异性脂肪酶快速检测试剂（SNAP®cPL）和猫胰腺特异性脂肪酶快速检测试剂（SNAP®fPL），分别用于犬猫胰腺炎院内快速诊断（图33-9-1）。胰脂肪酶是由胰腺腺泡细胞分泌的酶，检测此酶的血清水平比检测血浆脂肪酶更加准确，已作为诊断犬猫胰腺炎的重要依据。据爱德士公司资料，SNAP®cPL检测敏感性高达93%，特异性达78%；SNAP®fPL检测敏感性高达79%，特异性高达80%。

（3）腹部超声波：急性胰腺炎时，有时可看到胰腺因水肿、出血、炎性渗出而出现局部或整体的低回声影像，附近的脂肪相对回声升高，可能有少量腹水。

（4）X线检查：可发现上腹部密度增加，但放射学摄片正常也不能排除胰腺炎。

（5）必要时开腹探查和使用腹腔镜检查以确定诊断（图33-9-2）。

2. 慢性胰腺炎或胰外分泌不全　由于缺乏胰蛋白酶，粪便中含有脂肪和不消化肌肉纤维可作为诊断依据。

（1）胰蛋白酶活性检验：可以区别肠道内缺乏胰蛋白酶所致消化不良与肠道本身吸收机能障碍所致的吸收不良。检验方法有X线照片消化试验和明胶试管试验。

（2）粪便显微镜检查：在卢戈氏液中加少许新鲜粪便混合为乳浊液，取一滴在载玻片上，待稍干燥后在高倍镜下观察。不消化的肌肉纤维被染为褐色，或有大量的淀粉颗粒被染成蓝色，或有橘黄脂肪滴时说明缺乏脂肪酶。如与正常动物对比，可增加可靠性。

（四）治疗

1. 急性胰腺炎

（1）营养：以往治疗急性胰腺炎时建议禁食禁水，避免刺激胰腺分泌，但是最近很多研究指出，急性胰腺炎的病例对经口喂食有很好的耐受，并且有好转，或者至少没有因喂食而造成胰腺炎恶化。早期喂食对预后有积极的影响。患病犬猫不应禁食禁水超过24h，若出现

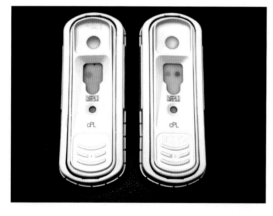

图33-9-1　犬胰腺炎快速检测结果

左边斑点为参考色，右边斑点为样本检测色。如样本斑点的颜色浓度比参考颜色浓度更淡，提示犬胰腺特异性脂肪酶水平为正常；如样本斑点的颜色浓度与参考颜色浓度相同或更深，提示犬胰腺特异性脂肪酶水平为不正常。

（佛山先诺宠物医院）

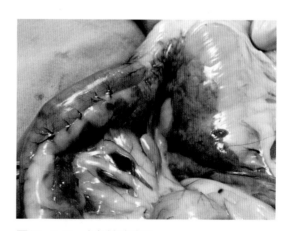

图33-9-2　犬急性胰腺炎

图示胰腺水肿、充血和出血严重。

（佛山先诺宠物医院）

呕吐的需用止吐剂控制呕吐，然后经口喂食。若患病犬猫厌食，需考虑装鼻饲管或食道胃管以确保给予肠内营养支持。

（2）输液治疗：胰腺炎时通常有不同程度的脱水、电解质和酸碱平衡的紊乱，需要调整。

（3）对症治疗：患病犬猫出现呕吐时，需要给予止吐剂与制酸剂，如马罗匹坦（止吐宁）、H_2受体拮抗剂（雷尼替丁等）、质子泵抑制剂（奥美拉唑）。

（4）抗生素：预防性抗生素使用的目的是防止肠内细菌移位和在胰腺的定殖，但人医很多研究指出，预防性抗生素并没有显示出一个很好的效果。若怀疑感染性坏死性胰腺炎或者确定其他细菌性感染的病例，还是需要使用抗生素。

（5）镇痛抗休克。

（6）手术疗法：当胰腺坏死时，理论上应立即施行手术对坏死胰腺进行切除，但胰腺发生坏死时往往病情危重，麻醉风险非常高。

2. 慢性胰腺炎

（1）处方食品：已有针对胰腺炎的处方粮可选择，主要为高蛋白、高糖和低脂肪食品，注意少食多餐，每日至少饲喂3次。

（2）交换消化酶疗法：将胰蛋白酶或胰粉制剂混于食物中进行替代疗法，同时补充维生素K、维生素A、维生素D、维生素B_{12}、叶酸及钙制剂。

（周庆国　罗倩怡）

第三十四章
呼吸系统疾病

　　呼吸系统疾病是小动物临床中常见的疾病，根据涉及的位置不同，可能出现的症状不同。上呼吸道，包括鼻腔、咽喉，下呼吸道包括气管、各级支气管和肺脏。上呼吸道疾病的主要症状为打喷嚏、流鼻涕、鼻鼾、流鼻血或咳嗽等，下呼吸道疾病的症状主要为咳嗽和呼吸困难等。呼吸道疾病有感染性（如细菌、病毒、真菌、支原体等）和非感染性的（炎症性、结构性、心源性、肿瘤性等），需要根据病因进行治疗。本章主要阐述常见的犬猫呼吸系统疾病，包括上呼吸道感染、气管支气管炎、气管塌陷、肺炎、肺水肿、胸膜腔积液。

一、上呼吸道感染

　　上呼吸道感染是包括鼻腔、咽或喉部急性炎症的总称。

（一）病因

　　犬、猫上呼吸道感染大多是由病毒、细菌、真菌、衣原体等引起，如猫患急性上呼吸道感染，常见病原包括猫疱疹病毒（FHV-1）、杯状病毒（FCV）、衣原体、支原体和支气管败血波氏杆菌等；犬患感染性呼吸道疾病综合症，可由副流感病毒（CPIV）、犬腺病毒2型（CAV-2）、犬瘟热病毒（CDV）、犬呼吸道冠状病毒（CRCoV）、犬疱疹病毒（CHV-1）和犬流感病毒（CIV）等引起，并且会继发支气管败血波氏杆菌或支原体感染。隐孢子、曲霉菌等真菌会引起犬、猫鼻炎、鼻窦炎。

（二）症状

　　打喷嚏、浆液或黏液性鼻涕在犬猫急性上呼吸道感染很常见，往往还出现全身性症状如发热、精神沉郁和食欲下降（图10-5-1、图34-1-1）。感染病原不同，临床症状也有一定区别。如猫患上呼吸道感染若为疱疹病毒引起，还会有病毒性角膜炎、结膜炎，杯状病毒通常引起口腔黏膜溃疡，支气管败血波氏杆菌会引起咳嗽。犬窝咳患犬会在暴露后2~10d发生鼻分泌物增加和/或咳嗽，病毒感染通常引起轻微的咳嗽，但感染了支气管败血波氏杆菌则会表现干性的、阵发性的剧烈咳嗽。真菌性引起的鼻炎、鼻窦炎表现为打喷嚏、鼻分泌物增加，严重的可能引起肉芽肿在鼻腔中形成占位性病变。

图34-1-1　猫上呼吸道感染

患猫体温升高，精神沉郁，鼻端偏干，鼻孔粘有少量黏液性鼻涕。

（张丽）

（三）诊断

对于猫急性上呼吸道感染和犬窝咳病例主要根据症状和病史去判断。对慢性鼻炎、鼻窦炎病例，需要进行细胞学检查、细菌培养、鼻腔冲洗或者鼻窥镜去寻找病因。真菌性感染可使用血清学检测方法。

（四）治疗

病毒引起的主要通过对症治疗、支持疗法、预防或控制继发感染。怀疑猫疱疹病毒时可使用L-赖氨酸，成猫每只500mg，幼猫每只250mg，每天两次，口服；配合泛昔洛韦，每千克体重30mg，每天两次，口服。眼部病变需要使用眼膏或眼药水，常用氧氟沙星、氯霉素等抗菌类滴眼液；然而对于猫疱疹病毒引起的眼睛病变来说，抗病毒滴眼液则用更昔洛韦或碘苷。对于继发感染，需要使用广谱抗生素如阿莫西林或阿莫西林-克拉维酸，怀疑波氏杆菌、支原体时使用多西环素。注意营养支持和患病犬猫的水合状态。

对于真菌感染性鼻炎、鼻窦炎，需要使用抗真菌药治疗和/或进行鼻腔冲洗。

二、气管支气管炎

临床常见的气管与支气管炎可见犬传染性气管支气管炎（犬窝咳）、猫支气管炎、过敏性支气管炎、犬慢性支气管炎和寄生虫感染（奥氏类丝虫）。

（一）病因

犬窝咳是一种高度接触传染性、局限于气道的急性疾病，可由犬腺病毒2型、副流感病毒、支气管败血性波氏杆菌等一个或多个病原体引起。猫支气管炎可能是由肺寄生虫、心丝虫、细菌、支原体等引起，或是过敏性、自发性的。

（二）症状

气管支气管炎的主要症状为咳嗽，感染较严重时可能出现发热、厌食、沉郁等非特异性症状。需要分辨干咳还是湿咳，湿咳多由气道或肺泡炎症引起。支气管炎的咳嗽声音较大，刺耳，刺激喉部时咳嗽加剧，运动后或暴露冷空气中咳嗽加剧。过敏性支气管炎可能发生暴露于过敏原后发作。

（三）诊断

完整的病史（包括免疫情况、驱虫情况）和体格检查是必须的。应仔细听诊心音与肺音，呼吸音有无增强、有无捻发音或喘鸣音。血常规、胸部X线摄片和气管冲洗液分析是常用的检查手段。采集气管冲洗液需进行麻醉，经气管插管注入生理盐水适量，反复抽吸几次后取0.5mL冲洗液即可。气管冲洗液可用于分析炎症性质，如有大量嗜酸性粒细胞，提示过敏和/或寄生虫感染；如有中性粒细胞的退行性变化，提示细菌感染或可以看到大量细菌，必要时进行细菌培养与药物敏感试验和/或支原体的培养。猫支气管炎胸部X线片可见支气管型、肺型。怀疑寄生虫引起的支气管炎，可以从气管冲洗液或者支气管镜刷取结节状病变中检查幼虫，或者取粪便检查虫卵，然而比较容易漏检。犬慢性气管与支气管炎的胸部X线影像为：支气管壁增厚，因细支气管或肺泡间质炎性细胞浸润或纤维化，可见肺纹理增粗、紊乱，呈网状、条索状或斑点状（图34-2-1、图34-2-2）。

（四）治疗

明确诊断后对因治疗，对于犬或猫的气管支气管炎，常用多西环素（每千克体重5mg，每天两次）和阿莫西林-克拉维酸（每千克体重12.5mg，每天两次；或每只猫62.5mg，每天两次），当然最好根据细菌培养与药物敏感试验结果选择。抗生素治疗至少需要连用10d，或者症状消失后再用5d。若有痰的湿咳不要急于镇咳，因为咳嗽是清除气道分泌物的重要动作。

对于过敏性支气管炎应尽量减少接触过敏原，同时使用糖皮质激素类药物。若为慢性过敏性支气管炎，应寻找最低维持剂量以减少全身性副作用的发生，如起始为每千克体重1mg，每天两次，连用10~14d后减少剂量或服药频率，可考虑搭配支气管扩张药使用，如

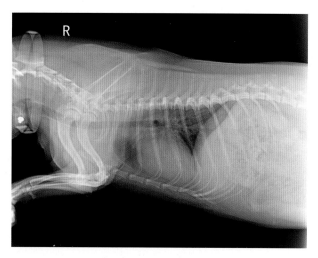

图34-2-1　犬慢性支气管炎（1）

胸侧位X线影像显示：肺纹理增粗，沿支气管有密度增高的无数细小斑状阴影。

（佛山先诺宠物医院）

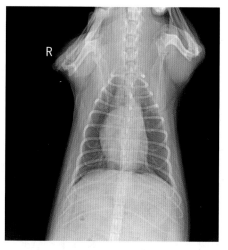

图34-2-2　犬慢性支气管炎（2）

腹背位X线影像显示：左右肺叶密度无明显改变，肺纹理紊乱呈网状或条索状。

（佛山先诺宠物医院）

特布他林（每千克体重0.625mg，每天两次）或氨茶碱。

三、气管塌陷

气管塌陷是主要发生于中年小型犬或玩具犬的进行性疾病，指气管环状软骨薄弱或不完整，导致气管背腹扁平化和呼吸窘迫的疾病。

（一）病因

病因尚未清楚，但有些犬被证实气管软骨的软骨细胞、葡萄糖胺聚糖、糖蛋白和硫酸软骨素减少，这样会导致软骨无力和气管环塌陷。这样的动态性塌陷会导致黏膜的机械性刺激，增加气管的水肿和炎症的发生。

（二）症状

气管塌陷在小型犬中常见。病初通常为干咳，在兴奋、运动或颈部受压后咳嗽加剧，但食欲下降、精神沉郁的全身性症状不常见，然而病犬多数较肥胖。经过数年的慢性咳嗽后，因为运动、过热和兴奋引起的气流阻塞会导致呼吸窘迫。听诊气管部位可能会听到气流通过狭窄的气管引起湍流的喘息音。肺音的听诊比较困难，可能因为患病犬、猫呼吸快、肥胖或受到上呼吸道声音的影响而比较难听清楚。

（三）诊断

气管塌陷的诊断通常以临床症状、颈部和胸部X线检查结果为基础（图34-3-1）。颈段气管会在吸气时塌陷，相反胸段气管会在呼气时塌陷，然而很多患有气管塌陷的犬颈段和胸段都会塌陷。支气管镜检查相对常规X线检查更为直接，可以进行支气管肺泡灌洗做细胞学检查和细菌培养确定是否出现炎症和感染。

（四）治疗

药物治疗的目的主要是消除炎症和咳嗽。对于咳嗽严重的病例，可考虑使用镇咳药和支气管扩张药控制症状，同时减少颈圈对颈部气管的刺激；注意减肥，避免犬只过度兴奋，也可使用镇静剂。症状加重时，可以短期使用糖皮质类激素，但要注意避免长期使用导致的副作用。伴发感染时，需根据细菌培养和药物敏感试验选择抗生素，使用时需要相对高剂量和时间长，因为大部分抗生素无法在气道内达到足够的浓度。

对于药物无法控制症状的病例，可以考

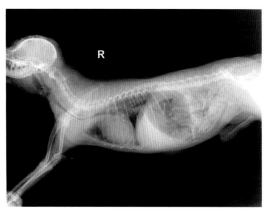

图34-3-1 小型犬气管塌陷

胸侧位X线片显示：气管颈胸段塌陷。

（广州百思动物医院）

虑手术治疗，目的是改善气管的解剖结构，使呼吸和咳嗽时的气道直径恢复正常。颈段气管塌陷多选择放置腔外气管环假体，其优点能使更多气流通过而不影响黏液纤毛系统的机能。比较常用的是商品化的C型环假体，假体间保持一定距离，从前段到胸腔入口处通常间隔2~3个气管环安装一个假体，且与气管软骨与气管肌肉缝合。手术选颈腹侧正中通路，需分离胸骨舌骨肌以显露颈段气管，分离开甲状腺动脉和喉返神经以方便假体环的放置。若手术中损伤了喉返神经，将导致术后喉麻痹之常见并发症。

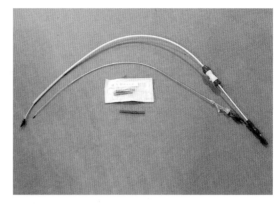

图34-3-2　气管支架与专用输送器

使用时将镍钛合金自扩张式气管支架放入输送器套管内，在DR或C形臂X线机定位下，将输送器插至塌陷气管近端，然后释放支架并退出输送器套管。

（佛山先诺宠物医院）

　　胸段或颈胸段气管塌陷可以选择放置腔内镍钛合金自扩张式气管支架（图34-3-2）。这种气管支架在≤10℃环境中为软化状态，在外力作用下其直径可缩小到原始尺寸的40%以下，而在温度>33℃以上时（当放置体内）可逐步恢复原状，从而产生持续柔和的径向支撑力，作用于气管内壁使狭窄部位逐步扩张并恢复通畅。气管支架在体温下具有良好的超弹性，能顺从气道的弯曲，从而既保持气道通畅又无太大不适感，因此是纠正气管塌陷的替代方法。使用前，利用X线机软件测量气管插管的插入长度、塌陷气管应有直径及待放置长度，并按测量直径的1.3倍选定支架直径（按型号选择），如此选用的支架恢复形状后与气管壁贴合紧密，不易出现移位（图34-3-3、图34-3-4）。如果需要放置气管全长支架，建议支架前端距离喉环状软骨后部至少10mm，支架后端距离气管分叉至少10mm，以避免引起喉痉挛、咳嗽、支架进入支气管和黏液滞留等并发症。

　　需要提示的是，以上手术并不是治愈气管塌陷，只是改善通气量和纠正呼吸窘迫或困难，术后往往需要使用药物控制咳嗽或气管内炎性增生等并发症，其他并发症如喉麻痹、支架移位、腔内感染等，因此术后应密切观察动物的呼吸状态，间隔一定时间摄片或用支气管镜进行监控。

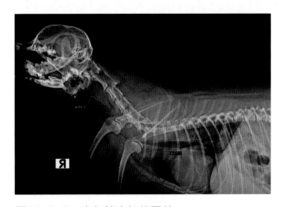

图34-3-3　犬气管支架放置前

犬气管颈胸段塌陷而狭窄，待放置支架。

（广州YY宠物医院）

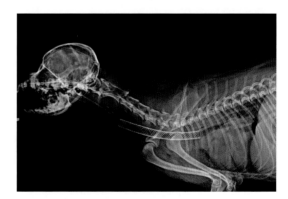

图34-3-4　犬气管支架放置后

将镍钛记忆合金气管支架放置到塌陷气管段。

（广州YY宠物医院）

四、肺炎

肺炎是指肺实质的炎症，临床上以呼吸急促（气喘）甚至呼吸困难、体温升高，肺部听诊有干、湿啰音等为特征。

（一）病因

引起本病的原因非常复杂，可为感染性、炎症性和吸入性等。以病原可分为病毒性、细菌性、真菌性、寄生虫性以及混合性感染。以病毒性和细菌性感染最常见。

病毒性感染的病原可能有犬瘟热病毒（CDV）、犬流感病毒（CIV）、犬副流感病毒（CPIV）、腺病毒2型（CAV-2）、犬疱疹病毒（CHV-1）和犬呼吸道冠状病毒（CRCoV），虽然这些病原更可能引起上呼吸道疾病。对于猫的病例，杯状病毒是引起病毒性肺炎最常见的病原，而疱疹病毒可以引起严重的支气管炎和肺炎。细菌性感染性肺炎发生的原因是，机会致病菌克服了机体的防御机制或者高浓度致病病原体进入到呼吸道，可能造成呼吸道防御机制的失败，如系统性免疫抑制、吸入异物或腐蚀性物质等。肠道细菌、葡萄球菌、链球菌、肺炎克雷伯氏杆菌、巴氏杆菌、波氏杆菌等都会引起细菌性肺炎。真菌性肺炎的流行具有地理分布的不同，可能有隐球菌、组织胞浆菌、黑霉菌等。新孢子虫、卡氏肺孢子虫、刚地弓形虫、肺圆线虫等都可能引起寄生虫性肺炎。炎症性肺炎可能有寄生虫引起的嗜酸性粒细胞浸润支气管肺病。

吸入性肺炎是严重的威胁生命的炎症和/或感染性肺病。由于吸入刺激性物质引起化学性肺炎、炎症性肺反应和发展为细菌性肺炎。常见的病因是呕吐、返流或咽喉部疾病、麻醉后等吸入胃内容物对肺上皮细胞的损伤，降低了肺泡表面张力，造成肺不张和损伤，从而导致继发性细菌感染、低通气、缺氧等。严重的吸入性损伤会增加肺泡毛细血管的通透性和发展成急性呼吸窘迫，导致非心源性肺水肿。

（二）症状

病初可见咳嗽及流水样或黏液型鼻液，炎症发展到肺泡后全身症状严重，患病犬、猫体温升高、精神沉郁、食欲废绝、头颈伸展（图34-4-1）、呼吸困难、腹式呼吸明显，可视黏膜发绀（图34-4-2）。听诊肺部可能听到湿啰音、喘鸣音，或者大声的、粗糙的支气管肺泡音。

（三）诊断

X光片可呈现肺部的局部或弥漫性病变，可能有肺泡型肺炎、间质性肺炎等（图34-4-3、图34-4-4）。血常规检查对于分析感染病原有一定指导，细菌性感染的病例可见白细胞总数和中性粒细胞数增多，有寄生虫感染的可能出现嗜酸性粒细胞增多。

对于有慢性症状的，或怀疑为耐药性病菌引起的，或难以确定病因的病例，可以进行支气管肺泡灌洗，收集灌洗液进行细胞学诊断和/或细菌培养与药物敏感试验。当然，对于呼吸窘迫的病例，需考虑麻醉的风险性。

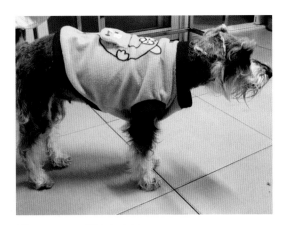

图34-4-1　犬肺炎（1）

病犬高热不退，精神沉郁，呼吸困难，头颈保持持续性伸展。

（周庆国）

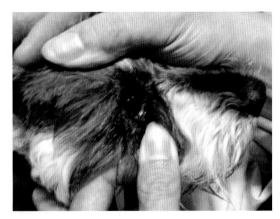

图34-4-2　犬肺炎（2）

病犬眼结膜发绀。

（周庆国）

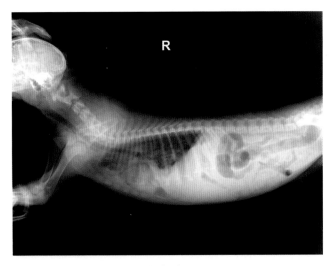

图34-4-3　犬肺炎X线影像（1）

胸侧位X线片示肺叶不透射线性增高，提示炎性充血、渗出或增生。

（广州百思动物医院）

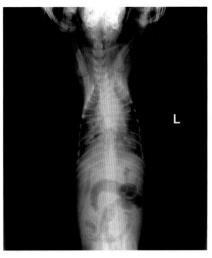

图34-4-4　犬肺炎X线影像（2）

胸正位X线片示左右肺叶均见不透射线性增高，提示左右肺叶均现炎症。

（广州百思动物医院）

（四）治疗

重点是尽量找准病因并对因治疗。当然临床上很多时候无法确定是哪种因素造成的肺炎，但是应该对每个病例都考虑周全、检查清楚。一般来说，对于细菌性肺炎可先用β-内酰胺类、氟喹诺酮类等广谱抗菌药，若治疗效果不佳或反复发作时，必须根据细菌培养和药物敏感试验结果再进行治疗。对于支原体或波氏杆菌可先用多西环素。吸入性肺炎需对症治疗和预防继发感染。

对于经常湿咳的病例，雾化治疗（生理盐水）和输液治疗可以保持病患良好的水合状态，有助于排痰。一般情况下除非出现肺水肿，否则不使用呋塞米等利尿剂，因为减少身体水份的同时会减少呼吸道分泌物的水份，痰就更难以排出。对于干咳或气喘的病例，可考虑给予支气管扩张药如氨茶碱。吸氧可以帮助减少呼吸窘迫和改善临床症状。

五、肺水肿

肺水肿是指由于某种原因引起肺内组织液的生成和回流平衡失调，使大量组织液在很短时间内不能被肺淋巴和肺静脉系统吸收，从肺毛细血管内向外渗出，积聚在肺泡、肺间质和细小支气管内，从而造成肺通气与换气功能的严重障碍。

（一）病因

肺水肿的机理是血浆渗透压降低、血管超负荷、淋巴回流阻塞和血管通透性增加。常见的原因有低蛋白血症、心脏病、肿瘤、吸入性肺炎、败血症等。液体最初积聚在肺间质，当液体量继续增多，肺泡很快受牵连，肺泡受压、肺不张引起肺顺应性降低和表面活性物质浓度降低，使得肺功能进一步降低，气道阻力增加，通气、灌注异常，结果导致低血氧症。

（二）症状

患病犬、猫刚开始可能会出现咳嗽（猫少见），然后呼吸急促，呼吸窘迫。听诊可听到呼吸音粗糙或湿啰音。严重时会从口鼻处流出淡红色液体。

（三）诊断

早期的肺水肿可从X光片上看到间质型肺型，随着病情的发展可以变为肺泡型肺型（空气支气管征），呈局灶性或弥散性（图34-5-1）。最为重要的是，当临床病例已出现呼吸窘

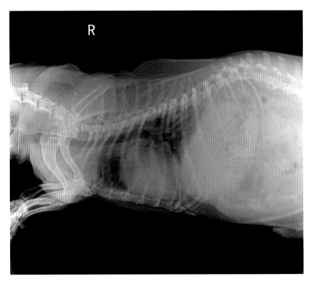

图34-5-1 犬心源性肺水肿（1）

侧位X线片显示：心脏呈异常轮廓，肺叶阴影呈散在性增强，呼吸道轮廓清晰，支气管周围增厚；腹腔积液。

（佛山先诺宠物医院）

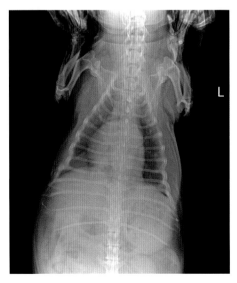

图34-5-2 犬心源性肺水肿（2）

腹背位X线片显示：心脏呈异常轮廓，肺叶阴影呈散在性增强；腹腔积液，腹围增大。

（佛山先诺宠物医院）

迫时，需稳定病情后再进行拍片，不然该病例很可能会在拍片中丧命。

犬心源性肺水肿在X光片通常显示明显的肺门部病变，而猫却没有固定的表现，很多医生看到散在的间质型或肺泡型肺型会以为是肺炎，但实际上是肺水肿的征象。

（四）治疗

对于肺水肿的治疗一定要积极，一方面要防止水肿的发展，一方面要移除肺组织中已存在的多余水分。对于呼吸率加快的病例，要及时予以吸氧，再按每千克体重1～2mg给予呋塞米，静脉注射或肌肉注射，间隔0.5～1h计数呼吸率，若依然较快则继续给予呋塞米。若呼吸率有减缓，可6～8h给予1次呋塞米。若为心源性的肺水肿，及时给予呋塞米待呼吸率减缓后，还需进行心脏病学方面的检查，如心动超声、心电图、血压等，评估病例的心功能状态。

六、胸膜腔积液

胸膜腔积液是指胸膜腔内有较多的渗漏液潴留。正常状态下，犬、猫胸膜腔内仅有少量浆液，一般不超过2mL，具有润滑胸膜和减轻呼吸中肺与胸膜壁层之间的摩擦作用。当胸膜液的形成与吸收平衡出现失调，即发生胸腔积液。

（一）病因

当某些原因或疾病引起胸膜内毛细血管血压或通透性增高、血浆胶体渗透压降低或胸膜内淋巴管排泄途径受阻时，胸膜腔便出现积液现象。最常见的原因是脉管炎引起胸腔积液，主要见于猫传染性腹膜炎。免疫介导性疾病如系统性红斑狼疮和类风湿性关节炎，也可表现出继发于脉管炎的胸腔积液。尿毒症、胰腺炎可引起脉管炎和胸腔积液。其他有关的炎性或感染因素还包括细菌性、病毒性、真菌性或寄生虫性肺炎。

胸膜肿瘤如淋巴肉瘤、转移性乳腺瘤和间皮瘤等也可与胸腔积液有关，因为壁层胸膜瘤可阻碍淋巴回流或增加毛细血管通透性，脏层胸膜瘤则减少毛细血管对胸液的吸收。

心脏收缩压升高，可增加淋巴管的通透性，并减少淋巴回流，从而导致胸腔积液。全身静脉压升高，胸膜腔的淋巴回流受阻，也可导致渗出性积液或者乳糜胸。至于引起静脉内压升高的原因，最常见继发于心肌病的充血性心力衰竭，此外还有心包积液、心丝虫病、膈疝、肺叶扭转及肿瘤等。

血浆胶体渗透压降低也常表现胸腔积液。因壁层胸膜毛细血管渗透液体增多，而脏层胸膜毛细血管吸收液体减少所致。血浆胶体渗透压降低多与肝病、肾病、蛋白丧失性肠病及肿瘤有关。一般当血浆蛋白水平低于1.5g/dL，就有可能发生胸腔积液。

（二）症状

患病犬、猫表现明显的呼吸困难，以吸气阶段更严重，可见呈腹式呼吸、端坐呼吸、发绀等症状，听诊心音不清晰。有些病猫刚开始可能只是嗜睡、厌食、体重减轻，随后才出现呼吸道症状，可能还会出现发热、脱水等。

（三）诊断

胸部影像学检查非常重要，在X光片上可见单侧或双侧的均质中等密度影像，肺叶回缩；当胸膜腔为少量积液时可见胸水线，一般难以看清心脏轮廓（图34-6-1至图34-6-6）。注意

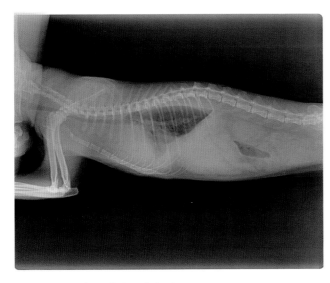

图34-6-1　犬胸膜腔积液（1）

胸部X线侧位片显示：胸膜腔积液，肺野缩小。

（广州百思动物医院）

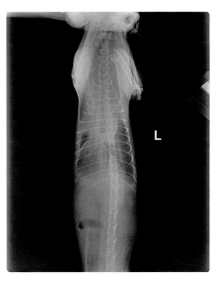

图34-6-2　犬胸膜腔积液（2）

胸部X线正位片显示：双肺胸水线明显。

（广州百思动物医院）

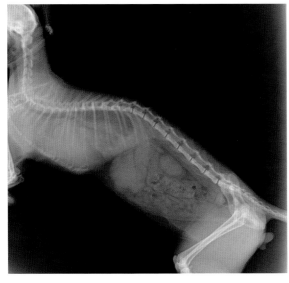

图34-6-3　猫乳糜胸（1）

胸部X线侧位片显示：胸腔内呈中等密度液体影像，心脏轮廓不清，肺野缩小。

（佛山先诺宠物医院）

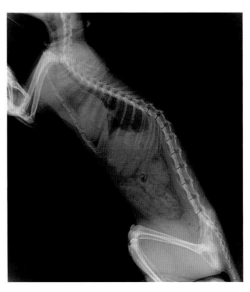

图34-6-4　猫乳糜胸（2）

行胸膜腔穿刺抽液后X线侧位片显示：心脏轮廓和心膈角显现，肺野扩大。

（佛山先诺宠物医院）

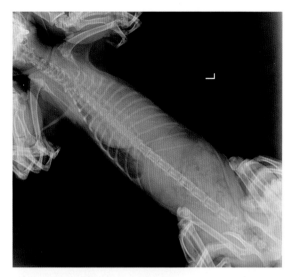

图34-6-5 猫乳糜胸（3）

胸部X线腹背位片显示：左胸呈匀质中等密度液体影像，右侧肺野缩小。

（佛山先诺宠物医院）

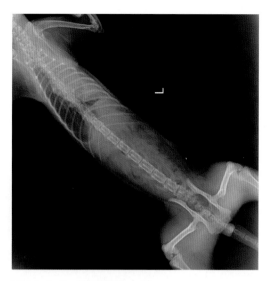

图34-6-6 猫乳糜胸（4）

行胸膜腔穿刺抽液后X线腹背位片显示：右侧肺野扩大。

（佛山先诺宠物医院）

拍片前务必先稳定宠物病情，最好在B超引导下先行胸膜腔穿刺抽取胸水（图34-6-7）改善呼吸，然后再进行胸部影像学检查，避免应激造成病情恶化或突然死亡。胸腔超声波检查可以扫查胸腔有无可疑的团块、粘连，还可以排查心脏病，观察心房心室有无扩张。

胸水检查也是非常重要的，应当测定胸水含量、总蛋白、总细胞数、李凡它试验和进行细胞学检查等以判定胸水的种类，是渗出液还是漏出液，或是改良性漏出液，是血性的还是乳糜液（图34-6-8），是败血性的还是非败血性的渗出液，建立鉴别诊断列表（表34-6-1）。细胞学检查中发现细菌，必须进行细菌培养与药物敏感性试验。对于乳糜性液体还需要进行三酰甘油及胆固醇的浓度测量。李硕等（2014）对一例乳糜胸患猫进行的检查结果为：胸腔穿刺液的颜色为粉白色，性质澄清，无异常气味，pH 7.5，相对密度＞1.030，蛋白含量

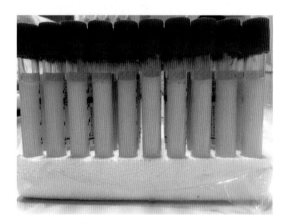

图34-6-7 猫乳糜胸（5）

在B超引导下从右侧胸膜腔抽出的大量乳糜性液体。

（佛山先诺宠物医院）

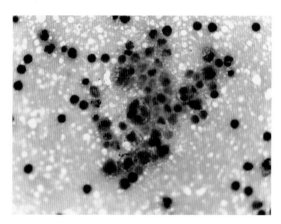

图34-6-8 猫乳糜胸（6）

将乳糜液行Diff Quik染色镜检，可见多量小淋巴细胞和巨噬细胞。

（佛山先诺宠物医院）

5.69g/dL；显微镜检查可见红细胞和白细胞；使用IDEXX VetTest™分析胸腔液中胆固醇含量为1.90mmol/L，三酰甘油含量为1.33mmol/L，前者低于血清含量2.81mmol/L，后者高于血清水平1.03mmol/L，符合乳糜胸特点，确诊该患猫为乳糜胸。

表34-6-1　不同胸水性质的鉴别诊断

液体种类	颜色/透明度	TP（g/dL）	相对密度	白细胞/μL	主要细胞种类
渗出液	无色/透明	＜2.5	＜1.017	＜1000	间质细胞，单核巨噬细胞
改良性渗出液	浅黄到杏色清亮到混浊	≥2.5	1.017～1.025	＞1000	单核细胞
漏出液	杏色到褐色混浊	＞3.0	＞1.025	＞5000	中性粒细胞，非败血症（非退行性细胞），败血症（退行性）
乳糜性	不透明或白色	＞2.5	＞1.017	可变	急性：小淋巴细胞慢性：混合
肿瘤性	浅黄或杏色清亮或混浊	＞2.5	＞1.017	可变	反应性间皮、肿瘤细胞
出血性	粉色到红色混浊	＞3.0	＞1.025	＞1000	红细胞、白细胞（似血涂片）

（四）治疗

无论胸膜腔积液是何种原因所引起，吸氧和胸腔穿刺抽液都是首要任务，尽快减轻和消除积液造成的呼吸困难及其他不良影响。由于胸膜腔积液是多种疾患的继发性表现，所以临床并无确定的治疗方法，通常根据临床检查和实验室检验结果分析病因并对因治疗，方能取得较好的效果。例如，对于乳糜胸的治疗，其重点为减少乳糜颗粒的形成和进行胸腔穿刺引流，为此应饲喂高蛋白、高糖与低脂肪的食物，可以在食物添加中链三酰甘油以增加能量，后者可直接被吸收进入门静脉，而不形成乳糜颗粒进入淋巴管。长期饲喂无脂肪食物时，应定期补充脂溶性维生素和必需脂肪酸。芦丁（化学名苯并吡喃酮）常被用来治疗猫的特发性乳糜胸，按每千克体重50～100mg，每天3次口服，2～4周内可能使症状获得一定程度的改善。如果保守治疗无效，可能需要施行开胸术结扎胸导管后端，使胸导管闭塞后5～14d形成淋巴管静脉吻合，转运乳糜的肠系膜淋巴液不经胸导管而直接进入血液循环。然而，术前定位胸导管及其分支是个关键，以降低分离胸导管的难度，即需要进行肠系膜淋巴管造影，具体方法包括手术开腹造影、超声引导下或腹腔镜下造影，具有较高的技术难度。李武明等（2017）报道了一例猫乳糜胸的诊断与治疗，在经临床、X线和实验室检查确诊后，先行保守治疗8d未见好转，进行了手术治疗。患猫诱导麻醉后，进行气管插管呼吸麻醉维持，右侧卧保定，于左胸部剃毛、消毒，选择第7、8肋间常规开胸，简单清理出纤维素、吸出乳糜液后，按照胸导管的生理解剖位置，即将主动脉及交感神经干之间的软组织全部结扎，以此来结扎胸导管，同时切除部分心包。之后确认清理干净胸腔液体，检查无明显胸腔内出血，行胸腔常规闭合。预置胸腔引流管，检查术部密闭性，用20mL注射器经留置引流管抽吸胸膜腔空气，使之恢复负压。术后每天给予抗菌素、白蛋白和脂肪乳。术后前3d，每天用注射器经连接引流管的三通管抽吸胸膜腔空气和液体，第1天能抽出1.5mL淡淡血水，第2天几乎无液体，第3天拆除引流管。观察该猫术后第2天呼吸无异常，能自主少量进食，术后第5天基本痊愈，术后第8天出院。

（罗倩怡　张丽）

第三十五章
泌尿系统疾病

泌尿系统包括肾脏、输尿管、膀胱与尿道。这些器官都可发生疾病，并波及整个系统。泌尿系统疾病也可由其他系统病变引起，亦可影响其他系统，甚或全身。泌尿系统的主要功能是排出代谢废物、调控水和电解质代谢、产生肾素调整血压和钠的重吸收、合成红细胞生成素、使维生素D转变成其活性形式等，所以当这些器官发生疾病时，可能会出现以上各种功能紊乱而导致临床症状。泌尿系统疾病的症状可能是尿频、血尿、多饮多尿，也可能是其他非特异性的症状，如厌食、呕吐等。肾衰、膀胱炎、泌尿道感染、结石都是临床上常见的疾病，进行诊断时除了常规的问诊、体格检查外，应借助于其他的辅助检查手段，特别是尿液检查、血液检查和影像学检查进行确诊。治疗中应利用辅助检查对病情进行定期监测。

一、泌尿道结石

泌尿道结石是指尿路中出现无机盐或有机溶质结晶物刺激泌尿道黏膜，引起尿路的发炎、出血、阻塞等症状。可发生于肾脏、输尿管、膀胱与尿道，但较常发现于下泌尿道。

（一）病因

尿液中有许多有机与无机溶质成分，当发生某些特定的原因（如食物、水分或尿液pH的改变、某些促结晶形成因子等），特定溶质的溶解度发生改变而形成结晶，这些结晶聚集增长形成结石；或者其他有机成分，如上皮细胞、炎症细胞、红细胞、细菌等加入形成结石核心。结石是结晶在尿中停留足够长的时间才形成的，所以若能增加水分的摄入从而排尿增多的，可能可以减少结石的生成。结石成分可分为单一成分与混合成分，根据结石成分的不同，病理形成机理不尽相同。较多见的是磷酸铵镁结石，其次是草酸钙结石，还有其他相对少见的尿酸盐结石、胱氨酸结石等。

（二）症状

肾结石：可能无临床症状，或无痛性血尿。有些犬猫可能出现水肾、肾盂肾炎、脓肾的症状，如厌食、嗜睡、发烧、多饮多尿、腹痛等，或肾脏实质被破坏的量足够多，可能出现肾性氮质血症。

输尿管结石：单侧或双侧，完全阻塞或部分阻塞。通常会出现水肾，根据阻塞的状况而严重程度不同。通常阻塞发生在肾盂出口和进入膀胱前的狭窄部。犬猫可能出现被阻塞的一侧肾脏的肿大，严重的可出现氮质血症。

膀胱结石：可能无临床症状，或出现膀胱炎的症状，如尿频、尿痛、血尿等。

尿道结石：常见于雄性犬、猫，雌性偶发。通常会出现排尿困难、滴尿、血尿、或无法排尿。严重时造成肾后性氮质血症。

（三）诊断

尿液分析：完整的尿液分析在泌尿道疾病诊断中是至关重要的，包括尿常规与尿沉渣分析。使用尿常规试纸条检测时，应注意尿密度需要用折射仪去测量，白细胞可能为假阳性（猫），需要做尿沉渣来确定；而尿沉渣除了看结晶之外，还需要染色（Diff Quick或瑞氏染色），以观察沉渣中的细胞（种类、结构变化）及有无细菌（形态）；若发现存在细菌，务必做细菌培养与药物敏感试验（需膀胱穿刺取样）。泌尿道结石的病例中，尿液分析结果通常可提示血尿、蛋白尿、脓尿、菌尿。

影像学检查：X光与腹部B超检查能够很好的发现泌尿道结石（图35-1-1至图35-1-6，参看图14-4-19、图14-4-20），但要注意对泌尿系统进行完整的检查，避免遗漏。X光与B超检查的作用各有利弊，相互补充而并不重复。

血常规检查：通常结果正常，但若有严重全身性炎症如肾盂肾炎或脓肾，可能出现白细胞增多。

血液生化检查：若是尿道阻塞，可能出现肾后性氮质血症（尿素氮、肌酐、磷会增高）；但若肾脏实质被破坏的足够多，可能出现肾性氮质血症。

结石成分分析：建议把手术取出的结石送有关实验室做成分分析。

（四）治疗

一般原则：解除阻塞，治疗阻塞造成的体液、电解质、酸碱不平衡及肾后性氮质血症。

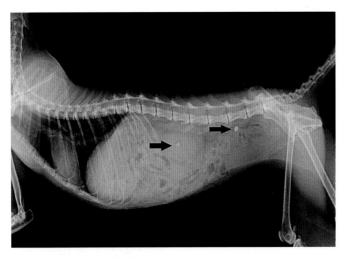

图35-1-1 犬肾与输尿管结石（1）

腹部侧卧位X线片显示：肾脏内和后腹部上方输尿管位置有明显的结石影像。

（广州百思动物医院）

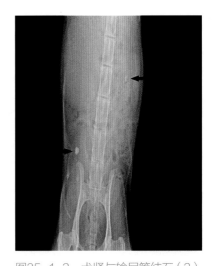

图35-1-2 犬肾与输尿管结石（2）

腹部腹背位X线片显示：左肾和右侧输尿管近膀胱位置均有高密度结石影像。

（广州百思动物医院）

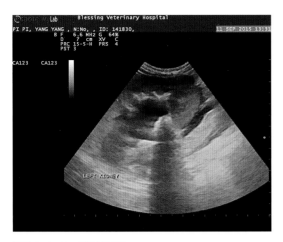

图35-1-3　肾脏结石

B超声像图显示：肾内有结石强回声，后方有声影。

（广州百思动物医院）

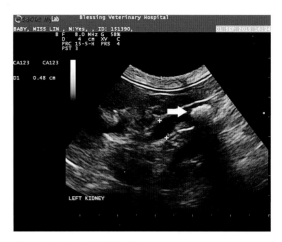

图35-1-4　输尿管结石

B超声像图显示：输尿管扩张，可见结石强回声，后方有声影。

（广州百思动物医院）

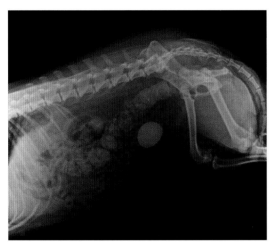

图35-1-5　犬膀胱结石

侧位X线片显示：膀胱内有1个较大的圆形结石。

（佛山先诺宠物医院）

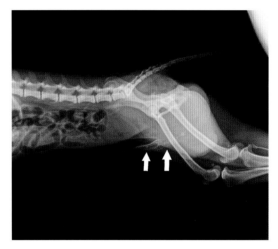

图35-1-6　犬尿道结石

侧位X线片显示：尿道内有一连串的小结石。

（佛山先诺宠物医院）

对于常见的磷酸铵镁结石病例，保守疗法通常为多饮或输液，以达到利尿、稀释尿液和提高尿道结晶的溶解度；对发生细菌感染的病例应有效控制，并持续追踪感染是否已被消除；同时可饲喂相应的处方粮。有研究显示，Hill's的s/d处方粮可以溶解磷酸铵镁结石，结石溶解后可转用c/d，或长期服用c/d处方粮即可。至于草酸钙结石病例，至今未有成功溶解草酸钙结石的报道，通常以手术取出或排尿推进的方法来排除这些结石。肾结石多为草酸钙结石，需权衡利弊，考虑是否需要手术取出。输尿管结石若造成水肾，需要及时施术取出。犬或猫的输尿管切开术取石容易，但缝合困难，容易造成输尿管堵塞和水肾或漏尿引起腹膜炎和尿毒症。所以，实施输尿管手术后通常需要放置输尿管支架，或者直接施行皮下输尿管旁路术（subcutaneous ureteral bypass，SUB），使尿液不经输尿管而经皮下导管短路阀进入膀胱，可避免输尿管手术后漏尿的情况（图35-1-7至图35-1-11）。一些犬、猫膀胱内的磷酸铵镁结石往往可以通过利尿、饲喂处方粮溶解，但若结石不时造成膀胱或尿道堵塞或严重的膀胱炎，就需及时施行手术将其取出。取石后可拍X线片检查，以确保泌尿道内无结石存留。

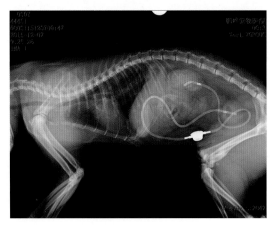

图35-1-7　犬皮下输尿管旁路术（1）

腹中线切开显露患侧肾脏后，利用18g留置针和SUB套件内导丝，将带有标记的环形肾导管从肾脏后侧中线推进肾盂，之后将SUB套件所带垫圈贴于肾包膜面。

（柯肖）

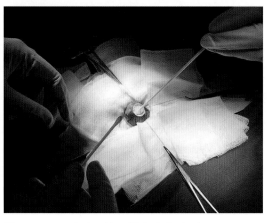

图35-1-8　犬皮下输尿管旁路术（2）

另于膀胱顶将膀胱导管插入膀胱切口，收紧打结预置的荷包缝合，用可吸收缝线将膀胱和SUB套件所带垫圈四点固定，再滴入组织胶按压黏紧。

（柯肖）

图35-1-9　犬皮下输尿管旁路术（3）

分离患侧皮肤与皮下组织适当位置放置分流阀，于分流阀导管接口两侧各1~2cm处用止血钳穿透腹壁肌肉，分别将肾脏导管和膀胱导管拉出与分流阀导管接口连接。注意：肾脏导管与分流阀尾侧接口连接，膀胱导管与分流阀头侧接口连接。

（柯肖）

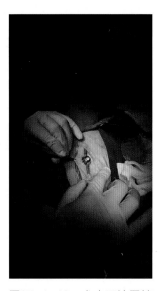

图35-1-10　犬皮下输尿管旁路术（4）

用不可吸收缝线将分流阀分四点固定在腹壁肌肉上，然后用SUB套件针头扎入阀门凸面注入生理盐水，检查是否通畅及有无泄漏，确定无误后闭合腹腔。

（柯肖）

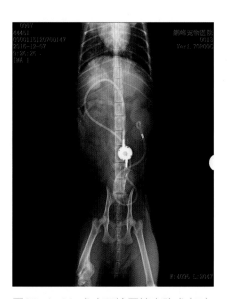

图35-1-11 犬皮下输尿管旁路术（5）

腹背位X线片显示分流阀位于中线略偏左侧，清晰显示肾脏导管与分流阀尾侧接口的连接；图35-1-7侧位X线片可全面显示导管两端与分流阀接口的连接方式。

（柯肖）

二、泌尿道感染

泌尿道感染指的是细菌移位至通常为无菌的泌尿道（肾脏、输尿管、膀胱、尿道）。可能不表现症状，也可能有尿频、血尿等症状。常见为细菌性感染，真菌或衣原体感染罕见。雌性宠物较雄性多发。

（一）病因

宿主的正常防御系统（包括解剖结构、正常生理功能）受损，可能引发泌尿道的感染。最常见的泌尿道感染为粪便细菌逆行感染，常见细菌为大肠杆菌、葡萄球菌、肠球菌、奇异变形杆菌、肠杆菌、绿脓杆菌、链球菌等。泌尿道感染大部分为单一微生物，但亦有多种微生物混合感染。导尿会增加泌尿道感染的风险，所以一定要注意导尿时的无菌操作，以及集尿系统是封闭的。接受了尿道口再造术的公猫，无论是会阴部尿道造口还是叶氏尿道造口（包皮与尿道黏膜缝合），其泌尿道感染的概率都非常高，所以一定要慎重地选择该手术。

（二）症状

患病犬、猫大多数会出现泌尿道不适的临床症状，包括尿频、尿痛、血尿、尿失禁，但亦可能为无症状。

（三）诊断

尿液分析：常规尿液分析必须包括尿常规及尿沉渣检查。尿液分析可能会提示血尿、蛋白尿、脓尿、菌尿，尿液pH可能会升高。尿沉渣需要染色（Diff Quick或瑞氏染色），观察沉渣中的细胞种类与结构变化及细菌形态（图35-2-1），若发现有细菌存在，可进行革兰氏染色后观察，有助于为细菌培养及药物敏感试验提供指导。

血常规及血液生化检查：结果可能为正常，但若感染较严重引起肾盂肾炎、脓肾等，会出现白细胞增多。

影像学检查：X线和B超检查可用于排除结石，B超检查能较好地评估肾脏（有无肾盂积液、水肾、肾结石及肾脏轮廓和回声特性）和膀胱（有无结石、团块及膀胱壁厚度）结构的变化。

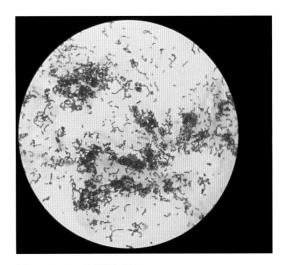

图35-2-1　泌尿道感染

尿沉渣染色可见大量细菌。

（Diff Quick 1 000×，广州百思动物医院）

（四）治疗

根据细菌培养和药物敏感试验的结果选择抗生素。对于非复杂性感染，一般建议按剂量使用敏感抗生素14~21d；对于复杂性感染，可能需要连续用药4~6周，如上泌尿道感染常需要用药4~8周。

三、急性肾衰

急性肾衰竭是指肾脏功能突然性衰退而导致的临床症候群，特征是血清肌酐及尿素氮突然增高并高于正常值，出现氮质血症。急性肾衰若无法在短时间内缓解，将会对患病犬、猫的肾脏及生命造成灾难性后果。

（一）病因

肾脏接受高达20%~25%的心输出量，当出现各种因素的影响（如感染、毒素、缺血等），肾脏细胞会缺氧水肿，造成细胞破裂与血管收缩，引起功能衰竭。根据致病因素，分为肾前性、肾性和肾后性急性肾衰。

肾前性急性肾衰：肾脏血液灌流量减少，含氮废物积聚，机体失代偿后引发氮质血症。重度与长期肾血液灌流量不足可造成缺血性肾病、缺血性肾小管坏死。

肾性急性肾衰：肾毒性物质（乙二醇、百合花、葡萄或葡萄干、肾毒性药物、重金属、食物污染等）、引起肾炎的感染性疾病（钩端螺旋体、细菌性肾盂肾炎等）、急性高血磷、肾缺血（败血症、脱水、麻醉、中暑、非甾体抗炎药、免疫介导性溶血、肌红蛋白尿）等，会导致肾小管发生变性、坏死等损害。

肾后性急性肾衰：由于尿路阻塞如输尿管结石或狭窄，可造成肾单位后负荷增加，无法滤过废物；或因膀胱破裂造成尿腹时，废物通过腹膜重吸收所致。

（二）症状

肾前性急性肾衰：通常有脱水、低血压、心输出量减少的相关症状。

肾性急性肾衰：通常有嗜睡、消瘦、厌食、呕吐等症状；非少尿性急性肾衰可能会发现患病宠物多尿；少尿性急性肾衰会发现患病宠物未排尿。

肾后性急性肾衰：会发现尿道阻塞，或者尿腹。

（三）诊断

根据脱水程度不同，血常规检查可能出现红细胞压积上升。急性肾衰初期不应出现贫血，若红细胞数值下降，需要注意有无潜在出血或其他并发病。血液生化检查中肌酐、尿素氮、血磷快速且大幅上升。同时要进行电解质与血气分析，急性肾衰多见代谢性酸中毒，碳酸氢根离子严重缺乏，注意高钾血症。

尿液分析在肾衰的诊断中亦非常重要，肾衰时可能会出现等渗尿，较低的尿密度（<1.035）、蛋白尿、轻微糖尿。另外要监测UPC（尿蛋白/肌酐比）以反映24h的尿蛋白浓度，若UPC上升，反映肾小球有损伤。尿沉渣观察有无尿管型或有无细菌感染（图35-3-1）。

进行腹部B超检查以评估肾脏的形态结构，排除结石、水肾等异常。急性肾衰时可见肾脏大小正常或扩大，肾皮质与髓质回声增高。可能需要进行X线摄片，主要用于评估心肺状况，因急性肾衰治疗时需要大量输液，若有心脏病，则输液的风险增高，需提前与宠物主人说明。

血压检查也至关重要，脱水、低血容量会引起低血压，严重低血压时需要及时使用升压药物。急性肾衰时可能会出现高血压，进行眼底检查以观察视网膜有无出血、脱落，可反映血压有无升高及其程度。至于肾脏的活检，可能有助于确认原发性肾病造成的氮质血症，并了解病变为急性或慢性。

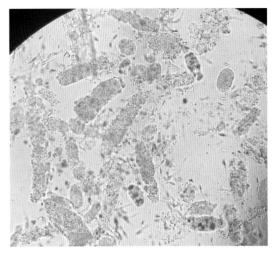

图35-3-1　急性肾衰竭

尿沉渣中有大量颗粒管型。

（碘液400×，广州百思动物医院）

（四）治疗

重点是提供适当的支持治疗，以促使肾脏功能复原，可能需要长达3周的疗程。具体措施如下：

纠正机体脱水：尽快纠正机体脱水，以防肾脏持续缺血而受损。前6h的补水量为：脱水量/2＋维持量（d）/4＋持续丢失量，剩下一半的脱水量在24h之内补上。脱水量（L）：脱水（%）×体重（kg），维持量为每天每千克体重60～80mL。

纠正酸碱失衡：根据血气分析结果，如有代谢性酸中毒给予$NaHCO_3$。在严重代谢性酸中毒（$TCO_2 < 10mmol/L$）时，按每千克体重2～3mmol以30min静脉缓慢注射$NaHCO_3$，以免注射太快而造成不良后果。一般商品化的注射液浓度为0.6mol/L，$NaHCO_3$的补充量为：（19-机体TCO_2值）×0.6×体重＝机体所缺乏的HCO_3^-，得到的数值再除以0.6，就是需要补充的$NaHCO_3$的毫升数。输液开始后的前4～6h补充所缺HCO_3^-的一半，剩下一半在24～48h内补上。期间密切监测TCO_2，若达到正常值则停止补充。每隔4h监测一次血气分析。

纠正离子失衡：急性肾衰少尿、无尿期会出现高钾血症，血钾浓度8～10mmol/L可能危及心脏功能，浓度在10mmol/L以上会造成死亡。如发现是高钾血症，最初可按每千克体重0.5～1.0mmol给予$NaHCO_3$，或给予每千克体重0.5～1 IU的短效胰岛素（regular insulin）加20%葡萄糖溶液，但要密切监测血糖与血钾浓度。此时勿选择含钾溶液输液。若并发高钠血症，可选择低渗液体，可取5%葡萄糖溶液50mL和0.9%生理盐水50mL相混合，配成2.5%葡萄糖＋0.45%生理盐水的液体进行输注。高血磷对肾脏有一定的损伤，需控制血磷浓度，可口服肠道磷结合剂（如活肾De-Phos或IPAKITINE肾康）降低血磷。

每日尿量监控：正常尿量每千克体重每小时为1～2mL，绝对少尿病例的尿量每小时

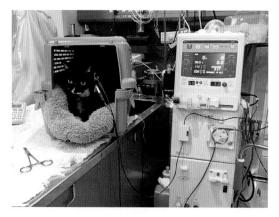
图35-3-2　血液透析疗法（1）
使用日本Leaf 株式会社NCU-A动物血液透析机为患急性肾衰的猫进行血液透析。
（台湾全民连锁动物医院）

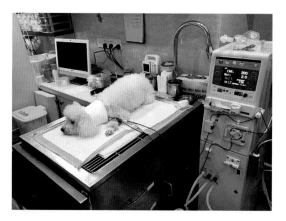
图35-3-3　血液透析疗法（2）
使用日本Leaf 株式会社NCU-A动物血液透析机为患急性肾衰的犬进行血液透析。
（上海天使宠物医院）

小于1mL/kg，若接受足够量补水的病例尿量每小时小于2mL/kg，视为少尿。在给予利尿剂之前，确保该病例已补充了足够的水分，以每千克体重1~2mg静脉给予呋塞米，每小时1次，共6h；或每小时每千克体重0.1mg，恒速静脉给药。可以静注甘露醇，每千克体重0.25~0.5g，若30~60min未见尿量增加，可重复一次给药，但每日总量不超过每千克体重2g。患病宠物已过度补水的，勿用甘露醇。也可给予多巴胺，以每分钟每千克体重2~5μg，恒速静脉输注。

控制全身血压：持续低血压使肾脏持续缺血，所以务必纠正低血压。而高血压（收缩压>150~160mmHg）亦可促使肾脏的病变恶化，可导致眼睛、大脑等器官的损伤，所以也需控制高血压。

血液透析疗法：俗称"洗肾"，是对发生肾衰的犬猫快速清除其体内有害代谢废物和过多电解质的有效治疗手段，能起到净化血液、纠正水与电解质失衡及酸碱失衡的目的，为进一步治疗赢得时机。透析疗法通常在出现少尿时即可开始，越早越好，若错过适当的时机，则透析较难获得良好效果。我国台湾全民连锁动物医院自2010年6月开展了犬猫血液透析疗法，积累了丰富的治疗经验（图35-3-2）。这项技术及其设备由我国台湾全民连锁动物医院张国彬医师引入大陆并进行指导，目前已在北京博望、上海天使（图35-3-3）、南京佩豪、杭州虹泰、广州光景、深圳佰佳等宠物医院顺利开展起来，在犬猫肾衰病例的抢救治疗中发挥了积极作用。

四、慢性肾衰

长期患病的肾脏，无法很好地代谢和排出废物，在调节电解质、水分与酸碱平衡及降解激素和合成内分泌激素等方面功能降低或缺失，即为慢性肾衰。含氮废物积聚，体液、电解质、水分不平衡，无法制造激素，导致慢性肾衰症候群。肾脏具有强大的代偿功能，66%以上肾单元失去功能时会出现等渗尿，75%肾单元失去功能前不会出现氮血质症。

（一）病因

大多数情况下无法确定犬、猫慢性肾病的根本原因，可能的原因有急性肾衰转变成慢性肾衰、家族遗传性肾病、慢性肾盂肾炎、慢性肾小球肾炎、水肾、淀粉样变性肾病、慢性阻塞性泌尿道疾病、肿瘤、全身性高血压、猫传染性腹膜炎等。

（二）症状

患病宠物多饮多尿，厌食，消瘦，体重减轻，嗜睡，呕吐，口腔异味，毛发无蓬乱无光泽，脱水等。

（三）诊断

参考国际兽医肾病研究学会（IRIS）对于慢性肾病的分期（表35-4-1）。

表35-4-1　慢性肾病的分期

期数	肌酐（mg/dL）	说　明	肾功能/代偿反应
I	< 1.6	无氮血症，可能发现的异常：尿液浓缩能力变差、肾脏触诊或影像学异常、肾脏来源的蛋白尿	> 33%
II	1.6 ~ 2.7	轻度的肾性氮质血症，无临床症状或轻微	> 25% 肾小球高压及肥大
III	2.8 ~ 4.9	中度肾性氮质血症，可能出现合并症：尿毒性胃炎、贫血、代谢性酸中毒	10% 甲状旁腺功能亢进、高血磷
IV	> 5	严重肾性氮血质症，通常会出现并发症	5%

对于IRIS肾病分期，需要在该病例已经补足水分的情况下评估，可能需要1~5d时间补水，并且至少2次肌酐检测在较稳定的范围。

血常规检查可能出现正细胞性、正色素性非再生性贫血，因肾衰严重程度不同，贫血程度不同。血液生化检查肌酐、尿素氮高于正常值。部分猫慢性肾衰初期，肌酐可能增加，尿素氮保持正常。稳定的慢性肾衰病例，常见代偿良好的轻度代谢性酸中毒。85%肾单元失去功能时，血磷会升高，血钙可能正常、升高或降低；若出现少尿、无尿，血钾升高，但食欲下降、呕吐、多尿的患畜，血钾会下降。尿液分析中通常会发现低渗尿（脱水病例除外），低渗尿时要注意检查有无细菌感染。蛋白尿可能表示慢性肾病恶化，应注意监测UPC。

腹部B超检查可见肾脏缩小，与慢性肾衰相符，但肾脏大小正常不能排除慢性肾衰。若B超检查发现肾脏形状不规则、皮髓质分隔不清时，应怀疑慢性肾衰。此外，慢性肾衰的肾脏回声增高，但末期肾病回声也可见正常。

（四）治疗

对已代偿的慢性肾衰病例，根据IRIS分级采用相应的治疗方法。

第Ⅰ级：饲喂肾脏处方粮，供给随时都有的干净饮用水，使用制酸剂（避免过多胃酸）和肠道磷结合剂，控制血压，治疗泌尿系统或全身性感染，尽可能避免麻醉或肾毒性药物。

第Ⅱ级：若无法维持体内水分充足，则进行皮下输液，并视治疗需要可加入止吐药。治疗中应监测血磷、血钾水平并予以纠正，控制好血压。

第Ⅲ级：应用血管紧张素转化酶抑制剂（ACEI）保护肾脏，控制蛋白尿，同时监测和控制血压，维持收缩压<145mmHg。此外，可能需要使用骨化三醇控制甲状旁腺素，防止甲状旁腺增生。

第Ⅳ级：需要长期采用透析疗法。

五、水肾

水肾是因为从肾脏产生的尿液排放受阻，蓄积在肾盂当中，随着尿液量的增加，肾盂严重扩张压迫肾脏皮质部，造成肾脏的损伤。

（一）病因

肾盂、输尿管的阻塞均可造成水肾。引起水肾的可能因素有结石、肿瘤、狭窄、先天畸形等，但最常见的因素是输尿管结石。

（二）症状

单侧或双侧的肾脏体积增大，急性输尿管阻塞可能会有腹痛。若造成肾衰，会出现相关症状如厌食、呕吐、消瘦、嗜睡等。

（三）诊断

1. 临床一般检查　可能触诊到体积增大的肾脏。

2. 腹部B超检查　可见肾盂扩张，肾盂充满无回声区域，在肾盂或输尿管内可能发现高密度结石影像（图35-5-1、图35-5-2）。严重时可发现肾脏皮质被压迫变薄，或难以辨认。

3. 腹部X线摄片　可能观察到肾脏体积增大，取决于X线机的性能、拍摄条件和洗片技术。

4. 血常规及血液生化检查　可能为正常或发现肾性氮质血症。

（四）治疗

解除阻塞病因。输尿管的结石、肿瘤较难进行手术，因为输尿管切开再缝合的漏尿概率高，可以在输尿管切开取石后安置输尿管支架（图35-5-3、图35-5-4）。目前流行犬皮下

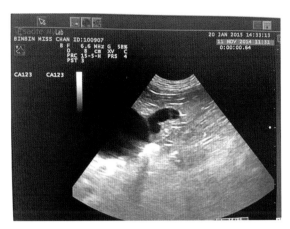

图35-5-1 犬的水肾（1）

腹部B超声像图显示：水肾，输尿管扩张，肾盂内可以看到肾结石。

（广州百思动物医院）

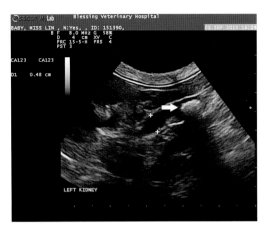

图35-5-2 犬的水肾（2）

腹部B超声像图显示：输尿管扩张，可见输尿管结石。

（广州百思动物医院）

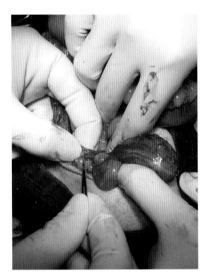

图35-5-3 输尿管结石取出

在输尿管近膀胱段切开取出结石。

（广州百思动物医院）

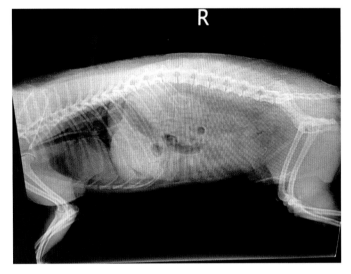

图35-5-4 输尿管结石取出后

取出输尿管结石后放置输尿管支架。

（广州百思动物医院）

输尿管旁路术，可成功处理输尿管阻塞病例（图35-1-7至图35-1-11）。

六、多囊肾

多囊肾是一种常染色体显性遗传的遗传性肾脏疾病，多发于具有波斯猫血统的品种。该病为进行性发展，肾内可能出现大小、数量不等的囊状水泡，最终可能因囊状水泡增大压迫肾脏实质造成肾脏衰竭。但也有患猫一生未出现肾衰症状。

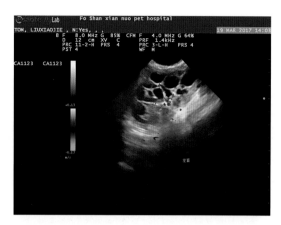

图35-6-1 猫多囊肾（1）

腹部B超声像图显示：左肾实质有大小、数量不等的囊状无回声结构。

（佛山先诺宠物医院）

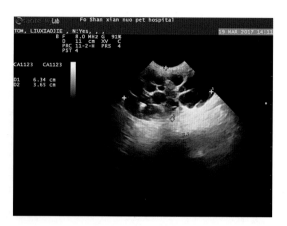

图35-6-2 猫多囊肾（2）

腹部B超声像图显示：右肾实质也有大小、数量不等的囊状无回声结构。

（佛山先诺宠物医院）

（一）病因

已发现患猫的多囊蛋白-1（polycystin-1）基因第29外显子突变。囊肿源自于近曲小管与远曲小管，皮质与髓质都可能发生，其数量与体积随着时间而增加。

（二）症状

患猫在幼年时，肾脏外形和功能正常或稍有增大，但不表现症状。随着年龄增长，肾实质出现大小数量不等的囊肿，因压迫肾脏造成肾脏结构的损害，肾单位数目减少，肾小球硬化、肾小管萎缩、间质纤维化等，同时可出现慢性肾衰症状。

（三）诊断

腹部触诊可触及增大的肾脏，或感知肾脏表面凹凸不平。腹部B超检查可见肾脏实质有大小、数量不等的囊状无回声结构（图35-6-1、图35-6-2）。血常规及血液生化检查可能为正常或发现肾性氮质血症。必要时可取全血血样送有关实验室，以筛查多囊肾相关基因。

（四）治疗

目前尚无特异治疗方法，即没有办法可以阻止疾病的发展，当患猫出现临床症状时往往已经表现肾衰，通常针对慢性肾衰治疗以改善临床症状。

七、猫特发性膀胱炎

猫特发性膀胱炎（FIC）是指猫的一种异常或刺激性排尿行为，且下泌尿道无细胞性炎症反应，或仅有少量细胞性炎症反应。炎症反应可能为神经性的，其特征为血管扩张、水肿、血液渗漏、红细胞渗出，但炎症细胞浸润量少。猫特发性膀胱炎是排除了泌尿道结石、细菌感染、解剖结构异常、行为问题、肿瘤之后的一种诊断，可能为急性或慢性，很多尿道阻塞的公猫在解除阻塞后会有猫特发性膀胱炎的症状。

（一）病因

猫特发性膀胱炎的病理生理学并未完全了解，但似乎涉及许多身体系统的异常，包括膀胱、神经系统、下丘脑-垂体-肾上腺轴，也可能是身体其他系统的异常。对猫特发性膀胱炎的急性病理生理了解不多，因为即使不治疗，临床症状往往在一周之内缓解。患复发性特发性膀胱炎的猫，即使没有可观察到的临床症状，仍持续存在无症状性全身异常，即泌尿道上皮的完整性、膀胱通透性、葡萄糖胺聚糖的分泌、应激状态下的肾上腺皮质功能、中枢神经系统功能皆有异常。猫特发性膀胱炎的中枢神经系统变化与交感神经系统活性增加有关，交感神经系统活性增加，增强膀胱与尿道发炎的可能性。应激是增加交感神经系统活性的强力刺激，并接着会造成神经性炎症，应注意找出引起猫应激的因素。

（二）症状

尿频、尿痛、血尿且在猫沙盆之外其他不适当的地方排尿，临床可见急性或慢性，大部分猫仍有正常的精神及食欲。公猫患病可能较为严重，发炎物质如脱落的组织碎片会与尿液结晶形成栓子造成尿道阻塞，导致膀胱大而坚实。如果完全阻塞超过2d以上，就可能导致急性肾后性尿毒症而死亡。

（三）诊断

除了常规问诊之外，需要询问宠物主人有无引起猫应激的因素。除了常规理学检查外，注意猫有无过度舔毛，有些猫疼痛时会过度舔拭或拔除后腹部的被毛。尿液分析可能提示血尿、蛋白尿，但随病情时好时坏。尿沉渣检查可能会发现少量磷酸铵镁结晶，但无病理意义，但若检查出大量结晶时就应先诊断为尿石症。血常规及血液生化检查可能正常。X线检查可排除结石，若行膀胱尿道造影，可能会发现膀胱局部性或弥漫性增厚，尿道局部性狭窄。B超检查可以观察到患猫膀胱壁有无增厚，有无息肉、肿瘤。膀胱镜下最常见的膀胱病灶为血管密度增加与弯曲、黏膜下点状出血，但膀胱镜尚未广泛使用。

（四）治疗

多模式环境改变为本病最重要的治疗方法，具体措施包括增加水分摄入量，降低尿密度，有效地管理猫砂盆，注意饲喂管理，减少多猫家庭中猫只之间的冲突，提供玩具，增加可用空间，考虑使用费洛蒙喷剂以舒缓猫的情绪等。

镇痛、镇静：患特发性膀胱炎的猫，约有85%的急性病例临床症状会在一周左右或之后缓解，病程超过7d的病例，应考虑进一步治疗，如进一步的环境改变，或使用其他药物。镇痛可选用丁丙诺啡，按每千克体重0.01～0.02mg口服，效果较好；亦可使用非甾体抗炎药，但要注意剂量，否则可能引发猫急性肾衰。镇静和松弛尿道可使用乙酰丙嗪，按每千克体重0.05mg，皮下注射，或每只猫一次口服1.25～2.5mg，间隔8～12h重复给药。在尝试多模式环境改变之前，除了镇痛和镇静措施外，不建议用其他药物治疗。

对于重度、复发性特发性膀胱炎的猫，推荐饲喂罐头食品，通过增加水分的摄入而增加尿量。尝试给予三环类抗抑郁药物如阿米替林，每只猫一次口服2.5~12.5mg，每天一次。该药的副作用为嗜睡、体重增加、可能会影响肝酶活性，若副作用明显则减少剂量。注意避免突然停药，可能会增加临床症状。

细菌不是猫特发性膀胱炎致病机制的主要因素，除非有增加细菌感染风险的其他因素存在（如多次导尿或尿道造口术），否则给予抗生素对猫特发性膀胱炎并无助益。

八、膀胱肿瘤

犬猫膀胱肿瘤最常见为移行上皮细胞癌（TCC），是源自于膀胱移行上皮细胞的原发性恶性肿瘤。另外还有鳞状上皮细胞癌、腺癌、纤维肉瘤、横纹肌肉瘤、淋巴瘤等。老年犬、猫多发。

（一）病因

本病致病因素多，可能与接触化学药物、污染、长期饮用氯化水等有关。

（二）症状

常见下泌尿道症状，如排尿困难、尿频、血尿、尿失禁等，还有体重减轻、消瘦、厌食、嗜睡。若继发阻塞，则出现氮质血症。若发生肺部转移，会有呼吸困难症状。

（三）诊断

1. 尿液分析　若怀疑膀胱肿瘤，不得以膀胱穿刺的方式获取尿液样本，避免肿瘤细胞播种传播。常规尿液分析必须包括尿常规及尿沉渣检查，尿常规检查可能会提示血尿、蛋白尿、脓尿、菌尿；尿沉渣抹片染色镜检，应仔细观察细胞形态，可能会发现肿瘤细胞（图35-8-1、图35-8-2）。

2. 血常规及血液生化检查　最常发现贫血和氮质血症，但结果也可能为正常。

3. B超检查　观察膀胱壁有无团块及团块位置，团块中有无血流，附近淋巴结有无增大，并评估肾脏、输尿管有无异常。注意与膀胱息肉进行区别，息肉常出现在膀胱顶，呈等回声的条状或顶端有分支（图35-8-3、图35-8-4），如用彩超检查可见内部血流。

（四）治疗

吡罗昔康被认为是犬移行上皮细胞癌治疗的标准用药，以每千克体重0.3mg口服，每天一次，但部分患犬可能出现食欲减退、黑便、呕吐等上消化道出血的症状，需结合胃肠黏膜保护剂一起使用。另有研究指出，以体表面积5mg/m²剂量静脉注射米托蒽醌，每3周一次，同时以每千克体重0.3mg口服吡罗昔康，治疗效果最好。

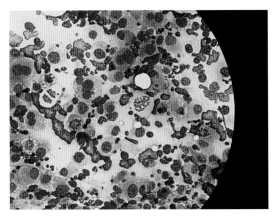

图35-8-1　膀胱肿瘤病例尿沉渣染色镜检（1）

可见大量红细胞、白细胞和上皮细胞，上皮细胞的细胞核染色质明显、多核仁，能发现明显的有丝分裂相，提示恶性肿瘤。

（Diff Quick 1 000×，广州百思动物医院）

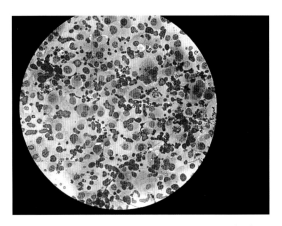

图35-8-2　膀胱肿瘤病例尿沉渣染色镜检（2）

可见大量上皮细胞，能发现多细胞核的上皮细胞，细胞核多核仁、染色质明显，能发现有丝分裂相，提示恶性肿瘤。

（Diff Quick 1 000×，广州百思动物医院）

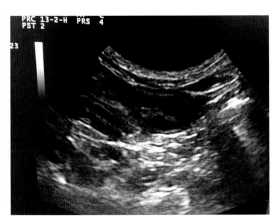

图35-8-3　膀胱息肉（1）

B超声像图显示：膀胱内壁有不规则形态的中等回声结构，无声影。

（广州百思动物医院）

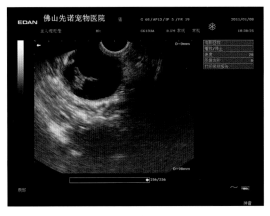

图35-8-4　膀胱息肉（2）

B超声像图显示：膀胱内壁有不规则形态的中等回声结构，无声影。

（佛山先诺宠物医院）

（罗倩怡　周庆国）

第三十六章
生殖系统疾病

生殖系统包括雌性动物的卵巢、子宫、乳腺、阴道、阴门和雄性动物的睾丸、阴茎、包皮、阴囊、前列腺等。临床上常见的生殖系统疾病有难产、子宫蓄脓、阴道增生与脱出、性器官肿瘤、隐睾、前列腺增生等，其中大部分疾病需要外科治疗。对于生殖系统疾病的诊断相对简单，但仍需进行全面的病史问诊、临床症状及体格检查，同时借助B型超声、X线、内窥镜等影像设备。同时，细胞学、血常规、血液生化、激素测定等实验室检查对于病情的判断和治疗有着不可替代的作用。目前我国与欧、美等宠物业发达的国家相比，对犬、猫实施绝育的比例相对较低，故其生殖系统疾病的发病率较欧、美等国家高，是犬、猫临床上是较常见的一大类疾病，而早期绝育则能降低甚至避免绝大多数生殖系统疾病的发生。

一、难产

（一）病因

难产是指分娩时胎儿不能顺利通过产道的一种常见产科疾病。当发生难产时需要进行紧急处理，若处理不当不但会引起母体繁殖能力下降甚至丧失，严重的还会引起母体和/或胎儿死亡。引起难产的原因包括母体的因素和/或胎儿的因素，由母体自身因素引起难产的常见原因包括子宫收缩乏力、子宫扭转、产道狭窄、阴道畸形等，与胎儿有关的因素包括胎位不正（正常分娩的胎位是胎儿头部和两前肢朝外以伏卧的姿势产出，或以尾部和两后肢朝外伏卧产出）、个体过大、畸胎和死胎等。据统计，引起犬、猫难产的最常见原因是子宫收缩乏力，其次是产道狭窄以及胎位不正。难产的发生与品种有一定的相关性，短头品种的较长嘴品种更容易发生难产，如波斯猫、斗牛犬难产发生率较其他品种高。

（二）症状

犬、猫的妊娠周期一般在58～65d，当妊娠期满但仍未有胎儿产出，并且出现以下任一症状时则意味着可能发生难产：①24h内直肠温度下降至37℃但仍未能分娩；②出现持续1～2h强烈的努责但仍未能分娩；③分娩时无努责动作持续时间大于4～6h；④分娩时微弱的宫缩时间持续1～2h；⑤宠物有鸣叫、舔咬外阴等明显的疼痛表现；⑥外阴有墨绿色或暗红色异常的分泌物流出，但没有胎儿娩出。

（三）诊断

根据临床症状能做出初步诊断。临床检查后，通过B型超声或X线检查能更准确地分析难产的程度及原因。临床检查内容包括询问雌性宠物的年龄、胎次、配种时间、既往繁殖史及雄性宠物的品种、体格大小等，以初步判断发生难产的可能性；检查雌性宠物的体温、呼吸及心率、精神状态、努责的频率及力度、乳腺的胀满程度（有无乳汁分泌）等；观察外阴分泌物的量和性状，出现黑色腐臭味的分泌物意味着胎儿已经死亡，表明难产已经发生。通过阴道检查以判断胎儿是否已经进入产道，胎位是否正常，是否会造成难产。大多数犬可以用食指进行阴道检查，但对于小型玩具品种的犬或猫，应该用尾指来检查。

腹部X线检查可以准确地确定胎儿的数量和位置，同时可以判断是否有死胎，死胎的X线表现为胎儿头骨断裂重叠，心脏、胃内有气体，死亡时间较长的胎儿可能会出现肺气肿，但如果是刚刚死亡的胎儿，X线影像无明显变化。此时可以用超声进行检查，B型超声可以观察到胎儿的心跳、胎动及最少数量，当胎儿数量过多时（超过4个），则难以做出准确判断（图14-4-29至图14-4-32）。

（四）治疗

应根据难产发生的原因选择适当的治疗方法，临床上主要有药物催产、人工助产以及剖腹产。对于已经出现分娩征兆，但宫缩努责无力且产检无产道及胎位异常的病例，可用催产素进行催产。但对于难产原因不确定的情况，要避免盲目使用催产素，以免造成子宫破裂等并发症。催产素的剂量为犬2～5IU，猫0.5～2IU，肌肉注射；若初次注射无效，可间隔30min再注射一次；如果连续使用3次催产素都无效，则应及时改变治疗方法。

静脉补充葡萄糖酸钙治疗宫缩无力的效果尚有争议，但临床上确实有些病例在使用催产素无效时，补钙却有很好的效果。犬的剂量为10%葡萄糖酸钙5～15mL，猫为2～5mL，缓慢静脉注射。在注射过程中应严密监护宠物的反应，特别是心率的变化。在使用催产素的同时，可以结合使用人工助产的方法，一手压在腹壁外根据宫缩节奏把胎儿往骨盆方向轻柔的推挤，同时将另一只手的手指伸入产道，拉住胎儿的头颈或四肢，配合宫缩节奏向外牵拉胎儿。在助产时如发现胎位不正，则应先首先纠正。

经检查证实为产道狭窄、子宫扭转、子宫颈口不开、胎位不正、胎儿过大、木乃伊胎等原因造成难产的病例，为保证母体和胎儿的安全，应尽早实施剖腹产（图36-1-1、图36-1-2）。术前应进行全面的身体检查，包括血常规、血液生化、血气、血压等。术前应纠正可能已存在的脱水状况。大多数麻醉药物易透过胎盘被胎儿吸收，为降低麻醉对胎儿的影响，应尽可能地缩短麻醉时间。麻醉前做好术部剃毛等各项术前准备工作，术前给母体吸氧可以降低手术过程中胎儿缺氧的情况发生。剖腹产的麻醉可选用硬膜外麻醉或全身麻醉，其中硬膜外麻醉是对胎儿影响最少的麻醉技术，在手术过程中应该使用面罩供氧，局部麻醉剂常用2%利多卡因和甲哌卡因，剂量为每千克体重0.2mL。全身麻醉常用舒泰或丙泊酚进行诱导，气管插管后用异氟烷维持麻醉。吸入麻醉的方法可以更好地控制麻醉深度，同时给氧，将麻醉对母体和胎儿的影响尽量降低。手术切口多选在脐后腹白线，也有选择左侧腹壁切口进行剖腹

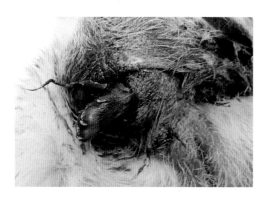

图36-1-1　犬难产（1）

母犬持续努责仅娩出胎儿一个前肢，胎头和另一前肢
未进产道，判断难产。

（佛山先诺宠物医院）

图36-1-2　犬难产（2）

立即施行剖腹产取出一个死胎，胎儿姿势为一前肢正常进入
产道，但胎头和另一前肢异常朝前。

（佛山先诺宠物医院）

产。手术中取出的胎儿应立刻交给助手进行处理，内容包括结扎和剪断脐带、擦干胎儿、吸
出胎儿口鼻中液体、刺激胎儿呼吸等。

二、子宫蓄脓

子宫蓄脓是母犬发情后期或产后多发的一种产科疾病，以子宫腔中蓄积大量脓性或黏脓
性液体、腹围逐渐增大、患犬饮水及排尿显著增多为特征。本病多发于5岁以上的较老年犬
猫，未经产的母犬比经产的母犬发病率相对较高，一些使用孕酮或雌激素进行治疗的年轻犬
猫也会发生本病，猫相对较少发生。

（一）病因

正常母犬发情排卵后的9～12周内黄体产生孕酮，在孕酮持续作用下，容易发生囊肿性
子宫内膜增生，子宫腺体分泌机能加强，使分泌物在子宫内蓄积增多；同时子宫的抗感染能
力降低，阴道正常菌群中的某些细菌极易造成子宫感染，尤其在子宫颈闭合不紧的病例。据
临床研究资料，从子宫蓄脓病例样本中最常分离到的细菌为大肠杆菌，还有葡萄球菌、链球
菌、假单胞菌、变形杆菌等其他细菌。由于猫为季节性多次发情及诱导排卵性动物，每个发
情周期仅14～21d，而且排卵与黄体形成需要交配刺激，所以猫的发病率很低。但当用孕酮
治疗猫的皮肤病时，会增加子宫蓄脓的风险。

本病也可继发于急、慢性子宫内膜炎或化脓性子宫内膜炎。

（二）症状

依子宫颈开放与否分闭锁型和开放型两种类型。突出症状为腹围逐渐增大，容易被误认
为妊娠（图36-2-1），患犬兴奋性和活动性降低，食欲有所减退，多饮、多尿，逐渐消瘦。
子宫颈开张的患犬，常从阴门排出少量黏脓性分泌物（图36-2-2），严重时还表现体温升
高、食欲废绝等症状。子宫颈闭锁的患犬，下腹部两侧对称性膨隆尤其显著，子宫若无感

图36-2-1 犬子宫蓄脓（1）

患犬下腹部两侧对称性膨隆。

（佛山先诺宠物医院）

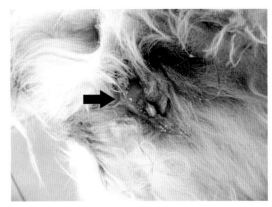

图36-2-2 犬子宫蓄脓（2）

从阴门排出少量黏脓性分泌物。

（佛山先诺宠物医院）

染，全身症状不明显或轻微。此外，闭锁型子宫蓄脓病例可能会出现呕吐、低血糖、肝肾功能障碍、贫血、心率失常、凝血障碍等并发症。

（三）诊断

依据宠物主人的描述和观察宠物膨隆的腹围，进行下腹部触诊可能触及子宫轮廓增大、异常膨胀，可做出初步诊断，然后通过X线摄片检查和B型超声检查对本病做出准确地诊断（图36-2-3、图36-2-4）。闭锁型子宫蓄脓血常规检查通常表现为伴有核左移的中性粒细胞增加，白细胞总数可高达100 000~200 000/μL，但开放型子宫蓄脓白细胞总数通常是正常的。注意与子宫蓄脓进行鉴别诊断的有妊娠、子宫积液、子宫扭转、子宫肿瘤、腹膜炎等。

（四）治疗

对于需要继续保留其繁殖能力的犬、猫，可采取药物治疗，促进子宫分泌物排出和子

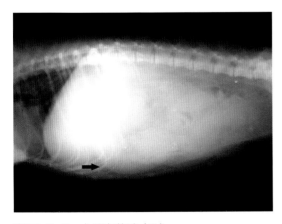

图36-2-3 犬子宫蓄脓（3）

侧卧位腹部X线片显示：腹底部有中等密度边缘光滑的子宫影像，肠管后上方移位。

（佛山先诺宠物医院）

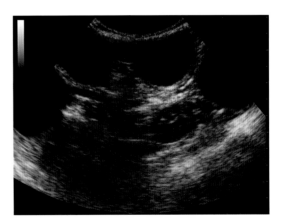

图36-2-4 犬子宫蓄脓（4）

B超声像图显示：耻骨前缘横断面扫查可见多个增大的圆形或椭圆形无回声至低回声区。

（佛山先诺宠物医院）

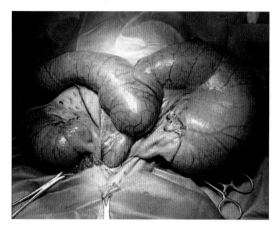

图36-2-5　犬子宫蓄脓（5）

腹中线切开腹壁后将膨大的子宫小心地移出腹腔，为防止在移出子宫的过程中造成子宫破裂，腹壁的切口应足够大。

（佛山先诺宠物医院）

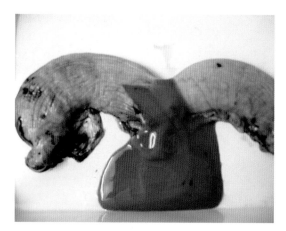

图36-2-6　犬子宫蓄脓（6）

将已切除的离体子宫壁切开，可见子宫内容物的通常性状和颜色。

（佛山先诺宠物医院）

宫复旧。肌肉注射天然前列腺素PGF$_{2\alpha}$可以引起黄体溶解、子宫平滑肌收缩和子宫颈松弛，从而促进子宫内容物排出，犬的剂量为每千克体重0.1~0.25mg，每天1次，连用3~5d；猫的剂量为每千克体重0.1mg，每天1~2次，连用3~5d。使用PGF$_{2\alpha}$后的常见副作用包括呼吸急促、坐立不安、里急后重、腹泻、流涎、呕吐、瞳孔散大、漏尿，一般在用药1h后可以恢复。人工合成的前列腺素类似物可引起休克甚至死亡。如果缺乏PGF$_{2\alpha}$，可一次肌肉注射苯甲酸雌二醇2~4mg，4~6h后，一次肌肉注射催产素5~10U。用药物治疗后应定期复查，如果外阴仍有脓性分泌物或子宫仍较膨胀，可以再次使用PGF$_{2\alpha}$进行治疗，但治疗效果会较差。通过治疗，宫颈开放病例中90%的犬和70%的猫可以继续繁殖生育，但70%的犬在2年后有可能复发。对于出现厌食、呕吐、发烧、抽搐等并发症的患犬，应进行补液、纠正电解质、抗菌消炎等相应处理。

对八岁以上或不用于繁殖的患病犬、猫，不建议使用PGF$_{2\alpha}$治疗，尤其用于闭锁型子宫蓄脓病例可能有造成子宫破裂的风险，所以建议施行卵巢子宫全切除术根治本病（图36-2-5、图36-2-6）。术前应纠正体液、电解质和酸碱失衡，对于已经出现内毒素血症或败血症的犬、猫，可静脉注射地塞米松（每千克体重4~6mg），配以多巴胺（每分钟每千克体重0.5~1.5μg）改善肾功能，使用呋塞米（每千克体重2~4mg）或甘露醇（每千克体重0.5~1.0mg）利尿。施行卵巢子宫全切除后，应给予止痛药，术后继续进行消炎补液治疗，直到患病犬、猫能正常采食为止。对低蛋白血症或贫血的病例，需静脉补充白蛋白或输血。如果子宫蓄脓病例没有发生腹膜炎、休克和败血症，则手术预后良好。

三、阴道增生与脱出

阴道增生是指阴道后部腹侧壁黏膜水肿、增生肥大，以致于阻塞阴道或向后脱垂于阴门外的一种常见疾病，多见于发情前期和发情期的年轻母犬。

（一）病因

母犬发情前期和发情期雌激素过度分泌，刺激阴道黏膜过度充血和水肿，阴道结缔组织连接弱化，从而向后脱垂于阴门外。在本病初期，这种增大并非阴道黏膜真正的增生，而是由于水肿引起增大，当雌激素水平恢复正常时，水肿往往会消退。但每当发情就发生的阴道黏膜水肿，也会伴有增生而增大，往往就难以恢复正常。本病可能与遗传有关，常发生于部分品种。

（二）症状

在母犬发情期间，容易看到白色或淡红色、表面光滑、质地较硬的球状肿大物阻塞于阴道内或脱垂于阴门外，因而导致交配困难（图36-3-1）。仔细观察，肿大物起源于尿道口前部组织（图36-3-2）。本病多见于第1~2次发情时，进入间情期后肿大物往往退缩。多次复发脱出的阴道壁组织往往有增生但松弛，质地不如初发时显得饱满，发情期结束也难以完全退缩（图36-3-3、图36-3-4）。

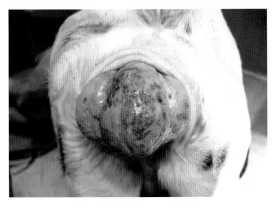

图36-3-1 犬阴道增生与脱出（1）

发情期有淡红色、表面光滑、质地较硬的球状肿大增生物阻塞并脱垂于阴门外。

（佛山先诺宠物医院）

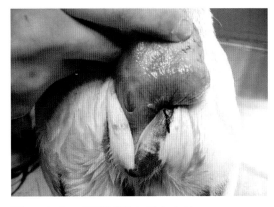

图36-3-2 犬阴道增生与脱出（2）

向上提起肿大增生物见尿道口在其下方，显示肿大增生物起源于尿道口前部。

（佛山先诺宠物医院）

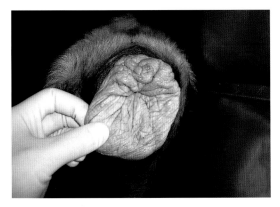

图36-3-3 犬阴道增生与脱出（3）

多次脱出的阴道壁组织松弛，黏膜轻度角质化。

（佛山先诺宠物医院）

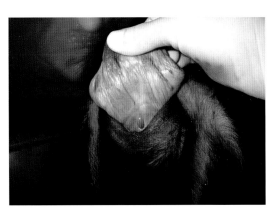

图36-3-4 犬阴道增生与脱出（4）

提起增生的阴道壁组织可见下面尿道口。

（佛山先诺宠物医院）

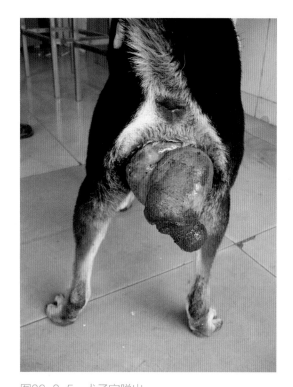

图36-3-5 犬子宫脱出

后方观察脱出物见子宫颈和双侧子宫角。

（华南农大动物医院）

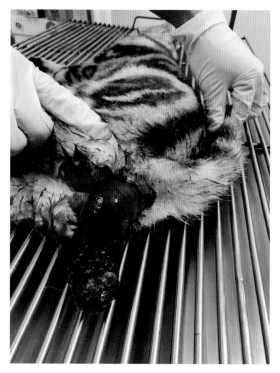

图36-3-6 猫子宫脱出

母猫产出4个仔猫后发生子宫脱出。

（佛山先诺宠物医院）

（三）诊断

依据阴道肿大增生物特定的发生时间与发生部位，容易做出诊断。取阴道增生物黏膜检查，可以观察黏膜表面有大量角化细胞和复层鳞状细胞。需要注意的是，本病容易被误诊为阴道肿瘤，后者发生的时间、部位及其外形不固定，因良性或恶性则发展速度有别，通过细胞学检查可以确诊。此外，也需要和子宫脱出进行区别，观察后者可见肛门下方从阴门脱出的子宫角，甚至脱出的子宫颈（图36-3-5、图36-3-6）。

（四）治疗

发情期过后阴道肿大增生物仍未退缩时，可按每千克体重2~3mg投服醋酸甲地孕酮，或肌肉注射黄体酮2~5mg，每天1次，连用5~6d，以促进阴道肿大增生物退缩。对长期脱垂于阴门外的肿大增生物，最好施行手术切除。基本方法为全身麻醉，用0.05%~0.1%新洁而灭或雷佛诺尔溶液清洗阴道及肿大增生物，环绕其基部（尿道口前部）进行无菌切除，然后用可吸收缝线（如PGA缝线）将创缘全层连续缝合（图36-3-7、图36-3-8）。为避免手术中损伤尿道，应事先放置导尿管以增加尿道手感。为预防术部感染，术后用0.05%~0.1%新洁而灭或雷佛诺尔溶液清洗阴道，每天1~2次，连续3~5d，一般不需要给予抗生素。对不再用于繁殖的患犬，可施行卵巢子宫切除术以预防本病复发。

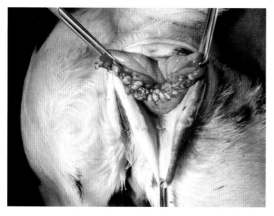

图36-3-7　犬阴道增生与脱出（1）

环绕肿大增生物基部进行无菌切除，然后用可吸收缝线将创缘全层连续缝合。

（佛山先诺宠物医院）

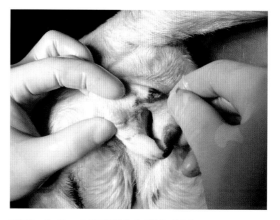

图36-3-8　犬阴道增生与脱出（2）

局部清洗后松开牵拉的器械，创面回到阴道内。

（佛山先诺宠物医院）

四、转移性性器官肿瘤

转移性性器官肿瘤（TVT）是一种主要侵害公犬和母犬外生殖器的自发性肿瘤。本病呈世界性分布，但在温带地区尤为多见，流浪犬或自由交配的犬的发病率较家养宠物犬高，好发于2~5岁的年轻犬，与品种无关。

（一）病因

肿瘤细胞来源不明，主要通过交配接种生长在犬的外生殖器官。肿瘤细胞还会通过犬只间的交配、舔咬等直接接触方式转移到邻近的皮肤、口腔、鼻腔、眼结膜处，黏膜损伤使得肿瘤细胞的传播更加容易。

（二）症状

患犬在交配后一段时间或产后子宫复旧后不久，包皮下或阴门肿胀且排出带血的恶心腥臭味分泌物。因肿瘤大小不同，阴茎或阴门处可表现不同程度的肿胀。公犬的肿瘤一般长在包皮下、龟头、尿道球腺等部位，母犬的肿瘤主要生长在阴道前庭，初期为浅粉色或红色的1~3mm的损害，逐渐长大后相互融合生长，小的如绿豆，大的可以长到10cm，瘤体呈鲜红色菜花状，质地脆弱，易于碎裂和出血（图36-4-1、图36-4-2）。在肿瘤发生早期，瘤体较小或出血少不易发现；但随着体积增大，瘤体可暴露于包皮或阴门外，因表面损伤极易继发细菌感染，多伴有恶心的腥臭味。肿瘤大量增生时，可引起阴门外翻、膨胀，导致母犬生殖道严重狭窄。

（三）诊断

依据临床症状和肿瘤形态可以做出初步诊断，目前常通过细胞学检查确诊本病。宠物临床多采用细针抽吸或肿瘤直接压片的方法制作涂片，制作好的涂片可用HE染色、瑞氏染色

图36-4-1　公犬转移性性器官肿瘤

翻开包皮后见阴茎表面长有2个大小不同的肿瘤，色红，质脆，易于碎裂和出血。

（佛山先诺宠物医院）

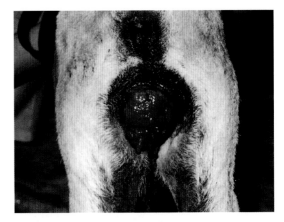

图36-4-2　母犬转移性性器官肿瘤

从阴门暴露出大小不一的菜花状瘤体，色红，质脆，易于碎裂和出血。

（佛山先诺宠物医院）

或Diff-Quick快速染色的方法进行染色。TVT细胞有特征性的形态表现：细胞呈圆形或椭圆形，胞质丰富呈淡蓝色，细胞核多偏位于细胞一侧，通常可观察到有丝分裂相，或被染色质环绕的单个或多个核仁，最特征性的表现是胞质内有数量不一的透明空泡（图36-4-3）。病理学诊断中的染色体组型分析是诊断本病最准确的方法，正常犬有78个染色体，而肿瘤细胞染色体为59±5个。

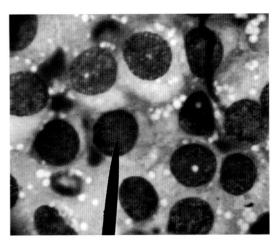

图36-4-3　TVT触片细胞学检查

细胞核呈圆形或椭圆形多偏位于细胞一侧，胞质丰富呈淡蓝色，胞质内有数量不一的透明空泡。

（华南农大动物医院）

（四）治疗

本病最简单、最有效的治疗方法是使用硫酸长春新碱，按每千克体重0.025mg或每平方体表面积0.5~0.7mg静脉缓慢注射，每周1次，一般用药2~3次，可使肿瘤明显萎缩和消失。据有关资料，对于发病不超过一年尚处在TVT早期阶段的病例，无论肿瘤是否已发生转移，采取化疗的治愈率可达100%。对于病程更长的病例，治疗周期会相应延长，治愈率也会降低。长春新碱是一种细胞生长抑制剂，会造成骨髓抑制，并有较明显的胃肠道副作用，用长春新碱治疗TVT中，有5%~7%的病例可能会出现白细胞减少和呕吐，极少数病例会发生外周神经病变而出现轻瘫症状。进行化疗前及化疗中应进行血常规检查，当白细胞总数偏低时可暂停化疗至白细胞恢复正常（一般需要3~7d），同时长春新碱的用量应比初始用量减少25%。静脉注射长春新碱时应防止药物漏出血管外，避免对注射部位皮肤造成刺激和坏死。对长春新碱有耐药性的病例可以使用阿霉素治疗，按每平方体表面积30mg静脉注射，每21d给药1次，连用3次。又据有关资料，长春新碱可能会导致公犬精子质量下降，影响种犬繁殖能力，因此对种犬TVT应慎用长春新碱，或施行手术切除。

手术切除也是常用的治疗方法,尤其在缺乏长春新碱的情况下可使患犬立即得到治疗。从手术实际效果看,无论公犬还是母犬发生TVT,若切除彻底均很少复发。临床上接诊一些所谓的复发病例,经局部检查和判断,估计与之前手术切除不彻底有关。施行切除手术时,犬全身麻醉,对于公犬需翻开包皮,可用0.1%高锰酸钾溶液、0.1%新洁尔灭或0.1%雷佛诺尔溶液等清洗包皮囊,在阴茎根部安置止血带预防出血,然后将瘤体剪除或切除干净,再用可吸收缝线(如PGA)连续缝合阴茎创口。对于母犬,同样用上述消毒液彻底清洗阴道和瘤体,若肿瘤距阴门较近,用手术剪连带少许健康组织剪除肿瘤(图36-4-4至图36-4-7);若肿瘤距阴门较远或浸润面积较大,可行阴门侧壁切开以充分显露瘤体,然后连带少许健康组织剪除肿瘤。为减少组织出血,可用高频电刀切割,也可用可吸收缝线及时缝合创缘止血。将肿瘤切除干净后,应将阴道内黏膜创缘完整缝合,有利于阴道壁愈合后光滑平整。术后5~7d内,需用上述消毒液冲洗包皮囊或阴道,预防创部感染。需要特别指出,剪除母犬阴道下部肿瘤时应避免损伤尿道,可事先放置导尿管于尿道中进行识别,如此既能避免损伤尿道,也可避免将尿道与创缘创面缝在一起,否则手术后会发现重大失误,而不得不拆除缝线进行补救。

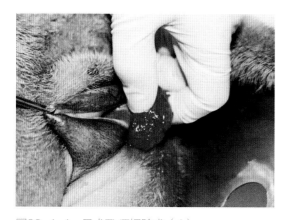

图36-4-4　母犬TVT切除术(1)

阴道内的瘤体呈菜花状,鲜红色。

(佛山先诺宠物医院)

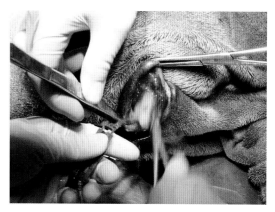

图36-4-5　母犬TVT切除术(2)

用0.1%新洁尔灭溶液冲洗阴道及瘤体。

(佛山先诺宠物医院)

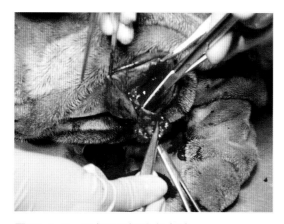

图36-4-6　母犬TVT切除术(3)

剪除瘤体时连带阴道壁少许健康组织。

(佛山先诺宠物医院)

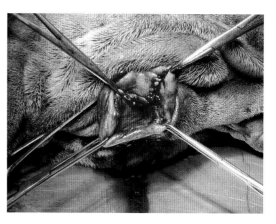

图36-4-7　母犬TVT切除术(4)

用可吸收缝线连续缝合阴道黏膜创缘。

(佛山先诺宠物医院)

五、隐睾

公犬出生后一般在8周龄或通常不超过6个月龄，睾丸下降至阴囊内。如果出生6个月后，一侧或两侧睾丸未能正常地下降到阴囊内，而是位于腹股沟皮下或腹腔内，称为隐睾症。

（一）病因

不十分清楚，但有明显的遗传倾向性。据有关资料，部分纯种犬多发，发病率在0.8%～10%。

（二）症状

常见公犬一侧隐睾，双侧隐睾比较少见。在患犬后方或将其仰卧保定后观察，阴囊患侧塌陷、皮肤松软，阴囊健侧偏大，左右明显不对称。触之阴囊患侧空虚，在腹股沟处可能触摸到未下降到阴囊内的睾丸；若隐睾位于腹腔内，则自然无法触摸到。隐睾病犬还可能出现雌性化，表现对称性脱毛、皮肤色素沉着或形成色素斑。

（三）诊断

阴囊触诊是确定本病的初步方法，如手感阴囊患侧空虚，且在腹股沟管皮下触摸到异位睾丸，即可确诊。有些病例的睾丸体积太小或隐藏于腹腔内难以触及，采用B型超声波检查具有很高的准确度，简单易行（图36-5-1、图36-5-2）。李静等（2014）报道了犬隐睾的B超检查方法：取仰卧位保定，对其腹部剪毛、剃毛、整理，充分暴露皮肤，涂抹适量耦合剂。右手持6.5MHz扇形探头，分别从两侧腹股沟区域，由尾侧向胸侧依次扫描，直至两侧肾脏后极，包括膀胱周围盆腔（建议向膀胱内注入适量的37℃的生理盐水使其充盈，有效推开占据盆腔的肠管，减少腹腔内肠气的干扰）。绝大多数的隐睾呈卵圆形、较正常睾丸体积小，与正常睾丸声像图相似或呈较低回声，其回声可能不够均匀。若发现隐睾呈强回声均

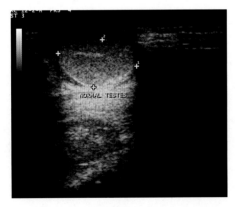

图36-5-1 犬睾丸B超影像

B超声像图显示：正常睾丸被膜完整，实质为中等回声、均质、结构清晰的颗粒，中央纵隔呈强回声光条。

（华南农大动物医院）

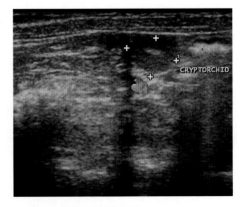

图36-5-2 犬隐睾B超影像

B超声像图显示：隐睾被膜回声不够连续，中间实质呈中低回声。

（华南农大动物医院）

匀或不均匀肿块，可能存在隐睾癌变。

注意在腹股沟区域可能出现的腹股沟疝或肿大的淋巴结，由于隐睾通常萎缩体小，所以根据问诊、视诊、触诊等一般检查结果和各自的B超声像图特点等容易区别。

（四）治疗

由于本病具有遗传性，患犬生精能力下降，不适合种用；且异位睾丸长期处于体温较高的体内，患精原细胞瘤和滋养细胞瘤的机会高，所以常同时施行隐睾摘除术和去势术（图36-5-3至图36-5-6）。

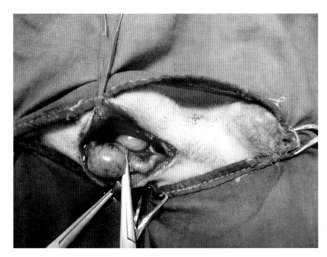

图36-5-3　犬隐睾切除术（1）

隐睾位于腹股沟皮下，切开皮肤后显露出。

（佛山先诺宠物医院）

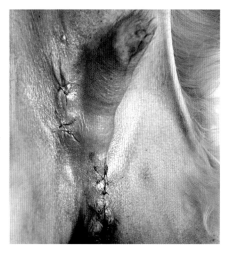

图36-5-4　犬隐睾切除术（2）

摘除隐睾，并于阴囊前摘除另侧睾丸。

（佛山先诺宠物医院）

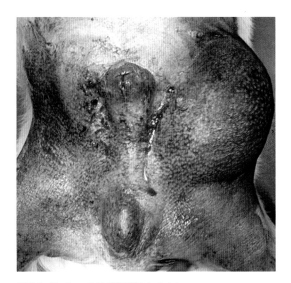

图36-5-5　犬单侧隐睾症（1）

阴囊健侧大小正常，患侧阴囊塌陷，而腹股沟处可见显著肿大。

（华南农大动物医院）

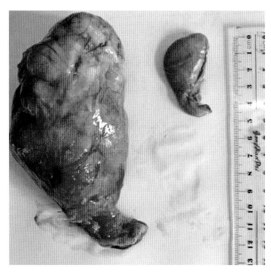

图36-5-6　犬单侧隐睾症（2）

手术切除已发生瘤样变的隐睾，较正常睾丸增大数倍。

（华南农大动物医院）

六、前列腺肥大

前列腺肥大又称为前列腺增生，一般是指良性前列腺细胞体积增大和细胞数量增加，主要发生于未去势的老年犬，但猫不随年龄的增长出现前列腺增生。

（一）病因

前列腺肥大是因雄性激素失调所引起的老年犬前列腺最常见的疾病。据有关资料，6岁以上的犬大约60%存在不同程度的前列腺增生，但通常不表现临床症状。

（二）症状

患有前列腺肥大的犬只，一般不见异常。当增生肥大的前列腺对直肠和膀胱颈造成压迫时，即出现不同程度的里急后重和尿淋漓症状，严重的病例出现血尿，或由于排粪、排尿困难，动物可出现排便疼痛、行走缓慢以及食欲减退等表现。进行后腹部触诊或直肠指检，可触知前列腺增大、平滑，一般没有痛感。

（三）诊断

通过直肠触摸前列腺或后上腹部触诊前列腺是诊断前列腺异常的简单方法。X线常规摄片或B型超声检查是诊断前列腺肥大的可靠方法。对患犬行侧卧位X线摄片，可能会显示出位于盆腔内和耻骨前缘附近的前列腺密度增加，轮廓增大（图36-6-1）。B超声像图上可见前列腺实质回声区增大、增强（图36-6-2）。

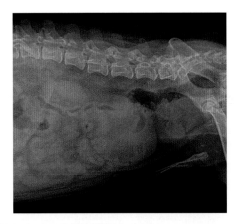

图36-6-1　犬前列腺肥大（1）

侧卧位腹部X线片显示：膀胱后部有一中等密度的团块影像，即为肥大的前列腺。

（华南农大动物医院）

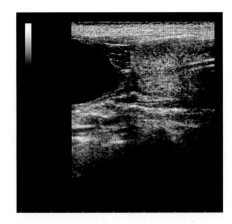

图36-6-2　犬前列腺肥大（2）

B超声像图显示：膀胱后方有一边界清楚的实质性回声影像，即为肥大的前列腺。

（华南农大动物医院）

（四）治疗

本病最有效、最简单的治疗方法是施行阉割术，多数病犬会在阉割后2个月内前列腺体积缩小，原先的症状得到改善或消除。但若犬主选择保守疗法，可用雌激素促进前列腺萎缩和减轻症状，如肌肉注射苯甲酸雌二醇每次0.2～1mg，每3d 1次，但实际效果有时并不理想，并且会有影响繁殖力等副作用。对本病引起的便秘，需要经常饲喂具有轻泻作用的食物。

（周庆国　陈义洲）

第三十七章
心脏疾病

心脏病在小动物临床中越来越多见，疾病种类也不少。本章简单叙述临床上最常见的猫肥厚性心肌病和犬获得性瓣膜性心脏病。在获得猫肥厚性心肌病的诊断之前，猫往往都是呼吸急促（出现肺水肿或者胸膜腔积液）或者出现动脉血栓而就诊，此时的检查对猫来说可能是致命的，务必减少猫的应激，与宠物主人沟通好。犬获得性瓣膜性心脏病在小型老年犬常见，常见的是主人看到犬运动不耐受、夜咳、呼吸加快等症状时才带来就诊，很多已经进入充血性心衰竭的阶段。看好心脏病需要良好的系统性学习，包括心脏的解剖、生理、病理生理、药理等。心脏病的诊治流程为病史→理学检查→心脏听诊→血压测量→X线检查→心电图检查→彩超检查→诊断结果→治疗用药，病史调查、理学检查、心脏听诊和血压测量可获得心脏疾病的初步诊断，心电图检查、X线检查和彩超检查为确诊心脏疾病提供了可靠依据。

一、猫肥厚性心肌病

猫肥厚性心肌病是猫最常见的心脏病，特点为左心室向心性肥厚，包括乳突肌和心室壁的局灶性或全部增厚。

（一）病因

大多数病例病因不明，但已知某些品种有遗传倾向，认为是以家族性常染色体显性遗传形式传递，如缅因猫、挪威森林猫、波斯猫、布偶猫、苏格兰折耳猫、英国短毛猫、美国短毛猫等。

（二）症状

多数患有心肌病的猫，早期猫主并不能发现有症状，直到患猫出现心衰或出现并发症时才被发现。突然呼吸急促或突然双后肢瘫痪是最常见的猫主带猫就诊的原因，通常都是出现肺水肿或者胸膜腔积液、动脉血栓。然而，有时可见到因为食欲下降而就诊的。动脉血栓的发生可能出现在任何一个肢体，较常见双后肢，触摸患肢肢体冰冷、无脉搏，脚垫颜色变白、变紫（图37-1-1）。血栓发生早期，患猫会感觉到非常疼痛，但后期肢体会出现干性坏死。若患肢血流可以恢复，需要注意再灌流综合症，可能出现高血钾。

（三）诊断

对于呼吸窘迫的猫一定要小心处理，避免应激促使症状加重。肺水肿时呼吸急促，听诊肺音可闻湿啰音。胸腔积液时患猫吸气困难，听诊时呼吸音减弱或听不见。如做X线检查，需待患猫情况稳定后，切勿急于拍片而忽略患猫呼吸窘迫的状态。

听诊有时可闻及心杂音，但是猫的心杂音有时为动态性的心杂音，心率快的时候可听见，心率慢的时候听不见。肥厚性心肌病时通常由于收缩期二尖瓣前叶向前运动，而出现动态性的心杂音。然而，有些猫是因为右心流出道阻塞而出现的动态性心杂音，在正常猫也会出现。所以，在听到猫的心杂音时，不代表一定有心脏病，没有听到心杂音时，也不代表一定没有心脏病，这是值得注意的。但是听到心杂音时，都建议进行更进一步的检查。

拍摄胸部X光片以分辨是否有肺水肿或胸膜腔积液，然后对症处理。若是没有这些并发症时，可能可以看到肥厚性心肌病的猫出现典型的"爱心型"心脏轮廓（图37-1-2、图37-1-3），肺部血管怒张，但心脏大小也可能正常。

心脏超声检查可见左心房增大，在心脏超声右侧胸骨旁短轴切面，可见左心房与主动脉比大于1.5（图37-1-4），心中隔或/及左心室游离壁和乳突肌增厚；舒张期时左心室壁或室间隔厚度大于6mm，则可认为有肥厚性心肌病。心脏收缩功能正常。

（四）治疗

对于胸膜腔积液的患猫，及时进行胸膜腔穿刺抽出积液，积液应该是漏出液或改良性漏出液，偶见乳糜液；若是渗出液，进行细胞学检查可见其他异常细胞，需做其他鉴别诊断。

肺水肿的猫一般病情严重，首先要稳定病情，吸氧和减少应激是必须的。对于情绪不稳定的猫，可按每千克体重0.1～0.2mg给予少量的布托菲诺，肌肉或静脉注射。一旦确定有肺水肿，医师需反应及时，按每千克体重2mg肌肉注射呋塞米，之后判断能否在避免或减少

图37-1-1　猫肥厚性心肌病（1）

前后肢脚垫均有发生血栓阻塞而变紫。

（成都华茜动物医院）

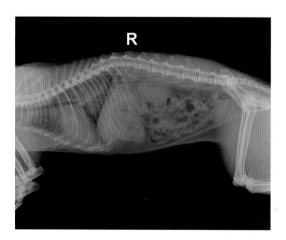

图37-1-2　猫肥厚性心肌病（2）

典型的"爱心型"心脏轮廓，肺水肿。

（成都华茜动物医院）

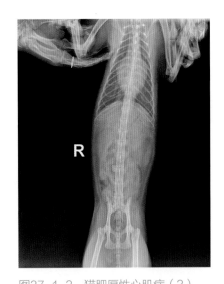

图37-1-3　猫肥厚性心肌病（3）

典型的"爱心型"心脏轮廓，肺轻度水肿。

（成都华莴动物医院）

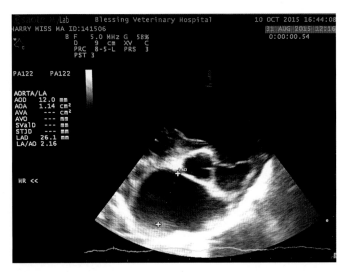

图37-1-4　猫肥厚性心肌病（4）

心脏超声右侧胸骨旁短轴切面示左心房与主动脉比大于1.5，提示左心房增大。

（广州百思动物医院）

应激的前提下装置静脉留置针。建立静脉通道后，可按每千克体重1mg静脉给予呋塞米，之后用少量5%葡萄糖溶液冲管，再每半小时评估一次呼吸频率，如果呼吸频率依然很快，就继续以同样的剂量注射呋塞米。如此操作4～6次后，呼吸状态应该会有明显改善。之后可考虑每1～2h评估一次和给予一次呋塞米，待病情更加稳定后可4～6h一次。

有动脉血栓的患猫，可按每千克体重100～200IU尝试静脉给予肝素，接着每6～8h按每千克体重50～100IU皮下注射，但注意此剂量可能使APTT延长至原来的1.5～2倍，因此出血为主要的并发症，需严密监控患猫的凝血状态。为预防更多栓子的形成，理论上可以使用阿司匹林，在猫比较安全的剂量是：每2～3d按每千克体重口服25mg。实际上一旦出现动脉血栓，预后不良，因为血栓很容易再次形成。

对于肥厚性心肌病的猫，日常的管理用药为每千克体重1mg呋塞米口服，每天2～3次。若无低血压或血压在正常范围时，可使用瑞普（天津）公司的贝欣宁（宠物专用：盐酸贝那普利咀嚼片，5mg/片）。氯吡格雷（75mg/片）作为血小板聚集抑制剂可预防血栓，每次口服给予1/4片，每天1次，用于左心房明显增大的患猫。患猫若有明显高血压，可给予氨氯地平；若出现心律失常或心动过速，需要根据心电图的提示选择抗心律失常药。

建议猫主给患猫改喂猫粮，最好以低钠处方粮为主，但是很多患猫都难以改变饮食习惯。另外还建议猫主在家里给患猫吸氧，提示猫主特别注意患猫静息时每分钟的呼吸次数并记录下来，以便带猫就诊时告诉给医生参考。

二、犬获得性瓣膜闭锁不全

获得性瓣膜闭锁不全是犬最常见的慢性心脏疾病，主要表现为二尖瓣黏液性退化，心缩期的左心室血液逆流入左心房的病理现象。本病以中年至老年的小型犬多发，发病率随年龄增加而升高，且雄性多于雌性。

（一）病因

不很清楚。某些品种犬如骑士查理士王小猎犬、贵宾犬、吉娃娃犬、可卡犬和约克夏犬等较多发生，可能存在着遗传特性。

（二）症状

在疾病早期，临床症状并不明显。随着疾病发展，可听到收缩期心杂音和心律不齐，呼吸加深、加快及咳嗽，运动不耐受，严重时发生晕厥，偶发猝死。

（三）诊断

X线检查常发现左心房及左心室扩张，肺纹理增粗，心衰的患犬肺间质密度增加，可见非血管性线状纹理，或出现空气支气管征。超声心动图显示瓣膜增大、增厚、形状不规则，出现腱索断裂或房室瓣脱入心房，二尖瓣或三尖瓣逆流，血流紊乱（图37-2-1、图37-2-2）。轻症患犬心电图常为正常窦性心律或窦性心律失常，病情严重时出现房性心律失常及房性期前收缩，心脏缺氧时引起室性心律失常。

（四）治疗

在胸部X线检查时发现心源性肺水肿就应进行治疗。在充血性心衰早期，可使用瑞普（天津）公司的贝欣宁（宠物专用：盐酸贝那普利咀嚼片，5mg/片），也可联合应用利尿剂如呋塞米。在出现心房纤颤或严重的室上性心律失常时，可应用洋地黄类药物纠正或缓解。在发生急性或严重的充血性心衰时，可及时输氧和使用硝酸甘油软膏，并配合以上药物联合治疗。

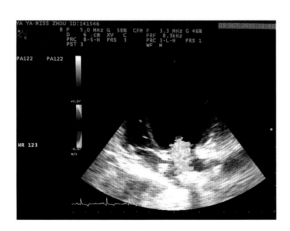

图37-2-1　犬获得性瓣膜闭锁不全（1）

左胸骨旁四腔心切面超声心动图示二尖瓣逆流，血流紊乱。

（广州百思动物医院）

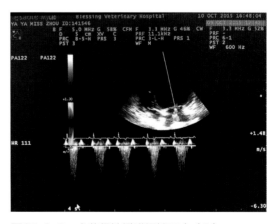

图37-2-2　犬获得性瓣膜闭锁不全（2）

左胸骨旁四腔心切面超声心动图示二尖瓣逆流。

（广州百思动物医院）

若治疗用到洋地黄类药物时，应及时或定期进行心电图及血药浓度监测，避免发生中毒。对出现心力衰竭的患犬应限制钠摄入，若能饲喂法国皇家宠物心脏病处方食品（EC26）更好，有利于维持心肌细胞功能和增强心脏收缩性。

（罗倩怡　李发志）

第三十八章
营养代谢异常

营养代谢异常包括营养紊乱性疾病和代谢紊乱性疾病。佝偻病主要是动物幼年时，机体缺乏吸收钙的维生素D，或者缺乏钙和磷，或者钙磷的比例失调导致骨的发育不良和变形。该病问诊的时候尤为重要，要详细询问饲喂的情况、食品的种类。引起高脂血症的原因很多，应针对代谢紊乱的原发病进行治疗；高脂血症也会造成很多问题，应控制高脂血症。脂肪肝在肥胖的猫饥饿后常见，治疗时要尽快提供足够的热量，减少继续分解脂肪；同时尽量寻找引起脂肪肝的原发病因，才能消除病因。糖尿病的诊断需要注意应激性的高血糖，治疗时要注意血糖的控制，尽量避免低血糖的出现，长期的病患要留意有无其他并发症的发生。

一、佝偻病

佝偻病是生长期的幼犬由于维生素D及钙、磷缺乏或食物中钙、磷比例失调所引发的一种骨营养不良性代谢病，以生长骨钙化作用不足、伴有持久性软骨肥大与骨骺增大为特征。

（一）病因

犬、猫摄取的维生素D及钙、磷绝对量不足，如紫外线照射不足、摄入过多的钙或磷而致两者比例不当等，从而引起骨发育不良和变形。

（二）症状

以幼龄犬多见，两前肢弯曲呈O形，腕关节粗大，两后肢多呈八字形叉开站立（图38-1-1）；肋与肋软骨交界处有"串珠状"结节；严重时脊柱弯曲，面骨变形，行动障碍，卧地不起（图38-1-2）。患犬精神沉郁，被毛粗乱，生长发育停滞，食欲不振，有嗜食异物的表现。

（三）诊断

1. 血液检查显示　血清钙浓度正常或轻度降低；血清磷浓度正常、轻度降低（食物中磷不足）或轻度升高（食物中磷过剩）；血清碱性磷酸酶活性升高。

2. X线检查显示　骨质密度降低，桡、尺骨弯曲变形，其远端及肋骨胸端干骺端呈杯口状增宽，边缘不整，骺板增宽。

图38-1-1 犬佝偻病（1）

两前肢弯曲变形，呈O形站立。

（周庆国）

图38-1-2 犬佝偻病（2）

两前肢与脊柱异常弯曲变形。

（刘芳）

（四）治疗

如主要食物含有动物肌肉、肝脏或其他脏器时，一般为高磷低钙现象，应以添加钙制剂为主，如葡萄糖酸钙、乳酸钙等；同时每天补充维生素D$_3$ 50～100IU。注意如果补充维生素D$_3$过剩，可引起肺或肾血管中钙盐沉积，禁止反复应用。

二、犬高脂血症

高脂血症是指血浆脂质浓度超过正常范围，一般包括高三酰甘油血症和高胆固醇血症，但以前者最为重要。临床上以肝脂肪浸润、血脂升高与血液外观异常为特征。

（一）病因

脂蛋白代谢异常，即脂蛋白合成增加或降解减少而引起。原发性高脂血症为机体自发所致，可能与家族遗传有关。继发性高脂血症多由内分泌异常或代谢性疾病所引起，常见于胰腺炎、糖尿病、胆汁淤积、甲状腺机能减退、肾上腺皮质机能亢进、肾病综合征、高脂饮食等。

（二）症状

患病轻的宠物可能不表现临床异常，严重病例可能出现精神沉郁、营养不良、食欲废绝、虚弱无力，偶见呕吐、腹泻，触诊有位置不定的腹痛；有的病例可能表现烦躁不安或抽搐等。继发性高脂血症因原发病性质不同，还表现与原发病相关的症状。

（三）诊断

进行血清浊度观察、测定血清三酰甘油及胆固醇浓度是诊断本病的常用方法。正常情况下血浆或血清为淡黄色，犬猫饥饿12h后血浆或血清呈乳白色（图38-2-1、图38-2-2），或

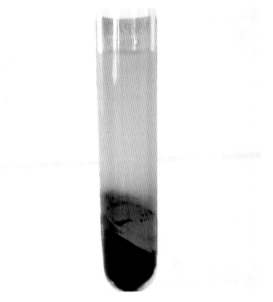

图38-2-1　犬高脂血症血液（1）

抗凝血离心后呈雾状不透明。

（潘丹丹）

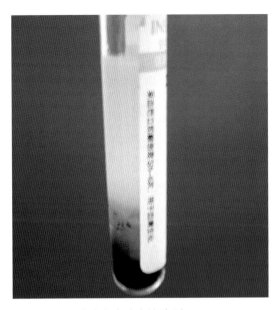

图38-2-2　犬高脂血症血液（2）

血浆在蓝色背景下呈乳汁样。

（潘丹丹）

测定血清三酰甘油和胆固醇浓度，犬分别超过1.65mmol/L和7.8mmol/L，猫分别超过1.1mmol/L和5.2mmol/L，即可做出诊断。同时，血清胆红素、总蛋白、白蛋白、钙、磷和血糖浓度假性升高，血清钠、钾、淀粉酶浓度假性降低。

（四）治疗

改进饲养习惯和食物构成，以饲喂低脂肪食物为主，如法国皇家宠物低脂易消化处方食品（LF22）或控制体重处方食品（DIABETIC30），前者具有低脂、低纤维及易消化特点，后者具有限制脂肪组织形成的作用。对于继发性高脂血症，应针对代谢紊乱的原发病进行治疗。注重对原发病的监测和治疗，是维持本病疗效的必要措施。原发性高脂血症一般需要终身监测和治疗。

三、猫脂肪肝

脂肪肝是猫常见的肝脏疾病，其特征为80%的肝细胞内有三酰甘油或中性脂质的蓄积，通常伴随于过长时间厌食之后发生，且肥胖猫好发。

（一）病因

猫需要蛋白质含量较高的饮食，当猫厌食时会加速蛋白热量性营养不良，蛋白质摄入不足可能导致转运蛋白缺乏，而转运蛋白是肝细胞合成三酰甘油所必需的。食物中糖类的量少于维持量时，会刺激脂肪酸的动员，由于脂肪酸不能在肝脏中被完全氧化，故增加了脂肪的沉积。

任何造成猫厌食的原因都可能引起脂肪肝的发生，可能是应激性厌食或疾病引起的厌食。常见的原因有：与宠物主人的分离、居住环境的突然改变、胰腺炎、胆管性肝炎、胆道阻塞、炎症性肠病、糖尿病等。

（二）症状

病猫通常表现为最近一段时间的渐进性厌食，并且在厌食前比较肥胖。临床见病猫全身皮肤或黏膜黄染（图38-3-1），间歇性呕吐，脱水，体重正常或降低。若继发肝性脑病，可能出现精神沉郁和流涎。若继发胰腺炎时，患猫急剧消瘦。

（三）诊断

血清生化检查为最常见的诊断手段，病猫TBIL明显升高，ALKP高达正常值上限2~3倍以上，ALT、AST正常或轻度升高，白蛋白和总蛋白降低。测定餐前餐后的胆汁酸，对于判断是否存在着肝功能下降非常重要。

本病的确诊也可进行肝脏细胞学或组织病理学检查。临床上可在超声引导下对肝脏进行细针抽吸，然后做细胞学检查，可看到大部分肝细胞内呈现空泡化的脂肪滴。也可在超声引导下穿刺胆囊，抽取胆汁后做细菌学检查（图38-3-2）。进行肝胆穿刺时应先检查血凝情况，若凝血不良应予以避免。有肝性脑病时应慎重选择镇静剂及麻醉剂，病猫对此类药物极为敏感。

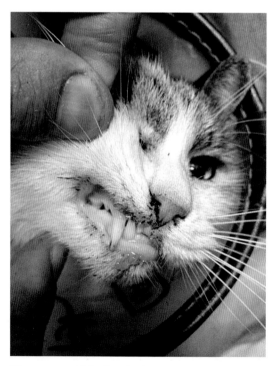

图38-3-1　猫脂肪肝（1）

口轻黏膜和齿龈显著黄染。

（广州Dr.Yan猫专科医院）

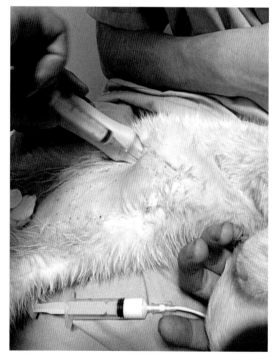

图38-3-2　猫脂肪肝（2）

用丙泊酚镇静，在B超引导下做胆囊穿刺，可见腹侧壁皮肤显著黄染。

（广州Dr.Yan猫专科医院）

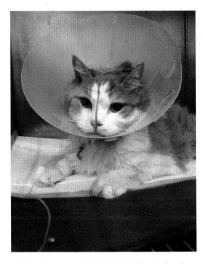

图38-3-3 猫脂肪肝的治疗（1）

给患猫装置鼻饲管后。

（广州百思动物医院）

图38-3-4 猫脂肪肝的治疗（2）

给患猫装置食道饲管后。

（广州Dr.Yan猫专科医院）

（四）治疗

治疗要点是给予充足的热量和蛋白质，目标是每日每千克体重60～80kcal热量及3～4g蛋白质，但常因为呕吐的原因而无法达到这些标准，所以应选择高热量的泥状或液状食物，如希尔斯处方食品a/d或i/d，或将幼、母猫的干饲料以果汁机或磨豆机打成粉状，于喂食前再与温水调成泥状，经口喂食或经鼻饲管、食道饲管喂食（图38-3-3、图38-3-4）。但刚开始喂食时需从少量逐渐增加到目标量，防止再喂饲综合症的发生。

脂肪肝的患猫通常伴有呕吐，但治疗却需要足够的热量和蛋白质的摄取，所以需要给予止吐剂控制呕吐，可以使用甲氧氯普胺，按每小时每千克体重0.01～0.02mg加入到输液中定速给予，会有较佳的止吐效果。但若呕吐仍无法控制，可以使用马洛匹坦，按每千克体重1mg皮下注射，每天一次，连用3～5d。在输液治疗中，要根据患猫的血气和电解质检查结果进行成分调整，注意对可能出现的贫血、低钾、低磷等情况的纠正。

保肝可以口服腺苷甲硫氨酸（S-adenosylmethionine，SAMe），按每千克体重18mg或每只猫90mg，每天2～3次；或口服水飞蓟素（Silymarin），每只猫50mg，每天2～3次，均已被证实能增进肝细胞功能及缩短病程；同时补充维生素K、维生素B_{12}等，并且建议在输液中添加复合维生素B。

治疗脂肪肝时需注意监测有无并发胰腺炎、肝功能衰竭等疾病。

四、糖尿病

糖尿病（diabetic mellitus，DM）是以患病犬、猫持续性高血糖为特征的内分泌代谢异常，典型症状为多食、多饮、多尿、消瘦。一般而言，糖尿病可分为三型：第一型为胰岛素依赖型糖尿病（insulin-dependent DM；血中的胰岛素量很低），第二型为非胰岛素依赖型糖尿病（non-insulin-dependent DM；血中的胰岛素量升高或者至少不会降低），第三型为继发性糖尿病（secondary DM），是由于其他疾病而造成的，如生长激素、孕酮、胰高血糖素等诱发造成，此外肾上腺皮功能亢进、医源性库兴氏症候群等也会引发。

犬大多为胰岛素依赖型糖尿病，猫大多为非胰岛素依赖型糖尿病。

（一）病因

第一型糖尿病：病因仍不太清楚，遗传倾向、感染、胰岛素拮抗性疾病、药物、肥胖、免疫介导性胰岛细胞炎症和胰腺炎等，被认为是第一型糖尿病的病因。胰岛素分泌的细胞受损，会导致低胰岛素血症和葡萄糖进入细胞障碍，肝脏糖异生增加和糖原分解，均会导致持续性高血糖，从而引起多饮、多尿、多食与体重减少。

第二型糖尿病：犬、猫的血液循环中有足够的胰岛素，或者甚至是过高的胰岛素，但因机体细胞对胰岛素产生抗性，或者是对于胰岛素不敏感，，使得血液循环中的葡萄糖无法顺利进入细胞而积存在血液循环中。

（二）症状

患糖尿病的犬、猫，病初表现饮水量增加，尿量增加，精神正常，食欲正常或者食欲增加；但随着病程发展而出现酮症酸中毒时，食欲急剧下降，呕吐，脱水。有些犬会出现白内障，宠物主人以为是眼睛问题。

（三）诊断

血糖监测与尿检：一般来说，犬、猫来到医院都会有应激，所以单次血糖的测量不足以说明有糖尿病，需要区分是应激性高血糖还是持续高血糖。当血糖在250～350mg/dL（或更高），有可能是因为应激造成的糖尿病假象，需住院禁食及观察，并持续重复抽血检验血糖值。若血糖持续呈现高值，且尿液中也呈现高尿糖时，就可以确认发生糖尿病的可能性。若是血糖高过350mg/dL时，也应进行复检以确认是否表现持续高糖值。但一般而言，应激性的高血糖很少并发酮酸血症。尿中出现酮体，则可认为该犬、猫已出现酮症酸中毒。

果糖胺检测：果糖胺反映过去2～3周的血糖水平，所以对可疑病例可考虑检测果糖胺水平，同时可利用果糖胺监测胰岛素使用后的效果。

糖化血红蛋白检测：糖化血红蛋白反映过去2个月左右的血糖水平，对可疑病例可考虑检测果糖胺水平，因为猫的糖化血红蛋白检测结果可能不准确。

其他疾病的鉴别诊断：出现持续性高血糖时需要注意其他疾病的鉴别诊断，如胰腺炎、库兴氏综合症、甲状腺机能亢进等。

（四）治疗

在使用胰岛素前对于脱水病例先进行输液，避免输入含有葡萄糖成分的液体。必要时根据血气与电解质分析的结果调整用药。市面上胰岛素的种类很多，对于犬的糖尿病，一般使用美国默沙东公司的Caninsulin，按每千克体重0.5U皮下注射。对于猫的糖尿病，较多使用甘精胰岛素，按每千克体重0.25～0.5U皮下注射，每天1～2次。开始使用胰岛素时建议住院观察，并做出血糖曲线（每3h测一次血糖），以便能及时发现用药后有无低血糖。若用药后发生低血糖，需及时适量补充葡萄糖，且下次使用胰岛素的剂量减量。出现低血糖时，机体会释放儿茶酚胺、皮质醇、胰高血糖素等提高血糖（苏木节现象）。

若血糖曲线没有测到低血糖，有时会误认为胰岛素使用剂量不足而盲目增加剂量，便会造成下次血糖降低更多。因此，若给予胰岛素后血糖降幅不明显，不要急于增加剂量，至少一周之后再考虑增加剂量，同时做血糖曲线。给予胰岛素后的理想效果是患病犬或猫的多饮、多尿、多食症状减退。当再次出现症状或食欲很差时，需要做血糖曲线以评估胰岛素剂量，并且监测有无出现并发症。

使用胰岛素后要监测血钾，胰岛素会把细胞外液的钾离子"拉"到细胞内，血液中钾离子的含量下降出现低钾血症，犬、猫乏力，可见猫表现出头部向腹侧弯曲的"低头"现象。

出现酮症酸中毒的时候，犬可以先用短效胰岛素，初始剂量为每千克体重0.2U肌肉注射，间隔几小时后减至0.1U肌肉注射，且每小时都应测一次血糖。在开始6～10h内，将血糖浓度缓慢降低到200～250mg/dL，注意不要把血糖降得太快，否则会出现"苏木节现象"。当血糖下降到250mg/dL之后，调整胰岛素剂量为每千克体重0.1～0.4U，每4～6h给予一次。猫用甘精胰岛素，按每千克体重0.25U皮下或肌肉注射。注意监测血气、血糖与血酮，根据结果调整用药。

当血糖控制比较稳定，即犬或猫的多饮、多尿、多食症状得到控制后，需2～3周复查果糖胺或2个月复查糖化血红蛋白，若再次出现症状，再做血糖曲线观察。若能及时诊断出糖尿病并及时控制血糖，有些患猫是可以治愈的。但若病程已有一段时间，在长期高血糖作用下胰岛B细胞已经无法提供内源性胰岛素，该患猫就可能需要终生给予胰岛素。

除了胰岛素的使用外，饮食控制也是需要的，应当给予患病犬、猫低糖的食物，如法国皇家糖尿病处方粮或希尔斯w/d处方粮都可以考虑。

（罗倩怡　蒋宏）

第三十九章
中毒性疾病

中毒性疾病在小动物疾病中的发生比例较低，有时可遇到有机磷中毒、有机氟中毒、洋葱中毒、巧克力中毒和木糖醇中毒。有机磷中毒或有机氟中毒，多是犬、猫在室外误食入农药、鼠药后发生中毒，出现流涎、呕吐、抽搐等神经症状。这两种中毒从临床症状观察各有一些特征，仔细观察能够做出初步的判断。洋葱、巧克力或木糖醇中毒是犬、猫通常在家中误食或因主人无知饲喂而导致，主人看到宠物采食过程后猜测其可能为中毒原因。但是，也有一些中毒则往往很难确定是具体哪种成分引起的，所以问诊要尽可能详细，需要宠物主人配合调查，甚至需将呕吐或血液样品送到有关机构检测分析才可能获悉引起中毒的成分。

一、有机磷农药中毒

有机磷中毒主要是因食入、吸入或接触某种有机磷农药或鼠药而引起的病理过程，以体内胆碱脂酶活性受抑制、乙酰胆碱大量蓄积而致胆碱能神经过度兴奋为特征。引起中毒的常见有机磷农药有甲拌磷（3911）、对硫磷（1605）、内吸磷（1059）、马拉硫磷（4049）、乐果、敌敌畏、敌百虫等；有机磷鼠药主要有毒鼠磷和溴代毒鼠磷。

（一）病因

犬、猫发生急性中毒主要有以下两个原因：①误食有机磷农药拌混的灭鼠毒饵；②体表有蜱、螨、虱等寄生时，喷洒或药浴用有机磷药液浓度过高，经皮肤吸收引起中毒。例如，合理的敌百虫药浴浓度为0.2%～0.5%，喷洒或涂布浓度为1%～3%，若超过此浓度便易引起中毒。

（二）症状

有机磷中毒后主要表现典型的胆碱能神经过度兴奋，引起相应组织器官生理功能改变。轻度中毒出现毒蕈碱样症状：流涎、呕吐、腹泻、腹痛、粪尿失禁、瞳孔缩小、呼吸困难、心动过缓（图39-1-1）；中度中毒出现毒蕈碱样和烟碱样症状：其中后者表现为肌肉震颤、抽搐，躯干与四肢僵硬，很快转为肌肉松弛无力、麻痹；严重中毒还出现中枢神经系统症状：病初兴奋不安，体温升高，进而发展为呼吸抑制和循环衰竭而死亡。

（三）诊断

依据摄入或接触有机磷农药的病史和急性发生的典型症状，即可做出初步诊断。如果需要实验室分析确诊，可取胃内容物送当地的疾病预防控制中心进行检测，这里有专门的实验室具备检测条件。

（四）治疗

首选硫酸阿托品，按每千克体重0.5～1mg，先将1/2药量加入5%糖盐水中静脉滴注，另1/2药量行皮下或肌肉注射。若经1～2h后未见症状缓解，需要重复用药，直至流涎停止、瞳孔恢复正常或稍扩大，然后减少用药次数与剂量以巩固疗效（图39-1-2）。

据医学临床资料，长效托宁（盐酸戊乙奎醚）是一种使用简便、安全长效的急性有机磷中毒治疗药，具有特异性强、作用时间长和毒副作用小的特点，并且能很好地对抗有机磷毒物引起的惊厥、抽搐和呼吸中枢衰竭等症状。与阿托品相比，用药总剂量和次数明显减少，中毒症状反跳发生率低。

由于阿托品不从根本上解毒，单独应用仅适合于轻度中毒病例，而对中度或重度中毒的病例必须配合使用碘解磷定或氯解磷定，从而恢复胆碱酯酶的活性。可按每千克体重20～30mg，溶入葡萄糖溶液或生理盐水中静脉滴注，并每隔2～3h重复静滴，剂量减半，持续12h以上。

图39-1-1　猫有机磷中毒（1）

中毒后流涎、呕吐、瞳孔缩小，经使用阿托品后瞳孔开始变大。

（佛山先诺宠物医院）

图39-1-2　猫有机磷中毒（2）

持续观察使用阿托品的效果，口腔干燥，瞳孔继续扩大。

（佛山先诺宠物医院）

二、有机氟农药中毒

有机氟化物是一类药效高、残留期长、使用方便的剧毒农药，主要有氟乙酸钠（SFA，1080）、氟乙酰胺（FAA，1081）和甘氟等。据有关资料，动物对氟乙酰胺的易感顺序为：犬＞猫＞羊＞牛＞猪＞兔＞马＞蛙，鸟类和灵长类易感性最低。氟乙酸盐对犬和猫的半数致死量（LD_{50}）为每千克体重0.05～1.0mg，啮齿动物为为每千克体重0.2～8mg。由此看来，氟乙酰胺对犬、猫大于对鼠的毒性。所以，临床多见犬摄入少量该类毒物便发生中毒，且症状发展迅速，往往来不及治疗便死亡。

（一）病因

犬、猫误食有机氟农药拌混的灭鼠毒饵或中毒死鼠而发生中毒。有机氟化物进入体内的毒性表现是造成三羧酸循环中断，使ATP生成受阻，严重影响细胞呼吸。这种毒害作用对脑和心脏的影响最为严重，对犬、猫等肉食动物主要毒害中枢神经系统，引起相应的临床症状。

（二）症状

犬摄入毒物后的潜伏期在2h左右。据宁玲忠等人的研究结果，3只人工致病试验犬分别于给药后5/3h、2h、8/3h发病。临床观察潜伏期过后，犬的症状发展迅速，初为短暂的精神沉郁，继而可有频繁呕吐、排粪或排尿现象，迅速发展为兴奋不安，无目的的徘徊或直线奔跑，间或吠叫，并很快倒地，四肢抽搐与角弓反张。经过数次发作，几分钟至十多分钟即会死亡。在犬痉挛发作时，体温常升高至40℃以上。

猫的中毒症状与犬有所区别。临床接诊的中毒猫不时发出刺耳尖叫，四肢阵发性痉挛，尾毛竖起似变粗；瞳孔明显散大，对光反射丧失（图39-2-1、图39-2-2）；体温可降低到37℃以下，四肢末梢发凉；呼吸急促，心跳快强，心律不齐等。

（三）诊断

依据犬、猫误食灭鼠毒饵或死鼠的病史，结合各自的特殊症状，即可做出初步诊断。若需要准确地做出诊断，可送食饵或呕吐物至当地的疾病预防控制中心进行检测。

（四）治疗

尽量抢在中毒症状出现前开始，用0.01%～0.02%高锰酸钾溶液反复洗胃，之后投服氯

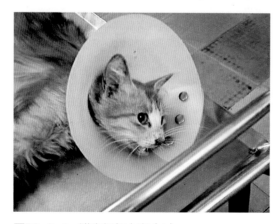

图39-2-1　猫有机氟中毒（1）

该猫持续尖叫，四肢痉挛，瞳孔散大。

（佛山先诺宠物医院）

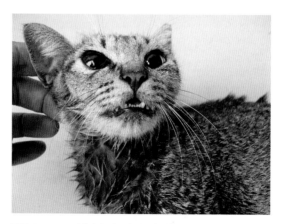

图39-2-2　猫有机氟中毒（2）

该猫持续尖叫，瞳孔散大。

（佛山先诺宠物医院）

化钙或葡萄糖酸钙1~2g，再用硫酸钠适量加水投服，以加速毒物排出。同时首选解氟灵（乙酰胺）注射液肌肉注射，首次剂量按每千克体重0.2~0.4g，然后减半并每间隔2h注射。连续用药次数依据中毒症状是否缓解，以猫为例：首次用药后，可见叫声和抽搐次数减少，患猫转为安静；随着继续用药，可见瞳孔、心率和呼吸逐渐恢复正常。若无乙酰胺，可取95%酒精10~20mL加水投服，或将低度白酒和食醋对半混合后，适量投服。为促进中毒犬猫恢复，常需要配合适当的营养支持疗法。

三、洋葱中毒

洋葱中毒是指犬食入含有洋葱的食物后，出现以溶血性贫血为特征的一种中毒性疾病。

（一）病因

洋葱的代谢产物N-丙基二硫化物能够降低红细胞内葡萄糖-6-磷酸脱氢酶的活性，损伤红细胞抗氧化能力，结果造成细胞膜稳定性下降而发生溶血性贫血。

（二）症状

犬采食含有洋葱的食物后1~2d，按中毒程度可表现体温正常或降低，精神不振，食欲减退或废绝，不愿活动，黏膜黄染，排出淡红色、深红色或红棕色尿液等。

（三）诊断

经询问犬主该吃过含有洋葱的食物和红色尿液，基本可做出诊断。采血抗凝后可见血浆色黄（图39-3-1），常规检查红细胞总数、血细胞压积、血红蛋白浓度下降，白细胞总数、网织红细胞增加，涂片镜检见红细胞表面海恩茨小体增多。进行血清生化分析，总蛋白、天门冬氨酸氨基转移酶、总胆红素、直接胆红素、尿素氮和肌酐等浓度可能升高。尿液呈混浊的暗红色，尿密度增加，含有大量红细胞碎片（图39-3-2）。

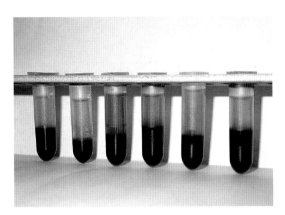

图39-3-1　洋葱中毒犬的血液（1）

血液抗凝静置后见血浆呈明显橘红色。

（唐新叶）

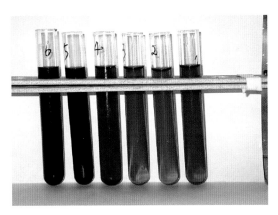

图39-3-2　洋葱中毒犬的尿液（2）

尿液依病情严重程度呈暗红或鲜红色。

（唐新叶）

（四）治疗

无特效的解救方法。中毒较轻的病犬大多可自然恢复。对病情严重者，可静脉滴注5%或10%葡萄糖溶液和复方氯化钠溶液、三磷酸腺苷、辅酶A、维生素C等，再给予速尿，按每千克体重1～2mg肌肉注射，每天1次，连用2～3d；同时给予复合维生素B和维生素E制剂，有较好的辅助治疗效果。

四、巧克力中毒

巧克力中毒是指犬食入巧克力或含有巧克力的食品后而表现出的一种中毒性疾病。幼犬喜欢甜食，主人投给含有巧克力的甜味食品后可能引起本病。

（一）病因

巧克力中的咖啡因和可可碱含有大量黄嘌呤衍生物，有兴奋中枢神经、心肌和呼吸系统的作用。犬对可可碱的中毒剂量是每千克体重100～150mg，摄入过多可可碱即可引起中毒。

（二）症状

犬摄入巧克力几小时后，可表现呕吐、排尿增加、倦怠、心动过速、呼吸急促；严重时表现肌肉抽搐、高热、呈癫痫样或阵发性惊厥，最后陷入昏迷而死亡。

（三）诊断

依据主诉犬摄入巧克力的食物史和特征性临床症状，可以做出诊断。

（四）治疗

尽量在摄入巧克力后4～6h内进行治疗，采取催吐、洗胃、导泻等措施，以预防和减少毒物的进一步吸收。由于巧克力的作用可持续12～36h，应积极对症治疗并密切观察疗效。

五、木糖醇中毒

木糖醇是一种天然健康的甜味剂，被广泛应用于人类日常食物或用品中，除了众所周知的木糖醇口香糖以外，也存在于牙膏、漱口水、烘焙食品、果酱和止咳药内。木糖醇中毒是指犬食入含有木糖醇的食品如口香糖后，所表现出的一种中毒性疾病。

（一）病因

木糖醇被犬食入后，可引起其体内胰岛素的大量分泌，迅速降低血糖浓度。据有关资料，木糖醇刺激胰岛素的分泌量是葡萄糖刺激分泌量的2.5～7倍。然而，并非犬摄入木糖醇后必然会引起中毒，这与木糖醇引起低血糖的触发剂量有关。根据有关试验研究结果，犬每千克体重摄入4g木糖醇，20min出现血糖下降，50min血糖下降到最低值，并出现精神沉郁和运动性下降等症状。此外，犬摄入过多的木糖醇还会引起严重的肝脏问题。

（二）症状

犬摄入口香糖或木糖醇10~60min后出现异常，因血糖降低的程度不同，可见精神抑郁、呕吐、共济失调、抽搐或呈癫痫样发作等，或因继发性低血钾而显软弱无力（图39-5-1）。摄入较多剂量的木糖醇后，可能出现肝功能障碍。

图39-5-1　犬木糖醇中毒

犬摄入木糖醇后呆滞，共济失调。

（王姜维）

（三）诊断

依据主诉犬摄入木糖醇或口香糖的病史和临床异常，基本可以做出诊断。据有关资料，中毒犬摄入口香糖或木糖醇4h后，血清生化分析可见肝酶ALT、AST活性显著升高，GGT活性通常在ALT升高2~3d后轻微上升，直接胆红素和总胆红素、血磷升高，血糖降低。进行血常规检查，某些病例的血小板可能减少。

（四）治疗

犬食入木糖醇食品后应立即催吐，之后于8~12h内勤喂少量食物，以防止低血糖发生。对于血糖明显降低的患犬，可恒速滴注50%葡萄糖溶液，同时添加氯化钾以防止出现低血钾。最好每隔2~4h检测血糖浓度，直至恢复正常。

（周庆国　罗倩怡）

第十二篇
外科疾病

　　小动物外科学是兽医临床医学的重要专科之一，主要研究以手术或手法为主要疗法的各种疾病的病因、症状、诊断和治疗及术后护理，尤其涉及每个疾病手术治疗的麻醉选择、手术通路、操作术式和缝合方法等环节。从临床实际观察，小动物外科病不仅包括犬猫体表或内部器官的意外损伤和感染，也包括发育异常所造成的外部畸形，并且也包括需要施行手术治疗的小动物内科和产科病，即相当多的消化系统疾病、呼吸系统疾病、泌尿系统疾病、生殖系统疾病和心血管系统疾病等都需要施行手术治疗。诊疗小动物外科病的重要基础首先是熟悉患病部位的局部解剖，还需熟悉生理学、病理学、药理学和微生物学等的基础知识，在以问诊、视诊和触诊等方法获取疾病的发生过程、外部异常或特征后，大多需要进行影像学检查（X线、B超、CT或MRI），或辅以实验室检验结果做出诊断或鉴别诊断，然后进行手术或保守治疗。

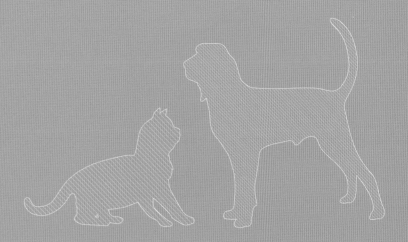

第四十章
软组织损伤与感染

  软组织损伤是指皮肤、皮下组织和肌肉、甚或内脏器官的损伤。犬猫体表的软组织损伤多见于咬斗或跳跃中的撕裂伤，也多发于从高处坠落或被车辆冲撞造成的挫创，这些开放性损伤（创伤），常因未及时得到正确的外科处理而发生感染并化脓。非开放性损伤中，则以体表血肿和淋巴外渗较为多见，常因治疗不当而使病程大大延长。按创伤经过的时间，可将其分为新鲜创和陈旧创，后者又可按创伤愈合阶段分为感染创和肉芽创。按创伤有无感染，可将其分为无菌创、污染创和感染创，无菌创和污染创均为新鲜创，感染创则包含了感染创和肉芽创。对创伤的正确认识及合理治疗，是促进创伤愈合的关键。

一、新鲜创

  新鲜创是指伤后时间较短，一般不超过6h，创伤可能被污染，但尚未发生感染，创内各种组织的轮廓仍能识别。如果在伤后4～6h内进行科学合理的治疗，都容易达到一期愈合（图40-1-1、图40-1-2）。

  新鲜创的治疗原则：细致清洗，尽快闭合。临床无菌手术创为新鲜创，由于手术室很难达到完全无菌条件，如空气流通、人员走动、手臂或器械不慎接触污染物等因素，使得本来实施无菌操作的手术创有可能成为新鲜污染创，因此在完成主手术以后，都应当采用适宜液

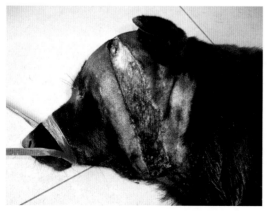

图40-1-1　犬头部新鲜创

创伤出血已停止，创缘整齐，创内有被毛污染，但创伤尚未感染。

（佛山先诺宠物医院）

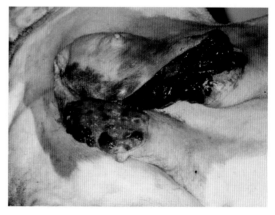

图40-1-2　犬乳房新鲜创

创伤出血已停止，创缘较整齐，创腔较深，创内有凝血块。

（佛山先诺宠物医院）

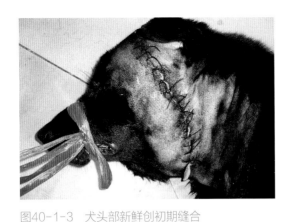

图40-1-3　犬头部新鲜创初期缝合

使用0.1%利凡诺溶液冲洗后，直接对创口施行结节缝合。

（佛山先诺宠物医院）

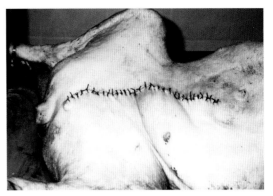

图40-1-4　犬乳房新鲜创初期缝合

使用0.1%利凡诺溶液冲洗后，由里及表逐步缩小创腔，最后闭合皮肤创口。

（佛山先诺宠物医院）

体冲洗。对污染程度轻微的手术创，使用生理盐水彻底冲洗即可。若手术创遭受不同程度的污染，如剖腹产、膀胱或胃肠切开手术等，需要使用0.05%～0.1%苯扎溴铵溶液、活性银离子抗菌液或抗生素生理盐水等彻底冲洗，以清除创腔（腹腔）、创面或创口的污染物。尤其对于持续时间较长的手术，如复杂骨折的内固定或矫形手术等，创腔或创面遭受污染的可能性更大，对创腔或创面进行彻底清洗就更加必要。

对于发生新鲜污染创的临床病例，处理程序首先是创围清洁与消毒，即先用灭菌生理盐水浸湿的数层纱布覆盖创口，剪除距创缘5～10cm的被毛，常用3%双氧水、0.1%苯扎溴铵溶液等将创围皮肤清洗干净，擦干后再用2%碘酊和70%酒精先后涂擦消毒。然后揭去覆盖创口的纱布，彻底冲洗创腔以除去创内的血凝块、异物或污染物，目的是使新鲜污染创变为近似清洁创，甚至无菌创。接着从创腔底部开始，选用可吸收缝线和采用单纯间断（结节）缝合法、单纯连续（螺旋）缝合法或8字形缝合法等依次缝合各层组织以消除创腔，最后选用不吸收缝线和结节缝合法闭合皮肤创口（图40-1-3、图40-1-4）。

新鲜创处理（行初期缝合并整理创缘）后，一般需根据创伤形状和大小进行适当的包扎。创部位于背部且创口很小的创伤，通常无需包扎，容易达到良好的第一期愈合。创部位置较底且易污染的创口，应当进行合理包扎以防止污染。如对四肢上的新鲜创，可使用弥尔佩乐慈"佐帕"（ZORBOPAD™）或无菌纱布垫覆盖后包扎。"佐帕"实为一种无黏性双面敷料，由表及里分别为聚酯薄膜保护层、非织造材料覆盖层、柔软且具高吸附性的纤维素层与合成纤维层，其中聚酯薄膜保护层带有均匀的钻石形状的透气孔，既能良好地吸收渗出液和保护伤口，又不会黏附伤口。对躯干腹部两侧或创口，可在覆盖"佐帕"或无菌纱布垫后，另穿纱布衣进行包扎。这种包扎方法对伤部的保护确实可靠，进行伤部检查、换药和更换敷料要比传统的结系绷带方便很多（图40-1-5至图40-1-10）。

二、感染创

感染创是指伤后时间长，进入创内的致病菌大量繁殖，对机体呈现致病作用，此时创内

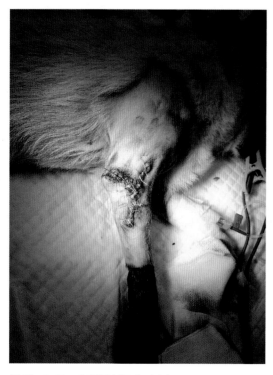

图40-1-5 犬新鲜创包扎（1）

右前肢Y形新鲜创缝合后待包扎。

（佛山先诺宠物医院）

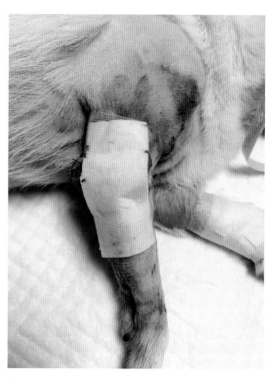

图40-1-6 犬新鲜创包扎（2）

在创部覆盖"佐帕"后用胶带固定。

（佛山先诺宠物医院）

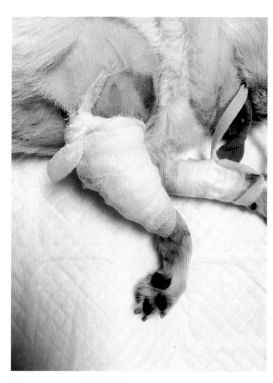

图40-1-7 犬新鲜创包扎（3）

接着用无菌卷轴绷带自下而上包扎。

（佛山先诺宠物医院）

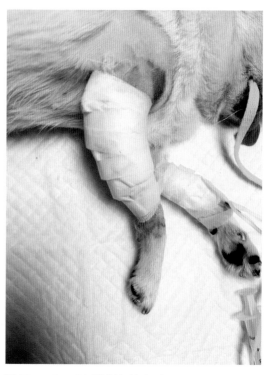

图40-1-8 犬新鲜创包扎（4）

再用胶带固定卷轴绷带以防滑脱和撕咬。

（佛山先诺宠物医院）

图40-1-9 猫和小型犬腹部新鲜创常用绷带（1）

将脱脂纱布剪出如上形状。

（佛山先诺宠物医院）

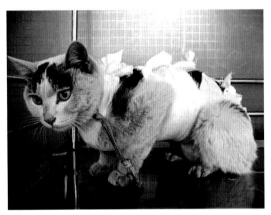

图40-1-10 猫和小型犬腹部新鲜创常用绷带（2）

将纱布4个孔套入猫四肢后于背部捆绑。

（佛山先诺宠物医院）

各组织的轮廓不易识别，创部呈现显著的红、肿、热、痛炎症反应，并形成脓液；久之脓液黏稠、量少，创缘皮肤干燥，创部仍然存在不同程度的肿、痛反应（图40-2-1、图40-2-2）。新鲜污染创延误治疗超过4～6h便易发展为感染创，此时即使进行细致的清创处理，也往往无法避免细菌感染而取第二期愈合形式，所以清创后不可盲目进行缝合（即初期缝合）导致创伤感染加剧。

感染创的治疗原则：彻底清创，促进净化。感染创的治疗方法与新鲜污染创临床病例治疗方法类似，但更强调清创和用药控制感染。首先剪去创围、创缘5～10cm的被毛，然后可用3%双氧水、0.05%～0.1%苯扎溴铵、0.1%利凡诺或0.1%高锰酸钾等溶液，依次冲洗创围、创缘皮肤和创腔。具体冲洗方法根据创伤大小及感染程度而定，如对创口较小的深部感染创，可以选用10～50mL规格的一次性注射器抽取0.1%苯扎溴铵或利凡诺溶液，或含适量庆大霉素或阿米卡星的生理盐水进行间断性压力冲洗（图40-2-3）；而对创口偏大的浅表性感染创，则可用一次性输液管连接多量的抗生素生理盐水进行连续性性冲洗（图40-2-4）。这一清创过程经

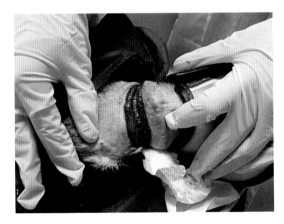

图40-2-1 猫颈部感染创

猫颈部缚创感染，创缘皮肤红肿，创内肉芽组织表面有黏稠脓液。

（佛山先诺宠物医院）

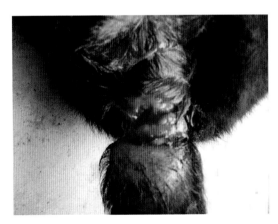

图40-2-2 犬尾部感染创

犬尾部缚创发生感染，创部有多量黏稠的脓液，尾远端肿胀严重。

（佛山先诺宠物医院）

图40-2-3　犬感染创冲洗方法（1）

较小的感染创可用一次性注射器抽取消毒液多次注入，然后
轻轻挤出。

（佛山先诺宠物医院）

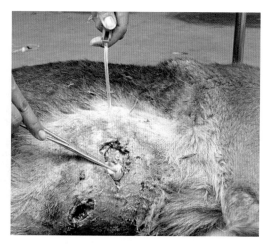

图40-2-4　犬感染创冲洗方法（2）

较大的感染创可用一次性输液管连续冲洗，并且容易
控制液体流速。

（佛山先诺宠物医院）

常需要使用手术镊、止血钳和手术剪，目的是出去创内的坏死组织。之后，对于感染严重的创伤，为控制感染并增加引流和减轻肿胀，可向创内撒布青霉素钠粉、氨苄青霉素粉或具去腐生肌作用的中成药散剂如太白老翁散（西安映希生物科技公司产品），原则上保持创伤开放。但对位于四肢下部的严重感染创，为保护创部防止继发性损伤，需要进行包扎。同样对感染轻且渗出液少的创伤，在用含庆大霉素或阿米卡星的生理盐水喷洒或湿敷后，也需要合理包扎。传统包扎用的敷料主要是无菌纱布块，由于极易和创面发生粘连，导致换药时更换敷料困难且引起动物疼痛，所以目前临床较多选用ZORBOPAD™这一无黏性双面敷料覆盖创面，再用透气胶带将其固定于创围皮肤上，最后用卷轴绷带或自黏绷带包扎。在感染创的治疗早期，一般应每天对创伤进行清洗处理，以便有效地控制感染和促进创腔净化。经过多次治疗后，感染创将逐渐转化为保菌创（肉芽创），然后按肉芽创进行治疗。

对于创腔浅的较小感染创，为使创伤取一期愈合形式，可在创围皮肤与皮下组织比较松弛的前提下，可将此感染创行常规无菌处理后全部切除，使之转变为无菌手术创，然后再施行密闭缝合。需要指出，缝合后的组织张力不可过大，否则因局部血循不良而影响愈合。

在治疗局部感染创的同时，不可忽略检查患病宠物是否有全身症状，如创伤感染引起体温升高、精神沉郁、食欲减退或废绝等全身症状时，应肌肉或静脉给予敏感抗生素，并根据其他异常采取相应的对症疗法。由于外科感染常为革兰氏阳性菌和革兰氏阴性菌混合感染，所以对于感染创的全身治疗多采用广谱抗生素。

三、肉芽创

肉芽创是指随着感染创炎性渗出减少和组织坏死停止，创内出现由成纤维细胞和新生毛细血管共同构成肉芽组织的阶段。健康肉芽组织呈粉红色颗粒状，表面附着少量黏稠的灰白色脓性分泌物，形成创伤的防卫面，可防止感染蔓延（图40-3-1、图40-3-2）。肉芽组织

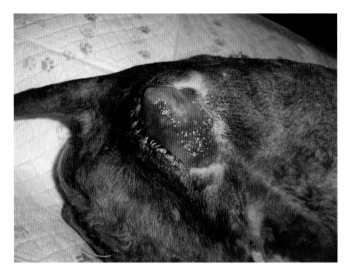

图40-3-1　犬髋部肉芽创

犬股骨头切除术感染后转来本院，见大转子突出，通过抗感染治疗形成健康肉芽创，经切除创缘皮肤进行二次缝合而治愈。

（佛山先诺宠物医院）

图40-3-2　犬股后肉芽创

犬股后侧注射部皮肤坏死形成肉芽创，创口皮肤缺损过多难以愈合，最好将皮肤创缘修整为新鲜创缘后施行缝合。

（佛山先诺宠物医院）

在正常情况下生长迅速，数日即可填充创腔接近创面皮肤水平，同时创口不断收缩变小，较小的肉芽创多由上皮细胞增殖和迁移覆盖创面而愈合，而创口偏大的肉芽创多以肉芽组织转为瘢痕组织而愈合。

肉芽创的治疗原则：保护新生肉芽，加速上皮生长。肉芽创的治疗与感染创治疗重点不同，侧重于保护肉芽和促进伤口收敛。如果面对未经任何处理的肉芽创，应当首先剪除创缘5～10cm范围内的被毛，然后可用0.05%～0.1%苯扎溴铵或0.1%利凡诺溶液，依次冲洗肉芽创面、创缘皮肤和创围，然后选用红霉素软膏、庆大霉素鱼肝油乳剂、云南白药粉或太白老翁散等涂布、包扎伤部。

临床常遇到炎性净化基本完成、且肉芽形成良好、但皮肤无法覆盖创面而长期不愈合的创伤，此时可考虑将此肉芽创细致清洗后进行创缘修剪或改造，或施行含制作皮瓣在内的皮肤整形，然后对新鲜无菌创缘施行全部或部分缝合，有利于加快愈合过程，并减少瘢痕形成（图40-3-3、图40-3-4）。

四、脓肿

脓肿是指在任何组织或器官内形成的外有脓肿膜包裹，内有脓汁潴留的局限性脓腔。引起脓肿的主要原因是化脓菌经皮肤、口腔或食道黏膜的微小伤口侵入组织所致，多发于注射给药时皮肤消毒不严或未行消毒，食物中的尖锐物刺伤口腔或食道黏膜后引起，以金黄色葡萄球菌感染为主，也见化脓性链球菌、绿脓杆菌、大肠杆菌等其他化脓菌单一或混合感染。此外，某些刺激性药物也能引起注射部皮下组织内形成无菌性脓肿，即组织出现大量坏死和液化，如本应进行深部肌肉注射的刺激性药物却被注射到皮下或浅层肌肉里，静脉注射某些

图40-3-3　犬尾部肉芽创

犬尾根肉芽创创缘相距太远，无法愈合。

（佛山先诺宠物医院）

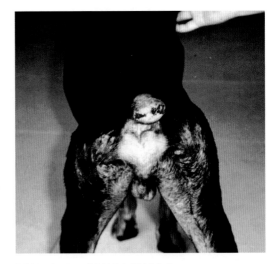

图40-3-4　犬尾部肉芽创愈合

细致清洗创面，将创缘修整为新鲜创缘，施行密闭缝合后达到一期愈合。

（佛山先诺宠物医院）

刺激性强的药物漏到血管外组织等。由此可见，犬猫多发浅在性脓肿，主要见于颈部、腰背部或臀部两侧的皮下、筋膜下或浅层肌肉组织内。在浅在性脓肿形成早期，局部即出现炎性（热痛性）肿胀，与周围组织有明显界限（图40-4-1、图40-4-2）。一般经3～5d，炎性肿胀中央逐渐软化出现波动，然后会自溃排脓。

需要特别指出，如果皮下疏松组织内发生溶血性链球菌感染，链球菌产生的透明质酸酶和链激酶能加速结缔组织基质和纤维蛋白溶解，使感染迅速扩散在患部形成大面积肿胀，热

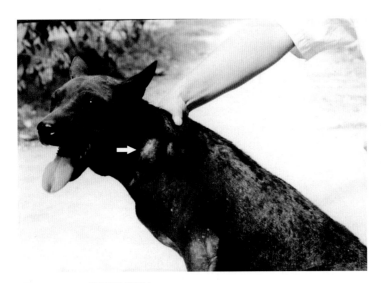

图40-4-1　犬颈侧部脓肿

脓肿呈椭球形，与周围组织的界限明显。

（佛山科技学院动物医院）

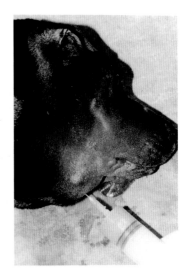

图40-4-2　犬头部脓肿

脓肿成熟出现波动，穿刺抽出黄白色黏稠脓液，根据脓液性质推测为葡萄球菌感染。

（佛山科技学院动物医院）

痛反应剧烈，与周围组织无明显界限，此时称为蜂窝织炎。同时，患病宠物多表现体温升高、精神沉郁、食欲不振等全身症状。随着病灶内坏死的炎性组织发生化脓性溶解，患部即转变为蜂窝织炎脓肿（图40-4-3、图40-4-4）。

脓肿的早期诊断须与外伤性炎性肿胀区别，两者均表现为局部热痛性肿胀，但脓肿范围更为局限，与周围组织的界限比较明显，形态多为突出于皮肤的半球形或椭球形；外伤性炎性肿胀范围与外力损伤有关，与周围组织的界限不如脓肿明显，形态不定、相对平坦。当脓肿成熟出现波动后，应注意与有明显波动手感的炎性血肿或淋巴外渗区别，在血肿或淋巴外渗发生早期，因钝性外力引起局部炎性反应，触诊会有热痛感，但远不如脓肿热痛剧烈。当然，鉴别诊断的简便方法是使用一次性注射器抽吸，根据抽出的液体性质做出诊断（图40-4-2、图40-4-3）。

脓肿的治疗原则：排出脓汁，抗菌消炎。脓肿的治疗方法有消散法、切开法、冲洗法和摘除法。消散法用于脓肿发生早期，即局部出现炎性肿胀、尚未成熟出现脓液的时期，可对患部冷敷和环绕炎性肿胀行普鲁卡因庆大霉素或林可霉素封闭，同时全身使用敏感抗生素。切开法用于脓肿成熟出现波动后，先对脓肿周围皮肤常规剃毛和消毒，然后在脓腔最低位置手术切开排脓，采用上述感染创的治疗药物和方法处理，使脓肿取二期愈合形式。冲洗法同样用于已成熟出现波动的脓肿，使用一次性注射器抽净脓液，再用3%双氧水、0.05%～0.1%苯扎溴铵、0.1%利凡诺或0.1%高锰酸钾等溶液反复冲洗脓腔，此法需持续多日使脓肿消除，适用于身体活动性大的部位如颈部或关节附近，避免因患部过度活动导致切开法造成的创口愈合困难。摘除法用于浅表性的小脓肿，可将其视为小肿瘤，按无菌手术切除后以缩短病程、不留瘢痕。拟采用此种方法时应先采用消散法减轻和消除患部炎性反应，在对患部常规无菌准备后将其完整切除，使患部转变为无菌手术创，然后施行密闭缝合。

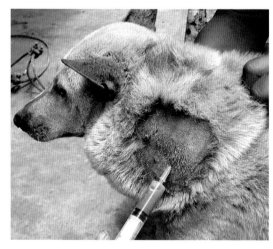

图40-4-3　犬颈侧部蜂窝织炎性脓肿（1）

脓肿范围很大，早期与周围组织界限不明显，后成熟出现波动，穿刺抽出微红色稀薄脓液，根据脓液性质推测为溶血性链球菌感染。

（佛山科技学院动物医院）

图40-4-4　犬颈侧部蜂窝织炎性脓肿（2）

抽净脓腔内的脓液后仍需在脓腔最低处切开，保持脓腔开放使炎性渗出液继续排出，有利于脓腔净化。

（佛山科技学院动物医院）

五、血肿

血肿是指钝性外力作用于身体某部造成皮下血管破裂，溢出的血液分离周围组织而形成充满血液的腔洞。体表血肿常在宠物之间玩耍、撕咬、从高处坠落或遭受车辆冲撞后立即发生，临床特征是受伤后患部皮下迅速出现逐渐增大的波动性肿胀，触摸肿胀处饱满有弹性，并且有一定的热痛反应。随着病程延长，触摸陈旧性血肿处无明显热感，但患病宠物往往仍有躲闪行为，较大的血肿通常难以自行消散。临床常见犬猫耳郭发生血肿，耳郭增厚数倍且下垂，触诊有波动感及疼痛反应，多与耳郭皮肤、耳道发炎或螨虫感染有关，因犬猫反复剧烈搔抓和摩擦耳郭所致。

血肿的诊断方法简单，患部常规消毒后使用一次性注射器抽吸，当抽出血液或血性液体时即可确诊（图40-5-1）。但对发生在腹部的疑似血肿诊断要慎重，应注意与腹壁疝进行鉴别，不要盲目穿刺和抽吸。B型超声检查是鉴别诊断血肿和腹壁疝的好方法，B超声像图显示血肿内为无回声或低回声的液体阴影，腹壁疝内容物为不均匀的中等回声腹腔脏器影像。虽然触诊有时无法触及疝孔，但容易触摸到疝囊内的脏器。

血肿的治疗原则：控制出血，预防感染。血肿的治疗方法依发生部位而不同，对于体表的小血肿，如果不产生任何不良影响，一般不必处理，由其逐渐消散。对于较大的血肿且有逐渐增大趋势时，可对患部常规消毒处理后穿刺放血，或在血肿最低处切开以排出腔内积血及血凝块，然后用0.05%～0.1%苯扎溴铵或0.1%利凡诺溶液冲洗（图40-5-2）。如果发现腔内继续出血，可用无菌纱布垫拭干血肿内壁，对出血点使用高频电刀或电烙铁止血。血肿皮肤切口的闭合依血肿腔大小区别处理，对于较小的血肿腔，可在常规闭合皮肤切口时留下底部1～2针长度不予缝合，以利于腔内渗血积液排出；而对于较大的血肿腔，可在闭合皮肤切口前向血肿腔内填塞无菌纱布条，防止腔内渗血及炎性渗出，皮肤切口行部分缝合，纱布条经未缝切口底部引出适当长度。次日取出腔内填塞的纱布条，用0.05%～0.1%苯扎溴铵

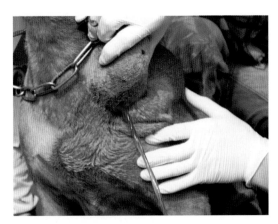

图40-5-1　犬颈侧部血肿（1）

在血肿最低处切开排出血样液体，此犬血肿内容物为血液和组织液的混合液。

（佛山科技学院动物医院）

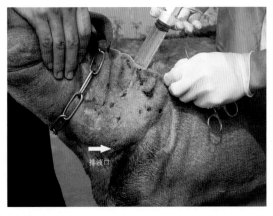

图40-5-2　犬颈侧部血肿（2）

排空血肿腔后不见继续出血，便无必要扩大切口止血，仅对血肿腔进行冲洗。血肿皮肤上的多个出血斑为犬只间撕咬的牙印。

（佛山科技学院动物医院）

或0.1%利凡诺溶液冲洗血肿腔，然后对剩余皮肤切口进行密闭缝合或仍留下底部1~2针长度不予缝合，由其自然愈合。

犬猫耳郭血肿的手术治疗有所不同，小的血肿可在穿刺放血后在耳郭内侧放置纱布敷料，之后自耳尖向下缠绕绷带以便达到压迫止血目的。然而，这个方法在许多病例并不凑效，所缠绕的绷带或是很快脱落，或因缠绕过紧造成耳郭缺血。因此，通常需要对患侧耳郭皮肤行常规无菌准备，然后在耳郭内侧皮肤上垂直切开，排出腔内积血和凝血块后，视血肿腔出血情况，如有必要可用高频电刀或电烙铁止血，最后做与切口平行的多重褥式缝合，起到压迫止血和消除死腔的目的。

六、淋巴外渗

淋巴外渗大多是因钝性外力斜方向作用于体表造成皮下结缔组织内的淋巴管断裂，致使淋巴液积聚于组织内而形成局限性波动性肿胀。淋巴外渗多发于身体某部反复遭受钝性物体摩擦或车辆斜方向撞击后，临床特征为受伤后3~4d患部逐渐出现增大的波动性肿胀，外形多如椭圆袋状，炎症反应轻微，触诊皮肤不紧张或有不饱满手感（图40-6-1）。

淋巴外渗的诊断方法与血肿诊断相同，使用一次性注射器穿刺和抽吸，如抽出液为橙黄色稍透明的稀薄液体（有时混少量血液），即可做出诊断（图40-6-2）。需要特别指出，注意将淋巴外渗与唾液腺囊肿、黏液囊炎等进行鉴别，唾液腺囊肿有确定的发生部位，多发于下颌间隙，且唾液比较黏稠；黏液囊炎在犬多发于肘突（鹰嘴）顶端，即肘头皮下黏液囊炎。

淋巴外渗的治疗原则：促使淋巴管闭塞，制止淋巴液流出。淋巴外渗缺乏十分有效的治疗方法，传统方法是对患部无菌准备，在肿胀处穿刺排出淋巴液，然后根据肿胀大小注入适量的95%酒精或1%甲醛酒精溶液（甲醛1mL，95%酒精99mL，碘酊数滴），保留10min后抽出。若治疗1次无效可重复注入，以期待凝固和封闭破裂的淋巴管。对于保守治疗无效的淋

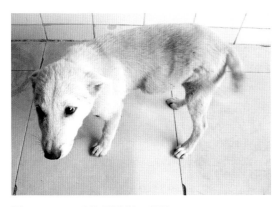

图40-6-1 犬腹侧壁淋巴外渗

肿胀物呈典型的淋巴外渗外观，为椭圆形不饱满的袋状波动性肿胀。

（佛山先诺宠物医院）

图40-6-2 犬下颌处淋巴外渗

该犬饲养于犬笼内，每天采食时仅头从犬笼饲喂口伸出，下颌与笼口下缘长期摩擦形成淋巴外渗，穿刺液淡黄、清亮、稀薄如水，与唾液性质有明显区别。

（佛山先诺宠物医院）

巴外渗，可对患部常规无菌准备后在肿胀最低处切开1～2cm，彻底排净腔内的淋巴液及凝固纤维素，然后用95%酒精或1%甲醛酒精溶液浸湿的纱布块填塞腔内，保留10min后取出纱布，切口不予缝合，每天用0.05%～0.1%苯扎溴铵或0.1%利凡诺溶液冲洗，待其自然愈合。

（周庆国）

第四十一章

眼 病

眼病在宠物临床病例中极为常见，疾病种类多样，复杂程度有别。犬猫的眼病以眼表（结膜、瞬膜和角膜）疾病最为常见，如眼睑内翻或外翻、瞬膜或瞬膜腺水肿或突出、结膜炎和角膜炎等，眼内疾病多发前色素层炎（虹膜睫状体炎）、白内障、青光眼、视网膜炎等，其中角膜疾病和多种眼内疾病不仅关系宠物视力的保存和恢复，同时还关系宠物外表的观赏性。因此，宠物临床要求医生能够对各种眼病做出快速的诊断，并及时采取有效的治疗措施。然而，眼科学是一门专门的学科，临床医生需要掌握眼球及附属组织的复杂解剖结构和生理知识，需要掌握各种常见或不常见眼病的发病机制和症状，更需要掌握眼科检查和治疗这些疾病的多项技能，这些都对接诊宠物医生提出很高的技术要求。

一、眼科一般检查与治疗方法

（一）眼科一般检查方法

1. 问诊　询问患病犬猫的既往病史和现症，了解眼病或视力丧失的发生时间及经过，初步推测可能的病因。如果在其他医院接受过治疗，应询问所采取的治疗方法及其疗效，为下一步诊断和治疗提供参考。

2. 视诊　利用自然光线或用眼科笔灯顺序对眼睑、结膜、瞬膜、角膜、巩膜、眼前房、虹膜及瞳孔、晶状体等进行肉眼观察，以便发现眼睛异常或可能的病灶。

3. 触诊　用手指感觉眼睑的温热程度和敏感度（眼睑反射），对两侧眼球分别施以同样压力以感知两侧眼压是否相同或改变。

4. 检眼镜检查　检眼镜是检查眼屈光间质（角膜、房水、晶状体和玻璃体）和眼底（视网膜和视神经乳头）的眼科基本器械，分为直接检眼镜和间接检眼镜。直接检眼镜自带光源，可将眼底放大20倍左右，所见为正像，看到的眼底范围小，但较细致详尽，亦可方便地用于检查眼的屈光间质。间接检眼镜不带光源，可将眼底放大4.5倍左右，所见为倒立的实像，看到的范围大，立体感强，景深宽，对视网膜脱离、皱襞等不在眼底同一平面上的病变，可以同时看清。检查最好在暗室内进行，检查前30～60min，可向被检眼滴入1%托品酰胺（Tropicamid）2～3次散瞳。如果使用直接检眼镜检查，检查者以己右眼检查犬猫右眼，以及左眼检查犬猫左眼，使检眼镜光线自5～10cm外照入被检眼内先观察眼屈光间质，然后使检眼镜尽可能靠近眼球但不触及睫毛和眼球而观察眼底。检查开始时先调检眼镜转盘镜片为0屈光度初步观察,如果无法看清,可用持镜手食指旋转透镜转盘调节焦点至清晰。如果使用间接检眼镜检查,检查者用拇、食指持检眼镜,以中指、无名指及小指靠在被检宠物额部作为依托,光源及检查距离为50cm左右,透镜在被检宠物眼前小范围内移动,直至看到眼底影像为止(图41-1-1)。

5. 裂隙灯显微镜检查 裂隙灯显微镜是裂隙灯与显微镜合并组成的一种先进的眼科光学检查仪器。裂隙灯的亮度和光线可调,既可调节出弥散光和聚焦光,也可调节出不同宽度的裂隙,并且裂隙光可以是垂直的,也可以是水平的,还可以是斜的。由于可以调节焦点和光源宽窄而做成"光学切面",故能在显微镜下精确地观察出包括角膜、虹膜、晶状体、玻璃体在内的眼前节组织的细微病变,极大地提高对宠物眼病的诊断水平。显微镜为立体双目结构,可以调节目镜焦距,以适应不同检查者的眼屈光度;也可调节两目镜的距离,以适应不同检查者的瞳距。光源投射方向一般与显微镜观察方向呈30°~50°,光线越窄,则切面越细、层次越分明;反之光线越宽,局部照明度虽然增强,但层次不及细隙光带清楚。为了使观察目标清晰,检查时通常将投射光焦点和显微镜焦点同时集中在需要检查的部位上,并随着所检查部位的变化而移动显微镜的焦点。兽医临床为便于调整检查者与动物眼睛的距离,基本采用手持式裂隙灯显微镜(图41-1-2)。

6. 眼内压测定法 犬的眼压为2.0~3.3MPa,猫的眼压为1.9~3.5MPa,当发生青光眼时眼内压升高,所以测定眼内压对诊断青光眼有着重要意义。早期诊断犬青光眼曾使用压陷式眼压计,虽然其价格便宜,但每次检查前均需对犬行全身镇静或麻醉,仰卧保定,患眼向

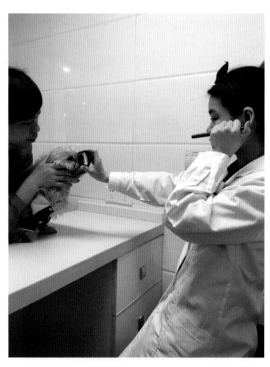

图41-1-1 间接检眼镜检查

检查者用拇、食指持检眼镜,以中指、无名指及小指靠在被检宠物额部作为依托,光源及检查距离为50cm左右。

(刘丽梅)

图41-1-2 手持裂隙灯检查

检查者左手以特别手法固定犬头部,充分显露被检眼,右手持裂隙灯显微镜前后移动至视野清晰即可观察。

(刘丽梅)

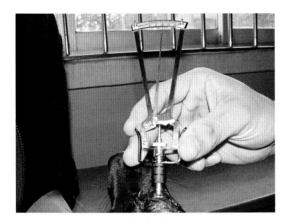

图41-1-3　眼内压测定（1）

使用压陷式眼压计测定犬眼压需要对犬全身镇静或麻醉，同时进行眼表面麻醉，不大适合宠物临床眼科检查。

（周庆国）

图41-1-4　眼内压测定（2）

使用回弹式眼压计测定犬眼压无需镇静或麻醉，只需头部适当保定，测定快速仅需几秒，适合各类宠物眼内压检查。

（周庆国）

上并行表面麻醉（图41-1-3）。目前在宠物临床上主要使用回弹式眼压计，无需对宠物行全身镇静和麻醉，患眼无需行表面麻醉，测定中宠物无任何不适，一次性使用的探针可有效避免交叉感染，手持式测定几秒即可获得结果（图41-1-4）。

　　7. 泪液检查　Schirmer试验是检查泪液分泌功能的常用方法。通常Schirmer滤纸为无菌包装，每袋分L（左眼）、R（右眼）各一条，使用前依折线位将滤纸前端折弯（图41-1-5），分别取出按左右眼标识，将折弯部依次放入左右眼下眼睑中间稍偏外的结膜囊内（图41-1-6、图41-1-7），另一端自然下垂。闭合眼睑放置1min，然后观察滤纸被泪液浸湿的毫米数（图41-1-8）。随后移去Schirmer试纸，用宠物专用洗眼液或眼睛护理液洗眼。正常犬参考值为15～25mm，正常猫参考值为12～25mm，如检查结果低于10mm就应怀疑或诊断为干眼症。

　　8. 荧光素检查法　利用荧光素钠水溶液能短暂地附着于角膜溃疡处的特点，将其滴在

图41-1-5　泪液检查法（1）

取出Schirmer试纸前将包装袋沿折线折弯。

（刘丽梅）

图41-1-6　泪液检查法（2）

撕开包装袋取出前端已折弯的Schirmer试纸。

（刘丽梅）

图41-1-7　泪液检查法（3）

拿起试纸末端将试纸折弯部放入结膜囊内。

（刘丽梅）

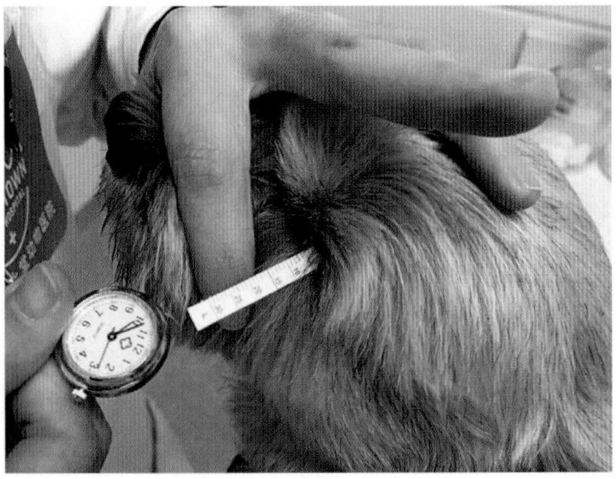

图41-1-8　泪液检查法（4）

计时1min观察试纸被泪液浸湿的长度。

（刘丽梅）

结膜囊后于暗室内用钴蓝光照射被检眼，正常角膜上皮不会被荧光素着色，而角膜溃疡处（亲水性基质层）会呈现亮黄绿色的荧光，有助于检查中发现角膜的微小溃疡灶。临床一般使用荧光素钠眼科检测试纸，将试纸的荧光素一端用生理盐水浸湿后放在被检眼结膜囊内片刻，移去试纸用少量生理盐水稍加冲洗结膜囊，即可携带被检犬猫进入暗室观察，然后用宠物专用洗眼液或眼睛护理液洗眼（图41-1-9、图41-1-10）。临床上有使用荧光素钠生理盐水或荧光素钠氯霉素滴眼液检查角膜的做法，其方法是用一次性注射器抽取少量生理盐水或用氯霉素滴眼液浸湿试纸的荧光素一端，之后吸取溶入荧光素的生理盐水或氯霉素滴眼液，再滴入结膜囊内检查角膜（图41-1-11、图41-1-12）。这种做法能节省门诊的荧光素钠检测试纸用量，但注意当天未用完的检查液需弃去，不可再用。

近年来，国外已将B超、视网膜电图、CT和核磁共振成像用于动物眼病的诊断。

（二）眼科一般治疗用药

眼科常用的一般治疗用药包括洗眼液、收敛药、抗生素、皮质类固醇、散瞳药、缩瞳

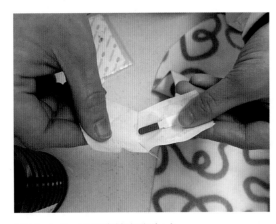

图41-1-9　荧光素检查法（1）

撕开荧光素试纸包装，手避免触及试剂端。

（刘丽梅）

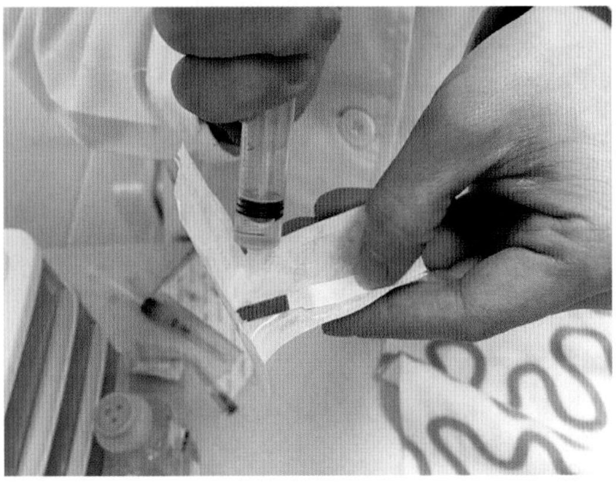

图41-1-10　荧光素检查法（2）

滴加2mL生理盐水使荧光素溶入。

（刘丽梅）

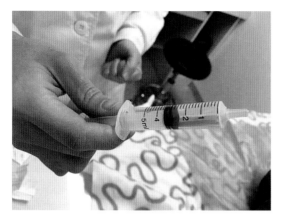

图41-1-11　荧光素检查法（3）
用一次性注射器吸取荧光素钠生理盐水。

（刘丽梅）

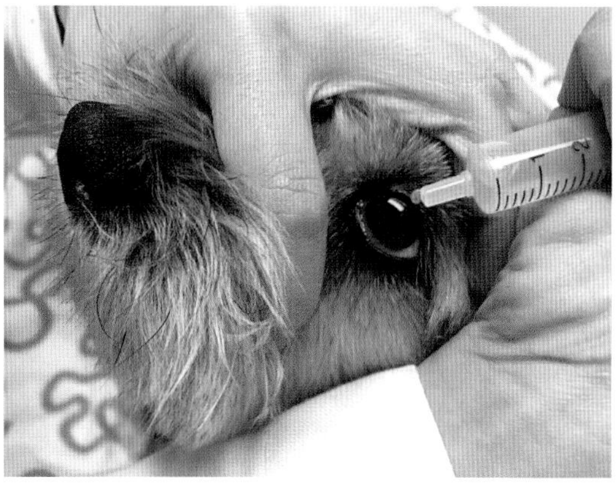

图41-1-12　荧光素检查法（4）
滴入结膜囊内检查角膜。

（刘丽梅）

药、局部麻醉药等几类。

1. 洗眼液　如2%～4%硼酸溶液、生理盐水、0.05%苯扎溴铵溶液、0.2%～0.5%洗必泰溶液和各种商品化的宠物专用洗眼液或眼睛护理液，用于清洗结膜囊及角膜表面以除去眼分泌物或结膜囊可能存在的异物，也有助于减轻结膜和角膜炎症。

2. 收敛药　如0.5%～1%明矾溶液、0.5%～2%硫酸锌溶液、0.5%～1%硝酸银溶液、10%～25%弱蛋白银溶液或1%～2%硫酸铜溶液，其杀菌收敛作用能在患部形成一层蛋白保护膜，使炎性渗出减少、疼痛减轻，适用于急性睑缘炎、结膜炎、角膜炎等。但用银溶液数分钟后需用生理眼水冲洗，以减轻银离子刺激。

3. 抗生素　结膜囊、泪道和眼睑腺的正常菌群中含有潜在的病原，所以眼周、眼表或眼内手术前后均应使用抗生素预防感染。而且，眼科手术常需局部或全身使用皮质类固醇，其抗炎作用和免疫抑制特性也是术后应当给予抗生素的重要原因。常用抗生素主要是氯霉素、新霉素、庆大霉素和妥布霉素，如临床常用氯霉素滴眼液、妥布霉素滴眼液（托百士）、复方硫酸新霉素滴眼液（另含地塞米松磷酸钠和玻璃酸钠）或妥布霉素地塞米松滴眼液（典必殊），均可用于结膜和角膜手术后预防感染和控制急性炎症。典必殊眼液的妥布霉素对大多数革兰氏阳性菌和革兰氏阴性菌有效，目前尚未发现对妥布霉素有显著意义耐药性的菌株出现，所含的地塞米松可以显著减轻球结膜水肿和炎症反应强度，预防手术并发症，极大地提高手术成功率。但为了不影响结膜或角膜创口愈合，含有皮质类固醇的眼用制剂一般仅在术后3～5d内使用。

4. 皮质类固醇　常用0.5%～2.5%醋酸可的松滴眼液、0.4%地塞米松滴眼液、2.5%强的松龙混悬液等，用于治疗非溃疡性结膜炎或角膜炎、虹膜睫状体炎或视网膜炎等急性眼病，以及眼睑、结膜手术和角膜移植手术后，有利于减轻眼组织充血、水肿、角膜混浊等，控制炎症发展。

5. 散瞳药　常用1%阿托品或托品酰胺滴眼液，使用时先滴1滴，5min后滴第2滴，20min可达最大效应，约持续20min。用于眼内手术前扩大瞳孔，也常用于虹膜炎或虹膜睫状体炎的辅助治疗。此外，0.03%氟比洛芬钠（氟联苯丙酸钠）滴眼液也能维持瞳孔散大。

6. 缩瞳药　常用1%～2%毛果芸香碱滴眼液，滴眼后10～15min开始缩瞳，30～50min作用最强，约持续24h，常用于穿透性角膜移植手术时缩小瞳孔，也用于闭角性青光眼的辅助治疗，有一定的降眼压作用。

7. 局部麻醉药　常用1%盐酸丁卡因滴眼液、盐酸丙美卡因滴眼液和2%盐酸利多卡因注射液，其中0.5%盐酸丙美卡因滴眼液与其他局麻药之间无交叉过敏，很少引起初期刺激作用，滴眼后20s起效，麻醉作用可持续15min。2%盐酸利多卡因用于眼睑手术前的局部浸润麻醉或眼内手术前的球后麻醉。

（三）眼科一般治疗方法

1. 洗眼　在治疗结膜和角膜炎症时，应先行洗眼除去结膜囊内的分泌物、致病微生物或可能存在的异物，此外眼科手术前也需洗眼以达到结膜囊清洁。洗眼时犬猫侧卧，助理确实固定其头部保持内眼角稍高，操作者一手拇指与食指翻开上下眼睑，另手持注射器或一次性输液管向结膜上徐徐滴入上述洗眼液进行冲洗。也可用拇指与中指捏住下眼睑缘，向外下方牵引使下眼睑呈一囊状，再将洗眼液滴入眼内，之后闭合其眼睑用手轻轻按摩1～2次，促进药液在眼内扩散，如此反复多次。洗眼液温度保持在32～37℃为宜，一般眼病通常冲洗3～5min，眼部化学烧伤病例应当冲洗10～15min，发生眼球穿孔伤或眼球裂伤则需慎重洗眼，防止冲洗时将细菌及异物带入眼球内，此时可用小棉签或用眼科镊夹取小棉球浸洗眼液环绕患部由里向外擦拭洗眼消毒。如因患病犬猫挣扎致洗眼操作难以进行，最好进行有效的镇静或麻醉后再行洗眼，此时可用无菌棉签或用蚊式止血钳夹持小棉球浸前洗眼液，遵循由创伤中心向外围的清洗顺序，轻柔地清洗结膜囊和角膜表面（图41-1-13、图41-1-14）。

2. 点眼　将滴眼液滴入或眼药膏涂入结膜囊内，是治疗眼病的常用方法。滴药或涂药前使用干棉签、棉球或干净纸巾将眼周和眼角分泌物擦除，再将滴眼液瓶口距离患眼1～2cm处滴入药液于结膜囊内，每次1～2滴，使用眼药膏时用拇指将下眼睑向下推以显露

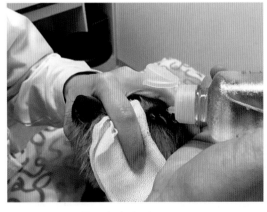

图41-1-13　洗眼方法（1）

确实保定宠物头部，用商品化的宠物专用洗眼液或眼睛护理液滴眼，在眼睛下方事先放置干纱布块吸收溢出的药水。

（刘丽梅）

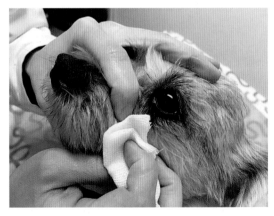

图41-1-14　洗眼方法（2）

洗眼后另用一块清洁干纱布擦干眼睛及眼眶周围皮肤。

（刘丽梅）

结膜囊，然后将眼药膏挤入结膜囊内，关闭眼睑并轻揉使药膏散开。需要注意的事项：①注意核对眼药名称，查看有无失效；②使用两种或两种以上眼药时，间隔时间以10min左右为宜；③如果既有滴眼液又有眼药膏，先用滴眼液数分钟后再涂眼药膏；④若滴眼液为悬浊液，需摇匀后使用，否则影响药物疗效。

3. 眼睑皮下注射　眼睑皮下注射是将抗生素、皮质类固醇等药液注射到上、下眼睑皮下，经过扩散以减轻和消除眼部炎症的有效方法，可用于结膜炎、角膜炎或前色素层炎的治疗，尤其在眼部炎症剧烈而常规结膜囊内滴药或涂药效果不佳时，具有明显的优点。操作方法是先用75%酒精或0.1%苯扎溴铵溶液擦拭消毒外眼角附近皮肤，助理将犬猫头部可靠保定，操作者参照局部麻醉中的浸润麻醉操作方法，一手拇指或食指、中指适当按压绷紧外眼角周围皮肤，另手将装好药液的一次性注射器（针头尽量纤细）针头自外眼角附近刺入皮肤，保持进针方向与眼睑、睑缘平行快速直达内眼角附近，然后一边退针一边注射药液，注射完毕拔出针头后用干棉球轻按注射部位。

4. 球结膜下注射　球结膜下注射是将抗生素、皮质类固醇、散瞳药等药液注入球结膜与巩膜之间疏松间隙内，以提高药物在眼内的浓度，增强并延长药物作用时间，同时由于注射液的刺激和局部渗透压的改变，有利于改善血液循环和促进消炎，非常适用于结膜炎、角膜炎或前色素层炎等的治疗。操作方法是助理对犬猫头部可靠保定，操作者一手拇指上提上睑或下拉下睑以暴露出球结膜，另手将吸有药液的一次性注射器（1mL）针头快速刺入颞侧近穹隆部的球结膜下3~4cm深，缓慢注入药液使该处球结膜成鱼泡样隆起，注射量根据犬猫体形大小通常为0.5~1mL。注射完毕拔出针头后，每天常规使用抗生素滴眼液或眼药膏预防感染。需要注意的事项：①为散瞳扯开已发生后粘连的虹膜，应将散瞳药液注射在近角膜缘的地方，远了效果不佳；②治疗眼内炎症和玻璃体混浊的药液量宜多，且注射部位应距角膜缘较远；③不可在球结膜下注射刺激性强且容易引起局部坏死的药物；④如治疗需要注射多次时应更换部位，防止结膜下发生粘连；⑤若注射液为悬浊液，需摇匀后再抽吸注射，否则影响药物疗效。

（四）眼科手术基本要求

1. 眼科器械与设备　眼科手术需用专门的眼科器械和部分显微外科器械，如眼睑、结膜或瞬膜手术，可用到的眼科器械有刀片夹持器或眼科专用刀、眼科持针器、眼科剪、有齿和无齿眼科镊、开睑器、手持电灼器等，角膜缝合或移植另外需要角膜剪、有齿和无齿显微镊或缝线结扎镊及多种规格的角膜环钻等，虹膜手术可能用到虹膜剪、虹膜镊、虹膜恢复器等，青光眼手术使用以上器械则基本满足，另外可备引流器（图41-1-15、图41-1-16）。眼科缝合材料最多使用带铲形针或圆弯针的单丝尼龙线（不可吸收）或聚乙醇酸线（可吸收），4-0~6-0号缝线多用于眼睑手术，5-0~7-0号缝线多用于结膜手术，8-0~10-0号缝线多用于角膜手术。

除了上述器械外，多数眼内手术如角膜缝合或移植、青光眼及白内障的手术治疗，都需要使用手术显微镜（放大10~20倍）（图41-1-17、图41-1-18），而耳戴式或头戴式放大镜（放大1.5~4倍）（图41-1-19、图41-1-20）的放大倍率太低，不能满足眼科手术精细

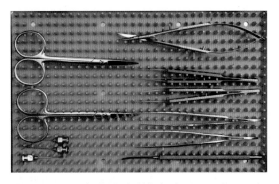

图41-1-15　部分眼科器械（1）

从左到右：10cm直圆头和直尖头眼科剪、冲洗针、角膜剪、显微有齿和无齿镊、眼科有齿和无齿镊、虹膜恢复器。

（周庆国）

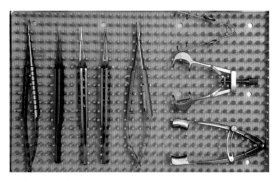

图41-1-16　部分眼科器械（2）

从左到右：角膜剪、缝线结扎镊（直头、弯头）、显微持针器，不同形状的开睑器。

（周庆国）

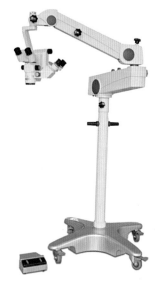

图41-1-17　ASOM-3A眼科手术显微镜

双人四目的配置有利于助手配合，电动微调焦踏板使术者方便地获得清晰术野，但变倍、亮度及物镜水平移动均需手动调节，注意镜头上方及踏板与图41-1-18中的区别。

（周庆国）

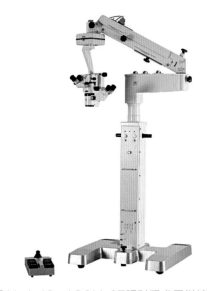

图41-1-18　ASOM-3E眼科手术显微镜

双人四目有利于助手配合，电动微调焦、X-Y平面微动及连续变倍踏板的配置，既方便调节宠物眼部位置活动造成的焦点模糊和术野偏离，也方便根据手术需要脚踏变倍，但亮度需手动调节。

（周庆国）

图41-1-19　耳戴式手术放大镜

镜框无镜片，镜头不用可上翻；镜筒短，放大倍率低；镜筒长，放大倍率高，但镜头易下沉。

（周庆国）

图41-1-20　头戴式手术放大镜

与左图相同，镜头不用可上翻；因为头戴相对舒适及镜筒稳定性高，可选高倍率镜筒。

（周庆国）

要求，且佩戴时久容易疲劳。

2. **术部准备**　眼睑皮肤被毛一般使用电剪剪除，之后将被毛轻轻扫走或用胶带黏附收集。用洗眼液或生理盐水清洗结膜囊，清洗干净后，用棉签或棉球浸蘸稀释的消毒液（如0.01%～0.05%苯扎溴铵溶液）擦拭眼睑皮肤，做好无菌准备。为防止无菌准备中造成角膜损害，一般避免使用肥皂、洗涤剂或酒精等刺激性清洁液或消毒液。术前在结膜囊内滴用人工泪液或涂抹抗生素眼膏，防止角膜干燥和免受污染。

3. **手术麻醉**　眼科手术通常需要对宠物施行全身麻醉，如为角膜或眼内手术还需配合眼表面麻醉和球后麻醉，确保身体和眼球不动并使眼组织完全失去痛觉。麻醉前皮下注射阿托品适用于大多数手术，但穿透性角膜移植术不宜使用，因会影响手术所需要的瞳孔缩小。作为麻醉诱导，静脉注射舒泰（8～15mg/kg）、硫喷妥钠（8～12mg/kg）或丙泊酚（6mg/kg）至产生麻醉效应，然后气管插管吸入异氟烷或七氟烷维持麻醉。如果缺乏气体麻醉条件，可将丙泊酚和氯胺酮按一定比例混合静脉点滴，能使麻醉过程维持平稳，有利于手术顺利进行。当然对于眼睑、结膜或瞬膜的短时小手术，单纯使用舒泰（10～15mg/kg）或静松灵（1.5～2mg/kg）合并氯胺酮（5～10mg/kg）肌肉注射，也能满足手术要求。全身麻醉可减少泪液生成，尤其使用阿托品后，为防止角膜干燥，应在麻醉或手术中用洗眼液或平衡盐溶液多次滴眼。泪液减少可能会持续到术后24h，所以术后1～2d内用眼药膏防止角膜干燥十分必要。

4. **术后护理**　手术完成后，注意使宠物安静、平稳地复苏，防止其嘶叫、头颤、摩擦或搔抓眼睛，为此术后应使用镇痛剂减轻术部不适或疼痛，同时务必给其戴上伊丽莎白颈圈，颈圈扩展长度超过其鼻子4～8cm，这是防止其摩擦或搔抓术眼的重要防护措施。术后5～7d内局部使用抗生素和皮质类固醇制剂，以控制术眼炎症和水肿的发展，尤其在眼睑、结膜和角膜手术后均需使用。术后如果眼内出现黏液脓性分泌物，可能提示结膜或角膜发炎及形成溃疡。

二、眼睑内翻

眼睑内翻是指睑缘向眼球方向内卷，以致睫毛和眼睑刺激眼球的一种反常状态，临床多见沙皮犬、松狮犬、洛威犬、英国斗牛犬等部分犬种多发眼睑内翻，以羞明、流泪、角膜混浊或溃疡等为主要症状；猫较少发生。

（一）病因

眼睑内翻可分为先天性和后天获得性，其中先天性眼睑内翻主要是遗传基因所致，属于上述一些品种的眼部发育特点，通常都需要施行手术矫正；获得性眼睑内翻主要见于三种原因，一是角膜擦伤、干性角膜结膜炎（泪液缺乏）、眼内进入异物等急性或疼痛性眼病可引起眼睑痉挛性内翻，但随着疼痛消除便可恢复正常，临床比较多见；二是慢性结膜炎或结膜手术后可能导致睑结膜或睑板瘢痕性收缩，这种情况较少；三是部分老年犬眼眶脂肪减少，眼球凹陷使眼睑失去正常支撑，从而出现一定程度的眼睑内翻，但一般很少引起眼部症状。

（二）症状

从临床实际观察，患病犬猫内翻的眼睑位置与程度有很大不同，有的患病犬猫仅表现一侧上、下眼睑或外眦处发生内翻，严重病例则表现双眼上、下眼睑大部分发生内翻。由于睑缘皮肤或睫毛对眼球的持续性摩擦，患眼羞明、流泪，结膜充血、水肿，角膜呈不同程度的混浊，周边常形成纤细的新生血管，严重病例的角膜多发生溃疡，有的甚至穿孔继发虹膜前粘连（图41-2-1、图41-2-2）。

（三）诊断

依据患眼外貌及典型的眼部异常容易做出诊断，如果查明病因并采取合理治疗措施，有利于确保疗效。

（四）治疗

通常情况下，对成年患病犬猫表现的眼睑内翻应尽快施行手术矫正，这是改善和消除患眼所出现结膜炎和角膜炎症状的基础。常用手术方法是在距内翻睑缘2～3mm处做一半月形皮肤切口，然后将切口两边拉拢缝合。具体方法是犬或猫全身麻醉，患眼朝上侧卧保定，环绕术眼3cm左右范围内常规剃毛和消毒处理，在有齿镊的配合下，用止血钳平行于睑缘钳夹需切除的皮肤约30s，钳夹的长度与内翻的睑缘相等，宽度依内翻矫正的程度而定，一般2～3mm宽，然后除去止血钳，用钝头剪剪去皮褶，或用手术刀沿着止血钳将其钳夹的眼睑皮肤切除掉，采用不吸收缝线和单纯间断缝合法缝合眼睑皮肤切口（图41-2-3、图41-2-4）。术部和结膜囊内涂布少量红霉素或金霉素眼膏，患犬颈部戴伊丽莎白圈防止搔抓术眼，术后7～10d拆线。皮肤缝合后应使眼睑稍外翻，手术创缘距睑缘越近，则越易矫正内翻的眼睑。对于严重的眼睑内翻病例，可用可吸收缝线垂直于切口方向对皮下组织做2～3针结

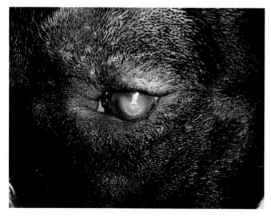

图41-2-1　犬眼睑内翻矫正前

洛威犬左眼上下眼睑均发生内翻，以下眼睑内翻严重，睑缘与角膜直接接触，角膜中央混浊和溃疡。

（佛山先诺宠物医院）

图41-2-2　猫眼睑内翻矫正前

该猫左下眼睑内翻，刺激角膜出现新生血管。

（广州致远动物医院）

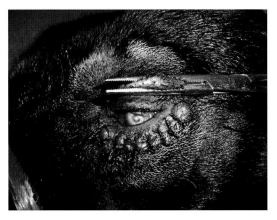

图41-2-3　犬眼睑内翻矫正中

对下眼睑已进行矫正，在对内翻的上眼睑进行矫正中，用止血钳钳夹拟切除的眼睑皮肤。

（佛山先诺宠物医院）

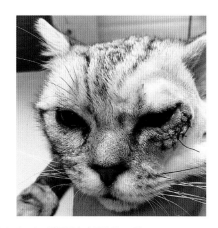

图41-2-4　猫眼睑内翻矫正后

在下眼睑内翻处切除一月牙形皮肤条，将创缘拉拢缝合。

（广州致远动物医院）

节缝合，然后再缝合皮肤。这样易于矫正内翻，并可防止复发。对于患眼已出现的结膜炎和角膜炎症状，需参照结膜炎和角膜炎的治疗方法。

怀疑角膜擦伤或眼内异物等原因引起的疼痛性、痉挛性眼睑内翻，可用盐酸丙美卡因滴眼液滴眼行表面麻醉，如果患眼自然睁开，便有助于观察睑缘的正常位置，并对患眼进行细致的检查和相应治疗。

三、结膜炎

结膜炎是宠物临床最常见的眼病，也是许多其他眼病的原发或继发症状之一，主要表现为眼结膜的炎症过程，以患眼羞明、流泪，结膜充血、水肿及眼的分泌物增多为特征。

（一）病因

结膜炎的致病因素十分复杂，一般可以简单地分为以下四类。

1. 机械性因素　如先天性眼睑内翻或眼睑缺损，结膜囊进入飞虫或沙子等异物，宠物玩耍、打斗时可造成眼部损伤。

2. 化学性因素　如用驱虫杀虫药品或药性沐浴液给宠物洗澡时不慎流入结膜囊内，或携带宠物进入有刺激性气味的环境中。

3. 感染性因素　当结膜遭受以上某种机械性或化学性因素刺激后很容易继发细菌感染，因为结膜囊本身就有少量常驻的条件性致病菌，这是普通眼病中结膜炎的感染源，其特点多为一只眼睛发生。新生仔猫出生后睑裂闭合，结膜囊内常发生葡萄球菌感染，一眼或两眼可发生结膜炎或角膜结膜炎。在犬瘟热、传染性肝炎、埃立克体病及猫疱疹病毒、杯状病毒或鹦鹉热衣原体感染等常见传染病经过中，大多并发或继发细菌感染，出现化脓性结膜炎症状，其特点基本为两只眼睛发病。王立（2007）对北京地区正常犬结膜囊内细菌菌群的分布情况进行了研究，结果显示，采自80只正常犬的160个样本中，细菌培养阳性率为34.38%，革兰氏阳性菌为结膜囊内主要的常在菌，约占检出细菌总数的64.4%，革兰氏阴性菌占35.6%，葡萄球菌是结膜囊内最常分离到的细菌，并且以中间葡萄球菌为主；其余菌种按所占比例，依次为非发酵菌（如绿脓杆菌）、肠杆菌、奈瑟氏菌和红球菌、链球菌、微球菌、棒状杆菌和其他菌属。这一研究结果对犬结膜炎的治疗用药提供了重要的参考。寄生虫感染主要为丽嫩吸吮线虫寄生于犬的结膜穹窿和第三眼睑穹窿，引起轻度结膜炎症状。

4. 过敏性因素　异位性皮炎、食物过敏、药物过敏等局部或全身过敏时，也有可能出现结膜炎症状，其特点自然为两只眼睛异常。

（二）症状

临床常根据患眼分泌物的性质，将其分为以下两种类型。

1. 卡他性结膜炎　以眼角流出或睑缘黏附浆液性或浆液黏液性分泌物为特征，指各种病因所引起的各种类型结膜炎的早期，可见患眼羞明、流泪，眼睑肿胀，球结膜潮红、水肿等急性症状（图41-3-1）。当急性结膜炎转为慢性后，结膜充血程度可能减轻，或不再有充血水肿现象，也不见有明显的流泪或眼分泌物，但睑结膜常逐渐变厚呈丝绒状外观（图41-3-2）。

2. 化脓性结膜炎　以眼角流出或睑缘黏附多量黏液脓性或纯脓性分泌物为特征（图41-3-3），严重病例上下睑缘常被脓性分泌物黏着在一起，结膜充血肿胀严重，多见于结膜损伤或炎症继发细菌感染或上述传染病经过中。卡他性或化脓性结膜炎有时波及角膜，常引起角膜炎而表现混浊或溃疡，称之为角膜结膜炎。新生仔猫生理性睑缘粘连期如果发生脓性渗出性结膜炎，结膜囊内蓄积多量脓性分泌物，可能发生睑（结膜）球（结膜或角膜）粘连，闭合的眼睑明显突出。

猫感染疱疹病毒、杯状病毒或鹦鹉热衣原体常表现急性卡他性结膜炎（图41-3-4）或化脓性结膜炎，或同时发生睑球粘连，结膜炎常波及角膜而导致角膜结膜炎（图41-3-5、

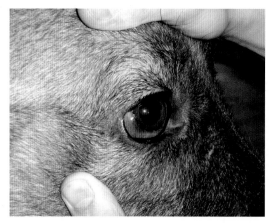

图41-3-1　犬卡他性结膜炎（1）

球结膜充血水肿，角膜完好。

（佛山先诺宠物医院）

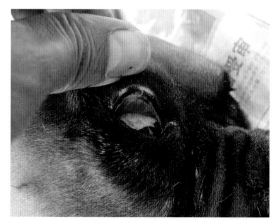

图41-3-2　犬卡他性结膜炎（2）

结膜充血且增厚呈丝绒样外观。

（佛山先诺宠物医院）

图41-3-3　犬化脓性结膜炎

两眼羞明，睑缘黏附多量黏液脓性分泌物。

（佛山先诺宠物医院）

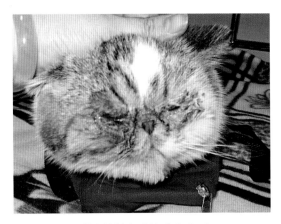

图41-3-4　猫卡他性角膜结膜炎（1）

两眼羞明，睑缘黏附浆液黏液性分泌物。

（佛山先诺宠物医院）

图41-3-6）。鹦鹉热衣原体慢性感染的患猫，在肿胀、充血和肥厚的结膜表面时有被覆一层淡红黄色或淡灰黄色的薄膜，称为伪膜性结膜炎；或因结膜上皮下固有层的淋巴滤泡增生，而在结膜囊或第三眼睑球面形成多量小而圆、半透明的滤泡，称为滤泡性结膜炎。

（三）诊断

依据患眼出现的典型症状，对结膜炎做出诊断并不困难，而较困难的是分析并确定致病因素，分析是普通眼病还是某些感染性疾病的眼部表现，如此才能进行科学有效的治疗。

机械性或化学性因素引起的结膜炎，通常有清晰的主诉和发生过程，若病程迁延或用药不当通常继发细菌感染，容易做出正确的诊断。

犬猫感染特定病原或发生某种传染病时，不仅表现该传染病的一些典型症状，出现全身多系统异常，也可能表现结膜炎症状，如猫疱疹病毒感染可引起发热和上呼吸道感染症状，并且易发生疱疹性角膜炎或角膜树枝状溃疡，而猫杯状病毒感染除了全身症状外，还容易发生严重的口腔溃疡。所以，尽可能采用相应的传染病病原检测试纸卡进行快速检测，有助于

图41-3-5　猫卡他性角膜结膜炎（2）

左眼结膜充血水肿严重，角膜尚好。

（佛山先诺宠物医院）

图41-3-6　猫卡他性角膜结膜炎（3）

右眼结膜充血水肿，与混浊的角膜发生粘连。

（佛山先诺宠物医院）

对疾病做出正确的诊断。

结膜抹片检查对急性或慢性病例都有意义，通过镜检观察感染菌及炎性细胞浸润的特点，有助于对病因做出诊断。如细菌感染可见大量中性粒细胞，病毒或衣原体感染可见大量淋巴细胞和单核细胞，过敏性因素可能见到较多的嗜碱性或嗜酸性粒细胞，猫嗜酸性结膜炎以嗜酸性粒细胞和肥大细胞浸润结膜为特点。结膜抹片检查方法：犬猫全身镇静，患眼表面麻醉，用无菌小刮匙在结膜囊内向同一方向刮擦数次，获得的样品可转移到清洁载玻片上均匀涂抹，革兰氏染色或瑞-姬氏染色镜检后立即观察，或送专业实验室进行细菌、衣原体或疱疹病毒等的鉴定诊断。

对于慢性病例，进行Schirmer泪液量检查有良好作用，能够明确炎症是否与泪液分泌不足有关。

（四）治疗

首先应用生理盐水或犬猫专用洗眼液洗眼，对机械性或化学性因素引起的结膜炎，可以选用氯霉素、氧氟沙星或环丙沙星滴眼液等滴眼，如结膜充血水肿严重，且角膜无损伤或溃疡，可配合皮质类固醇如可的松滴眼液交替滴眼，每天3～4次，连滴数天至症状改善和消除。

对怀疑或诊断为过敏性因素引起的结膜炎，或虽病因不明但无全身症状的单纯结膜炎病例，可以试用复方新霉素滴眼液、复方妥布霉素滴眼液或典必殊眼膏，具体使用可在白天用滴眼液滴眼3～4次，夜晚将眼药膏涂抹于结膜囊内，连用数天。

对于无全身症状的猫结膜炎病例，应当考虑衣原体感染的可能性，在无法确诊病原的情况下，可试用金霉素或四环素眼膏，炎症剧烈时可投服强力霉素，每次每千克体重10mg，每天3次，连用数天可望症状改善（图41-3-7、图41-3-8）。如果发现结膜囊内有过多的淋巴滤泡，局部滴用皮质类固醇制剂能减少滤泡的数量和范围，也可用无菌小纱布块将结膜上的淋巴滤泡人工擦除，以减轻和消除其对眼睛的摩擦刺激，但同时也会诱发结膜的急性炎性反应。

对于确诊为泪液分泌不足引起的干眼症病例，除了适当应用上述抗菌滴眼液外，应当配

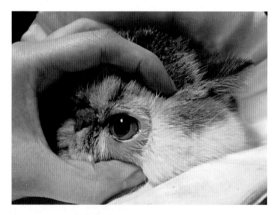

图41-3-7　猫卡他性角膜结膜炎（4）

左眼结膜囊涂金霉素眼膏并投服强力霉素，治疗3d后球结膜炎症消退。

（佛山先诺宠物医院）

图41-3-8　猫卡他性角膜结膜炎（5）

手术分离右眼结膜与角膜粘连，结膜囊涂金霉素眼膏并投服强力霉素，几天后球结膜炎症消退，角膜基本恢复透明。

（佛山先诺宠物医院）

合使用某种人工泪液，如羧甲基纤维素钠滴眼液（亮视）、右旋糖酐羟丙甲纤维素滴眼液（泪然）、复方硫酸软骨素滴眼液或人工泪液滴眼液等。

对于同时有全身症状的病例，应考虑发生全身感染（传染病）的可能，在正确诊断基础上进行相应的全身抗菌、抗病毒治疗，并根据结膜和角膜的病理表现，选用鱼腥草滴眼液、利巴韦林滴眼液、阿昔洛韦滴眼液或三氟尿苷滴眼液，后者尤其适用于猫疱疹病毒感染，能明显改善患猫的眼部症状。每2～3h滴眼1次，待病情好转后改为每4h滴眼1次，使用时间不超过3周。

对吸吮线虫引起的结膜炎，先用眼科镊拉开第三眼睑，然后用浸以生理盐水的小棉签插入结膜囊或第三眼睑后间隙将虫体擦出，也可皮下注射伊维菌素使虫体死亡，之后根据结膜炎症性质与程度，选用以上药物治疗。

四、瞬膜突出症

瞬膜突出是指瞬膜突出于结膜囊持续性遮盖角膜及眼球的异常现象，犬猫均有发生，其原因十分复杂。

（一）病因

犬的瞬膜及瞬膜与眼球、下眼睑联系的组织内没有肌肉，瞬膜活动或瞬膜游离缘与眼球的相对位置被动的受眼球突出和后缩影响，眼球向前使瞬膜退缩，眼球向后使瞬膜突出。所以，任何能引起眼球后缩或凹陷的疾病均可导致瞬膜被动性突出，如遗传性小眼球、疾病导致机体脱水（如犬瘟热、猫瘟病例濒死期）等可见瞬膜突出。

此外，宠物打斗中造成瞬膜损伤水肿，角膜外伤、溃疡或前色素层炎等疼痛性眼病，某些疾病导致的肌紧张（如破伤风）、猫霍纳氏综合征（Horner's syndrome）或猫绦虫感染等，也能不同程度地导致瞬膜突出。

（二）症状

一只或两只眼的瞬膜呈部分或全部的持续性突出（图41-4-1），因遮盖角膜的程度不同而对视力造成一定影响。不同病因还可表现相应的眼部其他症状或全身症状，如猫霍纳氏综合征除表现瞬膜突出以外，也有上眼睑下垂、眼球内陷、瞳孔缩小等表现（图41-4-2）。

（三）诊断

瞬膜突出症的诊断并不困难，关键是要诊断出造成瞬膜持续突出的原因，如此才能进行正确合理的治疗。因此，首先应根据有无其他全身症状，分析瞬膜突出是单纯的眼部异常还是全身性疾病的局部表现，依据分析结果做必要的眼科检查如瞳孔反射、角膜荧光素检查、眼内压测量等，无明显眼部因素或有全身症状的应当进行常规实验室检查。

（四）治疗

对于外伤造成的瞬膜水肿性突出，可在全身镇静或麻醉下，如前所述，用0.05%苯扎溴

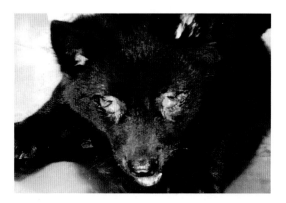

图41-4-1 双眼外伤性瞬膜突出（1）

该犬与其他犬只打斗造成双侧瞬膜水肿增厚而突出，未见撕裂伤。

（佛山先诺宠物医院）

图41-4-2 猫霍纳氏综合症（1）

该猫因骨折、气胸和厌食，在其左侧颈部埋置咽食道饲管后导致左眼霍纳氏综合症，可见左眼上睑下垂，瞬膜突出，瞳孔缩小。

（谢冠晖）

铵溶液或0.2%～0.5%洗必泰溶液对患眼结膜囊及眼睑皮肤进行无菌准备，然后手持一次性注射器针头无菌针刺瞬膜多次，使用无菌小纱布垫轻轻压迫使其水肿消除，如瞬膜还有撕裂伤口，可用3-0～5-0PGA缝线缝合，之后在结膜囊内涂抹抗生素眼膏，再用不吸收缝线对眼睑施行暂时缝合（图41-4-3），4～5d后拆除眼睑缝线。

猫霍纳氏综合征表现的瞬膜突出，多数具有自限性，一般于1～2个月后恢复正常或症状改善（图41-4-4）。如瞬膜突出影响视力，可用0.1%肾上腺素或2.5%去甲肾上腺素溶液滴眼，每日1～2次，会有明显效果。

保守疗法治疗无效的且影响视力的瞬膜突出，可施行瞬膜游离缘切除术或瞬膜软骨切除术，使用3-0～5-0PGA缝线将瞬膜切口缘进行缝合，然后在结膜囊内涂抹抗生素眼膏，连用3～5d。

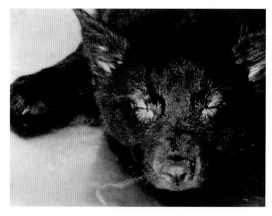

图41-4-3 双眼外伤性瞬膜突出（2）

使用一次性注射器针头穿刺和轻轻挤压瞬膜，水肿完全消退，结膜囊涂抹四环素可的松眼膏，眼睑暂时缝合并保留4～5d。

（佛山先诺宠物医院）

图41-4-4 猫霍纳氏综合症（2）

未进行特异性治疗，术后2个月复诊时患眼已完全恢复正常。

（谢冠晖）

五、瞬膜腺脱出

瞬膜腺脱出是指单纯瞬膜腺的脱出，即瞬膜腺由瞬膜球面向外翻转至眼内角，而瞬膜与眼球的相对位置并无明显改变。北京犬、西施犬、沙皮犬、美国可卡犬、英国斗牛犬、巴萨特猎犬、比格犬等品种多发本病，以结膜炎、角膜炎或角膜溃疡为主要症状。

（一）病因

瞬膜腺是附着于瞬膜球结膜面的小腺体，其分泌物与泪腺分泌物共同保持眼睑和角膜的滑润。瞬膜腺脱出的具体病因并不十分清楚，可能与眼球遭受异物刺激或局部应激、腺体分泌过剩或腺管阻塞等有关，结果导致瞬膜腺增大越过瞬膜游离缘突出于眼内角处。由于某些品种犬多发本病，所以有人认为本病具遗传易感性。猫很少发生。

（二）症状

患病犬猫通常先表现一侧眼瞬膜腺脱出，不久另一只眼的瞬膜腺也表现脱出，在眼内角出现一个鲜红色或暗红色的黄豆大小的软组织块，状似樱桃，故常称之樱桃眼（图41-5-1至图41-5-3）。瞬膜腺脱出和暴露后容易继发损伤和感染，腺体表面上皮糜烂或出血，患眼多有黏液脓性分泌物，甚至发生角膜混浊或溃疡。

（三）诊断

依据患眼出现的典型症状，容易做出诊断，但具体病因一般很难明确。

（四）治疗

通常需要进行手术治疗，具体有两种方法：一是将脱出的瞬膜腺（似樱桃样的软组织块）完整切除（图41-5-4至图41-5-8），一是将腺体包埋送回原来的位置，因为切除腺体

图41-5-1 犬双眼瞬膜腺脱出

在两侧眼内角出现一个鲜红色黄豆大小的软组织块，状似樱桃。

（佛山先诺宠物医院）

图41-5-2 犬右眼瞬膜腺脱出

瞬膜腺表面上皮糜烂，患眼表现结膜炎症状，有多量黏液脓性分泌物。

（佛山先诺宠物医院）

图41-5-3 猫左眼瞬膜腺脱出

脱出的瞬膜腺似玉米粒大小，患眼湿润，上下眼睑红肿，但角膜良好。

（董轶）

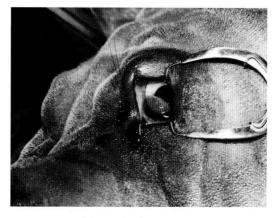

图41-5-4 犬左眼瞬膜腺摘除术（1）

犬全身麻醉，患眼常规无菌准备，可见越过瞬膜游离缘的鲜红色瞬膜腺。

（周庆国）

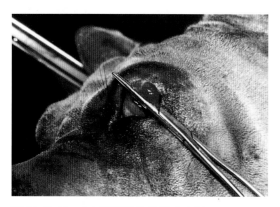

图41-5-5 犬左眼瞬膜腺摘除术（2）

使用直头止血钳夹住瞬膜腺基部。

（周庆国）

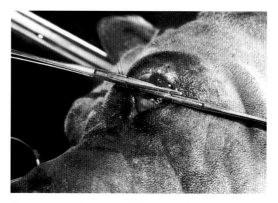

图41-5-6 犬左眼瞬膜腺摘除术（3）

将另一把直头止血钳反向紧贴下面止血钳夹住瞬膜腺。

（周庆国）

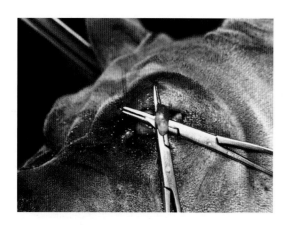

图41-5-7 犬左眼瞬膜腺摘除术（4）

把持下面止血钳不动，顺或反时针缓慢旋转上面止血钳。

（周庆国）

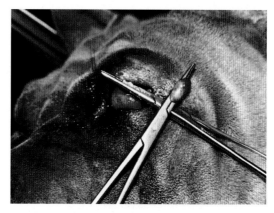

图41-5-8 犬左眼瞬膜腺摘除术（5）

大约旋转10s后瞬膜腺断离，即可松解下面的止血钳，基本达到滴血不出的效果。

（周庆国）

后有发生干眼症的风险。有资料指出，多数干眼症病犬均有数年前瞬膜腺被切除的记录。所以，治疗本病应首先采用腺体包埋法。犬猫全身麻醉和侧卧保定，患侧眼周、瞬膜腺和结膜囊做无菌准备，将瞬膜外翻暴露瞬膜腺后，分别在腺体背侧和腹侧做弧形切口，然后将腺体压下去，使用可吸收缝线（如PGA 6-0）将创缘连续缝合，线结打于瞬膜睑面一侧。如果瞬膜腺因脱出时间久而损伤坏死或发生肿瘤样变，可考虑施行瞬膜腺摘除法。术后给犬猫戴伊莉莎白项圈，结膜囊涂抹抗菌素眼膏，至少7d。

六、角膜炎

角膜炎主要是以角膜的病变为特征，轻微的角膜病变可为角膜上皮擦伤或混浊，严重角膜病变为不同程度的溃疡甚或穿孔。由于角膜与结膜的组织学联系，犬猫发生角膜炎时，往往同时伴有结膜炎症状。犬猫的角膜炎或病变十分多见，病因多样，症状复杂，治疗方法丰富，如延迟治疗或治疗不正确，往往对视力造成严重损害。

（一）病因

眼睑形态异常（如眼睑内翻或外翻）、干眼症、眼球突出、结膜感染、慢性的角膜刺激、免疫介导因素和巩膜炎症是引起非溃疡性角膜炎的常见原因。当感染或刺激因素持续存在造成角膜上皮丢失过多，或眼睑和泪液对角膜的保护不够时，就容易引起溃疡性角膜炎。猫角膜炎多见于猫疱疹病毒 I 型感染。

（二）症状

1. 非溃疡性角膜炎　在犬主要表现为慢性的浅表性的角膜炎、色素性角膜炎、肉芽肿性巩膜外层炎和干眼症，这些疾病在临床上多数都呈现慢性经过，会在眼表见到轻度混浊（图41-6-1）、异常的色素沉着和数量不等的新生血管爬行。在猫主要表现为疱疹病毒性角膜炎、嗜酸性角膜炎和坏死性角膜炎（角膜腐骨），这些疾病在临床上多数都会表现角膜基质水肿，新生血管浸润，严重时发展为角膜溃疡。

2. 溃疡性角膜炎　表现为角膜上皮甚或基质层的缺损，因疼痛而表现眼睑持续痉挛、羞明，有多量浆液黏液性分泌物，开睑检查可见角膜呈局部或广泛的淡蓝色云雾状混浊（图41-6-2）。病程持续过长时，可见角膜有新生血管爬行。顽固性角膜溃疡可能表现为疏松的上皮与角膜基质黏附不牢固（图41-6-3），严重的溃疡性角膜炎可能发展为角膜后弹力层膨出或角膜穿孔（图41-6-4），如果不采取积极的治疗，最终会导致视力丧失（图41-6-5）。猫的坏死性角膜炎可能与感染疱疹病毒有关，表现为角膜表面出现棕黄色至褐色的沉着物（图41-6-6），同时经常还伴有呼吸道症状。

（三）诊断

对于慢性经过的病例，在怀疑该动物患角膜炎的时候，要先进行角膜或结膜细胞学的检查或是进行细菌培养，对于怀疑有干眼症的病例要进行泪液量的检查，然后进行荧光素钠染

图41-6-1　犬非溃疡性角膜炎

角膜局部水肿混浊，其他部位透明，局部使用抗菌素和皮质类固醇眼药即可。

（北京芭比堂动物医院）

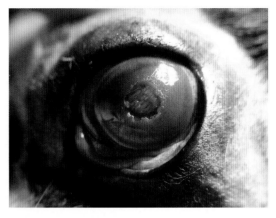

图41-6-2　犬溃疡性角膜炎

角膜全部混浊，中央溃疡，周边密布新生的血管，治疗宜施行结膜瓣或瞬膜遮盖术。

（北京芭比堂动物医院）

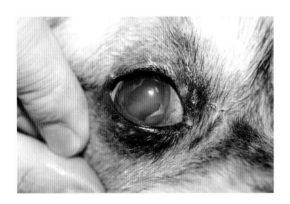

图41-6-3　犬自发性慢性角膜上皮损害

角膜轻度混浊，上皮层与基质层分离，治疗应清除掉角膜表面剥脱游离的上皮，然后用贝复舒或金因舒滴眼，也可施行瞬膜遮盖术。

（北京芭比堂动物医院）

图41-6-4　犬眼后弹力层膨出

角膜局部上皮及浅层基质缺损，后弹力层膨出，治疗宜施行结膜瓣遮盖术。

（佛山先诺宠物医院）

图41-6-5　犬角膜溃疡穿孔

角膜穿孔后发生虹膜前粘连，穿孔处可见黑色虹膜、前房消失，急性病例治疗需分离角膜与虹膜粘连，施行板层或穿透性角膜移植术并恢复前房，才有可能恢复视力。如果病情迁延且继发青光眼，需摘除眼球。

（佛山先诺宠物医院）

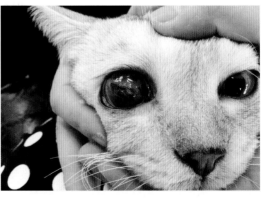

图41-6-6　猫局灶性角膜坏死

角膜基本混浊，上皮和浅层基质有局灶性褐色至黑色坏死灶，治疗应谨慎将其完整切除，然后施行结膜瓣遮盖术，术后宜选抗疱疹病毒类眼药滴眼。

（陈义洲）

色诊断是否有角膜溃疡的存在。最后对眼睛的所有附属器官进行检查，排除潜在因素（结膜囊异物、眼睑形态异常、睫毛异常、干眼症、色素层炎、青光眼等）。判断溃疡的深度对治疗有十分重要的意义。

（四）治疗

根据诊断结果进行治疗。非溃疡性的角膜炎无需手术治疗，主要是靠局部滴用眼药。如果患眼有较多的分泌物，应先用生理盐水或犬猫专用洗眼液将患眼洗净后再用眼药。控制感染和炎症常用氯霉素滴眼液、氧氟沙星滴眼液等，对于角膜水肿、混浊或免疫介导的角膜炎，可用含有皮质类固醇的眼药如复方硫酸新霉素滴眼液（每1mL含硫酸新霉素3.0mg、地塞米松磷酸钠1.0mg、玻璃酸钠2.0mg）或复方妥布霉素滴眼液（含妥布霉素15mg和地塞米松5mg）滴眼，每天4～6次，必要时也可投服皮质类固醇。将适量的庆大霉素或妥布霉素与2.5%强的松龙混悬液混合后进行球结膜下注射，是减轻和消除角膜水肿、混浊症状的常用方法，每周1～2次。1%环孢霉素滴眼液能减少和消除角膜新生血管和色素沉着，每天2次，每次1滴，当症状改善后即可减少使用次数。

发生溃疡性角膜炎时，应先矫正潜在因素（如眼睑内翻或外翻、干眼症等），在预防和控制感染的基础上，最好使用贝复舒、金因舒、素高捷疗等眼药促进角膜上皮生长，而应避免使用含有皮质类固醇的滴眼液或眼膏，也应避免对深度角膜溃疡病例使用眼膏。一般主要伤及角膜上皮的"简单"溃疡，通常7d就可以愈合；而伤及角膜基质层的"复杂"溃疡，愈合时间一般超过7d。在治疗角膜炎的同时，给予一定量的人工泪液对角膜的修复是有帮助的，如泪然、1%透明质酸钠（爱丽眼药水）。当溃疡深度超过角膜基质厚度的一半以上时，就应采取手术治疗。

常用的手术方法是瞬膜或结膜瓣遮盖术，前者适用于伤及角膜上皮的"简单或单纯性"溃疡，后者适用于伤及角膜基质层的"复杂性"溃疡，因为后者既可起生物绷带的作用，又有完整的血液供应，能为缺损或可能穿孔的角膜提供更好的保护和促进溃疡愈合，但溃疡愈合后也会有少量结膜组织残留在原处而呈现一定程度的混浊。随着时间延长（可能需要数月），残留的结膜组织会逐渐变薄而使混浊程度得以改善，甚至趋于透明（在猫特别明显）。瞬膜遮盖术的操作方法比较简单，具有普通外科手术基础的医生均可施行，一般保留7～14d拆除缝线，保留时间依溃疡大小和深度而定。结膜瓣遮盖术需要有眼科手术经验的医生施行，主要难度是将分离出的结膜瓣固定到角膜溃疡周围，缝合深度需达角膜全厚的3/4最好，且不可穿透角膜。术后给犬猫戴伊丽莎白颈圈，防止其自我抓蹭非常重要。患眼滴用广谱抗菌制剂如托百士或典必舒等，同时使用促进角膜上皮生长的药物如贝复舒或金因舒等，以及角膜营养润滑剂如玻璃酸钠滴眼液等。角膜穿孔病例有继发色素层炎的风险，因此要考虑局部使用皮质类固醇类药物防止发生虹膜前粘连。结膜瓣的保留时间要长，待炎症平息且眼一般症状完全消退，需剪去溃疡周边的结膜瓣，有利于逐渐恢复角膜透明性。剪除结膜瓣后术眼可能出现3～5d的轻微炎症反应，只需常规使用抗菌素滴眼液和给患病犬猫佩戴伊丽莎白颈圈即可。

七、前色素层炎

前色素层炎又称为虹膜睫状体炎，是一种病因复杂且相对较少发生的眼病，主要是以虹膜和房水的病理变化为特征。

（一）病因

1. 原发性前色素层炎　主要指眼外伤或角膜穿透伤、前房穿刺术或眼内手术（如抗青光眼手术、白内障摘除术）等引起的本病，临床上一般较少发生。

2. 继发性前色素层炎　多是由于某些病毒、细菌、真菌、寄生虫等感染的结果，或者说是某些病原引起全身感染的眼部表现，如犬传染性肝炎、犬埃立克体病、猫传染性腹膜炎、猫白血病、猫艾滋病、猫弓形虫病或弓首蛔虫、钩虫、心丝虫幼虫移行等，均有可能引起前色素层炎。此外，感染布鲁氏菌、钩端螺旋体、芽生菌、组织胞浆菌、球孢子菌或隐球菌，也有可能引起前色素层炎。老年犬猫白内障过度成熟后，晶状体皮质液化从晶状体囊逸出，能引起晶体诱发性色素层炎。

（二）症状

主要表现为虹膜和房水的病理变化：原发性前色素层炎常见前房有血液积聚，虹膜可能充血或新生血管化，瞳孔括约肌痉挛致瞳孔缩小（图41-7-1、图41-7-2），如果病程迁延，可能会发生虹膜后粘连。继发性前色素层炎常见前房积脓，即前房底部有纤维素样渗出物积蓄，呈半透明或混浊絮片状，并非细菌感染，有时可引起继发性青光眼（图41-7-3）。由于房水性质改变，可能引起晶状体变性，或继发白内障导致视力损害。同时，患眼也常出现结膜炎和角膜炎的一般症状，即羞明流泪，眼睑痉挛，瞬膜突出，角膜轻度水肿或呈弥漫性混浊，周边有明显的细扫帚状血管增生（图41-7-4）。

（三）诊断

根据临床症状对本病做出诊断并不困难，而困难在于对于病因或病原做出诊断。为此，应在临床一般检查和全面眼科检查的基础上，进行包括血常规、血清生化和尿常规的全面检验，以期发现全身异常及疑似疾病线索，并根据提示采集病料进行有关病原学或血清学筛查。目前，临床有多个品牌的犬猫病原快速检测试纸卡（板），可以用于犬传染性肝炎、犬埃里希体病、猫传染性腹膜炎、猫白血病、猫艾滋病、猫弓形虫病等的快速诊断。

（四）治疗

由于多数病例的病因不明，尤其在受检查、检验条件所限很难明确病因的情况下，应将治疗重点放在消炎、镇痛、防止虹膜后粘连和预防视力损害几个方面。早期联合使用皮质类固醇和非固醇类抗炎药滴眼，可选用醋酸氢化可的松或醋酸氟米龙滴眼液（用前摇匀），配合双氯芬酸钠或氟比洛芬钠（欧可芬）滴眼液，交替滴眼，每天4～6次；如为预防或控制细菌感染，可选用氧氟沙星滴眼液或复方妥布霉素滴眼液（含妥布霉素15mg和地塞米松5mg）

图41-7-1 猫前色素层炎（1）

右眼角膜、瞳孔无明显异常，前房底部积血。

（北京芭比堂动物医院）

图41-7-2 猫前色素层炎（2）

前房底部积血，虹膜有新生血管，瞳孔部分粘连。

（北京芭比堂动物医院）

图41-7-3 猫前色素层炎（3）

左眼虹膜新生血管化，瞳孔缘囊肿。

（北京芭比堂动物医院）

图41-7-4 猫前色素层炎（4）

左眼前房积脓，角膜和虹膜均有新生血管，角膜轻度水肿。

（北京芭比堂动物医院）

滴眼。为维持局部用药效果，可于结膜下注射甲泼尼龙醋酸酯或曲安奈德混悬液（可加少量庆大霉素），每次4~8mg，因其分解吸收缓慢，抗炎药效持久，每周1次即可。为防止虹膜缩小导致后粘连，应间断使用1%阿托品或1%托吡卡胺滴眼，使瞳孔呈持久散大状态。

对于严重的病例且确定无全身感染，可按每千克体重0.25~0.5mg投服泼尼松，每天2次，连用2~3周，之后逐渐减少用量。同时，可投服非固醇类抗炎药如阿司匹林缓冲片，连用3~5d以减轻炎症和疼痛反应。

需要提示，连续使用皮质类固醇制剂可能导致青光眼、视神经损伤、白内障或由于免疫抑制而引起的继发感染，对某些引起角膜或巩膜变薄的疾病，长期应用也可能导致角膜、巩膜穿孔，因此治疗中要注意观察角膜、晶状体和眼底变化，定期检查眼压。

当然，对于本病的治疗最好能查明病因并对因治疗，将能明显地提高治愈率。

八、青光眼

青光眼是指能引起眼压升高的、并且造成视力严重损害的一组疾病。犬猫正常眼压通常为15～30mmHg，当发生色素层（血管层）炎时眼压一般小于10mmHg，而发生青光眼时眼压则达到30mmHg以上。

（一）病因

一般分为原发性和继发性两种类型，原发性青光眼又分为开角型青光眼和闭角型青光眼。在宠物临床上，原发性青光眼中，房角过窄或房角闭合是最常见的原因，如果一只眼先发生，则另外一只眼大多也会发生。继发性青光眼多见于白内障（81%）、晶体脱位（12%）和原发性色素层炎（7%）。

（二）症状

不同类型的青光眼的临床症状是不同的。急性和亚急性病例表现为眼睑痉挛，巩膜和结膜充血，角膜水肿，瞳孔散大且对光反射迟缓、有时甚至消失，前房变浅，眼球疼痛。如果眼压高于40mmHg以上，在24～48h内就会对视网膜造成不可逆性损伤（图41-8-1）。慢性病例则表现为不同程度的疼痛，角膜新生血管和角膜水肿，牛眼，眼底检查可见视盘的杯状变化和视网膜萎缩，还可能表现有前房积血积脓、晶状体脱出、异位和白内障等（图41-8-2）。

（三）诊断

眼压计是诊断青光眼的最重要的仪器，宠物眼科临床适宜采用TonoPen或TonoVet回弹式眼压计测量，无需麻醉便可进行。人医临床以往采用的压陷式眼压计（如修兹眼压计）虽然价格低廉（仅数百元），但需对宠物麻醉后方可进行，所以并不适用。对于眼专科医生而言，需要学会使用前房角镜，以便确定青光眼是原发的还是继发的，是开角的还是闭角的。在测量宠物眼压时，需避免人为原因造成的眼压值升高。青光眼病例的眼内压一般常超过30mmHg以上。

图41-8-1 急性原发性青光眼

巩膜和结膜充血，角膜轻度混浊，瞳孔散大。

（佛山先诺宠物医院）

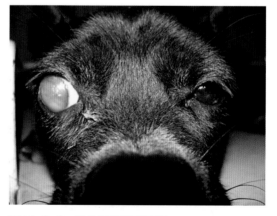

图41-8-2 慢性继发性青光眼

右眼患前色素层炎出现前房积脓，因堵塞前房角继发青光眼，眼球明显增大。

（佛山先诺宠物医院）

（四）治疗

急性青光眼病例和慢性青光眼病例的治疗方法不同，对于急性青光眼病例，应紧急用药使眼压迅速降到25mmHg以下并能长期保持。患眼可用2%毛果芸香碱或噻吗心安滴眼液滴眼，每15min一滴，直至发挥作用；同时静脉给予甘露醇，按每千克体重1～2g剂量，于30min内输完，并且注意2～4h内严格禁水，多数动物在输液后1h内眼压下降。如果用药后1h未见眼压明显下降，可在6h后重复用药，或将其立刻转诊到眼专科诊所或医院接受抗青光眼手术，以便保存视力。对于慢性青光眼病例，如患眼疼痛明显且已经失明，可以考虑通过有效地治疗原发病，而使眼压降低和消除疼痛症状；如果同时由于眼球突出已造成角膜损害，可施行眼球摘除术。

抗青光眼手术的种类很多，依手术目的不同分为内引流手术、滤过性手术（即眼外引流手术）和减少房水分泌类手术。由于大多数青光眼均因房水流出障碍而引起，所以临床上最多采用滤过性手术。滤过性手术是在巩膜、Tenon囊及结膜之间形成一个贮水池，它可吸收房水并将房水引至眼外，使得眼压下降，适应于各类原发性青光眼、经药物或内引流手术治疗无效的青光眼。在滤过性手术中以小梁切除术最多采用，其方法是在板层巩膜下切除部分小梁组织，使房水流出至Schlemm氏管或结膜下而被吸收，与传统滤过性手术的区别在于角膜缘滤过口上有一层板层巩膜瓣加以保护，滤过泡较厚实，晚期感染的发生率大为减少。因此，该手术已广泛应用于各类青光眼的治疗，是当代最流行的一种青光眼滤过引流术（图41-8-3至图41-8-8）。此外还有眼内植入物引流术，又称为引流器植入术，是将一种合成

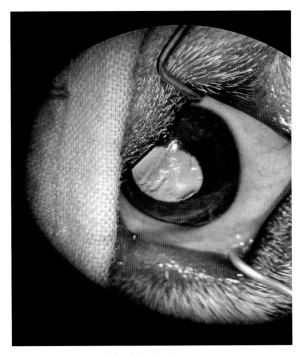

图41-8-3　犬小梁切除术（1）

患眼结膜囊常规消毒，开睑，准备做以穹隆部为基底的结膜瓣。

（刘丽梅）

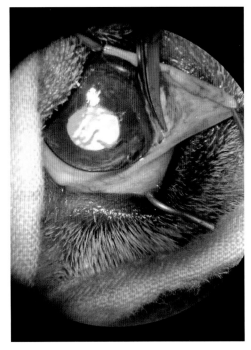

图41-8-4　犬小梁切除术（2）

使用角膜剪沿着角膜缘剪开。

（刘丽梅）

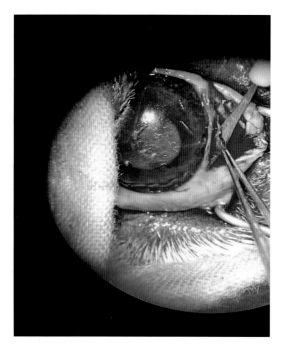

图41-8-5　犬小梁切除术（3）

用显微有齿镊和角膜剪配合，朝向角膜缘以均等厚度剖切巩膜至角膜透明区内0.5mm处，分离出Ｖ形巩膜瓣，深度不少于巩膜1/2厚度。

（刘丽梅）

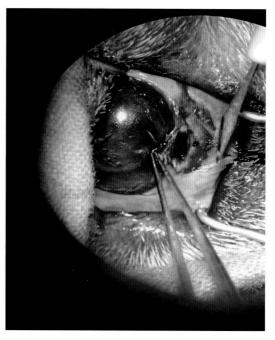

图41-8-6　犬小梁切除术（4）

提起巩膜瓣暴露角膜缘，向下切除大小约1.5mm×3mm的组织块，包含Schlemm氏管和小梁组织在内。切除小梁后通常可见部分虹膜经切口膨出，将其提起并切除，以平衡前后房压力，消除虹膜膨隆，防止前房角变窄。

（刘丽梅）

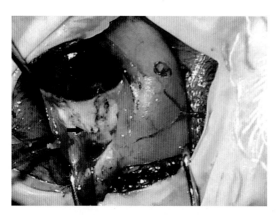

图41-8-7　犬小梁切除术（5）

用10/0单丝尼龙线分别在巩膜瓣Ｖ形角和左右两边各缝合1针。

（刘丽梅）

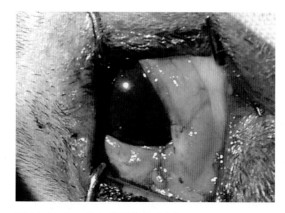

图41-8-8　犬小梁切除术（6）

将球结膜瓣复位，仍用10/0单丝尼龙线连续缝合球结膜创口，术后常规使用抗生素滴眼液预防感染。

（刘丽梅）

材料导管的纤细一端经巩膜瓣下插入前房，而将盘状一端置于球结膜和筋膜下以加大房水扩散面积，以利形成后部功能性滤过泡（图41-8-9至图41-8-11）。但有资料指出，这种手术不应列为青光眼治疗中的首选措施，而只限于其他抗青光眼手术已无法施行，或已不适合做常规青光眼手术的顽固性青光眼。各类引流器价格比较昂贵，目前已经应用于国内宠物临床。

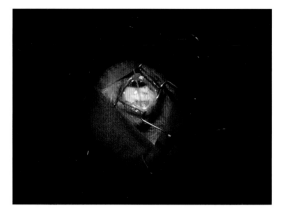

图41-8-9　青光眼引流术（1）

制作结膜瓣，将引流盘固定至巩膜上。

（北京芭比堂动物医院）

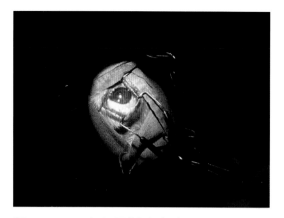

图41-8-10　青光眼引流术（2）

将引流阀的引流管植入前房后缝合结膜。

（北京芭比堂动物医院）

九、白内障

白内障又称晶状体混浊，是指晶状体及其囊膜发生混浊而引起视力逐渐下降或最终丧失的一种眼病。

（一）病因

一般分为先天性和后天性两类。先天性是由于晶状体及其囊膜先天发育异常，多与遗传有关。后天性多因年老而使晶状体代谢功能退变而发生，称为老年性白内障。此外，还继发于晶状体及其囊膜的损伤或眼内炎症，如角膜穿透创、色素层炎、视网膜炎、犬糖尿病等，由于晶状体代谢紊乱或受炎性渗出物与毒素的影响变为混浊，也可分别称为外伤性、并发性、代谢性白内障等。

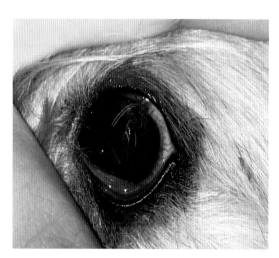

图41-8-11　青光眼引流术（3）

将引流阀及其引流管植入1周后。

（北京芭比堂动物医院）

（二）症状

白内障分单侧或双侧性，两眼发病常有先后之别，患眼瞳孔区内出现云雾状或均匀一致的灰白色混浊，视力进行性减退。使用检眼镜或裂隙灯检查眼底，可见脉络膜毯反射部分或全部消失。

（三）诊断

依据患眼瞳孔区内出现云雾状或灰白色混浊，患病犬猫视力减退或丧失，使用检眼镜不能完全清楚地看到脉络膜反射，容易做出诊断。要确切了解晶状体的混浊部位，需要使用裂隙灯显微镜检查。晶状体混浊一般发生在前囊或后囊、前皮质或后皮质、赤道部或晶体核，通常主要表现为皮质和赤道部的进行性白内障，较少发生囊和晶体核的白内障。晶体皮质白内障的发展过程分为初发期、未成熟期（膨胀期）、成熟期和过熟期，初发期多表现为晶状体赤道间皮质深部的灰白色混浊，呈楔形、辐射状排列，当混浊未波及瞳孔区时视力多无明显影响；膨胀期混浊状渐往中央发展，晶体其他部分也出现厚薄不一多形混浊区，皮质层因水分增加使晶体处于膨胀状态，此时前房变浅，晶体常有均匀之纹理、呈丝状光泽，视力减退明显并日渐加重；成熟期指经过数月或数年，晶体内的过多水分逐渐消退，膨胀现象消失，晶体全部混浊，虹膜阴影消失（图41-9-1）；过熟期指成熟期阶段过久，水分吸收，晶体的星形纹失去，变成一致的灰白色，或在灰白色混浊上显有不规则的小白点（图41-9-2）。

（四）治疗

晶状体一旦混浊就不能被改变，药物治疗一般无效，需要施行手术恢复视力。现代的白内障手术无需将混浊晶体完整取出，而是利用超声波将已混浊的晶体分解，通过吸引将破碎成乳状的晶体吸出来，保留完整的后囊膜，再将折叠的人工晶体送入囊内展开，此即超声乳化抽吸联合人工晶体植入术（图41-9-3至图41-9-10）。这种手术创口小且不用缝针，手术后两小时就能看到物体。

近年来我国北京、上海、广州、深圳、重庆、武汉等地的一些宠物医院开展超声乳化抽吸联合人工晶体植入术治疗犬猫白内障，积累了丰富的治疗经验，使因白内障失明的无数犬猫重见光明。施行手术前，必须了解玻璃体、视网膜、视乳头和视神经是否正常及脉络膜有无病变，其中采用视觉电生理仪（视网膜电位图）评估视网膜、视神经的传导功能有重要价值，可对白内障术后视力恢复进行正确的判断。如视网膜电位图正常或基本正常，则为手术的适应病例，否则即使手术成功也无法恢复视力。此外，还需评估患病宠物全身体况及应对

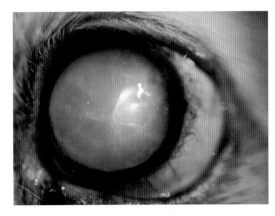

图41-9-1　成熟期白内障（1）

整个晶状体完全混浊，斜照无虹膜投影，可有光感，但看不到具体物像。

（北京芭比堂动物医院）

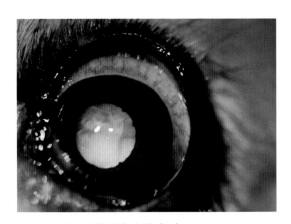

图41-9-2　过熟期白内障（2）

晶体变成一致的灰白色，在灰白色混浊上显有不规则的小白点。

（北京芭比堂动物医院）

检查治疗的配合度，所以需要提前住院2～3d接受全面的检查。白内障病例的手术时机为越早越好，不要等至所谓"成熟"后再做，此时容易发生晶状体皮质液化逸出囊外导致不同程度的色素层炎（晶体诱发性色素层炎），增加术后并发症的发生概率。手术后的并发症还包括后囊膜破裂、玻璃体脱出、视网膜脱离、虹膜损伤出血、角膜内皮损伤等，其中以后囊膜破裂最为严重，容易导致玻璃体脱出和视网膜脱离，并且无法植入人工晶体，术后视力将为

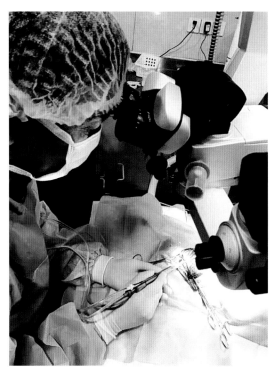

图41-9-3　犬白内障超声乳化抽吸术（1）

使用眼科显微镜将超声乳化头插入眼内。

（上海岛戈宠物医院）

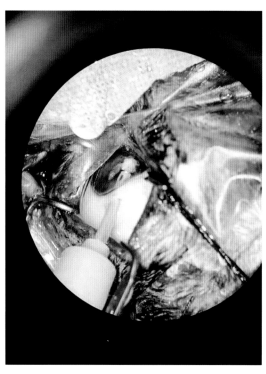

图41-9-4　犬白内障超声乳化抽吸术（2）

镜下视野可见超声乳化头插入眼前房。

（上海岛戈宠物医院）

图41-9-5　犬白内障超声乳化抽吸术（3）

将混浊的晶状体乳化且抽吸干净。

（上海岛戈宠物医院）

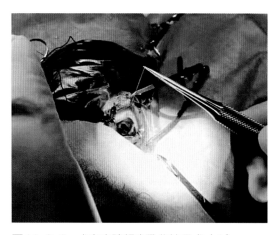

图41-9-6　犬白内障超声乳化抽吸术（4）

将结膜瓣复位后连续缝合切口。

（上海岛戈宠物医院）

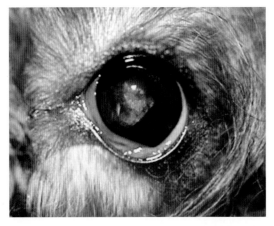

图41-9-7 伴虹膜后粘连白内障超声乳化抽吸术前

瞳孔不规则，后方为灰白色不透明的晶状体。

（北京芭比堂动物医院）

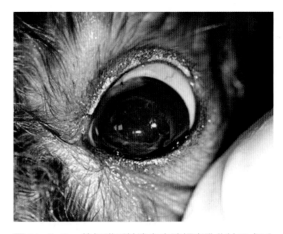

图41-9-8 伴虹膜后粘连白内障超声乳化抽吸术后

术后瞳孔后方恢复透明。

（北京芭比堂动物医院）

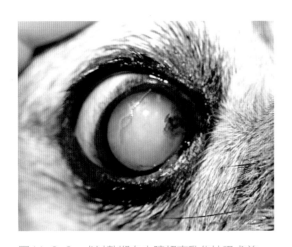

图41-9-9 犬过熟期白内障超声乳化抽吸术前

患眼瞳孔后方为灰白色不透明的晶状体。

（北京芭比堂动物医院）

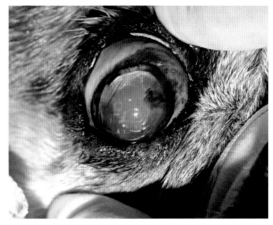

图41-9-10 犬过熟期白内障超声乳化抽吸术后

安装了美国产动物用人工折叠晶体。

（北京芭比堂动物医院）

高度远视，但仍可明显改善宠物在熟悉环境中的视觉。因此，对术后宠物应安排住院观察、监测眼压和常规抗炎等治疗，一周后无异常方可出院。

十、眼球脱出

眼球脱出是指整个眼球或大半个眼球脱出眼眶的一种外伤性眼病。临床上以短头品种犬多发，其中以北京犬、西施犬、吉娃娃犬发生率最高。

（一）病因

犬只之间咬斗或遭受车辆冲撞，特别是头部或颞窝部受剧烈震荡后容易导致眼球脱出。本病多发生于北京犬等短头品种犬，与其眼眶偏浅和眼球暴露过多（大眼睛）有关。

（二）症状

依据眼球脱出的轻重程度，可分为眼球突出和脱出两种情况。

1. 眼球突出　突出于眼眶外的眼球呈半球状，由于发生嵌闭而固定不动，眼球表面可能被覆血凝块，结膜充血、出血，角膜很快干燥、混浊无光（图41-10-1）。

2. 眼球脱出　整只眼球由高度紧张的眼肌悬垂于眼眶外，出血严重。随着脱出时间延长，角膜及整个眼球变性干燥，同时视神经乳头及视神经发生变性，视力完全丧失（图41-10-2）。

（三）诊断

依据患眼典型的外部表现，容易做出诊断。但是，还应根据临床一般检查所见，以及必要的影像学检查和血清生化检验，对全身体况进行准确的评估，以便发现和迅速治疗可能发生的其他器官系统损伤。

（四）治疗

眼球脱出后应尽快施行手术复位。根据有关资料，眼球突出后3h内整复，视力可望不受影响，若超过3h则预后慎重，若眼球完全脱出则预后不良。复位时需对患犬全身麻醉，可用生理盐水或各种商品化的宠物专用洗眼液等清洗眼球，再用浸湿的纱布块托住眼球，将突出或脱出的眼球向眼眶内按压使其复位（图41-10-3至图41-10-7）。若复位困难，可做上下眼睑牵引线以拉开睑裂或将外眼角皮肤沿睑裂切开数毫米，有助于将眼球复位。

将眼球复位后，为润滑角膜及预防感染，可用四环素或红霉素眼膏涂于结膜囊内，之后采用2~3个结节缝合将上下睑缘行暂时性缝合，保留1周左右以防眼球再次脱出，同时常规缝合已切开的外眼角皮肤切口。对脱出时间长，且已干燥坏死的眼球，应进行眼球摘除术。摘除眼球后为控制出血和渗出，可在眼眶内填塞无菌纱布（图41-10-8），次日将纱布抽出

图41-10-1　犬眼球突出（1）

眼球突出后表面干燥，角膜有损伤。

（佛山先诺宠物医院）

图41-10-2　犬眼球脱出

眼球脱出后结膜出血，角膜极干燥。

（佛山先诺宠物医院）

图41-10-3　犬眼球突出（2）

眼球突出后，结膜出血，角膜完好。

（佛山先诺宠物医院）

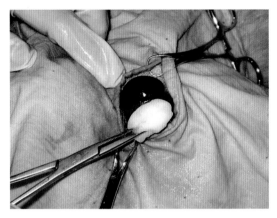

图41-10-4　犬眼球突出（3）

患眼隔离，用生理盐水棉球清洗眼球。

（佛山先诺宠物医院）

图41-10-5　犬眼球突出（4）

眼球清洗干净后，用生理盐水浸湿的纱布块将眼球缓缓
按压复位。

（佛山先诺宠物医院）

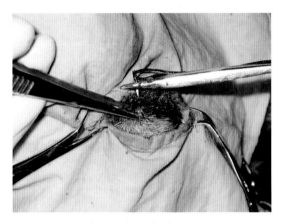

图41-10-6　犬眼球突出（5）

使用不吸收缝线对上下睑缘做3～4个结节缝合。

（佛山先诺宠物医院）

图41-10-7　犬眼球突出（6）

缝合完毕前，需向结膜囊内涂少量抗生素眼膏，有湿润
角膜和预防感染的作用。

（佛山先诺宠物医院）

图41-10-8　犬眼球突出（7）

图41-10-1病犬，因突出数天，视力恢复无望，应主人要
求行眼球摘除，结膜囊内填塞无菌纱布条，可止血和减少
炎性渗出。

（佛山先诺宠物医院）

并经外眼角滴入抗生素溶液，持续5～7d，待肉芽组织逐步填充眼眶。临床也有摘除眼球后使睑裂永久闭合的方法：将上下睑缘、瞬膜与瞬膜腺切除，采用可吸收缝线对结膜及结膜下组织进行结节或螺旋缝合，再将上下睑缘切口进行结节缝合。术后局部可涂布抗生素眼膏，或配合全身给予抗生素数天。

（董轶　刘丽梅　周庆国）

第四十二章

耳 病

哺乳动物的耳分为外耳、中耳和内耳三部分，外耳又包括耳郭和外耳道两部分。犬猫的耳病以耳郭和外耳道病多发，耳郭病包括耳郭血肿、细菌性或真菌性皮肤病（脓皮病、犬小孢子菌或马拉色菌感染），外耳道病包括外耳炎（外耳道皮肤的脓性渗出和增生）、耳螨寄生，多具有明显的局部症状和甩头晃脑、搔抓患耳的异常行为。中耳和内耳病发生较少，主要表现为中耳，或继发（并发）内耳炎，分别以头颈向患侧倾斜和以患侧为中心转弯为突出症状，这是与外耳炎症状的典型区别。严重的化脓性中耳炎可能腐蚀、破坏鼓室顶部的薄骨板，从使感染扩散至脑内引起脑脓肿、脑膜炎，因此对中耳炎病例不可忽视。

一、耳血肿

耳血肿是指在外力作用下耳部血管破裂，血液积聚在耳郭皮肤与耳软骨之间形成的肿胀。血肿多发生在耳郭软骨的内侧，偶尔也发生在软骨外侧。

（一）病因

犬猫之间玩耍、打斗，或因耳炎或耳螨寄生引起耳部瘙痒而用力甩头和搔抓耳部，结果造成耳郭内血管破裂形成肿胀。

（二）症状

耳血肿形成后，耳郭显著增厚并下垂，按压有波动感和疼痛反应（图42-1-1、图42-1-2）。穿刺放血后可见耳郭基本复原，但若缺乏有效的止血措施，很快便又重新肿胀而增厚。如反复穿刺血肿且未严格执行无菌操作，血肿腔内容易感染化脓。

（三）诊断

依据耳郭出现明显肿胀和穿刺结果，容易做出诊断。

（四）治疗

治疗目的是排出耳郭内积血并有效止血，恢复耳郭形状。由于药物对控制耳部血管出血无效，所以在穿刺放血后需要通过手术方法进行有效止血。以耳郭内侧血肿为例，将耳郭内外侧被毛全部除去，皮肤行常规消毒处理，耳道内填塞无菌脱脂棉或纱布块以防血水流入，

图42-1-1　犬耳血肿

左耳郭肿胀，增厚数倍并下垂。

（佛山先诺宠物医院）

图42-1-2　猫耳血肿

右耳郭肿胀，增厚数倍并下垂，同时可见耳道口有脓痂，提示患有外耳炎。

（佛山先诺宠物医院）

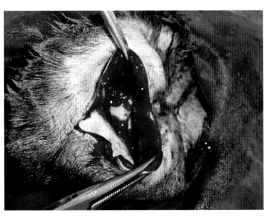

图42-1-3　犬耳血肿手术中

图42-1-1病例，切开耳郭内侧皮肤，可见耳郭软骨和增厚的皮肤。

（佛山先诺宠物医院）

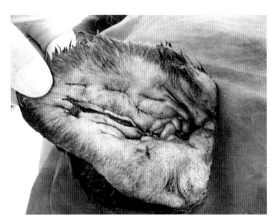

图42-1-4　犬耳血肿手术后

做与耳郭纵轴平行且穿透耳郭全层的若干个褥式缝合，皮肤切口不缝合。

（佛山先诺宠物医院）

在血肿最高处穿刺抽血，或沿耳郭纵轴在其中线上直接做数厘米长的纵向切口，排净积血及凝血块，使用生理盐水或含适量广谱抗生素的生理盐水对血肿腔适当冲洗，之后做与耳郭纵轴平行且穿透耳郭全层的若干个褥式缝合，从而起到压迫止血和消除血肿腔的作用（图42-1-3、图42-1-4）。耳郭内侧皮肤切口不缝合，有利于腔内残余血水或渗出液排出。

术后在皮肤切口与褥式缝合处涂布碘伏或抗生素软膏，犬猫戴伊丽莎白颈圈，防止其搔抓术耳。

二、外耳炎

外耳炎是指外耳道皮肤的急性或慢性炎症，有时也会蔓延至耳郭内侧皮肤，是犬猫、尤其长毛及垂耳品种犬的常见病。

（一）病因

目前对犬的外耳炎病因总结为四类。

1. 易感病因　耳道狭窄、阻塞性耳病、环境潮湿。
2. 原发病因　过敏症、皮脂溢、耳螨、异物。
3. 继发病因　细菌感染、马拉色菌感染。
4. 持久性病因　持久性病变和中耳炎。

易感病因常见于一些易感品种，如耳道被毛密集，腺体丰富，耳道狭窄，以及垂直和水平耳道折角较小；经常洗浴、游泳、生活在潮湿高温的环境，或其他原因使耳道内温度高和湿度大。耳道有寄生虫、异物、遗传或食物过敏、免疫低下等引起炎症属于原发病因。继发病因包括细菌和马拉色菌感染，其中的阳性球菌主要有中间型葡萄球菌、表皮葡萄球菌、链球菌，少见的阴性杆菌有假单胞菌、奇异变形杆菌和大肠杆菌，马拉色菌为厚皮马拉色菌。持久性病因包括耐药菌感染、组织增生、中耳炎和肿瘤。

（二）症状

最常见摇头甩耳，搔抓耳部；耳道臭味，分泌物增多，耳道红肿和狭窄（图42-2-1、图42-2-2）；耳郭可能出现发红、增厚、结痂和脱毛；持续的慢性感染常导致耳道上皮过度角化、显著增生，造成耳道狭窄或闭塞，发病超过3周的严重的化脓性外耳炎容易继发中耳炎（图42-2-3）。

（三）诊断

应当对原发病因和继发病因进行鉴别诊断。诊断方法包括耳郭和耳道分泌物视诊、检耳镜检查、显微镜检查、血常规与生化检验、影像学检查等。耳道内分泌物呈淡黄绿色稀薄的脓性分泌物，常为细菌感染；而呈棕色鞋油样耳垢，常为马拉色菌和葡萄球菌混合感染（图42-2-4）。犬耳螨感染通常耳垢较少，猫耳螨感染常呈棕色油腻的耳垢（图42-2-5）。检

图42-2-1　犬外耳炎（1）

食物过敏引起的浅黄色化脓性耳垢，化验发现炎性细胞和大量杆菌。

（刘欣）

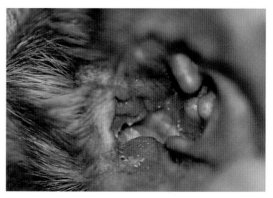

图42-2-2　犬外耳炎（2）

异位性皮炎引起的外耳炎，可见浅黄色蜡状耳垢，耳道发红。

（刘欣）

图42-2-3　犬外耳炎（3）

慢性外耳炎导致的耳道增生，可能继发中耳炎。

（刘欣）

图42-2-4　犬外耳炎（4）

耳毛过多和深棕色干性耳垢，化验发现多量的马拉色菌。

（刘欣）

耳镜检查是所有诊断方法中至关重要的手段，利用检耳镜可以观察耳道内是否存有异物、肿瘤、耳螨及耳壁状况（图10-7-1至图10-7-4），并且通过观察鼓膜状态，有利于鉴别外耳炎和中耳炎。显微镜检查是将粘取耳垢的棉签滚动涂片（图42-2-6），热风干燥后进行瑞氏或瑞氏-姬姆萨染色，在生物显微镜下观察寻找病原微生物、寄生虫（如耳螨）或炎性细胞（图42-2-7、图42-2-8），以便能准确选择治疗药物，所以是每次诊断外耳炎时的必走过程。血常规与生化检验结果是反映全身感染状态和体内器官机能状态的重要参考，对表现出明显全身症状的病例应当及时进行必要的全面检查。影像学检查中的磁共振检查能够清晰地反映耳道、耳室的解剖结构变化，对中耳及内耳炎症有无扩散造成颅骨侵蚀及颅腔感染具有诊断意义。

（四）治疗

依据不同的耳道状况进行治疗，其基本方法包括耳道清洁和耳道用药。耳道清洁剂品牌很多，如法国维克公司的耳漂™（Epi-Otic™），含有专利抗细菌附着成分

图42-2-5　猫外耳炎取样

用无菌棉签在耳道内取出棕色油腻的耳垢，通常是猫耳螨感染的重要特点。

（周庆国）

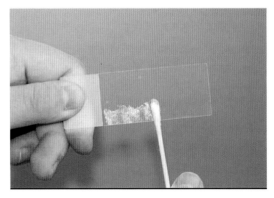

图42-2-6　犬外耳炎样本涂片

将无菌棉签蘸取的耳垢涂片，准备进行细菌学和细胞学检查。

（刘欣）

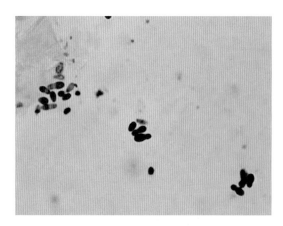

图42-2-7　犬外耳炎样本镜检（1）

耳垢涂片和瑞氏染色后，在生物显微镜油镜下观察到的马拉色菌。

（刘欣）

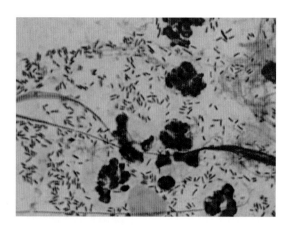

图42-2-8　犬外耳炎样本镜检（2）

在生物显微镜油镜下观察到的杆菌、球菌和退变的中性粒细胞。

（刘欣）

（L-鼠李糖、D-甘露糖、D-半乳糖），同时综合抗炎和抗微生物性能，能有效地乳化和清除耳垢，去除死亡细胞及组织碎片和干燥耳道。通常先用耳道清洁剂清洁耳道20～30min，然后用无菌棉球拭干或低功率真空吸引器吸干耳道。接着滴入耳道治疗用药，常用药物成分主要是抗细菌药、抗真菌药和糖皮质激素等，剂型多为水剂或软膏剂，如瑞普（天津）公司的氟苯尼考甲硝唑滴耳液（用于多种革兰氏阳性菌、阴性菌和厌氧菌引起的耳道感染）、美国默沙东公司的耳特净™（Otomax®）或法国维克公司的耳可舒等。耳特净含有庆大霉素、克霉唑、倍他米松和对抗厚皮马拉色菌的独特佐剂。耳可舒由液体石蜡、庆大霉素、硝酸咪康唑和氢化可的松醋丙酯组成。耳道滴药一般每天1～2次，连用5d。从这些药物的组成，就可以理解其治疗外耳炎的不同药理作用。据临床反馈资料，治疗猫外耳炎避免使用含氨基糖苷类抗生素的制剂，部分患猫可能会出现不良反应。

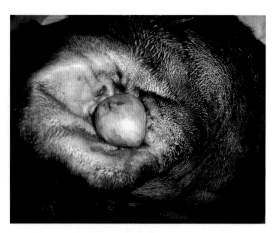

图42-2-9　犬全直外耳道切除术（1）

外耳道口显示瘤样增生物，蒂位于深处，增生物周围附有少量黏液脓性分泌物。

（佛山先诺宠物医院）

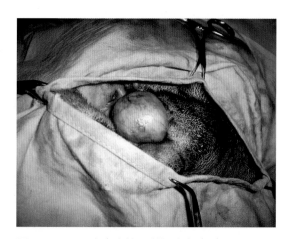

图42-2-10　犬全直外耳道切除术（2）

外耳道与周围无菌准备后，创巾隔离，准备施术。

（佛山先诺宠物医院）

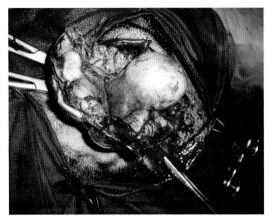

图42-2-11　犬全直外耳道切除术（3）

切开外耳道外侧壁，可见上皮表面的黏脓性渗出物，瘤样增生物蒂部在外耳道深处。

（佛山先诺宠物医院）

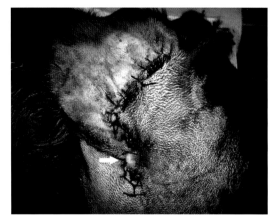

图42-2-12　犬全直外耳道切除术（4）

向下延长外侧壁切口，完整剥离垂直耳道软骨，连同生长在侧壁上的瘤样增生物一并切除，将水平耳道软骨与皮肤创缘缝合（白箭头），其余皮肤修整后对位缝合。

（佛山先诺宠物医院）

对于耳道肿胀明显或狭窄的病例不宜冲洗，待使用抗生素和皮质类固醇激素消肿后利用耳镜观察，再给予相应的治疗药物。耳病治疗中的糖皮质激素多用泼尼松龙，按每千克体重0.25～0.50mg，每天投服2次，连用7～14d；之后应当对外耳道感染状况重新评估，以确定是否需要另外给予7～14d的治疗，或者减量至停止用药。因皮肤肥厚、增生而堵塞耳道时，可根据病变程度施行外耳道外侧壁切除或全外耳道切除术（图42-2-9至图42-2-12）。

三、中耳炎与内耳炎

中耳炎是指鼓室黏膜的炎症，内耳炎又称迷路炎，后者在犬猫发生较少。

（一）病因

犬中耳炎主要是因外耳道炎症蔓延引起鼓膜通透性改变或破溃后发生，也可因鼻咽部炎症经耳咽管感染或血源性感染而引起。内耳炎大多是继发于中耳炎。

（二）症状

中耳炎具有与外耳炎相似的摇头抓耳表现，但更多见患病犬猫呆立，头向患侧倾斜，精神沉郁，听力减退；严重感染时体温升高，耳根压痛，从耳道流出多量脓性分泌物。中耳炎容易并发或继发内耳炎，患病动物可表现张口困难，运动失调，头颈向患侧倾斜或转圈，有时跌倒于患侧而不能站立。

（三）诊断

依据患病宠物呆立、头向一侧倾斜的临床表现，结合外耳道检查结果，即可初步做出诊断。确诊需使用专业检耳镜检查，观察鼓膜是否破溃穿孔，分析潜在病因。

（四）治疗

对于中耳及外耳的炎症，可在检耳镜引导下依次冲洗外耳道和中耳并给药，具体冲洗方法：宠物全身麻醉，选择适宜型号的犬用导尿管经检耳镜钳道插入耳道，即可在耳镜观察下用装有生理盐水的一次性注射器进行反复冲洗和抽吸（图42-3-1），首先将外耳道冲洗干净，然后逐渐深入至鼓膜处，观察鼓膜感染状态及穿孔位置，将导尿管远端对着鼓膜破孔后，可对中耳室进行力度适中的反复冲洗（避免造成鼓室黏膜出血），待冲洗液清亮后吸干冲洗液，向耳内注入1~2mL头孢菌素或拜有利和地塞米松的混合药液，每天继续使用该药液滴耳2~3

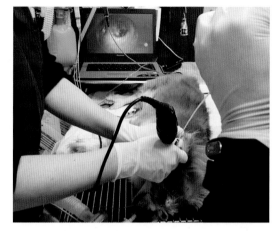

图42-3-1　借助于检耳镜冲洗耳道

带有钳道的检耳镜是进行耳道观察和冲洗治疗的良好工具，将适宜型号的犬用导尿管经钳道插入耳道，即可在耳镜引导下对耳道进行反复冲洗和抽吸。

（刘欣）

次。待炎症控制后可停用地塞米松，继续使用头孢菌素或拜有利滴耳至痊愈（图42-3-2、图42-3-3）。对于耳内炎症剧烈的病例，可能需要全身使用广谱抗生素，禁止使用氨基糖苷类抗生素，尤其耳道和耳室冲洗更不可使用。

图42-3-2　犬中耳炎引起耳道增生和狭窄

外耳道口附着大量的化脓性分泌物，慢性炎症引起外耳道上皮显著增生。

（刘欣）

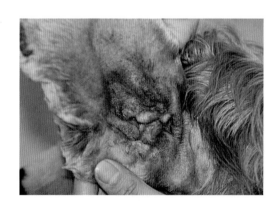

图42-3-3　犬中耳炎治疗后的耳道外观

对中耳冲洗用药后，显示外耳道口清洁，对深棕色干性耳垢化验发现马拉色菌增多。

（刘欣）

（刘欣　周庆国）

第四十三章
疝

　　疝是指腹腔内脏器通过腹壁的天然孔道或病理性破裂孔脱至皮下或其他解剖腔的一种疾病。小动物中以幼犬较多发生，猫比较少见。疝分为先天性和后天性两类，先天性疝主要有脐疝、腹股沟疝、阴囊疝，多发生于初生或幼龄犬猫；后天性疝主要有外伤性腹壁疝、膈疝、会阴疝，多发于成年或老年犬。根据疝内容物可否通过疝孔还纳入腹腔，分为可复性疝与不可复性疝，其中后者是由腹腔脏器与疝囊发生粘连或被疝孔嵌闭所致。疝在犬猫外科疾病中具有相当重要的意义，外疝因在体表一定部位形成局限性突起或肿胀，影响犬猫的观赏性，降低其经济价值；内疝即膈疝一种，当腹腔脏器对胸腔造成压迫时，便对犬猫的循环和呼吸产生不良影响，引起消化紊乱，严重时可迅速导致死亡。

一、脐疝

　　脐疝是指腹腔脏器经脐孔脱至脐部皮下所形成的局限性突起，疝内容物多为大网膜、镰状韧带或小肠等。

（一）病因

　　主要与遗传有关，如先天性脐部发育缺陷，出生后脐孔闭合不全，结果造成腹腔脏器由脐孔脱出，是犬猫发生脐疝的主要原因。此外，母犬猫分娩期间强力撕咬脐带可造成断脐过短，或分娩后过度舔仔犬猫脐部，都易导致脐孔不能正常闭合而发生脐疝。动物出生后脐带化脓感染影响脐孔正常闭合，也能逐渐发生脐疝。

（二）症状

　　脐部出现大小不等的局限性球形突起，触摸柔软，无热无痛（图43-1-1、图43-1-2）。犬猫脐疝大多偏小，疝孔直径一般不超过2~3cm，疝内容物多为镰状韧带，有时是网膜或小肠。较大的脐疝，也可有部分肝、脾脱入疝囊。脐疝多具可复性，将动物直立或仰卧保定后压挤疝囊，容易将疝内容物还纳入腹腔，此时即可触及扩大的脐孔。患有脐疝的犬猫一般无其他临床症状，精神、食欲、排便均正常，但某些公犬可能同时存在隐睾现象。部分脐疝的内容物如网膜、镰状韧带与疝孔缘发生粘连或嵌闭，则不能还纳入腹腔，此时触诊疝囊紧张且富有弹性，不易触及脐孔。

图43-1-1　公犬脐疝

在阴茎前端中线脐部出现局限性球形突起。

（佛山先诺宠物医院）

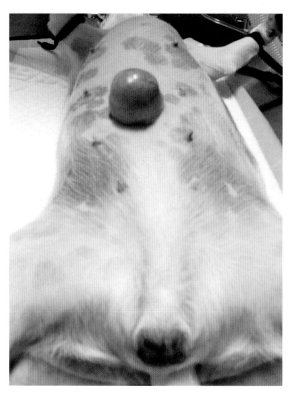

图43-1-2　母犬脐疝

在腹中线脐部出现局限性球形突起。

（佛山先诺宠物医院）

（三）诊断

脐疝很容易诊断。当脐部出现局限性突起，压挤突起部明显缩小，并触摸到脐孔，即可确诊。临床注意与脐部脓肿进行鉴别，脐部脓肿也表现为局限性肿胀，触之热痛、坚实或有波动感，但一般不至于对精神、食欲、排便等造成影响，且脐部穿刺可排出脓液，与脐疝显然不同。腹部侧位X光片有助于提示诊断，对于肠管进入疝囊的病例可显示出肠祥阴影，但对疝内容物是网膜、镰状韧带的小脐疝，则无诊断意义。

（四）治疗

犬猫的小脐疝多无临床症状，一般不用治疗。母犬、母猫的小脐疝可在施行卵巢摘除术时顺便整复。较大的脐疝因不能自愈且随病程延长疝内容物往往发生粘连，故需尽快施行手术。具体方法为，犬猫全身麻醉后取仰卧位保定，腹底部和疝囊周围做常规无菌准备，在近于疝囊基部皮肤上做梭形切口，打开疝囊，暴露疝内容物（图43-1-3、图43-1-4）。如果疝内容物未发生粘连或嵌闭时，很容易将其还纳入腹腔；如其与疝囊或脐孔缘发生了粘连，就需谨慎剥离粘连。若疝内容物为镰状韧带或网膜，可将其切除，也可扩大脐孔将其归入腹腔。若疝内容物是肠管，就要避免剥离中造成肠壁损伤。临床常见疝内容物被脐孔轻度嵌闭，一般需要适当扩大脐孔，才易将其还纳入腹腔（图43-1-5、

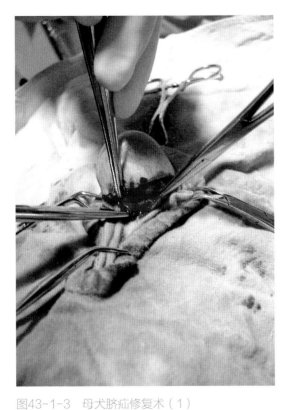

图43-1-3　母犬脐疝修复术（1）

术部隔离后，环绕疝囊基部切开，尽量做出梭形切口。

　　　　　　　　　　　　　（佛山科技学院动物医院）

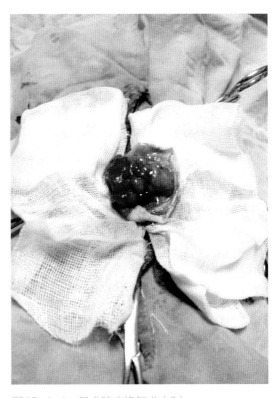

图43-1-4　母犬脐疝修复术（2）

打开疝囊后显露疝内容物为镰状韧带。

　　　　　　　　　　　　　（佛山科技学院动物医院）

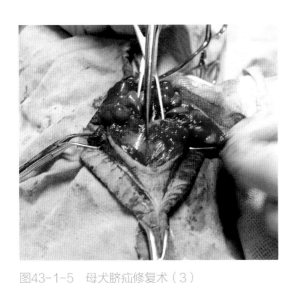

图43-1-5　母犬脐疝修复术（3）

为便于将镰状韧带送进腹腔，用手术剪扩大脐孔。

　　　　　　　　　　　　　（佛山科技学院动物医院）

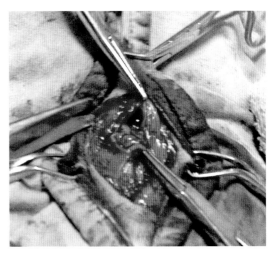

图43-1-6　母犬脐疝修复术（4）

使用止血钳将镰状韧带送进腹腔。

　　　　　　　　　　　　　（佛山科技学院动物医院）

图43-1-6）。脐孔闭合采用结节或水平褥式缝合法，皮肤切口为常规结节缝合法（图43-1-7、图43-1-8）。术后7～10d内减少饮食，限制剧烈活动，以防腹压过大导致脐孔缝线过早断开，导致脐疝复发。

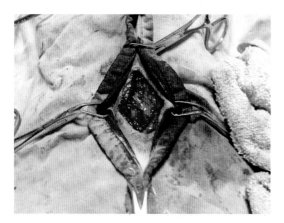

图43-1-7　母犬脐疝修复术（5）

使用单丝尼龙线以结节缝合法封闭脐孔，以螺旋缝合法缝合皮下组织。

（佛山科技学院动物医院）

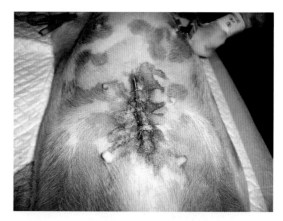

图43-1-8　母犬脐疝修复术（6）

使用单丝尼龙线以结节缝合法缝合皮肤切口。

（佛山科技学院动物医院）

二、腹股沟阴囊疝

腹股沟疝是指腹腔脏器经腹股沟环脱出至腹股沟处形成局限性隆起，疝内容物多为网膜或小肠，也可能是子宫、膀胱等脏器，母犬多发。公犬的腹股沟疝比较少见，主要表现为疝内容物沿腹股沟管下降至阴囊鞘膜腔内，称之为腹股沟阴囊疝，以幼龄公犬多见。

（一）病因

腹股沟（阴囊）疝可分先天性和后天性两类。先天性腹股沟（阴囊）疝的发生基本上与遗传有关，即因腹股沟环缺损或先天性扩大所致，如中国的北京犬和沙皮犬以及国外的巴圣吉犬和巴赛特猎犬等都有较高的发病率。后天性的腹股沟（阴囊）疝常发生于成年犬猫，多因妊娠、肥胖或剧烈运动等因素引起腹内压增高及腹股沟环扩大，以致腹腔脏器落入腹股沟管（阴囊）内而发生本病。

（二）症状

在股内侧腹股沟处出现大小不等的局限性半球形、球形或条索状隆肿，形态不同（图43-2-1、图43-2-2）。疝内容物若为网膜或一小段肠管，隆肿直径为2～3cm，早期触之柔软有弹性，无热无痛，如将动物倒立上下抖动或挤压隆肿部，疝内容物易还纳入腹腔，隆肿随之消失。但若疝内容物为妊娠子宫或膀胱，隆肿直径可达10～15cm，触诊常有疼痛反应或波动感，并且多为不可复性疝。公犬的腹股沟阴囊疝多具可复性，临床可见一侧阴囊显著增大，触之柔软，无热无痛。如果倒立动物并挤压阴囊无法使疝内容物回到腹腔，多是由于疝内容物已总鞘膜发生粘连或被腹股沟内环轻微嵌闭，患犬通常很少出现全身异常。

（三）诊断

可复性腹股沟疝容易诊断。将患病宠物两后肢提举并压挤隆肿部，隆肿缩小或消失，并能

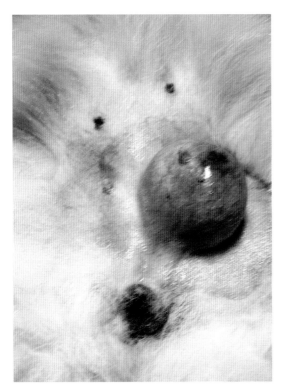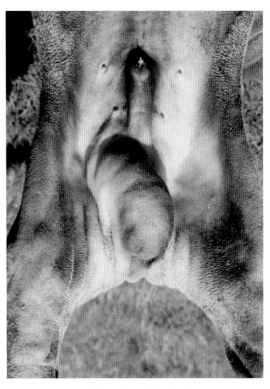

图43-2-1　母犬腹股沟疝

在腹下倒数第一对乳头处出现局限性球形隆肿，注意与乳腺瘤区别。

（佛山科技学院动物医院）

图43-2-2　公犬腹股沟阴囊疝（1）

在股内侧腹股沟处出现一个局限性条索状延伸至阴囊的隆肿。

（佛山科技学院动物医院）

触摸到腹股沟环，恢复宠物正常体位后隆肿再次出现，即可确诊（图43-2-3、图43-2-4）。当疝内容物不可复时，应考虑与腹股沟处可能发生的其他肿胀，如血肿、肿瘤、淋巴结肿大等进行鉴别。通过仔细询问病史，细致触摸肿胀部位，并结合宠物全身表现，比较容易鉴别。如果触诊难以判断腹股沟处肿胀性质，可进行X线常规检查或B超检查结果，能显示肠管、子宫或膀胱的典型影像，有助于对疝内容物性质做出诊断。

（四）治疗

本病一经确诊，宜尽早施行手术修复。术前应对皮肤切口（腹股沟环处）进行定位，提举犬猫两后肢并压挤疝内容物观察其是否可复，如疝内容物可完全还纳入腹腔，即可触摸到腹股沟外环。皮肤切口长度一般为2～3cm，如疝内容物不可复，切口则应自腹股沟外环向后延伸，切口长度为疝囊长度的1/2～2/3，以便于在切开疝囊（公犬为总鞘膜）后对发生粘连的组织器官进行剥离。对于母犬、母猫，将疝内容物完全还纳入腹腔后，可在腹股沟内环处将疝囊全部切除，然后将手指伸入腹股沟环内引导缝针进行缝合（图43-2-5至图43-2-8）。对于公犬、公猫，最好阉割，将精索贯穿结扎后切断并摘除睾丸，切除腹股沟内环处总鞘膜，同样，需将手指伸入腹股沟环内引导缝针，以结节或螺旋缝合法闭合腹股沟内、外环。对于主人不同意公犬猫做绝育，则在还纳疝内容物后注意保护精索，先将总鞘膜切口缝合，再以结节或螺旋缝合法适当缩小腹股沟内、外环。临床常见疝内容物过大或发生一定的嵌闭

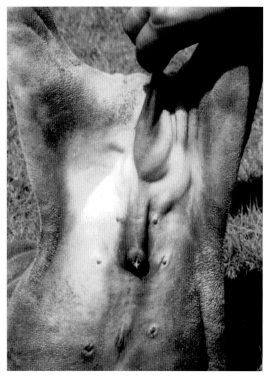

图43-2-3　公犬腹股沟阴囊疝（2）

图43-2-2 犬倒立检查，压挤隆肿能使内容物进入腹腔，表明为可复性疝。

（佛山科技学院动物医院）

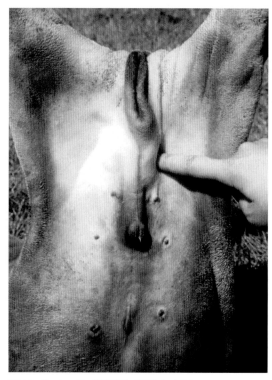

图43-2-4　公犬腹股沟阴囊疝（3）

当阴囊明显缩小后，在阴茎旁侧腹股沟处可触摸到扩大的腹股沟环。

（佛山科技学院动物医院）

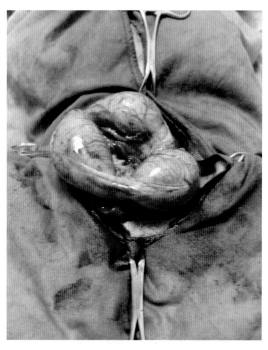

图43-2-5　母犬腹股沟疝手术（1）

图43-2-1母犬手术中，切开疝囊显露内容物为积粪的肠管。

（佛山科技学院动物医院）

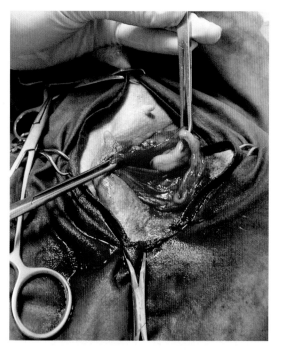

图43-2-6　母犬腹股沟疝手术（2）

将肠管还纳入腹腔后，显露扩大的腹股沟内环，闭合之前可将周围过多的疝囊组织剪除。

（佛山科技学院动物医院）

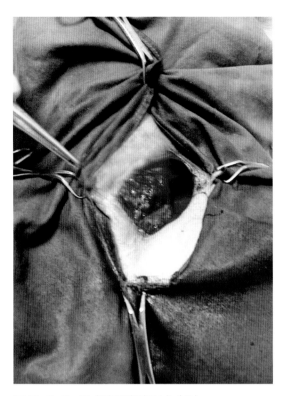 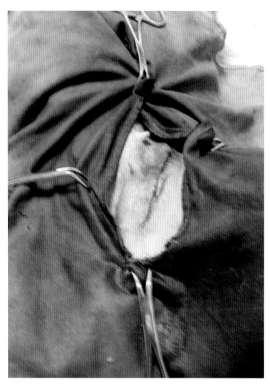

图43-2-7　母犬腹股沟疝手术（3）

采用单丝尼龙线闭合腹股沟内外环，采用可吸收线如
PGA缝线缝合皮下组织。

（佛山科技学院动物医院）

图43-2-8　母犬腹股沟疝手术（4）

整理皮肤创缘，准备缝合。

（佛山科技学院动物医院）

难以还纳，需扩大腹股沟内环，方有助于将疝内容物还纳。最后常规闭合皮肤切口。术后
7～10d内适当减少饮食，适当活动，防止腹压过大和运动过度造成缝线断裂。

对于母犬猫的双侧性腹股沟疝，最好经腹中线皮肤切口修复左右两侧腹股沟疝，可避免
损伤乳腺。

三、损伤性腹壁疝

损伤性腹壁疝是指腹壁外伤造成腹肌、腹膜破裂而导致腹腔内脏器脱至腹壁皮下。腹壁
疝的内容物因发生部位不同而有区别，发生在腹侧壁的腹壁疝，其内容物多为肠管和网膜；
发生在腹底壁的腹壁疝，其内容物多为子宫或膀胱。犬比猫多发。

（一）病因

车辆冲撞、奔跑中摔倒、从高处坠落等引起腹壁肌层和腹膜破裂而表层皮肤保留完整，
是发生损伤性腹壁疝的主要原因。此外，施行腹腔手术在缝合腹壁肌层与腹膜时，若选择可
吸收缝线（如肠线）、缝线过细或打结不牢靠，术后均有可能发生缝线断裂或线结松脱，从
而导致腹腔脏器脱出至腹壁切口处或其下方的皮下。

（二）症状

多在肋弓后缘腹侧壁或腹底部出现一个局限性柔软的球形或半球形突起（图43-3-1、图43-3-2）。对于发生时间已久的腹壁疝，触诊突起部一般无热无痛，若内容物是肠管，则疝囊柔软有弹性，容易将肠管压回腹腔，同时也容易触及光滑的疝孔。若腹壁疝发生不久，则突起部可能仍表现炎性肿胀，触之温热疼痛。临床多见母犬妊娠后期或分娩期发生腹底壁肌肉（含耻前键）损伤，导致肠管或妊娠子宫下坠至腹底壁皮下，外观似肿大的乳腺或乳腺肿瘤（图43-3-3、图43-3-4）。

（三）诊断

依据病史与腹壁出现局限性柔软突起，压挤突起如能将内容物送回腹腔，同时触及疝孔，即可确诊。但若疝内容物是积粪的肠管，或肠壁与疝孔、疝囊发生广泛性粘连，则压挤突起无法使其缩小，自然难以触及疝孔，但听诊可能听到肠蠕动音。若疝内容物为子宫，由于多含有胎儿，则压挤突起也无法使其缩小，同样难以触及疝孔。此时应采用X线或B型超声检查，能观察到肠管、妊娠子宫的典型影像（图43-3-5、图43-3-6）。需要注意的是，腹壁的突起或肿胀除了腹壁疝以外，也能见到脓肿、血肿、淋巴外渗、肿瘤等不同性质的疾病。脓肿早期触诊有坚实感，局部热痛反应强烈。触诊成熟的脓肿、血肿与淋巴外渗均呈含有液体的波动感，穿刺后分别排出脓液、血液或淋巴液，肿胀随之缩小或消失，并不存在疝孔。良性肿瘤的形态与腹壁疝外形比较相似，但触诊呈硬固性肿胀，而触诊腹壁疝疝囊比较柔软，可感之其内容物。

（四）治疗

损伤性腹壁疝发生同时，可能伴发身体其他组织器官的损伤，所以在手术修复前，务必

图43-3-1　犬损伤性腹壁疝（1）

在肋弓后缘腹侧壁出现一个局限性柔软的半球形突起，压挤能将内容物推回腹腔，同时可触摸到疝孔，为可复性疝。

（佛山科技学院动物医院）

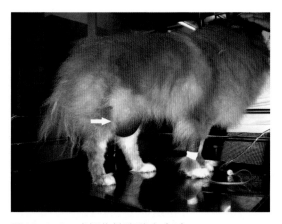

图43-3-2　犬损伤性腹壁疝（2）

在腹底部出现一个局限性柔软的球形突起，疝囊外形酷似乳腺肿瘤，触摸较柔软，无法将内容物压回腹腔，难以触及疝孔。

（佛山先诺宠物医院）

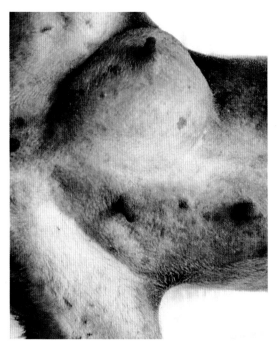

图43-3-3　犬损伤性腹壁疝（3）

腹壁疝发生在腹底部倒数第一对乳头处，疝囊外形酷似肿大的乳腺或乳腺肿瘤。

（佛山先诺宠物医院）

图43-3-4　犬损伤性腹壁疝（4）

图43-3-3犬的腹壁疝内容物为子宫，子宫体内有成形的死胎。

（佛山先诺宠物医院）

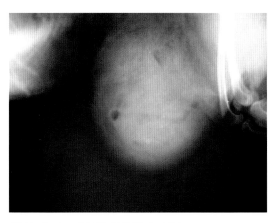

图43-3-5　犬损伤性腹壁疝（5）

对图43-3-2犬腹底部突起进行X线检查，显示含有气体的肠管影像。

（佛山先诺宠物医院）

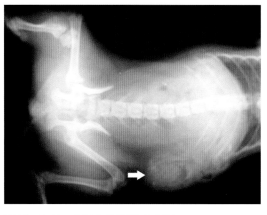

图43-3-6　犬损伤性腹壁疝（6）

车祸造成该犬骨盆和一侧股骨骨折及对侧腹壁疝，白箭头显示疝内容物为肠管。

（佛山先诺宠物医院）

先做完包括血常规检查、血清生化检验、血气和电解质分析、X线检查或/和B超检查等一系列全身检查，确切了解和评估心、肝、脾、胰、肾有无损伤及其功能状态，采用有效的治疗方法控制和稳定病情，改善全身体况。腹壁疝的修复手术与脐疝的修复手术基本相同，在全身麻醉后，保持疝囊向上进行保定，术部常规无菌准备。由于疝内容物常与疝孔边缘及疝囊皮下纤维组织发生粘连，所以在疝囊皮肤上做梭形切口有利于分离粘连，还纳疝内容物。疝孔的闭合一般采用减张缝合法，如水平褥式或垂直褥式缝合。陈旧性疝孔大多瘢痕化，肥厚而光滑，应将其削剪为新鲜创面后再行缝合。当疝孔过大难以拉拢时，可自疝囊皮下分离出左右两块纤维组织瓣，分别拉紧后，重叠缝合在疝孔邻近组织上，可起到覆盖疝孔的作用。目前已有进口和国产多个品牌的疝补片或网塞（单丝聚丙烯或含部分可吸收材料）应用于国内宠物临床，对手术修补或封堵较大的疝孔起到关键作用。最后对疝囊皮肤做适当修整，采用结节缝合法闭合皮肤切口。

术后给宠物佩带伊丽莎白颈圈，适当控制宠物食量，防止便秘和减少活动。

四、会阴疝

会阴疝是指腹腔或盆腔脏器经盆腔后直肠侧面结缔组织间隙突至会阴部皮下所形成的局限性突起，疝内容物多为直肠或膀胱，也见前列腺或腹膜后脂肪等。据牛光斌（2012）等报道，2007—2011年在上海市动物疫病预防控制中心宠物门诊收治的120例犬会阴疝中，平均年龄为8.7岁（4～18岁），北京犬、西施犬、博美犬、小型杂种犬、马尔济斯、约克夏（㹴）为本病的高发品种，单侧会阴疝占83.3%，其中右侧发病占62%，左侧发病占38%，均为雄性犬。

（一）病因

会阴疝的发生与多种因素有关，其中盆腔后结缔组织无力和肛提肌的变性或萎缩是发生本病的常见因素；性激素失调、前列腺肿大及慢性便秘等因素及其相互影响，对本病的发生起着重要的促进作用。研究表明，公犬的激素不平衡可引起前列腺增生、肥大，肥大的前列腺可引起便秘和持久性里急后重，长期的过度努责又可导致盆腔后结缔组织无力，从而促使会阴疝发生。

（二）症状

典型特征是在肛门侧方或下侧方出现局限性圆形或半球形突起，大多数患犬的疝内容物是偏向一侧的直肠（有的含直肠憩室、肠壁囊肿）或充满尿液的膀胱（有的含前列腺），也有直肠和膀胱同时脱出的病例（图43-4-1至图43-4-6）。当疝内容物为直肠时，因肠腔内积聚浓缩粪便，故按压突起部比较坚实，无热无痛。如疝内容物为膀胱（有时含前列腺），故按压突起部多有膨胀感，病犬有疼痛反应，同时排出尿液，疝囊随即缩小或消失。有的病犬疝内容物是单纯的前列腺或腹膜后脂肪组织，疝囊一般较小（图43-4-7、图43-4-8）。患犬多表现顽固性便秘或排粪排尿困难，精神、食欲一般无明显异常。

（三）诊断

依据本病患部相对固定，会阴部膨胀，患犬排粪或排尿困难，即可做出初步诊断。直肠指检是判断疝内容物是否直肠的简单手段，如感觉直肠向一侧偏移且积有多量粪便，即可确诊。如果直肠位置没有改变，并且触诊疝囊有波动感，可对突起部进行穿刺，如为淡黄色透

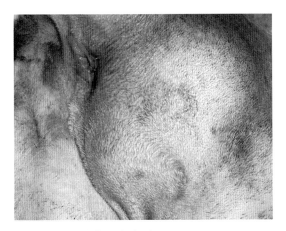

图43-4-1 犬会阴疝（1）

在肛门侧方出现局限性圆形或半球形突起，按压感觉内容物比较坚实。

（佛山先诺宠物医院）

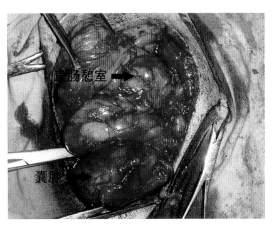

图43-4-2 犬会阴疝（2）

手术打开后显示疝内容物为一个直肠憩室和一个直肠壁囊肿。

（佛山先诺宠物医院）

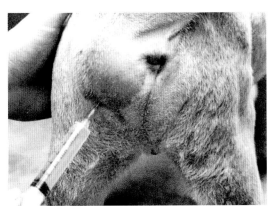

图43-4-3 犬会阴疝（3）

在肛门侧方出现局限性圆形或半球形突起，按压感觉内容物有膨胀感，穿刺有尿液。

（佛山先诺宠物医院）

图43-4-4 犬会阴疝（4）

手术打开后显示疝内容物为充满尿液的膀胱。

（佛山先诺宠物医院）

图43-4-5 犬会阴疝（5）

在肛门侧方出现上下两个局限性半球形突起，按压感觉内容物比较坚实。

（佛山先诺宠物医院）

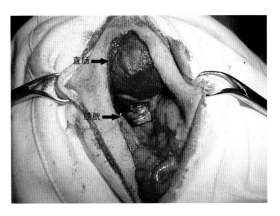

图43-4-6 犬会阴疝（6）

手术打开后显示疝内容物分别为上方的直肠和下方的膀胱，抽出膀胱尿液后膀胱体体缩小。

（佛山先诺宠物医院）

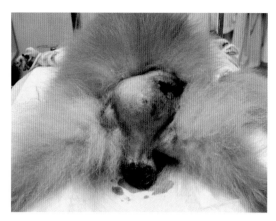

图43-4-7　犬会阴疝（7）

在肛门侧方出现一个局限性半球形突起，按压感觉内容物比较坚实。

（佛山先诺宠物医院）

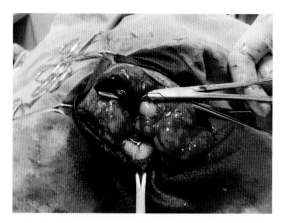

图43-4-8　犬会阴疝（8）

手术打开后显示疝内容物为前列腺和盆腔内脂肪组织。

（佛山先诺宠物医院）

明液体时，即表明疝内容物是膀胱。X线或B超检查有助于观察直肠、膀胱或前列腺的位置有无改变。注意与化脓性肛门腺炎、肛门腺囊肿鉴别。

（四）治疗

本病有保守疗法和手术疗法两种。保守疗法适用于前列腺增生肥大和直肠偏移积粪的患犬，可按每千克体重2.2mg投服醋酸氯地孕酮，每天1次，连用7d，以减少前列腺增生。此外，投服甲基纤维素或羧甲基纤维素钠，每次0.5～5g，有保持粪便水分，刺激肠壁蠕动的轻泻作用。

手术疗法是根治本病的可靠方法，但有一定的难度，需要熟悉骨盆腔后部直肠附近较复杂的局部解剖，并具备扎实的手术基本操作技术。动物术前禁食、导尿和灌肠，全身麻醉后行胸卧位保定，垫高骨盆，保持前低后高姿势，肛门与会阴部常规无菌准备。皮肤切口选在疝囊一侧，自尾根外侧至坐骨结节做弧形切口，钝性或锐性分离皮下组织和疝囊。当显露和辨认疝内容物后，如果是直肠，通过按压可将其推回正常位置；如果是膀胱，先用注射器抽出积尿，之后便容易将其推回原位。确认疝内容物复位后，仔细辨认肛门外括约肌、肛提肌、尾骨肌、闭孔内肌、荐坐韧带等，然后采用结节缝合法，先将肛外括约肌和肛提肌或尾骨肌自上而下缝合数针，当感觉缝合张力较大时即停止缝合，再将闭孔内肌从坐骨后缘分离起来向上翻起，然后将上翻的闭孔内肌分别与肛外括约肌和肛提肌或尾骨肌依次缝合数针，如此即可将盆隔裂孔严密闭合（图43-4-9至图43-4-12）。最后用消毒防腐液冲洗术部，常规闭合皮下组织与皮肤切口。

术后应饲喂纤维、水分多的食物，或给予粪便软化剂，以促使排便通畅，减少努责。疝修复术后可立即对动物施行去势术，有利于防止本病复发。动物的两侧性会阴疝相对较少，通常宜先修复一侧，间隔4～6周后再修复另一侧，同时修复两侧往往造成肛外括约肌异常紧张。

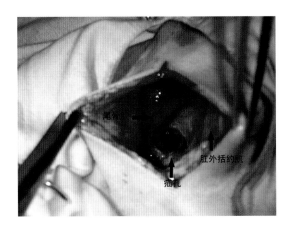

图43-4-9 犬会阴疝修复术（1）

抽出膀胱尿液后容易将膀胱复位，显露盆隔裂孔。

（佛山先诺宠物医院）

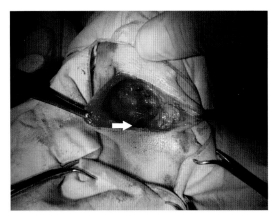

图43-4-10 犬会阴疝修复术（2）

将尾骨肌与肛外括约肌自上而下缝合，但不能完全封闭盆隔裂孔（白箭头）。

（佛山先诺宠物医院）

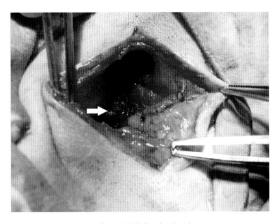

图43-4-11 犬会阴疝修复术（3）

分离闭孔内肌并将其上翻（白箭头），分别与肛外括约肌、尾骨肌缝合，从而将盆隔裂孔完全封闭。

（佛山先诺宠物医院）

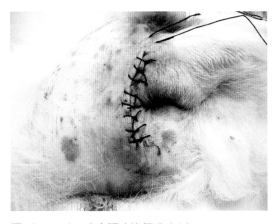

图43-4-12 犬会阴疝修复术（4）

连续缝合皮下组织，常规闭合皮肤切口。

（佛山先诺宠物医院）

五、膈疝

膈疝是指腹腔内脏器官通过天然或外伤性横膈破裂孔突入胸腔的疾病，疝内容物多为胃、肝、网膜、脾脏和肠管等。据各地临床资料，犬猫膈疝的发生率都很高。

（一）病因

膈疝可分为先天性和后天性两类。先天性膈疝的发病率很低，是由膈的先天性发育不全或缺陷，腹膜腔与心包腔相通或膈的食道裂隙过大所致，一般不具有遗传性。后天性膈疝最为多见，多是由受机动车辆冲撞，胸腹壁受钝性物打击，从高处坠落或身体过度扭曲等因素致腹内压突然增大，引起横膈某处破裂所致。有资料报道，在23例被汽车或拖拉机撞伤的犬中，除大多发生四肢骨折或肋骨骨折外，其中有8例发生了膈疝。

需要指出的是，膈疝的先天性和后天性分类有一定的局限性，两者界限并非十分清楚，因为膈的先天性发育不全或缺陷可成为后天性膈疝发生的因素，钝性外力引起腹内压增大只是诱因而已。

（二）症状

膈疝的临床表现与进入胸腔内的腹腔内容物多少及其在横膈破裂孔处有无嵌闭有密切关系。如果进入胸腔的腹腔脏器少，对心肺压迫影响不大，并且这些脏器在横膈破裂孔处未被嵌闭，一般不会表现明显症状，许多先天性膈疝与小的外伤性膈疝即是如此，可能在几个月甚至一年后才可能被发现患有膈疝。如果进入胸腔内的腹腔脏器较多，便会对心脏、肺脏产生压迫，从而呈现腹式呼吸、脉搏加快、黏膜发绀等明显的缺氧症状，听诊心音低沉、心律不齐，肺的听诊区明显减小，并且在胸部可听到肠蠕动音。当进入胸腔的腹腔脏器在横膈破裂孔处发生嵌闭后，即可引起明显的腹痛反应，动物头颈伸展，腹部卷缩，不愿卧地，行走谨慎或长时间维持犬坐姿势，同时精神沉郁，食欲废绝。

（三）诊断

依据患病宠物具有外伤病史和呼吸困难等表现，结合听诊心音低沉、肺区缩小和胸部出现肠音等，即可做出初步诊断。X线检查是诊断膈疝的十分重要的方法，采用透视或摄片检查方法可看到典型的膈疝影像：心膈角消失，膈线中断，胸腔内有充气的胃或肠段，有时还显示胸腔内的液平面。对疑似病例可灌服20%～25%硫酸钡胶浆进行X线胃小肠联合造影，如果在胸腔内发现含钡剂的胃肠影像，即可确诊（图43-5-1至图43-5-5）。部分膈疝病例可能发生胸腔积液，不利于对胸腔异常进行观察，可对胸腔穿刺抽液后再行X线透视或摄片观察。对膈疝造成死亡的病例进行剖检，即可看到横膈上的破裂孔（图43-5-6）。

（四）治疗

本病一经确诊，宜尽早施行手术修复。术前先努力改善患病宠物的呼吸状态如给予连续吸氧，稳定病情，提高其对手术的耐受性。该手术需施行吸入麻醉，进行气管内插管和呼吸

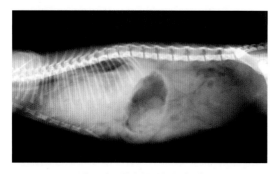

图43-5-1　猫膈疝X线侧位检查（1）

常规X线影像显示膈线与心膈角消失，肺区和气管影像上移，心包前后有大量中等密度阴影。

（广州百思动物医院）

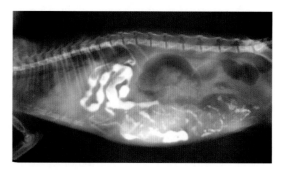

图43-5-2　猫膈疝X线侧位检查（2）

给病犬灌服硫酸钡胶浆4h后进行X线造影检查，显示胸腔内有清晰的肠管影像。

（广州百思动物医院）

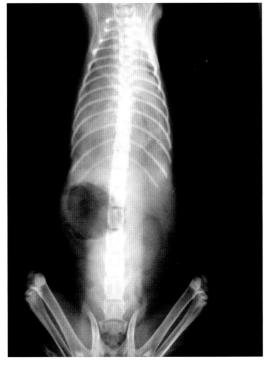

图43-5-3　猫膈疝X线腹背位检查（1）

常规X线影像显示膈线消失、肋膈角模糊，胸腔内有从腹腔延续而来的中等密度阴影。

（广州百思动物医院）

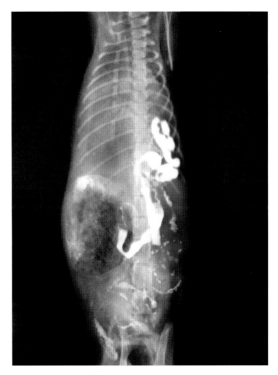

图43-5-4　猫膈疝X线腹背位检查（2）

给病犬灌服硫酸钡胶浆4h后进行X线造影检查，显示胸腔内有清晰的肠管影像。

（广州百思动物医院）

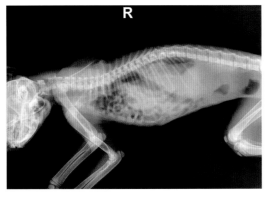

图43-5-5　猫膈疝X线侧位检查（3）

常规X线影像显示膈线与心膈角消失，心包难以观察，胸腔内有大量充气的肠管影像，腹腔空虚。

（成都华茜动物医院）

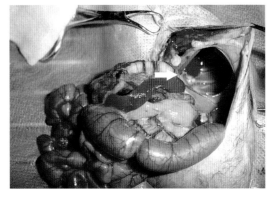

图43-5-6　猫膈疝病理剖检

将腹腔脏器从胸腔拉出后，显露出横膈上的较大破裂孔（白箭头）。

（成都华茜动物医院）

机辅助呼吸（间歇性正压呼吸）。许多宠物医院的麻醉机不带有呼吸机，可按12次/min节律人工挤压呼吸囊也能顺做利实施膈疝修复等涉及胸腔的手术。犬猫仰卧位保定，在腹底部自剑状软骨前至脐后区域做常规无菌准备，沿剑状软骨向后至脐部腹中线切开，打开腹腔后探查横膈破裂孔的位置、大小、进入胸腔的脏器有无嵌闭（图43-5-7），轻拉进入胸腔的腹腔器官，如有粘连则谨慎剥离，如有嵌闭可适当扩大横膈破裂孔再行牵拉。将进入胸腔的腹腔器官拉回腹腔后，可用灭菌生理盐水浸湿的大块纱布将腹腔器官向后隔离，充分显露横膈破裂孔，以便于缝合。缝合前注意将胸腔可能存在的积液抽吸干净，并将一次性输液管所带的头皮针管（剪去针头一端）放入胸腔。之后可用两把组织钳将创缘谨慎拉近并用巾钳固定，选用2-0号单丝尼龙线，由远及近做简单连续（螺旋）缝合或水平褥式（纽扣）缝合以闭合横膈破裂孔（图43-5-8），然后利用预先放置的头皮针管于肺充气阶段抽尽胸腔积气，恢复胸腔负压。闭合腹腔前，应细致检查腹腔脏器有无发生损伤，并进行相应的处理。最后用生理盐水反复冲洗腹腔，为预防腹腔感染可放入抗生素，常规闭合腹壁切口。

术后全身应用抗生素5d，同时注意观察膈疝病例的恢复情况，及时给予相应的治疗。

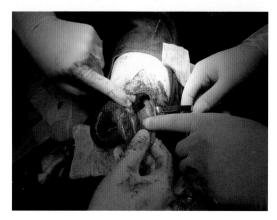

图43-5-7　犬膈疝修复手术中（1）

打开腹腔后发现进入胸腔的肠段。

（深圳立健宠物医院）

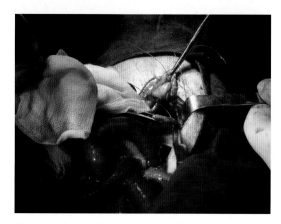

图43-5-8　犬膈疝修复手术中（2）

在组织钳配合下对横膈破裂孔进行修补。

（深圳立健宠物医院）

（周庆国　李发志）

第四十四章
跛行诊断

跛行是指犬猫的运动姿势异常。跛行涉及的疾病或致病因素十分复杂，如属于传染病的犬瘟热（肢体抽搐或麻痹）、犬埃里希体病（肌肉僵硬和关节疼痛）、莱姆病（关节疼痛）等；属于原虫病的弓形虫病和新孢子虫病（渐进性后肢轻瘫或强直）；属于内科病的佝偻病（骨骼变形）、维生素A中毒（骨骼变形）等；属于外科病的骨折（局部变形或运动障碍）、关节脱位或软骨损伤（局部变形或运动障碍）、椎间盘疾病（后躯瘫痪）等；属于产科病的母犬产后缺钙（肢体强直）等。

在导致犬猫跛行的各类疾病中，属于外科病的占很大比例，即因四肢骨、关节、肌肉等组织的损伤引起疼痛，导致患肢难以提举或负重而表现出不同程度的跛行，将其称为疼痛性跛行。此外，犬的先天性/遗传性疾病、先天性髌骨脱位、机体矿物质、维生素D、维生素E代谢障碍引起骨、关节、肌肉、神经等的病理改变，犬瘟热病毒引起外周神经麻痹等，均属于无痛性跛行。宠物外科医生必须掌握跛行诊断的基本知识和方法，了解跛行的种类和程度，重视临床一般检查中问诊、视诊和触诊的重要作用，甚至关键作用，判断该病例属于疼痛性跛行还是无痛性跛行。不应一开始就直接进行影像学检查，因为许多跛行病例并无影像学异常，全靠视诊和触诊检查获得诊断。

一、跛行的种类与程度

跛行的种类与程度是进行跛行诊断的基础，对于分析判断引起跛行的患病部位及性质十分重要。

（一）悬垂跛行

悬垂跛行是指动物患肢在空间悬垂阶段（即提伸和迈步）时表现异常，但着地后尚能负重、部分负重或勉强负重，动物行进中患肢以提伸困难、迈步缓慢、前方短步为特征，简言之"抬不高，迈不远"，简称为悬跛。依悬跛程度分为重度、中度和轻度，如患肢站立时指（趾）部着地、基本能够负重，行进中不能提伸或拖行，属于重度悬跛，常见于腰椎关节脱位、椎间盘突出、脊髓或脊神经、外周神经严重损伤等（图44-1-1）；如患肢站立时指（趾）部着地能部分负重，但行进中患肢提伸明显不足，多关节呈弯曲状，属于中度悬跛，常见于外周神经不全麻痹（如椎间盘突出）或肌肉中度损伤、起止点拉伤、风湿病等（图44-1-2）；如患肢站立时指（趾）垫能完全着地负重，但行进中患肢提举或伸展略有不足，属于轻度悬跛，常见于前肢桡神经和后肢坐骨神经轻度损伤或不全麻痹。

图44-1-1　犬重度悬跛

患犬左前肢桡神经损伤，行进中患肢不能提伸和拖行。

（周庆国）

图44-1-2　犬中度悬跛

患犬左后肢坐骨神经不全麻痹，患肢提伸和负重均不充分。

（周庆国）

　　总之，与发生悬跛相关的解剖学结构主要有四肢长骨、肢体或关节的伸、屈肌（腱）及关节囊、运动神经等，其中以脊髓或运动神经、肌肉损伤或断裂为主，患病部位（或病灶）主要在腕关节、跗关节以上。

（二）支撑跛行

　　支撑跛行是指动物患肢能够正常提伸和迈步，但在地面支撑阶段表现异常，即以减负或免负体重、后方短步为特征，临床表现为站立时以指（趾）尖着地或提起患肢，简称为支跛。依支跛程度也分为重度、中度和轻度，如患肢站立时指（趾）尖轻轻着地或频繁抬起，行走时患肢能提伸但常悬空，靠三只脚行进，属于重度支跛，常见于前肢肘关节、后肢膝关节以下的骨折或关节脱位的早期（图44-1-3）；如患肢站立时以指（趾）尖着地、不肯负重，或运动中表现后方短步，属于中度支跛，常见于肘、膝关节以下骨折的中期、关节（韧带、关节囊、软骨）中度损伤、肌肉及其起止点拉伤；如患肢站立时指（趾）垫可全部着地，但负重时间短或实际并未负重，重心向健侧倾斜，行走中有轻微异常，属于轻度支跛，常见于肘、膝关节以下骨折晚期、关节（韧带、关节囊、软骨）轻度损伤、指（趾）间损伤等（图44-1-4）。

图44-1-3　犬重度支跛

患犬右前肢桡尺骨骨折，患肢高抬不敢负重，靠三只脚行进。

（周庆国）

图44-1-4　犬中度支跛

患犬右前肢内侧桡骨局部骨膜炎，患肢以指尖着地，不肯负重，行进中提神尚可，但着地时跛行明显。

（周庆国）

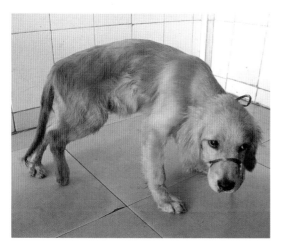

图44-1-5　犬重度混跛

患犬右后肢髋关节脱位早期，患肢基本不能负重，行进中也不能提伸。

（周庆国）

图44-1-6　犬中度混跛

患犬右后肢股骨骨折愈合中期，患肢行进中提伸和负重都不充分。

（周庆国）

总之，与发生支跛相关的解剖学结构主要有四肢肘、膝关节以下的骨、关节、韧带、肌腱或指（趾）部，病灶大多在肘关节、膝关节以下。

（三）混合跛行

混合跛行是指动物患肢在空间悬垂及地面支撑负重时均表现异常，即患肢"抬不高、迈不远"，也不肯负重，兼有悬跛和支跛两种跛行的特征，简称混跛。依混跛程度也能分为重度、中度和轻度，如患肢站立时指（趾）尖轻轻触地或抬起，行走时则不能提伸、负重，靠三只脚行进，属于重度混跛，常见于肱骨或股骨骨折早期、髋关节脱位早期等（图44-1-5）；如患肢站立时指（趾）尖着地或负重不确实，运动中提伸不充分，属于中度混跛，常见于肱骨、股骨骨折愈合中期、陈旧性髋关节脱位、髋关节（韧带、关节囊、软骨）中度损伤（图44-1-6）；如患肢站立时指（趾）垫能全部着地，但负重时间短或实际未负重，行走中提伸有轻微异常，属于轻度混跛，常见于股骨骨折愈合后期、陈旧性髋关节脱位、髋关节（韧带、滑膜、软骨）轻度损伤等。

总之，与发生混跛相关的解剖学结构有骨盆、肱骨或股骨骨折，肩关节或髋关节脱位等，病灶主要在肘关节、膝关节以上，临床大多表现以支跛为主的混合跛行。

二、跛行诊断顺序与方法

跛行诊断有一个基本的顺序，即首先了解动物的跛行病史、有无治疗及结果如何，对四肢站立和行进中的异常姿势仔细观察，左右比较，以确诊患肢，再根据观察出的跛行种类和程度，结合肢体局部异常，初步判断患部或病灶在哪里，然后对可疑的患部或病灶进行细致触诊，达到寻找或基本确诊病灶的目的。对于疼痛性跛行病例，需要采用X线摄片检查方法、磁共振检查方法等进一步确诊患部或病灶，基本上就能确诊病名。

（一）确定患肢

确定患肢的方法主要通过问诊和视诊。问诊在跛行诊断中十分必要，往往宠物主人会明确地告诉医生，宠物哪条腿异常或跛行。医生需要询问跛行发生的时间、地点与当时的情况，症状至今有无发展变化、有无治疗、如何治疗及治疗效果等。此外，还应询问宠物精神、食欲、日常饲养管理条件，以及群内其他宠物有无类似症状，以便分析跛行的发生是否与某些营养缺乏或某些感染性疾病相关。

视诊包括站立视诊和运动视诊。首先应进行站立视诊，让患犬站立在平坦地面不动，医生在数米外围绕其前后、左右观察，重点比较左右肢的站立姿势（哪条腿减负或免负体重），左右肢同一部位是否有明显异常。多数的跛行患肢会表现指（趾）部着地或完全不着地，或出现肢体伸长、缩短、前伸、后踏、内收或外展等异常姿势，能够提示何为患肢（图44-2-1、图44-2-2）。运动视诊能使重度、中度跛行在行进中更加明显，而轻度跛行或跛行程度极轻微的患肢，只有通过运动视诊，甚至通过双肢负重测试才容易确定（图44-2-3、图44-2-4）。由于犬猫的运动难以控制，临床上可将其放在诊疗台面上观察其运动姿势，有利于发现和确定患肢。从临床实例看，对于重度、中度、大多数轻度跛行病例，一般根据问诊和站立视诊都能确定患肢。只是有些犬猫的跛行极不明显，或主诉其左右肢跛行转移、轻重程度时有改变，需要通过运动视诊或双肢负重测试确定患肢。

（二）确定患部

确定患部的方法包括常规触诊、X线摄片检查、肢体肿胀部（含关节腔）穿刺与穿刺液分析、使用关节内窥镜观察和进行磁共振检查等。在临床实践中，对于部分跛行病例通过问诊和视诊后，不仅能确定患肢，并且还能基本上确定患部。例如，在站立视诊时能够发现患肢某部位的创伤、肿胀、异常弯曲等变化，在运动视诊时也能发现肢体某部位的异常活动或

图44-2-1　犬站立视诊

保持患犬站立不动，可见右前肢指垫全部着地，但身体重心向左前肢倾斜，表明右前肢减负体重，属于轻度跛行。触诊发现指关节内侧韧带处疼痛。

（周庆国）

图44-2-2　犬运动视诊

把患犬放在诊疗台上，由其自由活动，可见左后肢始终悬垂，不敢着地负重，属于重度跛行。问诊病因为碰撞，触诊和X线摄片检查确定股骨骨折。

（周庆国）

图44-2-3　双肢负重测试（1）

将宠物左右两肢置于两掌心，根据各自负重的差异，即可判断和确定患肢。

（周庆国）

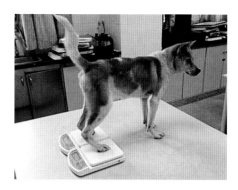

图44-2-4　双肢负重测试（2）

将宠物左右两肢分别放在精密度相同的电子秤上，根据各自的踩踏力度不同，即可确定患肢。

（周庆国）

异常固定等变化，这些即为确定患部（病灶）提供了参考。例如，在运动视诊中依据患犬跛行的种类或程度，还能大体判断引起跛行的病灶位置，有助于通过触诊和X线摄片检查等方法快速做出诊断。

1. 触诊　触诊是小动物临床确定疼痛性跛行病灶最基本、也是最重要的方法，如对于四肢骨折、关节脱位或皮肤、肌肉的急性损伤，轻触即会引起明显疼痛，即可确定为病灶或病灶之一；而对四肢某处的轻微疼痛，或仅引起轻度跛行的病灶，如关节韧带、关节囊、关节软骨、肌肉起止点或骨膜的轻度损伤或陈旧性病灶，往往只能经过系统的触诊过程才能找到病灶（痛点），而采用X线摄片检查并无任何作用。简单地讲，诊断骨折、骨膜、肌肉或肌腱的损伤，一般采取自下而上、自上而下地触摸、压迫、滑擦的手法；诊断关节侧副韧带、背（掌、跖）侧韧带、关节囊、关节软骨的损伤，需以不同力度对可疑关节进行缓慢的包括伸展、屈曲、内收、外展、内旋、外旋等多种他动运动；诊断膝关节十字韧带或半月板损伤，通常采取前抽屉运动手法进行检查。当发现痛点或可疑病灶时，需以同等手法和力度与对侧健肢相同部位的触诊反应进行比较，若有明显区别，即可将患肢痛点处初诊为病灶（图44-2-5至图44-2-10）。然后分析该病灶的触诊反应与患肢跛行种类及程度的关系，若高度相关，便可确诊患部（病灶）。

对于无痛性跛行患部的诊断，由于引起无痛性跛行的解剖结构主要是肢体的伸肌或支配伸肌的运动神经，根据患肢出现的特异性跛行姿势，一般通过视诊就可诊断出病名。

2. X线摄片检查　小动物临床确诊跛行患部的重要手段之一，能够准确地诊断骨折、骨骺分离、骨瘤、骨坏死、关节脱位、关节软骨严重损伤或缺失等，尤其对犬多发的几种髋关节疾病（如股骨头坏死、髋关节外伤性脱位、髋关节发育不良等）更是必不可少的鉴别诊断手段（图44-2-11、图44-2-12），并且对小型犬多发的椎间盘疾病也可做出初步诊断。但是X线摄片检查对四肢软组织损伤不具诊断作用，如肌肉起止点或关节内外侧韧带损伤引起的跛行只能通过触诊方法做出诊断。

3. 穿刺检查　对肢体某部肿胀或关节疾病进行诊断的方法，通过穿刺抽取内容物，可以了解肿胀的性质和关节腔的病理改变，为确定患部提供依据（图44-2-13、图44-2-14）。

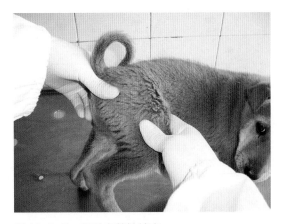

图44-2-5　股骨完整性检查

左手固定髋关节与股骨近端，右手把持股骨远端并用拇指和食指上下按压股骨，以判断股骨有无骨折。

（周庆国）

图44-2-6　髋关节对称性检查

两手除大拇指外的其他四指把持膝关节与股骨，两个大拇指触摸股骨大转子，根据大转子位置的变化判断髋关节脱位的可能性。

（周庆国）

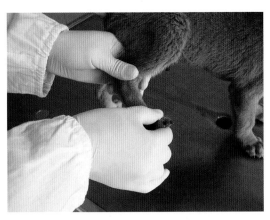

图44-2-7　趾关节伸展检查

左手把持关节上方骨骼，右手把持关节下方骨骼，使关节呈伸展状态，可检查关节囊及跖侧屈肌腱有无损伤。

（周庆国）

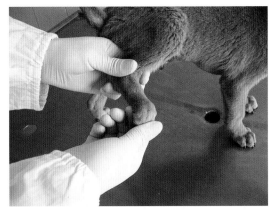

图44-2-8　趾关节屈曲检查

左手把持关节上方骨骼，右手把持关节下方骨骼，使关节呈屈曲状态，可检查关节囊及背侧伸肌腱有无损伤。

（周庆国）

图44-2-9　趾关节内收检查

左手把持关节上方骨骼，右手把持关节下方骨骼，使关节呈内收状态，可检查关节囊及外侧副韧带有无损伤。

（周庆国）

图44-2-10　趾关节外展检查

左手把持关节上方骨骼，右手把持关节下方骨骼，使关节呈外展状态，可检查关节囊及内侧副韧带有无损伤。

（周庆国）

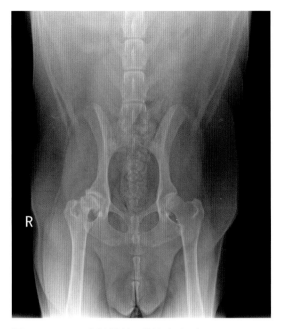

图44-2-11　犬髋关节X线检查（1）

X线影像显示：右侧股骨颈显著变细，股骨头中央密度降低，周围有增生现象，诊断为股骨头、颈缺血性坏死。

（周庆国）

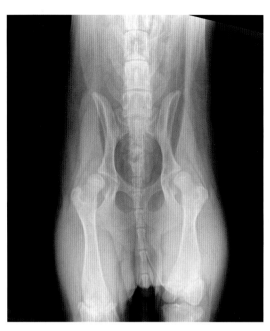

图44-2-12　犬髋关节X线检查（2）

X线影像显示：左右侧髋关节髋臼变浅，股骨头呈半脱位状态，诊断为髋关节发育不良。

（周庆国）

图44-2-13　犬前肢瘤状物检查

前肢内侧有一球形增生物，触诊质地硬固，患肢呈轻度悬跛，应采用细针抽吸和病理切片检查，以确定增生物性质。

（周庆国）

图44-2-14　犬肘后肿胀检查

犬右前肢肘关节后有一波动性肿胀，穿刺液为血性液体，根据肿胀发生部位，诊断为出血性肘头皮下黏液囊炎。

（周庆国）

四肢可见的肿胀有血肿、脓肿、肿瘤、炎性肿胀或慢性增生、黏液囊炎、淋巴外渗等，在问诊、触诊基础上，通过穿刺、细针抽吸及细胞学检查等方法即可确定其病名。

　　4. 关节内窥镜检查　适用于检查关节软骨、滑膜或膝关节十字韧带等关节内组织的病理变化，主要用于较大的关节检查，如肩关节、髋关节和膝关节。检查前需进行全身麻醉，向关节腔内注射适量生理盐水或林格氏液使关节囊扩张，然后导入关节内窥镜直接观察或通过选配的摄影、录像系统，将观察结果记录后分析（图44-2-15、图44-2-16）。关于关节镜的较详细介绍，可参看第六篇第十五章。

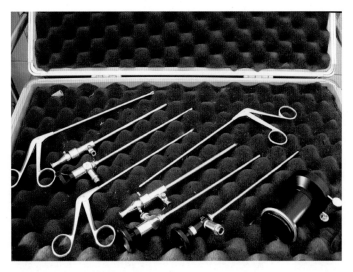

图44-2-15　关节镜套装

含2个型号的镜鞘、3个型号的关节镜、1把钩剪、1把抓钳、1把咬切钳和1个影像转换器。

（周庆国）

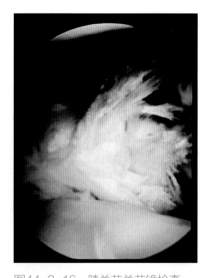

图44-2-16　膝关节关节镜检查

检查发现膝关节前十字韧带断裂，韧带断端纤维粗乱。

（王文狄）

5. 磁共振检查　国内宠物临床近年来采用的一种先进的影像学诊断技术，具有无放射线及强磁性危险、软组织对比度高、可在任意设定的图像断面上获得图像等优点，已被广泛地用于犬猫的脑、脊髓、心血管、纵隔、肝、胰、肾、膀胱、软组织、骨骼和关节等组织器官结构与功能异常的诊断，尤其在颅腔疾病（如脑室积水、脑肿瘤、癫痫）和脊柱疾病（如椎间盘突出）的诊断方面，磁共振检查发挥了其他任何检查方法无法替代的独特作用（参看图2-2-39、图2-2-40和图16-5-1至图16-5-10）。

6. 血清肌酸激酶（creatine kinase，CK）测定　诊断骨骼肌有无损伤及其损伤程度的辅助方法。肌酸激酶存在于动物心脏、肌肉以及脑组织的细胞质和线粒体中，与细胞内能量运转、肌肉收缩、ATP再生有直接关系，可逆地催化肌酸与ATP之间的转磷酰基反应。肌酸激酶有4种同功酶形式：肌肉型（MM）、脑型（BB）、杂化型（MB）和线粒体型（MiMi），其中MM型主要存在于骨骼肌和心肌中。当骨骼肌损伤、疲劳性肌病、营养性肌变性、寄生虫性肌炎等，血清中肌酸激酶升高。但是，一些非疾病因素如剧烈运动、各种插管及手术、肌肉注射冬眠灵、抗生素等也可能引起此酶活性增高。

（三）确定病名

在依次确定患肢、患部以后，就要确定病名了。根据大量的临床诊断实例，对重度跛行病（如肢体长骨全骨折、关节脱位、前肢桡神经或后肢腓神经、坐骨神经全麻痹）、中度或轻度悬跛（如前肢桡神经或后肢坐骨神经不全麻痹），在确诊患肢、患部的同时，根据跛行

患肢表现的特殊姿势，已经可以或基本可以确定病名。但是，对于表现中度或轻度跛行的某些病例，如骨肿瘤、股骨头坏死、髋关节发育不良、椎间盘疾病、膝关节十字韧带损伤等，必须通过X线摄片检查、磁共振检查或关节内窥镜检查才能做出准确诊断并确定病名。对于表现轻度跛行且肢体表面无

任何异常的支跛病例，如轻度的关节挫伤、肌腱损伤等，很大程度上只有通过触诊检查，结合肢体的解剖学名称确诊病名。

三、跛行诊断需注意的问题

（一）肢体形态改变与跛行时间是否关联

肢体形态上的改变是否和跛行发生时间相关，如果肢体上有一陈旧性病灶，但跛行才刚刚发生，则两者无明显相关性；反之跛行表现已久，而病灶为新发生的，表明两者无相关性。

（二）肢体形态改变与疼痛或跛行是否关联

肢体形态上的改变是否引起疼痛表现，如犬肘头皮下黏液囊炎引起肘部形态改变，但并不引起疼痛和跛行，有时仅导致前肢提举出现轻微异常。若该肢跛行十分严重，很可能存在另一个病灶，需要认真检查和诊断。

（三）肢体疼痛程度与跛行程度是否相关

肢体疼痛的程度是否与跛行程度相关，如骨折、关节脱位、化脓性关节炎、肌腱断裂、外周神经全麻痹等，一般表现为重度跛行；关节、韧带、肌肉、腱与腱鞘、指（趾）部的急性或亚急性损伤或炎症大多表现为中度跛行；关节、韧带、肌肉、腱与腱鞘的轻微损伤或慢性炎症一般表现为轻度跛行。

（四）肢体患病组织与跛行种类是否相关

肢体跛行的种类是否与不同组织的疾患相关，如四肢骨、关节、韧带、肌腱及腱鞘、指（趾）部等支撑器官发生的疾患，大多表现为支跛或以支跛为主的混合跛行；而外周神经、肌肉和皮下组织发生的疾患大多表现为悬跛或以悬跛为主的混合跛行，其中肘关节、膝关节以上的疾患主要表现混合跛行。

（周庆国）

第四十五章
四肢疾病

　　犬猫的四肢疾病在临床上非常多见，多与先天性发育异常和后天性车辆冲撞、跌打损伤等因素密切相关。四肢病在门诊病例中，尤其在外科病例中占有极大的比重，常见四肢各部位的骨折、骨骼坏死或赘生（肿瘤）、关节脱位（脱臼）、软组织损伤或感染、外周神经麻痹或不全麻痹等，均可导致犬猫出现不同程度的跛行，也引起主人的高度重视。发生于四肢的病种很多，诊断和治疗技术极其丰富，许多四肢病往往需要施行复杂的手术治疗，如果拖延病程或手术失败，不仅不能消除疼痛和跛行，反而造成更严重的损伤和跛行。因此，四肢病的治疗技术、尤其手术治疗技术是宠物外科医生很具挑战性和成就性的专业领域，应当通过专业的进修和刻苦的磨练以达到熟能生巧、妙笔生花的程度。

一、骨折

　　骨折是指骨的完整性或连续性遭受破坏，常伴有周围软组织不同程度的损伤。犬猫四肢的任何骨骼都可能发生骨折，按临床发生率排列，依次为股骨、桡尺骨、髋骨（骨盆骨）、胫腓骨、臂骨和肩胛骨等。骨折分类是临床诊断和治疗骨折的基础知识，有临床意义的分类方法有：按皮肤有无破损分为闭合性骨折和开放性骨折（图45-1-1、图45-1-2）；按骨折发生部位分为骨干骨折和骨骺（或干骺端）骨折（图45-1-3、图45-1-4）；按骨折线不同方向分为横骨折、斜骨折、螺旋形骨折、粉碎性骨折等（图45-1-5、图45-1-6）等。

图45-1-1　犬闭合性骨折

右后肢股骨闭合性骨折，患肢悬垂，不能负重，运动时呈重度跛行。

（佛山先诺宠物医院）

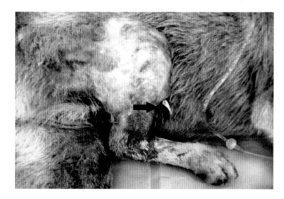

图45-1-2　犬开放性骨折

右后肢胫骨开放性骨折，可见胫骨尖锐断端刺穿皮肤（黑箭头）。

（佛山先诺宠物医院）

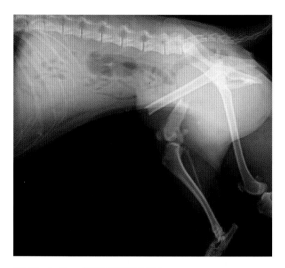

图45-1-3　犬股骨干横骨折

股骨中段发生骨折，骨折处近端和远端均很整齐，内固定手术成功率很高。

（佛山先诺宠物医院）

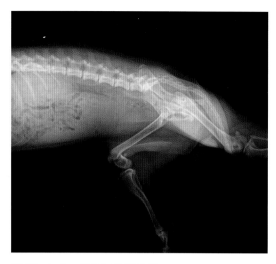

图45-1-4　犬股骨骨骺骨折

股骨远端骨骺发生骨折，可称为干骺端骨折，是后肢骨折多发部位，内固定修复技术要求高，固定不牢固将很快变形。

（佛山先诺宠物医院）

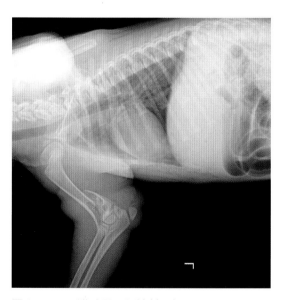

图45-1-5　猫肱骨干骺端斜骨折

肱骨远端干骺端发生斜形骨折，两个断端均很尖锐，内固定修复技术要求高，若固定不牢固，患猫一旦负重将很快复发。

（佛山先诺宠物医院）

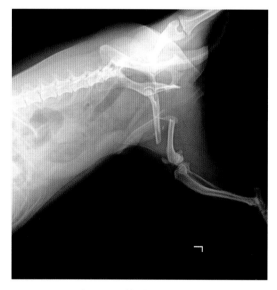

图45-1-6　犬股骨干粉碎性骨折

股骨中段发生粉碎性骨折，骨折处近端为一斜面，附近的"蝌蚪"状骨片来自近端，骨折处远端比较整齐，修复骨折时不可忽略这个骨片。

（佛山先诺宠物医院）

（一）病因

　　犬猫受车辆撞压、从高处坠落、人为打击、踩踏或门挤是造成四肢骨折的常见原因，少数患犬因在奔跑中急停或扭闪也可发生撕脱性或应力性骨折。

图45-1-7　犬肱骨骨折表现

右前肢肱骨骨折，患肢悬垂，仅以指尖轻轻触地，骨折处肿胀明显（黑箭头）。

（佛山先诺宠物医院）

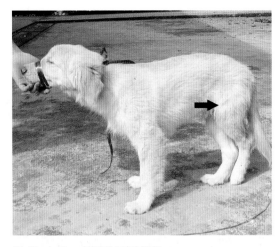

图45-1-8　犬股骨骨折表现

左后肢股骨骨折，患肢悬垂，仅以趾尖轻轻触地，骨折处肿胀明显（黑箭头）。

（佛山先诺宠物医院）

（二）症状

骨折一旦发生，动物因剧烈疼痛而不安、嗷叫，患肢悬垂，多依靠三条腿跳跃行进，表现为重度跛行。发生在肘、膝关节以上的骨折，多表现以支跛为主的重度混合跛行，而发生在肘、膝关节以下的骨折，多表现为重度支撑跛行。发生在腕、跗关节以上的骨折，因富有软组织包裹，2~3d后常出现明显的炎性肿胀，触诊骨折处能感知骨断端的粗糙摩擦感或摩擦音（图45-1-7、图45-1-8）。相反，发生在腕、跗关节以下的骨折，因缺乏软组织包裹，可能局部变形明显如异常弯曲，或骨折断端刺穿皮肤造成开放性骨折（图45-1-2）。骨折发生2~3d后，因组织分解产物和血肿吸收，动物体温升高、精神不振和食欲减退。发生开放性骨折后，一旦延迟治疗数小时，骨折处的化脓性感染将难以避免。

（三）诊断

骨折的诊断首先应进行临床一般检查，视诊患肢局部肿胀变形和重度跛行可怀疑骨折发生，触诊患肢肿胀变形处的骨骼能异常弯曲和活动，且有骨摩擦音或骨摩擦感，即可做出诊断。然而，由于骨折的类型和形态十分复杂，依据临床一般检查结果仅能确诊骨折，但要准确地了解骨折处细节，就必须进行X线摄片检查。如临床多发的股骨颈骨折（图45-1-9）、骨盆骨骨折（图45-1-10）、干骺端骨折（图45-1-4）、关节内骨折等，也只有进行X线摄片检查才能获得准确诊断，同时也为选择相关内固定材料和确定手术方案提供了重要的参考。拍摄X线照片时，至少应取正位和侧位两个方位，防止对骨折端的复杂程度做出错误判断（图45-1-11至图45-1-14）。对骨折病例的摄片范围最好包含断骨及其上下两个关节，以便同时观察临近关节是否损伤。此外，定期拍摄骨折部位X线影像能准确地观察骨折愈合过程，对发现问题和及时采取必要措施以促进骨折愈合非常必要。

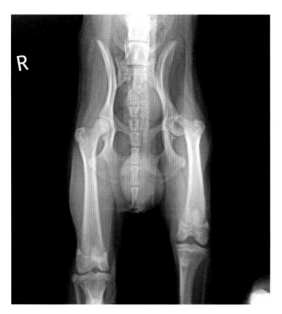

图45-1-9　犬股骨颈骨折

患犬表现中度至重度混合跛行，不进行X线摄片检查则无法做出明确诊断。

（佛山先诺宠物医院）

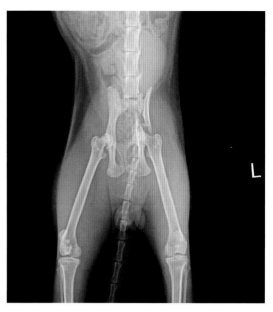

图45-1-10　猫髂骨翼骨折

患猫表现中度至重度混合跛行，不进行X线摄片检查则无法做出明确诊断。

（佛山先诺宠物医院）

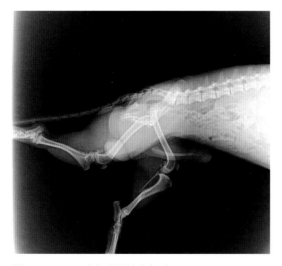

图45-1-11　犬胫骨骨折（1）

侧位片显示犬左后肢胫骨骨折，胫骨干稍有弯曲，骨折断端对合良好。

（佛山先诺宠物医院）

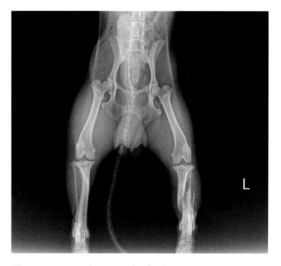

图45-1-12　犬胫骨骨折（2）

正位片显示左后肢胫骨呈严重粉碎性骨折，比侧位片显示复杂的多。

（佛山先诺宠物医院）

（四）治疗

骨折发生后，在临床一般检查的基础上，尽快进行X线摄片检查以确定骨折的种类和形态，防止闭合性斜形骨折转化为开放性骨折，防止已处于局部污染状态的开放性骨折发展为化脓性感染创及骨髓炎。骨折的治疗方法包括骨折端整复、固定和后期功能锻炼3个阶段，

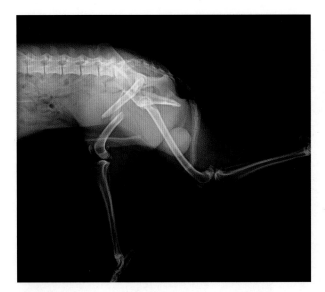

图45-1-13　犬股骨骨折（1）

侧位片显示右后肢股骨中段骨折，骨折处近端和远端较尖锐，有一不清晰骨片，读片时很容易忽略。

（佛山先诺宠物医院）

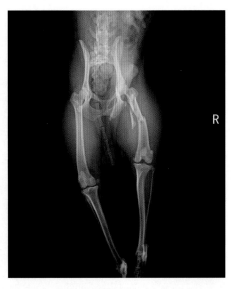

图45-1-14　犬股骨骨折（2）

正位片清晰显示右后肢股骨中段撕裂处内侧有一条形骨折片，来自于骨折处近端。

（佛山先诺宠物医院）

其中骨折端整复和固定的方法包括开放性整复与内固定及闭合性整复与外固定，而开放性整复与内固定是当前小动物临床治疗各类骨折的常用方法。小动物骨科手术如同艺术创作，任何一台骨科手术都具有单独唯一的属性，没有完全相同的手术病例。宠物不像人一样会听医生或主人的吩咐术后静养，所以宠物骨科手术失败的情况非常多见。要采取科学的方法，牢固地固定断骨而又不影响断骨的生长非常重要。

1. 开放性整复与内固定　指按照一定的手术入路切开骨折处软组织，在肉眼直视下使用骨科专用器械和材料对骨折断端进行整复与固定的技术。从临床实践看，与其说对小动物骨折端进行整复，不如说是对小动物骨折端进行修复，临床大多数骨折端会出现移位、重叠、粉碎等情况，修复断端的技术远比简单的整复复杂得多，并且修复过程通常是和内固定同步进行，所以将此技术表述为开放性内固定修复术更为恰当。开放性内固定修复术适用于治疗全身各部位的骨折，尤其对于软组织丰富部位的骨折能够达到可靠的修复、固定效果。常用的骨科套装器械包括骨钻、摆锯、骨锤、骨剪、克氏针剪、钢丝剪、咬骨钳、复位钳、持骨钳、虎钳、尖嘴钳、骨膜剥离子、钢板折弯器、钉孔测深器、螺钉夹、螺钉起子（一字形、十字形、内四角形、内六角形）、钻头套、加压紧丝器和断钉空心锯等。需要指出的是，实施开放性整复及内固定术除了必备的骨科套装器械和多品种多规格内固定材料外，还需理解和掌握内固定修复术的基本操作要点，树立严格的无菌手术观念，创造比普通外科手术更严格的无菌手术环境。此外，还需恰当地把握实施骨折内固定修复的时间，在患病犬猫身体条件允许的情况下，可于骨折发生当天进行手术；或经过其他治疗与包扎消肿后，于数天内进行。若未进行恰当包扎，选在骨折第3~4天进行手术，正是软组织充血肿胀最严重的时期，而过晚实施手术则出现组织增生粘连，均给手术操作带来很大的困难。四肢各部位的骨折特点及内固定修复要点如下。

（1）肱骨骨折：多发于肱骨中段和远段干骺端，以斜骨折和螺旋形骨折最多见。对于犬猫肱骨中、近段长斜骨折与撕脱骨折，使用髓内针（小动物骨科多用斯氏针，又称骨圆针）与矫形钢丝辅助内固定修复是非常有效的治疗方法，通常选择肱骨外侧手术入路，操作方便，疗效可靠。骨圆针对中、近段骨折端有显著的抗折弯作用，矫形钢丝上下半环扎或全环扎骨折端（如斜形骨折）对骨折端有抗张（轴向分离）及抗扭转作用（图45-1-15、图45-1-16）。但是对于肱骨远段干骺端骨折，骨圆针便失去有效的抗折弯作用，如果仍然使用骨圆针固定，就有可能失败。小动物骨科使用的骨圆针有0.8mm、1.0mm、1.2mm、1.5mm、2.0mm、2.5mm、3.0mm、3.5mm和4.0mm几种规格（直径），与不同体格犬猫的骨髓腔内径基本适应。骨圆针针尖部有平凿型、套管针型和螺纹型，后者可能对骨折端有一定的抗张作用，但螺纹处直径偏细，也有弯曲和折断的危险。常用的矫形钢丝规格（直径）有0.5mm、0.8mm和1.0mm。肱骨远段干骺端骨折一般使用接骨板、加压螺钉和克氏针辅助进行内固定修复，使用接骨板时，如选肱骨外侧入路时要注意避开外侧臂肌和桡神经，内侧入路时要注意避开尺神经和正中神经。接骨板能够紧密地贴在平整的肱骨表面，很无奈的是肱骨远端的解剖结构比较复杂。一般越是接近远段肱骨髁的骨折，内固定修复术难度越大，当发生髁间骨折时，修复难度增大，尤其猫肱骨远段干骺端比较纤细，一旦发生骨折往往表现为粉碎性，对内固定修复技术要求极高，即使修复良好而固定不牢固，犬猫一旦负重就引起骨折部弯曲而导致手术失败。因此，一般需备有长短宽窄适合的可重建或锁定型骨板，以及长短粗细适合的螺钉（图45-1-17至图45-1-20）。

（2）桡尺骨骨折：多发部位在桡骨、尺骨的中、远段，桡骨、尺骨一般同时发生骨折，并以横骨折多见。临床只需对桡骨断端进行修复和固定，尺骨断端一般也会自然复位和稳定。犬猫的桡骨骨干细，有一定的弯曲度，猫和不少品种的小型犬几乎无骨髓腔，使用骨圆

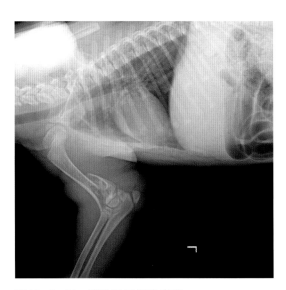

图45-1-15　猫肱骨骨折治疗前

肱骨远段干骺端发生斜形骨折，骨折两断端错位明显。

（周庆国）

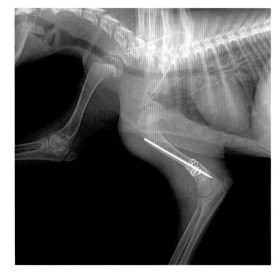

图45-1-16　猫肱骨骨折治疗后

使用骨圆针和矫形钢丝辅助内固定修复肱骨远段骨折，复位良好，但稳定性或抗折弯力不足，幸运的是骨折端最后愈合良好。

（周庆国）

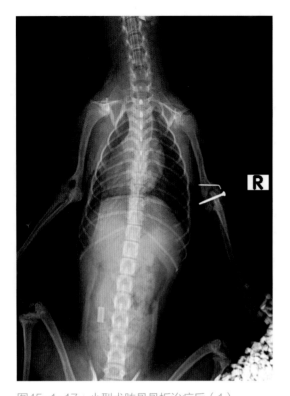

图45-1-17　小型犬肱骨骨折治疗后（1）

肱骨远段干骺端与髁间发生骨折，使用加压螺钉和1根克氏针进行固定。

（吴仲恒）

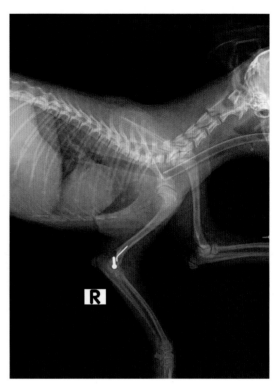

图45-1-18　小型犬肱骨骨折治疗后（2）

X线侧位片显示骨折端复位良好。

（吴仲恒）

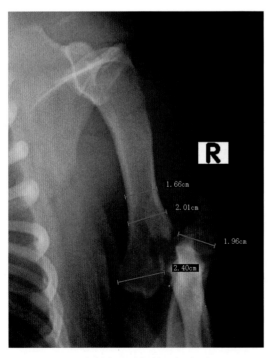

图45-1-19　大型犬肱骨远端骨折（1）

X线影像显示：肱骨远端外侧髁与内侧髁分离。

（吴仲恒）

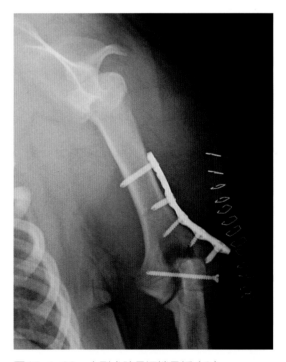

图45-1-20　大型犬肱骨远端骨折（2）

使用1颗拉力螺钉和PRCL锁定骨板修复骨折部。

（吴仲恒）

针固定有难度，并且进针操作容易造成上下关节面损伤。因此，桡骨骨折的修复和固定较多使用接骨板或外用固定器（外固定支架），以及近两年开始使用的智能接骨器。

接骨板有良好的抗轴向力和抗扭转作用，但抗折弯力不如髓内针作用强，临床选用不当也会折断。临床常用的接骨板有2.0mm、2.7mm和3.5mm几种规格（钢板上的螺钉孔径），分别称为2.0号板、2.7号板和3.5号板，对应使用2.0mm、2.7mm和3.5mm螺钉，分别使用1.5mm、2.0mm和3.0mm钻头钻孔。接骨板的长度随着螺钉孔的数量不同而有多种，其中带有数十个孔的可裁剪接骨板适用于不同长度的骨折内固定。近年来临床较多使用的PRCL锁定骨板就能裁剪塑形，PRCL即英文point touch、reconstruct、compression、locking的首字母，分别为点接触、重建、加压和锁定的涵义，由于骨板的点接触设计，降低了对骨膜的摩擦和对血液供给的破坏，因采用医用钛合金材质而有超强的生物相容性，而且骨板可根据骨折部形态进行面弯曲或侧弯曲，使得骨板的适用性大大提高，可用于很多部位骨折的修复固定，尤其在小型犬多发的干骺端骨折的修复固定方面发挥了良好的作用（图45-1-21、图45-1-22）。

智能接骨器又称为镍钛形状记忆合金接骨器，为一种低弹性模量下的三维多点骨骼固定器，具有优良的生物相容性、耐蚀耐磨性、高抗疲劳性以及与皮质骨相近的弹性模量，同时还具有奇特的形状记忆特性（图45-1-23、图45-1-24）。使用前将其放在5℃以下生理盐水里冷敷数分钟，用特制工具撑开接骨器施力臂（或抱骨臂），然后套在需要固定的骨折端与其贴服（吻合），当接骨器施力臂感受动物体温或被热敷后，便发生相变恢复原来的形状，从而完成对骨折端的固定。智能接骨器与接骨板相比的优势体现在：手术切口小，不需钻孔对骨骼造成再次损伤，对骨折端持续的微动加压应力刺激可使骨折愈合周期明显缩短，用在体格发育成熟的动物不需拆除。智能接骨器的种类和规格很多，使用前需根据骨折端形态及外径选择与其相吻合的接骨器，过大起不到稳定骨折端的作用，过小则因开口偏大，在

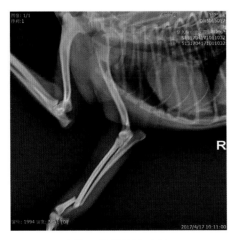

图45-1-21　犬桡尺骨骨折治疗前

右前肢桡骨、尺骨干骺端骨折并错位。

（牛金波）

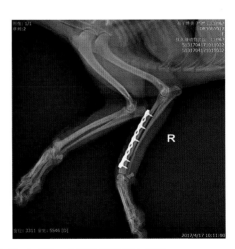

图45-1-22　犬桡尺骨骨折治疗后

使用PRCL锁定骨板对桡骨进行内固定。

（牛金波）

图45-1-23　镍钛形状记忆合金接骨器（1）

适用于两端粗细有别的管状骨骨折的直型接骨器。

（张兰发）

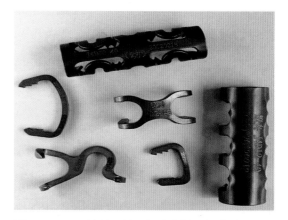

图45-1-24　镍钛形状记忆合金接骨器（2）

适用于两端粗细相同的管状骨直型接骨器和扁骨骨折骑缝钉。

（张兰发）

患肢负重时易受弯曲力作用而使抱骨臂张开与骨骼脱离。近年来临床有用智能接骨器治疗犬猫桡骨、胫骨及其他部位骨折的成功报道（图45-1-25至图45-1-27）。另有使用镍钛形状记忆合金制造的适用于扁骨骨折的多形态骑缝钉，主要用于髋骨、肩胛骨等骨折线的快速结合固定，具体用法见后。

外固定支架是一套适合闭合性长骨骨折或开放性骨折的骨折端固定材料，特别适合安装在软组织覆盖少的骨折部位，因此主要用于桡骨和胫骨骨折的整复固定。外固定支架由固定针（如螺纹针、克氏针）、外接杆（铝合金或碳纤维材料）和连接器（如U形固定夹）组成，依犬猫体格大小有大、中、小号3种规格可供选择。支架的安装分为单侧单平面型（Ⅰa型）、单侧双平面型（Ⅰb型）、双侧单平面型（Ⅱ型）、双侧双平面型（Ⅲ型）4种构型，其中Ⅰ型支架安装简单，对骨折端的固定强度和稳定性不如Ⅱ型和Ⅲ型，不过固定犬

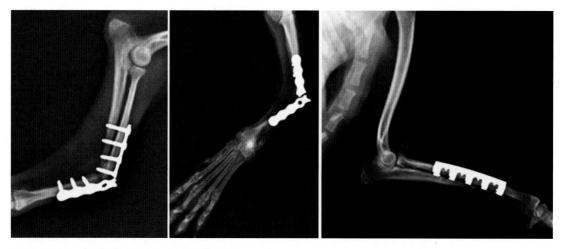

图45-1-25　镍钛形状记忆合金接骨器（3）

桡骨骨折初次使用9孔接骨板固定，术后骨板在一螺孔处断裂造成失败，改用智能接骨器进行二次复位固定。

（唐志远）

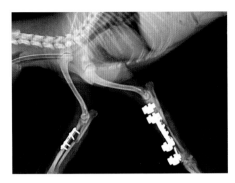

图45-1-26　镍钛形状记忆合金接骨器（4）

分别使用接骨板和智能接骨器配合外固定支架治疗左右前肢桡骨骨折。

（宋立新）

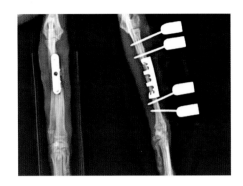

图45-1-27　镍钛形状记忆合金接骨器（5）

X线正位片能更好显示智能接骨器配合外固定支架的安装方法，骨折端复位优良。

（宋立新）

猫骨折端已能满足要求（图45-1-28、图45-1-29）。无论安装哪种类型的支架，要求骨折两端各安装2～4根固定针，针的直径应为断骨直径的25%～45%，针太细肯定降低固定强度，针太粗可能造成医源性骨折或骨裂。一套安装良好的外固定支架具有可靠的抗轴向力、抗折弯和抗扭转作用，往往手术后几天术肢即可负重。外固定支架的其他优点还体现在微创、出血少、不破坏骨折端血供，安装快速和拆除方便几个方面，并且术后也能做一定的调整。其缺点主要体现在术后护理时间达2～3个月，肢体携带外固定支架可能造成家庭器物或主人损伤，当然固定针一旦松动也就失去固定作用。临床已有使用环氧树脂代替固定夹的做法，使得固定针的方向更加灵活而不限制在直型的连接杆上，同时减轻了支架

图45-1-28　骨折外固定支架（1）

Ⅰa型外固定支架用于犬桡骨骨折，使用碳纤维外接杆和U形固定夹，骨折近、远端各用2根螺纹针。

（吴仲恒）

图45-1-29　骨折外固定支架（2）

Ⅰa型外固定支架用于犬桡骨骨折，护理良好，皮肤针孔干燥。

（吴仲恒）

重量和护理难度（图45-1-30、图45-1-31）。

　　尺骨单独发生的骨折主要见于鹰嘴突遭受剧烈碰撞后，中小型犬和猫通常使用两根克氏针进行固定，配合张力钢丝带对抗肱三头肌的拉力即可达到可靠的修复固定（图45-1-32、图45-1-33）。这种固定方法对于肢体其他部位的撕脱性骨折都可以使用，其他常用的部位还包括跟骨、胫骨粗隆、大转子和肱骨大结节。有报道对大型犬该部位的骨折，使用克氏针张力钢丝技术的失败率达到30%左右，所以大型犬也可以使用接骨板进行坚强可靠的内固定。

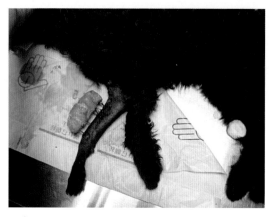

图45-1-30　骨折外固定支架（3）

Ⅰa型外固定支架用于犬桡骨骨折，将螺纹针弯曲代替外接杆，使用环氧树脂代替固定夹。

（吴仲恒）

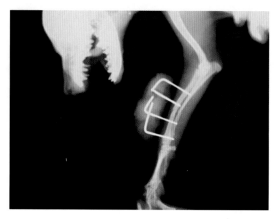

图45-1-31　骨折外固定支架（4）

X线影像显示骨折近、远端各用2根螺纹针，针尾均向骨折端弯曲，使用环氧树脂黏结。

（吴仲恒）

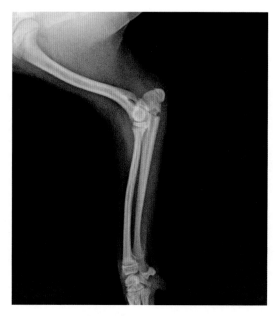

图45-1-32　犬鹰嘴突骨折治疗前

尺骨鹰嘴突骨折后，因臂三头肌牵拉而见明显骨折线。

（周庆国）

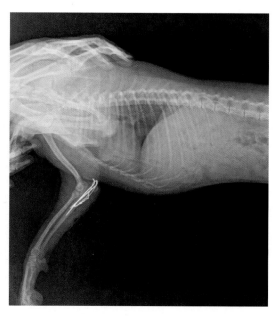

图45-1-33　犬鹰嘴突骨折治疗后

使用两根克氏针配合张力钢丝带辅助即可达到可靠的整复固定。

（周庆国）

（3）髋骨骨折：髋骨包括髂骨、耻骨和坐骨，骨折多发生在髂骨翼和髋臼附近，也可发生在耻骨、坐骨或骨盆联合附近，多为闭合性骨折，并且常伴发荐髂关节分离。髂骨翼、耻骨和坐骨均为片状扁骨，发生在髋结节及其附近的骨折，适宜选用克氏针固定（图45-1-34至图45-1-37），发生在髂骨翼、髂骨体或髋臼的骨折，适宜选用接骨板和骨螺钉固定（图45-1-38至图45-1-41），而荐髂关节分离常用拉力螺钉或用皮质螺钉配合滑动孔固定。近

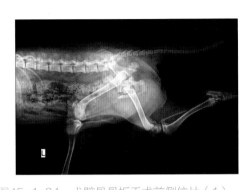

图45-1-34　犬髋骨骨折手术前侧位片（1）

显示髋臼结构良好，一侧髋骨的髋结节附近多处骨折。

（李德荣）

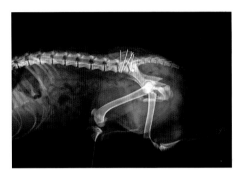

图45-1-35　犬髋骨骨折手术后侧位片（1）

使用数根克氏针对发生骨折的髂骨翼修复固定。

（李德荣）

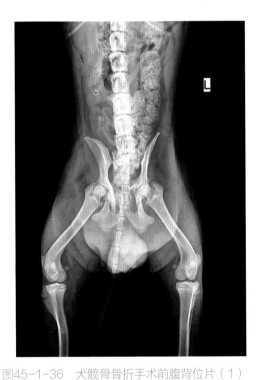

图45-1-36　犬髋骨骨折手术前腹背位片（1）

左侧髂骨翼和两侧髋臼后骨折，右侧荐髂关节分离，髋关节结构未受影响。

（李德荣）

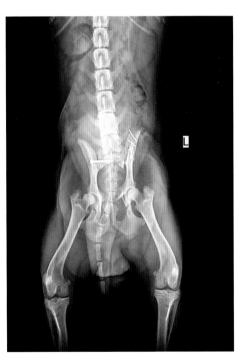

图45-1-37　犬髋骨骨折手术后腹背位片（1）

将右侧荐髂关节复位后用皮质螺钉固定。

（李德荣）

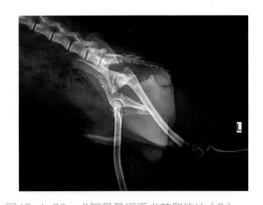

图45-1-38　犬髋骨骨折手术前侧位片（2）

髋臼结构尚好，一侧髂骨翼和髂骨体骨折。

（李德荣）

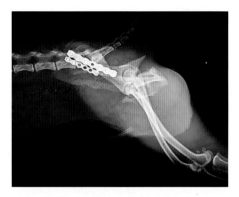

图45-1-39　犬髋骨骨折手术后侧位片（2）

用2块接骨板将髂骨翼和髂骨体修复固定。

（李德荣）

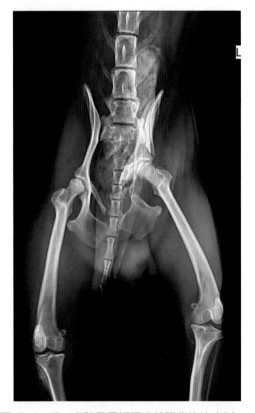

图45-1-40　犬髋骨骨折手术前腹背位片（2）

显示左侧髂骨翼和髂骨体骨折，右侧荐髂关节轻度分离未移位。

（李德荣）

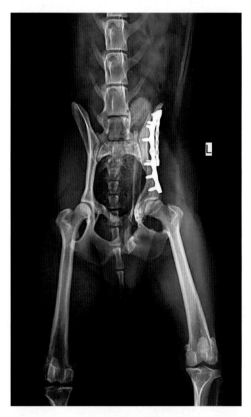

图45-1-41　犬髋骨骨折手术后腹背位片（2）

整复固定后的髂骨翼和髂骨体恢复正常。

（李德荣）

年来有人用智能接骨器中的两脚骑缝钉固定髂骨翼断裂两侧，也十分方便（图45-1-42、图45-1-43）。

（4）股骨骨折：与肱骨骨折特点相似，骨折多发生在股骨中段或远段干骺端，且多为斜骨折或粉碎性骨折。骨折发生后，因股部肌群强烈收缩使得骨折端错位明显，必须通过内固定修复才能恢复后肢的运动机能。常用的内固定修复材料及方法与肱骨基本相同，对于股骨干长斜骨折，骨折斜面为骨头最细处直径的2.5倍，最好是3.5倍以上时，可以使用占髓内腔横截面最细处约70%面积的髓内针，辅以2~4道环扎钢丝对抗扭转力和剪切力，进行内固定修复的疗效十分可靠（图45-1-44、图45-1-45）。与使用钢板相比，不需要分离过多的肌肉，又有可靠的抗折弯、抗扭转作用，而且骨圆针和矫形钢丝的材料成本很低。对于股骨干短斜骨折、横骨折和粉碎性骨折，髓内针和环扎钢丝技术的抗扭转力和横向剪切力有限，对骨折端或骨碎片的固定作用不足，通常使用钢板和骨螺钉修复固定骨折段或骨碎片，有时还需要在骨髓腔插入占髓内腔横截面约30%面积的髓内针以加强抗折弯作用（图45-1-46、图45-1-47）。对于一些或因感染而致手术失败的股骨骨折，骨头生长速度缓慢，需要更稳固的固定，但又担心把感染源带到髓腔而不希望植入髓内针时，可以采用双锁定骨板技术（图45-1-48）。当然，处理感染的骨科手术原则之一是，确保感染源已经消失才建议二次手术。双骨板的优点是强度大、稳定性高和结构维持时间长，但骨板对骨膜损伤，对骨皮质血液供应有影响，也在一定程度上减缓了愈合时间。所以建议使用锁定型骨板结合桥接骨板技术，从而尽量保护骨折部位的生物学愈合因素。

智能接骨器近年来在股骨干骨折治疗中得到应用，由于股骨干基本呈圆柱形，容易使用

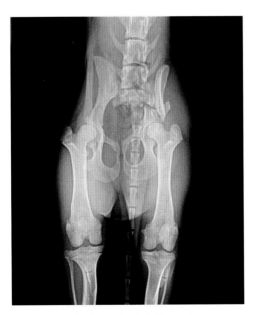

图45-1-42　犬髂骨骨折治疗前

左后肢近髂骨体处髂骨翼发生骨折。

（冯树刚）

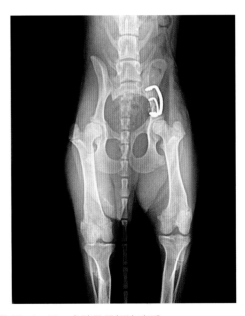

图45-1-43　犬髂骨骨折治疗后

使用2个形状记忆合金骑缝钉修复固定。

（冯树刚）

直型智能接骨器。对于股骨直径偏小的股骨干骨折，可在使用骨圆针的基础上配合使用智能接骨器，就能大大增强整个股骨的抗折弯力，同时也能有效地防止骨折远端段发生旋转（图45-1-49、图45-1-50），适合于骨骼发育成型的动物。

股骨远段干骺端骨折在股骨骨折中十分多见，经典常规的治疗方法是将断端复位后，用

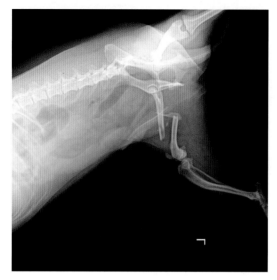

图45-1-44　犬股骨骨折治疗前（1）

股骨中段发生骨折，骨折段近端是一个斜面，旁边有一个蝌蚪形小骨片。

（周庆国）

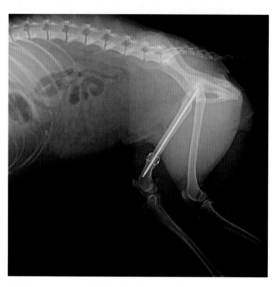

图45-1-45　犬股骨骨折治疗后（1）

使用骨圆针和矫形钢丝进行固定，骨圆针插入髓腔深度适宜，使用钢丝连接骨折近、远端防止分离和旋转。

（周庆国）

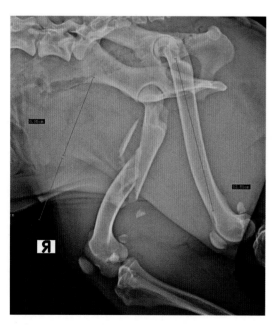

图45-1-46　犬股骨骨折治疗前（2）

右后肢股骨发生斜形粉碎性骨折，有几个游离骨片。

（吴仲恒）

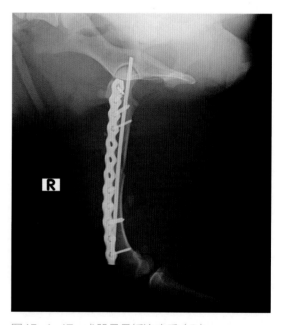

图45-1-47　犬股骨骨折治疗后（2）

先在股骨髓腔插入一根髓内针使断骨基本复位，再使用PRCL骨板结合桥接骨板技术修复固定。

（吴仲恒）

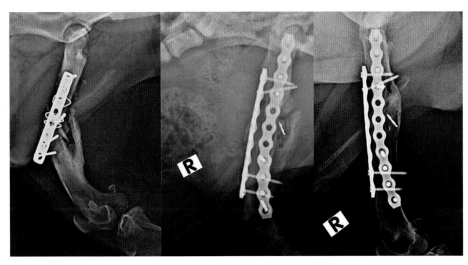

图45-1-48　7月龄边境牧羊犬股骨骨折二次修复

股骨内固定失败且术部感染，在清创与抗生素控制感染后，使用双PRCL锁定骨板进行二次手术，从而获得最大限度的稳定性，又一定程度上保存了骨骼愈合的生物学因素。术后2个月骨折处基本愈合，可见骨骼已开始愈合与重新塑形。

（吴仲恒）

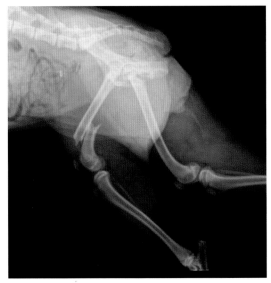

图45-1-49　犬股骨骨折治疗前（3）

左后肢股骨中远段发生骨折，骨折处前后错位。

（宋立新）

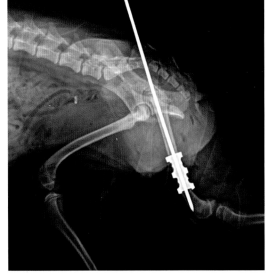

图45-1-50　犬股骨骨折治疗后（3）

将骨折端复位后先用骨圆针固定，再安装智能接骨器，既稳定骨折端，又加强抗折弯作用。

（宋立新）

2根克氏针交叉复位和固定，但时常由于克氏针抗折弯力不足或应力过度集中而断裂，造成骨折处再次变形而致手术失败（图45-1-51）。双骨板固定和交叉髓内针固定均是治疗股骨干骺端骨折的常用方法，双骨板固定术的材料成本高，操作较复杂，所需时间长（图45-1-52）；交叉髓内针材料成本低得多，操作简单，所需时间短，但成功关键是髓内针必须具有足够刚

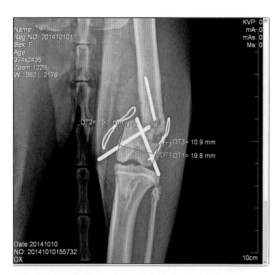

图45-1-51　接诊的骨折内固定失败病例

股骨远段干骺端骨折使用克氏针固定，因克氏针断裂和脱出致固定失败。

（李德荣）

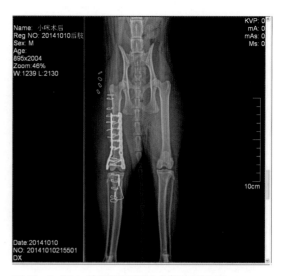

图45-1-52　使用双钢板技术再次固定后

使用PRCL锁定骨板、锁定螺钉和普通皮质骨螺钉对股骨干骺端进行修复固定，同时施行胫骨粗隆移位术矫正髌骨轻度内侧脱位。

（李德荣）

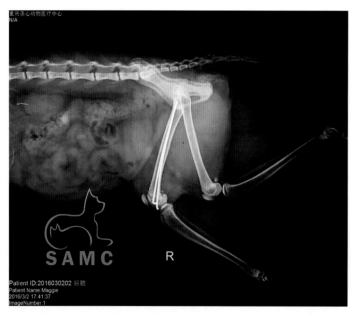

图45-1-53　犬股骨干骺端骨折治疗后（1）

右后肢股骨远段发生骨折，采用交叉髓内针固定。

（李德荣）

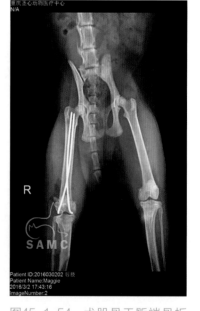

图45-1-54　犬股骨干骺端骨折治疗后（2）

右后肢股骨远段发生骨折，采用交叉髓内针固定。

（李德荣）

性（图45-1-53、图45-1-54）。

股骨头、颈发生骨折较少，通常使用2根非平行插入的克氏针结合拉力螺钉技术将其复位固定。如果骨折处难以完美复位或为陈旧性骨折时，可以采用股骨头、颈切除术或全髋关节置换术进行修复（图45-1-55、图45-1-56）。

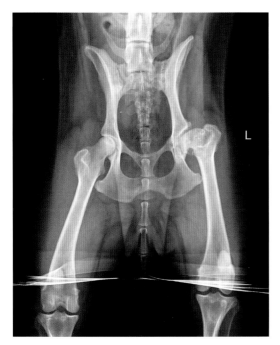

图45-1-55　金毛犬股骨颈陈旧性骨折

伴有髋关节炎、退行性关节病变和肌肉萎缩，患肢跛行严重。

（李德荣、吴仲恒、周珞平）

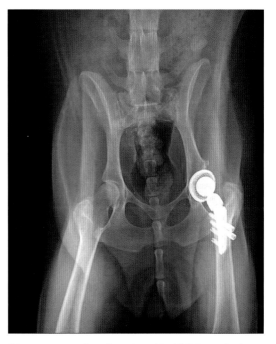

图45-1-56　金毛犬股骨颈陈旧性骨折手术后

施行全髋关节置换术后4个月，肌肉萎缩得到明显的改善，患肢恢复负重。

（李德荣、吴仲恒、周珞平）

（5）胫腓骨骨折：胫骨和腓骨近段、中段和远段可见横骨折、斜骨折和粉碎性骨折，由于后肢负重主要由胫骨承担，临床只需对胫骨断端进行复位和固定。髓内针可用于胫骨近段或中段骨折，具有很强的抗折弯力，一般应在胫骨粗隆上方的胫骨平台内侧顺行进针固定，且髓内针不可影响跗关节和膝关节活动。如逆行进针或留针尾过长可能造成胫骨平台损伤，严重时影响膝关节正常活动（图45-1-57至图45-1-59）。所以，对于胫骨各种类型的骨折，通常优先选择接骨板、外用固定器（外固定支架）或智能接骨器进行固定（图45-1-60至图45-1-62），尤其对于胫骨远端干骺端骨折，采用可侧弯PRCL骨板能对骨折处进行有效的固定（图45-1-63、图45-1-64）。

骨折内固定修复手术后术部的护理非常重要，关系到术部感染的预防、控制和骨折端的顺利愈合问题。使用髓内针的术后问题是术部皮肤感染和针向外移动脱出髓腔，护理重点是预防骨折段皮肤切口和髓内针皮肤出口感染。术后1周内应每天检查这两个部位有无渗出及渗出液性质，当髓内针未进入断端远端骨骺或针尾遗留偏长时，容易在软组织中移动引起炎性渗出和肿胀。当髓内针逐渐向外移动时，应拍摄X线片观察髓腔内的髓内针深度，确定是将髓内针继续打入还是将其针尾剪短。如果有感染迹象，需立即用含林可霉素或头孢唑啉的生理盐水冲洗，然后在局部注入林可霉素或头孢唑啉。手术后半月及之后每个月拍摄X线片以观察骨折端的愈合情况，如观察骨折线已消失和骨折愈合后，且针尾被生长而延长的骨骼包埋，则不必采取任何措施；如果针尾仍在软组织中且引起炎症，需立即取出髓内针，皮肤出口处的炎性肿胀将很快消除。拆除髓内针的方法比较简单，在遗留针尾处皮肤上做一小切口，分离皮下软组织至骨骼针尾处，使用尖嘴钳或持针钳直接拔除即可，然后对皮肤切口做1～2针的结节缝合。

使用接骨板和接骨器的术后问题是术部皮肤切口感染、接骨板撕裂、接骨板或接骨器与断骨脱离，护理重点首先是预防骨折段皮肤切口感染。术后1周内应每天检查这两个部位有无肿胀或渗出液性质，如术部有感染迹象时，立即用前述敏感抗生素生理盐水冲洗，

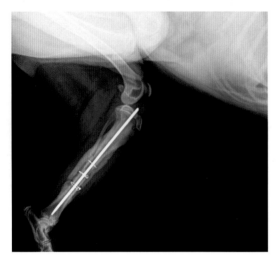

图45-1-57　犬胫骨骨折治疗后17d

胫骨中段横骨折及远段有裂缝，使用骨圆针辅以矫形钢丝行胫骨远段三重环绕固定。X线影像显示：骨圆针规格适宜，插入髓腔深度适当，外骨痂形成良好，骨折线已消失。

（周庆国）

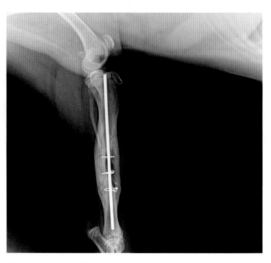

图45-1-58　犬胫骨骨折治疗后59d

X线影像显示：内、外骨痂形成良好，钙化均匀，外骨痂将矫形钢丝完全包裹，骨圆针未有任何移动，胫骨平台上的针尾端因胫骨生长而呈半包埋状态。

（周庆国）

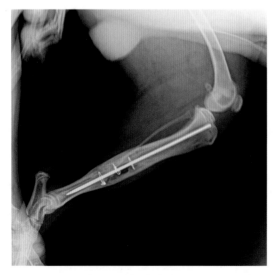

图45-1-59　犬胫骨骨折治疗后128d

X线影像显示：内、外骨痂处于塑性改造阶段，髓腔尚未完全畅通，胫骨平台上的针尾端因胫骨生长而被完全包裹。

（周庆国）

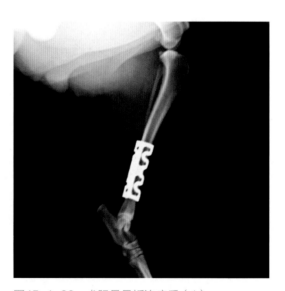

图45-1-60　犬胫骨骨折治疗后（1）

使用智能接骨器固定胫骨远段骨折，有保持骨折端稳定的可靠效果，但抗折弯力可能不足。

（唐志远）

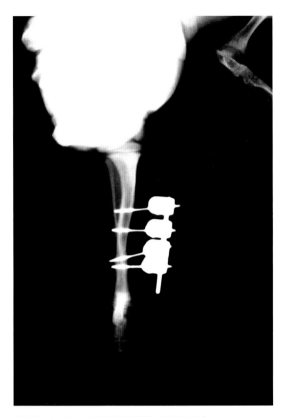

图45-1-61　犬胫骨骨折治疗后（2）

使用单侧单平面型（Ⅰa型）外固定支架治疗胫骨干骨折，骨折线已消失，螺纹针可以拆除。

（吴仲恒）

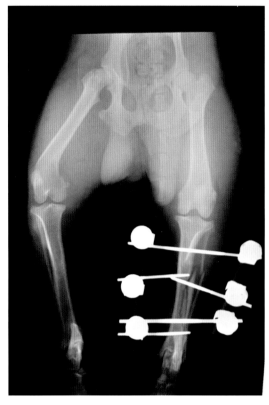

图45-1-62　犬胫骨骨折治疗后（3）

使用双侧单平面型（Ⅱ型）外固定架治疗胫骨干骨折，骨折线尚存。

（李德荣）

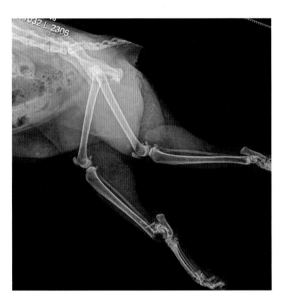

图45-1-63　犬胫骨干骺端骨折治疗前

胫骨远段干骺端骨折比较难以修复固定。

（李德荣）

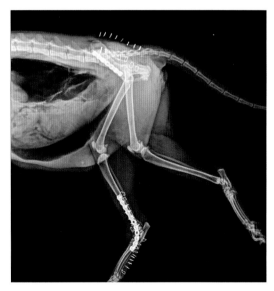

图45-1-64　犬胫骨干骺端骨折治疗后

将PRCL骨板按跗关节适宜角度进行侧弯后安装，可对骨折部进行良好的修复固定。

（李德荣）

然后在局部注入敏感抗生素。接骨板撕裂、接骨板或接骨器与断骨脱离主要与内固定材料选择不当或操作技术有关，一旦发生这些情况，需根据骨折愈合进程适时取出内固定材料并对断骨另行复位固定。骨折愈合后，通常仅对软组织覆盖少的桡骨、胫骨及幼龄犬猫体内的接骨板予以拆除，拆除接骨板后有利于骨骼达到正常硬度，也有利于患肢运动机能完全恢复正常。接骨板的拆除比较麻烦，势必要经原来手术入路分离软组织至钢板全部显露，依次取下所有螺钉和移除钢板，拆除钢板后骨骼上的螺钉孔一般需要3~6个月愈合。

使用外固定支架的术后问题一是固定针与皮肤接触的针道口炎性渗出和感染，二是固定针在骨折愈合前的松动，其中前者是引起后者的重要原因之一。术后护理重点首先是预防和控制针道口感染，术后1周内应每天拆开支架包扎，检查和清除针道口的渗出物，用1.0%碘伏消毒针道口皮肤，向针道内注入抗生素预防感染（图45-1-65、图45-1-66）。1周后若无渗出或感染，可每隔3~5d清创1次，如此操作2次后若无问题，可每周1次拆开支架包扎进行常规检查，理想的术部表现是固定针与皮肤紧密接触，针道口干燥无渗出。如有炎性渗出或感染，应根据炎症或感染程度行每天1次或2~3次清创，并在局部和全身使用抗生素，力求尽快地控制和消除感染。有资料表明，用1∶5稀释的阿米卡星生理盐水清洗针道效果很好，之后用抗生素或碘伏棉球擦拭针道口皮肤，然后在针道口涂布太白老翁散（西安映希生物科技公司产品）能明显保持针道口干燥。术后固定针松动既与针道感染有关，也与外固定支架遭受碰撞有关。因此，在预防和控制针道感染的同时，保护外固定支架及防止其与他物发生碰撞就非常重要。骨折愈合后拆除固定针及外固定支架时，对针道口进行严格的无菌处理，使用虎钳加持固定针反向扭转使其退出骨骼，然后对皮肤针道口常规消毒并包扎。

2. 闭合性整复与外固定　隔着皮肤对发生骨折的两端进行整复和固定的方法，主要适用于软组织覆盖少的桡骨、胫骨中段及其下方骨折，但若施行内固定修复术往往能获得更佳的治疗效果。桡骨、胫骨以上部位的软组织丰富，此处发生骨折后因骨折两端重叠、移位严重，采取闭合性整复与外固定的治疗方法，很难对骨折端进行准确地复位和实施可靠的固定。

骨折外固定材料传统上使用夹板绷带和石膏绷带，由于自身重量和拆装不便，加上犬猫的好动特点，所以均不适合小动物骨折固定和护理。目前，适用于犬猫骨折外固定的材料主要是医用高分子玻璃纤维绷带，该产品由高活性聚氨酯胶和基布构成，是传统石膏绷带的理想的升级换代产品。优点在于：具有较好的生物兼容性；独有的网状编制技术使其具有良好的透气性，绷带变干后不会造成皮肤发紧、发痒等不适；材质轻和外固定用材少，硬度是传统石膏绷带的45倍；对放射线有极佳的通透性，X线影像清晰，便于固定后定期观察骨折愈合进程。使用时打开包装，将绷带放入常温水中浸泡2~3s同时挤压2~3次，然后取出后挤出多余水分，以螺旋状缠绕在已用其他垫料包裹好的患部，每层重叠1/2~2/3，把握松紧度适宜，在3~5min内完成塑型（图45-1-67至图45-1-70）。使用玻璃纤维绷带应注意的要点是：①患部外固定范围应包括上下两个关节，如此才能对断骨起到有效的制动作用；②先

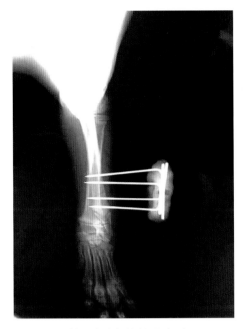

图45-1-65　外固定支架的护理（1）

外固定支架使用环氧树脂代替外接杆和固定夹，减轻了重量，护理方便。

（胡毓铭）

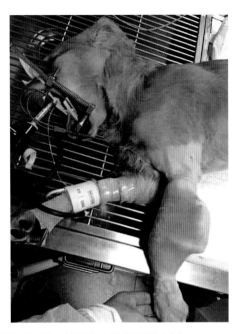

图45-1-66　外固定支架的护理（2）

在皮肤与环氧树脂之间衬垫包裹无菌纱布，再用弹力绷带缠绕，防止污染和松动。

（胡毓铭）

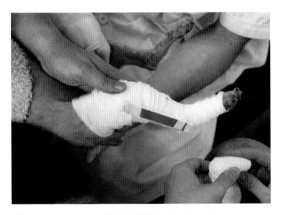

图45-1-67　玻璃纤维绷带的使用（1）

在胫骨骨折段及上下关节处衬垫适量棉花，用卷轴纱布绷带缠绕将其固定。

（佛山先诺宠物医院）

图45-1-68　玻璃纤维绷带的使用（2）

取出水中浸泡好的玻璃纤维绷带，以螺旋状缠绕在纱布绷带的表面。

（佛山先诺宠物医院）

在骨折段及上下关节处衬垫适量棉花，用卷轴纱布绷带缠绕将其固定；③玻璃纤维绷带上下端不可超出棉花衬垫范围，避免摩擦皮肤造成损伤；④绷带缠绕的松紧度应适宜，偏松时显然固定不可靠，过紧会影响患肢血液循环。

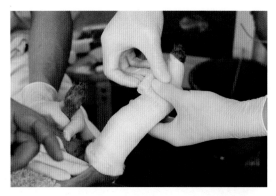

图45-1-69　玻璃纤维绷带的使用（3）

将由下而上缠绕的玻璃纤维绷带再由上而下缠绕，增加绷带厚度以确保骨折端稳定。

（佛山先诺宠物医院）

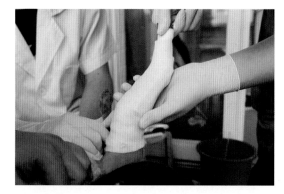

图45-1-70　玻璃纤维绷带的使用（4）

缠绕一定厚度后在3～5min内完成塑型。

（佛山先诺宠物医院）

二、股骨头坏死

股骨头坏死，也称为股骨头无菌性坏死、股骨头缺血性坏死、股骨头剥脱性骨软骨炎或股骨头扁平症，多发于4～11月龄、体重小于10kg的小型犬，多为单侧发生，双侧发病很少。

（一）病因

一般认为股骨头骨骺缺血是引起坏死的主要原因，但血流消失的确切原因仍不清楚。最近的研究发现，间充质干细胞和骨细胞数量减少或活性降低是导致股骨头坏死的重要原因。目前已知，患犬一个常染色体上的隐性基因异常可能是导致股骨头坏死的一个遗传因素。此外，髋关节形态发育异常、关节压力增大、股骨头不全骨折或长期使用肾上腺皮质激素等，都有可能导致股骨头骨骺缺血性坏死。股骨头坏死是一个病理演变过程，开始发生在股骨头负重区，在应力作用下坏死的骨小梁结构发生损伤及随后针对损伤骨组织的修复过程，由于骨坏死原因不消除，修复不完善，损伤-修复过程持续，结果导致股骨头结构改变、股骨头塌陷和变形、髋关节骨关节炎和负重功能障碍。

（二）症状

根据股骨头坏死与变形程度，患肢可表现不同程度的以支撑跛行为主的慢性混合跛行（图45-2-1），髋关节活动受限小，随着病程延长，可见患肢股部肌肉萎缩。本病的跛行姿势不具有特征性，后肢的骨折或髋关节发育不良、髋关节不全脱位等严重的髋关节疾患，都可以表现类似的跛行姿势。

图45-2-1　犬右后肢股骨头坏死（1）

该犬跛行严重，站立时右后肢高抬。

（佛山先诺宠物医院）

（三）诊断

根据患肢异常的站立和行走姿势，应怀疑为髋关节疾病，触诊或活动髋关节有明显的疼痛反应。X线摄片检查是股骨头坏死的基本检查方法，早期X线影像可能难以发现异常，但随着病变进展，股骨头表面变平或不规则，股骨颈变的粗短，股骨头负重区出现骨小梁紊乱、中断，软骨下可见线性亮区（摩根线）等（图45-2-2至图45-2-4）。据人类医学资料，磁共振成像（MRI）检查可早期发现骨坏死灶，能在X线片和CT片发现异常前做出诊断。计算机断层扫描（CT）判断股骨头内骨质结构的改变优于MRI，对明确股骨头坏死诊断后塌陷的预测有重要意义。目前国内部分宠物医院已经装备了MRI和CT设备，相信不久即会在小动物骨骼和关节病的诊断上发挥重要作用。

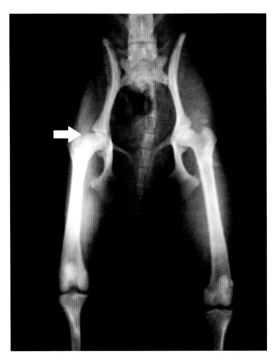

图45-2-2　犬右后肢股骨头坏死（2）

X线影像显示：该犬右后肢股骨颈粗短，股骨头变平，股骨颈有增生现象。

（佛山先诺宠物医院）

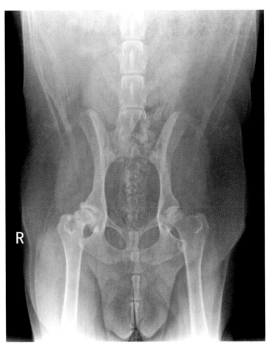

图45-2-3　犬股骨头坏死（1）

X线影像显示：右后肢股骨颈粗短，软骨下骨轻度硬化，股骨头中心密度降低，髋臼唇有增生现象。

（佛山先诺宠物医院）

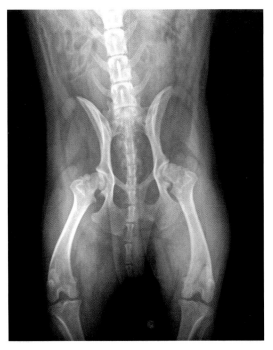

图45-2-4　犬股骨头坏死（2）

X线影像显示：两后肢股骨颈均变粗短，股骨头表面不规则，股骨颈部增生。

（佛山先诺宠物医院）

（四）治疗

首先应控制患犬体重，体重减轻能降低患肢股骨头负重区的载荷，自然有助于减少疼痛。在病情发展或严重期，应减少或限制活动1~2周。关于本病的药物疗法，目前没有专门用于治疗股骨头坏死的任何一种特效药物，但联合使用非甾体类抗炎镇痛药和促进骨和软骨营养和生长的药物，可使临床症状获得一定程度或比较明显的改善。如法国梅里亚公司的普维康（Previcox®）片剂（主要成分为非罗考昔）、瑞普（天津）公司的"美喜康"片（主要成分为美洛昔康）或上海汉维公司的"美昔®"口服液和注射液（主要成分为美洛昔康），法国维克（Virbac）公司的"健骨乐"（主要成分为硫酸软骨素95%、甲壳素、儿茶素）片剂或瑞普（天津）公司的"固力舒"片剂（每片保证成分：锰6.4~16.0mg、维生素D_3 120~320IU、硫酸软骨素120~300mg、氨基葡萄糖150~350mg），均为犬猫专用药品。普维康起效快、作用持久、副反应极低，口服给药10~15min可使疼痛明显减轻，维持血液中有效浓度长达24h以上。

需要提示，非甾体类抗炎镇痛药的使用时间为1周左右，期间最好配合口服雷尼替丁、奥美拉唑等制酸药以及硫酸铝等胃肠黏膜保护药则更加安全，当患肢疼痛减轻后停止使用抗炎镇痛药，但可长期口服"健骨乐"或"固力舒"等同类产品，有利于阻断骨关节炎的退化性循环，减缓骨关节炎的发展，保护髋关节机能。需要提示，如果治疗需要连续使用非甾体类抗炎镇痛药，应考虑定期检查肝、肾生化指标的变化，防止因品种或个体差异对药物敏感而出现不良反应。

手术方法治疗股骨头坏死的效果比较满意，对于猫和小型犬可以施行股骨头和颈切

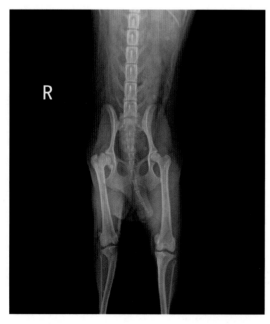

图45-2-5　犬股骨头切除术前

X线影像显示：右后肢股骨颈粗短，股骨头变平，髋臼变浅与唇增生，双髌骨内方脱位。

（佛山先诺宠物医院）

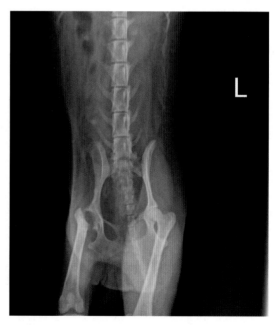

图45-2-6　犬股骨头切除术后1月

X线影像显示：右后肢股骨头颈被切除，假关节成形良好，但原已萎缩的肌肉尚未获得改善。

（佛山先诺宠物医院）

除术，消除股骨头与髋臼摩擦产生的疼痛和跛行（图45-2-5、图45-2-6），继而由软组织连接形成假关节，患肢的运动状态可以获得明显改善，其负重及运动姿势与健肢相比基本无异。对于体型、体重偏大的犬只，临床有不少实施股骨头和颈切除术的案例，反映术后的运动姿势良好，但有资料显示测试术侧髋关节负重及运动灵活性仍有一定不足，主要表现为术肢负重不确实和肌肉萎缩。因此，对于15kg以上的病犬建议接受人工全髋关节置换术，能使术侧髋关节机能恢复的更好。这项手术通常需要经过特殊训练的专科医师施行，国内已有部分宠物医师掌握了此项技术，并且通过了欧洲和美国有关机构的专科认证（图45-2-7）。关于全髋关节置换术的内容，详见本章"髋关节发育异常"的治疗。

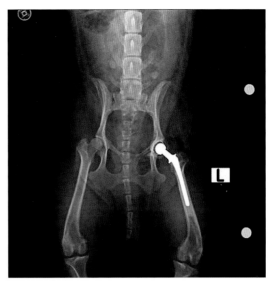

图45-2-7　犬股骨头坏死的修复

采用小型骨水泥型全髋假体对股骨头坏死病例进行全髋置换，术后患肢肌肉和负重获得改善。

（吴仲恒）

三、髋关节发育异常

髋关节发育异常是犬在生长发育阶段出现的一种髋关节疾病，以髋关节周围软组织不同程度松弛、关节不稳定（不全脱位）、股骨头和髋臼变形为特征，并以大型或快速生长的幼年犬多见。

（一）病因

目前认为本病是一种多因素疾病，既与遗传有关，即动物存在某些基因缺陷；也与环境影响有关，如过食引起体重增加，或骨骼生长过快和支撑体重的软组织发育不同步，导致关节的稳定性降低，从而逐渐表现关节软组织与骨组织的退行性病理变化，如关节囊松弛、髋臼窝变浅、圆韧带撕裂、关节软骨磨损、不全脱位、关节周围骨赘形成等许多退行性关节病特征。发生本病的患犬不少表现肥胖，肥胖会促进退行性关节病的发展，但也可能因关节疼痛导致患犬不愿活动或活动性减少，后者又促进了肥胖。

（二）症状

犬出生和幼年时髋关节结构一般正常，运动姿势良好。通常至5~12月龄时，而金毛犬、拉布拉多犬、藏獒等可能更早出现症状，表现喜卧、起立困难，活动性减少，行走中后肢外旋、臀部摇摆剧烈，两后肢呈轻度或中度以支撑跛行为主的混合跛行（图45-3-1）。关节变形严重时，患犬起卧困难，不愿行走。随着病程迁延，臀部和股部肌肉萎缩明显。

图45-3-1　犬髋关节发育异常（1）

在患犬后面视诊，两后肢均呈外旋肢势，以右后肢外旋严重。

（佛山先诺宠物医院）

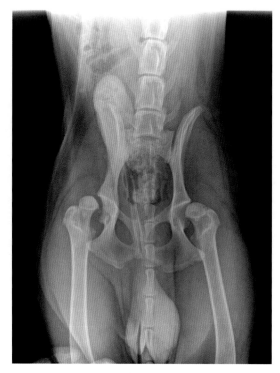

图45-3-2　犬髋关节发育异常（2）

左图中犬腹背位X线影像显示：两侧髋关节发育异常，右侧股骨头几乎全脱位，导致后肢行走摇摆。

（佛山先诺宠物医院）

（三）诊断

依据患肢站立和行走中的异常姿势，外展或外旋髋关节有一定的疼痛反应，可怀疑本病。标准髋关节X线摄影检查对于本病的诊断非常重要，即摄片时保持患犬为标准腹背位（仰卧位），将两后肢拉直，保持股骨平行和膝关节内旋，使髌骨处于股骨滑车槽中间，如此拍摄的X线影像才具有诊断价值。X线影像显示，股骨头不全脱位，髋臼窝呈不同程度变浅，髋臼唇周围有骨赘形成等（图45-3-2至图45-3-4）。近年来，对犬髋关节发育不良的早期诊断更加重视，对未出现明显临床症状的幼犬，通过一些特殊的拍片方式，预判其日后髋关节的发育情况。如宾夕法尼亚髋关节改良项目（PennHip）的方法是在两个髋臼之间放置一个支架，人为地给予股骨远端一个内收的压力，股骨头便易往外翘出髋关节，通过腹背位X线拍摄，测量股骨头与髋臼窝之间的分离指数DI（distraction index）值，从而预判髋关节发育的情况（图45-3-5）。DI值是指被拉开的股骨头圆心点到髋臼窝圆心点的距离d除以股骨头的半径r，即DI=d/r，DI的数值范围从0～1，0代表髋关节结构完好，1代表髋关节完全脱位。如果DI值低于0.3，预后良好；DI值在0.3～0.7，表明松弛增加，可能有多种预后；DI值大于0.7，表明过度松弛，预后不良（图45-3-6）。

（四）治疗

为减轻和缓解髋关节疼痛，可选用某一种非甾体类抗炎镇痛药注射或口服，如法国梅里

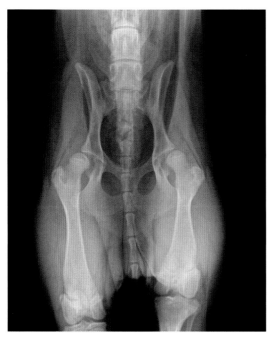

图45-3-3 犬髋关节发育异常（3）

患犬标准腹背位X线影像显示：双侧髋臼变浅，股骨头呈半脱位状态，是骨盆两处或三处切开术的适应病例。

（佛山先诺宠物医院）

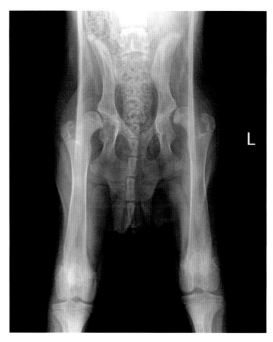

图45-3-4 犬髋关节发育异常（4）

患犬标准腹背位X线影像显示：双侧髋臼更加变浅，股骨头几乎脱出髋臼，宜施行全髋关节置换术。

（佛山先诺宠物医院）

图45-3-5 髋关节发育早期测量拍摄姿势

犬腹背位，脚自然弯曲，用力夹紧T形板，使股骨头翘出髋关节外，以判断髋关节的松弛度。

（广州YY宠物医院）

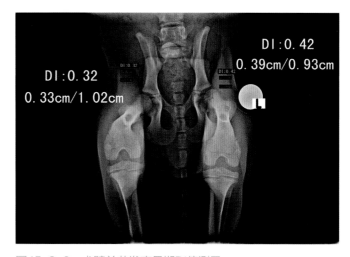

图45-3-6 犬髋关节发育早期DI值测量

通过测量股骨头与髋臼的距离与股骨半径的比值，可以评估髋关节的松弛度，预判髋关节日后病变的情况。

（广州YY宠物医院）

亚公司的普维康片剂、法国威隆药厂的痛立定注射液或片剂、任一品牌的美洛昔康注射液、口服液或片剂等，缓解因退行性关节病或骨关节炎等其他各种关节疾病引起的急性或慢性疼痛。这些药物的使用时间不宜过长，通常使用1周左右，当患肢疼痛减轻后便应停止使用。

同时可能需要长期服用法国维克（Virbac）公司的"健骨乐"片或瑞普（天津）公司的"固力舒"片，或含有硫酸软骨素和氨基葡萄糖等成分的有效的其他关节软骨保健品。随着患犬跛行症状的改善，需要引导患犬开展适当的运动，最好的运动方式是游泳，优点是能锻炼肌肉力量而不增加关节负担，有助于增强后肢肌肉强度和维持髋关节的稳定性。对于体重偏大的肥胖犬，则应限制采食量和降低营养成分，通过减轻体重以延缓疾病发展和辅助改善患犬后肢的跛行症状。

在保守疗法无效时，可以考虑的手术方法有股骨头和颈切除术、骨盆两处（髂骨和耻骨）切开术、骨盆三处（髂骨、耻骨和坐骨）切开术和全髋关节置换术。

股骨头和颈切除术是解除患肢跛行与疼痛的方法，毕竟由软组织连接形成的纤维性假关节不如正常髋关节稳定性高，一般应用于猫和小型犬，术后能获得满意的站立和运动姿势，而应用于大型犬术后的站立或运动姿势不定，并且多会发生一定程度的肌肉萎缩。

骨盆两处或三处切开术是通过手术方法切开患侧骨盆的髂骨、耻骨和坐骨，使髋关节以自身为轴朝外侧适当转动一定角度（20°～30°），并利用特定角度的骨板固定髂骨，以此增加股骨头与髋臼的接触面积，使髋关节的稳定性得到提高。这个手术特别适合于髋关节发育异常而松弛程度不大且关节无退行性病变或病变轻微的5～8月龄幼犬，能够获得更好的治疗效果（图45-3-7、图45-3-8）。骨盆两处切开术与骨盆三处切开术相比，前者不需要切开坐骨，依靠坐骨平台的弹性进行扭转，能维持盆腔原有的几何结构和宽度，对坐骨没有

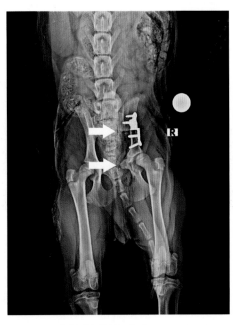

图45-3-7　犬骨盆两处切开术

对左髋施行了骨盆两处切开术（箭头），使髋臼以自身为轴朝外侧转动20°。

（吴仲恒）

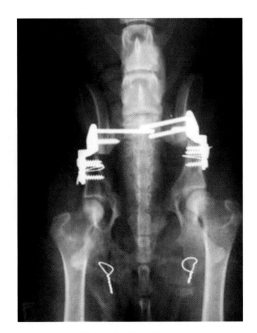

图45-3-8　犬骨盆三处切开术

对左右两髋施行了骨盆三处切开术，髋臼以自身为轴朝外侧转动25°。

（姚海峰）

图45-3-9　Kyon Zurich Cementless THR系统中的髋臼和股骨假体

4种规格的股骨柄，2种直径不同且颈部长度不等的股骨头，数种规格的髋臼杯。

（姚海峰）

提升作用，术后动物舒适度高，并且手术的总体并发症发生率要低于骨盆三处切开术。这两种手术均需经过专项训练后才可在临床上开展。

全髋关节置换术是治疗本病的最为复杂的手术，主要适用于重度髋关节炎、髋关节严重发育不良或损坏的患犬，一般在6月龄以上，为改善和恢复其运动机能或状态，可以考虑施行全髋关节置换术。目前国内有采用Kyon Zurich Cementless Total Hip Replacement（THR）系统，即苏黎世无骨水泥（内锁定型）假体全髋置换系统，这套系统的植入物采用钛合金制作，包括股骨柄、股骨头、髋臼杯（有生物固定型髋臼杯和翻修髋臼杯之别）和螺钉4种材料，股骨柄有粗细不同的多种规格（x-small、small、medium和large），髋臼杯有（21.5mm、23.5mm、26.5mm、29.5mm和32.5mm）5种规格，股骨头仅有2种规格（16mm小头和19mm大头），而股骨颈则有4～5种长度，其中16mm小头与21.5mm、23.5mm、26.5mm的髋臼杯搭配，19mm大头与29.5mm和32.5mm髋臼杯搭配。这就使髋关节假体的选用比较简单，置换过程也更加方便（图45-3-9）。这套系统固定股骨柄的方式与常规固定方法不同，使用特制的定位器和螺钉将假体固定于股骨皮质骨上，废弃了传统使用骨水泥固定假体的做法，有效避免术后可能发生的假体松动及并发症。股骨头采用钻石样表面涂层，有良好的耐磨性和光滑度。髋臼杯采用双层金属鞘，外层金属鞘的孔眼供骨组织长入，内衬为耐磨高分子聚乙烯材料，和股骨头假体直接接触。施行全髋关节置换手术后，连续7d使用抗菌素预防感染，术后第4天开始牵遛活动，术后1个月自由运动。姚海峰使用这套系统曾对一只1岁龄34kg体重的拉布拉多犬施行全髋关节置换手术后，观察犬于术后45d完全恢复正常步态无跛行。

除了苏黎世无骨水泥（内锁定型）假体全髋置换系统外，美国的Biomedtrix常规髋关节置换系统已在国内少数医院开始使用，后者适用于不同体重或体格的犬只，一套系统包含既可实施骨水泥型安装也可实施生物型安装的股骨柄假体，以适应于需要进行全髋置换的各种病例（图45-3-10、图45-3-11）。

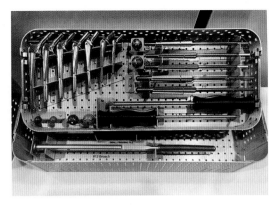

图45-3-10　美国Biomedtrix常规髋关节置换系统（1）

左上侧为各型号股骨柄、股骨头和髋臼杯的试用假体，右侧为股骨开髓器，用于骨水泥型股骨柄的开髓。

（吴仲恒）

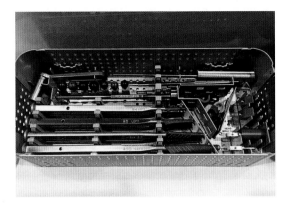

图45-3-11　美国Biomedtrix常规髋关节置换系统（2）

左上方为各个型号的股骨头试用假体，左下方为各个型号的生物型股骨柄开髓器，用于在股骨髓腔造出跟股骨柄假体形状匹配的髓洞，右侧为各种型号的髋臼杯试用假体。

（吴仲恒）

四、髋关节脱位

髋关节脱位是犬最多发生的关节脱位，即股骨头脱出或半脱出于髋臼之外，髋关节的正常结构和形态发生改变。根据股骨头完全脱出髋臼后与髋臼的相对位置，常见前背侧或后腹侧脱位，其中以前背侧脱位最多见。

（一）病因

有先天性和外伤性两种情况，其中前者多与遗传因素有关，犬出生时就呈现关节异常，但最常见髋关节发育异常所导致的半脱位或脱位状态；后者多因关节直接受到撞击或犬从高处坠落后发生。

（二）症状

髋关节发生外伤性脱位后，髋关节正常轮廓可能出现一定的变形，多见大转子向前背侧或向后腹侧移动。脱位初期由于外伤和周围软组织损伤引起疼痛，且股骨受到臀部肌肉和股部内外侧肌肉的牵引，患肢站立时多悬垂或以趾尖着地，与股骨骨折表现基本相同，有些病例的患肢还表现内收、外展或外旋，行走中多表现为以支撑跛行为主的重度混合跛行（图45-4-1、图45-4-2）。随着时间延长，患肢跛行程度逐渐减轻为中度或轻度混合跛行。严重外力造成髋关节脱位时，往往还同时造成股骨或骨盆骨折，患肢跛行程度更加严重。

（三）诊断

依据临床视诊发现患肢为混合跛行，对两侧髋关节触诊进行比较，能触摸到患侧股骨大转子位置发生了移动，可做出初步诊断。X线摄片检查是诊断本病的必要手段，通过对两

图45-4-1　犬髋关节脱位初期（1）

犬左后肢髋关节发生前背侧脱位，患肢悬垂，免负体重，与骨折症状相同。

（佛山先诺宠物医院）

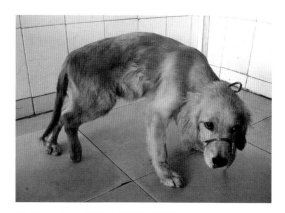

图45-4-2　犬髋关节脱位初期（2）

犬右后肢髋关节发生后腹侧脱位，患肢以趾尖着地，减负体重，与骨折症状相同。

（佛山先诺宠物医院）

侧髋关节的结构和形态、股骨头与髋臼相对位置的观察，即可确诊（图45-4-3至图45-4-6）。进行X线摄片检查时，因患肢疼痛很难获取理想的拍摄体位，最好能在全身镇静或短效麻醉后进行。然而由于医院方面和犬主均考虑麻醉风险很少施行（或同意）镇静或麻醉，所以所拍摄的X线影像中的后肢体位往往不够理想。

（四）治疗

髋关节脱位的闭合性复位比较容易，但没有确实可靠的外固定方法。虽然临床上有不少进行体外整复髋关节（将股骨头推入髋臼内）的成功病例，但复发的可能性很大。疗效可靠的治疗方法是开放性复位和内固定，即对患犬全身麻醉和髋部常规无菌准备后，经髋关节前

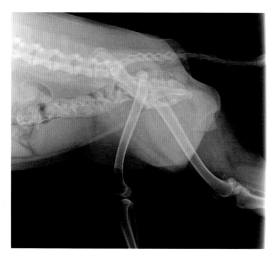

图45-4-3　犬髋关节前上方脱位（1）

图45-4-1犬髋关节X线影像显示：一侧股骨头脱出于髋臼外，位于髋臼前背侧。

（佛山先诺宠物医院）

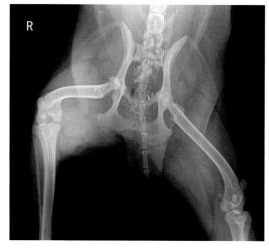

图45-4-4　犬髋关节前上方脱位（2）

图45-4-1犬髋关节X线影像显示：右侧股骨头脱出于髋臼外，位于髋臼前背侧。

（佛山先诺宠物医院）

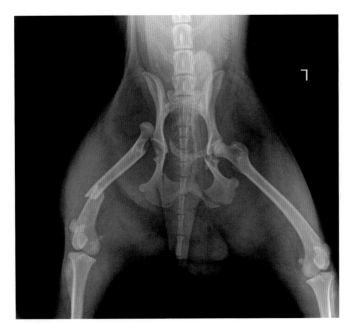

图45-4-5 犬髋关节前上方脱位（3）

犬髋关节X线影像显示：右侧股骨头脱出到髋臼前背侧，同时伴发同侧股骨中段骨折、两侧坐骨骨折和左侧髋臼骨折。

（佛山先诺宠物医院）

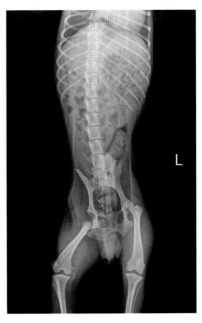

图45-4-6 犬髋关节后方脱位

犬髋关节X线影像显示：股骨头脱出到髋臼后腹侧。

（佛山先诺宠物医院）

背侧或后背侧手术入路，清理术部的淤血、组织碎片和髋臼内股骨头韧带（圆韧带）残端，将脱出的股骨头送回髋臼，然后可以采取关节囊缝合、髋臼背侧缝合、髂骨股骨缝合或套索针固定（人工圆韧带植入）等多种固定方法。如果猫和小型犬髋关节结构损坏，施行股骨头、颈切除术也是不错的选择。但是，如果大中型犬的髋关节结构受到破坏，可选择的最好治疗方法只能是全髋关节置换术。

股骨头复位后仅对关节囊施行密闭缝合而不采取其他固定措施，适合于髋关节结构和形态很好的发育期的幼龄病例，使用不吸收缝线缝合关节囊有利于强化关节囊功能，保持髋关节稳定。反之，若另外采取其他固定措施，很可能对股骨和髋臼的发育造成不良影响，并且使用的固定材料也会随着张力增大而撕裂和失去作用。

髋臼背侧缝合或髂骨股骨缝合固定法是将股骨头复位后，为防止再次脱位所采取的固定方法，适合于髋臼偏浅、关节囊难以缝合而体格发育成熟的病例。髋臼背侧缝合固定法是在髋臼背侧缘10～14点方位安装2个带金属垫圈的螺钉，另在靠近转子窝的股骨颈钻孔，然后用粗不吸收缝线在螺钉和股骨颈之间以8字形连接（图45-4-7）。髂骨股骨缝合为一种改进的固定方法，在髋臼前方髂骨体下部安装一个带金属垫圈的螺钉，或者在此处钻透髂骨体以替代螺钉的固定缝线作用，然后用粗不吸收缝线以8字形连接螺钉（或孔）和股骨颈之间的孔洞。

人工圆韧带植入是在髋关节内植入人工材料替代原有圆韧带的一种固定方法，非常符合髋关节的解剖结构和功能要求。手术可以选择髋关节前背侧或后背侧入路，在清理术部的淤血、组织碎片和圆韧带残端后，先进行人工圆韧带植入，再将股骨头复位，然后调整人工圆

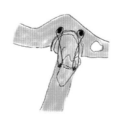

图45-4-7　犬髋关节复位固定术（1）

在髋臼背侧缘分别安装2个带金属垫圈的螺钉，用粗不吸收缝线以8字形缠绕将螺钉与股骨颈孔洞连接。

（贾新生）

图45-4-8　犬髋关节复位固定术（2）

使用瞄准器或导钻从股骨近端至股骨头凹钻孔，并钻入盆腔0.5～1cm深，将克氏针弯曲制成的套索针穿入人工韧带经髋臼孔放置到盆腔内，然后复位股骨头和将韧带末端固定于股骨近端。

术前测量好钻头长度并用限位器固定好进行打孔

（贾新生）

韧带松紧度，最后密闭缝合关节囊（图45-4-8）。有关此手术的临床报告已有很多，大多数病例于术后运动状态获得立即改善，但术后疗效不佳或远期疗效降低的病例不少。笔者进行的动物实验结果显示，于施术数月后剖检可见，人工圆韧带能造成股骨头凹处软骨及软骨下骨质呈"火山口样"损伤，关节滑液也可能经股骨干孔道有部分流失，这两种病理现象是导致术肢髋关节出现长期的慢性疼痛和跛行、术肢负重耐力和运动机能远不如术后初期疗效的主要原因。如果使用手术丝线作为人工圆韧带植入关节内，由于丝线柔韧度不足容易发生撕裂，并且由于丝线的组织相容性不良可能导致退行性关节病（或骨关节炎）。同时，对侧健肢长期负重过度，容易发生疲劳性损伤，结果导致健肢的负重耐力也逐渐降低。为解决上述问题所进行的动物实验研究和临床病例手术疗效表明，选用医用人工韧带替代髋关节圆韧带植入，另外使用少量医用骨水泥或磷酸钙人工骨材料填充封闭髋臼孔和股骨头凹孔，结果获得非常满意的手术疗效，术后9个月测试术肢负重耐力和对侧健肢基本相同，站立与运动姿势完全正常（图45-4-9、图45-4-10）。

五、髌骨脱位

髌骨脱位是小型犬多发的一种关节脱位，即髌骨脱出于股骨滑车槽，异常地位于股骨滑车槽内侧或外侧，分别称为髌骨内侧脱位和外侧脱位。髌骨内侧脱位的高发品种有贵宾、博美、吉娃娃、约克夏等小型犬以及猫，髌骨外侧脱位主要见于哈士奇、阿拉斯加、金毛、拉布拉多、德国牧羊犬等中、大型犬。

（一）病因

有先天性和外伤性两种情况，前者是由于犬出生时股骨滑车槽太浅或内外侧嵴太低，髌骨非常容易脱出于滑车槽。后者多见于膝关节受到冲撞，髌骨在外力作用下脱出于股骨滑车槽。

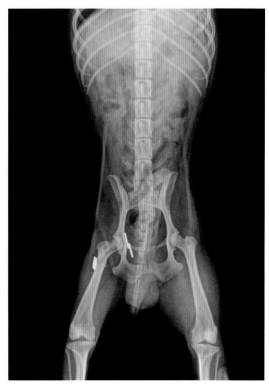 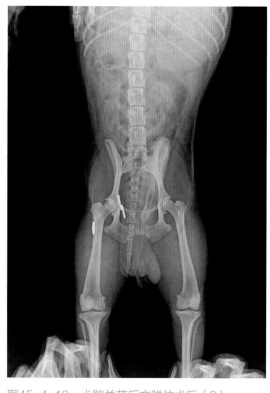

图45-4-9 犬髋关节后方脱位术后（1）

对图45-4-5犬施行人造圆韧带植入术1个月后X线影像显示：髋关节形态和盆腔内套索针位置正常，隐约可见股骨头内的少量骨水泥。

（周庆国）

图45-4-10 犬髋关节后方脱位术后（2）

图45-4-5犬施行人造圆韧带植入术9个月后X线影像显示：髋关节形态和盆腔内套索针位置正常，股骨头表面光滑。

（周庆国）

（二）症状

当髌骨脱出到股骨滑车槽内侧或外侧后，患肢膝关节即丧失伸展能力，视诊可见膝、跗关节屈曲，患肢明显短缩，通常表现以支跛为主的重度或中度混合跛行。临床多发的髌骨脱位主要是内侧脱位，由于股四头肌腱转向内侧，使得股骨干远端内侧压力增大，而外侧压力减小，久而久之导致股骨干远端向内侧弯曲，同时因髌骨直韧带的牵拉，胫骨近端（含胫骨结节）也向内侧弯曲，使患肢股骨和胫骨发生严重变形。同时，由于髌骨脱出后对股骨滑车槽软骨的正常压力减少，使得股骨滑车槽应有的深度难以维持而逐渐变浅，结果又更容易促使髌骨脱位的发生。

（三）诊断

依据患犬跛行特征，特别是触诊能明显触摸到髌骨脱出的位置，即可做出诊断。X线摄片检查是诊断本病的必要手段，尤其是正位影像十分重要，能够清晰地观察到髌骨与股骨滑车的相对位置，而且能够观察由髌骨脱位所导致的股骨远端和胫骨近端的变形程度（图45-5-1、图45-5-2）。还可以将患犬膝关节弯曲拍摄患犬跪姿膝部X线片，注意使其头、胸部避开射线，能很好地显示股骨滑车槽深度和髌骨脱出位置。此外，欲进一步确定骨骼变形情况，可以对患犬进行CT检查和观察三维重建骨骼的形状，也可以分别拍摄股、胫骨正位片和股骨前倾角片，评估膝关节附近股骨远端外侧解剖角（aLDFA）和胫骨近端内侧解剖角（aMPTA）的弯曲与扭转变形的程度（图45-5-3、图45-5-4）。正常犬股骨前倾角在25°左右，角度变小为股骨内旋，角度变大为股骨外旋。

国外建立了对髌骨脱位的分级标准（表45-5-1），通过对髌骨脱位程度进行分级，可为制定手术治疗方案提供重要参考。同时，需认识先天性髌骨脱位往往不是一个孤立的问题，不少患犬还伴有髋关节发育异常。

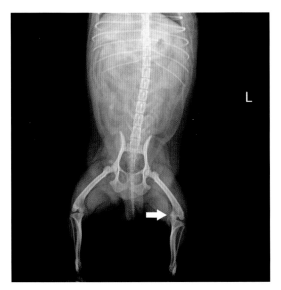

图45-5-1　犬髌骨内侧脱位（1）

X线影像显示：左后肢髌骨脱出到股骨滑车槽内侧并与股骨内上髁影像重叠，两侧股骨远端和胫骨近端均有变形和弯曲，右侧为Ⅱ级脱位，左侧为Ⅲ级脱位。

（佛山先诺宠物医院）

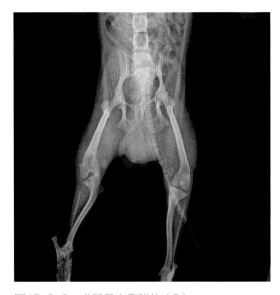

图45-5-2　犬髌骨内侧脱位（2）

X线影像显示：两后肢髌骨均脱出到股骨内侧，股骨远端和胫骨近端变形严重，向内侧弯曲显著，两侧均为Ⅳ级脱位。

（佛山先诺宠物医院）

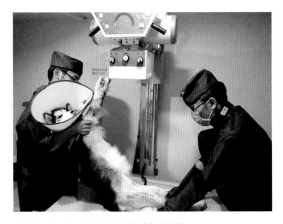

图45-5-3　犬股骨正位拍摄摆位

犬正位仰卧保定，提起犬前驱，保持股骨与摄片台平行。

（广州YY宠物医院）

图45-5-4　犬股骨前倾角拍摄摆位

犬正位仰卧保定，膝关节弯曲90°～100°，X光中心射线对准膝关节。

（广州YY宠物医院）

表45-5-1 髌骨脱位分级标准

分级	标准
Ⅰ级	髌骨在正常的关节活动中很少发生自发性脱位，但临床检查中施加侧向外力容易使其脱位，当压力解除后髌骨即可复位，膝关节屈伸正常
Ⅱ级	股骨远端成角、扭转变形轻微，临床检查中施加侧向外力或膝关节屈曲均可发生髌骨脱位，只有当检查者反向用力或动物伸展和反旋胫骨可使髌骨复位
Ⅲ级	髌骨大部分时间保持内侧脱位，在膝关节伸展时可将其手动复位。然而在手动复位后，膝关节伸展和屈曲会导致髌骨再次脱位。股四头肌群向内侧移位，膝关节支持软组织异常，股骨和胫骨变形
Ⅳ级	胫骨近端平台可出现80°～90°内旋，髌骨脱位时久且不能手动复位。股骨滑车槽变浅或消失，并且股四头肌群向内侧移位。膝关节支持软组织异常，股骨和胫骨变形显著

（四）治疗

髌骨脱位的治疗不仅仅是简单的复位问题，而是对股四头肌腱、髌骨、滑车槽、膝直韧带和胫骨粗隆构成的力学中心线进行重建，因为这条中心线上的一个或多个结构排列错乱是导致髌骨脱位的主要原因。重建膝关节伸屈的力学中心线就是对排列错乱的结构予以矫形，手术时机越早越好，年龄越小越好，越早进行手术干预，就越能使患病膝关节尽早恢复到正常发育的轨道上。如果手术拖延，就如上述症状中所描述的会导致患肢股骨和胫骨严重变形。髌骨内侧脱位的矫形手术方法很多，主要有滑车槽加深（滑车再造）术、胫骨粗隆移位术和滑车严重损坏后的置换术，并辅以内侧组织牵拉力释放（含膝内侧深筋膜、肌间筋膜、股髌内侧副韧带等）、膝外侧关节囊重叠缝合和外侧筋膜多余部分切除等，通过这些矫形方法使髌骨能够随着膝关节的伸屈活动而在滑车槽中不再脱出。如果股骨远端和胫骨近端有严重的弯曲和旋转的情况，此时即使加深滑车沟和胫骨粗隆移位也难以使髌骨移动方向与滑车沟在一个中心线上，则可能需要通过开角或闭角型截骨术进行纠正。

滑车再造术的核心是加深滑车槽，李德荣医师依据自己所做的数百例手术疗效推荐矩形滑车加深技术，即先用锯片和骨凿在滑车上做一个矩形关节面切除，取下关节面，将关节面下方的矩形槽挖深，再放回矩形关节面，保证加深后的滑车槽能容纳髌骨厚度的50%。这种方法的优点是加深后的关节面更接近于生理状态，无论是术后效果或是康复速度均比楔形加深术优越（图45-5-5至图45-5-14）。

对于髌骨Ⅲ级和Ⅳ级脱位病例，在施行滑车再造后还必须将胫骨粗隆移位，使股四头肌腱、髌骨和滑车槽、膝直韧带和胫骨粗隆构成的力学中心线恢复到膝关节中心，另辅以内侧支持带释放、外侧关节囊重叠缝合和外侧支持带多余部分切除，如此才有可能维持髌骨在膝关节伸屈过程中不再脱出滑车槽。在髌骨Ⅳ级脱位病例中，如股骨远端内弯和胫骨近端内旋严重，施行以上矫形手术仍无法维持髌骨在滑车槽中的稳定性，还需另外施行股骨开角型截骨术，在开角部位植入来源于同侧滑车沟加深手术的松质骨，目的是将内翻的股胫关节面重新矫正为冠状面，使股骨髁横轴与股骨干纵轴垂直，才能使股四头肌腱、髌骨、膝直韧带和

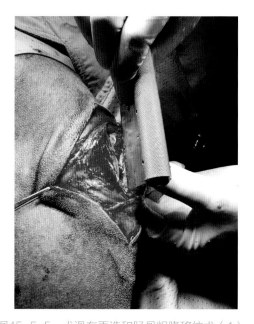

图45-5-5　犬滑车再造和胫骨粗隆移位术（1）

该犬体重38kg，需用手锯在滑车两侧做出切痕，对小型犬使用手术刀片即可。

（李德荣）

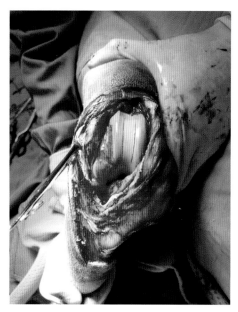

图45-5-6　犬滑车再造和胫骨粗隆移位术（2）

在滑车两侧锯或切时，保持切痕平行。

（李德荣）

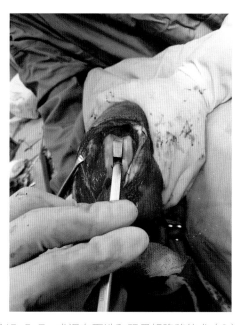

图45-5-7　犬滑车再造和胫骨粗隆移位术（3）

用扁平骨凿将带有滑车软骨的骨块凿取，保证该骨块厚度不少于2mm。

（李德荣）

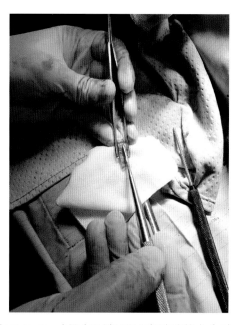

图45-5-8　犬滑车再造和胫骨粗隆移位术（4）

用细纹骨锉将该骨块底面锉平，确保重新置入滑车槽后平整稳定。

（李德荣）

图45-5-9　犬滑车再造和胫骨粗隆移位术（5）

用圆形锉和扁平锉将已去除滑车软骨块的滑车槽加深，并锉平滑车槽两侧面及底面。

（李德荣）

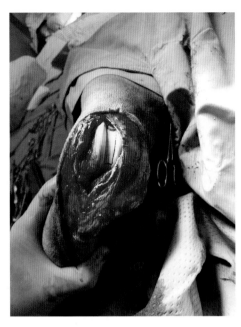

图45-5-10　犬滑车再造和胫骨粗隆移位术（6）

把修整后的滑车软骨块放回加深后的滑车槽内压平，如有晃动则再行修整。

（李德荣）

图45-5-11　犬滑车再造和胫骨粗隆移位术（7）

经胫骨粗隆内侧，用摆锯分离胫骨粗隆近端，注意保持胫骨粗隆远端不与胫骨分离。

（李德荣）

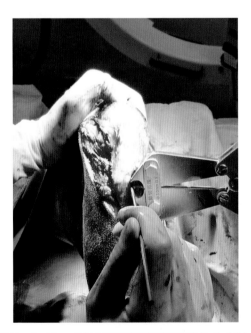

图45-5-12　犬滑车再造和胫骨粗隆移位术（8）

将胫骨粗隆向外侧推移，测试膝关节伸屈力学中心线变直且髌骨不再脱位时，在胫骨粗隆内侧朝着胫骨后方钻入一根粗细适当的骨圆针。

（李德荣）

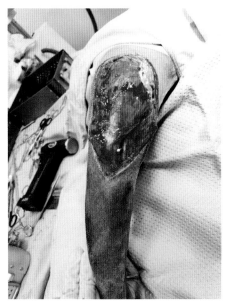

图45-5-13　犬滑车再造和胫骨粗隆移位术（9）

利用骨圆针的阻挡作用保持胫骨粗隆位于膝关节伸屈力学中心线上，剪去多余部分。

（李德荣）

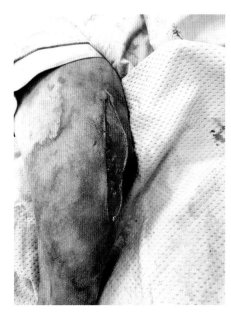

图45-5-14　犬滑车再造和胫骨粗隆移位术（10）

用PDO缝线依次缝合膝关节囊，保持手术中释放内侧牵拉力分离的组织间隙，皮下筋膜和皮肤切开常规闭合。

（李德荣）

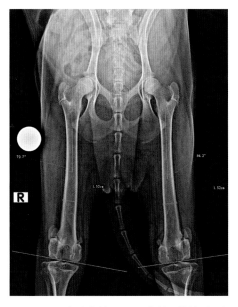

图45-5-15　犬腹背位股骨正交位X线片（1）

测量股骨远端外侧解剖角aLDFA。

（吴仲恒）

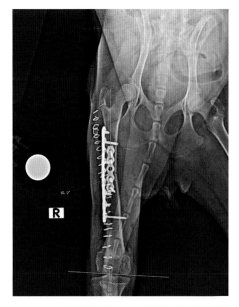

图45-5-16　犬腹背位股骨正交位X线片（2）

通过开角型截骨术纠正股骨远端外侧解剖角到相对正常角度。

（吴仲恒）

　　胫骨粗隆构成的力学中心线恢复到膝关节中心（图45-5-15、图45-5-16）。这项技术需要术前精确测量以确定截除多大的楔形骨块，一般需要经验丰富的骨科医生施行手术。尽管如此，髌骨Ⅳ级脱位病例的矫形手术预后谨慎。

　　滑车置换术适用于髌骨反复脱位或多次手术已造成滑车结构严重损害的病例，如滑车发育畸形（滑车扁平）、严重的滑车软骨或滑车嵴缺失、退行性骨关节病或严重的复杂性滑车骨折等，此时进行滑车再造术已无可能，需要施行滑车切除和安装人工钛合金滑车假体，重建股骨滑车功能。滑车假体由两部分组成，第一部分为多孔的钛合金基板，使用2颗骨螺钉将其固定在股骨远端的松质骨面上。松质骨可在一定时间内长入骨板的孔内，能防止无菌性松动和达到永久的固定作用；另一部分为钛合金滑车，钛合金滑车与基板的连接主要靠3个锥形的凸起结构，直接压入钛合金板顶端和底端左右共3个孔中而固定，就完成了置换过程（图45-5-17至图45-5-20）。

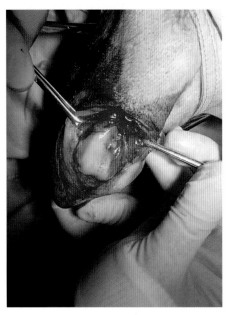

图45-5-17　犬右侧股骨滑车置换术（1）

显露已损坏的股骨滑车内侧嵴准备切除。

（吴仲恒）

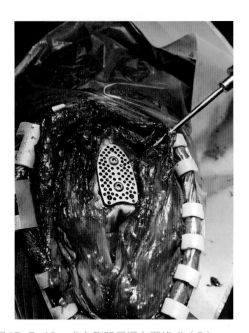

图45-5-18　犬右侧股骨滑车置换术（2）

用2颗骨螺钉将滑车假体基板固定截骨处。

（牛金波）

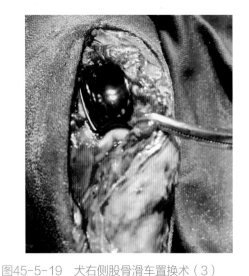

图45-5-19　犬右侧股骨滑车置换术（3）

将人工滑车按压在假体基板上方，再将髌骨和膝直韧带复位。

（牛金波）

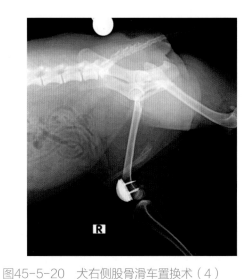

图45-5-20　犬右侧股骨滑车置换术（4）

膝关节侧位X线影像显示置换后的滑车假体与固定螺钉。

（吴仲恒）

术后1周内使用敏感抗生素预防感染，加强对术部伤口的无菌护理，口服非甾体类抗炎镇痛药和促进骨与软骨营养及生长的药物。术后2周时间限制活动，之后小范围活动，逐步恢复为自由活动。定期进行X线检查，监测骨的愈合过程。

六、膝关节十字韧带损伤

膝关节十字韧带损伤是犬最常见的关节疾病之一，可分为部分损伤和完全损伤（撕裂）。十字韧带损伤后，患犬突发跛行无法负重，若完全撕裂则膝关节不稳定和胫骨活动范围增大。临床较多发生前十字韧带撕裂，常伴有内侧副韧带及半月板损伤。

（一）病因

犬在剧烈运动中膝关节过度伸展，或胫骨过度旋转，可造成膝关节前十字韧带急性撕裂。临床也见无明显外伤史的慢性前十字韧带损伤，可能与膝关节结构异常、韧带退行性变化或周围组织发育不良有关，多发于大型、中年、肥胖、不活泼的犬。膝关节后十字韧带损伤比较少见，一般在膝关节受剧烈外力撞击如遭遇车祸后而发生。

（二）症状

膝关节前十字韧带正常情况下限制胫骨向前移动（前拉）及向内转动（内旋），发生急性损伤后，患肢突然不能负重，表现以支跛为主的不同程度的混合跛行。若十字韧带完全撕裂，可见膝关节肿胀，胫骨内旋，关节伸屈活动时不稳定。10kg以下患犬受伤后3~6周内跛行症状常获得改善，患肢能逐渐负重，但仍表现行走姿势异常。大约6周后，随着退行性关节病的出现，跛行可能又逐渐明显或加重，尤其在运动后或睡觉起来时更加明显。膝关节后十字韧带撕裂后，除表现一般炎性症状外，关节不稳定比前十字韧带撕裂更加严重。

病久，可发展为慢性退行性关节病，内侧半月板受损，关节积液和关节囊周围纤维化，臀部和股部肌肉出现萎缩，关节做伸屈活动时有明显的咔嚓声或碎裂音等关节内杂音。

（三）诊断

前抽屉运动是临床检查膝关节前十字韧带完全撕裂的常用方法，要求对被检宠物充分镇静或全身麻醉，健肢在下侧卧保定，检查者站在其后面，一只手握住股骨远端，拇指放在股骨外髁外侧，其他指放在髌骨和股骨内侧，另一只手握住胫骨近端，拇指放在腓骨头处，其他指放在胫骨嵴上，保持胫骨居中不内旋，测试膝关节在伸展、正常站立角度和弯曲90°时的不稳定迹象，通过与对侧健肢对比测试做出诊断。正常膝关节活动范围是0~2mm，幼犬前十字韧带完全断裂后，胫骨前后移动可达4~5mm。韧带部分撕裂后，屈曲膝关节测试胫骨前后活动仅在2~3mm，伸展膝关节测试则稳定性良好。韧带轻微损伤测试时，无论膝关节在任何位置，均无不稳定性表现（图45-6-1）。后十字韧带断裂后，胫骨后移范围增大，将膝关节屈曲90°时关节明显不稳定。

进行X线检查时若宠物不负重，影像可能缺乏特征；若进行前抽屉运动或胫骨压缩试验

图45-6-1　胫骨前抽屉运动试验

以左后肢为例：检查者右手握住股骨远端，拇指放在股骨外侧髁外侧，其他指放在髌骨和股骨内侧；左手握住胫骨近端，拇指放在腓骨头处，其他指放在胫骨嵴上，左手将胫骨前推以感觉膝关节的稳定性。

（贾新生）

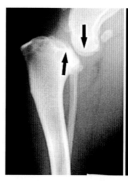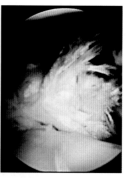

图45-6-2　膝关节十字韧带断裂检查影像

X线影像显示胫骨前移，负重点改变导致胫骨和腓骨近端弯曲。关节镜影像显示断裂的十字韧带纤维粗糙、杂乱。

（王文狄）

再行摄片，可以显示股胫关节正常形态改变和不全脱位。关节穿刺和关节镜检查可用于本病诊断，尤其适用于膝关节十字韧带部分损伤或撕裂的病例，关节滑液量和白细胞数增多提示关节内损伤和炎症，关节镜影像可显示十字韧带纤维撕裂（图45-6-2）。

（四）治疗

保守疗法主要适用于猫和小型犬或体重10kg以下犬，通过限制活动2～4周，防止关节不稳定造成软骨损伤，其运动表现多在6周内获得改善，但关节不稳定可导致退行性关节病的发展。为缓解急性韧带损伤或慢性退行性关节病引起的疼痛，可选用非甾体类抗炎镇痛药注射或口服，如法国梅里亚公司的普维康片剂、法国威隆药厂的痛立定注射液或片剂、任一品牌的美洛昔康注射液或片剂。这些药物的使用时间不宜过长，通常使用1周左右，当患肢疼痛减轻后便应停止使用。

手术疗法对各种体格的犬猫都适用，尤其对小型犬和猫施行手术效果更好，其目的均是限制胫骨前移，最大程度地恢复膝关节的稳定性，重建膝关节正常形态和功能。以下介绍曾被采用的和当前主流的治疗方法。

1. 韧带囊内重建术（intracapsular reconstruction）　分离一条由阔筋膜远端和部分膝直韧带构成的移植带，将其由前向后穿过髁间窝（股胫关节）绕到股骨外髁顶端外侧固定，起到模拟和替代前十字韧带的作用。移植带穿过股胫关节的方法有两种，一是用弯头止血钳或特制韧带拉勾将其牵引穿过股胫关节（图45-6-3至图45-6-8），二是先自胫骨脊外侧向胫骨平台方向及股骨外髁顶端外侧向关节内方向钻孔，然后引导移植带依次穿过胫骨和股骨孔道，将其固定在股骨外髁顶端外侧骨膜及纤维组织上，目的是更好地模拟前十字韧带的位置和角度（图45-6-9至图45-6-14）。需要注意的是，对胫骨和股骨钻孔时需喷洒冷生理盐水，避免对骨造成热损伤；将局部的碎骨屑清理干净，保持孔口周边平滑；将移植物穿出股胫关节后，确保移植物未发生扭转；缝合固定移植带前反复多次屈伸膝关节，使移植物在适应膝关节活动后仍能保持一定的张力。实验研究显示，对胫骨、股骨钻孔的囊内重建术组织

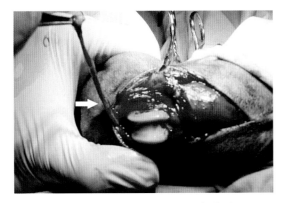

图45-6-3 犬前十字韧带囊内重建术（1）

经膝前外侧手术通路打开并分离皮下组织，从胫结节向上沿髌韧带外侧1/3纵形切开髌韧带和阔筋膜，分离出一条宽度一致的移植带（1/3膝直韧带+2/3阔筋膜）。

（曾建波）

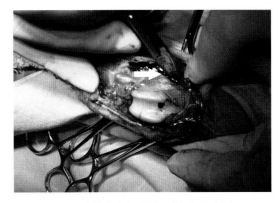

图45-6-4 犬前十字韧带囊内重建术（2）

在股骨外侧髁后上方切开约1cm长切口，使膝关节完全屈曲后，将一弯头止血钳插入关节腔并向髁间窝方向穿出。

（曾建波）

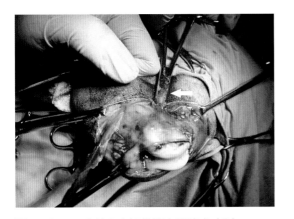

图45-6-5 犬前十字韧带囊内重建术（3）

当弯头止血钳尖端露出后，准备夹持移植带，此时需将移植带送至髁间窝钳口。

（曾建波）

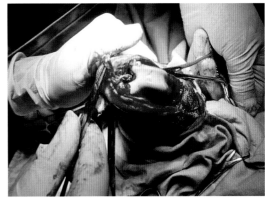

图45-6-6 犬前十字韧带囊内重建术（4）

用止血钳夹牢移植带后，缓缓退出关节腔。

（曾建波）

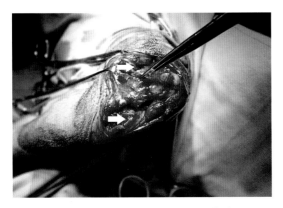

图45-6-7 犬前十字韧带囊内重建术（5）

移植带经半月板间通过髁间窝至股外髁后上方切口出来，用止血钳拉紧移植带并屈伸膝关节。

（曾建波）

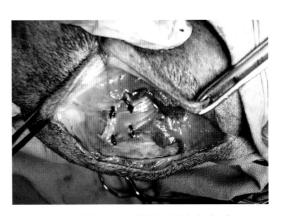

图45-6-8 犬前十字韧带囊内重建术（6）

屈伸膝关节数次，确定胫骨不前移且关节稳定，将移植带缝合固定在股骨外髁骨膜及纤维组织上，然后将髌骨复位。

（曾建波）

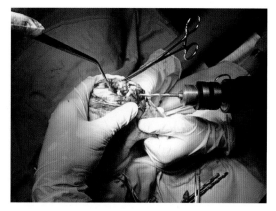

图45-6-9　犬前十字韧带囊内重建术（7）

尽量屈曲膝关节，于胫骨脊外侧向胫骨平台前十字韧带止点（内侧半月板前角后方）钻一孔道。

（伍尚剑）

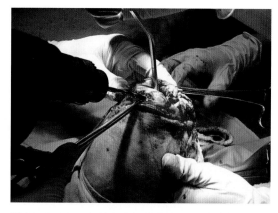

图45-6-10　犬前十字韧带囊内重建术（8）

接着从股骨外侧髁后上方向着关节内前十字韧带起点（外髁内侧面边缘）钻一孔道。

（伍尚剑）

图45-6-11　犬前十字韧带囊内重建术（9）

清理钻孔处的碎骨屑，显露出股骨孔道。

（伍尚剑）

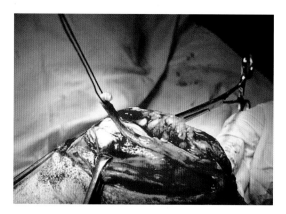

图45-6-12　犬前十字韧带囊内重建术（10）

用丝线在移植带游离端做一牵引线，用钢丝引导其依次穿过胫骨、股骨孔道，至股骨外髁后上方固定（同图45-6-8）。

（伍尚剑）

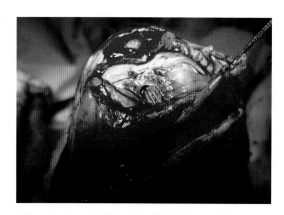

图45-6-13　犬前十字韧带囊内重建术（11）

已将移植带穿出股骨外髁外上部孔道。

（伍尚剑）

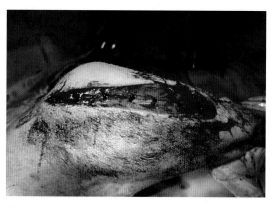

图45-6-14　犬前十字韧带囊内重建术（12）

依次缝合纤维关节囊、阔筋膜及皮下组织，最后常规闭合皮肤切口。

（伍尚剑）

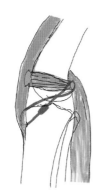

图45-6-15　前十字韧带囊外重建术

将粗尼龙线穿过胫骨粗隆上的新钻孔洞，两股线交叉或不交叉绕过股骨髁后籽骨拉紧打结。

（贾新生）

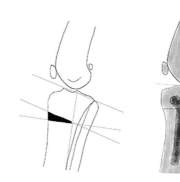

图45-6-16　胫骨楔形截骨术

在胫骨粗隆下方切除如图所示的一个楔形骨块，然后用骨板将胫骨两断端可靠固定。

（贾新生）

损伤大，术肢疼痛和跛行时间长，正常运动恢复慢，并且随着术后运动量增多，该移植带可能变得松弛，使得手术矫正效果逐渐降低。

2. 韧带囊外重建术（extracapsular reconstruction）　也称为囊外固定术，包括两种做法，其一是将粗尼龙线穿过胫骨粗隆上的新钻孔洞，两股线交叉或不交叉分别绕过股骨内外侧髁后的籽骨拉紧打结，可限制胫骨前移（图45-6-15）；类似方法是将穿过胫骨粗隆孔的两股交叉或不交叉尼龙线，穿过在股骨外髁骨上部安装的一个锚钉（骨锚），然后拉紧打结；其二是游离腓骨头，将其前移至胫骨前外侧，用骨螺钉固定，利用股胫关节外侧副韧带阻止胫骨前移和内旋。

前十字韧带囊内重建术和囊外重建术都是对膝关节被动束缚结构与功能的重建，被动束缚结构有关节韧带、关节囊和半月板，主动束缚结构主要是股四头肌和肌腱。对于大型、活泼性犬，重建被动束缚结构与功能可能难以保持膝关节足够稳定，往往需要联合施行前十字韧带囊内重建术和囊外重建术。

3. 胫骨平台调平截骨术（tibial plateau leveling osteotomy，TPLO）　TPLO是在胫骨楔形截骨术（TWO，图45-6-16）的基础上改良而来，矫形原理与TWO手术相同，通过对胫骨实施一个半圆形的截骨术，将胫骨平台逆时针旋转，使后坡度减小至5°～7°，即可利用后十字韧带和股四头肌腱的张力控制胫骨前推力，从而恢复股胫关节的稳定性，对前十字韧带部分或全部断裂的犬都很有效（图45-6-17）。TPLO无论在疗效上还是推广上都取得了很大的成功，但从理论上讲，TPLO手术改变了骨骼的几何结构，增加了关节的压力。

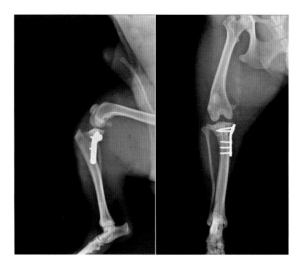

图45-6-17　犬胫骨平台调平截骨术

对膝关节前十字韧带断裂犬施行TPLO手术后。

（黄毅）

4. 胫骨粗隆前移术（tibial tuberosity advancement，TTA） TTA手术是通过把胫骨粗隆前移，使膝直韧带前拉，从而模拟了前十字韧带在关节囊的拉力。由于膝直韧带上连股四头肌，下连胫骨粗隆，其拉力正好位于膝关节中央，通过前移膝直韧带，刚好可以模拟前十字韧带在膝关节上的拉力。TTA手术没有重构膝关节的几何结构，没有改变膝关节原有的生物力学，也没有直接使用植入物对骨骼进行牵拉以模拟前十字韧带的拉力，而是巧妙地利用了膝直韧带这一原

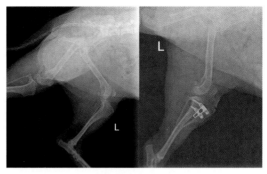

图45-6-18　犬胫骨粗隆前移术

犬左后肢膝关节前十字韧带断裂后及实施TTA2手术后的侧位X线影像。

（刘永强）

有结构去维持膝关节（股胫关节）的稳定。现有各种改良型TTA手术方式，简化了手术步骤、植入物数量和降低了对胫骨粗隆的伤害，如TTA2手术是使用一个不完全切开的胫骨粗隆截骨术，利用骨头的弹性维持骨头与植入物之间的稳定（图45-6-18）。如果说TPLO是使胫骨平台面向骨骼受力点的话，TTA正好相反是使受力点面向胫骨平台，这两个手术有其相似的地方，所以都不同程度地获得各自的成功。

无论采取何种矫形手术，都需通过关节切开术或关节镜检查半月板有无损伤，因为发生前十字韧带断裂的病例中不少伴有内侧半月板损伤，应当根据撕裂的情况进行相应的处理，这些处理方式包括半月板缝合术、部分半月板切除术和全半月板切除术。术后护理包括术部绷带支持和限制活动1个月，联合使用非甾体类抗炎镇痛药和促进骨与软骨营养及生长的药物，之后对犬进行适当的牵遛活动，再逐步恢复到自由活动。术后第6周、第12周复查，评估肢体功能和膝关节的稳定性。注意对肥胖宠物减肥，可降低关节修复过程的压力，减缓退行性关节病的发展。

七、肌肉、肌腱损伤

肌肉、肌腱损伤是指肌纤维、肌纤维间结缔组织或腱内胶原纤维发生的撕裂性损伤，伴有不同程度的出血和纤维断裂，严重的肌肉或肌腱损伤可表现为肌肉或肌腱纤维完全断裂，导致患肢不能正常负重和行走而出现跛行。

（一）病因

车辆冲撞、滑倒、坠落、打斗等原因可能造成肌肉或肌腱纤维撕裂而皮肤完整，从而发生无菌性肌炎或腱炎。软组织的开放性损伤、肌肉注射刺激性药物或消毒不严等，因感染葡萄球菌、链球菌、大肠杆菌等可发生化脓性肌炎。如果肌腱受到锐利物切割，常可造成肌腱部分断裂或全断裂，创口容易发生感染。

（二）症状

无菌性肌炎：严重损伤可见患部明显肿胀，触之温热，压之疼痛（图45-7-1），但轻微损伤不见明显肿胀或不易发现患部。患部位于腕、跗关节以上，常表现以悬跛为主的混合跛行；患部位于腕、跗关节以下，常表现以支跛为主的混合跛行。跛行程度因损伤程度而异，主要呈轻度至中度跛行。

化脓性肌炎：患部炎症剧烈，肿胀显著，开放性损伤常造成肌肉感染和化脓，肌肉注射刺激性药物可能逐渐形成脓肿而破溃。

前肢伸肌腱断裂后，腕关节或以下关节无法伸展，患肢以指背侧着地。后肢跟腱断裂后，跗关节无法伸展而高度屈曲，患肢前伸，常以趾尖着地（图45-7-2）。后肢跗关节以下屈肌腱断裂后，趾关节呈显著背屈状态，趾尖翘起，行走中表现支跛。

（三）诊断

对于本病的诊断，除了询问病史和观察患肢局部肿胀及异常姿势外，必须沿着肌纤维方向自下而上和自上而下地顺序进行触摸和压迫，找到疑似病灶（疼痛点）后以同等手法和力度触压对侧健肢相同部位进行比较，然后确定病灶（图45-7-3、图45-7-4）。需要指出，对于肌肉或肌腱起止点的轻微损伤，如果缺乏全面细致的触诊检查，很难诊断出病灶或痛点。

影像学检查的作用在本病诊断中切不可忽视，常规X线摄片不仅可显示肿大的肌肉轮廓，更有助于确定或排除骨骼、关节是否同时发生损伤；B型超声检查容易诊断出受伤肌肉组织有无大量出血或渗出液积聚。

图45-7-1　猫肌腱损伤

猫右后肢胫部显著肿胀，触摸跟腱尤其敏感，患肢无法站立负重。

（周庆国）

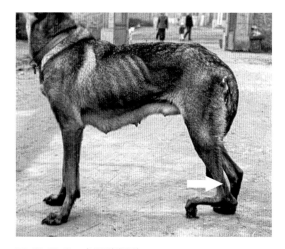

图45-7-2　犬肌腱断裂

犬左后肢跟腱外伤性断裂，皮肤创口已经愈合，患肢似显著变长。

（周庆国）

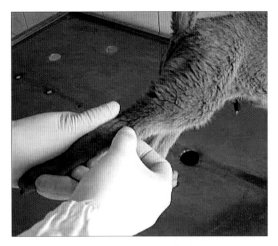

图45-7-3 肌肉、肌腱检查方法（1）

左手提起和固定肢体，右手沿着背外侧肌肉、肌腱方向
自下而上及自上而下地压挤。

（周庆国）

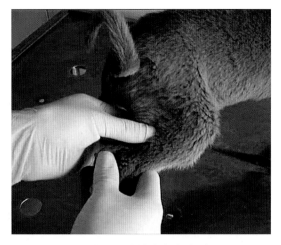

图45-7-4 肌肉、肌腱检查方法（2）

右手提起和固定肢体，左手顺着掌侧或跖侧肌肉、肌腱
方向自下而上及自上而下地压挤。

（周庆国）

（四）治疗

对于急性无菌性肌炎，发生早期即24h内可采取冷敷疗法，每次冷敷时间控制在
15～45min，每天3～4次；超过24h后可采取多种温热理疗法，如红外线、特殊电磁波照射
等，理疗时间在30min为宜，每天多次。与此同时，也可口服或注射本章已述及的消炎镇痛
药物，但需注意限制活动和强制休息2周以上，防止宠物因疼痛减轻而过度活动。对于化脓
性肌炎，治疗方法与化脓性感染的治疗方法相同。

对于新发生的肌肉或肌腱断裂，应抓紧时间尽快清创和缝合修复，如果延误，则因腱断
端回缩和发生粘连而致修复困难。缝合肌肉可采取水平或水平交叉褥式缝合法，配合肌外膜
结节缝合法。缝合肌腱的方法较多，基本原则是将腱的两个断端紧密对合并减张，既需防止
缝线断裂，也需防止缝线将肌腱断端重新撕裂，因此需根据肌腱直径选择适宜规格的带针尼
龙线进行缝合，维持张力3～4周以上，然后装可靠的制动绷带，保留1个月以上。

八、皮下黏液囊炎

皮下黏液囊炎是大、中型犬多发的疾病，临床多见大、中型犬的肘头皮下黏液囊发炎、
肿胀，一般很少引起站立姿势或运动异常。

（一）病因

黏液囊正常存在于皮肤、肌腱与骨或软骨突起之间，内面衬有一层间皮细胞，囊内有少
量类似于关节滑液的黏液，起减少磨擦的作用。当某个部位的黏液囊经常遭受撞击或摩擦就
会导致炎性渗出，或者肢体某个并无黏液囊的部位常受撞击或磨擦，也会导致皮下组织分离
而有炎性渗出液积聚发生肿胀，均称为黏液囊炎。

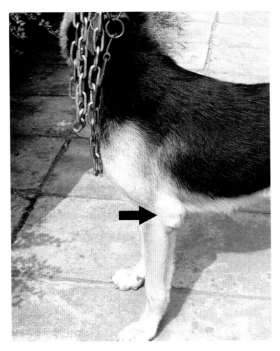

图45-8-1　犬肘头皮下黏液囊炎（1）

德国牧羊犬左前肢肘后方出现卵圆形半球形肿胀。

（佛山先诺宠物医院）

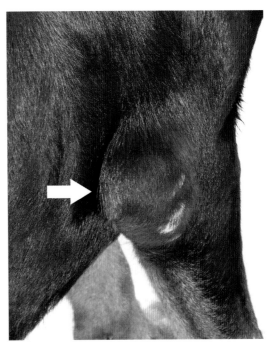

图45-8-2　犬肘头皮下黏液囊炎（2）

洛威犬右前肢肘后方出现卵圆形半球形肿胀。

（佛山先诺宠物医院）

（二）症状

犬的肘头皮下黏液囊炎发生在肘关节后方稍偏下位置，局部呈界限明显的圆形或卵圆形波动性肿胀，急性时触摸有一定的热痛反应，转为慢性时触摸一般无热无痛，通常不会引起患肢跛行（图45-8-1、图45-8-2）。如果反复穿刺引起感染和炎症加剧，可能引起患肢出现轻度至中度跛行。

（三）诊断

依据病史问诊和视诊所见特定的发生部位，结合触诊常为波动性肿胀，穿刺液常为稍黏稠的带血炎性渗出液，即可确诊。

（四）治疗

发生初期可先行采取保守疗法，早期可冷敷，每天3～4次。当肿胀形成后，可对黏液囊施行封闭疗法，即先将黏液囊内积液抽净，另抽吸肾上腺皮质激素类抗炎药（如泼尼松龙或曲安奈德混悬液）1～2mL、2%利多卡因或普鲁卡因2mL，混合后一次注入黏液囊内，并在肘部加装压迫绷带，以减缓药液吸收和延长其局部治疗作用（图45-8-3）。临床曾发现对黏液囊施行简单切开直接排液的病例，创内有感染，囊壁增生明显，创口感染后取二期愈合，因此这种治疗方法很不恰当（图45-8-4）。对于采用保守治疗2～3次后未见肿胀减小时，应施行黏液囊摘除术，具体方法是在黏液囊外侧皮肤上做垂直或弧形切口，完整剥离黏液囊内壁和修剪多余皮肤，最后常规闭合皮肤切口（图45-8-5、图45-8-6）。

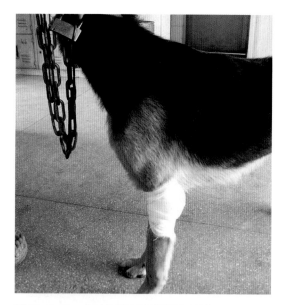

图45-8-3　犬肘头皮下黏液囊炎（3）

将图45-8-1犬黏液囊内液体抽净后注入抗炎药液，之后包扎压迫绷带。

（佛山先诺宠物医院）

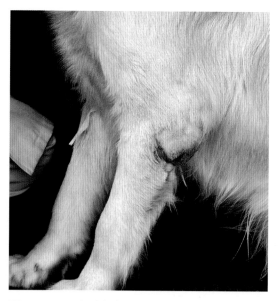

图45-8-4　犬肘头皮下黏液囊炎（4）

在外院看到的黏液囊切开病例，这种方法容易造成化脓性感染，很不可取。

（周庆国）

图45-8-5　犬肘头皮下黏液囊摘除术前

黏液囊及其周围常规剃毛，2%碘酊消毒和70%酒精脱碘。

（佛山先诺宠物医院）

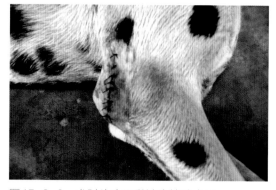

图45-8-6　犬肘头皮下黏液囊摘除术后

在黏液囊外侧皮肤上垂直切开（宜圆弧形切口），将囊壁完整剥离掉，修剪多余皮肤后常规闭合。

（佛山先诺宠物医院）

九、肢体神经损伤

（一）病因

　　肢体神经损伤多为闭合性损伤，主要由钝性外力撞击或持续性压迫所造成，所以受伤部皮肤和肌肉通常完整，但可能造成神经外膜部分损伤、神经外膜或束膜内小溢血和水肿、髓鞘水肿和变性、神经轴突断伤或单纯的急性暂时性功能障碍。犬猫较多发生肩胛上神经、桡神经、腓神经或坐骨神经损伤，如前肢臂部或肘部背外侧或后肢膝部外侧，在遭受车辆冲撞或被绳索长久勒压后，可分别造成桡神经损伤或腓神经损伤。由于桡神经紧贴肱骨干向下延伸，所以肱骨干骨折及其内固定手术不慎也有可能并发桡神经损伤。髂骨翼骨折或髋部手术尤其髋关节手术中，有可能并发坐骨神经损伤。犬瘟热患犬因其神经系统容易受到病毒感染，其后遗症可见坐骨神经麻痹或不全麻痹。开放性的肢体神经损伤在临床上比较少见。

（二）症状

肢体神经损伤后主要表现为神经麻痹症状，即该神经所支配的肢体范围内，感觉机能和运动机能减弱或丧失，以及随着病程延长出现的肌肉萎缩。以下为常见的肢体神经损伤和麻痹症状。

1. 桡神经麻痹　患前肢站立时，肩关节与肘关节开张，肘头位置低下，腕关节与指关节均呈屈曲状态，患前肢以指背侧着地（图45-9-1）。患犬行走中该前肢无提举迈步动作，指背侧拖地而行，极易造成指甲磨损，甚至指背侧皮肤挫伤或挫创（图45-9-2）。如果人为地将患肢表现为掌屈（后屈）的指部放正，则可短暂地恢复正常站立姿势。随着病程迁延，由桡神经支配的该肢臂三头肌及肘部以下背外侧肌肉如腕桡侧伸肌、指总伸肌、指外侧伸肌和拇长外展肌等逐渐萎缩，致该肢前臂部似乎变细。

2. 坐骨神经麻痹　因后肢股四头肌由股神经支配，而所有其他肌肉均由坐骨神经支配，所以患后肢站立时，由股四头肌张力维持的膝关节角度基本正常，而由坐骨神经支配的后肢股二头肌和半腱肌、由坐骨神经分支之一腓深神经支配的跗关节屈肌（如胫骨前肌和腓骨长肌）及趾关节伸肌（如趾长伸肌和趾外侧伸肌）、由坐骨神经分支之一胫神经支配的跗关节伸肌（如腓肠肌）及趾关节屈肌（如趾浅屈肌和趾深屈肌），均一致性表现松弛，丧失了保持后肢正常姿势的能力，从而使得整个后肢看起来似乎变长，站立时多以趾背侧着地（图45-9-3、图45-9-4）。牵引患犬行走中，可见膝关节保持适度伸展，但因跗关节和趾关节均丧失自主伸屈能力而致后肢不能提举，所以患肢跗关节位置比健肢明显低下，行进中仍以趾背侧拖地而行，容易造成趾背侧皮肤挫伤或挫创。随着病程迁延，由坐骨神经支配的后肢肌肉萎缩。

图45-9-1　洛威犬桡神经损伤（1）

该犬左前肢肘关节上部因被颈部铁链缠绕而致桡神经损伤。

（佛山先诺宠物医院）

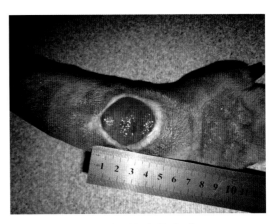

图45-9-2　洛威犬桡神经损伤（2）

桡神经损伤后缺乏护理，指背侧皮肤先后发生挫伤和挫创，通过治疗而渐渐愈合。

（佛山先诺宠物医院）

图45-9-3　坐骨神经损伤

该猫从高处坠落致左后肢坐骨神经损伤。

（佛山先诺宠物医院）

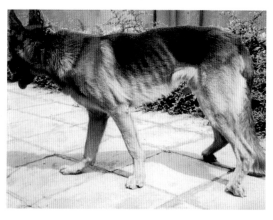

图45-9-4　犬双后肢轻瘫

该犬双后肢轻瘫，呈坐骨神经不全麻痹特征表现，主诉该犬曾发生过犬瘟热，多是大脑皮层经脑干至脊髓运动径路损伤。

（佛山先诺宠物医院）

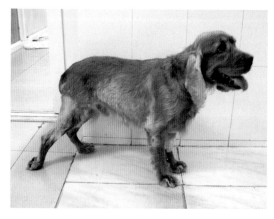

图45-9-5　犬腓神经损伤（1）

该犬因汽车冲撞造成右后肢腓神经损伤。

（佛山先诺宠物医院）

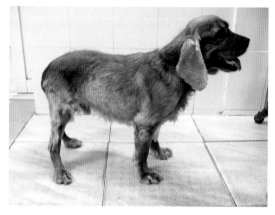

图45-9-6　犬腓神经损伤（2）

用手将患肢跗屈的趾部放正，趾垫能正常着地负重，但跗关节仍保持过度伸展。

（佛山先诺宠物医院）

3. 腓神经麻痹　腓深神经是坐骨神经的重要分支，因其支配跗关节屈肌（如胫骨前肌和腓骨长肌）及趾关节伸肌（如趾长伸肌和趾外侧伸肌），从而保障膝关节以下肢体的正常提举和前伸功能。一旦发生腓深神经损伤，就出现跗关节不能屈曲而过度伸展、趾关节无法伸展而跗屈（后屈）的异常站立或行走姿势，容易造成趾甲磨损或趾背侧皮肤挫伤，甚至挫创（图45-9-5）。如果人为地将患肢后屈的趾部放正，则可短暂地恢复正常站立姿势（图45-9-6）。

（三）诊断

进行临床一般检查及必要的实验室辅助检查，确认无任何其他全身疾病，根据有无外伤病史和观察患肢站立及行进中的特征性神经麻痹姿势，即可做出初步诊断。回缩反射试验是诊断神经损伤位置及程度的常用方法，即使患犬分别左右侧卧，检查者用止血钳以不同力度钳夹上方肢体指（趾）部皮肤，若该肢回缩反射（屈曲）灵活，即为正常；若该肢屈曲迟缓或无屈曲动作，分别表明感觉和运动机能减弱或丧失，但对感觉和运动机能完全丧失的患肢神经损伤程度难以做出判断。如果一侧肢体回缩反射异常，大多为该侧神经损伤；如果两侧肢体回缩反射均异常，基本为脊髓水平损伤。触摸患肢肌肉、肌腱弛缓无力，患肢不能自主提举，表明运动机能减退或丧失。对比观察该神经支配的肌肉与健肢同名肌肉的薄厚程度，可见患肢肌肉萎缩呈凹陷状态。

（四）治疗

首先应当消除造成外周神经压迫的不良因素，需对神经径路上可能存在的肿瘤、脓肿或血肿等进行治疗。属于钝性外力造成的神经闭合性损伤，可长期口服或肌注维生素B_1、维生素B_{12}等，同时配合各种温热疗法，促进肢体的血液循环。也可试用复方当归注射液（肌肉或穴位注射）、甲钴胺注射液（肌肉注射或静脉滴注）和丹参注射液（肌肉注射或静脉滴注）等，静脉滴注时用生理盐水或5%葡萄糖溶液稀释。这些药物为纯中药制剂，应现配现用，避免与其他药物混合；首次用药时宜用小剂量和慢速滴注，观察宠物有无发生过敏反应。

（周庆国　吴仲恒　李德荣　贾新生）

第十三篇
皮肤疾病

　　大多数的犬猫都有不同程度的皮肤问题，均可称之患有皮肤病。皮肤病的种类或致病因素很多，临床症状却非常相似或相同，只有找到病因并对因治疗，才能有效地控制或治愈皮肤病。不同病因或因素引起的皮肤疾病，其治疗方案和预后不同。要找出病因，必须采用一系列皮肤病检查手段。常规的皮肤病检查手段有梳毛、拔毛、透明胶带、按压涂片、皮肤刮片、棉签样品涂片、伍德氏灯检查和真菌培养等。对于某些常年发病或经常反复发作的皮肤病，还需要进行药敏试验、食物过敏排查或过敏原测试。针对皮肤上增生的肿块，需要判别其是否为肿瘤，而常规的检查手段为细针抽吸；若需确定为何种肿瘤，需进行活组织检查，以判断肿瘤性质或其为良性或恶性。对于免疫介导性疾病如红斑狼疮、盘状红斑、天疱疮等，也只有通过活组织检查才能确诊。对于既表现皮肤症状又出现其他系统异常的病例，除了系统的皮肤检查外，还需要进行血常规、血液生化、B型超声检查或内分泌检查等，才能更加准确地分析病情并得以确诊。

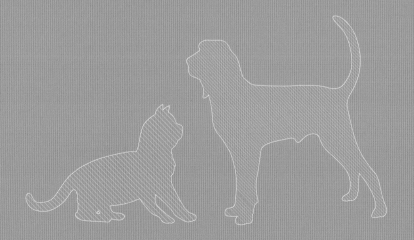

第四十六章
外寄生虫性皮肤病

　　外寄生虫性皮肤病是犬猫常见的皮肤病，尤其在我国南方地区更是多见。犬猫容易感染的外寄生虫均属于节肢动物，包括跳蚤、虱子、疥螨、姬螯螨、耳螨、蠕形螨、蜱虫等，种类繁多。这些外寄生虫通过叮咬、吸血、引起宿主过敏或作为中间宿主传播其他病原等方式直接或间接地危害宠物健康，主要引起体表丘疹、脱毛、皮屑增多、结痂、抓痕等基本病理变化，其瘙痒程度不一，以疥螨引起的瘙痒最为严重，而蠕形螨病很少瘙痒。外寄生虫性皮肤病的诊断依据是病史调查、临床检查、鉴别诊断，以及进行合理采样发现相关的外寄生虫病原，然后采用有效药物杀虫，并配合使用其他药物将皮肤恢复正常。

一、蚤病

　　犬猫的蚤病主要是由蚤目、蚤科、栉首蚤属的猫栉头蚤引起，此种跳蚤为世界性分布，以引起犬猫瘙痒和皮炎为主要症状。此外，跳蚤还是犬复孔绦虫的传播媒介或中间宿主。

（一）病原及感染途径

　　跳蚤属于昆虫纲、蚤目，是在犬猫中传播最广的外寄生虫。跳蚤是侧扁的无翼昆虫，后腿有力，适合远距离弹跳。成熟跳蚤具有刺-吮吸口器，能够刺入宿主皮肤，通过虹吸管状的吸吮器吸血。跳蚤有复杂变态的生活周期，包括卵、蛆样幼虫、蛹和成虫。成虫具有寄生性，其他阶段主要存在于宿主生活的环境中。跳蚤为两性生殖，雌跳蚤将卵产于宿主身上，大部分会脱落到环境中，根据环境条件孵化1~20d。虫卵长0.5mm，卵孵化成幼虫，幼虫为3个阶段，大小2~5mm，颜色为白色，进食后变为棕色。幼虫不喜光，会藏在家具和地面的裂缝里。幼虫主要以有机碎屑、特别是成虫粪便为食。第三阶段幼虫做茧蛹化，茧的黏性可以吸附食物，但也可能吸附到杀虫剂。跳蚤成虫（长4~5mm）有向光性，需要马上寻找宿主，新的成虫即使不吸血也能活几天，吸血后最短8~9min就能排出粪便，1~2d内即能交配排卵。跳蚤是专性寄生虫，通常不会离开宿主，一旦开始吸血，就不能停止，否则消化道会自我消化。跳蚤喜欢相对潮湿的环境。冬天跳蚤必须生活在室内或流浪犬猫和野生宠物身上。跳蚤是犬复孔绦虫、隐现棘唇线虫的中间宿主，还能传播巴尔通体菌（猫爪热）。

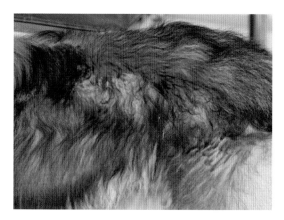

图46-1-1　犬蚤病

跳蚤叮咬过敏引起自我啃咬性脱毛和急性湿疹。

（刘欣）

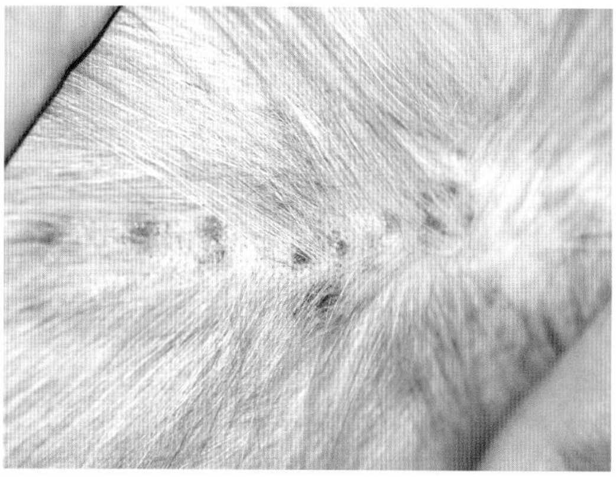

图46-1-2　猫蚤病

跳蚤叮咬过敏引起的粟粒性皮炎。

（刘欣）

（二）症状

跳蚤的进食过程会造成宠物瘙痒，引起自我啃咬和搔抓，严重的感染会导致贫血。跳蚤进食过程中分泌唾液会造成宠物过敏，导致跳蚤过敏性皮炎。跳蚤感染的临床表现通常比较明显，但跳蚤叮咬的病变和跳蚤叮咬性过敏的致病机制不同。所有犬只都会对跳蚤叮咬产生或轻或重的过敏反应，导致犬跳蚤过敏性皮炎。丘疹是犬跳蚤过敏性皮炎的原发症状，在叮咬15min之内出现，一般持续存在24~72h，偶然会出现荨麻疹样风疹。丘疹会发展为小结痂，但是不会扩散开。犬的起始发病部位在身体后半部（图46-1-1），严重的会发展到全身，慢性症状有皮脂溢、自损性脱毛、色素沉着和苔藓化等。猫的跳蚤叮咬性过敏相对犬少见，起始症状是结痂性丘疹，通常称之为粟粒性皮炎，主要出现在背部（图46-1-2），引起猫全身性瘙痒、过渡梳理性脱毛、自舔性嗜酸性斑和嗜酸性溃疡。

（三）诊断

跳蚤感染的确诊需要见到跳蚤成虫或其粪便。跳蚤成虫排出的粪便带有大量半消化的血液，因此跳蚤粪便呈黑红色，外观为细小的煤渣样颗粒（图46-1-3），能够溶于水。当收集跳蚤粪便时，应该使用密齿梳理宠物的被毛，将梳理出的碎屑放在被水浸湿的白色纸巾上，用指尖碾碎使其溶解，会在湿纸上形成血红或锈红色印记。收集跳蚤样本也可以向宠物身上喷洒杀虫剂，几分钟后死跳蚤便会从宠物身上掉落。犬猫的跳蚤过敏性皮炎，尤其是犬，体表上的跳蚤数量通常很少，很难发现虫体。如果感染量极低，可以将梳下的被毛与皮屑放置在载玻片上，滴液体石蜡并盖上盖玻片，用低倍镜（10×）寻找跳蚤粪便。在低倍镜下，粪便为半透明的红色，呈弧形柱状或线圈状（图46-1-4）。

如果临床症状与跳蚤叮咬性过敏吻合，又不能发现跳蚤感染的证据，可以进行皮内过敏试验。即在皮内注射跳蚤抗原试剂，观察30min内的皮肤风疹反应；如为阳性结果，则证明存在跳蚤感染。也可直接进行治疗性诊断。

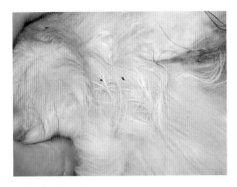

图46-1-3　跳蚤粪便

患猫被毛间的煤渣样跳蚤粪便。

（刘欣）

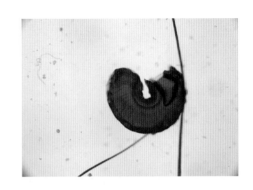

图46-1-4　显微镜下的跳蚤粪便

跳蚤粪便呈红色、半透明、线圈状。

（刘欣）

（四）治疗

治疗剂型多种多样，包括香波、滴剂、喷剂和项圈，其药物成分包括氨基甲酸酯（Carbamates）、除虫菊酯、拟除虫菊酯、福来恩（Fipronil）、吡虫啉（Imidocloprid）、大宠爱（Selamectin）、烯啶虫胺、多杀霉素、尼藤吡兰（Nitenpyram）及氯芬奴隆（Lufenuron）等。虽然氯芬奴隆不能杀死成虫，但能抑制成虫繁殖和虫卵孵化。福来恩、大宠爱、拜宠爽和恳福特都是在市场上可以找到的长效剂型，适合每月1次预防性使用。前3种是体表滴剂，而恳福特是口服剂型。烯啶虫胺的商品名是诺普星，为一种短效口服快速杀蚤药。环境杀虫剂包括甲氧普烯、甲壳质、硼酸钠衍生物。

对于跳蚤叮咬性过敏，抗过敏治疗非常重要。糖皮质激素的治疗效果明显、确实，最好选择醋酸泼尼松或泼尼松龙，每天每千克体重口服0.5～1mg，连续3～5d，疗效出现后开始减量。

治疗患病宠物时，要对一起生活的其他宠物跳蚤感染进行控制，同时考虑室内、外环境的杀虫。注意评估所治疗宠物的再感染可能性，必要时可延长跳蚤控制时间。

二、虱病

虱子是家养宠物身上最常见的外寄生虫，很容易在年幼、年老和营养不良的宠物之间传播，犬猫感染虱子后称为虱病。虱子有品种特异性，大部分家养宠物都有自己特定的种类，但也会临时寄居于其他宠物身上。

（一）病原及感染途径

虱子是腹部扁平的无翼昆虫，主要种类是食毛目（羽虱或啮毛虱）和虱目（吸吮虱）。虱子的生活周期只有3个阶段：成虫、幼虫和被毛上的卵，属于简单变态，幼虫形态与成虫相似。整个周期持续3～4周。啮毛虱也称犬咬虱，是国内宠物临床最常见的虱子种类。成

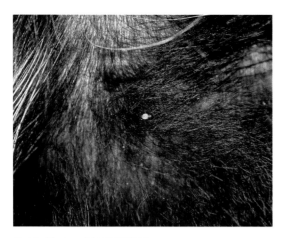

图46-2-1　犬体表啮毛虱

此虱为棕色的头部和白色的胸腹。

（刘欣）

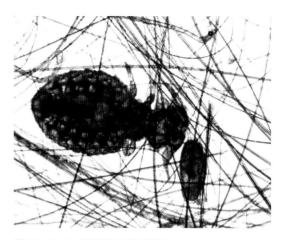

图46-2-2　显微镜下的啮毛虱

显微镜下的啮毛虱成虫和一个虫卵。

（刘欣）

虫大小2～4mm，通常是黄色的，有一个大而圆的头（图46-2-1、图46-2-2）。口器是具颚的，适合咀嚼或咬住宿主。咬虱的特点是头部比胸段还宽，胸段的三对足非常适合扣紧被毛或羽毛。虫体容易移动，雌虱产卵并将卵黏牢在被毛或羽毛上。虱子卵长0.5～1.0mm，呈白色椭圆形，如果卵在一周内没能孵化，即会死亡。幼虫和成虫离开宿主，其存活时间不会超过一周。吸吮虱也称刚毛虱，成虫大小2～3mm，此种虱为红色或灰色，身体颜色与吸血量有关。头比胸段窄，刺状口器，适合吸血。爪像钳子，适合附着在被毛上，能感染很多家养宠物，但是不会寄生于鸟或猫。

（二）症状

啮毛虱引起宠物脱毛、瘙痒、皮屑增多和结痂性皮炎，叮咬和宠物瘙痒后的抓伤会继发细菌感染。严重感染的宠物身上可能隐藏着数以千计的虱子，其生活周期所有阶段都能直接或间接传播，且啮毛虱还作为犬复孔绦虫的中间宿主。吸吮虱可引起皮肤刺痛、瘙痒、皮炎、脱毛、贫血和被毛粗糙，其吸血量可以造成宠物严重贫血，甚至可能导致宠物死亡，尤其年幼的宠物感染吸吮虱后，其血细胞压积可能下降10%～20%。此外，吸吮虱还是隐现棘唇线虫的中间宿主。

（三）诊断

仔细检查患病宠物的被毛，很容易发现虱子和相伴的卵。毛厚的宠物感染虱子时容易漏诊，用放大镜有助于观察。通过刮毛、密齿梳理被毛或透明胶带黏取，均可获得宿主的被毛和皮屑，怀疑被毛上存在粘连的虱子和虫卵 时，可将被毛拔下后放置在滴有液体石蜡的载玻片上，盖上盖玻片在低倍镜下寻找虱子的成虫、幼虫和虫卵。通过比较成虫的头部和胸段的大小，能识别出啮毛虱或吸吮虱。虱子卵与姬螯螨卵很相似，都会粘连在宿主被毛上，但是虱子卵较大，与被毛的粘连非常牢固，而且卵的窄端有盖状结构，借此可以与姬螯螨虫卵相区别（图46-2-3至图46-2-6）。

图46-2-3　显微镜下的啮毛虱卵（1）

在显微镜下可见虱卵被牢牢粘连在毛干上。

（刘欣）

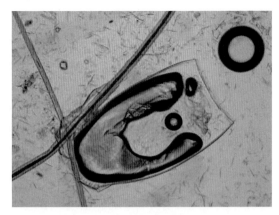

图46-2-4　显微镜下的啮毛虱卵（2）

在显微镜下可见虱子卵孵化后的空壳。

（刘欣）

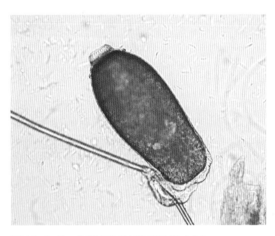

图46-2-5　显微镜下的啮毛虱卵（3）

在显微镜下观察到的啮毛虱卵。

（刘欣）

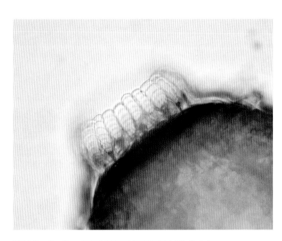

图46-2-6　显微镜下的啮毛虱卵（4）

高倍镜下图46-2-5中虱卵的羽毛状卵盖。

（刘欣）

（四）治疗

经常给宠物洗澡可以预防虱子感染，能够使用的剂型包括香波、滴剂或者喷剂等，主要成分包括胺甲萘、库马磷、敌匹硫磷、二恶硫磷、皮蝇磷、林丹、甲氧氯、鱼藤酮、除虫菊酯类。宠物临床推荐使用福来恩喷剂喷洒全身，通常连续治疗2次，每次间隔7d。

三、疥螨病

犬猫的疥螨病是由蜱螨目、疥螨科、疥螨属的犬疥螨和背肛螨属的猫背肛螨分别寄生于犬猫皮肤内而引起的一种严重瘙痒的皮肤病。犬疥螨病常见，猫疥螨病罕见。

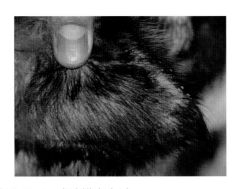

图46-3-1 犬疥螨病（1）

犬疥螨引起的耳缘皮屑和脱毛。

（刘欣）

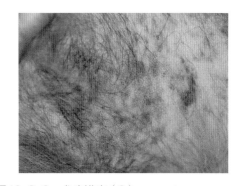

图46-3-2 犬疥螨病（2）

犬疥螨引起的颈侧脱毛和抓痕。

（刘欣）

（一）病原及感染途径

疥螨科螨虫呈微黄白色圆形或龟形，背面隆起，腹面扁平且有四对足。犬疥螨体长不超过0.45mm，猫背肛螨体长不超过0.25mm，虫卵呈椭圆形，平均大小约147μm×100μm。雌、雄螨在皮肤表面交配后，雌螨钻进宿主表皮浅层挖掘虫道产卵。螨虫的生活周期分为卵、六腿幼虫、八腿幼虫、成虫阶段，通常在2～3周内完成全部发育过程。雌虫寿命4～5周，雄虫于交配后很快死亡。犬猫通过直接接触或接触各阶段螨的污染物而发生感染。

图46-3-3 犬疥螨病（3）

犬疥螨引起的头部脱毛和结痂性丘疹。

（刘欣）

（二）症状

疥螨主要感染于耳郭、肘关节和跗关节伸面，严重时可波及全身，临床可见病变皮肤发红，出现丘疹，剧烈瘙痒，犬猫因啃咬、磨擦皮肤引起脱毛、抓痕，形成皮屑和痂皮（图46-3-1至图46-3-6），通常以感染后的21～30d瘙痒最重，耳郭-足反射阳性是常见反应。慢性病变时皮肤增厚变硬，常形成苔藓化。

（三）诊断

诊断犬疥螨病最重要的信息来自主人提供的病史。疥螨能够感染任何年龄段的

图46-3-4 犬疥螨病（4）

慢性疥螨病引起的脱毛和苔藓化。

（刘欣）

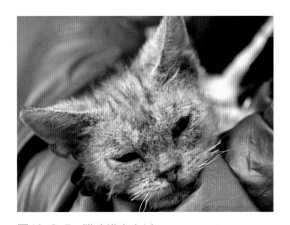

图46-3-5　猫疥螨病（1）

猫背肛螨感染引起的面部结痂。

（刘欣）

图46-3-6　猫疥螨病（2）

猫背肛螨感染引起的耳缘脱毛、红斑和抓痕。

（刘欣）

犬，而且没有性别易感性。经典的疥螨病病史都会表现为突发性的严重瘙痒，从局部发展至全身。

　　显微镜直接检查只要看到疥螨成熟或不成熟的虫体、虫卵甚至粪便（图46-3-7至图46-3-10），都可以做为确诊犬疥螨病的根据。通常健康犬的疥螨感染虫体量很少，免疫抑制时可能存在大量虫体。总之犬疥螨的检出率很低，大约只有20%，而猫背肛螨的检出率较高。采样应该首选耳缘、肘部和跗关节这样的经典部位，病变应该选择结痂性丘疹而不是抓痕，对所选部位大面积浅刮，尽量多部位大量收集皮屑和结痂样本，放置于载玻片上与液体石蜡混合并盖上盖玻片，在低倍镜暗视野下仔细观察载玻片的每一部分。如果症状与犬疥螨病相符，但是最终无法获取疥螨证据，则需要进行治疗性诊断。

（四）治疗

　　体表用药：犬疥螨病的传统治疗方法是用双甲脒涂抹身体后自然风干，每1～2周1次，连续1～3次，通常能够痊愈。使用0.25%福来恩喷剂更加方便，对幼犬按每千克体重3mL，

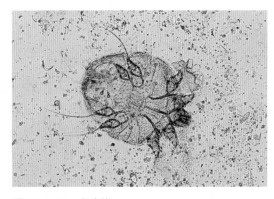

图46-3-7　犬疥螨

高倍镜下的犬疥螨成虫（氢氧化钾浸泡后）。

（刘欣）

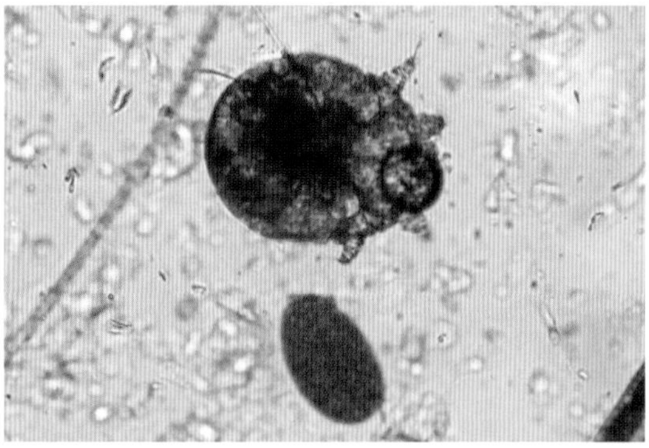

图46-3-8　猫背肛螨

低倍镜下的猫背肛螨成虫和虫卵，成虫腿很短，退化的后肢缩进尾端轮廓之内。

（刘欣）

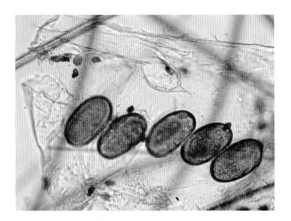

图46-3-9　疥螨卵

低倍镜下成排的虫卵，周边散有疥螨粪便。

（刘欣）

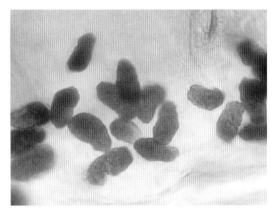

图46-3-10　疥螨粪便

高倍镜下的棕色疥螨粪便。

（刘欣）

喷涂全身，间隔3周，连续3次；对成犬按每千克体重6mL，散在喷涂于全身，间隔1周，连续2次。福来恩的使用最好在感染早期，尤其对小于12周的幼犬、哺乳和妊娠母犬等不能耐受其他强势用药时，使用福来恩比较安全。猫疥螨病可以使用2%~3%的石硫合剂浸泡，每周1次。很多杀螨药对于猫都存在一定的毒性作用。

全身用药：犬疥螨病的全身用药比体表用药的效果更佳，以大环内酯类的药物治愈率较高。常用的大环内酯类的药物有伊维菌素（害获灭）、多拉菌素（通灭）、米尔倍霉素、莫西克丁（爱沃克）和赛拉菌素（大宠爱），其中害获灭、通灭和大宠爱制剂都容易在国内市场找到。伊维菌素的剂型包括注射、口服和外用浇泼剂，但不能用于柯利犬和牧羊犬及其杂交品种，以免引起神经症状，并且也要谨慎用于猫。伊维菌素的建议剂量为每千克体重0.2~0.4mg，如果口服，每周1次；如果注射，每2周1次，治疗时间4~6周。浇泼剂相对廉价，适合群养的大量宠物。通灭的禁忌同伊维菌素，建议剂量为每千克体重0.2mg，皮下或肌肉注射，每周1次，直至痊愈。大宠爱使用方便、安全，可以用于柯利犬和猫，建议剂量为每千克体重6~12mg，每2~3周1次，连续3次。对于严重瘙痒的犬，可以口服泼尼松或泼尼松龙2~3d，应给予抗过敏的足量，每天每千克体重1mg能缓解过度搔抓引起的自我损伤。

犬疥螨有时可自限性地侵袭人类，引起短期的瘙痒和丘疹性皮炎。对于饲养环境可用扑灭司林进行消毒。

四、姬螯螨病

姬螯螨属于螨目、姬螯螨科、姬螯螨属的螨虫，寄生于皮肤表面，引起轻度非化脓性皮炎，被称为姬螯螨病。

（一）病原及感染途径

姬螯螨病的发病率至今未被了解，原因是其症状非常多样，而且在世界范围内广泛使用的跳蚤控制产品对姬螯螨也具杀灭作用。姬螯螨属主要有3种姬螯螨：牙氏姬螯螨、布氏姬螯螨和寄食姬螯螨。虽然上述3种姬螯螨分别在犬、猫和兔身上发现，实际上并无严格的宿主特异性，并且3种姬螯螨都能暂时寄生于人。姬螯螨虫体很大（470μm×347μm），四对腿的末端呈梳子状，最具特征的是钩子样的附属口器或触须，称为螯针，这是与其他螨虫鉴别的重要标志。3种姬螯螨的区别在于第一对前腿膝Ⅰ的感觉器官形态不同（图46-4-1）。

姬螯螨是皮肤表面寄居的（非打洞的）螨虫，寄生在宿主的表皮角质层，在皮屑形成的假隧道内快速移动，会定期用螯针刺入表皮，将自己牢牢固定在皮肤上，吸取无色透明的体液。姬螯螨的旧称为"移动的皮屑"，正是因为吸饱液体后的虫体看起来很像能移动的表皮碎屑。姬螯螨是无法离开宿主的专性寄生虫，最强壮的雌虫离开宿主后存活时间不超过10d。虫卵可以随被毛脱落到环境中成为感染源（图46-4-2、图46-4-3）。姬螯螨是高度

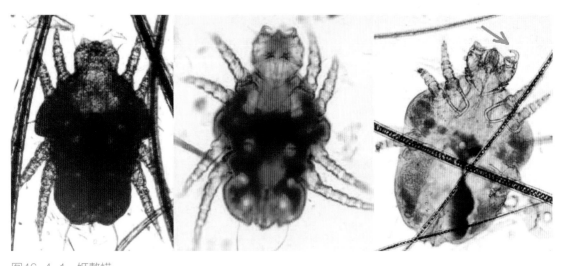

图46-4-1　姬螯螨

从左至右分别为犬、猫、兔的姬螯螨，每种姬螯螨都具有特征性的钩子样附属口器（箭头）。

（刘欣）

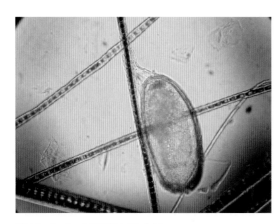

图46-4-2　姬螯螨虫卵（1）

低倍镜下的姬螯螨虫卵。

（刘欣）

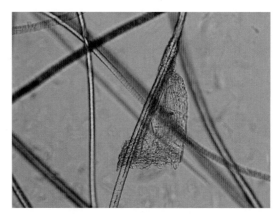

图46-4-3　姬螯螨虫卵（2）

将虫卵空壳缠绕在毛干上的细纤维束。

（刘欣）

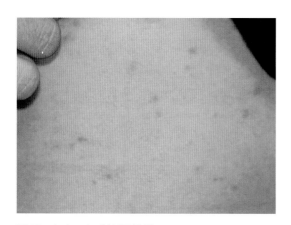

图46-4-4　人感染姬螯螨

人腹部受到感染表现荨麻疹样皮炎。

（刘欣）

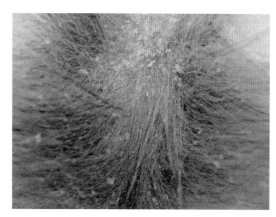

图46-4-5　犬感染姬螯螨

感染姬螯螨的犬后背部的皮屑和结痂。

（刘欣）

接触感染的寄生虫，不仅容易在幼年宠物之间发生感染，而且犬、猫身上的螨虫都能感染人（图46-4-4）。

（二）症状

犬、猫姬螯螨病的症状表现差异很大，从完全不痒到严重瘙痒都有可能。宠物在感染初期，通常背部出现过多的干性皮屑，不痒或轻度瘙痒（图46-4-5）。猫有天生梳理被毛的习性，会将皮屑、螨虫和虫卵舔掉，因而有可能在猫的粪便中发现虫体和虫卵。猫的早期症状很难被发现，而且发展缓慢；随着病情发展，皮屑会遍布全身，脱毛和瘙痒逐渐加重。

（三）诊断

临床检查中发现姬螯螨成虫、幼虫或虫卵即能确诊。但是采集这些证据有些困难，尤其对于猫更是如此。采样方法包括放大镜直接观察、浅刮被毛和皮屑、醋酸胶带黏取、密齿跳蚤梳收集被毛和皮屑、粪便漂浮法收集姬螯螨和虫卵。姬螯螨虫卵与虱卵的形态接近，二者都与毛干相连，区别在于姬螯螨虫卵较小，被细纤维束捆绑在宿主的毛干上；而虱卵较大，被胶黏在毛干上。

相对可靠的技术是用密齿梳梳理被毛和皮屑获得样本，但是在犬仍有15%的假阴性结果，猫有58%的假阴性结果。梳下来的大量被毛和皮屑的检查方法有两种，一是与液体石蜡混合放入培养皿，用立体显微镜检查；二是与10%氢氧化钾混合，温水孵育30min，然后加入粪便漂浮液，按1 470r/min离心10min，取表层液体在低倍镜下寻找虫体和虫卵。这两种方法各有利弊，且没有人比较过哪种更有优势。如果检查结果阴性，又非常怀疑，必须进行治疗性诊断排除或确诊此病。

鉴别诊断取决于临床症状。如果犬身上有大量皮屑，鉴别诊断包括原发皮脂溢、肠道寄生虫、营养不良、蠕形螨病、耳螨病、虱病和跳蚤感染等。如果患犬非常瘙痒，鉴别诊断包括疥螨病、跳蚤叮咬过敏和食物过敏等。猫如果出现大量皮屑，必须要考虑糖尿病和肝病；

如果瘙痒，鉴别诊断包括猫疥螨病和粟粒性皮炎等的各种可能性。

（四）治疗

控制姬螯螨相对容易，但即使临床症状消失，显微镜复查没有虫体，治疗还要再延续几周。应该同时治疗发病的和生活于其周围的宠物，还需杀灭环境中的螨虫和虫卵。选择药物要考虑宠物的年龄和品种是否适合。

外部治疗：很多外用杀虫药对姬螯螨都有效，如石硫合剂、除虫菊酯类药、双甲脒等。但是给猫使用除虫菊酯和双甲脒时要格外小心，因为猫对这些药物非常敏感。可以使用的替代药物有0.25%福来恩喷剂，每月1次。使用石硫合剂浸泡和各种杀跳蚤的药物连续3～4周，都同样有效。

全身治疗：伊维菌素除了不能用于柯利犬、牧羊犬及其杂交品种外，用于其他品种的建议剂量为每千克体重0.2～0.3mg，如果口服，每周1次。大宠爱是相当安全的全身性除虫药，每月1次，连续3次有良好效果。

五、耳螨病

耳螨属于蜱螨目、痒螨科、耳痒螨属。耳螨能寄生于犬猫外耳道内引起剧烈瘙痒和外耳炎，猫较多发生本病。

（一）病原及感染途径

耳螨虫体呈椭圆形，比犬疥螨略大，在适合条件下，耳螨成虫可以存活2个月。成虫以皮肤表面的碎屑和组织液为食，引起剧烈痒感。耳螨生活周期分为卵、幼虫、第一若虫、第二若虫和成虫共5个阶段，整个生活史全部在宿主身上度过。耳螨没有宿主特异性，犬和猫之间能相互传染，通过直接接触而传播，以幼年宠物特别易感。人可能会被感染发生暂时的皮炎，在罕见的情况下可能发生真正的耳道寄生。

（二）症状

感染耳螨后的犬猫经常甩头和搔抓耳部，严重的可能出现头部歪斜和转圈，长时间损伤可能造成耳部血肿。犬通常会对耳螨产生超敏反应，瘙痒导致强烈的搔抓和甩头，造成耳郭抓痕和结痂，同时也减少了耳道内容物和大部分虫体（图46-5-1）。猫的症状在个体间差异很大，有些患猫耳道内充斥大量分泌物，常呈棕色或咖啡末样外观，有或没有瘙痒症状（图46-5-2），而另一些则表现剧烈瘙痒，耳道分泌物却很少。

（三）诊断

通常使用耳镜检查来鉴别耳螨，常用棉签擦拭耳道内的棕色分泌物，将其置于滴有液体石蜡的载玻片上，然后置于低倍镜下观察（图46-5-3、图46-5-4）。耳螨相当大，直径接近400μm，在耳镜下为白色移动的物体，也容易在放大镜下被发现，甚至用肉眼能够看到。

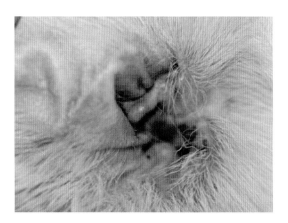

图46-5-1 犬耳螨病

注意发红的皮肤和细小的红色结痂和抓痕。

（刘欣）

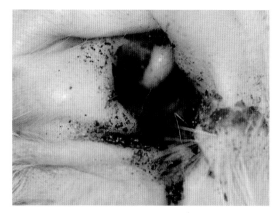

图46-5-2 猫耳螨病

耳道分泌物增多，掺杂的白点即是耳螨虫体。

（刘欣）

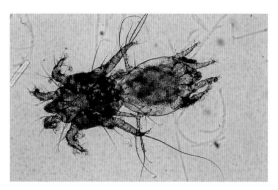

图46-5-3 耳螨（1）

显微镜下观察到的交配中的耳螨。

（刘欣）

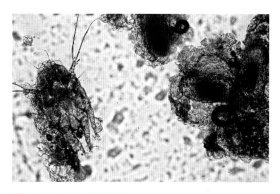

图46-5-4 耳螨（2）

显微镜下第二若虫阶段的雌性耳螨成虫和若干虫卵。

（刘欣）

（四）治疗

根据宠物的数量和感染的严重性选择治疗方案。如果只有1～2只宠物，就可使用常规方案，如用耵聍溶解剂清除大量的耳道分泌物，再选择一种耳道杀虫剂，如福来恩滴剂或大宠爱滴剂。如果瘙痒严重或发生细菌、马拉色菌的继发感染，需要配合多种药物成分，如含有类固醇-抗细菌-抗真菌成分的耳特净滴剂，其中非杀虫成份可以使螨虫窒息。对于群养宠物且伴有皮肤病的耳螨感染，或者不方便耳道用药的状况下，可以考虑使用伊维菌素、米倍尔霉素和莫西克丁，这些均为有效的全身性药物。

六、蠕形螨病

犬猫的蠕形螨病是由蜱螨目、蠕形螨科、蠕形螨属的犬蠕形螨和猫蠕形螨分别增殖引起的。因蠕形螨在毛囊内寄生，本病又称为毛囊虫病。

（一）病原及感染途径

蠕形螨成虫呈细长梭形，长0.25~0.3mm，宽约0.04mm，明显分头、胸、腹三部分，并有四对短足位于胸下。其卵呈梭形，长0.07~0.09mm，卵经幼虫、若虫和成虫几个阶段而完成在宿主组织内的全部生活史，这个过程仅需要24d。宿主皮肤毛囊是蠕形螨的主要寄生部位，通常先寄生于毛囊上部，而后移至毛囊底部，很少寄生于皮脂腺内。蠕形螨是哺乳宠物的共生寄生虫，刚出生3~5日龄的幼仔通过哺乳过程与母犬密切接触而发生感染，长大后宠物之间不会接触传播蠕形螨。当宠物免疫低下时，蠕形螨可能增殖造成蠕形螨病。

（二）症状

犬蠕形螨病的临床表现主要有两种形式：局部蠕形螨病和全身蠕形螨病。涉及足部发病的，称为足部蠕形螨病。

局部蠕形螨病：主要在3~6月龄发病，通常只有轻度的病变，虽然可能时好时坏，但是90%的犬可以在1~2个月自愈。主要临床症状是脱毛斑，多数病例的病变出现在嘴部、面部和前肢，通常不痒，因此推测这些螨虫是母犬在哺乳时通过与幼犬的密切接触而传给幼犬的，这种接触使局部蠕形螨病经常发生在面部（图46-6-1）。由局部蠕形螨病发展为全身蠕形螨病的情况极为罕见。

全身蠕形螨病：主要在3~18月龄开始发病（青年首发性蠕形螨病）。划分蠕形螨病是局部的还是全身的尚无具体标准，但多数人认为局部病变在6处以内，超过12处归为全身性。评估局部还是全身性蠕形螨病应在发病的早期进行。

青年首发蠕形螨病：典型的发病年龄是6~9月龄，初期症状为多处的红斑、皮屑、结痂、脱毛和色素沉着，继发的脓皮病会导致水肿、渗出和增厚的结痂，有时存在外耳炎、结节或其他非典型性症状（图46-6-2）。如果没有继发脓皮病，蠕形螨病不会瘙痒。患犬可能会出现精神沉郁或淋巴结肿大，超过47%的小于1岁的全身蠕形螨病例能够自愈。

成年首发蠕形螨病：4岁或4岁之后首次发生的蠕形螨病非常罕见，没有并发潜在病因

图46-6-1　犬蠕形螨病（1）

幼犬的局部蠕形螨病常见症状为面部脱毛斑。

（刘欣）

图46-6-2　犬蠕形螨病（2）

藏獒的青年首发全身蠕形螨病。

（刘欣）

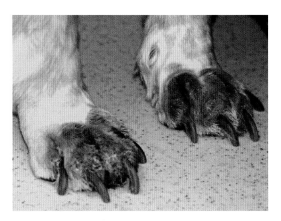

图46-6-3　犬蠕形螨病（3）

可卡犬的足部蠕形螨。

（刘欣）

图46-6-4　猫蠕形螨病

猫蠕形螨引起的猫蠕形螨病。

（刘欣）

的成年首发蠕形螨病，称为特发性蠕形螨病，西施犬是这类蠕形螨病的易感品种。

足部蠕形螨病：全身蠕形螨病伴有足部病变或者只有足部病变的，称为足部蠕形螨病（图46-6-3）。足部病变经常并发足部脓皮病，由于疼痛可能表现跛行。此类蠕形螨病的治疗尤为艰难。

猫蠕形螨引起的猫蠕形螨病很罕见，但纯种猫易感。局部性蠕形螨病的病变部位发生在眼睑和眼周、头部和颈部，病变包括红斑、皮屑、结痂和脱毛，瘙痒程度不定，通常呈自限性（图46-6-4）。全身性蠕形螨病罕见，但是经常不如犬型的发病程度严重。猫全身性蠕形螨病经常存在潜在性病因，如猫白血病病毒或猫免疫缺陷病毒感染、糖尿病、全身红斑狼疮、肾上腺机能亢进和肿瘤病等，然而也有找不到潜在病因发病的时候。

（三）诊断

鉴别蠕形螨病的样本采集需要对皮肤深刮（图46-6-5），用力挤压后用刀片收集，反复多次使皮肤出血，才能达到足够深度，并且通常需要采样3~4处才能得到准确的结果。对指间和面部难以深刮的部位采样，需要拔毛采样（图46-6-6）。如果只发现一个成熟螨虫可能没有临床意义；如果虫体较多，而且存在不成熟阶段的蠕形螨时，即可确认为蠕形螨病（图46-6-7、图46-6-8）。对于成年首发蠕形螨病，要调查潜在的病因，包括血常规、血液生化检查、胸腹部影像、激素检测（T4与可的松）和尿检等，然而潜在病因的显露可能晚于蠕形螨病数月甚至数年。

（四）治疗

对于全身蠕形螨病，原则上应使用适当的杀虫药，并保证犬的健康状况和营养。母犬需要绝育，原因有二：一是杜绝蠕形螨病的传播；二是发情期间蠕形螨病会复发。治疗中禁止使用任何种类的免疫抑制剂，尚未发现任何免疫调节剂能提高本病的治愈率，并且由于严重的免疫抑制，具有引发本病死亡的可能。少数患犬预后不良。成年首发蠕形螨病需要寻找潜在病因。

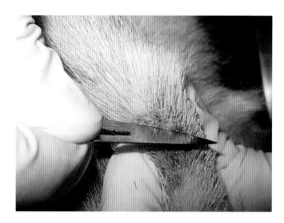

图46-6-5 犬蠕形螨病采样

使用一次性手术刀片对病灶深刮。

（张丽）

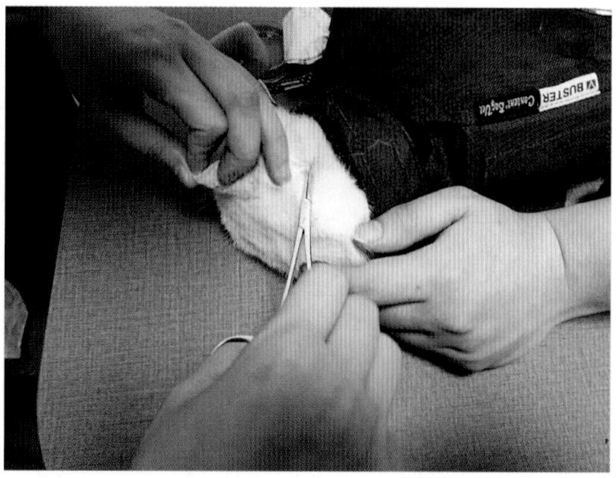

图46-6-6 猫蠕形螨病采样

使用止血钳夹住病灶被毛毛根用力拔出。

（张丽）

图46-6-7 犬蠕形螨（1）

显微镜下观察到一个蠕形螨成虫，其上方是一个梭形虫卵。

（刘欣）

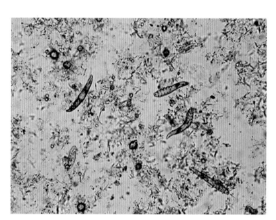

图46-6-8 犬蠕形螨（2）

显微镜下可见大量蠕形螨的增殖。

（刘欣）

伊维菌素是有效的，每千克体重0.4～0.6mg，每天1次，与食物一起口服，用于口服的药物即是浓度为1%的伊维菌素注射液。为了防止副反应，在首次使用的前几天逐渐递增口服剂量，并要求主人在家里监控宠物的用药反应。服药2～4周后复查一次，直至观察不到活的虫体和虫卵，再用药30d以上。以后即使停药也应长期复查。

双甲脒适用于无法使用伊维菌素治疗的部分品种犬和猫，使用247mg/L的液体全身浸泡，不冲药液，戴上伊丽莎白圈，吹干或自然干燥后取下。开始每周1次，待病情好转，可以改变为每2周1次。注意心脏病患犬、吉娃娃、小于12周龄的幼犬、妊娠和哺乳期母犬不能使用。复查方法同上。

七、蜱病

犬猫的蜱病是由蜱螨目、硬蜱科的血红扇头蜱、二棘血蜱、长角血蜱、微小牛蜱等寄生于犬猫体表的一种外寄生虫病，以引起犬猫瘙痒、皮炎、甚或严重贫血为特征。此外，蜱也是一些传染病如犬埃里希体病和某些寄生虫病的传播媒介。在北京山区，长角血蜱为优势蜱种。

（一）病原及感染途径

硬蜱，俗称狗豆子、草爬子或壁虱，呈背腹扁平的长卵圆形，有芝麻粒至绿豆大小（图46-7-1、图46-7-2），但雌蜱吸饱血后可膨胀数倍，形如蓖麻籽（图46-7-3），而雄蜱吸饱血后虫体变化不大。雌、雄蜱在宠物体表吸血时交配，雌蜱饱食后落地，爬在地面缝隙内或土块下静伏产卵。雌蜱产卵一生1次，4~6d产完，产卵数上万，雌蜱产卵后萎缩死亡。蜱卵圆形，呈黄褐色。卵经幼虫、若虫至发育为性成熟的成虫需经3次蜕皮，整个过程一般在3个宿主体表完成，并且依蜱的种类和气温，从卵发育至成虫需数月或1年以上。犬、猫通过直接接触或进入有各阶段发育蜱污染的环境中而发生感染。

（二）症状

硬蜱多寄生于体表皮薄、毛少且不易搔抓到的部位，如耳郭、眼周、腹下或腹股沟处。因蜱机械性损伤皮肤和大量吸食血液，引起皮肤痛痒，宠物常以摩擦、搔抓或啃咬皮肤等方式试图摆脱蜱的叮咬，结果在患部造成破损和出血，在体表可见大量弥散性已干燥的出血点和黑色痂皮。据有关资料，一只雌蜱平均每次吸血0.4mL，若大量蜱寄生可引起贫血、消瘦、发育不良。此外，有的犬跛行还与蜱寄生在趾间有关。

（三）诊断

在犬猫体表发现硬蜱或显微镜下辨别为蜱寄生（图46-7-4），即可做出诊断。

（四）治疗

采取有效方法除去体表的寄生蜱是治疗本病的重点，若寄生蜱数量不多，可直接用镊子

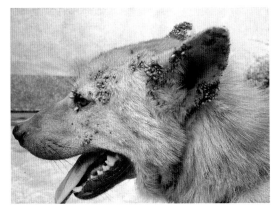

图46-7-1　犬头部的蜱
眼部、面颊及耳郭内外皮肤寄生大量硬蜱。
（周庆国）

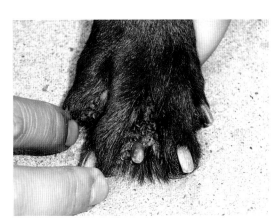

图46-7-2　犬指间的蜱
指间皮肤寄生硬蜱可能引起该肢跛行。
（周庆国）

图46-7-3 硬蜱（1）

从图46-7-1犬头部取下来的硬蜱，吸饱血后的雌蜱膨胀数倍，形如蓖麻籽。

（周庆国）

图46-7-4 硬蜱（2）

显微镜下皮肤样本里的硬蜱。

（刘欣）

垂直拔除并处死；若寄生蜱数量过多，可用0.5%～1%敌百虫、0.1%辛硫磷、0.02%除虫菊、0.04%～0.06%巴胺磷（赛福丁）、247mg/L的双甲脒、诺华螨净等进行体表喷洒、药浴或洗刷；同时配合皮下注射1%伊维菌素（害获灭）或通灭，每千克体重0.05mL，两者均为7～14d重复用药1次，以杀灭受虫卵保护而新孵化出的幼虫，但应避免将此药用于柯利犬。法国梅里亚公司的福来恩喷剂和滴剂具有驱杀蜱虫的可靠效果，使用方便，已普遍应用于宠物临床。

（刘欣 张丽）

第四十七章
细菌性皮肤病

犬多发的细菌性皮肤病为脓皮病，主要是指皮肤的化脓性细菌感染。脓皮病在多数情况下是继发感染，同时存在潜在病因。脓皮病最常见的细菌种类是假中间型葡萄球菌，是犬身体表面的常在细菌。犬容易感染脓皮病，可能原因是由于物种本身皮肤屏障缺陷。脓皮病以瘙痒为主，但也有些病例不痒。脓皮病根据发病层面和部位不同而分为很多亚型，表现多样。脓皮病的诊断依据是病史调查、临床检查、鉴别诊断以及进行合理采样寻找炎性细胞和细菌，治疗主要依靠全身性抗生素，但是随着抗生素的频繁使用，耐药性成为了脓皮病治疗的一大难题。

一、脓皮病

按照皮肤感染的深浅位置将脓皮病大致分为两类：浅层脓皮病和深层脓皮病。浅层脓皮病是指表皮和毛囊口的细菌性化脓感染，深层脓皮病是指毛囊深处、真皮以及皮下的细菌性化脓感染。由于深层毛囊炎导致的毛囊破裂，称为疖病。绝大多数的脓皮病属于浅层脓皮病，以北京犬、西施犬、松狮犬、德国牧羊犬、可卡犬、雪纳瑞等临床多发，猫发生很少。

（一）病因

假中间型葡萄球菌是引起本病的主要致病菌。犬的脓皮病多为继发性，主要继发于外寄生虫病、过敏症、内分泌病和角化缺陷病等。也可能存在无潜在病因的原发性脓皮病，可称为特发性脓皮病。根据细菌感染部位不同，可将脓皮病分为三类，详见表47-1-1。

表47-1-1　脓皮病的分类

分　类	部　位	代表疾病
表面脓皮病	限于角质层表面的脓皮病	皮褶脓皮病（擦伤） 脓性创伤性皮炎（急性湿疹）
浅层脓皮病	位于毛囊漏斗区和表皮的感染	脓疱病 细菌性毛囊炎 浅表扩散性脓皮病 黏膜皮肤结合处脓皮病

分　类	部　位	代表疾病
深层脓皮病	位于整个毛囊、真皮和/或皮下的感染	下颏脓皮病（粉刺） 爪炎和趾间疖病 压力点脓皮病 自舔性脓皮病

（二）症状

浅层脓皮病主要局限于浅表毛囊和表皮，临床表现为局部或全身性的丘疹、脓疱、痂皮、鳞屑、表皮环或红斑和脱毛斑、慢性病变伴有色素沉着，瘙痒程度不定（图47-1-1）。长毛犬的病灶因有浓厚被毛覆盖，不易被发现。深层脓皮病多从浅层脓皮病和毛囊炎发展而来，病变更加严重。临床表现为疖病、出血性大疱、溃疡、结节和化脓性窦道（图47-1-2至图47-1-4），患犬表现瘙痒或疼痛，严重的出现精神沉郁和食欲减退等。

（三）诊断

脓皮病常用的诊断方法是对病变部位直接按压涂片（图47-1-5），主要适用于较湿润的病变或用于脓疱采样。按压前先将病变部位表面的痂皮、毛发刮掉，或用无菌一次性注射器针头挑开脓疱，再将内容物转移载玻片上，或直接用载玻片按压病灶，待样品自然干燥后染色镜检。对于排脓窦道，可将灭菌棉签伸入窦道内蘸取内容物，再将棉签滚动涂布到玻片上。除了直接涂片以外，也可选择细针抽吸脓疱内容物，再行涂片、染色镜检。对于一些浅层病变，如脓性创伤性皮炎（急性湿疹）、擦伤和黏膜皮肤结合处的脓皮病等，一般应直接涂片、染色镜检，以此验证细菌的存在，同时排除马拉色菌的并发感染。对于复发性浅层脓皮病和深层脓皮病必须做细

图47-1-1　浅层脓皮病

浅层脓皮病常见的表皮环。

（刘欣）

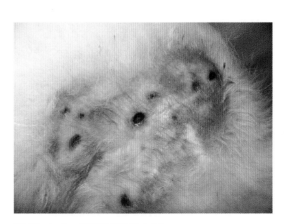

图47-1-2　深层脓皮病（1）

容易出现的躯干皮肤化脓性窦道。

（刘欣）

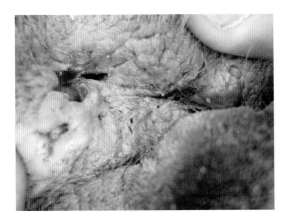

图47-1-3　深层脓皮病（2）

发生在爪垫的化脓性窦道。

（刘欣）

图47-1-4　深层脓皮病（3）

发生在长毛犬的急性湿疹。

（刘欣）

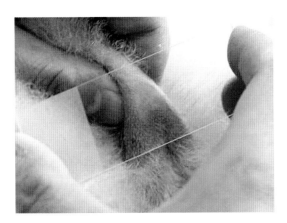

图47-1-5　对脓皮病灶按压涂片

按压前将病变部位表面的痂皮、毛发刮掉，然后用载玻片按压于病变部位取样。

（刘欣）

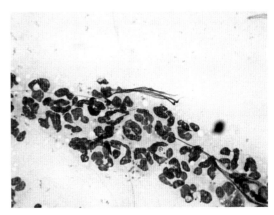

图47-1-6　脓皮病样本镜检（1）

图片中央的中性粒细胞内有大量球菌。

（刘欣）

菌培养和药敏实验，以便指导用药。

脓皮病病灶涂片镜检可见的球形细菌，通常是假中间型葡萄球菌。脓皮病的确诊标志是在炎性细胞内发现细菌（图47-1-6），而在退变的炎性细胞或染色质间发现细菌是脓皮病的间接证明（图47-1-7）。出现在脓皮病病灶或脓性肉芽肿的炎性细胞通常有中性粒细胞、退变的中性粒细胞（细胞膜和细胞质缺失，只剩细胞核，也被称为脓细胞）、巨噬细胞（图47-1-8）、嗜酸性粒细胞和淋巴细胞等。脓细胞的大量出现（＞90%），意味着急性化脓性反应，而巨噬细胞的增加（＞15%）意味着慢性或深层的感染。涂片中经常能够发现粉色纤维状物质可以称为染色质或DNA，是制片时人为操作导致中性粒细胞破裂而成。

（四）治疗

浅层脓皮病：最好是全身性用药和外用抗菌香波相结合，首次治疗可以选择有关资料推荐的抗生素，如红霉素、林可霉素、氨苄青霉素、头孢菌素等；如果治疗无效或复发，则根

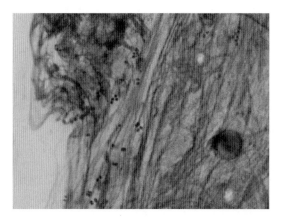

图47-1-7　脓皮病样本镜检（2）

在细胞间质出现的大量球菌。

（刘欣）

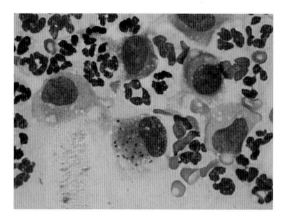

图47-1-8　脓皮病样本镜检（3）

病灶中有大量退变的中性粒细胞和巨噬细胞。

（刘欣）

据药敏结果选择敏感的抗生素。治愈本病的关键是选用有效的抗生素，并且需要足够的剂量和足够的用药时间，如使用头孢类抗生素，建议剂量为每千克体重25～30mg，每天2次，口服；同时用药需至少持续3周，当临床症状消失后，还应继续用药1周。外用抗菌香波有氯已定香波（＞2%）、过氧苯甲酰香波或乳酸乙酯香波，每周使用2次洗澡，连续2周；之后改为每周使用1次洗澡。

深层脓皮病：首先全身剃毛，联合全身性用药和抗菌香波或外用药物，首次治疗应进行细菌培养和药敏试验，据此选用适合的抗生素，使用足够的剂量和足够的时间。本病用药至少持续4～6周，当临床症状消失后，还应继续用药3周。外部治疗可以使用氯已定香波（＞2%），每周3～7次洗澡，连续2周；待症状减轻之后，外用频率逐渐递减。也可使用聚维酮碘液，每日浸泡20min；或涂抹莫匹罗星软膏（应该作为保留药物，用于顽固的耐药菌感染）。

脓皮病治疗期间不要同时使用糖皮质激素药物，会掩盖病情导致疾病加重会延长，注意寻找和控制潜在病因。

二、脓疱病

脓疱病是一种脓皮病或浅层脓皮病，通常属于原发病，有时可能会继发于疥螨病或蠕形螨病，并且脓疱病和毛囊炎经常同时出现。

（一）病因

幼年犬皮肤感染假中间型葡萄球菌，可引起原发性或特发性脓疱病、毛囊炎，以短毛幼犬多发毛囊炎，有时可能并发皱褶性皮炎（解剖结构缺陷）。本病有时与病毒和体内寄生虫感染有关，身体和营养状况差的幼犬易感。青春期前或青春期间易感，青春期后通常自愈。

（二）症状

脓疱病多位于腋下和下腹部，毛囊炎多位于有毛区，更常见于腹部。脓疱病的病变表现

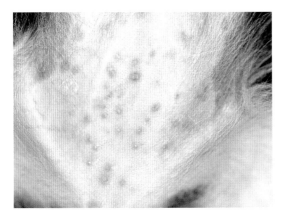

图47-2-1　幼犬脓疱病

幼犬腹部出现大量脓疱。

（刘欣）

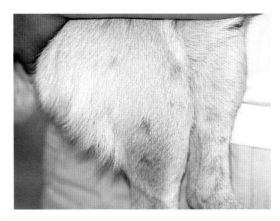

图47-2-2　短毛犬毛囊炎

犬股外侧可见虫蛀状脱毛斑。

（刘欣）

为红斑、丘疹、脓疱和浅黄色结痂（图47-2-1）。短毛犬的毛囊炎表现为"虫蛀状脱毛"（图47-2-2）。仅有脓疱病的犬通常不痒，伴有毛囊炎时会表现轻度至中度瘙痒。

（三）诊断

依据肉眼观察病灶的典型特征和采用细胞学检查方法（具体见脓皮病）进行确诊，中性粒细胞增多和细胞内、外大量球菌（罕见杆菌）是本病常见的镜检结果。

（四）治疗

单纯脓疱病可以仅进行体表用药治疗，可使用抗菌香波或涂抹聚维酮碘（溶液或膏剂）。如果伴有毛囊炎时，最好联合全身性用药和抗菌香波进行治疗，先用经验性敏感抗生素如头孢氨苄，按每千克体重15~25mg，每天2次，连续使用两周。

（刘欣）

第四十八章
真菌性皮肤病

常见的真菌性皮肤病包括两种：皮肤癣菌病和马拉色菌性皮炎。皮肤癣菌病是一种原发病，常见于猫，而犬感染癣菌通常是由于猫的传染。马拉色菌属于酵母菌，是身体表面常在微生物，其过度增殖造成的感染通常是由于其他潜在病因，因此马拉色菌性皮炎属于继发感染。癣菌多数为轻度瘙痒，而马拉色菌性皮炎往往严重瘙痒。癣菌病较少复发，而马拉色菌性皮炎常常复发。诊断依据是病史调查、临床检查、鉴别诊断以及进行合理采样寻找相应的病原微生物。治疗需要使用抗真菌药物。

一、癣菌病

癣病是指真菌感染皮肤角质层、毛发和爪甲后所引起的疾病，以皮肤出现界限明显的脱毛斑块、渗出及结痂等为特征。

（一）病原及感染途径

犬猫癣菌病最常见的病原是小孢子菌属和发癣菌。小孢子菌属中最常见的致病种类为犬小孢子菌和石膏样小孢子菌；发癣菌中最常见的致病种类为须毛癣菌。

在猫的癣菌感染病原中，98％以上为犬小孢子菌，因此猫是犬小孢子菌的主要携带者。犬的皮肤癣菌病不像猫那样常见，但也是以犬小孢子菌感染为主，其感染途径主要通过与猫的接触。犬不常见的癣菌病原为石膏样小孢子菌，主要通过接触土壤感染，刨土的行为对此病有重要提示作用。须毛癣菌感染对犬来说非常罕见，因为是接触野生动物（如鼠类）而患病，所以经常捕猎的犬才有机会获得感染。

幼年犬猫容易被传染癣病，主要是由于其幼稚的免疫系统。短毛和健康宠物的感染可以是自限性的，通常8周内自愈。老年犬的真菌感染常与免疫抑制病或与使用糖皮质激素药物有关。长毛猫和体弱猫的易感，主要是由于自我梳理能力差，无法将毛上的孢子菌机械性去除。由于获得性免疫系统的保护，犬小孢子菌属的癣菌病比较容易治疗，而且不易复发。某些特殊品种易患癣菌病且不易治愈，如波斯猫和约克夏㹴。

癣菌性肉芽肿也称为脓癣，是炎性渗出性的癣菌病。犬的癣菌肉芽肿常由石膏样小孢子菌感染所导致，主要表现为头部或肢端的皮内或皮下结节。

（二）症状

犬猫常在面部、耳朵、肢端和躯干等部位皮肤上出现圆形、不规则或弥散性被毛脱落斑，上面覆有鳞屑或呈红斑状隆起，直径1～4cm，通常不痒或瘙痒轻微，偶见瘙痒剧烈（图48-1-1、图48-1-2）。有的病例脱毛处破溃后形成痂皮，痂皮下的皮损呈蜂窝状，有脓性渗出液，这种现象多为石膏样小孢子菌感染，称为脓癣（图48-1-3、图48-1-4）。感染皮肤真菌的指（趾）爪，可表现甲沟炎及指（趾）甲生长不良。

猫癣病常表现为无症状的亚临床感染，尤其长毛猫最为多见。

（三）诊断

临床诊断癣菌感染常用的简便方法是用Wood's灯检查和显微镜检查。Wood's灯检查是指在暗室里用该灯照射患部被毛、皮屑或皮肤缺损区，猫的癣菌感染部位会出现苹果绿微弱荧光。由于皮屑、杂质、药物都可以出现荧光，极易与癣菌荧光混淆，所以Wood's灯检查非常容易导致假阳性结果。因此，采集病灶样本进行显微镜检查就更为必要，需拔取患部断毛连带皮屑置于载玻片上（图46-6-6），滴加液体石蜡后盖上盖玻片，置于低倍镜下观察，

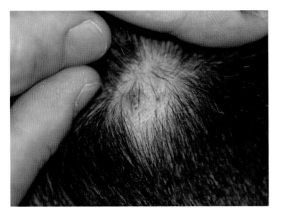

图48-1-1　犬癣菌病

癣菌引起常见的皮肤浅表感染，可见典型的圆形脱毛斑，覆有鳞屑或呈红斑状隆起。

（刘欣）

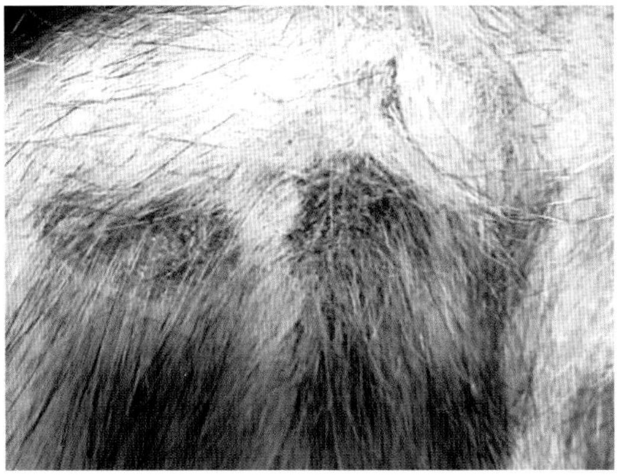

图48-1-2　猫癣菌病

皮肤癣菌感染常见不规则脱毛斑，被毛断裂，局部色素缺失。

（张丽）

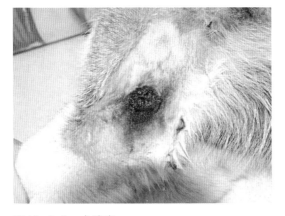

图48-1-3　犬脓癣

通常由石膏样小孢子菌感染导致肉芽肿形成，可见皮损呈蜂窝状，有脓性渗出液。

（刘欣）

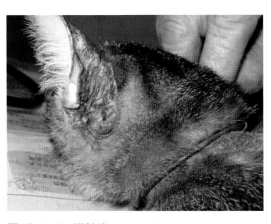

图48-1-4　猫脓癣

患猫耳后皮肤癣菌感染，表皮缺失，痂皮下有炎性渗出。

（张丽）

以寻找感染毛干的菌丝、孢子或小分生孢子（图48-1-5），或者制作皮肤压片、干燥，然后使用瑞氏或Diff Quik染色，在油镜下寻找癣菌成分进行确诊（图48-1-6）。若临床症状明显，但在采集样品未能找到癣菌孢子，可使用皮肤真菌培养基（DTM）进行培养（图48-1-7）。真菌培养时间一般较长，7～10d才能有结果（图48-1-8）。取培养物染色后在显微镜下观察，若发现典型的大分生孢子，便可做出诊断。商品化的真菌培养基多添加了颜色指示剂，能更早更好地将结果显示出来。

（四）治疗

外部治疗：能快速控制癣菌的扩散，但是很难根除癣菌，可涂擦含有酮康唑或特比萘芬成分的外用药剂，如瑞普（天津）公司的复方酮康唑软膏（15g：酮康唑0.15g+甲硝唑0.3g+薄荷脑0.15g），用于犬猫真菌和厌氧菌引起的皮肤、软组织感染，且辅助止痒。用药前先对病灶区剃毛，自病灶向外扩大范围，至离病灶边缘6cm，如为长毛宠物，则应全身剃毛。

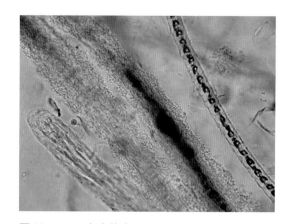

图48-1-5 犬癣菌病毛干

在低倍镜下观察到的毛干癣菌感染。

（刘欣）

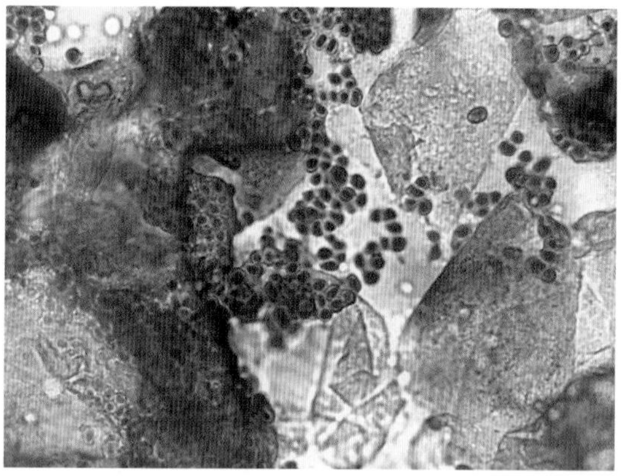

图48-1-6 猫癣菌病皮肤压片

用胶带粘取癣菌病灶，Diff Quik染色，在油镜下观察到的犬小孢子菌孢子。

（张丽）

图48-1-7 猫被毛癣菌培养（1）

在病灶边缘拔取被毛放入DTM培养基内，放在37℃培养箱中培养7～10d。

（张丽）

图48-1-8 猫被毛癣菌培养（2）

DTM培养基颜色变红为阳性结果，提示有皮肤癣菌感染，需在显微镜下辨别癣菌种类。

（张丽）

剃毛时避免房间被污染，之后对所有用过的物品和地方进行有效消毒。外部治疗范围为整个剃毛区，即达病灶周围6cm处，每天涂擦3～5次，连用5～7d。对患猫要严禁使用含糖皮质激素的外用药。

全身治疗：有多种药物可以选用，如口服伊曲康唑，按每千克体重5～10mg，24h内与高脂肪类食物混合服用。口服盐酸特比萘芬片，猫为每千克体重20mg，每48h 1次；犬为每千克体重20～30mg，每24h 1次。

上述药物需要持续口服至痊愈，需要2～4周复查，确定无癣菌感染，2周后再停药。抗真菌药物通过肝代谢，长期口服会引起转氨酶升高，如宠物出现厌食，应立即停药并检查肝功能的变化。对于顽固病例或弱小动物，可以使用脉冲疗法，即服药1周停药1周。

二、马拉色菌性皮炎

犬猫的马拉色菌性皮炎通常是马拉色菌过度增殖引起的，在临床上很常见，经常是由其他潜在疾病所引起，或者与其他皮肤病并发。

（一）病原及感染途径

马拉色菌是一种具有厚壁的单细胞酵母菌，一般为椭圆形、圆形或圆筒形，细胞在出芽时会形成"花生"状外形。马拉色菌是与哺乳动物和鸟类共生酵母菌的一个属，健康宠物的耳道、肛门腺、指间和皮肤黏膜结合处（如嘴唇、包皮、阴道和肛门），通常存在着马拉色菌，而身体的其他部位不会出现。马拉色菌可能会移居在皮肤表皮层的浅层或毛囊漏斗区的角质层。马拉色菌如何由共生性微生物转变为致病性微生物，其机制目前尚不清楚。宿主皮肤的特殊部位（皮肤褶皱、悬垂的嘴唇、多毛的足部）、炎症、渗出、自舔等制造的温暖潮湿的微环境，尤其适合马拉色菌生长。目前倾向于认为，马拉色菌可以作为抗原或超抗原引发过敏反应，具有过敏素质的宠物对此类抗原更易感。因此，马拉色菌的反复性增殖最常见于过敏症的继发反应。

犬的易感品种有巴吉度、西高地白㹴、可卡、西施、腊肠等。猫少见此病。厚皮马拉色菌对人的影响非常罕见，免疫力低下者应当注意防患。

（二）症状

犬的临床表现主要是瘙痒，早期可见的皮肤病变为发红、油性渗出、皮屑或结痂，慢性病变为油腻性脱毛、苔藓化和色素沉着（图48-2-1）。病变可分布于局部、全身，散在或边缘清晰，常见部位有耳道、嘴唇、嘴周、爪部、腋下、腹部、四肢内侧、会阴部和尾部。患犬经常散发出酸败气味，少数患犬会表现指（趾）间疖病或"指（趾）间囊肿"（图48-2-2），有的会表现伴有油腻渗出的甲沟炎及指甲棕色变化。许多马拉色菌性皮炎的病例，还会伴有葡萄球菌性脓皮病。

猫的马拉色菌病比犬少见，而且不会像犬那样瘙痒，常表现为马拉色菌性外耳炎。当皮肤症状为顽固性痤疮或面部皮炎时，皮肤会发红、出现粉刺、毛干黏附深棕色毛囊管型。

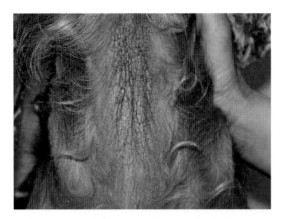

图48-2-1 马拉色菌性皮炎（1）

图示可卡犬颈腹侧皮肤油腻、脱毛。

（刘欣）

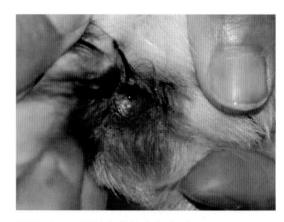

图48-2-2 马拉色菌性皮炎（2）

图示患犬趾间发生的马拉色菌感染。

（刘欣）

（三）诊断

  细胞学检查对于马拉色菌的诊断优势很多，快速、简单、便宜、准确，并且没有伤害性。如果病灶很潮湿或油腻，载玻片按压取样是较好的选择，透明胶带黏取指间或甲沟会很方便（除非过于潮湿）。对于耳道马拉色菌取样应该选择棉签黏取，再将棉签滚动涂抹于载玻片上。载玻片压片和耳分泌物涂片均应稍微加热并晾凉，再进行瑞氏或瑞-姬氏染色，才能保证着染确实。胶带在染色前无需加热，黏在载玻片上直接染色即可（图48-2-3）。

  由于马拉色菌是共生性微生物，即使显微镜下发现少量马拉色菌，也未必能证明正在发生马拉色菌性皮炎，因此存在的数量很重要。遗憾的是，目前国内外没有统一的标准数量指导确诊，但可以参考的标准如下：高倍镜下≤1个马拉色菌，为正常皮肤；高倍镜≥5个马拉色菌，有致病意义（图48-2-4），而居于中间的数量，则要结合临床症状和治疗后效果综合判断。马拉色菌在镜下的分布很不均匀，载玻片的某些部位可见马拉色菌成堆出现，而其

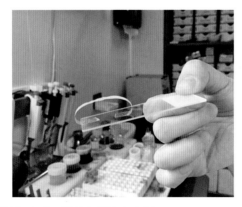

图48-2-3 马拉色菌检查（1）

用胶带黏取病变部位后粘在载玻片上待染色。

（傅嘉怡）

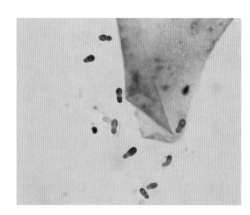

图48-2-4 马拉色菌检查（2）

在油镜下观察到的马拉色菌。

（刘欣）

他部分则完全缺失，从而使漏检时有发生。为了避免不全面的观察，可以使用高倍镜搜索，提高命中率，但这需要足够的显微镜使用经验。

（四）治疗

目的是消除和控制马拉色菌的过度生长，并且鉴别潜在病因，防止马拉色菌病复发。

外用浴液是宠物临床最实用的选择，可用2%酮康唑浴液、2%～4%氯已定浴液、2%咪康唑和2%氯已定混合浴液等，虽然副作用少见，但是仍要考虑抗真菌浴液可能引起皮肤干燥、刺激等副反应。对于马拉色菌性耳炎，通常使用含有抗真菌成分的复合耳药即可控制耳道症状，常见的抗真菌成分有酮康唑、克霉唑、制霉菌素和咪康唑等。对某些病例需要全身用药，如犬皮肤增厚或有皱褶，或主人无法使用外用药治疗时。全身用药可选择酮康唑，按每千克体重2.5～10mg，每天2次，与食物同服；或用伊曲康唑，按每千克体重5～10mg，每天1次，与脂肪丰富的食物同服。服用抗真菌药物可能存在厌食、呕吐、腹泻和肝损伤等副作用，服药期间需要监控血常规和生化指标。同时要注意酮康唑不建议用在猫上。

大多数马拉色菌性皮炎和外耳炎病例，都可以很好地、容易地被外用药或全身用药控制，除非引发本病的潜在病因需要终生治疗。需要指出，使用灰黄霉素治疗马拉色菌病无效。

（刘欣　张丽）

第四十九章
过敏性皮肤病

过敏性皮肤病是犬猫最多发的原发性皮肤病。常见的过敏性皮肤病包括异位性皮炎、跳蚤叮咬过敏和食物过敏。异位性皮炎的发病率远远高于食物过敏，食物过敏也可能并发其他过敏症，两者的临床症状非常相似。跳蚤叮咬过敏详见外寄生虫性皮肤病。诊断异位性皮炎需要做严格的食物排除和激发试验，其治疗需要针对每一个病例的具体情况选用单一或多重方案。特别值得注意的是，血清学试验不能帮助诊断过敏症。过敏症的诊断需依据病史调查和临床检查，排除其他所有鉴别诊断和继发感染。

一、异位性皮炎

异位性皮炎是一种遗传性疾病，是机体针对环境抗原（户尘螨、花粉、霉菌和表皮抗原等）产生特异性IgE造成皮肤的炎症和瘙痒。

（一）病因

异位性皮炎发病时，涉及多方面因素的相互作用（如皮肤结构、自身免疫系统和生活环境）。大多数病例会出现环境抗原引起体内特异性IgE水平升高，但也有10%的病例不显现出IgE升高，后者被称为异位样皮炎。发生异位性皮炎的宠物存在着表皮屏障缺陷，因而更易致使抗原、刺激物和微生物入侵。

（二）症状

主要表现渐进性瘙痒，症状随季节性或接触草地后加重，有超过2年以上的慢性复发性皮炎病史。病变主要分布于头、面部和四肢远端，如眼周、面部、口鼻部、耳郭凹面的抓、蹭痕迹和红斑，四肢腋下、关节屈面、下腹部和躯干的搔抓、啃咬痕迹、苔藓化及色素沉着，经常同时继发细菌和马拉色菌感染（图49-1-1至图49-1-6）。

（三）诊断

2010年Favrot建立了犬异位性皮炎标准：①1～3岁间发病；②患犬主要在室内居住；③使用糖皮质激素能止痒；④无病灶性瘙痒；⑤前爪发病；⑥外耳郭发红或色素沉着；⑦耳缘无病变；⑧腰荐部无病变。如满足以上5条标准，同时排除其他瘙痒症（如外寄生虫感染、继发性脓皮病、马拉色菌性皮炎或食物过敏），即可得出异位性皮炎的诊断。进行皮

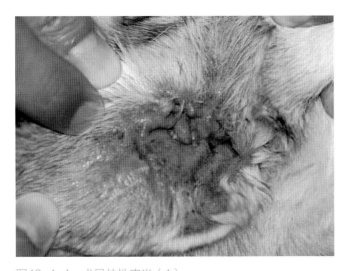

图49-1-1 犬异位性皮炎（1）

犬耳郭凹面红肿，外耳道口周围皮肤糜烂。

（刘欣）

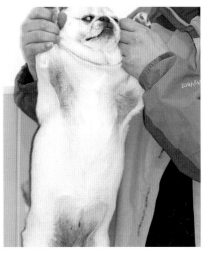

图49-1-2 犬异位性皮炎（2）

犬腋下和腹股沟色素沉着和苔藓化。

（刘欣）

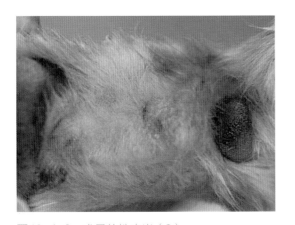

图49-1-3 犬异位性皮炎（3）

犬腕关节屈面因自舔引起的脱毛和红斑。

（刘欣）

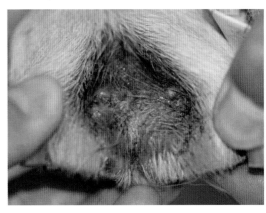

图49-1-4 犬异位性皮炎（4）

犬趾间疖病和马拉色菌感染。

（刘欣）

图49-1-5 犬异位性皮炎（5）

犬面部瘙痒引起的眼周脱毛。

（刘欣）

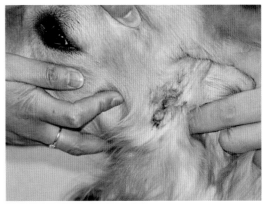

图49-1-6 犬异位性皮炎（6）

犬颈侧结痂下的急性湿疹。

（刘欣）

内试验（图49-1-7）和血清学检测特异性IgE，可以用于之后的脱敏治疗。

（四）治疗

本病无法治愈，只能进行终生的管理。管理目的：①修复皮肤屏障；②调节免疫系统。鉴别急性还是慢性发病，局部还是全身发病，然后量体裁衣，多种方案配合使用。另需长期预防体外寄生虫感染，预防和治疗并发感染。脱敏治疗是国际公认的常规操作。以下为其他免疫抑制和免疫调节药。

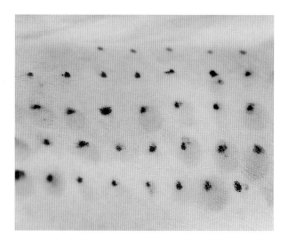

图49-1-7 异位性皮炎皮内试验
皮肤因注入抗原而形成大小不等的风疹。

（刘欣）

环孢素：可以用来长期控制较严重的症状，或是短时间控制瘙痒，以及在脱敏治疗的初期作为配合用药。此药很少出现严重的并发症，以胃肠症状较常见，但通常为一过性。尽管其控制瘙痒的能力很强，但需连续服用2周以上才能见效。在用药期间，必须保证继发感染和外寄生虫被严格地控制。环孢素的起始用药推荐量为每千克体重3.3～6.7mg，每24h 1次。随着症状改善，尽量延长给药的间隔时间。

泼尼松龙：是控制异位性皮炎瘙痒的最常用药物，副作用较大，可以短时间谨慎使用。每天按每千克体重0.5～1mg，口服，连续5～7d。

抗组胺药：对于严重的瘙痒疗效不佳，需要与其他药物（如必需脂肪酸）联合使用，其优点为用药风险低，一般需要用药14～21d才能见效。如苯海拉明，每千克体重2～4mg，口服，每天2次；或扑尔敏，每千克体重2～12mg/只，口服，每天2～3次。第二代抗组胺药无中枢神经系统作用，如氯雷他定，每千克体重2～10mg/只，口服，每天4次；或阿米替林，每千克体重1～2mg，口服，每天2次；或阿替立嗪，每千克体重0.5mg/只，口服，每天4次。

修复皮肤屏障：①过敏香波能直接舒缓皮肤，物理性去除体表过敏原和微生物，并增加皮肤的水合作用，适合于每周1～2次使用；②必需脂肪酸具有抗炎和修复皮肤屏障的双重作用，但是见效慢，有效率不高，非常安全，适用于发病初期或预防发病，但需要配合其他药物。

二、食物过敏

食物过敏是指摄入食物中的蛋白质或糖类成分作为抗原引起皮肤炎症和瘙痒。

（一）病因

食物过敏涉及Ⅰ型、Ⅱ型、Ⅲ型和Ⅳ型超敏反应，涉及任何能够进食的任何年龄段的宠物，其中金毛猎犬可能是易感品种。

（二）症状

皮肤轻度至重度瘙痒，外耳炎，尤其是水平耳道的炎症明显。皮肤病变的分布和症状与异位性皮炎相同（图49-2-1至图49-2-4）。约30%的犬食物过敏还出现消化道症状。

（三）诊断

鉴别诊断包括感染性疾病如疥螨感染、细菌性脓皮病、马拉色菌性皮/耳炎，其他过敏症包括异位性皮炎、跳蚤叮咬过敏或接触过敏，以及蠕形螨病和落叶型天疱疮等。

食物排除试验：选择水解蛋白食物或新奇食物，连续饲喂2个月，同时仅给予饮水，停喂所有零食、咬胶和牙膏，并且不饲喂驱虫药片。新奇食物的组成为单一肉类和单一主食，应当是从未被该宠物接触和食用过。食物排除试验一般进行两个月，如果症状明显好转，随后进行激发试验，即恢复原来的食物两周，若症状加重，可以诊断为食物过敏。

图49-2-1　犬食物过敏（1）

犬食物过敏引起前肢大量毛囊管型。

（刘欣）

图49-2-2　犬食物过敏（2）

犬食物过敏并发的脓皮病。

（刘欣）

图49-2-3　犬食物过敏（3）

犬食物过敏引起的盯聍性耳炎。

（刘欣）

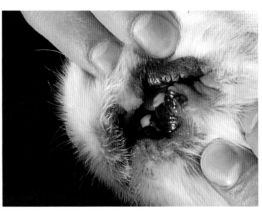

图49-2-4　犬食物过敏（4）

犬食物过敏引起的唇炎。

（刘欣）

食物过敏原血清IgE检测：采集怀疑有食物过敏症的犬的血清样品，送到有相关检测项目的实验室做血清IgE定性检测。需要注意的是，阳性结果表示被检样品含有针对某种食物的IgE抗体，但并不提示抗体的来源（自身或母源）；阴性结果表示检测样品无IgE抗体，也并不表示不过敏。对于检测结果的判读，必须结合日常喂食接触食物的种类和频率。

（四）治疗

首先应进行细胞学鉴定细菌和马拉色菌的增殖情况，依据鉴定结果确定相应的治疗方案，同时也需要采取治疗性诊断和排除体外寄生虫的存在。在使用低敏食物期间，加入单一蛋白或糖类，观察1周，若症状复发，则为对此种食物过敏。依此类推，逐一加入不同种类的食物，分辨何种食物可以进食，何种食物为过敏原。

日常避免接触过敏食物，若避免饲喂了过敏食物仍不能全面改善症状，则应该考虑是否并发异位性皮炎和跳蚤叮咬过敏。

（刘欣）

第五十章
内分泌性皮肤病

内分泌性皮肤病是犬不常见的原发性皮肤病。常见的内分泌性皮肤病是甲状腺机能减退和肾上腺皮质机能亢进。内分泌病是机体某种激素水平异常，除了皮肤症状，通常会涉及多个器官和系统，因此是往往同时存在全身症状。诊断需依据病史调查和临床检查，以及实验室检查，包括皮肤病化验排除其他鉴别诊断和继发感染、血液学和影像学检查。甲状腺机能减退是非常容易被过度诊断的疾病，也是比较良性的内分泌病，经过正确的诊断和治疗，可以保持良好的生活质量。

一、肾上腺皮质机能亢进症

肾上腺皮质机能亢进又称为库兴氏综合征，简称肾亢，临床以多尿、烦渴、贪食、腹围增大、肌肉萎缩、皮肤变薄、脱毛和钙质沉着为特征。

（一）病因

主要见于脑垂体肿瘤或增生引起促肾上腺皮质激素（ACTH）大量分泌，占肾亢的80%以上；或肾上腺皮质肿瘤引起皮质醇自发性分泌，占自发性肾亢的7%~15%；还见于临床治疗疾病中，大量应用糖皮质激素引起的医源性库兴氏综合征。本病以7~9岁犬多发，母犬多于公犬，是老年犬常见的内分泌疾病。自发性肾上腺皮质机能亢进在猫罕见。

（二）症状

本病发展极为缓慢。全身症状包括多饮，多尿，多食，呼吸困难，嗜睡，肌肉萎缩，腹围增大和神经症状等（图50-1-1）。皮肤症状包括脱毛，皮薄而弹性差、易撕裂，皮下静脉清晰可见（图50-1-2），毛色变浅，皮脂溢，粉刺，色素沉着，钙化灶，容易擦伤，伤口愈合差，继发性蠕形螨病和脓皮症等（图50-1-3、图50-1-4）。由于垂体促性腺激素释放减少，患病母犬发情周期延长或长期不发情，公犬睾丸萎缩。此病不会导致动物迅速死亡，但是会使动物生活质量下降。

（三）诊断

依据病史和症状可怀疑本病，但确诊需进行ACTH刺激试验或地塞米松抑制试验。给予大剂量ACTH，通常会最大程度地刺激肾上腺皮质醇的释放，分别检测注射ACTH之前和注

图50-1-1　肾上腺皮质机能亢进症（1）

一只17岁龄老年犬腹围增大。

（刘欣）

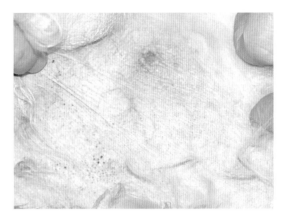

图50-1-2　肾上腺皮质机能亢进症（2）

腹部皮肤薄，血管清晰可见，挫伤愈合慢。

（刘欣）

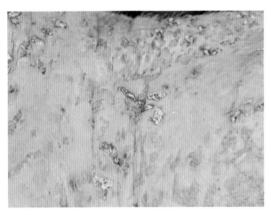

图50-1-3　肾上腺皮质机能亢进症（3）

皮肤多处坏死灶和钙化灶，皮肤变薄。

（刘欣）

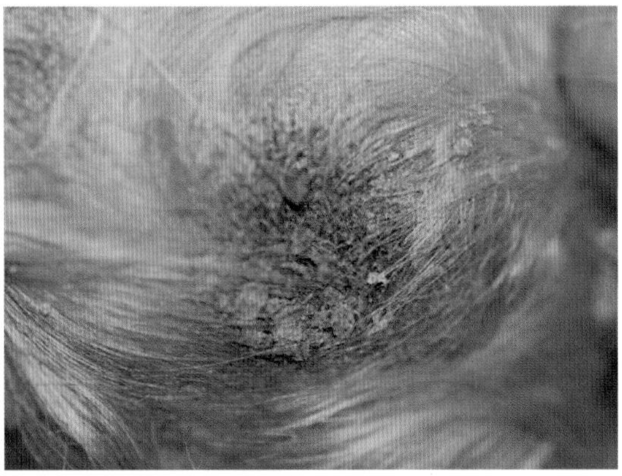

图50-1-4　肾上腺皮质机能亢进症（4）

本病继发的细菌过度生长。

（刘欣）

射后1~2h的血清皮质醇。如果肾上腺能够产生过量的皮质醇，可以推测肾上腺体积增大；如果刺激后皮质醇水平过高，可以诊断85%的垂体依赖型肾亢。

低剂量地塞米松抑制试验的目的是检测皮质醇对垂体肾上腺轴的负反馈作用。对于垂体依赖型肾亢，垂体肿瘤会抵抗外源性皮质类固醇引起的反馈，所以不会出现抑制皮质醇水平的现象。对于肾上腺依赖型肾亢，肾上腺肿瘤产生了大量皮质醇，已经引起了负反馈，所以此时皮质醇水平不会受地塞米松的影响。此试验比ACTH刺激试验更少出现假阴性，但是假阳性结果更多。需要在用药前、用药后4h和8h分别测试皮质醇水平。

高剂量地塞米松抑制试验的目的是区分垂体依赖型和肾上腺依赖型（但目前其诊断意义有争议）。皮质醇水平受到抑制的是肾上腺依赖型，不受抑制的是垂体依赖型。

影像学检查在诊断本病中具有良好的作用，如B超检查可以诊断出肾上腺肿瘤，而通过CT扫描，可以对脑垂体肿瘤或肾上腺皮质肿瘤做出诊断。

（四）治疗

通常在发病初期无需治疗。肾上腺皮质肿瘤引起的本病，需要手术切除肿瘤并终身补充皮质激素。口服米托坦（氯苯二氯乙烷）可使糖皮质激素分泌减少，开始每天每千克体重25~50mg，分2次（间隔12h）与食物混合口服，直至患犬每日饮水量减到每千克体重60mL以下，之后改为每周1次，以防症状复发。如果出现嗜睡、厌食、呕吐和腹泻等现象，应马上停药。治疗1周后，应该进行ACTH刺激试验以检测血清皮质醇水平。曲洛斯坦的药效和副作用与米托坦相近，但是更加安全，适合长期使用。建议剂量是每天每千克体重4~16mg，最好分为2次服用。

二、甲状腺机能减退症

甲状腺机能减退症（甲减）是指甲状腺激素合成和分泌不足引起的全身代谢减慢的症候群，临床以嗜睡、体重增加、皮温下降、心率减慢为特征。

（一）病因

原发性甲状腺机能减退主要由于淋巴细胞浸润引起甲状腺炎，腺泡进行性萎缩或消失，导致甲状腺素分泌不足，可能与自身免疫有关，多发于3~10岁的中老年犬。继发性甲状腺机能减退可因垂体损伤，造成促甲状腺激素分泌或排放不足；或下丘脑病损和机能异常造成促甲状腺激素释放激素分泌或排放不足，进而使促甲状腺激素分泌或排放减少，结果引起甲状腺机能减退，但继发性甲状腺机能减退症罕见。

（二）症状

甲状腺素影响许多器官的功能，甲减引发的问题非常多样，容易与其他疾病混淆。最常见的甲减症状是代谢率降低和皮肤问题，其他较少发生的症状包括神经、心血管系统和母犬生殖系统异常。代谢率降低的临床表现为嗜睡、虚弱、精神迟钝、运动不耐受和不耐寒。皮肤异常容易出现脱毛或者剃毛不长、毛发易断和易拔、外观显得干涩或褪色，可能还包括干性皮屑、干性或油性皮脂溢和浅表脓皮病、过度角化、色素过度沉着、粉刺、耵聍性耳炎等（图50-2-1至图50-2-6）。皮肤黏液水肿的情况很罕见，表现为无凹陷的皮肤增厚，主要部位在眼睑、脸颊和前额。

（三）诊断

诊断犬甲减的主要依据是基础的血清总甲状腺素（T4）水平，但是有一些疾病在甲状腺正常的同时出现T4降低。为了鉴别甲减患犬和甲状腺机能正常的病态综合征，可以进行血常规和血脂检测，其中40%~50%甲减犬存在轻度正细胞正色素性贫血，80%甲减犬存在高血脂症。

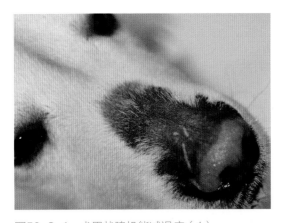

图50-2-1 犬甲状腺机能减退症（1）

拉布拉多犬甲减导致鼻梁脱毛。

（刘欣）

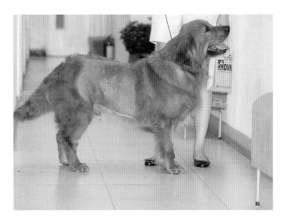

图50-2-2 犬甲状腺机能减退症（2）

金毛犬甲减导致剃毛后不长且并发脓皮病。

（刘欣）

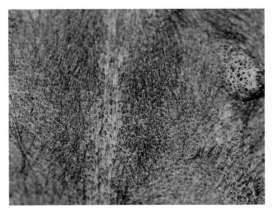

图50-2-3 犬甲状腺机能减退症（3）

犬甲减导致腹部出现大量毛囊栓。

（刘欣）

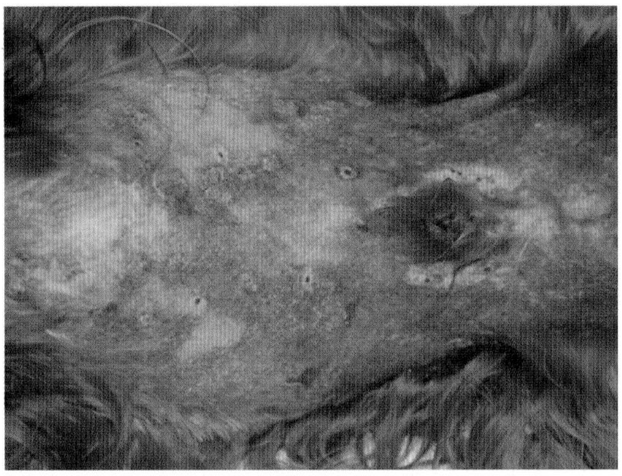

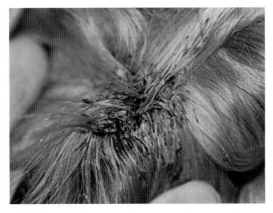

图50-2-4 犬甲状腺机能减退症（4）

可卡犬甲减导致腹部结痂、苔藓化。

（刘欣）

图50-2-5 犬甲状腺机能减退症（5）

可卡犬甲减导致耳缘毛囊管型。

（刘欣）

图50-2-6 犬甲状腺机能减退症（6）

图50-2-5中的犬剃毛后的耳缘。

（刘欣）

（四）治疗

左旋甲状腺素推荐剂量为每千克体重10μL，每天2次。应用甲状腺素4周后复查T4值，根据检验结果调节甲状腺素的补充量。伴有皮肤异常的，可以通过补充必需脂肪酸改善症状。

三、X型脱毛

X型是一种涉及多种激素障碍的脱毛症，但激素紊乱的影响仅仅局限于毛囊，并非严格意义的内分泌病。易感品种有博美犬、松狮犬、哈士奇、雪橇犬、荷兰狮毛犬、萨摩耶和贵宾犬，但也可见于其他品种，并且以公犬常见。

（一）病因

病因不详，可能主要由于生长激素缺乏或肾上腺分泌的性激素紊乱，此病通常只影响被毛，不会影响全身健康。起始发病年龄在2～4岁或7岁以后。

（二）症状

主要表现脱毛、毛干涩、轻度皮屑和色素沉着，常位于腹部、大腿后侧、会阴部、尾尖和颈部，也可能波及躯干（图50-3-1、图50-3-2），一般头部和四肢被毛正常。有的患犬睾丸对称性缩小或萎缩，有的却外观和触诊正常，睾丸外观正常的犬通常仅有皮肤症状。病变部位受到创伤，如深刮或活检后，脱毛部位常会长出新的被毛。

（三）诊断

根据问诊无全身其他异常，仅有皮肤脱毛外观，基本可以做出诊断。使用显微镜观察被毛形态显示，主毛脱落而次毛滞留，次毛无光泽且毛质弯曲、色暗或色变浅。

图50-3-1　X型脱毛（1）

博美犬不明原因的躯干脱毛。

（刘欣）

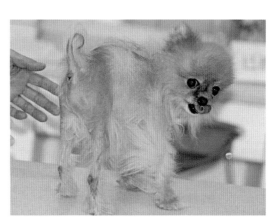

图50-3-2　X型脱毛（2）

博美犬不明原因的后躯脱毛。

（刘欣）

治疗性诊断：对患犬可施行去势手术，若术后4个月无明显改善，应当继续调查其他原因。进行有关的激素（雌激素、睾酮和孕激素）水平测试，未必能显示出异常。活组织检查比较可靠。

（四）治疗

对表现性腺萎缩的犬应补充睾酮，而对睾丸正常的犬可选择去势，一般2～4月后可长出被毛。如因某些原因不能实施去势术，部分病例补充睾酮或人绒毛膜促性腺激素（按每千克体重50U，肌肉注射，每周2次，连续6周）后有效。有些去势后重新长出被毛的犬，可能在几年后复发。

对去势后无反应或复发的犬可以使用褪黑素。皮肤内不存在褪黑素受体，而存在性激素受体，褪黑素的间接作用使局部或血清的性激素水平发生改变。褪黑素的使用剂量为每只犬3～6mg，每8～12h 1次口服，6周后被毛发开始生长。如果使用褪黑素无效果，可以使用睾酮治疗。进行ACTH刺激试验后，如果17-羟皮质醇升高，可以使用曲洛斯坦。

由于此病只涉及犬的美观问题，而身体健康，过多使用药物会引起很多副作用，所以可以告诉犬主选择等待和观察。

（刘欣）

附录

中国农业大学教学动物医院诊疗收费价目表（一）

分类	收费项目	计价单位	犬收费标准（元）	猫收费标准（元）	备注
门诊	挂号费（门诊）	次／只	20	20	门诊时间：08：30～16：30 夜诊时间：16：30～22：00
	挂号费（简易门诊）	次／只	10	10	
	挂号费（夜诊）	次／只	30	30	
	挂号费（特需门诊）	次／只	100	100	
	诊查费（门诊／夜诊）	次／只	50	50	
	专家会诊	次／只	300	300	
检查费用	心电图	次／只	200	200	不含麻醉
	测血压	次／只	50	50	
	测眼压	次／眼	50	50	
	角膜荧光素染色	次／眼	50	50	
	STT 泪液测试	次／眼	50	50	
	眼底检查	次／眼	80	80	
	眼科检查	次／眼	200	200	
	视网膜电位检查（ERG）	次／眼	200	200	
	检耳镜检查	次／只	50	50	
	皮肤（头，四肢，淋巴，躯干）	次／只	50	50	
	直肠（肛周，肿瘤，黏膜，肛门囊）	次／只	50	50	
	神经学	次／只	200	200	
	膀胱（内窥镜）	次／只	300	300	
	阴道（内窥镜）	次／只	300	300	
	尿道（内窥镜）	次／只	300	300	
	口腔（牙齿，牙周）	次／只	100	100	
	鼻腔（内窥镜）	次／只	300	300	
	食道（内窥镜）	次／只	300	300	
	胃（内窥镜）	次／只	300	300	

分类	收费项目	计价单位	犬收费标准（元）	猫收费标准（元）	备注
注射费用	皮下/肌肉注射	点/次	5	5	材料费、药费另计
	多点注射（皮下）	点/次	5	5	
	静脉注射	次/只	20	20	
	输液	次/只	52	52	
	皮下输液	次/只	30	30	
	静脉留置针放置	次/只	50（含留置针，输液费另计）	50（含留置针，输液费另计）	
	输液加温器	次/只	5	5	
	输液泵	h/只	20	20	
	输液泵	≥ 3h	60	60	
	气管注射	次/只	30	30	
	穴位注射	次/穴位	30	30	
	腹腔注射	次/只	20	20	
	输血	次/只	100	100	
	采血	次/只	100（采血量超出100mL的，每毫升加收1元）	100（采血量超出100mL的，每毫升加收1元）	
	激光穴位照射	次/点	100	100	
	针灸	次/只	150	150	
	封闭	点/只	15	15	
	充氧气	次/只	20	20	
	配药	/瓶	15	15	
	安乐死	次/只	100（小）200（中）400（大）	100	含麻醉和药费
		犬的体型分类 小型犬：10kg以下（不含10kg） 中型犬：10～25kg（不含25kg） 大型犬：25kg及以上			
外科处理	投药	次/只	5	5	不含麻醉，材料费及药费
	吸氧	h/只	40	40	
	急救费	次/只	200	200	
	小外伤处理	次/只	80	80	
	中外伤处理	次/只	200	150	

分类	收费项目	计价单位	犬收费标准（元）	猫收费标准（元）	备注
外科处理	大外伤处理	次/只	500	300	不含麻醉、材料费及药费
	换药	次/只	20（小伤） 40（中伤） 100（大伤）	20（小伤） 40（中伤） 60（大伤）	
	洗耳	次/耳	50	50	
	洗耳机清洗耳道	次/只	100	100	
	剪指（趾）甲	次/只	50	50	
	剪指（趾）甲（病理）	次/指/只	10	10	
	挤肛门腺	次/只	30	30	
	气管插管	次/只	30	30	
	鼻饲管放置	次/只	200	200	
	食道饲管放置	次/只	500	300	
	洗胃	次/只	500	200	
	导尿	次/只	200（公犬） 260（母犬）	200（公猫） 300（母猫）	
	采集尿样	次/只	30（公犬） 50（母犬）	30	
	膀胱尿道冲洗	次/只	100	100	
	直肠给药	次/只	30	30	
	灌肠	次/只	150（小） 300（中） 500（大）	200	
	催吐	次/只	60	60	
	体表肿物穿刺	次/只	50	50	
	胸/腹腔穿刺采样	次/只	50	50	如需超声引导，另加超声引导费
	抽/放胸水	次/只	300	300	
	抽/放腹水	次/只	200	200	
	气管灌洗	次/只	300	300	不含麻醉药费
麻醉	手术切口线性阻滞	次/只	60	60	含药费
	硬膜外麻醉	次/只	150	150	
	肋间阻滞	次/只	150	150	
	断指术环形阻滞	次/只	/	60	
	睾丸内阻滞	次/只	60	60	

分类	收费项目	计价单位	犬收费标准（元）	猫收费标准（元）	备注
麻醉	口腔阻滞	次 / 只	60	60	含药费
	口腔阻滞（满口）	次 / 只	200	200	
	臂神经丛阻滞	次 / 只	150	150	
	耳睑神经传导阻滞	次 / 只	100	100	
	局部麻醉	次 / 只	60	60	
	注射全身麻醉	次 / 只	100	100	
	吸入麻醉	h/ 只	150（小）260（中）400（大）	200	不含诱导麻醉，吸入麻醉药另计
	呼吸机	h/ 只	200（小）300（中）400（大）	200	药费另计
	麻醉监护	h/ 只	400	400	
	疼痛管理 1	次 / 只	300	300	含药费与微量泵
	疼痛管理 2	次 / 只	1 000	1 000	

中国农业大学教学动物医院诊疗收费价目表（二）

分类	收费项目	计价单位	犬收费标准（元）	猫收费标准（元）	备注
生殖泌尿系统手术	去势术	次/只	500（小）600（中）700（大）	260	不含麻醉，药费另计。病理性去势/二次绝育，另加50%
	阴囊切除术	次/只	500	500	
	绝育术	次/只	800（小）1 000（中）1 200（大）	500	
	子宫卵巢病理性摘除	次/只	900（小）1 200（中）1 500（大）	600	
	剖腹产术	次/只	1 000（小）1 200（中）1 800（大）	500	
	妊娠终止术	次/只	800（小）900（中）1 200（大）	400	
	助产术	次/只	300	300	
	子宫脱整复阴门缝合	次/只	800	500	
	阴道脱整复阴门缝合	次/只	700	300	不含麻醉药费另计
	阴道增生切除术	次/只	700	/	
	阴道内畸形修复术	次/只	600	/	
	外阴切开	次/只	800（小）1 000（中）1 200（大）	/	
	阴道肿瘤	次/只	300（＜2cm）500（2～4cm）600（＞4cm）	300（＜2cm）500（2～4cm）600（＞4cm）	
	阴道内人工输精（包含精液分析）	次/只	500	500	
	直肠阴道瘘修复术	次/只	800	800	
	肾切开术	侧/只	1 500	1 500	
	肾摘除术	次/只	1 000	800	
	输尿管异位整复术	次/只	2 500	3 000	
	输尿管吻合术	次/只	2 500	3 000	
	输尿管切开术	次/只	1 500	1 500	不含开腹，不含麻醉、药费
	输尿管支架	次/只	1 500	1 500	
	尿道破裂缝合术	次/只	1 200	/	
	尿道断裂吻合术	次/只	1 500	/	
	尿道切开术	次/处	900	/	
	阴囊基部尿道造口术	次/只	1 000	/	

分类	收费项目	计价单位	犬收费标准（元）	猫收费标准（元）	备注
生殖泌尿系统手术	会阴部尿道造口术	次/只	1 400	1 500	不含开腹
	前列腺摘除术	次/只	1 200（部分） 2 500（全部）	/	
	前列腺冲洗	次/只	500	500	
	前列腺囊肿切除网膜引流	次/只	1 200	1 200	
	腹腔外隐睾摘除术	次/只	600（小） 700（中） 800（大）	800	含开腹。 不分单双侧， 单侧时含正常睾丸摘除
	腹腔外隐睾肿瘤摘除术	次/只	700（小） 800（中） 900（大）	500	
	腹腔内隐睾摘除术	次/只	800（小） 900（中） 1 000（大）	600	
	腹腔外睾丸肿瘤摘除术	次/只	450（小） 600（中） 750（大）	/	
	腹腔内睾丸肿瘤摘除	次/只	1 000（小） 1 200（中） 1 500（大）	800	
	包皮嵌顿整复术	次/只	200	/	不含麻醉药费另计
	包皮嵌顿切开整复术	次/只	500	/	
	包茎矫形术	次/只	700	/	
	阴茎切除术 （含尿道造口术）	次/只	1 300（小） 1 500（中） 1 800（大）	/	
	膀胱破裂修补术	次/只	800	800	
	膀胱造瘘术	次/只	1 500	/	
	膀胱切开术	次/只	900（小） 1 200（中） 1 500（大）	600	
眼封闭	上下眼睑封闭		100	100	不含麻醉药费另计
	自家血眼睑封闭		150	150	
	结膜下注射		180	180	
	颞窝封闭		100	100	
眼科手术	鼻泪管冲洗术		150	150	
	鼻泪管再造术		1 500	1 500	
	第三眼睑遮盖术		300	300	

分类	收费项目	计价单位	犬收费标准（元）	猫收费标准（元）	备注
眼科手术	第三眼睑腺脱出切除术		400	400	不含麻醉药费另计
	第三眼睑腺脱出包埋术		1 000	1 000	
	第三眼睑软骨部分切除术		1 000	/	
	眼球整复及眼睑缝合术		400	400	
	眼球摘除术		500	500	
	眼球眼裂全摘术		1 200	1 200	
	眼睑缝合术		200	200	
	劈睑术		300	200	
	异常睫毛切除术		300	300	
	眼睑再造术		1 000	1 000	
	眼睑内/外翻矫正术		400	300	
	眼裂切开术		300	200	
	角膜清创术		200	200	
	角膜格状切开术		500	400	
	角膜板层切除术		1 000	1 000	
	角膜缝合术		1 000	1 000	
	结膜瓣覆盖术		1 500	1 500	
	皮样囊肿切除术		1 000	1 000	
	青光眼虹膜引流术		2 500	2 500	
	青光眼引流阀植入术		3 000	3 000	
	巩膜内义眼植入术		2 000	2 000	
	白内障超声乳化手术		4 000	4 000	
	白内障晶体摘除（晶体脱位）		2 000	2 000	
	人工晶体植入术		1 000	1 000	
耳鼻喉科手术	耳血肿切开压迫		600	600	不含麻醉药费另计
	耳血肿切开引流		500	500	
	耳郭切除术		800	500	
	侧耳道切开术		1 000	600	
	垂直耳道切除术		1 500	1 000	
	全耳道切除术		2 500	2 000	
	腭裂修补术		1 000	1 000	
	唇裂修补术		500	500	
	唾液腺摘除术		1 000（小） 1 500（中） 2 000（大）	1 000	
	舌下腺囊肿切开引流		600	500	

中国农业大学教学动物医院诊疗收费价目表（三）

分类	收费项目	计价单位	犬收费标准（元）	猫收费标准（元）	备注
牙科	超声波洁牙（含抛光）	次/只	600（小） 700（中） 800（大）	600	不含麻醉 药费另计
	拔牙术	只/颗	200（犬齿） 50（其他）	50	
	病理性拔牙	全部	/	2 000	
	根管治疗	只/颗	800	/	
	补牙	只/颗	500	500	
外科美容矫形术	面褶切除术	侧/次/只	800	/	
	声带切除术	次/只	1 000	/	
	猫断爪术	次/肢	/	300	
	截指/趾术	次/指（趾）	500	500	
	狼爪切除术	次/肢	300（单肢）		
	断尾（生理）	次/只	50（10日龄内） 100（10日龄以上， 1月龄以下） 300（1月龄以上）	/	
	断尾（病理）	次/只	500（小） 800（中） 1 200（大）	300	
	趾间囊肿切除术	部位/只	300	300	
	肛门囊摘除术	侧/只	400	400	
	肘头黏液囊摘除术	侧/只	1 200	/	
疝系列手术	膈疝修补术	次/只	1 500	1 200	不含麻醉和开 腹，药费另计
	脐疝修补术	次/只	500	300	不含麻醉 药费另计
	腹壁疝修补术 （视手术难易程度）	部位/次/只	1 000～1 500	500～1 000	
	腹股沟疝修补术	次/侧/只	500（小） 800（中） 1 200（大）	400	
	会阴疝修补术	次/侧/只	1 200（小） 1 300（中） 1 500（大）	700	
	阴囊疝修补术	次/只	600（小） 800（中） 1 500（大）	500	不含绝育费用

分类	收费项目	计价单位	犬收费标准（元）	猫收费标准（元）	备注
腹腔手术	开腹术（含探查）	次/只	400（小） 600（中） 800（大）	300	不含麻醉和开腹，药费另计
	胃切开术	次/只	450（小） 600（中） 800（大）	450	
	胃扭转整复固定术	次/只	1 500	1 000	
	胃人工造瘘术	次/只	400	300	
	内窥镜取消化道异物	次/只	1 500	1 500	
	胃肠内窥镜检查	次/只	800	800	
	幽门矫形术	次/只	800	600	
	胃冲洗	次/只	500	300	
	胃内陷缝合术	处/只	600	300	
	胃部分切除术	次/只	1 000	600	
	肠管切开术	处/只	600	500	
	肠管切除吻合术	次/只	1 000	800	
	肠套叠整复	次/只	300	300	
	肠祥固定术	次/只	600	600	
	结肠固定术	次/只	600	600	
	巨结肠切除吻合术	次/只	1 000（小） 1 200（中） 1 500（大）	800	
	直肠切除术（经肛门）	次/只	1 500	1 000	
	直肠脱整复缝合	次/只	500	300	
	锁肛修复术	次/只	1 000	1 000	
	脾脏摘除术	次/只	600（小） 700（中） 800（大）	600	
	肝脏部分切除术	次/只	2 000	1 500	
	胆囊/胆管切开术	次/只	1 000	800	
	胆囊十二指肠吻合术	次/只	2 000	1 500	
	胆囊摘除术	次/只	1 200	800	
	胆道再造术	次/只	1 200	1 200	

分类	收费项目	计价单位	犬收费标准（元）	猫收费标准（元）	备注
腹腔手术	腹腔导管放置	次/只	300	300	不含麻醉和开腹，药费另计
	肝外门体分流矫正术	次/只	2 000	1 500	
	开腹腹腔冲洗	次/只	200（小） 350（中） 600（大）	200	
	腹壁透创术	次/只	500	500	
	经腹导管腹腔冲洗	次/只	50	50	
胸腔手术	开胸术	次/只	1 200（小） 1 800（中） 2 500（大）	1 000	不含麻醉药费另计
	食道异物	次/只	500（经口腔） 800（经颈部食道） 1 000（经胸腔，不含开胸费）	500（经口腔） 800（经颈部食道） 1 000（经胸腔，不含开胸费）	
	肺切除术	叶/只	2 000	2 000	不含麻醉和开胸，药费另计
	食道破裂修补术	次/只	1 000	1 000	
	永久性动脉弓	次/只	2 500	2 000	
	胸外气管切开术	次/只	800	600	不含麻醉药费另计
	气管切开术	次/只	800	600	
	胸壁透创修补术	处/只	1 500	1 500	
	胸导管放置	次/只	500	500	
	经胸导管胸腔冲洗	次/只	50	50	
	开胸胸腔冲洗	次/只	300（小） 400（中） 600（大）	200	

中国农业大学教学动物医院诊疗收费价目表（四）

分类	收费项目	计价单位	犬收费标准（元）	猫收费标准（元）	备注
肿瘤手术	眼睑肿瘤切除术	次／只	400	400	不含麻醉药费另计
	眼睑肿瘤切除整形术	次／只	1 000	1 000	
	鼻腔肿瘤切除术	次／只	4 000	4 000	
	犬口腔乳头状瘤切除术	次／只	400	／	
	单侧乳腺全切术	侧／只	1 200（小） 2 000（中） 2 500（大）	1 200	
	乳腺瘤切除术	次／只	400（d＜2cm） 800（2cm＜d＜4cm） 1 000（d＞4cm） 1 600（d＞10cm）	300（d＜2cm） 500（2cm＜d＜4cm） 900（d＞4cm） 1 500（d＞10cm）	
	阴道肿瘤切除术（经会阴切开）	次／只	800	800	
	带蒂阴道肿瘤（不经会阴部切开）	次／只	300	300	
	肛周肿瘤切除术	次／只	400（1个） 600（2个及2个以上）	／	
	肛周环切术（含双侧肛囊切除）	次／只	1 800	1 500	不含麻醉药费另计
	体表肿瘤切除术	个／只	400（d＜2cm） 500（2cm＜d＜4cm） 800（d＞4cm） 1 300（d＞10cm～20cm） 2 000（d＞20cm）	400（d＜2cm） 500（2cm＜d＜4cm） 800（d＞4cm） 1 300（d＞10cm～20cm） 2 000（d＞20cm）	
	皮瓣整形术	个／只	1 000	1 000	
	齿龈瘤切除术	次／只	200（d＜2cm） 400（2cm＜d＜4cm） 800（d＞4cm）	200（d＜2cm） 400（2cm＜d＜4cm） 800（d＞4cm）	
	脾肿瘤切除术	次／只	600（小型犬） 800（中型犬） 1 200（大型犬）	600	不含麻醉和药费，不含开腹
	肝肿瘤切除术	次／只	2 500	2 000	
	肾肿瘤切除术	次／只	1 500	1 200	
	膀胱肿瘤切除术	次／只	700（小） 1 000（中） 1 500（大）	600	
	腹内肿瘤切除术	次／只	1 000	1 000	
	肛门荷包缝合	次／只	100	100	不含麻醉，药费另计
	皮内缝合	次／只	50	50	
	活体取样	次／只	200	200	

分类	收费项目	计价单位	犬收费标准（元）	猫收费标准（元）	备注
内分泌手术	甲状腺切除术	侧／只	1 000	800	不含麻醉和药费，不含开腹
	颌下腺摘除术	侧／只	1 500	1 500	
	肾上腺切除术	侧／只	1 500	1 500	
	胰腺部分切除术	侧／只	2 500	2 200	
骨科	绷带外固定术	侧／只	150（小） 260（中） 500（大）	200	不含麻醉、材料费和药费
	玻璃纤维绷带外固定术	侧／只	800（小） 1 000（中） 1 200（大）	800	
	悬吊绷带外固定	侧／只	300（小） 500（中） 800（大）	100	
	脱臼整复术	部位／只	800（闭合整复） 2 500（开放整复）	600（闭合整复） 2 000（开放整复）	
	股骨头切除术	侧／只	1 500（小） 2 000（中） 2 500（大）	1 200	
	股骨头置换术	侧／只	8 000	4 000	
	髌骨脱位侧韧带再造术	侧／只	1 000	600	
	前／后十字韧带断裂再造术	侧／只	1 500（小） 2 000（中） 3 000（大）	1 500	
	滑车再造术	侧／只	2 000	1 500	
	滑车再造及胫骨结节移位术	侧／只	3 000	2 500	
	下颌骨骨折内固定（清洁手术）	处／只	骨板 2 000 钢丝 1 000	骨板 2 000 钢丝 1 000	
	下颌骨部分切除术	次／只	1 500	1 200	
	外固定支架固定术	处／只	2 000	2 000	
	四肢骨折内固定术	处／只	髓内针：1 500 骨板： 2 000（小） 2 500（中） 3 000（大）	髓内针：1 200 骨板：2 000	
	骨盆骨折内固定术	处／只	2 000（小） 3 000（中） 4 000（大）	2 000	

分类	收费项目	计价单位	犬收费标准（元）	猫收费标准（元）	备注
骨科	自体松质骨移植	处／只	500	500	不含麻醉、材料费和药费
	陈旧性骨折内固定术	处／只	原有费用加 50%	原有费用加 50%	
	骨折内固定二次手术	处／只	原有费用加 100%	原有费用加 100%	
	骨针、骨螺钉取出术	个／只	100（本院） 300（外院）	100（本院） 300（外院）	
	骨板取出术		500（本院） 1 000（外院）	500（本院） 1 000（外院）	
	截肢术	侧／只	1 000（小） 1 200（中） 1 500（大）	1 000	
	关节融合术	次／只	2 000	2 000	
	脊椎骨折／不稳定内固定		3 000（小） 4 000（中） 5 000（大）	3 000	
	部分椎板切除术	次／只	10 000	10000	
	椎板切除术	次／只	5 000（小） 6 000（中） 8 000（大）	5 000	

中国农业大学教学动物医院诊疗收费价目表（五）

分类	收费项目	计价单位（只）	犬收费标准（元）	猫收费标准（元）
化验	五分类122	/次	50	50
	五分类2	/次	120	120
	细胞形态	/次	50	50
	自体凝集	/次	30	30
	寄生虫血液涂片	/次	90	90
	配血	/次	160	160
	血气	/次	180	180
	PT	/只	120	120
	APTT	/次	120	120
	CDV	/次	60	/
	CPV	/次	60	/
	CCV	/次	70	/
	FPV	/次	/	90
	粪检	/次	50	50
	潜血	/次	10	10
	胰蛋白酶	/次	30	30
	粪便漂浮实验	/次	80	80
	粪便沉淀实验	/次	80	80
	CPL	/次	210	/
	FPL	/次	/	210
	FeLV/FIV	/次	/	195
	IDEXX4D	/项	180	/
	犬钩端螺旋体抗体SNAP	/次	140	/
	T4	/次	150	150
	fT4	/次	150	150
	TSH	/次	420	420
	ACTH（＜15kg）	/次	480	480
	ACTH（≥15kg）	/次	620	620
	低剂量地塞米松抑制试验	/次	450	450
	高剂量地塞米松抑制试验	/次	450	450
	孕酮	/次	150	150

分类	收费项目	计价单位（只）	犬收费标准（元）	猫收费标准（元）
	睾酮	/ 次	150	150
	雌激素	/ 次	150	150
	细胞学	处 / 次	200	200
	体腔液	/ 次	150	150
	阴道涂片	/ 次	120	120
	三联抗体	/ 次	190	190
	弓形虫 IgG（MAT 法）	/ 次	280	280
	猫弓形虫和衣原体 IgG 检测	/ 次	190	190
	分泌物	/ 次	80	80
	血糖	/ 次	35	35
	糖化血红蛋白	/ 次	200	200
	皮检	/ 次	100	100
	耳道分泌物检查	/ 次	60	60
	IGE（犬敏测）	/ 次	130	/
	过敏原	/ 次	1 300	1 300
化验	尿检（含尿密度）	/ 次	60	60
	尿密度	/ 次	10	10
	UPC	/ 次	100	100
	尿结石分析	/ 次	440	440
	尿化学性质检查	/ 次	20	20
	术前（含）	/ 次	240	240
	肝指标（含）	/ 次	320	320
	肾指标（含）	/ 次	210	210
	体检（含）	/ 次	280	280
	电解质	/ 次	60	60
	单项	/ 次	35	35
	全项	/ 次	450	450
	采血	/ 次	30	30
	血氨检测	/ 次	50	50
	FIP 猫传腹检测（LABOKLIN）	/ 次	/	1 440
	抗核抗体（ANA）测定	/ 次	840	840

分类	收费项目	计价单位（只）	犬收费标准（元）	猫收费标准（元）
	甲状腺球蛋白自身抗体	/次	720	720
	类风湿因子	/次	720	720
	TLI + 叶酸 + 维生素 B_{12}	/次	1 040	/
	TLI + 叶酸 + 维生素 B_{12}	/次	/	1 210
	血铅	/次	660	660
	利什曼原虫抗体	/次	640	640
	需氧培养	/次	220	220
	厌氧培养	/次	290	290
	药敏	/次	140	140
	真菌培养	/次	210	210
	真菌鉴定	/次	560	560
	细菌种属鉴定	/次	280	280
	心肌钙蛋白	/次	200	/
化验	呕吐物镜检	/次	80	80
	鼻腔分泌物检测	/次	80	80
	胰弹性蛋白酶	/次	400	400
	CRP（c 反应蛋白）	/次	120	/
	埃里希体 PCR	/次	290	/
	犬瘟热 PCR	/次	290	/
	犬细小病毒 PCR	/次	290	/
	吉氏巴贝斯虫 PCR	/次	290	/
	犬巴贝斯虫 PCR	/次	290	/
	无形体 PCR	/次	290	/
	猫传染性腹膜炎检查（PCR）	/次	/	290
	猫瘟 PCR	/次	/	290
	猫疱疹病毒 PCR	/次	/	290
	犬钩端螺旋体 PCR	/次	290	/
	猫白血病病毒 PCR	/次	/	290
	猫巴尔通体 PCR	/次	/	290
	巴尔通体检查 PCR	/次	290	290
	猫艾滋病病毒 PCR	/次	/	290

分类	收费项目	计价单位（只）	犬收费标准（元）	猫收费标准（元）
化验	猫杯状病毒 PCR	/次	/	290
	离子钙（Ca^{2+}）	/次	120	120
	贾第鞭毛虫抗原检测	/次	95	95
	犬血型检测	/次	290	/
	猫血型检测	/次	/	290
	BNP	/次	280	280
夜间每项化验费加收 5 元				

中国农业大学教学动物医院诊疗收费价目表（六）

分类	收费项目	计价单位	犬收费标准（元）	猫收费标准（元）	备注
吸氧费	普通吸氧	h	40	40	每日吸氧时间超过 6h 的按照 240 元 /d 收取，不足 6h 的按照吸氧小时数收取
	氧箱吸氧	h	50	50	每日吸氧时间超过 8h 的按照 400 元 /d 收取，不足 8h 的按照吸氧小时数收取
护理费	重症监护费	d/ 只	500（＜10kg, 不含 10kg） 560（10 ~ 25kg, 不含 25Kg） 600（＞25kg，含 25kg）	500	
	一级护理	d/ 只	300（＜10kg，不含 10kg） 360（10 ~ 25kg，不含 25kg） 400（＞25kg，含 25kg）	300	
	二级护理	d/ 只	200（＜10kg, 不含 10kg） 260（10 ~ 25kg，不含 25kg） 300（＞25kg, 含 25kg）	200	
	三级护理	d/ 只	150（＜10kg，不含 10kg） 210（10 ~ 25kg, 不含 25kg） 250（＞25kg，含 25kg）	150	
	四级护理	d/ 只	80（＜10kg, 不含 10kg） 140（10 ~ 25kg, 不含 25kg） 180（＞25kg, 含 25kg）	80	
保定费		次 / 只	30	30	住院动物进行放射时的保定，如果动物主人自己保定，则不收取保定费用
测血糖	血糖仪自备	次 / 只	20	20	
	血糖仪非自备	次 / 只	30	30	
监护仪		次 / 只	≤ 6h：80 元 /h； ＞ 6h：500 元 /d	≤ 6h：80 元 /h； ＞ 6h：500 元 /d	
化疗费		次 / 只	300	300	
冷敷 /热敷		次 / 只	30	30	
复健		次 / 只	30（＜10kg，不含 10kg） 60（10 ~ 25kg，不含 25kg） 100（＞25kg，含 25kg）	30	

分类	收费项目	计价单位	犬收费标准（元）	猫收费标准(元)	备注
急救费		次／只	200（＜25kg, 不含25kg） 300（＞25kg, 含25kg）	200	
口腔冲洗	复杂	次／只	20	20	
	非复杂		10	10	
导尿	非阻塞性	次／只	50（公犬） 100（母犬）	100（公猫）	

备注：

1. 住院动物不再收取挂号费（20元）和诊查费（50元）。

2. 住院费不包含药费、手术费、治疗费、超市商品费、影像检查费等其他收费，这些项目的收费按门诊收费标准执行。

中国农业大学教学动物医院诊疗收费价目表（七）

分类	收费项目		计价单位	犬收费标准（元）	猫收费标准（元）	备注
放射检查项目	DR		张/次	130	130	不能两次曝光
	消化道	食道造影	次/只	300	300	造影操作、X线片拍摄、造影剂及其他材料。
		上消化道造影（胃、小肠）		500	500	
		下消化道造影（大肠）（阳性或阴性造影）		330	330	
	泌尿系统	逆行性尿路造影（阳性、阴性或双重造影）	次/只	330	330	
		排泄性尿路造影		580	580	
	胸导管	胸导管造影		1 330	1 330	造影操作、X线片拍摄、超声引导、造影剂及其他材料
	门脉系统	超声引导门静脉造影		1 300	1 300	
		手术门静脉造影		1 500	1 500	造影操作、X线片拍摄、开腹操作、造影剂及其他材料
	脊髓	脊髓造影		1 500	1 500	造影操作、X线片拍摄、造影剂及其他材料
	窦道造影		次/只	50	30	不含造影剂和X线片费
超声项目	单腔器官（肝胆/脾/胰/肾/膀胱/前列腺/睾丸/膝关节）		次/只	120（小、中）160（大）	120	含超声检查、工作站及彩打报告费用
	体表肿物（部位、数量）			120	120	
	体腔液（胸膜腔/腹膜腔积液）			120（小、中）160（大）	120	
	消化/泌尿			220（小、中）280（大）	220	
	生殖系统			170（小、中）240（大）	170	
	体腔肿块/胃肠道			290（小、中）360（大）	290	
	心脏			520	520	
	肾上腺/甲状腺/眼部			170（小、中）200（大）	170	

备注（跨行）：
1. 造影套餐内不包括麻醉费用。
2. 造影所需拍片数量不定，由主治大夫与影像住院医商榷决定

分类		收费项目	计价单位	犬收费标准（元）	猫收费标准（元）	备注
超声项目	超声引导穿刺取样	体表肿物/尿液/腹腔液		110（小、中）160（大）	110	仅为超声引导的费用，不包含操作、材料及药费
		腹内肿物/淋巴结/胸腔液		200（小、中）240（大）	200	
	超声引导介入治疗	体腔药物注射		200（小、中）240（大）	200	
		前列腺囊肿抽吸		400（小、中）600（大）	400	包含超声引导及操作，不含材料及药费
		心包液抽吸		600（小、中）800（大）	600	
CT				平扫	平扫+增强	仅为CT扫描检查及CT造影扫描检查费用，不包含住院、麻醉及监护相关费用
		头部	次/只	800	2 200	
		胸部		1 400	3 100	
		腹部		1 400	3 100	
		颈椎		800	2 700	
		胸腰椎		800	2 700	
		骨盆		1 000	2 500	
		单关节		800	2 200	

主要参考文献

包喜军，刘文春，叶俊华，2014. 10岁犬瘟热病例的诊断 [J]. 中国兽医杂志，50（7）：68-69.

车京波，2006. 犬附红细胞体病形态学研究及PCR快速诊断方法的建立与应用 [D]. 山东：山东农业大学.

陈凤，郑晓玉，郭迎春，等，2011. 犬附红细胞体病的诊断和治疗报告 [J]. 当代畜牧，2：45-47.

陈宏武，许超，靳雨东，等，2013. 两例钛合金气管支架植入术的病例报告 [J]. 宠物医师，6：55-56.

陈金泉，余机旺，2013. 犬巴贝斯虫病的诊治体会 [J]. 中国工作犬业，8：21-23.

陈启军，尹继刚，刘明远，2006. 附红细胞体及附红细胞体病 [J]. 中国兽医学报，26（4）：460-463.

陈溥言，2015. 兽医传染病学 [M]. 6版. 北京：中国农业出版社.

丁明星，2009. 兽医外科学 [M]. 北京：科学出版社.

董霞，刘凤辉，2006. 犬附红细胞体治疗药物的筛选 [J]. 吉林畜牧兽医，10：10-11.

郭自东，李传甫，2013. 从警犬感染巴贝斯虫病死亡病例谈预防蜱虫叮咬 [J]. 养犬，4：18-19.

韩博，2011. 犬猫疾病学 [M]. 3版. 北京：中国农业大学出版社.

何冰译，麻武仁校，2016. 犬气管塌陷的临床诊疗 [J]. 小动物医学，1：47-55.

侯加法，2015. 小动物疾病学 [M]. 2版. 北京：中国农业出版社.

黄儒婷，宋秀平，杨秀环，等，2015. 北京市宠物猫和流浪猫巴尔通体感染状况调查 [J]. 中国媒介生物学及控制杂志，6（1）：19-22.

蒋金书，2000. 动物原虫病学 [M]. 北京：中国农业大学出版社.

李静，李淑萍，邵良平，等，2014. B超在诊断犬隐睾病例中的应用 [J]. 中国兽医杂志，50（11）：76-78.

李硕，李生元，程占江，等，2014. 手术治疗猫特发性乳糜胸的病例 [J]. 中国兽医杂志，50（5）：69-71.

李武明，徐蓓贤，邱芮，2017．一例猫乳糜胸的诊断与治疗［J］．东西部兽医，2（26）：23-28．

黎立光，范泉水，2000．昆明某犬场犬传染性肝炎的病毒分离鉴定及防治研究［J］．云南畜牧兽医，2：6-8．

梁亿林，邓耿高，杨龙飞，等，2011．犬韦氏巴贝斯虫的分子鉴定［J］，广东农业科学，14：138-140．

刘利霞，2013．一例犬附红细胞体病的治疗体会［J］．畜牧兽医科技信息，5：110-111．

刘占斌，唐芳素，2012．犬钩端螺旋体病病原分离与公共卫生［J］．养犬，2：11-15．

刘撑强，张含妍，刘炳琪，2006．2例犬心丝虫病诊断报告［J］．畜牧兽医杂志，25（4）：88-89．

刘波，丁凡，蒋秀高，等，2012．2006—2010年中国钩端螺旋体病流行病学分析［J］．疾病监测，27（1）：46-50．

刘宗平，2006．动物中毒病学［M］．北京：中国农业出版社．

陆承平，2013．兽医微生物学［M］．5版．北京：中国农业出版社．

陆予云，刘巧，唐高兴，等，2013．广东省部分地区卫氏并殖吸虫分布与DNA序列分析［J］．中国血吸虫病防治杂志，25（3）：275-283．

满守义，杨宝元，1991．犬肾膨结线虫的病例报告［J］．黑龙江畜牧兽医，1：35-36．

牛光斌，李增强，于涛，等，2012．多种手术方法联合治疗会阴疝120例分析［J］．畜牧与兽医，44（增刊）：101．

齐海霞，张海云，邓小雨，等，2012．犬猫钩端螺旋体病的流行病学调查［J］．中国畜牧兽医，39（11）：203-205．

苏荣胜，潘家强，唐兆新，2014．1例犬埃里希氏体和嗜吞噬细胞无形体混合感染的诊治［J］．畜牧与兽医，46（12）：138．

王贵燕，王敏，关小燕，等，2013．广州珠三角地区家猫自然感染华支睾吸虫的调查及豚鼠模型的构建［J］．中国病原生物学杂志，8（11）：966-968．

王坤，毕聪明，孙鹤，2011．猫膀胱膨结线虫感染的诊治［J］．黑龙江畜牧兽医，8：114．

吴益民，张志强，王昊，2010. 东北地区几种重要的人兽共患立克次体病 [J]. 沈阳部队医药，23（3）：206-208.

武浩，张煜波，王光亚，2012. 犬巴贝斯虫病检测研究 [J]. 中国畜牧兽医，39（4）：188-190.

谢富强，2004. 兽医影像学 [M]. 北京：中国农业大学出版社.

邢有东，2007. 华支睾吸虫病影像诊断的实验研究 [J]. 临床和实验医学杂志，6（4）：13-14.

许世锷，陆秀君，金立群，2000. 三氯苯达唑体内外杀灭卫氏并殖吸虫的效果和虫体蛋白质、糖原及U9C含量测定 [J]. 中国人兽共患病杂志，16（3）：18-21.

杨德胜，2012. 犬埃里希体病的诊治与预防 [J]. 宠物医师，1：40-41.

姚海峰，2011. 部分结肠切除术治疗猫巨结肠症22例 [J]. 中国兽医杂志，47（6）：59-61.

叶青华，陈涛，2012. 四川省工作犬心丝虫感染率的调查 [J]. 四川畜牧兽医，3：29-31.

昝启斌，杜萍，禚真，2011. 犬巴贝斯虫病的诊断与治疗 [J]. 山东畜牧兽医，32（8）：88-89.

张端秀，谢海燕，曾庆泉，等，2010. 东莞市犬心丝虫抗原、莱姆病抗体和犬埃里希抗体的调查报告 [J]. 广东畜牧兽医科技，35（6）：45-47.

张守发，张国宏，宋建臣，等，2003. 犬附红细胞体病的感染情况调查及临床观察 [J]. 畜牧与兽医，35（1）：23-24.

赵波，王强，严慧娟，等，2009. 成都动物园野生动物原虫和犬恶丝虫的感染情况调查 [J]. 中国兽医科学，39（3）：277-282.

周源昌，1999. 黑龙江省犬肾膨结线虫的调查 [J]. 黑龙江畜牧兽医，2：16-18.

朱建明，2013. 犬附红细胞体病的防治 [J]. 上海畜牧兽医通讯，2：98.

朱金昌，郑永光，朱启建，等，1980. 犬肺吸虫病的早期病理变化 [J]. 温州医学院学报，2：9-13.

朱敬，朱艳霞，朱名胜，等，2012. 神农架林区并殖吸虫病自然疫源地调查 [J]. 中国人兽共患病学报，28（12）：1255-1257.

朱兴全，2006. 小动物寄生虫病学 [M]. 北京：中国农业科学技术出版社.

庄庆均，张浩吉，梁祥解，等，2008. 犬血巴尔通氏体与血巴尔通氏体病 [J]. 中国人兽共患病学报，24（9）：878-881.

图书在版编目（CIP）数据

犬猫疾病诊治彩色图谱 / 周庆国等编著. —2版.
—北京：中国农业出版社，2018.7（2021.12重印）
（动物疾病诊治彩色图谱经典）
ISBN 978-7-109-23465-9

Ⅰ. ① 犬… Ⅱ. ① 周 … Ⅲ. ① 犬病－诊疗－图
谱 ② 猫病－诊疗－图谱 Ⅳ. ①S858.2-64

中国版本图书馆CIP数据核字（2017）第258798号

中国农业出版社出版
（北京市朝阳区麦子店街18号楼）
（邮政编码100125）
责任编辑　黄向阳　弓建芳

北京通州皇家印刷厂印刷　　新华书店北京发行所发行
2018年7月第2版　　2021年12月北京第4次印刷

开本：889mm×1194mm 1/16　印张：36
字数：850千字
定价：198.00元
（凡本版图书出现印刷、装订错误，请向出版社发行部调换）